Aino Henssen und Hans Martin Jahns

Lichenes

Eine Einführung in die Flechtenkunde
mit einem Beitrag von Johan Santesson
142 Abbildungen, 8 Tabellen

Georg Thieme Verlag Stuttgart 1974

Professor Dr. AINO HENSSEN
Philipps-Universität Marburg/Lahn

Professor Dr. HANS MARTIN JAHNS
Johann-Wolfgang-Goethe-Universität Frankfurt a. M.

Dr. JOHAN SANTESSON
Universität Uppsala

Satz und Druck: Druckhaus Dörr, Inh. Adam Götz, Ludwigsburg

ISBN: 3 13 496601 8

Vorwort

In den meisten Gebieten Deutschlands fallen die Flechten im Vegetationsbild nur wenig auf. Der flüchtige Beobachter kann sie oft kaum von Moosen unterscheiden, mit denen zusammen sie auf Bäumen, Steinen und Erde wachsen. Wer aber einmal in den Alpen gewesen ist, kennt sicher die Bartflechten, mit denen die Bäume dicht behängt sind, genau so gut wie die leuchtend roten und grünen Krustenflechten, die in einer dünnen Schicht die Felsen überziehen. Im Norden Deutschlands sind es vor allem die strauchförmigen Rentierflechten, die in den Heiden und Kiefernwäldern mit ihren großen graugrünen Polstern ins Auge fallen.

In der wissenschaftlichen Biologie waren die Flechten lange Zeit ein Stiefkind der Forschung. Nachdem in der zweiten Hälfte des vorigen Jahrhunderts die Grundlagen der Flechtenanatomie, der Entwicklungsgeschichte und Systematik gelegt worden waren, folgte eine fünfzigjährige Periode, in der die Flechtenkunde — die Lichenologie — an der allgemeinen Weiterentwicklung der Biologie kaum teilnahm. Erst in den letzten zwanzig Jahren erwachte ein neues Interesse an den Lichenen. Man erkannte, daß diese eigenartigen Symbioseorganismen günstige Möglichkeiten bieten, in vielen Teilbereichen der Biologie neue, wichtige Kenntnisse zu erwerben. Zum Beispiel enthalten die Flechten meist eine geringe Zahl sekundärer Stoffwechselprodukte in relativ großen Mengen, während höhere Pflanzen eine größere Anzahl von Stoffen in geringer Konzentration aufweisen. Die chemische Untersuchung der Flechtenstoffe ist also vergleichsweise einfach, und man kann sagen, daß die Flechten heute zu den chemisch am besten erforschten Pflanzengruppen gehören. Während diese Tatsache vor allem den Fachbiologen interessiert, haben die Flechten auch außerhalb der Biologie eine hohe Aktualität im Zusammenhang mit dem Problem der Umweltverschmutzung gefunden. Das labile innere Gleichgewicht der Symbioseorganismen läßt sie auf Luftverunreinigungen extrem empfindlich reagieren, so daß sie einen feinen und genauen Maßstab für den Sauberkeitsgrad der Luft bieten.

Das neu erwachte Interesse an der Lichenologie hat zu einer Fülle von Untersuchungen geführt, in deren Verlauf alle Methoden der modernen naturwissenschaftlichen Forschung von der Elektronenmikroskopie bis zur Massenspektrometrie verwandt wurden. Wichtiger noch als die Resultate der neuen Untersuchungsverfahren sind jedoch die Impulse, die von einer veränderten Denkweise ausgehen, die in der Biologie allgemein an Bedeutung gewinnt. An die Stelle einer statischen Betrachtung, die vor allem die fertige Struktur beschreibt, tritt in zunehmendem Maße eine dynamische Beobachtungsweise, die mehr die Frage nach der Entwicklung betont. Eine entwicklungsgeschichtliche Behandlung der Probleme ist nicht nur für die klassischen Gebiete der Anatomie und Morphologie von Bedeutung. Wenn zum Beispiel die Flechtenchemie nicht länger nur feststellt, welche Stoffe in einer Art vorhanden sind, sondern der Erforschung des Syntheseweges immer größere Bedeutung beimißt, so ist auch dies eine Anwendung des entwicklungsgeschichtlichen Prinzips.

Die wachsende Zahl der lichenologisch interessierten Studenten, Wissenschaftler und Laien, hat den Mangel an geeigneten Lehrbüchern besonders fühlbar gemacht. In den letzten vierzig Jahren ist kein allgemeines Werk über Flechten in deutscher Sprache erschienen. Auch die englisch- und französischsprachige Literatur ist nicht allzu reichhaltig. Dieses Buch soll ein erster Versuch sein, diese Lücke zu schließen. Da weder Lehrbücher für den Anfänger noch Werke für den Fortgeschrittenen vorliegen, fühlten die Autoren sich verpflichtet, so weit als möglich den Anforderungen verschiedener Gruppen gerecht zu werden. So wenden sich die meisten Kapitel des allgemeinen Teils in erster Linie an den Studenten, der zum ersten Male mit der Lichenologie in Berührung kommt, während die Abschnitte über die Entwicklungsgeschichte der Fruchtkörper und der spezielle Teil vor allem dem besonders an Flechten interessierten Leser als Grundlage für selbständige wissenschaftliche Tätigkeit dienen sollen. Das Buch ist kaum für Studenten des ersten Studiensemesters bestimmt, da es ein Grundwissen auf dem Gebiet der Mykologie voraussetzt, wie es z. B. in ausgezeichneter Weise durch das Lehrbuch der Mykologie von MÜLLER u. LÖFFLER vermittelt wird.

Durch die Verwendung von Kleindruck wurde versucht, den Stoff so zu gliedern, daß der Anfänger die wichtigsten Tatsachen schnell auffinden kann. Eine weitere Hilfe soll in diesem Zusammenhang die Liste der Fachausdrücke und ihrer Bedeutung auf S. 436 ff. sein. Um den Text leichter lesbar zu gestalten, wurde darauf verzichtet, den wissenschaftlichen Flechtennamen die Autorenbezeichnungen hinzuzufügen. Die Autorennamen können dem Register entnommen werden. Die spezielle Fachliteratur ist im Text durch eingefügte Zahlen gekennzeichnet und im Literaturverzeichnis zusammengestellt. Eine gesonderte Liste auf S. 418 ff. bringt eine kurze Zusammenstellung der wichtigsten weiterführenden Literatur.

In einem allgemeinen Lehrbuch ist es den Autoren selbstverständlich nicht möglich, alle Teilgebiete auf eigene Forschungsarbeit zu gründen. Das Kapitel über die Chemie der Flechten wurde deshalb freundlicherweise von J. SANTESSON geschrieben. Die Kapitel über Physiologie, Ökologie und Geschichte der Flechtenkunde stützen sich weitgehend auf die angegebenen Spezialarbeiten, wobei besonders in der Ökologie nur ein kleiner Ausschnitt der umfangreichen Fachliteratur berücksichtigt werden konnte. Im Bereich der Morphologie und Anatomie wurde dagegen fast keine Angabe der Literatur ungeprüft übernommen. Moderne Arbeitsmethoden und die Beachtung des entwicklungsgeschichtlichen Prinzips ermöglichten es, etliche Fehler auszuräumen, die zum Teil seit Jahrzehnten in den wissenschaftlichen Veröffentlichungen mitgeschleppt wurden. Ein zusätzliches Ergebnis der ausgebreiteten Nachuntersuchungen sind die zahlreichen neuen Abbildungen, die es den Autoren ermöglichten, auf die Übernahme älterer Darstellungen weitgehend zu verzichten. Soweit nicht anders angegeben, handelt es sich bei allen Abbildungen dieses Buches um Originalzeichnungen und Fotografien der Verfasser.

Das Kernstück des vorliegenden Buches ist das Kapitel zur Entwicklungsgeschichte der Fruchtkörper, das zum Teil auf neuen, unveröffentlichten Forschungsergebnissen basiert. Einzelheiten der Fruchtkörperontogenie finden sich außerdem bei der Besprechung der Familien. Die Erkenntnisse der Entwicklungsgeschichte bilden die Grundlage eines neuen Systems der Flechten, das im speziellen Teil des Buches behandelt wird. Selbstverständlich hat dieses System in vielen Punkten noch provisorischen Charakter. Es kann nicht mehr sein, als ein Schritt auf dem Weg zu einer natürlichen Anordnung der Sippen.

Zum Schluß ist es uns eine Freude, all denen zu danken, die am Entstehen dieses Buches mit Anregungen, Rat und technischer Hilfe beteiligt waren und ohne deren Unterstützung die Arbeit schwer oder unmöglich gewesen wäre. Leider erlaubt der Platz es nicht, allen einzeln zu danken, so daß nur einige der Helfer erwähnt werden sollen. Seltenes Material für die Untersuchungen wurde von P. James, London, Dr. I. M. Lamb, Cambridge, Mass. und Dr. R. Santesson, Uppsala, zur Verfügung gestellt. Auch Dr. W. A. Webers Exsikkat der Universität von Colorado war eine unschätzbare Hilfe. Wertvolle Ratschläge zur Systematik gaben Dr. R. Santesson, Uppsala, und P. James, London. Professor S. Vogel, Mainz, und Professor M. Galun, Tel Aviv, gestatteten die Benutzung unveröffentlichter Fotografien. Professor M. Galun, Tel Aviv, Professor Helder, Groningen, P. James, London, und Professor W. Nultsch, Marburg, lasen Teile des Manuskripts. Ihnen und allen Ungenannten gebührt unser herzlicher Dank. Auch dem Georg Thieme Verlag sind wir für seine geduldige und verständnisvolle Zusammenarbeit zu Dank verpflichtet.

Marburg und Groningen im Herbst 1972

Inhaltsverzeichnis

Einleitung 1

Allgemeiner Teil

1. Kapitel — Geschichte der Lichenologie 2
Vom Altertum bis Linné 2
Von Linné bis Schwendener 3
Von 1870 bis zur Gegenwart 5

2. Kapitel — Zusammensetzung und Entstehung der Flechten 6
Komponenten 6
Mycobionten 7
Phycobionten 8
Definition einer Flechte 8
Entstehung der Flechten 9

3. Kapitel — Thallus 11
Phycobionten 11
Vermehrung der Algen im Thallus 13
Beschreibung der Phycobionten 13
Spezifität der Alge 24
Kontakt zwischen Pilz und Alge 24
Formen des Kontaktes 25
Steuerung der Haustorienbildung 29
Differenzierung der Hyphen und Entstehung der Gewebe 31
Zelltypen und Hyphenverlauf 34
Gewebetypen 34
Gestalt und Struktur des Lagers 37
Wuchsformen 38
Thallusbau 46
Schichtung des Lagers 46
Oberflächenstruktur 49
Anhangsorgane: Rhizinen, Cilien, Papillen und Fibrillen . . . 51
Organe der vegetativen Vermehrung 53
Poren und Öffnungen der Rinde: Cyphellen und Pseudocyphellen 63
Cephalodien 65

4. Kapitel — Fruktifikationsorgane 72
Pycnidien 72
Basidiocarp 76
Ascocarp 76
Bau des Ascocarps 78
Sexueller Apparat: Ascogone, Asci, Sporen 78
Hilfsgewebe der Fruchtkörper: Paraphysen — Gehäuse 89

Form der Fruchtkörper 91
Geteilte Fruchtkörper 96
Entwicklung des Apothecienrandes 97
Hymenien mit Algen 99
Stellung der Fruchtkörper: Podetien, Pseudopodetien, Stromata 101
Wachstum, Lebensdauer und Größe der Fruchtkörper 103
Entwicklung des Ascocarps 105
Charakteristik der ascohymenialen und ascolocularen Pilze . . 105
Entwicklungstypen ascolocularer Pilze 108
Entwicklungstypen ascohymenialer Flechten 115
Formen der Ascocarpontogenese zwischen ascohymenialem und ascolocularem Typ 123

5. Kapitel — Stoffwechselphysiologie der Flechten 125
Physiologie des isolierten Phycobionten 125
Physiologie des isolierten Mycobionten 128
Ernährung des Mycobionten 128
Einfluß von Umweltfaktoren auf den Mycobionten 130
Sekundäre Stoffwechselprodukte des Mycobionten 131
Physiologie des Flechtenthallus 132
Wasser- und Salzhaushalt 132
Energiegewinnung und Energieumwandlung 138
Photosynthese 138
Atmung 148
Stoffbilanz 149
Stickstoffhaushalt 150
Jahreszeitliche Veränderungen der Lebenserscheinungen 151

6. Kapitel von J. Santesson — Chemie der Flechten 152
Primäre Stoffwechselprodukte 153
Aminosäuren und Peptide 153
Photosynthesepigmente 153
Kohlenhydrate 153
Verschiedene Verbindungen 154
Sekundäre Stoffwechselprodukte 155
Acetat-Polymalonatgruppe 156
Shikimisäuregruppe 167
Mevalonsäuregruppe 169
Zusammenfassung 171
Identifizierung der Flechtensubstanzen 172
Farbreaktionen 172
Mikrokristallisation 176
Chromatographie 176
Andere Methoden 178
Konzentration, Funktion und praktische Anwendung 179
Konzentration 179
Funktion der Flechtensubstanzen 179
Praktische Anwendung der Flechtenstoffe 181
Flechtenstoffe und Flechtentaxonomie 181
Chemotypen 182

7. Kapitel — Symbiose, Parasitismus, Epiphyten 186
Theorien über das Verhältnis von Pilz und Alge im Flechtenthallus 186
Moderne Definition der Symbiose 187
Grenzfälle der Flechtensymbiose 189
Physiologische Beziehungen der Bionten 190
  Vorteile des Pilzes 191
  Vorteile der Alge 191
  Morphogenetische Effekte 192
Morphogenese des Konsortiums 194
Polysymbiosen, Epiphyten und Parasiten 195
  Flechten als Bewohner von Moosen und höheren Pflanzen 195
  Algen und Moose als Bewohner von Flechten 196
  Pilze und Flechten als Bewohner von Flechten 197
  Entstehung flechtenbewohnender Pilze und Lichenen 205

8. Kapitel — Synthese und Kultur der Flechten 207
Isolierung der Bionten 207
Bedingungen für die Kultur und Synthese der Flechten 208
Kultur der Flechten von Spore zu Spore 209
Begrenzte Synthese- und Kulturerfolge 210

9. Kapitel — Wachstum und Vermehrung 212
Vermehrung der Flechten 212
Entwicklung und Wachstum des Flechtenlagers 213
Wachstumsmessungen 216
Zuwachsraten der Flechtenthalli 217
Alter der Flechten 220
Regeneration 220
Individualität der Flechten 220

10. Kapitel — Ökologie und Verbreitung 223
Standorte der Flechten 225
  Klima 225
  Substrat 227
  Biotische und anthropogene Einflüsse 229
  Luftverunreinigung und Stadtfeindlichkeit der Flechten 229
Lebensformen 231
Substratspezifität der Flechten 232
Sukzession 232
Flechtengesellschaften und Lebensgemeinschaften verschiedener Standorte 233
Verbreitung der Flechten 239
  Artenreichtum der verschiedenen Klimazonen 241
  Verbreitungstypen 242

11. Kapitel — Wirtschaftliche Bedeutung der Flechten 244
Einfluß der Flechten auf ihr Substrat 244
Bedeutung der Flechten für Tiere 245

Flechten als menschliche Nahrung 246
Flechten als Heilmittel, Gifte und Krankheitserreger 247
Flechten als Parfum und Genußmittel 249
Flechten als Farbstoffe 250
Lichenometrie 250
Flechten als Maßstab der Luftverunreinigung 251

Spezieller Teil

12. Kapitel — Klassifizierung und Taxonomie der Flechten 252
Prinzipien der Klassifizierung 252
Klassifizierung der Flechten 253
Ältere Flechtensysteme 254
Moderne Systematik 254
Nomenklatur 255
Taxonomie 258
Begrenzung der Familien 259
Begrenzung der Gattungen 260
Begrenzung der Arten 261
Anzahl der Flechtenarten 262
Stellung der Flechten im Pilzsystem 262
System 263
Klasse Ascomycetes — Unterklasse Ascomycetidae 263
Formklasse Deuteromycetes 265

13. Kapitel — Beschreibung der Flechtengruppen 270
Klasse Ascomycetes — Unterklasse Ascomycetidae 270
1. Ordnung Caliciales 270
(1) Familie Caliciaceae 277
(2) Familie Cypheliaceae 277
(3) Familie Sphaerophoraceae 279
Anhang (4) Familie Mycocaliciaceae 282
2. Ordnung Lecanorales 283
1. Unterordnung Lecanorineae 284
(5) Familie Collemataceae 285
(6) Familie Parmeliaceae 292
(7) Familie Lecanoraceae 302
(8) Familie Lecideaceae 303
(9) Familie Candelariaceae 304
(10) Familie Baeomycetaceae 304
(11) Familie Cladoniaceae 306
(12) Familie Stereocaulaceae 313
(13) Familie Umbilicariaceae 317
(14) Familie Ramalinaceae 319
(15) Familie Acarosporaceae 321
(16) Familie Arctomiaceae 322
(17) Familie Pannariaceae 322
(18) Familie Coccocarpiaceae 327
(19) Familie Heppiaceae 330
2. Unterordnung Lichinineae 330
(20) Familie Lichinaceae 330

3. Unterordnung Peltigerineae . . . 336
(21) Familie Placynthiaceae . . . 343
(22) Familie Peltigeraceae . . . 344
(23) Familie Stictaceae . . . 346
4. Unterordnung Teloschistineae . . . 347
(24) Familie Teloschistaceae . . . 347
5. Unterordnung Physciineae . . . 351
(25) Familie Physciaceae . . . 351
6. Unterordnung Pertusariineae . . . 358
(26) Familie Pertusariaceae . . . 362
(27) Familie Trapeliaceae . . . 364
3. Ordnung Gyalectales . . . 364
(28) Familie Gyalectaceae . . . 364
4. Ordnung Ostropales . . . 369
1. Unterordnung Ostropineae . . . 369
(29) Familie Ostropaceae . . . 371
(30) Familie Thelotremataceae . . . 374
Anhang: (31) Familie Asterothyriaceae . . . 375
2. Unterordnung Graphidineae . . . 375
(32) Familie Graphidaceae . . . 375
5. Ordnung Sphaeriales . . . 382
(33) Familie Porinaceae . . . 382
Anhang: (34) Familie Pyrenulaceae . . . 384
Anhang: (35) Familie Microglaenaceae . . . 388
Anhang: (36) Familie Strigulaceae . . . 388
6. Ordnung Verrucariales . . . 389
(37) Familie Verrucariaceae . . . 389
7. Ordnung Arthoniales . . . 393
(38) Familie Arthoniaceae . . . 395
(39) Familie Roccellaceae . . . 399
(40) Familie Lecanactidaceae . . . 402
(41) Familie Opegraphaceae . . . 405
8. Ordnung Pleosporales . . . 406
(42) Familie Arthopyreniaceae . . . 406
9. Ordnung Dothideales . . . 407
(43) Familie Mycoporaceae . . . 407
Klasse Basidiomycetes — Unterklasse Holobasidiomycetidae . . . 408
1. Ordnung Aphyllophorales . . . 409
(44) Familie Corticiaceae . . . 409
(45) Familie Clavariaceae . . . 413
2. Ordnung Agaricales . . . 414
(46) Familie Tricholomataceae . . . 414
Imperfekte Flechten . . . 415
Lichenisierte Phycomyceten . . . 415
Imperfekte Ascomyceten-Flechten . . . 416
Gattungen von unsicherer Stellung . . . 417
Literatur . . . 418
Erklärung der Fachausdrücke . . . 436

Einleitung

Die Lichenen nehmen unter den Pflanzen eine bemerkenswerte Sonderstellung ein. Jede Flechte besteht aus zwei Organismen, einem Pilz und einer Alge, die ein eng aufeinander abgestimmtes Dasein führen. Flechten sind dadurch ein Musterbeispiel für eine Symbiose. Den Pilzpartner bezeichnet man als Mycobionten, den Algenpartner als Phycobionten. Einzelne Fälle von Symbiose kommen in vielen Pflanzengruppen vor, aber nur bei den Lichenen entstehen durch das Zusammenleben zweier Partner hoch differenzierte morphologisch-physiologische Einheiten, die wie eine völlig neue Pflanze aussehen können. Keiner der Partner ist in der Lage, allein einen solch komplizierten Thallus zu formen. Die höchstentwickelten Thalli zeigen eine erstaunliche Konvergenz zu den Organen höherer Pflanzen. Flechten mit strauchigem Wuchs erinnern im Aussehen so sehr an beblätterte Sprosse, daß man bei ihnen blattartig verbreiterte Seitenäste und Schuppen als Phyllocladien bezeichnet. Blattförmige Flechten zeigen ähnlich wie Laubblätter eine anatomische Gliederung in eine Assimilationsschicht und eine schützende Rindenschicht. Selbst Durchlüftungsporen findet man bei einigen Flechtenarten.

Nicht nur in morphologisch-anatomischer Hinsicht, sondern auch in bezug auf physiologische Eigenschaften vollbringen die Flechten Leistungen, zu denen die Partner allein nicht fähig sind. In der Symbiose entstehen zahlreiche Stoffwechselprodukte, die für Lichenen spezifisch sind. Diese „Flechtenstoffe“, die den Thallus häufig rot, gelb oder grün färben, kommen nur selten bei Pilzen oder anderen Pflanzen vor.

Die symbiotische Lebensweise schafft also den Flechtenpilzen offensichtlich nicht nur günstige Ernährungsverhältnisse, sondern stimuliert sie auch zur morphologischen, anatomischen und physiologischen Weiterentwicklung und Differenzierung.

Die ausgeprägten Eigenarten der Flechten lassen auf ein hohes phylogenetisches Alter der Gruppe schließen. Auch das Vorkommen spezifischer, vegetativer Vermehrungsorgane, durch die beide Komponenten gleichzeitig verbreitet werden, stützt diese Annahme, da sie nur während einer längeren gemeinsamen Entwicklung entstanden sein können. Die Anpassung der Mycobionten an die Symbiose geht so weit, daß die meisten dieser Pilze, die zu den verschiedensten Gruppen der Fungi gehören, in der Natur nicht mehr ohne Algen vorkommen.

Die Festlegung auf das Zusammenleben mit den Algen und die besonderen Leistungen des Doppelorganismus rechtfertigen es, die Flechten gesondert von den nicht lichenisierten Pilzen zu behandeln.

ALLGEMEINER TEIL

1

Geschichte der Lichenologie

Sehr lange Zeit wußte man nur sehr wenig von den Lichenen. Die Doppelnatur dieser Pflanzen wurde sogar erst am Ende des vorigen Jahrhunderts entdeckt. Schon der Ursprung des Namens „Lichen" ist unklar. Er könnte sich entweder von dem griechischen λειχην herleiten[260], was soviel wie Warze bedeutet und auf die Gestalt der Fruchtkörper hinweisen würde, oder es besteht ein Zusammenhang mit dem griechischen λειχω = lateinisch lingo[223], was eine Beschreibung der wollartigen, wasseraufnehmenden Haftorgane sein könnte. Auch ein Zusammenhang mit der gleichnamigen Hautkrankheit ist nicht auszuschließen, da die Pflanzen früher hiergegen als Heilmittel verwandt wurden.
Die Geschichte der Lichenologie läßt sich in drei große Epochen einteilen[272]. Der erste Zeitabschnitt reicht vom Altertum bis zum Erscheinen von LINNÉS Species Plantarum im Jahre 1753, der zweite von LINNÉ bis zu SCHWENDENERS bahnbrechenden Arbeiten über die Doppelnatur der Flechten, der dritte umfaßt die letzten hundert Jahre.

Vom Altertum bis Linné[223]

Bis ins Mittelalter hinein blieb die Kenntnis der Flechten äußerst gering. Im Altertum, z. B. bei THEOPHRAST (371—286 v. Chr.) sind nur zwei Arten so deutlich beschrieben, daß man sie danach erkennen kann: *Usnea*, die an Bäumen große auffällige Bärte bildet, und *Roccella*, die auf Felsen der Meeresküste wächst. *Roccella* war vor allem wegen ihrer Bedeutung als Färbemittel bekannt. Interessanterweise hielt man sie auf Grund ihres Standortes für einen Tang und betrachtete sie als „Auswurf des Meeres", während *Usnea* als Moos galt.

Die Zahl der bekannten Lichenen stieg nur langsam und umfaßte bis 1600 nur 28 Arten aus den wichtigsten Gattungen der Großflechten. In diese frühe Zeit fällt aber bereits die Beschreibung der Soredien, vegetativer Vermehrungsorgane des Thallus, durch die Italiener PORTA und MALPIGHI.

Im ausgehenden Mittelalter, zur Zeit der Kräuterbücher, wuchs mit dem erwachenden Interesse an den Pflanzen auch die Kenntnis der Flechten, ohne daß man jedoch einen grundlegenden Unterschied zu den Moosen sah. Erst der französische Forscher TOURNEFORT (1694) erkannte die Eigenständigkeit der Flechten und trennte sie als eigene Abteilung von den Moosen ab.

Zu Beginn des 18. Jahrhunderts wurde die Kenntnis der Flechten vor allem durch MICHELI und DILLENIUS vermehrt. MICHELI beschrieb über 300 Arten, DILLENIUS über 200. MICHELI beobachtete als erster die Entwicklung von Flechten aus Soredien, die er für Samen hielt.

Von Linné bis Schwendener [223, 272]

In seinem klassischen Werk, „Species Plantarum", das durch die Einführung der binären Nomenklatur grundlegend für alle späteren Pflanzenbeschreibungen wurde, erwähnt LINNÉ (1753) unter seinen 7300 Pflanzen nur 80 Flechten, davon 11 neue. Er bezeichnet die Lichenen als „rustici pauperrimi", als das armselige Pöbelvolk der Vegetation. Als erster machte er Angaben über die Bedeutung der Lichenen im Haushalt der Natur und über ihre Verwendung durch den Menschen (Färberei).

Seit dem Ende des 18. Jahrhunderts wird zur Beschreibung der Arten neben dem Habitus auch die Beschaffenheit der Fruchtkörper mit herangezogen (WEBER, SCHRADER u. a.). Die beiden Hauptgruppen der geschlossenen und offenfrüchtigen Flechten, die Lichenes angiocarpi und gymnocarpi, werden unterschieden.

Die moderne Lichenologie beginnt mit dem Schweden ACHARIUS, dem „Vater der Lichenologie". 1803 stellt er in seinem „Methodus" das erste System der Flechten auf, das auf dem Bau der Fruchtkörper basiert. 1810 und 1814 erscheinen weitere Werke, die durch die Einführung einer modernen Terminologie besonders wichtig sind. Die „Synopsis" von 1814 ist die einzige Aufstellung sämtlicher damals bekannter Arten.

Das System des ACHARIUS wurde durch den schwedischen Mykologen E. FRIES (1821 und 1831) erheblich verbessert. Seine Arbeiten sind durch besondere Klarheit und Konsequenz ausgezeichnet. Das überarbeitete System blieb lange Zeit unübertroffen.

Nachdem die Flechten in den botanischen Systemen ihren eigenen, festen Platz erhalten hatten und nicht mehr mit Moosen oder Algen verwechselt wurden, vermehrte sich in den folgenden Jahrzehnten das Wissen über diese Gruppe durch zahllose Beobachtungen, ohne daß sie deshalb als Symbioseorganismen erkannt worden wären.

Auf dem Gebiet der Flechtenchemie wurden zu Beginn des 19. Jahrhunderts die ersten Erfolge erzielt. 1829 gelang es ROBIQUET, den ersten Flechtenstoff, das Orcin, aus *Pertusaria dealbata* und *Roccella*-Arten in kristalliner Form zu isolieren. Wenige Jahre später wurden durch andere Forscher das Vulpin in der Wolfsflechte *(Letharia vulpina)* und das Lecanorin in der Gattung *Lecanora* entdeckt. Die Gewinnungsmethoden der Farbstoffe Lackmus und Orseille wurden verbessert.

Auch in der Pharmazie fanden Flechten Verwendung. Das isländische Moos *(Cetraria islandica)* diente als Heilmittel für Brustkrankheiten und ein Produkt aus *Xanthoria parietina* als ein Surrogat für die Chinarinde (vgl. auch S. 248 f.).

Um 1850 gelangen mit Hilfe des verbesserten Mikroskops zahlreiche neue Entdeckungen. Die Struktur der Sporen wurde genau beobachtet (DE NOTARIS, MASSALONGO). Sporenform und -farbe bildeten von jetzt an wichtige Merkmale für die Taxonomie der Flechten. SCHLEIDEN verfolgte das Auskeimen der Flechtensporen, erkannte die Paraphysen als selbständige Gebilde der Ascusfrüchte und entdeckte die Blaufärbung der Schlauchschicht bei Jodzusatz, ein Merkmal, das viele Flechten von den Pilzen unterscheidet.

Der Franzose TULASNE fand Spermogonien und Spermatien und stellte fest, daß die Ausstreuung der Flechtensporen in der gleichen Weise erfolgt wie bei bestimmten Schlauchpilzen, den Discomyceten und Pyrenomyceten. Er beschrieb ferner einige „Flechtenparasiten", winzige auf den Flechten wachsende Pilze. Wie wir heute wissen, leben sie oft in Parasymbiose mit den Phycobionten. Cephalodien, die ebenfalls um diese Zeit entdeckt wurden (NYLANDER, Th. FRIES), enthalten Algen die sich vom eigentlichen Phycobionten unterscheiden.

TULASNE hatte einen deutlichen Zusammenhang zwischen Pilzen und Flechten gefunden. Auch anderen Forschern war die habituelle Ähnlichkeit der Flechten teils mit Algen, teils mit Pilzen aufgefallen. In den folgenden Jahren wurden immer mehr Tatsachen entdeckt, aus denen man auf die Doppelnatur der Lichenen hätte schließen können. Dieser Gedanke tauchte aber nicht auf, sondern man versuchte, dem übereinstimmenden Aussehen beim Aufstellen neuer Systeme Rechnung zu tragen. NYLANDER (1858) kam in seiner Synopsis zu einem originellen Einteilungsprinzip. Nach seiner Ansicht bilden die Lichenen eine Gruppe, welche als Zwischenglied die Algen mit den Pilzen verbindet. An den Anfang seines Systems der Flechten stellte er daher die algenähnlichen Lichenen, ließ dann die höher und höchst differenzierten Blatt- und Strauchflechten folgen und brachte zum Schluß die primitiven pilzähnlichen Formen.

PAYER reihte bereits 1850 auf Grund der übereinstimmenden Fruchtkörper die Flechten bei den Pilzen ein. SCHACHT stellte 1852 fest, daß die Pilze sich weder morphologisch noch anatomisch von den Flechten trennen lassen.

FAMINTZIN und BORANETZKY gelang 1867 die Isolierung und Weiterzüchtung einiger Flechtenalgen, der sogenannten Gonidien. Bei Kulturversuchen beobachteten die Forscher die Bildung von Zoosporen und stellten die Identität der Gonidien mit bestimmten Algen fest. Aus diesen Befunden zogen sie allerdings den falschen Schluß, daß die Algen nichts weiter seien als frei lebende Flechtengonidien, eine Ansicht, die von vielen anderen Lichenologen, z. B. auch von NYLANDER, geteilt wurde. Im Anschluß an BAYRHOFFERS Studien glaubte man allgemein, daß die Gonidien von den „Faserzellen" der Flechten (den Pilzhyphen) abgeschnürt würden.

Es war der bekannte deutsche Mykologe DE BARY, der 1866 in seinem Buch über die Morphologie der Pilze erstmals klar den Gedanken äußerte, die Gallertflechten könnten aus Pilzen und Algen zusammengesetzt sein. Zu der gleichen Anschauung kam der Schweizer

SCHWENDENER (1868). In seiner berühmten Schrift aus dem Jahre 1869 spricht er dann die Vermutung aus, daß nicht nur die Gallertflechten, sondern auch alle anderen Flechten aus Pilzen bestünden, die in Symbiose mit Algen leben und von ihnen ernährt werden[374].

SCHWENDENERS revolutionäre Theorie von der Doppelnatur der Flechten war zunächst heftig umstritten. Insbesondere die älteren Lichenologen wie NYLANDER und KOERBER blieben Gegner der neuen Lehre. Noch 1953[369] erschien eine letzte Gegenschrift, in der ernsthaft versucht wurde, die Entstehung der Gonidien aus den Pilzhyphen zu beweisen. Nach wiederholter erfolgreicher Kultivierung der isolierten Symbiosepartner zweifelt heute sonst niemand mehr an der Richtigkeit der Theorie.

Von 1870 bis zur Gegenwart

Die neue Erkenntnis über die Doppelnatur der Lichenen belebte die Flechtenforschung auf allen Gebieten. Neben der einfachen Beschreibung neuer Arten, bis 1870 waren über 6000 Flechten — darunter auch zahlreiche außereuropäische Arten — bekannt, wurden auch völlig neue Untersuchungsmethoden angewandt.

Der Physiologe KNOP erkannte, daß bestimmte Flechtenstoffe für bestimmte systematische Gruppen charakteristisch sind und für die Identifizierung steriler Proben eine Bedeutung haben können. NYLANDER führte die Verwendung von Reagenzien für die Bestimmung von Flechtenarten ein. Eine Reihe von Flechtenstoffen gibt mit einfachen Reagenzien wie Kalilauge eine charakteristische Farbreaktion (vgl. S. 172 f.).

In dieser Zeit entstanden auch die ersten entwicklungsgeschichtlichen Studien. STAHLS[392] Entdeckung der Ascogone folgte eine Reihe von Arbeiten über den Bau und die Ontogenie der Fruchtkörper (KRABBE, BAUR u. a.). Es gelang STAHL[392] auch bereits 1877 die erste Kultur einer Flechte *(Endocarpon pusillum)* von Spore zu Spore. Diese Ergebnisse wurden später angezweifelt oder ignoriert und erst in jüngster Zeit durch die Nachuntersuchung von BERTSCH und BUTIN[40] bestätigt.

REINKES (1894—1896) phylogenetische Betrachtungsweise bildete die Grundlage für eine neue Klassifizierung der Flechten (ZAHLBRUCKNER). Während bis dahin Arten mit gleichem Habitus des Thallus meist in einer systematischen Gruppe zusammengefaßt wurden, stellte REINKE Entwicklungsreihen aus Flechten mit gleichem Fruchtkörpertyp auf, die eine fortschreitende Differenzierung von krustigen über blättrige zu strauchigen Formen zeigten.

Mit der zunehmenden Spezialisierung in der biologischen Forschung seit Anfang dieses Jahrhunderts begann auch die Lichenologie sich in verschiedene Forschungsrichtungen aufzugliedern. Schon Ende des 19. Jahrhunderts führte die zunehmende Artenkenntnis zu zahlreichen floristischen Arbeiten in allen Ländern. Die Flechtenstoffe wurden zu dieser Zeit von Zopf und Hesse bearbeitet.

Nach 1900 setzte die pflanzengeographisch-ökologische Betrachtungsweise ein, die besonders von der schwedischen Schule betrieben wurde. In den dreißiger Jahren folgten soziologische Studien über die Flechtengesellschaften.

Heute umfaßt die Lichenologie viele wichtige Forschungsrichtungen. Untersuchungen über die isolierten Symbiosepartner und ihre Synthese sind besonders aktuell. Im Zusammenhang damit wird die Stoffwechselphysiologie der Bionten und der intakten Flechten erforscht. Die experimentelle Ökologie beschäftigt sich vor allem mit der Anpassung der Flechten an extreme Standortsbedingungen. Dazu gehört auch die überaus große Empfindlichkeit der Flechten gegen Luftverschmutzung. Eine Reihe von Ergebnissen über die Feinstruktur der Bionten wurde bereits mit Hilfe des Elektronenmikroskops gewonnen. Auch die Flechtenchemie hat seit den ersten Veröffentlichungen zu Beginn dieses Jahrhunderts einen großen Aufschwung genommen. In modernen systematischen Arbeiten bemüht man sich, die neuen Erkenntnisse der Pilzklassifizierung auf die Flechten zu übertragen.

2

Zusammensetzung und Entstehung der Flechten

Komponenten

Der geschichtliche Rückblick auf die lichenologische Forschung zeigte, daß man früher noch nicht recht zwischen den verschiedenen Gruppen der Thallophyten zu unterscheiden wußte. Deshalb stellte man die Flechten bald zu den Algen und bald zu den Moosen, bevor man sie später als eigene Gruppe behandelte (S. 2).

Im Grunde werden die Flechten als Gruppe nicht durch systematische Kriterien, sondern durch ihre Lebensweise zusammengehalten. Nannfeldt[291] wies 1932 zu Recht darauf hin, daß die Flechten lediglich eine ernährungsbiologische Gruppe der Pilze sind. Dann ist es aber weniger sinnvoll, die Flechten zu einer eigenen Abteilung des Pflanzenreiches zu erklären, da Merkmale, die die Lebensweise betreffen, auch in anderen Fällen nicht für die Aufstellung systematischer Gruppen verwandt werden.

Für die meisten Flechtenpilze ist die Symbiose mit Algen obligat, d. h. die Mycobionten können als algenfreies Mycel in der Natur nicht existieren oder jedenfalls keine Fruchtkörper bilden. Im Labor kann man die isolierten Mycobionten kultivieren, indem man sie mit organischen Nährstoffen versorgt, die sie sonst von den Algen erhalten. Auch dann bildet der Pilz jedoch nur in seltenen Fällen einen richtigen Thallus. Gewöhnlich wächst er als undifferenzierter Mycelklumpen. Eine Bildung von Fruchtkörpern wurde unter solchen Umständen nur vereinzelt beobachtet (S. 211).

Die Phycobionten kommen dagegen in der Natur meistens frei vor. Durch die Symbiose wird die Bildung von Zoosporen und Gameten unterdrückt, sie tritt bei der Kultur der isolierten Phycobionten wieder auf. Die Anpassungen der Alge an die Symbiose sind nicht fixiert, sondern werden durch den Dualismus erzwungen. Außerhalb der Symbiose unterscheiden sich die Algen nicht von den frei lebenden Exemplaren der gleichen Art.

Mycobionten

Lichenisierte Vertreter sind aus allen drei großen Gruppen der Pilze, den Phycomyceten, Ascomyceten und Basidiomyceten bekannt.

Phycomyceten-Flechten sind sehr selten. Es gibt nur eine einzige Art, *Geosiphon pyriforme,* die sich von allen anderen Flechten dadurch unterscheidet, daß die Algen bei ihr in blasenförmigen Anschwellungen der Pilzhyphen leben (Abb. 13.60). Es handelt sich also um eine **Endosymbiose.** Bei allen anderen Flechten liegen die Algen zwischen den Hyphen, und man spricht von **Exosymbiosen.**

Zu den **Ascomyceten-Flechten** gehört der weitaus größte Teil der etwa 16 000 bekannten Lichenen. Die Zahl der Ascomyceten-Flechten ist so viel größer als die anderer Gruppen, daß alle Angaben, die gemeinhin über „Flechten" gemacht werden, sich auf diese Lichenen beziehen.

Basidiomyceten-Flechten sind bisher nur in geringer Zahl beschrieben worden. In den letzten Jahren wurde überraschend eine größere Anzahl dieser Flechten entdeckt, darunter einige nur schwach lichenisierte Formen. Pilz und Alge bilden hier auf dem Substrat meist eine dünne, leicht übersehbare Schicht, aus der Fruchtkörper hervorwachsen, die oft algenfrei sind und einem normalen Basidiomyceten-Fruchtkörper entsprechen.

Imperfekte Flechten sind nur steril bekannt, und ihre systematische Stellung ist deshalb unklar (S. 415 ff.).

Phycobionten

Die Phycobionten gehören zu recht unterschiedlichen Verwandtschaftsgruppen. Neben Vertretern der eukaryotischen *Chlorophyceae* (Grünalgen) und *Xanthophyceae* kommen auch häufig prokaryotische *Cyanophyta* (Blaualgen) vor.

Definition einer Flechte

Wir haben gesehen, daß recht unterschiedliche Pilze mit ganz verschiedenen Algen Flechten bilden können. Wie können wir nun eine Flechte definieren? Ist jedes Zusammenleben von Pilz und Alge eine Flechte?

Die Frage ist unterschiedlich beantwortet worden. TOBLER[410] (1934) nennt folgende vier Kriterien, die eine Flechte charakterisieren:

1. Eine enge Bindung der beiden Partner, wobei der Pilz die Alge umklammert, umspinnt und sogar in sie eindringt, vermutlich um einen intensiven Stoffaustausch zu ermöglichen.
2. Entstehung eines neuen morphologischen Gesamtbildes. Der Habitus der Flechte weicht von dem nah verwandter Pilze ab.
3. Physiologischer Erfolg der Symbiose.
4. Besondere vegetative Vermehrung.

AHMADJIAN[6] (1965) schließt sich in etwa dieser Definition an. Er möchte den Terminus „Flechten" auf diejenigen Assoziationen von Pilzen und Algen beschränken, die eine neue, vom Habitus der getrennten Partner unterschiedliche, morphologische Einheit bilden. Bewußt schließt er damit einen Teil der imperfekten Flechten und die Basidiomyceten-Flechten aus. Morphologisch nicht differenzierte Vergesellschaftungen zwischen Pilzen und Algen, die entweder eine Vorstufe oder degenerierte Flechten darstellen, will er als flechtenähnliche Assoziation bezeichnet wissen.

QUISPEL[316] (1959) sieht die Probleme von der physiologischen Seite und faßt den Begriff der Flechte sehr weit, indem er alle Vergesellschaftungen von Pilzen und Algen mit einbezieht, die regelmäßig vorkommen und eine funktionelle Beziehung zwischen den beiden Partnern aufweisen. Vorstufen und Degenerationserscheinungen sind in diese Definition ebenso eingeschlossen wie auch die Parasymbionten der Flechten und parasitisch auf Algen lebende Pilze (S. 189 ff.).

Unsere Definition einer Flechte ist ein Kompromiß zwischen diesen verschiedenen Möglichkeiten. Zu den Flechten rechnen wir alle Pilze, die obligat für ihre Ernährung an bestimmte Algen gebunden sind und mit diesen eine morphologisch-physiologische Einheit bilden. Der

Habitus der Flechte kann, muß aber nicht von der Gestalt der beiden frei lebenden Partner verschieden sein. Ebenso sind die Bildung spezifischer Flechtenstoffe und die Entwicklung vegetativer Vermehrungsorgane nicht unbedingt notwendige Kennzeichen einer Lichenisierung (vgl. auch S. 189 f.).

In dieser Definition sind die imperfekten Lichenen und Basidiomyceten-Flechten mit eingeschlossen. Nicht zu den Flechten rechnen wir Pilze, die zufällig mit irgendwelchen Algen vergesellschaftet sind, Flechtenvorstufen und Degenerationserscheinungen sowie saprophytisch und parasitisch auf Algen lebende Pilze.

In diesem Buch wird eine Anzahl von Arten, bei denen eine Lichenisierung bisher nicht mit Sicherheit nachzuweisen war, erwähnt, wenn die anderen Vertreter der Gattungen typische Flechten sind. Es ist beispielsweise bei manchen Arten der Familien *Arthoniaceae, Graphidaceae, Pyrenulaceae* und *Physciaceae* sowie bei zahlreichen Vertretern der Ordnung der *Caliciales* sehr schwer festzustellen, ob ein enger Kontakt mit den Algen vorliegt oder nicht.

Entstehung der Flechten

Da kaum paläontologische Flechtenfunde vorliegen, können wir uns über die Phylogenie der Lichenen nur hypothetische Vorstellungen machen.

Die lichenisierten Basidiomyceten unterscheiden sich im allgemeinen recht wenig von ihren nicht lichenisierten nächsten Verwandten. Nur in seltenen Fällen bilden Hyphen und Algen einen so andersartigen Thallus, daß man zunächst nicht auf den Gedanken kommt, es könne sich hierbei um eine Basidiomyceten-Flechte handeln. Es steht bei diesen Formen außer Zweifel, daß die saprophytischen Basidiomyceten phylogenetisch älter sind. Erst sekundär gingen einige von ihnen zur symbiotischen Lebensweise über. Übergangsformen zwischen saprophytischen und lichenisierten Basidiomyceten wurden neuerdings verschiedentlich entdeckt (S. 409 f.).

Anders liegen die Verhältnisse bei den Ascomyceten-Flechten, die im Unterschied zu den frei lebenden Pilzen oft riesige, hoch differenzierte Thalli entwickeln (z. B. *Sticta, Lobaria, Nephroma* usw.). Im allgemeinen nimmt man auch hier an, daß zunächst saprophytische Ascomyceten von recht primitiver Gestalt entstanden sind. Die abweichende Form des Lagers wäre dann während einer sehr langen stammesgeschichtlichen Entwicklung in Symbiose mit den Algen gebildet worden.

In seinen interessanten Abhandlungen stellt CHURCH[61] eine abweichende Hypothese zur Debatte. Er vermutet, daß die Flechtenpilze phylogenetisch älter sind und andere Vorfahren haben als die heute lebenden saprophytischen Ascomyceten, die „dekadenten saprophytischen Formen", wie er sie nennt. Als Ausgangsform für die Mycobionten nimmt er Algen an, die noch älter sind als die Florideen. Diese hätten ihre Fähigkeit zur autotrophen Lebensweise verloren und wären zu Saprophyten geworden, die unter subaerialen Bedingungen Algen gefangen hätten und dann zum Landleben übergegangen wären. Diese hypothetischen Organismen hätten ein gut entwickeltes Lager besessen. Thalli mit zahlreichen Apothecien wären demnach ursprünglicher als ein *Peziza*-Fruchtkörper. Die bisherigen ontogenetischen Ergebnisse sprechen jedoch nicht für die allgemeine Gültigkeit von Churchs Hypothese.

Eine allmähliche Entwicklung von krustigen zu blatt- und strauchähnlichen Formen, wie Reinke[322] sie annimmt, erscheint plausibel. Allerdings ist die Spitzenstellung der Strauchflechten als am höchsten entwickelte Form zweifelhaft. Zum Beispiel kommen Cyphellen, ganz speziell differenzierte Durchlüftungsorgane (S. 63 ff.), nur bei den Laubflechten, jedoch nicht bei den Strauchflechten vor.

Eine Lichenisierung läßt sich heute noch in der Natur beobachten. Soweit die Flechtensporen keimfähig sind, wachsen sie zu einem Mycel aus. Die Hyphen umspinnen die Algen, die ihnen im Weg liegen oder die auf sie fallen. Die Sporen können auch auf eine Gallertkolonie der Blaualgen fallen. Sie keimen aus und durchziehen die Gallerte mit ihren Hyphen. In beiden Fällen können im Laufe der Phylogenie zunächst verschiedene Algenarten ausgenutzt worden sein, die wahrscheinlich anfangs abgetötet wurden. Ein weniger harter Eingriff von seiten des Pilzes oder das Zusammentreffen mit einer besonders resistenten Algenart würde dazu geführt haben, daß ein Teil der Algen im Pilzmycel überlebte und sich durch Teilung vermehren konnte. Allmählich könnte sich so eine Abhängigkeit des Pilzes von einer bestimmten Algenart entwickelt haben, bis ein ausbalanciertes Zusammenleben entstand. Durch noch unbekannte morphogenetische Einflüsse kann es dann zur immer weitergehenderen Differenzierung des Thallus gekommen sein. Die ursprünglichen Beziehungen des Pilzes zur Alge können sowohl saprophytisch als auch parasitisch gewesen sein. Auch sekundär können Flechtenpilze wieder zu Saprophyten oder Parasiten werden (S. 205 f.).

Diese Entwicklungstheorie besagt natürlich nicht, daß die heutigen Krustenflechten die Anfangsstadien einer Lichenisierung darstellen und phylogenetisch junge Flechten sind. Sie besitzen wohl eine primitive Struktur, aber von den heute lebenden Formen haben sicherlich viele ein hohes stammesgeschichtliches Alter.

Als phylogenetisch am weitesten entwickelt können Flechten mit speziellen vegetativen Vermehrungsorganen gelten, besonders Arten, bei denen gleichzeitig die generative Fortpflanzung des Mycobionten verloren geht. Bei solch einer Rückbildung reifen die Sporen nicht mehr aus oder werden nicht mehr ausgeschleudert. Schließlich werden überhaupt keine Fruchtkörper mehr gebildet.

3 Thallus

Phycobionten

Rund 30 Algengattungen hat man bisher als Phycobionten in Flechten gefunden, zwei Drittel davon sind Grünalgen, ein Drittel Blaualgen. Der weitaus größte Teil der Arten sind Süßwasserformen. Tab. 3.1 gibt eine Übersicht über die als Phycobionten bekannten Algengattungen und über die Flechten, in denen sie vorkommen (die Cephalodien-Algen sind nicht berücksichtigt).

Tabelle 3.1 **Übersicht über die Algengattungen, die in Flechten als Phycobionten vorkommen** (nach AHMADJIAN, verändert)

Algengattungen	Flechtengattungen
I. Cyanophyta (Blaualgen)	
A. Chroococcales	
1. Chroococcus	Phylliscum, Pyrenopsidium
2. Gloeocapsa	Gonohymenia, Peccania, Psorotichia, Pyrenopsis, Synalissa, Thallinocarpon, Thyrea
B. Chamaesiphonales	
1. Hyella	Arthopyrenia
C. Hormogonales	
1. Calothrix	Calotrichopsis, Lichina, Porocyphus
2. Dichothrix	Lichina, Placynthium
3. Nostoc	Hydrothyria, Lempholemma, Arctomiaceae, Collemataceae, Pannariaceae, Peltigeraceae
4. Scytonema	Coccocarpia, Cora, Dictyonema, Erioderma, Heppia, Koerberia, Lichenothrix, Lichinodium, Parmeliella, Petractis, Polychidium, Thermutis, Vestergrenopsis, Zahlbrucknerella
5. Stigonema	Ephebe, Spilonema
II. Chlorophyta (Grünalgen)	
A. Chlorococcales	
1. Chlorococcum	Conotrema, Bacidia
2. Chlorella	Calicium, Lecidea, Lepraria
3. Coccomyxa	Baeomyces, Coriscium, Epigloea, Icmadophila, Multiclavula, Omphalina, Peltigera, Solorina
4. Gloeocystis	Gloeolecta, Gyalecta

Fortsetzung Tabelle 3.1

Algengattungen	Flechtengattungen
5. Myrmecia	Bacidia, Catillaria, Dermatocarpon, Lecidea, Phlyctis, Psoroma, Sarcogyne, Verrucaria, Lobaria
6. Pseudochlorella	Lecidea
7. Trebouxia	Alectoria, Buellia, Caloplaca, Cetraria, Cladonia, Conotrema, Lecanora, Lecidea, Parmelia, Physcia, Ramalina, Stereocaulon, Umbilicaria, Usnea, Xanthoria
8. Trochiscia	Polyblastia
B. Ulotrichales	
1. Cephaleuros	Raciborskiella, Strigula
2. Chlorosarcina	Lecidea
3. Coccobotrys	Lecidea, Verrucaria
4. Leptosira	Thrombium
5. Phycopeltis	Arthonia, Mazosia, Opegrapha, Porina, Trichothelium
6. Physolinum	Coenogonium
7. Pleurococcus	Dermatocarpon, Endocarpon, Lecidea, Maronella, Polyblastia, Staurothele, Thelidium, Verrucaria
8. Pseudopleurococcus	Verrucaria
9. Stichococcus	Calicium, Chaenotheca, Coniocybe, Lepraria
10. Trentepohlia	Chaenotheca, Cystocoleus, Arthoniaceae, Dirinaceae, Graphidaceae, Gyalectaceae, Lecanactidaceae, Opegraphaceae, Pyrenulaceae s.l., Roccellaceae
III. Xanthophyta	
A. Heterotrichales	
1. Heterococcus	Verrucaria
IV. Phaeophyta	
A. Ectocarpales	
1. Petroderma	Verrucaria

Es ist nicht leicht, die Algen einer Flechte zu bestimmen, da sie im Thallus oft deformiert sind und, soweit es sich um Grünalgen handelt, gewöhnlich keine beweglichen Fortpflanzungsstadien entwickeln. Eine genaue Identifizierung ist nur durch die Kultur der isolierten Phycobionten möglich[129, 414]. Vielfach erhält man auch dann nur Aufschlüsse über die Gattungszugehörigkeit, weil sowohl die fädigen Blaualgen wie die einzelligen Grünalgen selbst für den Algologen nicht einfach zu unterscheiden sind. Da eine Untersuchung mit den modernen Methoden der Algologie bisher nur selten geschehen ist, müssen die meisten Literaturangaben über das Vorkommen von Flechtenalgen mit einer gewissen Vorsicht betrachtet werden.

Es besteht ein Zusammenhang zwischen dem Vorherrschen bestimmter Algen als Phycobionten und der geographischen Verbreitung der Flechten. In der gemäßigten Zone (Skandinavien) findet man 8 % Blaualgen-Flechten, 9 % Flechten mit Trentepohliaceen und 83 % mit den übrigen Grünalgen. In den Tropen enthalten 5 bis 10 % der Flechtenarten Blaualgen als Phycobionten, 90 bis 95 % zu gleichen Teilen Trentepohliaceen und die restlichen Grünalgen[355]. Die Flechten mit Blaualgen, die sogenannten Cyanophilen, sind in allen Breiten bei weitem in der Minderzahl.

Die meisten Phycobionten kommen frei in der Natur vor, einige dagegen sind bisher nur aus Flechten bekannt, z. B. die Gattung *Coccobotrys* und Arten von *Trebouxia* und *Coccomyxa*[254].

Vermehrung der Algen im Thallus

Innerhalb des Thallus vermehren sich die Blaualgen durch Zellteilung oder Akineten. Die Grünalgen vermehren sich in der Flechte durch Teilung und Bildung von Aplanosporen. Die Aplanosporen der *Chlorococcales*, die genau so gebaut sind wie die Mutterzelle, nennt man Autosporen. Die Entwicklung beweglicher Fortpflanzungszellen wurde im Thallus bisher nur bei wenigen epiphyllen Flechten mit Trentepohliaceen als Phycobionten beobachtet[355]:

Cephaleuros virescens bildet im Lager von *Strigula complanata* die charakteristischen „Hakensporangien" (Gruppe von Zoosporen auf haarähnlichen Bildungen), *Phycopeltis expansa* entwickelt in *Microtheliopsis uleana* sowohl Zoosporangien als auch Gametangien.

Beschreibung der Phycobionten[8, 254]

Die symbiotischen Algen sind einzellig, fädig oder scheibenförmig. Die fädigen Algen können unter dem Einfluß des Pilzes bis zur Unkenntlichkeit verformt oder in Einzelzellen gespalten sein. Besonders interessant ist der unterschiedliche Einfluß, den Mycobionten verschiedener systematischer Verwandtschaftsgruppen auf eine bestimmte Algengattung ausüben. Es lassen sich sowohl unterschiedliche Veränderungen durch Pilze aus derselben Familie feststellen als auch durch verschiedene Arten einer Gattung.

Die systematische Stellung der Phycobionten geht aus Tab. 3.1 hervor. Wir fassen für unsere kurze vergleichende Beschreibung die Algen innerhalb der Gruppen nach ihrem Erscheinungsbild im Thallus zusammen.

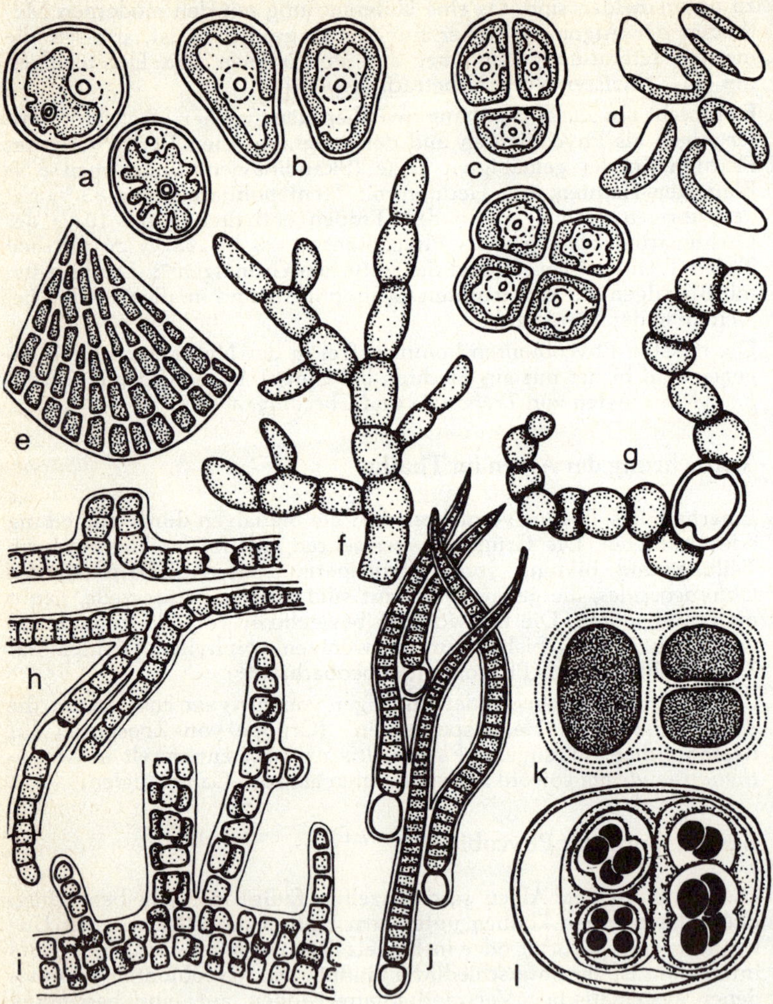

Abb. 3.1 Algengattungen, die häufig als Phycobionten in Flechten vorkommen. a–f) Grünalgen: a) *Trebouxia*; b) *Myrmecia*; c) *Pleurococcus*; d) *Coccomyxa*; e) *Phycopeltis*; f) *Trentepohlia*. g–l) Blaualgen: g) *Nostoc*; h) *Scytonema*, i) *Stigonema*; j) *Dichothrix*; k) *Chroococcus*; l) *Gloeocapsa* (aus V. Ahmadjian: The Lichen Symbiosis. Blaisdell, Waltham/Mass. 1967; V. Ahmadjian: Phycologia 6 [1967] 127; i aus A. Henssen: Symb. Bot. Upsal. 18, 1 [1963] 1).

Einzellige Grünalgen

Die wichtigsten hierher gehörenden Formen sind in Abb. 3.1 zusammengestellt.

Chlorococcales

Trebouxia ist wahrscheinlich die häufigste symbiotische Alge überhaupt. Sie ist Phycobiont in vielen Blatt- und Strauchflechten, z. B. in der überaus artenreichen Gattung *Parmelia*, ferner in den Großgattungen der Krustenflechten *Caloplaca*, *Lecidea* und *Lecanora*[7].

Trebouxia ist an dem großen zentral gelagerten Chromatophor mit zentralem Pyrenoid zu erkennen.

Man kann zwei Gruppen von *Trebouxia*-Arten unterscheiden, die eine mit einem stark gelappten, die andere mit einem mehr glatten Chromatophor[7] (Abb. 3.1 a). Es scheint allerdings auch Übergangsformen zu geben[102]. Gruppe I ist besonders in den strauchigen Flechten *Cladonia* und *Stereocaulon* zu finden, Gruppe II in den Parmeliaceen und in Krustenflechten. Im Thallus vermehren sich die Algen durch die Bildung von Aplanosporen, bei der Kultur im Labor entstehen daneben auch Zoosporen.

Ihr langsames Wachstum und niedriges Lichtoptimum machen *Trebouxia* geeignet für das Leben im Flechtenthallus. Es wird bezweifelt, daß die Alge überhaupt völlig frei, ohne Assoziation mit Pilzhyphen, in der Natur vorkommt[8]. Einige *Trebouxia*-Arten sind jedenfalls bisher nur aus Flechten bekannt. Wieweit es sich hierbei wirklich um gut begrenzte Arten und nicht nur um physiologische Rassen handelt, ist ungeklärt.

Die Mycobionten der Krustenflechten senden meist intrazelluläre Haustorien in Zellen von Trebouxia, während der Kontakt in den hoch differenzierten Blatt- und Strauchflechten lockerer ist und sich auf ein Anlegen der Hyphen an die Algenzellen bzw. die Bildung von intramembranösen Haustorien beschränkt (S. 25 ff.).

Trochiscia besitzt wie *Trebouxia* ein zentrales Chromatophor mit Pyrenoid, unterscheidet sich aber durch Membranwarzen am oberen Pol der Zelle. Die Gattung ist bisher nur als Phycobiont der Flechtengattung *Polyblastia* bekannt[413].

Myrmecia ist ein häufiger Phycobiont in Krustenflechten. Die Alge ist in der freien Natur durch ein parietales topf- oder glockenförmiges Chromatophor mit zwei tiefen Einschnitten und durch das Fehlen eines Pyrenoids charakterisiert (Abb. 3.1 b). Im Thallus ist die Gestalt des Chromatophors stark abgewandelt. Es ist zentralständig, gelappt, gefaltet und mit Leisten versehen. Die Alge kann deshalb leicht mit einer *Trebouxia* verwechselt werden.

Die Faltung des Chromatophors ist keine pathologische Erscheinung, sondern eine Eigentümlichkeit symbiotischer Algen. Bei *Myrmecia biatorellae* haben bereits ganz junge Autosporen ein faltiges Chromatophor[129].

Der Kontakt zwischen *Myrmecia*-Algen und den Mycobionten ist recht unterschiedlich. Meist werden die Algenzellen von den Pilzhyphen nur umsponnen, manche Mycobionten bilden jedoch intramembranöse oder intrazelluläre Haustorien.

Im Thallus vermehrt sich *Myrmecia* nur durch Aplanosporen, in der Kultur auch durch Zoosporen.

Es ist interessant, daß eine einzige Algenart in Flechten ganz verschiedener Standorte vorkommt. *Myrmecia biatorellae* ist der Phycobiont in der Wasserflechte *Verrucaria submersella*, in der auf Silikatgestein in Felsspalten wachsenden *Sarcogyne simplex*, in *Sarcogyne pruinosa* auf trokkenem Kalk und in *Lecidea berengeriana*, die Moose und Detritus überwächst.

Chlorella, die sehr häufig in freilebender Form vorkommt, wurde bisher nur in einigen Krustenflechten als Phycobiont festgestellt. Wahrscheinlich hat man sie vielfach verkannt und für *Pleurococcus* gehalten, vor allem weil die Zellen durch die Lichenisierung enorm vergrößert sein können. Sie ist an dem becherförmigen Chromatophor mit Pyrenoid zu erkennen.

Pseudochlorella, ein Phycobiont von *Lecidea*-Arten, besitzt einen plattenförmigen Chloroplasten mit schalenförmigem Pyrenoid. Die Zellen werden manchmal durch Schleimhüllen in Kolonien zusammengehalten.

Gloeocystis hat ebenso wie *Chlorella* einen becherförmigen Chloroplasten mit Pyrenoid. Die Zellen werden durch Gallerthüllen vereinigt, die im Unterschied zu *Pseudochlorella* nicht zusammenfließen.

Coccomyxa wurde u. a. als Phycobiont in der Blattflechtenfamilie der *Peltigeraceae* sowie in einer Reihe von Basidiomyceten-Flechten gefunden. Die Zellen sind länglich und haben ein parietales Chromatophor meist ohne Pyrenoid sowie häufig eine dicke Schleimhülle (Abb. 3.1 d). Arten, die auch freilebend gefunden wurden, bilden in Kultur Gallertkolonien, während Arten, die nur aus Flechten bekannt sind, keine derartigen Kolonien formen.

Coccomyxa wird im Unterschied zu den anderen Phycobionten durch den Pilz relativ wenig verändert. Die Pilzhyphen umspinnen oder umklammern die Algenzellen, ein Eindringen von Haustorien in die Zellen ist eine Ausnahmeerscheinung.

Ulotrichales

Chlorosarcina wurde als Phycobiont von *Lecidea* nachgewiesen. Die Zellen liegen in einer Gallertmasse zu Kolonien vereinigt.

Pleurococcus (= Protococcus) ist ein häufiger Symbiont in Krustenflechten. Wie bei *Myrmecia* kommt oft die gleiche Algenart als Phycobiont in Flechten verschiedener Standorte vor. Im Thallus der Flechten sehen die Algen recht uneinheitlich aus, während in Kultur die Unterschiede verschwinden. Die Vermehrung erfolgt nur durch Zweiteilung. Die Zellen bleiben dabei oft in Fäden oder Paketen aneinander haften (Abb. 3.1 c). Das Chromatophor ist becherförmig und besitzt ein Pyrenoid. Die Mycobionten dringen meist mit intrazellulären Haustorien in die Algenzellen ein, wodurch normalerweise die Algen absterben. Bei einigen *Lecidea*-Arten scheinen sie jedoch nicht geschädigt zu werden[127].

Die *Coccobotrys*-Zellen werden durch zusammenfließende Gallerte in ähnlichen Fäden und Zellpaketen vereinigt wie *Pleurococcus*. Das Chromatophor ist im Unterschied zur vorhergehenden Gattung plattenförmig. In Kultur vermehrt sich die Alge durch Zoosporen und Aplanosporen. *Coccobotrys* ist nur aus Flechten bekannt.

Verzweigte, fädige Grünalgen, im Flechtenthallus meist einzellig

Stichococcus wurde als Phycobiont in vielen Arten der Krustenflechtenfamilie der *Caliciaceae* und in imperfekten Flechten gefunden. Die relativ kleinen Zellen sind länglich und haben ein wandständiges Chromatophor ohne Pyrenoid. Eine Schleimhülle fehlt. Die Fäden zerfallen leicht in Einzelzellen. Im Flechtenthallus findet man gewöhnlich einzelne Fadenbruchstücke. Die Algen vermehren sich nur durch vegetative Teilung. Zoosporen, Aplanosporen und Gameten sind unbekannt.

Leptosira, bisher nur aus der Flechte *Thrombium* bekannt, liegt im Thallus in Einzelzellen vor. In Kultur bilden die Algen dagegen reich verzweigte Fäden.

Pseudopleurococcus ist eine polymorphe Alge, die zunächst einen verzweigten Faden bildet. Sekundär lagern sich die Zellen zu einem Pseudoparenchym zusammen. Die Alge vermehrt sich nur vegetativ durch Teilung.

Fädige oder plattenförmige Grünalgen

Die vier Gattungen der Trentepohliaceen (*Cephaleuros, Phycopeltis, Physolinum* und *Trentepohlia*) sind in vielen Flechten formbestimmend, d. h. die Pilze verändern so wenig die Gestalt der Alge, daß das Flechtenlager in der Form mit dem Algenthallus übereinstimmt. In anderen Lichenen werden die Algenfäden in den Thallus eingebaut und dabei in Bruchstücke oder Einzelzellen gespalten. Den Trentepohliaceen fehlt Stärke. Die Zellen sind mehr oder weniger stark mit orangenfarbigen Tropfen eines β-Carotins gefüllt. Die Zellen enthalten ein oder mehrere Chromatophoren ohne Pyrenoid.

Trentepohlia ist neben *Trebouxia* die häufigste symbiotische Alge überhaupt und kommt als Phycobiont in vielen artenreichen Krustenflechtengattungen, in den strauchförmigen Roccellaceen sowie in imperfekten Flechten vor. Die meisten Flechten mit *Trentepohlia* als Phycobiontem leben in den Subtropen und Tropen.

Bei imperfekten Flechten (*Cystocoleus* S. 417) und bei *Coenogonium*-Arten wachsen die Pilzhyphen auf den Algen entlang, ohne dabei ihre fädige Struktur zu zerstören (Abb. 3.2 c und f). Bei den anderen Flechten werden die Zellfäden in das Lager eingebaut und dabei in Bruchstücke oder gar in Einzelzellen aufgelöst.

Die *Trentepohlia-Zellen* sind relativ groß, tonnenförmig und von anderen Grünalgen durch die orangefarbigen Tropfen zu unterscheiden, die die Zellen auch im Flechtenthallus enthalten, wenn auch nicht in so großer Zahl wie in freilebenden Algen (Abb. 3.1 f).

Physolinum ist die zweite fädige Gattung der Trentepohliaceen, die als Phycobiont vorkommt, und zwar in *Coenogonium moniliforme*. Die Pilzhyphen bilden ein arachnoides Geflecht auf den kugeligen bis tonnenartigen großen Zellen (Abb. 3.2 e). Auch in diesem krustenförmigen Flechtenthallus bildet die Alge zahlreiche Aplanosporen[354].

Die Algengattungen *Phycopeltis* und *Cephaleuros* haben einen plattenförmigen Thallus. Sie sind Phycobionten in epiphyllen Flechten,

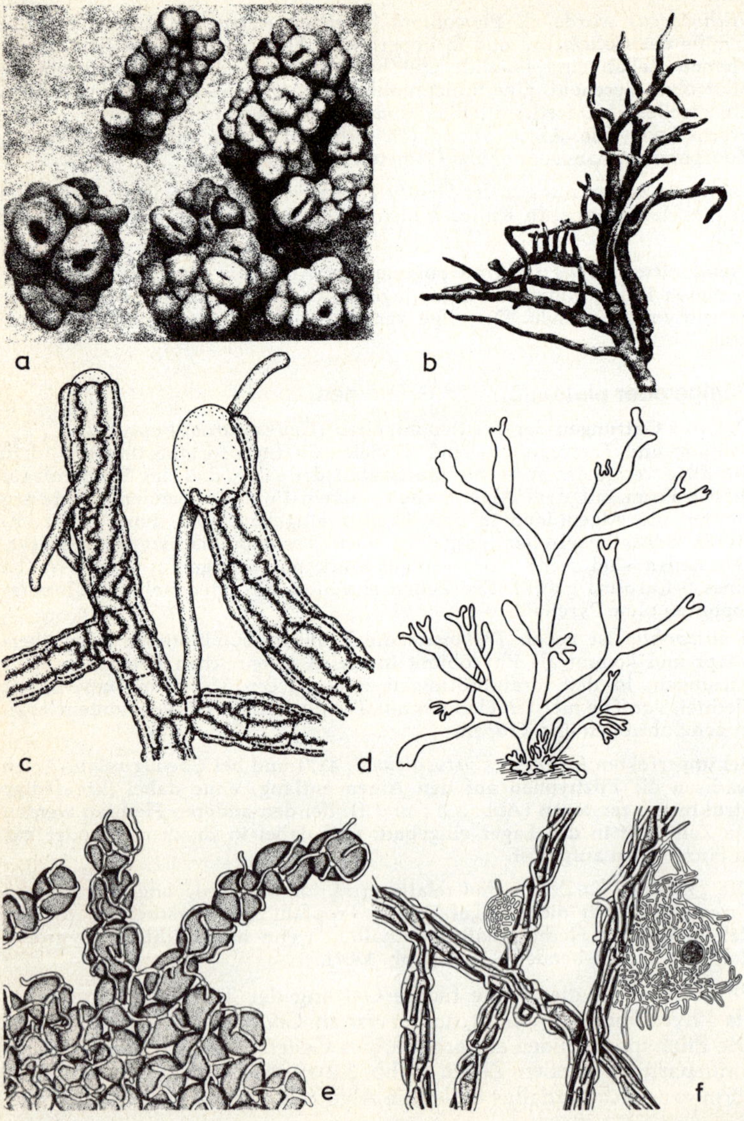

Abb. 3.2 Einfluß der Alge auf die Gestalt der Flechte. a) *Phylliscum macrosporum*, eine krustig-peltate Gallertflechte mit engmündigen

die in den Subtropen und vor allem in den Tropen auf immergrünen Blättern wachsen. Der Thallus von *Phycopeltis* (Abb. 3.1 e) ist einschichtig. Die Flechten mit *Phycopeltis* als symbiotischer Alge haben meist ebenfalls einen deutlich plattenförmigen Thallus.

Der Thallus von *Cephaleuros* ist mehrschichtig. Der Pilz greift die Alge bei *Strigula*-Arten oft stärker an und zerteilt sie. Dem Thallus wird in diesem Fall nicht mehr die scheibenförmige Gestalt der Alge aufgezwungen, so daß er radiale Loben entwickeln kann (Abb. 10.5 a). Im Unterschied zu allen anderen Phycobionten kann man bei *Phycopeltis* und *Cephaleuros* die Bildung von Zoosporangien bzw. Gametangien auch im Flechtenthallus beobachten (s. o.).

Xanthophyta

Als einzige Gattung der Xanthophyta wurde bisher *Heterococcus* als Phycobiont in zwei *Verrucaria*-Arten festgestellt. Im Flechtenthallus bildet die Alge Einzelzellen oder kurze, gestauchte Fäden, in Kultur einen reich verzweigten Thallus. Die Zellen können zehn oder mehr bandförmige Chromatophoren enthalten. Die Vermehrung erfolgt im Thallus ausschließlich durch Zweiteilung, in Kultur durch Aplanosporen und Zoosporen.

Phaeophyta

Als echter Symbiont in Flechten ist von den Braunalgen nur die Gattung *Petroderma* bekannt. *Petroderma maculiforme* wurde als Phyco-

---

Apothecien. Phycobiont ist *Chroococcus*, eine einzellige Blaualge. Junge Lagerabschnitte ähneln den Kolonien freilebender Blaualgen (25 ×). b) *Ephebe lanata*, eine haarförmige Gallertflechte mit der fädigen Blaualge *Stigonema* als Phycobiontem. Die Gestalt des Lagers wird weitgehend durch den Phycobionten bestimmt (35 ×). c) *Cystocoleus niger*, Haarflechte mit *Trentepohlia* als symbiotischer Alge. Der Mycobiont bildet mit seinen Hyphen einen geschlossenen Mantel um die fädige Grünalge. Die Form des Lagers wird durch die Alge bestimmt, die Starrheit der Fäden ist durch den Hyphenmantel des Pilzes bedingt (650 ×). d) *Jenmania goebelii*, eine Gallertflechte mit bandförmigen Loben. Phycobiont ist die einzellige Blaualge *Gloeocapsa*, die bei dieser Flechte nicht formbestimmend ist (nat. Größe). e) *Coenogonium moniliforme*, Flechte mit krustigkörnigem Lager. Phycobiont ist die Grünalge *Physolinum*, deren fädige Gestalt unter dem Angriff des Pilzes verloren geht (260 ×). f) *Coenogonium interplexum*, Haarflechte mit *Trentepohlia* als Phycobiontem. Der Pilz überzieht die Algenfäden mit lockerem Hyphengeflecht. Die Alge ist formbestimmend. Die kugeligen Anschwellungen auf den Fäden sind junge Fruchtkörperanlagen, die Verzweigungen der Alge einschließen können (in der rechten Anlage wurde ein solcher Faden im Schnitt quer getroffen, 260 ×) (a aus A. Henssen: Sv. Bot. Tidskr. 57 [1963] 145; b aus A. Henssen: Symb. Bot. Upsal. 18, 1 [1963] 1; d nach Wächter).

biont bei einer *Verrucaria*-Art gefunden[434]. Andere Biosen von Braunalgen und Flechten, z. B. *Mycosphaerella* auf *Ascophyllum* oder *Pelvetia*, gelten nicht als Flechten (S. 189 f.).

Einzellige, koloniebildende Blaualgen

Arten der Chroococcaceen sind häufige Phycobionten bei den Lichinaceen. Bei anderen Flechten kommen sie nur in Cephalodien vor (S. 65 ff.).

Die am häufigsten auftretende und bisher als einzige genauer untersuchte Gattung ist *Gloeocapsa*. Bei *Gloeocapsa* sind die Algenzellen von besonderen Schleimhüllen umgeben (Abb. 3.1 l, 3.4 a). Die Gallerte ist häufig braun, rot oder violett gefärbt. Ein Teil der Algen im Thallus ist stets von Haustorien befallen, die mehr oder weniger tief eindringen (Abb. 3.4 b und c). Ein besonders gut ausbalanciertes Gleichgewicht zwischen den beiden Symbiosepartnern zeigt sich z. B. in der Flechtengattung *Synalissa*, wo sich Alge und Haustorium synchron teilen. In die aus einer Teilung der Alge entstehenden Tochterzellen wachsen die gleichzeitig durch Teilung der Haustorialzelle entstandenen Zellen als neue Haustorien ein[127].

Gloeocapsa bewirkt zwar die gallertartige Natur des Flechtenlagers, seine Form wird jedoch bei einigen Arten vom Flechtenpilz bestimmt. So besteht das Lager bei *Pyrenopsis* aus kugeligen Häufchen, ähnlich den freilebenden *Gloeocapsa*-Kolonien, bei *Synalissa* dagegen ist der Thallus kleinstrauchig, und bei *Jenmania* besteht er aus großen bandförmigen Loben (Abb. 3.2 d).

Chroococcus unterscheidet sich von *Gloeocapsa* durch größere Zellen und durch das Fehlen von Schleimhüllen (Abb. 3.1 k). Die Alge wurde als Symbiont von *Phylliscum*-Arten und *Pyrenopsidium* beschrieben. Die Pilze entsenden wie alle Lichinaceen Haustorien in die Algenzellen. Die *Phylliscum*-Arten haben ein schildförmiges Lager (Abb. 3.2 a).

Fädige Blaualgen

Chamaesiphonales

Hyella ist der Phycobiont in zwei marinen *Arthopyrenia*-Arten. Freilebend bildet die Alge braune Überzüge auf Mollusken. Die Fäden sind teils zu einem Nematoparenchym verwachsen, teils dringen sie als perforierende Fäden tief in das kalkhaltige Substrat ein. Im lichenisierten Zustand nimmt die Alge häufig coccoide Gestalt an.

Hormogonales

Von allen Blaualgen ist *Nostoc* die am häufigsten auftretende symbiotische Alge, neben *Trebouxia* und *Trentepohlia* ist sie einer der häufigsten Phycobionten überhaupt. Sie kommt in verschiedenen Flechtenfamilien vor (Tab. 3.1). Die Arctomiaceen und Collemataceen enthalten ausschließlich *Nostoc* als Algenpartner, während bei den übrigen Familien zumindest eine große Anzahl von Arten mit dieser Algengattung in Symbiose lebt.

Nostoc ist kenntlich an den rosenkranzförmigen Zellketten mit interkalaren Heterocysten, die in eine feste Gallerte eingebettet sind (Abb. 3.1 g). Im Flechtenthallus können Dauerzellen und Hormogonien gebildet werden. Heterocysten und Dauersporen sind keimend im Flechtenlager beobachtet worden.

Die Beziehungen zwischen den beiden Bionten reichen von völliger Kontaktlosigkeit über Befallshyphen bis zu intramembranösen und intrazellulären Haustorien (S. 25 ff.). Ebenso unterschiedlich wie der Kontakt der verschiedenen Mycobionten mit den *Nostoc*-Algen ist der formgebende Einfluß dieser Alge in den von ihr mitgebildeten Flechten. In den großen Blattflechten werden die Algen eingebaut und auf eine schmale Zone im Mark begrenzt, in den Gallertflechten dagegen bildet die Alge den Hauptbestandteil des Thallus (S. 45).

Die im Flechtenlager auftretenden Rivulariaceen werden meistens als *Calothrix* bezeichnet. Durch Kulturversuche wurden aber bisher nur zwei *Dichothrix*-Arten sicher bestimmt[127, 177]. Die Rivulariaceen bestehen aus spitzenwärts verjüngten Fäden mit basalen Heterocysten (Abb. 3.1 j). *Calothrix* und *Dichothrix* unterscheiden sich durch die Art der Verzweigung und die Ausbildung der Gallertscheiden voneinander. Bei *Dichothrix* sind die Scheinverzweigungen gebüschelt angeordnet und am Grunde von einer gemeinsamen Gallertscheide umgeben. Bei *Calothrix* stehen die Scheinverzweigungen einzeln, die gemeinsame Gallerthülle fehlt.

Calothrix wurde bisher für drei Gattungen der Lichinaceen mit Vorbehalt angegeben. Eine dieser Gattungen ist *Calotrichopsis*, deren Arten habituell recht verschieden sind[166]. Bei *Calotrichopsis insignis* bildet der Thallus ein kleines Gallertpolster. Die Algen haben hierin noch weitgehend ihre ursprüngliche Gestalt bewahrt. Von den beiden anderen Arten ist die eine ausgesprochen fädig, die zweite körnig-gallertig. Der Pilz greift hier die Algen sehr viel stärker an, staucht und verbiegt ihre Fäden.

Noch stärker sind die *Calothrix*-Fäden in *Lichina*- und *Porocyphus*-Arten verformt. Die Zugehörigkeit der Phycobionten ist hier oft schwer zu erkennen.

Bei nicht marinen *Lichina*-Arten ist der Phycobiont eine Dichothrix-Art. Eine dieser Flechten ist eine der berühmten SCHWENDENERschen Beispiele, die ihm zur Demonstration ihrer Doppelnatur dienten. Die Gestalt der Alge wird in diesen Arten kaum durch den Pilz verändert (Abb. 3.3 b).

Scytonema ist der Phycobiont einer Reihe von Flechten, die zu ganz verschiedenen Verwandtschaftsgruppen gehören, z. B. zu den Lichinaceen, Coccocarpiaceen, Pannariaceen, Basidiomyceten-Flechten und zu einer imperfekten Gattung. *Scytonema*-Arten sind kenntlich an den unechten Verzweigungen (Abb. 3.1 h).

Man kann eine ganze Entwicklungsreihe fortschreitender gradueller Lichenisierung und parallel gehender Formveränderungen von *Scytonema* aufstellen. In der imperfekten Flechte *Lichenothrix* ist die Gestalt der Alge weitgehend unverändert. Die Hyphen wachsen auf der Oberfläche der Fäden (Abb. 3.3 a), und die Haustorien dringen durch

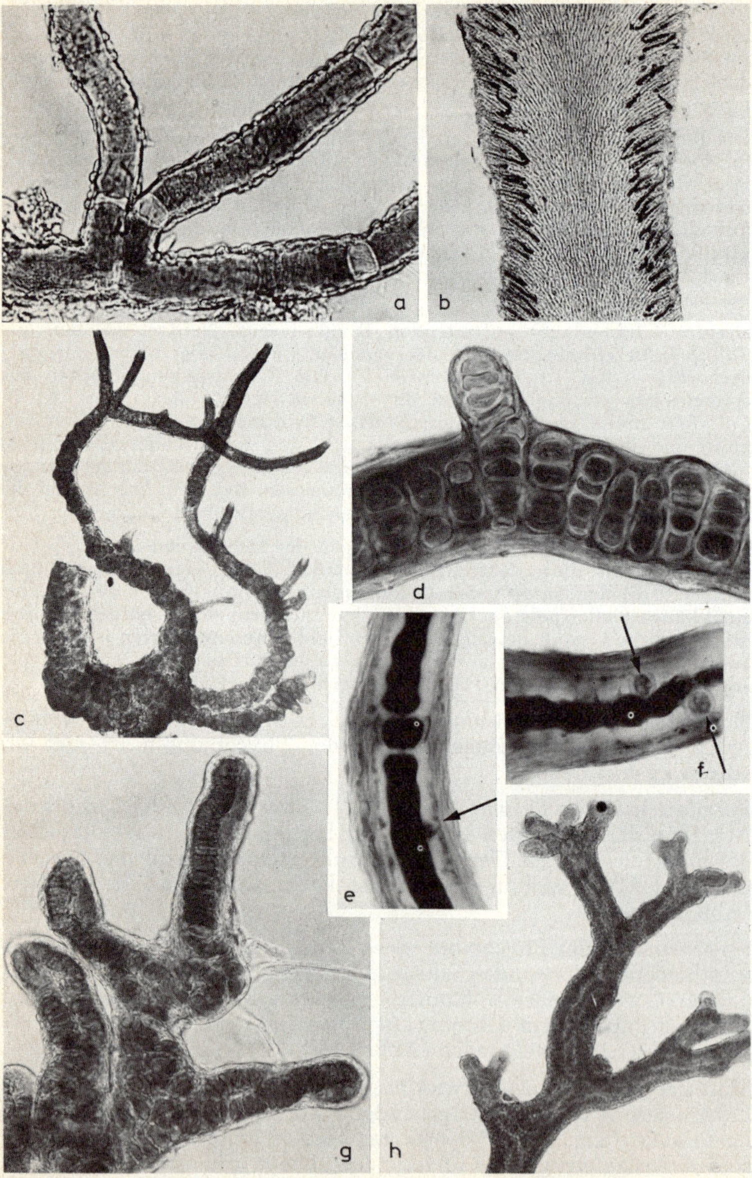

Abb. 3.3

die Gallerte bis zu den Zellen vor und dellen sie ein (Abb. 3.13 b). Bei der Lichinacee *Thermutis* verlaufen die Pilzhyphen innerhalb der Algengallerte (Abb. 3.3 e, f), Gestalt und Verzweigung der Alge bleiben auch hier erhalten. In der Flechtengattung *Zahlbrucknerella* sind die Spitzen der Scheinverzweigungen der *Scytonema*-Algen frei. Tiefer im Thallus sind die Fäden gewunden und stark zerteilt (Abb. 3.3 c), so daß man die Alge vielfach für eine *Stigonema* hielt. Bei *Lichinodium* werden die Spitzen nicht mehr frei, sondern bleiben durch das Pilzgeflecht zusammengehalten (Abb. 3.3 g). Bei *Polychidium* spiegelt die Fadenform des Thallus noch die Gestalt der Alge wieder. Das Lager ist hier hoch differenziert, und die Alge ist von außen nur noch schwach durchschimmernd zu sehen (Abb. 3.3 h). Bei *Coccocarpia* schließlich ist der Phycobiont völlig in den blattförmigen Thallus eingebaut.

Stigonema wurde als Phycobiont in den Gattungen *Ephebe* und *Spilonema* gefunden. Die Alge ist durch echte Verzweigungen ausgezeichnet (Abb. 3.1 i). Der Angriff der Pilze ist bei *Spilonema* stärker als bei *Ephebe*. Der Pilz durchdringt und zerteilt die Algenfäden von der Basis her und tötet die Zellen langsam ab. Basale Teile der Flechte bestehen im Alter nur aus Pilzgeflecht mit eingeschlossenen, toten Algenzellen. Das Symbioseverhältnis zwischen den beiden Partnern ist in *Ephebe* besser ausbalanciert als in *Spilonema*. Eine Schädigung der Alge ist hier kaum festzustellen; die Hyphen verlaufen innerhalb der Algengallerte[166] (Abb. 3.2 b und 3.3 d).

Abb. 3.3 Unterschiedliche Lichenisierung fädiger Blaualgen. a) Schnitt durch das Lager von *Lichenothrix riddlei*. Phycobiont ist *Scytonema*. Der Pilz überzieht die Algenfäden, ohne deren Wachstum und Verzweigung zu beeinträchtigen (400 ×). b) Schnitt durch den Thallus von *Lichina tasmanica*. Die Fäden der symbiotischen *Dichothrix*-Art behalten trotz Einbaus in das Hyphengeflecht des Pilzes ihre charakteristische Gestalt bei (100 ×). c) Bruchstück des Lagers von *Zahlbrucknerella calcarea* mit Scheinverzweigungen der symbiotischen *Scytonema*-Alge. An der Basis werden die Verzweigungen durch das Hyphengeflecht zusammengehalten und die Einzelfäden der Alge zerteilt und verbogen (200 ×). d) Schwach lichenisierte *Stigonema*-Art im Lager von *Ephebe tasmanica*. In der ungefärbten Lobe sind die Pilzhyphen kaum zu erkennen (430 ×). e) und f) Längsschnitte durch den fädigen Thallus der Gallertflechte *Thermutis velutina*. Die Pilzhyphen verlaufen innerhalb der Algengallerte, Haustorien (Pfeile) dellen die Algenzellen ein (650 ×). g) Loben der kleinstrauchigen Gallertflechte *Lichinodium ahlneri*. Der Pilz überzieht die *Scytonema*-Fäden mit einem mehrschichtigen Hyphenmantel, die Scheinverzweigungen der Alge bleiben darin eingeschlossen (230 ×). h) Lobe der kleinstrauchigen Flechte *Polychidium dendriscum*. Die *Scytonema*-Fäden liegen zwischen längs verlaufenden Hyphen eingebettet und schimmern durch die einschichtige Thallusrinde hindurch (200 ×) (a aus A. Henssen: Ber. Dtsch. Bot. Ges. 57 [1964] 317; b aus A. Henssen: Lichenologist 4 [1969] 88; c, g, h aus A. Henssen: Symb. Bot. Upsal. 18, 1 [1963] 1).

Spezifität der Alge

Aus dem oben Gesagten geht hervor, daß einige Gattungen der Flechtenpilze auf ganz bestimmte Algen angewiesen sind, während andere eine Vielzahl von Algen ausnützen können. Die Collemataceen z. B. sind ganz auf *Nostoc* spezialisiert. Alle Vertreter dieser Familie haben *Nostoc* als Phycobionten. Im Gegensatz hierzu können die Lichinaceen mit allen Blaualgengattungen, die bisher als symbiotische Algen bekannt wurden, zusammenleben. Einige Gattungen der Peltigeraceen und Pannariaceen können sowohl Blaualgen als auch Grünalgen in ihren Thallus einbauen. Der Habitus der Flechten wird hier in keiner Weise durch die Alge gestaltet. Arten mit Grünalgen oder Blaualgen sind völlig gleich gebaut.

Bisher liegen nur wenig Untersuchungen darüber vor, in wieweit ein bestimmter Flechtenpilz stets mit der gleichen Algenart vergesellschaftet ist. Bei *Synalissa symphorea* wurden drei verschiedene *Gloeocapsa*-Arten als Phycobionten ermittelt. Auf der anderen Seite kommt ein und dieselbe Algenart in verschiedenen Flechtenarten, -gattungen oder -familien als Phycobiont vor.

Kontakt zwischen Pilz und Alge

In den vorigen Kapiteln haben wir beschrieben, welche Pilze und welche Algen in den Flechten als Partner der Symbiose zusammenleben. Dabei wurde festgestellt, daß der Phycobiont den Mycobionten mit organischen Stoffen versorgt. Es bleibt nun noch darzustellen, auf welche Weise der Pilz mit der Alge Kontakt aufnimmt.

Als phylogenetischen Ursprung der Flechtensymbiose kann man sich einen Pilz vorstellen, der auf einer Algenzelle parasitiert und sie auffrißt. Danach ist die Bildung von tief eindringenden Haustorien, mit denen der Pilz die Alge aussaugt, eine der ursprünglichsten Formen des Kontaktes zwischen den beiden Bionten. Da es für das Überleben eines Symbioseorganismus natürlich ungünstig ist, wenn der eine Partner den anderen schnell abtötet, kann man solche Assoziationen als primitiv betrachten[127]. Bei allmählicher gegenseitiger Anpassung der Partner wird der Angriff des Pilzes auf die Alge weniger radikal. Die besseren Überlebenschancen der Algen führen zu einem günstigeren physiologischen Gleichgewicht, wodurch gleichzeitig die Grundlage für eine höhere Differenzierung des vegetativen Lagers geschaffen wird.

Tatsächlich werden von vielen einfach gebauten Flechten tief eindringende Haustorien gebildet, während sie in hochentwickelten Lagern fehlen. Graduelle Unterschiede der Haustorienbildung in Abhängigkeit von der Höhe der Differenzierung ließen sich bei vergleichenden Untersuchungen von *Lecidea*- und *Lecanora*-Arten selbst innerhalb der Gattungen feststellen[119, 121, 129, 306, 413]. Allerdings trifft die Regel nicht für alle Arten der beiden Gattungen zu. Bei den Teloschistaceen zeigen einfach und komplizierter gebaute Flechten keinen Unterschied in der Haustorienbildung[120].

Das tiefe Eindringen der Pilzhaustorien in die Algenzellen ist nicht die einzig denkbare Möglichkeit eines ursprünglichen Kontaktes zwischen den Symbiosepartnern. Es ist auch vorstellbar, daß Hyphen nicht lichenisierter Pilze in gallertige Algenkolonien eingewachsen sind. Ebensogut können Pilzhyphen bei Beginn der Flechtenbildung Algenzellen nur locker umschlossen haben, oder auf fädigen Algen entlanggewachsen sein. In diesen Fällen wäre also ein lockeres Zusammenleben zwischen Pilz und Alge der ursprüngliche Zustand, aus dem sich dann sekundär der enge Kontakt durch Haustorien entwickelt hätte.

Der Pilz kann auch ohne den direkten Kontakt durch Haustorien von den Algen ernährt werden. Es ist z. B. bekannt, daß der Mycobiont Stoffe abgibt, die die Permeabilität der Algenmembranen erhöhen, wodurch Photosyntheseprodukte aus dem Zellinnern der Phycobionten in die Flechtengallerte übertreten (S. 141). Eine aktive Ausscheidung organischer Stoffe aus der Alge wurde tatsächlich im Lager von *Peltigera* nachgewiesen, was um so interessanter ist, als bei keiner Gattung der Peltigeraceen bisher Haustorien festgestellt werden konnten[127, 302].

Formen des Kontaktes

Im Lager der Flechten kann man zahlreiche Formen des Kontakts zwischen Pilz und Alge unterscheiden, die sich in fünf Typen zusammenfassen lassen:

1. Pilzhyphen und Algen liegen frei nebeneinander.
2. Die Algenzellen werden von Pilzhyphen locker umsponnen.
3. Die Algenfäden werden von dicht anliegenden Pilzhyphen überzogen.
4. Umklammerungshyphen schließen einzelne Zellen oder ganze Gruppen von Algenzellen ein.
5. Einzelne Zellen von Pilz und Alge stehen in unmittelbarem Kontakt miteinander, wobei der Pilz häufig mehr oder weniger tief in die Algenzelle eindringt.

Von diesen fünf Möglichkeiten können mehrere innerhalb eines Lagers vorkommen, z. B. können Pilzhyphen, die fädige Algen überziehen, zusätzlich Haustorien entwickeln.
Wir wollen die fünf Typen kurz an Hand einiger Beispiele besprechen:

Typ 1

Im gallertigen Lager mancher Collemataceen, besonders bei Arten der Gattungen *Collema* und *Physma*, liegen die Pilzhyphen und Algenfäden ohne sichtbaren Kontakt nebeneinander. Offensichtlich absorbiert der Pilz organisches Material, das von der Alge in die Gallerte ausgeschieden wird. Der Bau des Lagers und der Fruchtkörper spricht dafür, daß die Lichenisierung bei den *Collemataceae* durch Eindringen der Pilzhyphen in die Gallerte von Algenklumpen erfolgte. Das freie Nebeneinander von Pilzen und Algen im Thallus der Flechten dieser Gruppe wäre hier also ein ursprüngliches Merkmal.

Bei manchen *Collema-Arten* werden zeitweise Befallshyphen gebildet, die sich an einzelne *Nostoc*-Zellen anlegen und sie abtöten[367, 413]. Bei vielen Arten der nah verwandten Gattung *Leptogium* kommen solche Befallshyphen regelmäßig vor. Durch das Aussaugen einiger Algen werden die Arten der Gattung *Leptogium* besser mit Nahrung versorgt als die meisten Collema-Arten. Dieser Vorteil könnte unter Umständen für die höhere Differenzierung des Thallus bei der Gattung *Leptogium* mitverantwortlich sein.

Typ 2

Bei vielen Arten der Ordnung der *Caliciales* und bei manchen Arthoniaceen, denen ein gut differenziertes Lager fehlt, werden die Algen bei Beginn der Lichenisierung von den Pilzhyphen locker umsponnen. Ein engerer Kontakt zwischen den Symbionten entsteht nicht.

Typ 3

Bei der Gattung *Coenogonium* aus der Familie der *Gyalectaceae* und bei den imperfekten Gattungen *Cystocoleus* und *Lichenothrix* werden die fädigen Algen von den Pilzhyphen überzogen. Die Hyphen überwachsen den ganzen Algenfaden und sind durch Anastomosen miteinander verbunden. Während bei *Cystocoleus* die Hyphen so dicht aneinander liegen, daß sie die Alge völlig bedecken (Abb. 3.2 c), bilden sie bei den *Coenogonium*-Arten ein lockeres Netz, das Teile der Algenoberfläche frei läßt (Abb. 3.2 f). Der Mycobiont von *Lichenothrix* dringt zusätzlich mit Haustorien in einzelne Algenzellen ein (Abb. 3.13 b).

Typ 4

Bei der Gattung *Cladonia* werden einzelne Algenzellen von Hyphen, die man Umklammerungs- oder Kontakthyphen nennt, dicht umschlossen. Bei den Basidiomyceten-Flechten werden ganze Gruppen von Algenzellen umklammert. Das Hyphengeflecht kann sehr dicht sein, so daß um die Algen herum eine vollständig geschlossene, pseudoparenchymatische Hülle entsteht (Abb. 13.59 d). Früher nahm man an, von den Umklammerungshyphen der Basidiomyceten-Flechten würden keine Haustorien entwickelt. Elektronenoptische Untersuchungen haben jedoch gezeigt, daß zumindest bei einer dieser Flechten (*Cora pavonia*) Haustorien vorkommen, die oft kompliziert gewunden sind[338].

Typ 5

Ein enger, direkter Kontakt zwischen den Symbiosepartnern entsteht im einfachsten Fall durch Aneinanderpressen der Zellen. Dabei können bei manchen Arten die Zellwände miteinander verschmelzen[37]. Die Zellwände der Bionten sind an den Kontaktstellen manchmal verdünnt, wodurch der Stoffaustausch erleichtert wird[60]. Bei *Dermatocarpon hepaticum* wird die Wand der Algenzelle unter der Einwirkung des Pilzhaustoriums sogar aufgelöst[124]. In den Kontaktzellen des Mycobionten von *Physcia*- und *Dermatocarpon*-Arten werden Plasmazotten gebildet[304]. Durch die Oberflächenvergrößerung der Plasmagrenzschicht wird die Stoffaufnahme gefördert. Bei den Flechten sind solche Einfaltungen nicht nur auf diejenigen Pilzzellen beschränkt, die in Kontakt mit den Algen treten, sondern sie kommen auch in frei das Mark durchziehenden Hyphen vor.

Die Kontakthyphen können sich an die Algen pressen oder verschieden tief in sie eindringen. Je nach der Art des Kontaktes unterscheidet man verschiedene Haustorientypen[60, 121, 288, 413]. Haustorien, die die Algenwand eindellen, jedoch nicht in sie eindringen, nennt man **Appressorien.** Der Begriff wurde bereits 1873 von Bornet geprägt. Bei der coniocarpen Flechte *Tholurna dissimilis* werden die Appressorien auf besonderen Tragzellen gebildet (Abb. 3.13 f). Am genauesten untersucht wurden die Appressorien der *Lichinaceae*. Diese Familie besitzt Blaualgen als Phycobionten. Elektronenmikroskopische Untersuchungen zeigten, daß z. B. bei *Gloeocapsa*-Algen die äußerste Gallertscheide von den Appressorien durchbrochen wird, die Lamellen der Wand dagegen unverletzt bleiben[300]. An der Kontaktstelle ist die Wand der Pilzhyphe scharf konturiert, während sie sonst im allgemeinen eine diffuse Grenzlinie zeigt (Abb. 3.4 c). Im Lager der Flechte bilden die Algenzellen regelmäßige Zweier- und Vierergruppen, wobei an jeder der Algenzellen ein Haustorium haftet (Abb. 3.4 b).

Während Appressorien sich nur gegen die Algenwand andrücken, dringen andere Haustorientypen in die Zellwand ein. Intramembranöse Haustorien bohren sich in die Wand der Algenzelle hinein, intrazelluläre Haustorien durchstoßen sie und dellen das Plasmalemma und den Protoplasten ein[60, 121]. Ein Eindringen der Haustorien in das

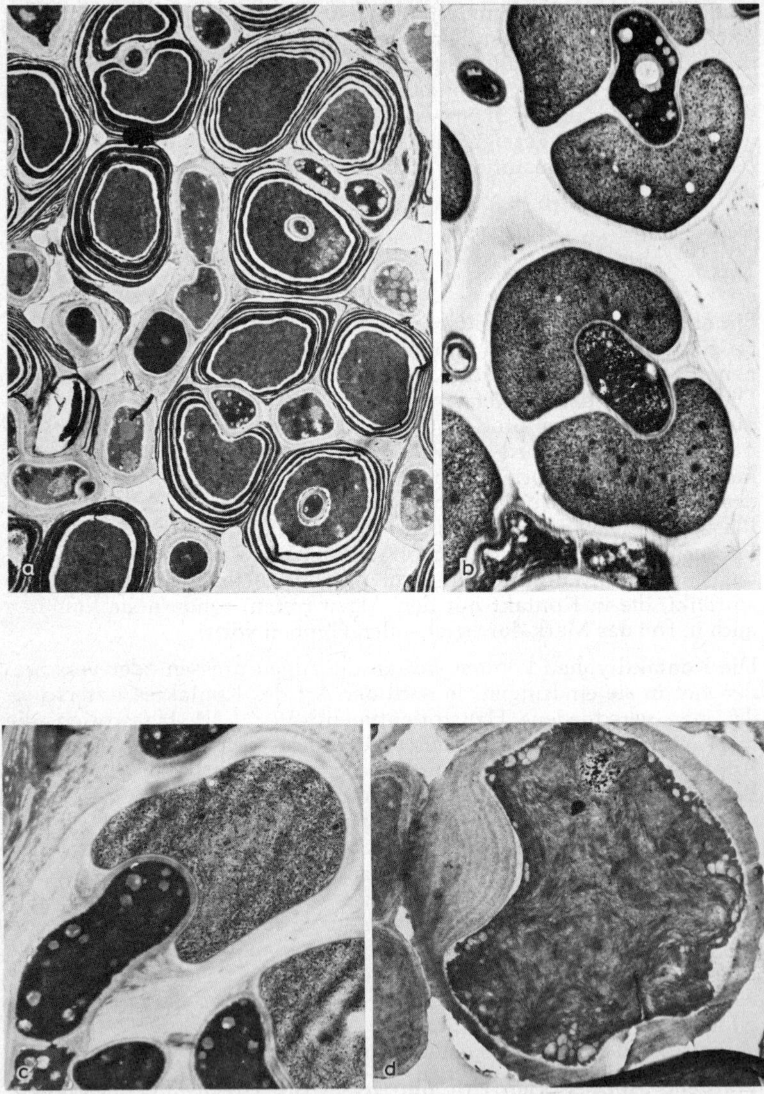

Abb. 3.4 Kontakt zwischen Pilz und Alge. a) Von Haustorien befallene *Gloeocapsa*-Zellen im Lager einer *Heppia*-Art. Die vielschichtigen Gallerthüllen der Algenzellen werden von den Haustorien durchdrungen (2300×). b) und c) Schnitte durch das Lager der Gallertflechte *Rechingeria cribellifera*

Plasma der Phycobionten, das zunächst nach lichtmikroskopischen Untersuchungen angenommen wurde, ließ sich elektronenoptisch nicht nachweisen.

Durch das Eindringen der Haustorien werden die Algenzellen oft stark vergrößert. Die Zellvergrößerung wird auf eine verminderte Teilungsfrequenz der Algen zurückgeführt. Häufig sterben die Zellen ab. Da stets nur ein geringer Teil der Algenzellen befallen wird, kann die Flechte auch bei starker Schädigung der einzelnen Algenzelle weiter bestehen.

Junge Zellen der Alge *Trebouxia* reagieren auf das Eindringen von intrazellulären Haustorien durch ein Zurückweichen des Protoplasten. In alten Zellen grenzt die Wand des Pilzes unmittelbar an das Plasmalemma der Algenzelle[119]. Bei verschiedenen Flechten wurden Abwehrreaktionen der Algen gegen die Bildung von Haustorien beobachtet. Durch Auflagerung von Membransubstanz an der Kontaktstelle wird das Eindringen des Pilzes verhindert[122] (Abb. 3.4 d). Auch bereits vorhandene Haustorien können hierdurch unwirksam gemacht werden[121, 127, 367]. Häufig scheint die intakte Algenzelle dem Eindringen von Pilzhaustorien auch ohne besondere Wandverdickungen Widerstand entgegenzusetzen. Verschiedentlich konnte beobachtet werden, daß in Flechten, bei denen normalerweise nur Appressorien oder intramembranöse Haustorien vorkommen, alternde Algenzellen von intrazellulären Haustorien befallen werden[120, 121]. Die allmähliche Alterung der Algenzellen im Flechtenlager ist ein normaler Vorgang und findet ganz unabhängig von einem Kontakt mit Pilzhyphen statt[123].

Steuerung der Haustorienbildung

Die Bildung von Haustorien kann von endogenen und exogenen Faktoren abhängig sein. Exogene Umweltfaktoren spielen offensichtlich nur bei den Flechten eine Rolle, bei denen im Vorkommen der Haustorien Schwankungen beobachtet werden können. Das ist bei den meisten Flechten nicht der Fall. Das Auftreten der Haustorien ist ein kon-

---

(Syn. *Gonohymenia mesopotamica*): b) Querschnitt durch zwei Haustorien, die paarig liegende *Gloeocapsa*-Zellen eindellen (3750 ×); c) Längsschnitt durch ein Haustorium; die Algenwand wird nicht durchbrochen (5400 ×). d) *Trebouxia*-Zelle aus dem Lager einer *Lecanora*-Art in engem Kontakt mit einer Pilzhyphe. Die Algenzelle hat sich gegen das Eindringen von Haustorien an der Kontaktstelle durch eine starke Verdickung der Wand geschützt (4200 ×) (a Aufnahme M. Galun; b, c aus N. Paran, Y. Ben-Shaul, M. Galun: Arch. Mikrobiol. 76 [1971] 103; d aus M. Galun, N. Paran, Y. Ben-Shaul: New Phytol. 69 [1970] 599).

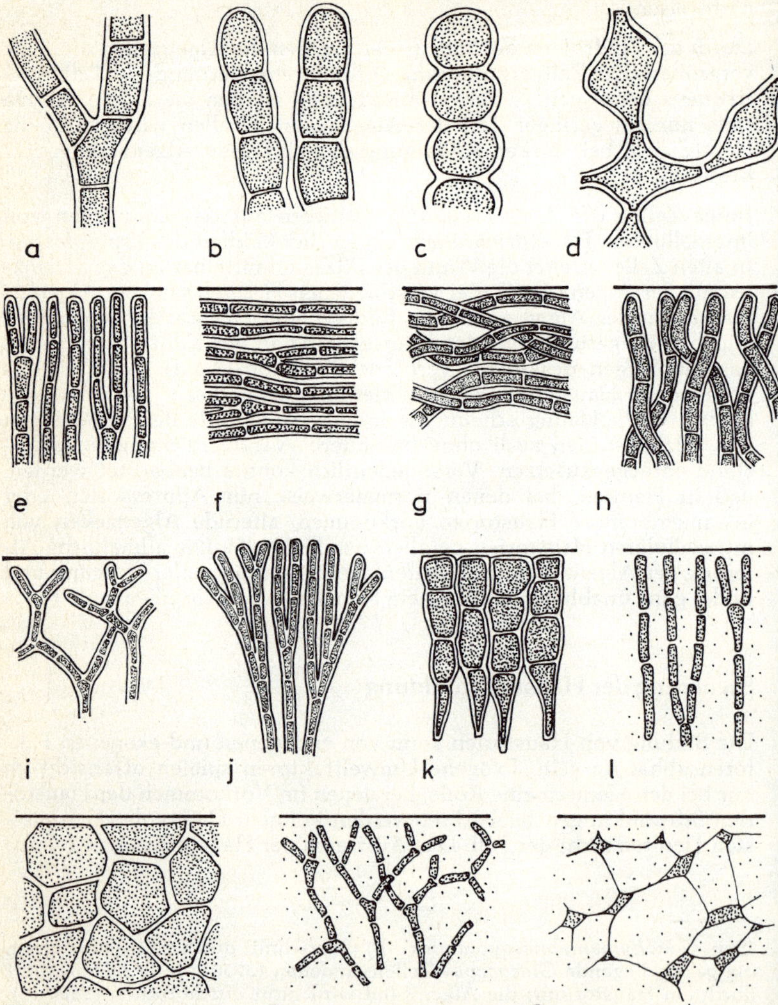

Abb. 3.5 Differenzierung und Anordnung der Pilzhyphen im Flechtenlager. a) Verzweigte Hyphe mit zylindrischen Zellen. b) Ellipsoide Zellen. c) Kugelige Zellen. d) Unregelmäßige („eckige") Zellen. e) Antiklin paral-

stantes Merkmal, das damit auch eine taxonomische Bedeutung erhält. Bei den *Lichinaceae* bilden beispielsweise alle Arten Haustorien. Das Fehlen von Haustorien bei den hoch entwickelten *Peltigeraceae* wurde bereits erwähnt. Auch die Appressorien und intramembranösen Haustorien bei den Familien *Parmeliaceae, Teloschistaceae* und *Physciaceae,* die vor allem hoch differenzierte Thalli besitzen, zeigen in ihrem Auftreten keine Variationen.

In einigen Fällen scheinen aber auch exogene Faktoren eine Rolle zu spielen. Bei *Collema*-Arten ist die Bildung von Befallshyphen teils endogen gesteuert, teils aber auch jahreszeitlich bedingt[367, 413]. Eine direkte Abhängigkeit der Haustorienbildung von äußeren Faktoren wurde für Ökotypen von *Caloplaca*- und *Lecanora*-Arten festgestellt[37, 121]. Ein Vergleich von Proben aus mediterranen und unterschiedlich ariden Gebieten ergab eine Förderung der Haustorienbildung unter xerischen Bedingungen.

Differenzierung der Hyphen und Entstehung der Gewebe

Nachdem wir den Bau der Algen und den Kontakt zwischen Algen und Pilzen kennengelernt haben, wollen wir uns jetzt mit den Strukturen beschäftigen, die allein vom Mycobionten gebildet werden.

Die Sporen der lichenisierten und nicht lichenisierten Ascomyceten und Basidiomyceten keimen mit Keimschläuchen, die sich zu verzweigten, septierten Hyphen verlängern. Einzelne Zellen von verschiedenen Hyphen können sekundär miteinander verschmelzen (Abb. 3.7 a, b). Punkte, an denen auf diese Weise Hyphen miteinander verwachsen, nennt man **Anastomosen.** Die Hyphen wachsen nach allen Richtungen aus, verflechten sich miteinander und bilden in ihrer Gesamtheit das Mycel. Das Mycel ist unscheinbar und bei den meisten nicht

---

lel gerichtete Hyphen (Palisadenplectenchym). f) Periklin parallel gerichtete Hyphen. g) Periklin verflochtene Hyphen (textura intricata[222]). h) Antiklin verflochtene Hyphen. i) Netzig verzweigte Hyphen. j) Springbrunnenartiger (orthogonal-trajektorischer) Hyphenverlauf. k) Entstehung eines Pseudoparenchyms aus dünnwandigen antiklinen Hyphen. l) Prosoplectenchym aus antiklinen Hyphen mit verquollenen Wänden. m) Pseudoparenchym aus isodiametrischen, dünnwandigen Zellen (textura angularis[222]). n) Netzig verzweigte Hyphen in homogener Gallerte aus verquollenen Hyphenwänden. o) Lumina eckiger, mit dünnen Fortsätzen verbundener Zellen in homogener Gallerte aus stark verquollenen Hyphenwänden.

lichenisierten Gruppen fallen nur die Fruchtkörper durch ihre besondere Form ins Auge.

Bei den nicht lichenisierten Basidiomyceten besteht der somatische Teil des Pilzes in der Regel nur aus einem solchen Mycel, gelegentlich auch aus Mycelsträngen. Bei den Ascomyceten entwickeln sich dagegen bei manchen Gruppen vegetative Lager, die man als Stromata bezeichnet. In den Stromata entwickeln sich die Fruchtkörper der betreffenden Pilze. Die Stromata sind häufig relativ harte Gebilde, manche ähneln jedoch in Konsistenz und Struktur bereits den Lagern der lichenisierten Pilze (S. 114).

Ganz allgemein kann man sagen, daß durch die symbiotische Lebensweise beim Pilz die Tendenz zur Entwicklung komplizierter vegetativer Strukturen angeregt wird. Die meisten Flechten bilden ein gut differenziertes Lager, nur selten bestehen sie lediglich aus einem Mycelüberzug, der Algenzellen einschließt. Der Thallus der lichenisierten Pilze kann eine hohe Differenzierung aufweisen und mit eigenen Organellen und Anhangsorganen ausgestattet sein, die nur bei Flechten vorkommen.

Die Fruchtkörper der Flechten stimmen teils in ihrem Bau vollständig mit denen der nicht lichenisierten Formen überein, teils treten auch hier durch die Lichenisierung Neubildungen auf.

Abb. 3.6 Anatomische Strukturen a) Längsschnitt durch das fadenförmige Lager von *Usnea ceratina*. Der zugfeste Zentralstrang ist ringsum von einem lockeren Geflecht der Markhyphen umgeben. Nach außen schließen sich die ringförmige Algenzone und darum herum die ringförmige Rinde aus netzig verzweigten Hyphen mit stark verquollenen Wänden an (220×). b) Querschnitt durch das heteromere Lager der Nabelflechte *Umbilicaria pustulata*. Der Thallus wird beidseitig von einer Rinde begrenzt. Die obere Rinde bildet unregelmäßige Auswüchse, die beim Altern des Lagers abschuppen. Die untere Rinde wächst zu regelmäßigen Warzen aus, die der Lagerunterseite die areolierte Struktur verleihen (170 ×). c) Ausschnitt aus dem pseudoparenchymatischen Excipulum des Apotheciums von *Leptogium trichophorum* (170 ×). d) Ausschnitt aus dem Excipulum von *Homothecium opulentum*. Die antiklinen Hyphen sind durch Anastomosen verbunden, die Hyphenwände stark verquollen und miteinander verklebt (260 ×). e) Ausschnitt aus dem basalen Teil des Apotheciums von *Omphalodium arizonicum*. Die Hyphen des Excipulums zeigen einen gewundenen Verlauf, ihre Wände sind stark verquollen (430 ×). f) Querschnitt durch den fädigen Thallus von *Zahlbrucknerella calcarea*. Die Hyphen verlaufen innerhalb der Algengallerte und bilden an der Basis einen Strang aus erweiterten Zellen (600 ×). g) Querschnitt durch das heteromere Lager von *Cetraria islandica*. Der Thallus ist beidseitig berindet, die obere Rinde braun pigmentiert (170 ×). h) Längsschnitt durch eine Lobe von *Anaptychia ciliaris*. Die Rindenhyphen verlaufen periklin (130 ×) (d aus A. Henssen: Lichenologist 3 [1965] 29; f aus A. Henssen: Symb. Bot. Upsal. 18, 1 [1963] 1).

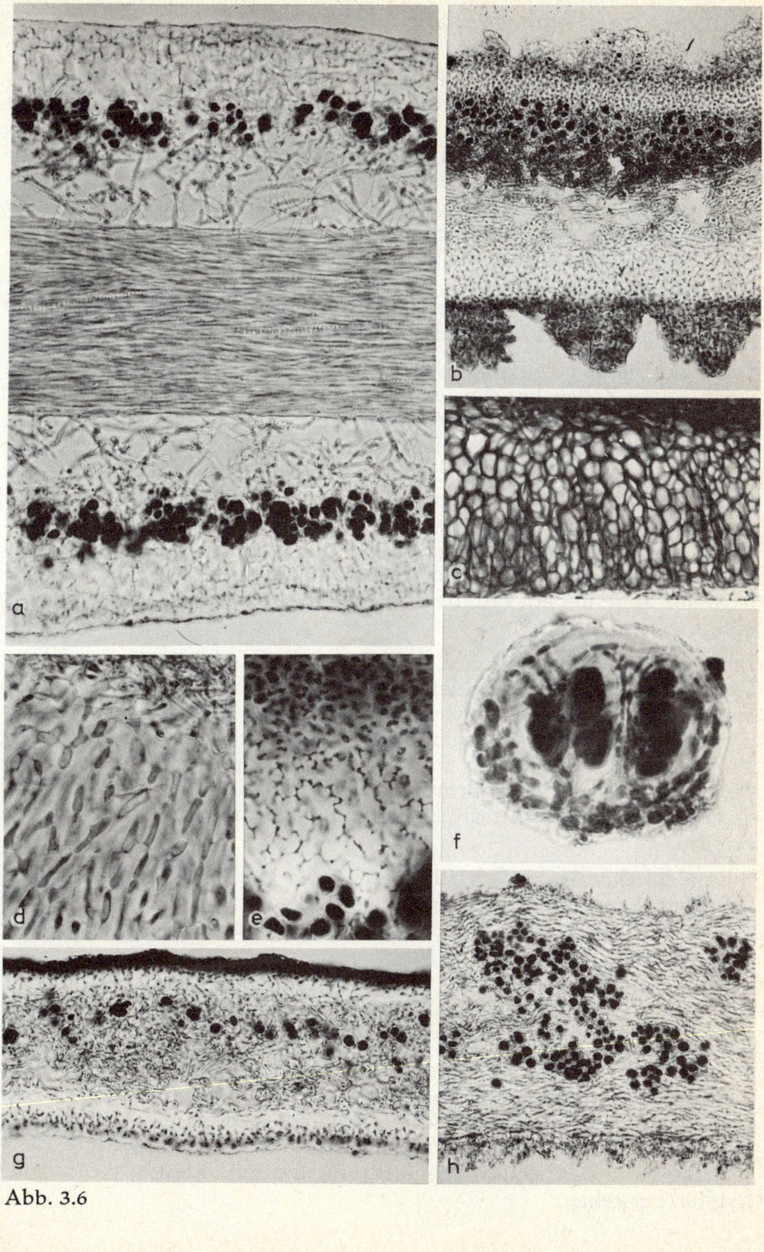

Abb. 3.6

Zelltypen und Hyphenverlauf

Die anatomischen Strukturen, die wir in den vegetativen Lagern der Flechten und in ihren Fruchtkörpern vorfinden, lassen sich auf wenige Grundformen zurückführen. Die Ausgangsform eines Mycels ist die verzweigte, quergeteilte Hyphe mit zylindrischen Fächern und dünnen Wänden. Die Differenzierungsprozesse führen zu einer Veränderung der Zellform und zu sekundären Wandauflagerungen. Die Wände können stark verquellen und zu einer homogenen Kittsubstanz verschmelzen, in der die Zellumina eingelagert liegen. Bei der Bildung der Hyphengeflechte spielen der Grad der Septierung, Anastomosenbildung und Verzweigung der Hyphen ebenso eine Rolle wie ihre Lage zueinander und zu der Oberfläche der Organe (Abb. 3.5).

Die zylindrischen Zellen können anschwellen und sich abrunden, wodurch kurze Zellen kugelig werden, während lange Zellen eine mehr ellipsoide Form annehmen. Wenn nur ein Ende der Zelle anschwillt, entstehen keulenförmige Zellen. Diese ungleichmäßige Verdickung findet man häufig an den Endzellen der Paraphysen (Abb. 4.11). Auch außerhalb des Hymeniums, in anderen Geweben der Flechte, kommen zahlreiche ungleichmäßig verdickte Zellen vor. Ihre Lumina sind oft vieleckig und mit dünnen Fortsätzen versehen (Abb. 3.5 d). Im Querschnitt sind diese Zellen dreieckig oder vieleckig und nur stellenweise abgerundet. Wir bezeichnen sie im weiteren Text kurz als eckige Zellen.

In den Geweben verlaufen die Hyphen gerade oder gewunden (Abb. 3.6). Die Seitenzweige bilden mit der Haupthyphe meistens einen spitzen und nur selten einen rechten Winkel. Die Hyphen können parallel nebeneinander liegen oder sich beim Wachstum seitwärts ausbreiten. Dabei strahlen sie radial aus, wodurch das Gewebe sich fächerförmig oder springbrunnenartig verbreitert. Die Festigkeit der Geflechte wird durch Anastomosen und Verkittung der Hyphenwände erreicht.

Besonders charakteristisch für Flechten ist ein Gewebe mit netziger Grundstruktur und verzweigten, anastomosierenden Hyphen. Die Zellen dieses Gewebes haben meistens eckige oder unregelmäßige Lumina (Abb. 3.5 o und 3.7 h).

Gewebetypen

Aus den besprochenen Grundformen der Hyphenanordnung lassen sich die Gewebetypen der Flechten ableiten. Wie bei nicht lichenisierten Pilzen sind es fast ausschließlich Flechtgewebe, sogenannte **Plectenchyme,** die durch Zusammenlagerung und Verflechtung von Einzelhyphen entstehen.

Meristematische Gewebe, die aus einer Zelle durch Teilungen entstehen, sind sehr selten. Nur bei mauerförmigen Sporen und in den Ascostromata von bestimmten ascolocularen Pilzen (S. 109) kommen echte Parenchyme vor. Sie entwickeln sich aus einer Zelle durch dreidimensionale Teilungen.

Locker miteinander verflochtene und gewundene Hyphen sind ohne weiteres als Plectenchym zu erkennen. Schwieriger zu analysieren sind die Systeme von fest miteinander verklebten Hyphen. Man unterscheidet zwei Typen von Plectenchymen. Die Pseudoparenchyme, auch Paraplectenchyme genannt, gleichen täuschend den echten Parenchymen. Prosoplectenchyme werden in der Lichenologie eine Reihe von Geflechten genannt, von denen jedoch nur wenige eine ausgesprochene Übereinstimmung mit den Prosenchymen der höheren Pflanzen aufweisen. Pseudoparenchyme und Prosoplectenchyme können sich jeweils aus verschiedenen Grundformen entwickeln.

Ein **Pseudoparenchym** entsteht beispielsweise, wenn unverzweigte Hyphen mit kugeligen Zellen sich dicht zusammenlagern und diese Zellen sich gegenseitig abplatten. Sind die Zellen dünnwandig, so entsteht ein lückenloses Gewebe aus isodiametrischen Zellen (Abb. 3.5 m). Nur in der Bildungszone solcher Gewebe kann man erkennen, daß es sich hier um eine Zusammenlagerung von Einzelhyphen und nicht um ein meristematisches Gewebe handelt. Man spricht in der Lichenologie auch dann von einem Pseudoparenchym, wenn die Zellen des Gewebes eine nicht so deutliche isodiametrische Struktur aufweisen und der Verlauf der parallel gelagerten Einzelhyphen noch erkennbar ist (Abb. 3.5 k). Solche Gewebe entstehen, wenn die Zellen verflochtener Hyphen sich erweitern oder wenn die Wände abgerundeter Zellen verschleimen. In diesen Fällen sind die Lumina der lockeren Pseudoparenchyme meistens durch Kittsubstanz unterschiedlich weit voneinander getrennt.

Prosoplectenchyme, die einem typischen Prosenchym der höheren Pflanzen gleichen, d. h. aus dichtgelagerten, langgestreckten Zellen mit schrägen Querwänden bestehen, kommen bei lichenisierten Pilzen selten vor. Am ehesten gerechtfertigt ist dieser Name für Geflechte aus parallel angeordneten Hyphen mit langen Zellen, deren Wände verquollen und fest miteinander verbunden sind (Abb. 3.5 l). In der lichenologischen Literatur wird die Bezeichnung Prososplectenchym oder Prosenchym häufig für alle Geflechte verwandt, die durch Verquellung und Verkittung ihrer Hyphenwände feste Gewebe, aber kein Pseudoparenchym bilden[298]. Die Zellen können dabei kurz oder lang sein, die Anordnung der Hyphen parallel oder netzig (wie z. B. in Abb. 3.5 n und o).

Palisadenplectenchym nennt man ein Gewebe aus antiklin, d. h. senkrecht zur Oberfläche orientierten unverzweigten Hyphen mit zylindrischen Zellen und verklebten Wänden (Abb. 3.5 e, 3.7 c, d). Keinen

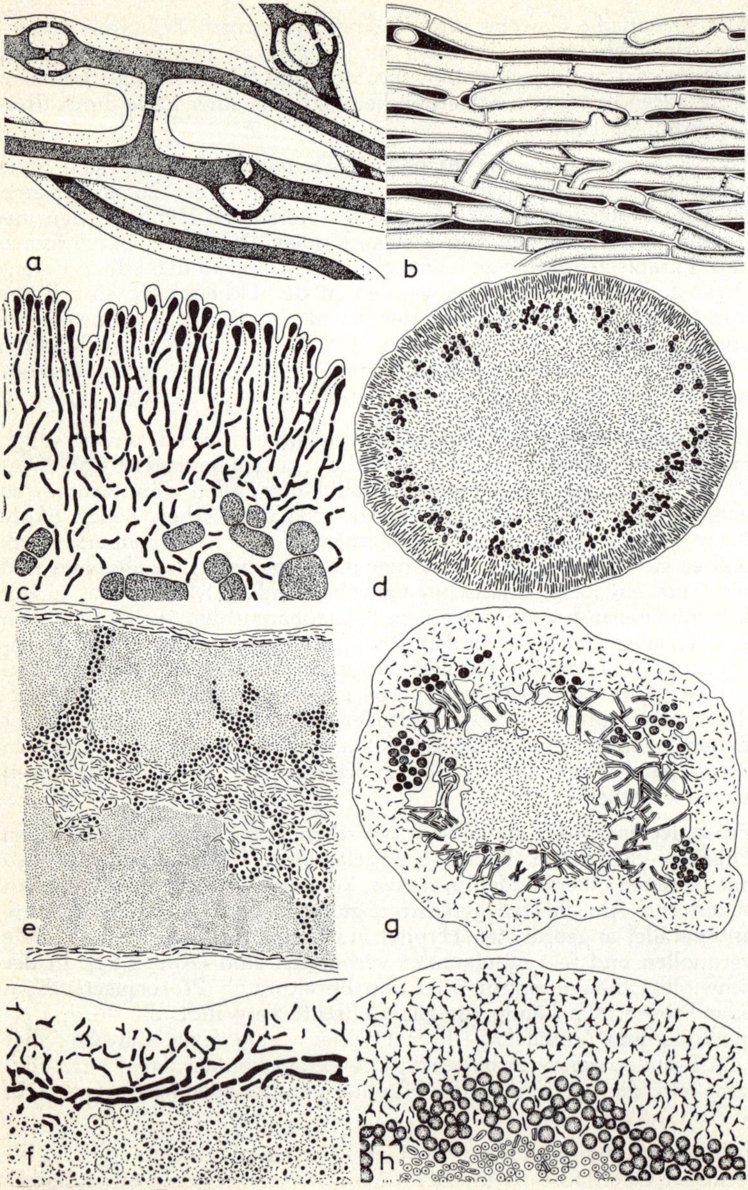

Abb. 3.7

besonderen Namen hat die entsprechende Struktur perikliner d. h. oberflächenparalleler Hyphen (Abb. 3.5 f).

Einzellschichtige Abschlußgewebe kommen u. a. bei Gallertflechten vor. Von oben gesehen schließen hier entweder isodiametrische Zellen lückenlos aneinander, oder die mehr oder weniger stark verschleimten Wände sind ineinander verzahnt (Abb. 3.10).

In den Ordnungen mit hoch differenzierten Lagern, den *Peltigeraceae* und *Parmeliaceae*, findet man häufig getüpfelte Zellen (Abb. 3.7 b). Bei den *Peltigeraceae* sind diese Zellen im Schnitt rechteckig, die Tüpfel bleiben in den Längs- und Querwänden ausgespart. Die Parmeliaceen zeigen an den Querwänden knochenartige Verdickungen, die von Tüpfelkanälen durchzogen werden (Abb. 3.7 a).

Gestalt und Struktur des Lagers

Bei einigen primitiven Flechten, deren Lichenisierung noch nicht weit fortgeschritten ist, gleicht das Lager habituell dem Thallus frei lebender Pilze und Algen. Es besteht entweder aus einem Pilzmycel mit zerstreut eingelagerten Algenzellen oder aus einem gallertigen Algenpolster, das von Pilzhyphen durchzogen wird. Normalerweise haben die Flechten jedoch ein Lager von spezifischer Form, Farbe und Struktur, das keine Ähnlichkeit mit dem Thallus der frei lebenden Bionten aufweist. Da der Habitus der Flechten sich so sehr vom Aussehen der beiden Partner unterscheidet, ist es nicht erstaunlich, daß die Doppelnatur dieser Organismen erst sehr spät erkannt wurde (S. 4 f.).

Abb. 3.7 Anatomie des Thallus. a) Hyphen aus dem Mark von *Cetrelia cetrarioides* mit knochenartig verdickten Querwänden. b) Anastomosierende Hyphen einer Rhizine von *Peltigera praetextata*. Querwände und Verschmelzungsstellen der Hyphen sind von Tüpfeln durchbrochen. c) Palisadenrinde von *Roccella phycopsis*. d) Querschnitt durch den Thallus von *Roccella phycopsis* mit Palisadenrinde, Algenzone und mächtig entwickeltem Mark. e) und f) Querschnitt durch den isolateralen Thallus von *Ramalina siliquosa*. e) Übersicht: Das Lager ist mit einer zweifachen Rinde versehen, einer inneren aus periklinen und einer äußeren aus netzig verzweigten Hyphen, die Algenzellen sind im Mark und der inneren Rinde eingelagert; f) Ausschnitt aus dem obersten Teil der zweischichtigen Rinde. g) Lagerquerschnitt von *Letharia vulpina* mit zusammengesetztem Zentralstrang. h) Ausschnitt aus dem Thallus von *Sphaerophorus globosus*. Rinde mit netzig verzweigten, Mark mit längs verlaufenden Hyphen.

Bei den meisten Lichenen sind es die Flechtgewebe des Pilzes, welche Wuchsform und Färbung bestimmen, seltener ist die Alge der formgebende Partner. Während die krustenförmigen Flechten relativ einfach gebaut sind, entwickeln die Blatt- und Strauchflechten kompliziert strukturierte Lager, die nicht nur in der äußeren Form, sondern auch in der inneren Struktur den Organen höherer Pflanzen ähneln.

Wuchsformen

Man unterscheidet bei den Flechten krustenförmige, blattförmige und strauchförmige Thalli. Einige Gruppen der Strauchflechten mit dünnen, drehrunden Loben nennt man auch Bartflechten oder Haarflechten. Verschieden gestaltete Flechtenlager, die bei Wasseraufnahme besonders stark gallertig aufquellen, bezeichnet man als Gallertflechten. In geringerem Maße quellen alle Flechten, die im trockenen Zustand hart und spröde sind, beim Anfeuchten auf und werden weich und biegsam.

Die Krustenflechten liegen dem Substrat mit ihrer ganzen Unterseite an und sind so fest mit ihm verwachsen, daß sie nicht ohne Beschädigung abgelöst werden können. Die Blatt- und Strauchflechten, die man zusammen auch als Makrolichenen bezeichnet, lassen sich dagegen meist leicht von der Unterlage abheben, auf der sie lose liegen oder mit Haftorganen befestigt sind.

Diese einfache Einteilung in drei große Wuchsformgruppen, die in vielen Büchern die Grundlage der künstlichen Bestimmungsschlüssel bildet, wird jedoch der Vielfalt der Erscheinungsformen nicht ganz gerecht, da sie nur drei typische Punkte aus der fast kontinuierlichen Entwicklungsreihe von primitiven zu hochdifferenzierten Thalli herausgreift.

Von den verschiedenen systematischen Gruppen der lichenisierten Pilze sind immer wieder die gleichen krustigen, blättrigen und strauchigen Formen entwickelt worden, die sowohl habituell als auch in der Differenzierung und Anordnung der Gewebe eine erstaunliche Konvergenz aufweisen. Auf diese Zusammenhänge wurde vor allem von Reinke[322] hingewiesen. Es entstand die Theorie, nach der die Krustenflechten die primitivsten Vertreter innerhalb einer Sippe sind, aus denen sich über das Stadium der Blattflechten als höchste Organisationsstufe die Strauchflechten entwickelten. Das mag für manche Gruppen zutreffen, im allgemeinen sollte man jedoch die Blattflechten und Strauchflechten als in der Entwicklungshöhe gleichrangig betrachten und nicht vergessen, daß die strukturell kompliziertesten Organe der Flechten, die Cyphellen, nicht von Strauch-, sondern von Blattflechten gebildet werden. Einer Reihe von Krustenflechten müssen wir zweifellos ein hohes phylogenetisches Alter zusprechen. Ebenso wie viele Blatt- und Strauchflechten entwickeln sie besondere Organe, die in Anpassung an die symbiotische Lebensweise entstanden sind. Dazu gehören Isidien und Sorale, die zur vegetativen Vermehrung dienen und Cephalodien, die die Bindung von Stickstoff ermöglichen.

Krustenflechten

Bei der typischen Krustenflechte besteht das Lager aus kleinen Areolen (Abb. 3.8 a). Nicht immer schließen die Areolen dicht zusammen, sie können auch einzeln oder zu wenigen einem Prothallus aufsitzen. Die abgebildete Art ist eine Gesteinsflechte. Andere Krusten bilden körnige, schorfige oder firnisartige Überzüge auf Rinde, Erde, Moosen und Pflanzenresten (Abb. 13.36). Oft werden mehrere Millimeter starke kompakte Krusten gebildet. Kleine Thalluskörper oder Areolen sind im allgemeinen homöomer gebaut, wobei die Algenzellen gleichmäßig über den Thallus verteilt liegen. Größere Areolen zeigen jedoch bereits die Anfänge einer Schichtung. In diesem Fall sind die Algen im oberen Teil angereichert, und durch das Absterben der äußersten Schicht des Lagers sowie durch Verschleimung der Zellreste entsteht eine Scheinrinde[308]. Diese Nekralschicht aus den verschleimenden, absterbenden Zellen wird laufend abgestoßen und von innen her durch das Wachstum des Thallus nachgebildet.

Zu den Krustenflechten rechnet man auch primitive Formen, deren Lager auf dem Substrat lediglich einen Mycelüberzug bildet, in den Algenzellen eingebettet liegen. Der Thallus einfach gebauter Krustenflechten kann auch innerhalb des Substrats wachsen, gleichgültig ob es sich dabei um Holz oder um Felsen handelt. Arten, die in Gestein wachsen, nennt man **endolithisch,** holzbewohnende Flechten bezeichnet man als **endophlöodisch.** Das „Lager" dieser Flechten ist manchmal an einer Verfärbung des Substrats zu erkennen (Abb. 3.8 g), oft sind jedoch nur die hervorbrechenden Fruchtkörper zu sehen. Die Hyphen der endolithischen Flechten scheiden Säuren aus, die das Gestein auflösen und so ein Eindringen der Flechte ermöglichen. Kalkbewohnende Arten entwickeln eigenartige Ölhyphen, deren unregelmäßig angeschwollene Zellen mit Öltropfen gefüllt sind.

Eine Reihe von Krustenflechten zeigt Übergangsformen zu den Blattflechten. Bei dieser Entwicklung treten entweder langgestreckte, schmale oder schuppig verbreiterte Loben an die Stelle der Thallusareolen. Solche Lager nennt man **placoid.** Im einfachsten Fall sind die Loben wie bei allen krustenförmigen Thalli mit ihrer ganzen Unterseite am Substrat festgewachsen. Wenn der Randbezirk eines Lagers aus langgestreckten Loben besteht, während sein Inneres von kleinen Areolen gebildet wird, spricht man von Flechten mit einem **effigurierten** Rand (Abb. 13.31 d). Ebensogut kann aber das ganze Lager aus radiär angeordneten, flachen Loben bestehen, die dem Substrat fest anliegen.

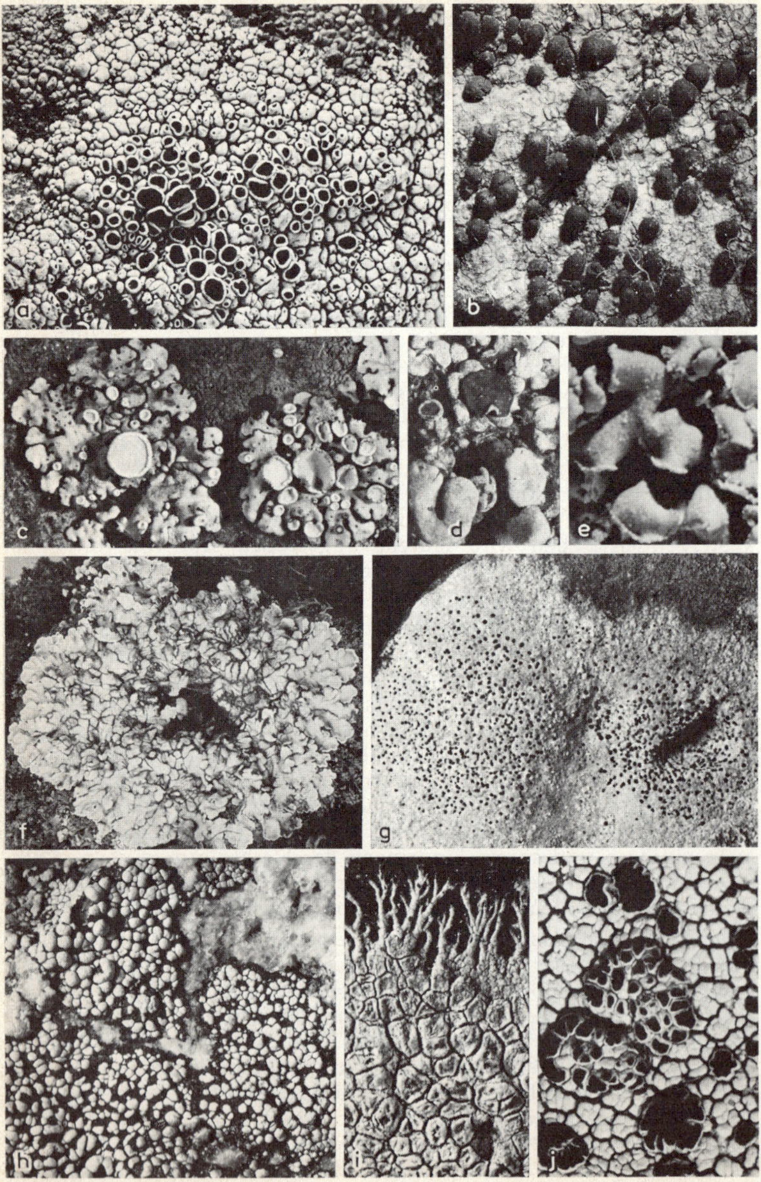

Abb. 3.8

Schuppenförmige Thalli können deutliche Übergangsformen zu den blattförmigen Flechten zeigen. Flechten, bei denen der Rand der Einzelschuppen nicht mehr mit dem Substrat verwachsen ist, sondern sich aufrichtet, nennt man **squamulös** (Abb. 3.8 e). Mehrere Schuppen können dicht zusammengedrängt in einer Rosette angeordnet sein (Abb. 3.8 f). Squamulöse Thalli sind für Arten der Gattungen *Lecidea, Lecanora, Heppia* und *Placynthium* sowie für viele *Pannariaceae* charakteristisch.

Das **peltate** Lager mancher *Lecanora*-Arten ist eine Weiterentwicklung des squamulösen Thallus und mit diesem durch Übergangsformen verbunden. Die Einzelschuppen peltater Flechten sind im typischen Fall zu einem Schild vergrößert, der in der Mitte der Unterseite mit einer Haftscheibe befestigt ist (Abb. 3.8 c). Solche Exemplare gleichen habituell völlig einer blattförmigen Nabelflechte.

Thallusschuppen und placoide Loben sind deutlich heteromer gebaut (s. u.). Manche Arten entwickeln eine Scheinrinde, andere eine echte Rinde, die entweder auf die Oberseite des Thallus beschränkt ist oder ihn an allen Seiten umgibt.

Krustenflechten mit aufgerichteten Loben bilden einen Übergang zu den Strauchflechten. Die Thalli dieser Arten können — wie z. B. bei *Tonina caeruleonigricans* (Abb. 3.8 d) — aufgeblasen sein. Man nennt solche Thalli **pulvinat.** Die Gattung *Peltula* ist reich an Übergangsformen von Krusten zu höher entwickelten Flechten. Neben schuppig-umbilicaten Arten findet man solche mit kleinstrauchigen, drehrunden Loben, die man ebensogut zu den Strauchflechten stellen könnte.

Eine Reihe von Krustenflechten mit areoliertem, schuppigem oder placoidem Lager bilden einen Prothallus. An areolierten und schuppigen Lagern mit Prothallus können Wachstum und Entwicklung eines Flechtenthallus besonders leicht beobachtet werden (S. 216).

Abb. 3.8 Krustenflechten. a) *Lecanora frustulosa.* Lager areoliert, Apothecien mit Lagerrand (lecanorin) (2 ×). b) *Lecidea macrocarpa.* Lager firnisartig, rissig-areoliert aufbrechend, Apothecien mit Eigenrand (lecidein) (4 ×). c) *Lecanora rubina.* Lager krustig bis blättrig-genabelt (2,5 ×). d) *Toninia caeruleonigricans.* Loben pulvinat, bereift, Apothecien lecidein, am Rande bereift (4,5 ×). e) *Lecidea scalaris.* Lagerschuppen am Rande serediös aufbrechend (8 ×). f) *Squamarina crassa.* Lager placoid (0,8 ×). g) Endolithisches Lager einer *Lecidea*-Art mit eingesenkten Fruchtkörpern (0,6 ×). h) *Rhizocarpon tinei.* Areoliertes Lager mit Prothallus (1,5 ×). i) *Lecanora calcarea.* Thallus areoliert und umsäumt von vorauswachsenden Hyphensträngen (6 ×). j) *Haematomma ventosum.* Areoliertes Lager mit alten, „zusammengesetzten" Apothecien (5 ×) (i aus M. Galun: The Lichens of Israel. The Israel Academy of Sciences and Humanities, Jerusalem 1970).

Blattflechten

Das Lager der Blattflechten besteht aus flachen, dorsiventral gebauten Loben. Es lassen sich zwei Grundtypen unterscheiden, die laciniate und die umbilicate Wuchsform. Laciniat sind die typischen Blattflechten. Ihre Einzelloben liegen mit der ganzen Unterseite oder einem Teil davon dem Substrat auf. Die umbilicaten Flechten oder Nabelflechten haben ein schildförmiges, zentral mit einer Haftscheibe befestigtes Lager.

Die Gruppe der **laciniaten Blattflechten** ist durch einen großen Formenreichtum ausgezeichnet, der sich in der Gestalt und Anheftungsweise der Loben, der Differenzierung von Anhangsorganen wie Rhizinen, Cilien und Tomentum sowie in der äußeren und inneren Struktur des Lagers zeigt. Einige Gattungen mögen als Beispiel dienen.

Die Loben der braunen Lungenflechte, *Lobaria pulmonaria,* unserer größten heimischen Blattflechte, erreichen unter günstigen Bedingungen eine Länge von 20 bis 30 cm. Die Lageroberseite ist von einer netzigen Leistenstruktur bedeckt, die Unterseite höckerig und in den Rillen tomentös (Abb. 10.3 b). Die Gattung *Lobaria* zeigt den typischen Bau der heteromeren Blattflechten. Der Thallus besteht aus Algenzone und lockerem Mark, die auf beiden Seiten von der Rinde umschlossen werden.

Peltigera canina, die Hundsflechte, besitzt ebenfalls einen stattlichen Thallus (Abb. 10.4). Der Peltigera-Thallus, der Grünalgen oder Blaualgen enthält, ist nur an der Oberseite berindet, während er nach unten von den Markhyphen begrenzt wird.

Charakteristische Blattflechten mit schmalen Loben sind die Arten der Gattung *Parmelia* (Abb. 13.12 a). Das heteromere Lager dieser Flechten ist entweder mit der ganzen Unterseite oder nur in der Mitte mit Rhizinen auf dem Substrat befestigt.

Eine Übergangsform zu den Strauchflechten bilden Arten der laciniaten Gattung *Cetraria,* bei denen die flachen Loben sich mehr oder weniger stark einrollen, aufrecht stehen und an der Basis absterben. Ein bekannter Vertreter dieser Gruppe ist das isländische Moos, *Cetraria islandica* (Abb. 13.12 b).

Das schildförmige Lager der **Nabelflechten** ist in der Mitte der Unterseite durch eine Haftscheibe befestigt, wodurch auf der Oberseite eine nabelförmige Vertiefung entsteht (Abb. 13.17 a, c). Die bekanntesten Nabelflechten gehören zu der Gattung *Umbilicaria,* die ihren Namen nach der Wuchsform erhalten hat (Nabel = umbilicus). Ein genabeltes Lager wird jedoch auch von anderen Gattungen entwickelt, die untereinander und mit *Umbilicaria* nicht näher verwandt sind. Zum Beispiel zeigen sowohl die pyrenocarpe Gattung *Dermatocarpon* (Abb. 13.17 f) als auch die gymnocarpen Gattungen *Omphalodium,*

Xanthopeltis (Abb. 13.31 e, f), *Dermatiscum* und *Glypholecia* (Abb. 13.19 b) eine umbilicate Wuchsform. Der Thallus ist bei allen Nabelflechten deutlich geschichtet und oft zumindest einseitig von einer mächtigen Rinde begrenzt. Kleine Areolen, größere Höcker, Adern, netzartig angeordnete Leisten oder rhizinenartige Fibrillen geben besonders der Lagerunterseite ein charakteristisches Aussehen (Abb. 13.17 c, g). Auch in bezug auf diese Merkmale herrscht bei den verschiedenen Gattungen mit umbilicatem Thallus eine erstaunliche Konvergenz.

Strauchflechten

Die bandartigen und drehrunden Loben der Strauchflechten sind im typischen Fall radiär gebaut. Die Gattungen *Ramalina, Roccella* und *Letharia* (Abb. 3.9 e, 13.56 a) sind gute Beispiele für bandartige Thalli, während die Gattung *Usnea* drehrunde Loben besitzt (Abb. 3.9 a, b, c). Thallus und Fruchtkörper von *Usnea* sind oft mit Fibrillen besetzt. Viele Arten der Gattung *Usnea* sind mit einer Haftscheibe am Substrat befestigt; einige andere Arten dieser Gattung hängen dagegen mit ihrem fadenförmigen Thallus locker über den Baumästen. In Gegenden mit hoher Luftfeuchtigkeit sind die Bäume oft dicht mit den Thalli dieser Flechten behängt, die man wegen ihres Aussehens auch Bartflechten nennt. *Usnea longissima* kann eine Länge von mehreren Metern erreichen (Abb. 10.3 a).

Einige Strauchflechten bilden aufrechte Rasen auf der Erde (Abb. 10.2 a, d). Bei vielen dieser Arten stirbt die Basis des Thallus im Alter ab.

Im allgemeinen rechnet man zu den Strauchflechten auch die Gattungen mit zweigestaltigem Thallus. Sie bestehen aus einem krustigen oder schuppig-blättrigen Horizontalthallus und einem aufrechten Vertikalthallus (Abb. 13.14 h). Der strauchförmige Teil des Thallus kann entwicklungsgeschichtlich ein Teil des Fruchtkörpers sein (S. 102 f.). Das ist z. B. bei der weit verbreiteten Gattung *Cladonia* der Fall (vgl. S. 307 f.).

Der Thallus der strauchigen Flechten muß durch besondere Strukturen gefestigt werden. Die Festigungselemente werden entweder in einer röhrenförmigen Scheide an der Peripherie des Thallus oder in einem Zentralstrang angeordnet. Ein röhrenförmiges Stützgewebe gibt eine hohe Biegungsfestigkeit und ist damit günstig für aufrechtstehende Thalli, während ein Zentralstrang hängenden Flechten eine hohe Zugfestigkeit verleiht. Flechten aus verschiedenen systematischen Gruppen haben in Konvergenz die gleichen Stützgewebe entwickelt.

Abb. 3.9

Haarflechten

Als Haarflechten bezeichnet man kleine, strauchige Flechten mit haardünnen Loben, bei denen im Gegensatz zu den habituell manchmal ähnlichen, aber größeren Bartflechten die symbiotische Alge die Wuchsform bestimmt. Phycobionten sind fädige Blau- und Grünalgen, die mehr oder weniger vollständig von einem Hyphenmantel eingeschlossen werden (S. 17, 417).

Gallertflechten

Konsistenz und Färbung werden bei den Gallertflechten hauptsächlich durch die symbiotische Blaualge bestimmt. Das charakteristische Aufquellen bei Wasseraufnahme beruht größtenteils auf der Quellung der Gallertscheiden der Cyanophyceen. Alle Wuchsformen kommen bei den Gallertflechten vor, doch sind die meisten Arten recht klein. Nur die blättrigen Formen bilden teilweise größere Lager (Abb. 13.10). Flechtenstoffe werden nicht gebildet, und damit fehlt auch eine intensive Färbung des Lagers. Meist sind die Flechten oliv bis schwärzlich, bei berindeten Lagern auch häufig grau getönt. Die rötliche Färbung mancher Lager wird besonders beim Anfeuchten deutlich. Hierfür sind die Gallerthüllen der symbiotischen Cyanophyceen verantwortlich.

Der gelatinöse Thallus der Gallertflechte ist im allgemeinen nicht deutlich geschichtet und muß deshalb als homöomer bezeichnet werden. Der Aufbau ist jedoch völlig verschieden von dem ungeschichteten Thallus anderer Flechten. Während bei diesen die Gruppen der Algenzellen locker in ein Hyphengespinst eingelagert sind, verlaufen bei den Gallertflechten die Hyphen zumindest zum größten Teil innerhalb der Lagergallerte, wobei sie die Algenzellen oft gar nicht berühren. Die äußere Begrenzung des Thallus wird meist von den Algenzellen mit ihren Gallerthüllen gebildet. Nur bei manchen Arten entwickelt der Pilz um den Thallus herum einen äußeren Hyphenmantel oder eine Rindenschicht. Bei Gallertflechten mit schuppigem, blättrigem oder strauchigem Lager können die Algenzellen im oberen Teil des Thallus zahlreicher sein als im Innern des Gewebes, doch fehlt immer eine scharf abgegrenzte Algenschicht, wie sie für heteromere Thalli charakteristisch ist.

Abb. 3.9 Strauchflechten. a) und b) *Usnea ceratina*. Loben und Apothecien mit Fibrillen besetzt (0,5 × und 2 ×). c) *Usnea sulphurea*. Lager mit quergestreiften Loben (2 ×). d) *Ramalina curnowii*. Vom Substrat gelöstes Lager mit Haftscheibe (0,7 ×). e) *Ramalina siliquosa* an bretonischen Meeresfelsen. Apothecien marginal an den Loben (etwa nat. Größe).

Thallusbau

Schichtung des Lagers

Nach der Lage der Algenzellen unterscheidet man zwei Grundtypen des Thallusbaus. Einen Thallus, in dem die Algen mehr oder weniger regellos verstreut liegen, nennt man **homöomer,** einen geschichteten Thallus, in dem die Algen auf eine bestimmte Zone beschränkt sind, bezeichnet man als **heteromer.** Heteromere Lager besitzen neben der **Algenschicht** eine darunterliegende **Markschicht,** die auch Medulla genannt wird. Nach außen sind Mark und Algenzone durch eine **Rinde** begrenzt. Dieser Cortex ist entweder nur an der Thallusoberseite entwickelt oder umschließt das Lager von allen Seiten.

Algenschicht und Mark bestehen meistens aus einem lockeren Hyphengeflecht, wobei die Algen in demjenigen Teil des Gewebes liegen, in dem die für sie optimalen Lichtverhältnisse herrschen (S. 146). In einigen Fällen können Algenzellen auch in das Rindengewebe eingebettet sein (Abb. 3.7 e). Das lockere Hyphengeflecht des Marks bildet das Luftreservoir für den Gasaustausch. Die Hyphen sind besonders dann, wenn sie mit Flechtenstoffen imprägniert sind, schwer benetzbar. Die Flechtenstoffe überziehen die Zellwände häufig mit einer dichten Kristallschicht (Abb. 3.11 f). Obwohl die Hyphenwände im typischen Falle stark verdickt sind, können die Zellen jederzeit wieder meristematisch werden.

In der Rinde kommen alle Gewebetypen vor, die wir auf S. 30 ff. kennengelernt haben. Auf der Thallusoberseite kann die Rinde eine andere Struktur haben als auf der Unterseite. Es kann auch eine doppelte Rinde vorhanden sein, die aus zwei verschiedenen Gewebetypen besteht (Abb. 3.7 f). Die Wände der Rindenzellen sind häufig stark gallertig verquollen. Wie im Mark so können auch in der Rinde große Mengen von Flechtenstoffen eingelagert sein, die dem Thallus eine leuchtende Färbung geben. Das Parietin der *Teloschistaceae* verursacht beispielsweise eine tief gelbe bis orangerote Färbung. Grüne und gelbe Farbtöne sind häufig, rote, blaue und violette kommen dagegen seltener vor. Flechten, deren Rinde keine Pigmente enthält, sind im trockenen Zustand grau oder braun. Bei feuchten Thalli tritt die Farbe der Algenzellen stärker hervor, so daß die gleichen Flechten dann mehr oder weniger grün aussehen.

Außer den spezifischen Flechtenstoffen werden häufig auch Calciumoxalatkristalle in den Thallus eingelagert. Das ist z. B. bei den *Pyrenulaceae,* den *Ostropales* und den Arten der Gattung *Porina* der Fall (Abb. 13.40, 13.45). Bei *Leptotrema wightii* ist das Lager so mit Kristallen vollgestopft, daß man sie schon von außen mit der Lupe erkennen kann.

Die Blattflechten sind dorsiventral gebaut und gleichen in der Anordnung der Gewebe den Blättern der höheren Pflanzen. Dabei entspricht die Rinde der Epidermis, die Algenschicht dem Assimilationsparenchym und das Mark dem Schwammparenchym. Bei den höchst differenzierten Formen der Flechten kommen sogar Durchlüftungsporen auf der Unterseite des Thallus vor.

Die radiären Thalli der Strauchflechten sind im Prinzip nicht anders strukturiert als die flachen Lager der Blattflechten. Die Gewebeschichten von Algenzone und Rinde umgeben hier als Zylinder das zentral gelegene Mark. Im Inneren des Marks kann sich ein Hohlraum bilden, oder es kann sich auch ein zentraler Markstrang aus dicht gelagerten Hyphen entwickeln, der dem Thallus eine besondere Zugfestigkeit gibt. Bei den Flechten, deren strauchförmiger Thallus durch die röhrenförmige Lagerrinde gestützt wird, sind die Rindenhyphen netzig miteinander verbunden (Abb. 3.7 h), verlaufen parallel zur Oberfläche (Abb. 13.55 a, b) oder bilden ein Palisadenparenchym (Abb. 3.7 c, d). Das Mark ist watteartig, gelatinös oder hohl. Beim Zentralstrangtyp wird zusätzlich zur äußeren Rindenscheide in der Mitte der Loben durch Verkitten der längs verlaufenden, dickwandigen Markhyphen ein fester Strang gebildet. Das bekannteste Objekt für diesen Typ ist die Gattung *Usnea* mit einem fadenförmigen, elastischen Zentralstrang (Abb. 3.6 a). Bei anderen Arten entstehen mehrere Stränge, die miteinander verwachsen können (Abb. 3.7 g).

Die allmähliche Entstehung einer Rinde läßt sich bei den homöomeren Thalli einiger Gallertflechten besonders gut verfolgen. Die meisten *Collema*-Arten haben einen höchst einfach gebauten, unberindeten Thallus (Abb. 3.13 c). Bei einigen Arten kann man jedoch die Anfänge der Rindenbildung beobachten. Die auf die Lageroberfläche stoßenden Hyphen biegen im rechten Winkel um und wachsen — noch innerhalb der Gallerte — entlang der Grenzfläche weiter (Abb. 3.10 e). Die Arten der Gattung *Leptogium* zeigen alle Übergänge von einer primitiven, unvollständigen Rinde aus unregelmäßigen Zellen, die nicht dicht aneinander schließen, bis hin zur gleichmäßigen Berindung aus isodiametrischen Zellen, die eine feste einreihige Schicht bilden (Abb. 3.10 f—h).

Das Lager mancher Krusten- und Blattflechten kann von einem Saum umgeben sein, der in Farbe und Struktur vom Rest des Thallus abweicht. Bei der Gattung *Pertusaria* z. B. ist der Rand knorpelig und gezont (Abb. 13.36 d). Bei anderen Gattungen besteht der Saum aus meist dunklen Pilzhyphen, die dem Lager vorauswachsen und als **Vorlager** oder **Prothallus** bezeichnet werden. Das Vorlager hat eine fädig-filzige (Abb. 13.22 a) oder knorpelige Struktur (Abb. 3.8 h). Es wird auch Hypothallus genannt, besonders dann, wenn es noch zwischen den Thallusareolen des nachwachsenden Lagers erhalten bleibt. Mitunter wird nicht ein geschlossenes Vorlager entwickelt, sondern einzelne Hyphenstränge wachsen dem Thallus voraus (Abb. 3.8 i)

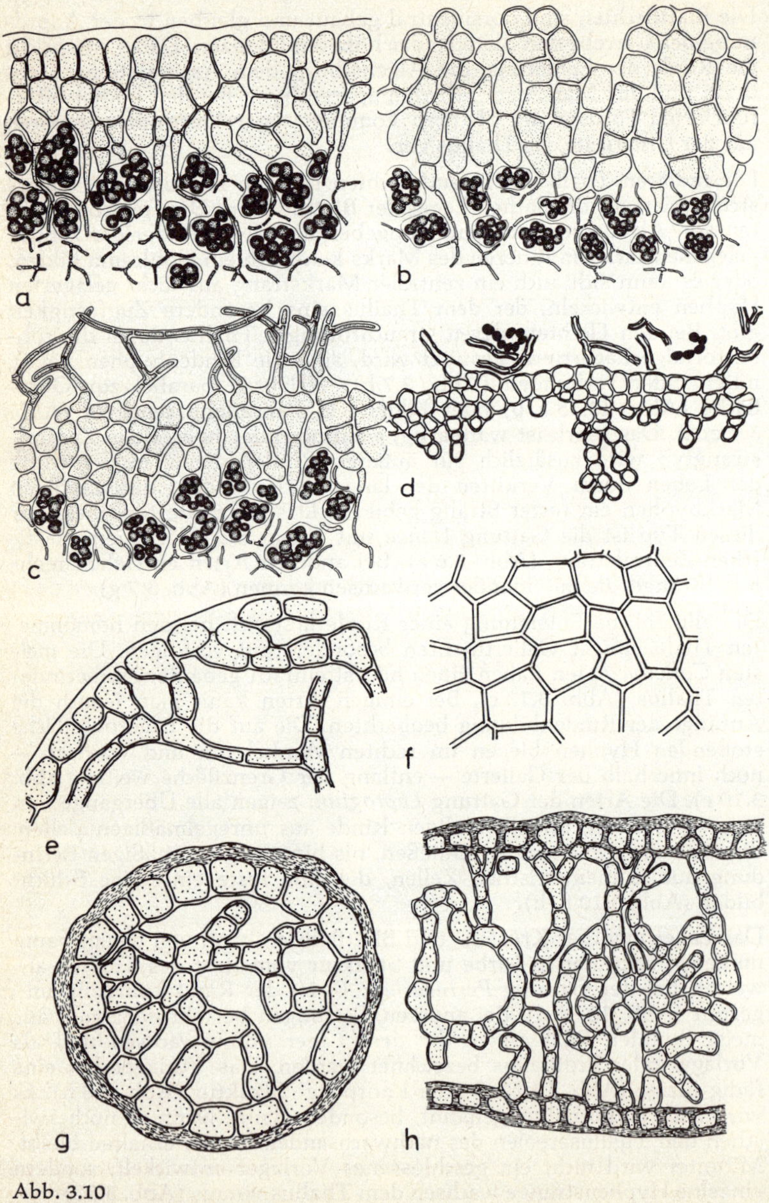

Abb. 3.10

Oberflächenstruktur

Die obere Rinde des Thallus ist in vielen Fällen glatt und matt oder glänzend (Abb. 3.11 a). Im Querschnitt zeigt das Gewebe eine gleichmäßige Grenzlinie (Abb. 3.10 a). In anderen Fällen wachsen die obersten Zellen der Rindenhyphen in unregelmäßigen Gruppen empor (Abb. 3.10 b), wodurch eine höckerig areolierte Fläche entsteht (Abb. 3.11 b). Häufig verlängern sich einzelne Rindenzellen zu verzweigten oder unverzweigten **Haaren** (Abb. 3.10 c), die der Flechte ein filziges Aussehen geben (Abb. 3.11 c). Alle beschriebenen Strukturen kommen auch auf der Thallusunterseite vor. Die Haare befestigen hier in vielen Fällen den Thallus am Substrat und werden als **Rhizoidhyphen** bezeichnet. Ein dichter Filz aus kurzen Haaren, die nicht der Befestigung dienen, wird **Tomentum** genannt. Haare und Tomentum sind bei Blattflechten häufig vorhanden, bei Krusten- und Strauchflechten kommen sie dagegen selten vor (Abb. 3.11 d, h, 13.31 b). Die Zellen der Haare sind langgestreckt oder bei manchen Arten auch kugelig, wodurch die Haare eine perlschnurartige Form erhalten (Abb. 3.10 d). Eine ganz besondere Form hat das Tomentum an der Unterseite des Thallus der Gattung *Anzia*, wo es die Struktur eines großmaschigen Netzes annimmt (Abb. 3.12 a, b).

Bei vielen Krusten- und Blattflechten sind Lager und Fruchtkörper bereift. Die winzigen Körner, die die Oberfläche bedecken nennt man **Pruina** (Abb. 13.34 f). Die Bereifung kann durch Ablagerung von Flechtenstoffen oder durch das Abschuppen der Lageroberfläche entstehen. Neuerdings versucht man, die Feinstruktur der Lageroberfläche mit der Rasterelektronenmikroskopie aufzuklären (Abb. 3.11 e).

Ober- und Unterseite blättriger Flechten können mit netzigen Leisten oder Adern bedeckt sein (Abb. 13.17 c, g). Die Unterseite der *Peltigera*-Arten ist schwammig-filzig geadert. Hier entstehen die Adern durch eine stellenweise verstärkte Bildung von Markhyphen; bei der Wasserflechte *Hydrothyria*, die zur gleichen Familie gehört, entwickeln sie sich dagegen durch die Volumenvergrößerung von einzelnen Hyphen. Diese können in der Lobenlängsrichtung verlaufen und wirken dann wie Leitstränge. Dieser Vergleich trügt jedoch, denn die erweiterten Hyphen sind vielfach auch unregelmäßig gelagert.

Abb. 3.10 Struktur der Rinde. a) Glatte Rinde von *Peltigera horizontalis*. b) Rinde mit Höckern von *Peltigera scabrosa*. c) Rinde mit verzweigten Haaren von *Peltigera canina*. d) Untere Rinde von *Leptogium americanum* mit Tomentum aus perlschnurartigen Hyphen. e) Entstehung der Rinde bei *Collema occultatum*. f) Aufsicht auf die geschlossene Rinde von *Leptogium sinuatum*. g) Lobenquerschnitt von *Leptogium teretiusculum* mit geschlossener Rinde aus isodiametrischen Zellen. h) Thalluslängsschnitt von *Leptogium diffractum*. Das Lager ist beidseitig von einer primitiven Rinde begrenzt.

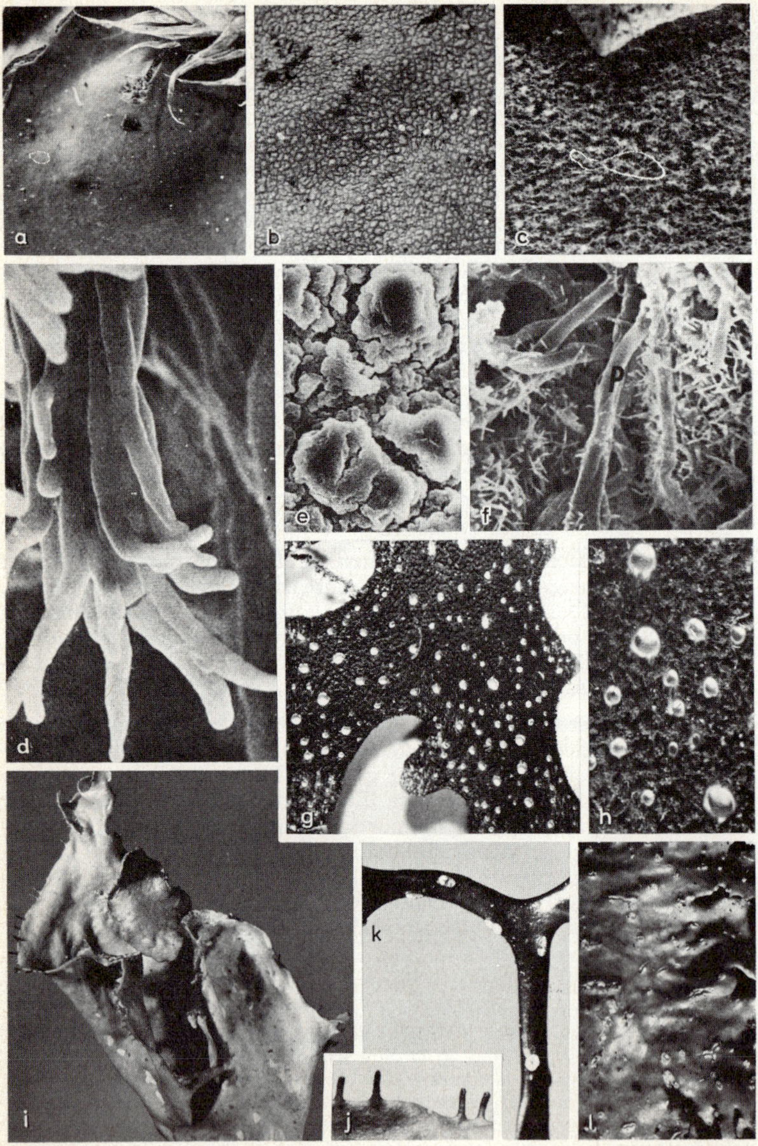

Abb. 3.11

Anhangsorgane: Rhizinen, Cilien, Papillen und Fibrillen

Die Oberfläche des Lagers kann nicht nur mit Haaren und Warzen, sondern auch mit größeren stift- und pfriemförmigen Auswüchsen bedeckt sein. Man hat diesen Organen nach ihrer Lage auf dem Thallus, nach ihrer Funktion und nach ihrem Bau verschiedene Namen gegeben. Leider sind diese Bezeichnungen nicht immer konsequent angewandt worden, ja es fehlt sogar eine exakte Definition. Sie kann erst möglich sein, wenn weitere anatomische Untersuchungen vorliegen.

Hyphenbündel oder Stränge, die der Thallusunterseite entspringen, nennen wir **Rhizinen.** Häufig befestigen sie das Lager am Substrat. Die gleiche Funktion haben die bereits erwähnten Rhizoidhyphen, die vielfach ebenfalls als Rhizinen bezeichnet werden, im Unterschied zu diesen aber nur Einzelhyphen sind.

Die Rhizinen kann man nach ihrer Struktur in drei Typen unterteilen. Im einfachsten Fall, z. B. bei der Gattung *Leptogium,* bestehen sie aus einem Büschel von Hyphen, die nicht miteinander verbunden sind. Bei *Peltigeraceae* und *Stictaceae* dagegen sind die Hyphen in den Büscheln durch Anastomosen miteinander verbunden. Die Rhizinen können hier pinselartig aufspreizen (Abb. 13.28 l) oder kompakter gebaut sein. Bei den *Parmeliaceae* und vielen anderen Familien bestehen die Rhizinen aus einem festen Gewebestrang, der eine unmittelbare Fortsetzung der Thallusrinde ist. Die Hyphenwände sind hier verquollen und fest miteinander verklebt. Wenn die Rhizinen das Substrat berühren, so entsteht im Verlauf des folgenden Flächenwachstums an der Rhizinenspitze ein breit ausladender Fuß, der die Verbindung zur Unterlage herstellt (Abb. 3.12 m).

Rhizinen, die vom Thallusrande abstehen, bezeichnet man meist als **Cilien.** In wieweit bei Cilien und Rhizinen das Mark neben der Rinde am Aufbau beteiligt ist, ist noch nicht bekannt.

Abb. 3.11 Oberflächenstruktur des Lagers. a) Glatte Rinde von *Peltigera horizontalis* (8 ×). b) Areolierte Rinde von *Peltigera scabrosa* (8 ×). c) Haarfilz auf der Rinde von *Peltigera canina* (15 ×). d) Büschel aus dem Tomentum von *Lobaria pulmonaria* (800 ×). e) Rasterelektronenmikroskopische Aufnahme der Lageroberfläche von *Alectoria capillaris* (220 ×). f) Markhyphen aus dem Soral von *Cetraria pinastri.* Kristallnadeln zwischen den Pilzhyphen (p) (1500 ×). g) und h) Lagerunterseite von *Sticta laciniata* mit Tomentum und Cyphellen (2,5 × und 6,5 ×). i) und j) *Cetraria islandica:* i) Lobenspitze mit marginalem Apothecium, randständigen Pycnidien und laminalen, weißen Pseudocyphellen (3,5 ×); j) gestielte Pycnidien stärker vergrößert (10 ×) k) Pseudocyphellen von *Cornicularia divergens* (6,5 ×). l) Servediös aufbrechende Pseudocyphellen von *Parmelia rudecta* (8 ×) (d aus H. Reznik, E. Peveling, J. Vahl: Planta 78 [1968] 287; e aus D. L. Hawksworth: J. Microscop. 8 [1969] 753; f aus E. Peveling: Ber. Dtsch. Bot. Ges. N. F. 4 [1970] 89).

Abb. 3.12

Rhizinen und Cilien sind in ihrer Form sehr variabel (Abb. 3.12 c—f). Sie können unverzweigt oder verzweigt sein, die Verzweigungen dann unregelmäßig oder selten dichotom-gabelig. Besonders auffällig sind Anhangsorgane, die an ihrem unteren Ende bulbös angeschwollen sind.

Unverzweigte Cilien, wie sie z. B. bei der Gattung *Usnea* vorkommen, werden auch Fibrillen genannt. Kurze, stiftförmige Auswüchse nennt man hier auch Papillen.

Manche Strauchflechten und die Nabelflechten sind mit einer Haftscheibe am Substrat befestigt (Abb. 13.17 c). Sie besteht aus einem dichten Büschel von verklebten Hyphen, die dem Mark entspringen.

Organe der vegetativen Vermehrung: Isidien, Sorale, Hormocystangien

Die Fortpflanzung und Vermehrung eines Symbioseorganismus ist besonders schwierig, da bei einer getrennten Verbreitung der beiden Partner die Symbiose jedesmal neu gebildet werden muß. Als Anpassung an diese Schwierigkeit haben die Flechten besondere Diasporen entwickelt, mit deren Hilfe beide Bionten gleichzeitig verbreitet werden. Die Verbreitung kann durch Thallusbruchstücke oder durch besondere Organe erfolgen. Die vegetativen Fortpflanzungsorgane werden nach ihrem Bau in Isidien, Sorale und Hormocystangien eingeteilt. Sorale und Hormocystangien sind Organe in denen Soredien und lichenisierte Hormocysten als Diasporen gebildet werden. Isidien dagegen sind Auswüchse des Thallus, die in einem Stück abbrechen. Jede Isidie ist also eine einzige Diaspore. Isidien können nur dann als Reproduktionsorgane dienen, wenn sie von außen passiv vom Lager losgebrochen werden, während Soredien und lichenisierte Hormocysten aktiv vom Thallus abgestoßen werden. Hormocystangien sind bisher nur von einer Gattung bekannt, während die Bildung von

---

Abb. 3.12 Anhangsorgane des Lagers. a) und b) Netzförmiges Tomentum der Lagerunterseite von *Anzia ornata* (65 × und 330 ×). c) Sparrig verzweigte Rhizinen von *Parmelia ecuadoriensis* (20 ×). d) Bulbillenartig verdickte Cilien von *Parmelia abstrusa* (25 ×). e) Dichotom-gabelig verzweigte Rhizinen von *Parmelia laevigata* (25 ×). f) Einfache Rhizinen von *Parmelia cetrata* (25 ×). g) und h) Lager mit koralloiden Isidien von *Parmelia saxatilis* (2 × und 25 ×). i) Schuppenförmige Isidien von *Collema flaccidum* (20 ×). j) Stiftförmige, teils Pycnidien tragende Isidien von *Pseudevernia furfuracea* (17 ×). k) Lager von *Peltigera praetextata* mit entlang von Wundrissen gebildeten Isidien (6,5 ×). l) Lobuli an den Lobenrändern von *Parmelia dilatata* (1,5 ×). m) Rhizine mit Haftplatte von *Parmelia sulcata* (40 ×).

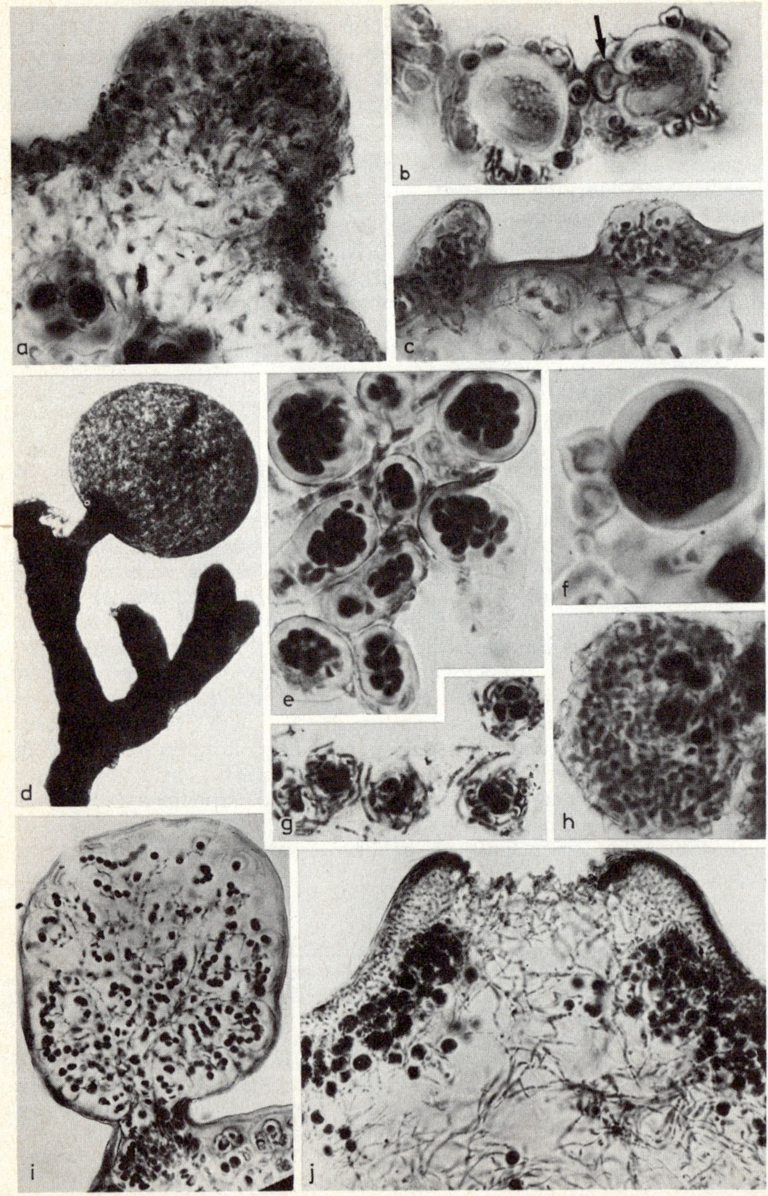

Abb. 3.13

Isidien und Soralen weit verbreitet ist. Krusten-, Blatt- und Strauchflechten besitzen Isidien und Sorale, während Gallertflechten nur Isidien bilden.

Isidien

Isidien sind kleine Auswüchse des Thallus, die Algen enthalten und in ihrer Anatomie dem Bau des Lagers entsprechen. Ihr Aussehen kann sehr verschieden sein. Häufig findet man kugelige, stiftförmige, schuppenförmige oder koralloid verzweigte Formen (Abb. 3.12 g–k). Meistens sind diese Gebilde kompakt gebaut, einige Flechten besitzen jedoch Isidien, die hohl sind und wie aufgeblasen aussehen.

Es ist nicht immer einfach, Isidien von anderen Auswüchsen und Anhängen des Thallus zu unterscheiden. In einigen Fällen ist es unmöglich, eine scharfe Grenze zu Lobuli und Fibrillen zu ziehen. Die blattförmigen Lobuli und die stiftförmigen Fibrillen haben zu Beginn ihrer Entwicklung die gleiche Form wie Isidien. Junge Isidien sind ihrerseits nur schwer von Warzen und Papillen des Lagers zu unterscheiden, vor allem, weil diese ebenfalls einzelne Algen einschließen können.

Besonders die Isidien vieler Krustenflechten, z. B. der *Pertusariaceae*, brechen leicht ab. Sie dienen also deutlich der vegetativen Vermehrung. Bei manchen Flechten werden die Isidien erst durch das Absterben des Thallus frei. Bei vielen Gallert- und Blattflechten bleiben die Isidien dagegen immer mit dem Lager verbunden. Es ist denkbar, daß sie bei diesen Flechten hauptsächlich zur Oberflächenvergrößerung dienen.

Die Isidien von *Leptotrema*- und *Graphina*[135]-Arten scheinen neben der Vermehrung auch noch Aufgaben bei der Durchlüftung des Thallus zu erfüllen. Das Hyphengeflecht an ihrer Spitze ist aufgelockert

---

Abb. 3.13. Anatomische Strukturen. a) Aus der Thallusrinde sich entwickelnde Isidie von *Usnea dasypoga* (430 ×). b) Querschnitte durch die fädigen Loben von *Lichenothrix riddlei*. Die Hyphen bilden einen einschichtigen Mantel um die Algentrichome und entsenden Haustorien (Pfeil) in die Algenzellen (1000 ×). c) Aus einer Anhäufung von Algenzellen sich entwickelnde Isidien von *Collema flaccidum* (350 ×). d) Hormocystangium von *Lempholemma vesiculiferum* (45 ×). e) Gruppe von Hyphen und lichenisierten Hormocysten von *Lempholemma albonigrum* (520 ×). f) Algenzelle mit Appressorien aus dem Lager von *Tholurna dissimilis* (1300 ×) g) Soredien von *Alectoria fremontii* (170 ×). h) Soredie von *Pertusaria albescens* (430 ×). i) Isidie von *Lempholemma cladodes* (260 ×). j) Atempore von *Parmelia exasperata* (215 ×) (b aus A. Henssen: Ber. Dtsch. Bot. Ges. 57 [1964] 317; d, e aus A. Henssen: Lichenologist 4 [1969] 99).

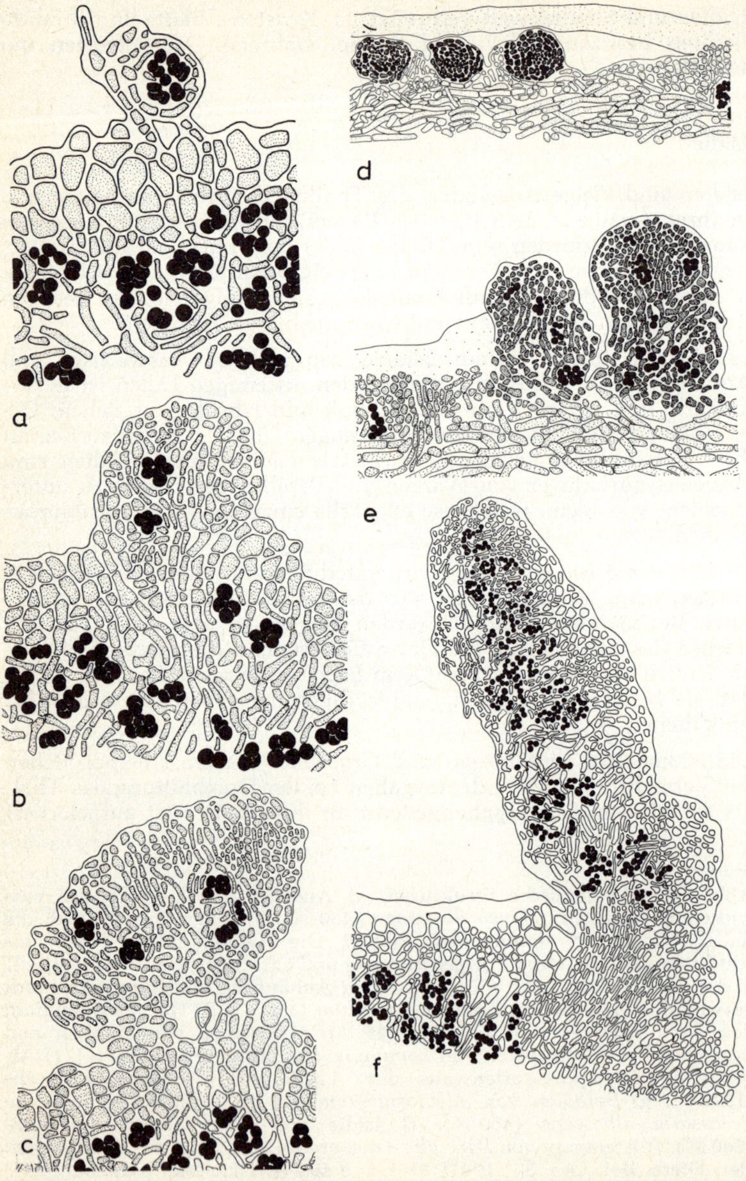

Abb. 3.14

und durchlässig. Beim Abbrechen, das durch eine Einschnürung am unteren Ende erleichtert wird, bleibt eine kraterförmige Atempore zurück.

Ebenso vielfältig wie ihre Form ist auch die Entwicklung der Isidien. Bei den Gallertflechten wird die Isidienbildung durch eine lebhafte Teilung von Algenzellen am Rande des Thallus eingeleitet. An unberindeten Lagern entsteht ein kleiner Auswuchs, in den dann die Hyphen einwachsen. Sie differenzieren sich in ähnlicher Weise wie im Lager selbst (Abb. 3.13 c, i). In berindeten Lagern, beispielsweise bei *Leptogium*-Arten, werden die Zellen der Rinde durch die sich vermehrenden Algen ebenfalls zu verstärkter Teilung angeregt. Die Teilung der Rindenzellen hält mit dem Wachstum der Algen Schritt, so daß der Thallusauswuchs von Anfang an eine gleichmäßige Berindung erhält. Sekundär wachsen Markhyphen ein, wodurch eine anatomische Struktur entsteht, die dem übrigen Lager gleicht.

Bei den heteromeren Flechten geht die Isidienbildung nicht von den Algen, sondern auf zwei verschiedene Weisen von den Hyphen aus. Hyphen des Marks können zwischen die Rindenhyphen vorstoßen, wobei sie Algenzellen mit nach oben tragen. An dem so entstandenen Auswuchs des Thallus differenziert sich erst sekundär eine Rinde. Im zweiten Fall entwickelt sich die Isidie aus einer Ausstülpung der Thallusrinde (Abb. 3.13 a).

Die Bildung der Isidien aus den Markhyphen läßt sich bei *Peltigera praetextata* besonders deutlich beobachten (Abb. 3.14 d—f). Sie entwickeln sich an Stellen, wo der Thallus verletzt ist, unter der zerrissenen und halb abgehobenen Rindenschicht. Die ausgewachsene Isidie ist bei dieser Art blattförmig und dorsiventral gebaut. Es ist auffällig, daß die Isidien bei *Peltigera praetextata* immer an Bruchstellen des Thallus entstehen (Abb. 3.12 k). Die Bildung der Isidien an Lagern von *Peltigera praetextata* läßt sich experimentell durch Einschneiden des Thallus induzieren.

Die Entwicklung der Isidien kann in einigen Fällen völlig anders verlaufen als oben geschildert. *Peltigera lepidophora* bildet ihre schuppenförmigen Isidien zum Teil wie *Peltigera praetextata* aus Markhyphen[261] (Abb. 3.14 b). Die Flechte kann aber auch *Nostoc*-Algen, die zufällig auf die Oberfläche des Thallus fallen, einfangen und mit ihnen Isidien bilden[45]. Dabei werden die Algen von den Haaren der

---

Abb. 3.14 Entwicklung von Isidien. a—c) Die beiden Möglichkeiten der Isidienentwicklung bei *Peltigera lepidophora:* a) Einfangen einer *Nostoc*-Kolonie durch Haare der Rinde; b) Auswachsen der Markhyphen; c) ausgewachsene Isidie, deren Bildungsweise nicht mehr zu erkennen ist. d—f) Verschiedene Stadien der Bildung von Isidien durch Markhyphen entlang von Wundrissen bei *Peltigera praetextata.*

Thallusoberfläche umhüllt und eingeschlossen (Abb. 3.14 a). Denselben Vorgang werden wir noch bei der Bildung der Cephalodien anderer *Peltigera*-Arten wiederfinden (S. 69 f.). Es ist unmöglich, den älteren Isidien von *Peltigera lepidophora* anzusehen, auf welche Weise sie sich entwickelt haben (Abb. 3.14 c). Ob einer der beiden Entwicklungstypen durch irgendwelche äußeren Einflüsse begünstigt wird, ist nicht bekannt.

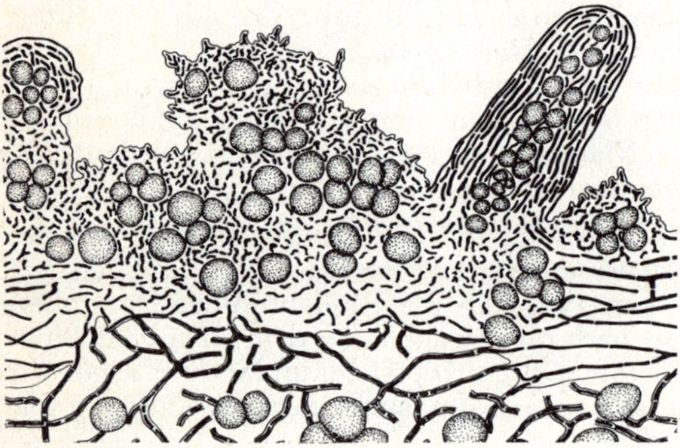

Abb. 3.15 Bildung von Isidien (Soredialästen) im Soral von *Alectoria nidulifera.*

Bei manchen Bartflechten entwickeln sich die Isidien aus Soralen und werden als Soredialäste bezeichnet. Charakteristisch treten sie z. B. bei *Alectoria nidulifera* auf (Abb. 3.15). Die Isidien bleiben bei dieser Art kurz, während sie sich bei der Gattung *Usnea* zu Fibrillen weiterentwickeln können.

Abb. 3.16 Sorale und Cephalodien. a) *Placopsis gelida.* Lager mit gallenförmigen Cephalodien und Flecksoralen (4 ×). b) *Sticta filix.* Der strauchige Primärthallus mit *Nostoc* trägt den fertilen, blättrigen Sekundärthallus mit Grünalgen als Phycobionten (2 ×). c) Bortensorale von *Cetraria pinastri* (8 ×). d) Manschettensorale von *Menegazzia terebrata* (5 ×). e) Cephalodien auf dem Lager von *Peltigera aphthosa* (6,5 ×). f) Lager von *Parmelia incurva* mit Kugelsoralen und Pycnidien, deren Mündungen als schwarze Punkte sichtbar sind (6 ×). g) Spaltensorale von *Parmelia sulcata* (16 ×). h) Lager von *Pseudocyphellaria crocata* mit Borten- und Flecksoralen (2 ×). i) Lippensorale an den Lobenspitzen von *Hypogymnia physodes* (8,5 ×).

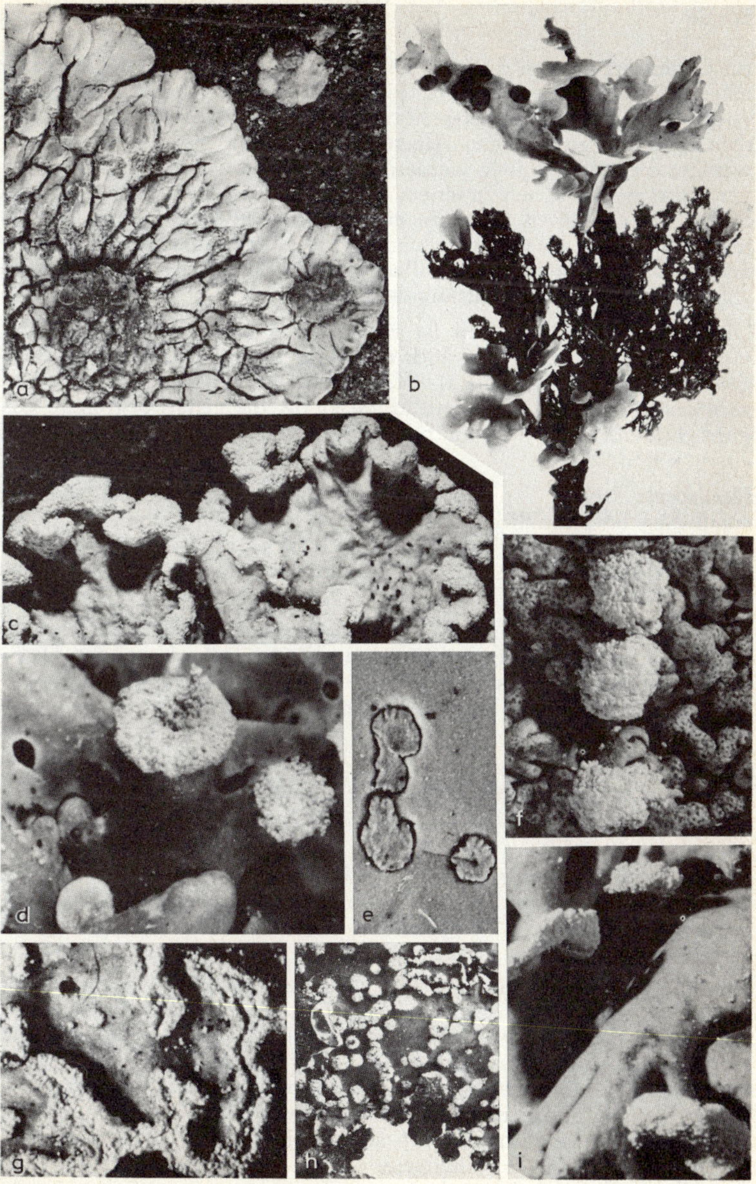

Abb. 3.16

Sorale

Im Gegensatz zu den kompakten, berindeten Isidien sind die Sorale offene Aufbrüche des Lagers. Sie erhalten ein staubiges Aussehen durch die in ihnen gebildeten körnigen Soredien. Die kugeligen Soredien bestehen aus einigen Algenzellen, die von Hyphen mehr oder weniger dicht umsponnen werden. Die Soredien werden als Diasporen verbreitet und wachsen zu einem neuen Thallus heran. In den Soralen bilden die gehäuften Soredien eine mehlig-pulverige oder grobkörnige Masse, die wasserabstoßend und schwer benetzbar ist. Da die Sorale Öffnungen in der Thallusrinde sind, spielen sie sicher auch eine Rolle bei der Durchlüftung des Thallus.

Die Bildung von Soredien ist nicht immer auf Sorale beschränkt, vielmehr können Soredien auch diffus an der Oberfläche des Lagers gebildet werden (Abb. 9.1 a). Man spricht dann von einem staubig-sorediösen Thallus. Die eigentlichen Sorale, die genau begrenzte Organe bilden, teilt man nach ihrer Form in verschiedene Typen ein[44, 91, 115].

Flecksorale stellen den einfachsten Soraltyp dar. Sie bestehen aus rundlichen oder länglichen flachen Vertiefungen, die über die Oberseite des Lagers verteilt liegen (Abb. 3.16 a, h). Bei isolateralen Loben können sie entweder an den Rändern oder an allen Seiten des Thallus entstehen.

Kugelsorale liegen genau wie Flecksorale über den Thallus verteilt. Die Soredien werden aber nicht so schnell abgelöst wie bei den Flecksoralen und bilden dadurch kugelige Haufen (Abb. 3.16 f). Kugelförmige Sorale, die an den Enden der Loben sitzen, nennt man auch **Kopfsorale.**

Spaltensorale sind langgestreckt und zum Teil verzweigt. Sie entstehen nur in Rissen des Thallus. Dieser Typ kommt selten vor. Er ist charakteristisch für *Parmelia sulcata* (Abb. 3.16 g) und — weniger ausgeprägt — für manche *Alectoria*-Arten.

Die **Manschettensorale** ähneln im Aussehen den Kopfsoralen. Sie werden von runden, lobenartigen Thallusauswüchsen über das Lager emporgehoben. Im Alter sind sie in der Mitte durchbrochen und sehen wie eine Manschette aus (Abb. 3.16 d).

Häufig entstehen Sorale an einem dorsiventralen Lager nicht an der Oberseite, sondern an der terminalen Kante der bandförmigen Thallusloben. Dabei werden die oberen Schichten des Lagers abgespalten und nach oben zurückgeschlagen (Abb. 3.16 i). Man nennt diesen Typ ein **Lippensoral,** da die aufgebogene Rinde mit dem darunter sitzenden Soral an eine Lippe erinnert. Manchmal sind die Thallusenden, die ein Soral tragen, zusätzlich gewölbt, so daß sie wie aufgeblasen wirken. Die Sorale, die an der Innenseite dieser Kuppel sitzen, nennt man **Gewölbesorale** (Abb. 13.34 d, e).

Manche dorsiventrale Thalli tragen nicht nur an den Enden Sorale, sondern ihr ganzer Rand ist von Soralen gesäumt. Man spricht in diesem Fall von **Rand-** oder **Bortensoralen** (Abb. 3.16 c).

Die verschiedenen Soraltypen können durchaus auch zusammen an einem Flechtenthallus vorkommen. Manche Arten bilden z. B. gleichzeitig Fleck- und Randsorale. Sorale, die ursprünglich als Punkte oder Flecken angelegt wurden, können sekundär zusammenfließen und einem großen Teil des Lagers ein gleichmäßig sorediöses Aussehen geben.

Die Struktur der Soredien wechselt bei den verschiedenen systematischen Gruppen. Bei den *Parmeliaceae* ist der Hyphenmantel, der die relativ großen Algenzellen umhüllt, ziemlich locker (Abb. 3.13 g). Die Hyphen der *Stictaceae* umschließen dagegen von Anfang an die Algenzellen sehr dicht. Die Initialen der Soredien bestehen hier oft aus einer einzelnen Algenzelle, die fest von Hyphen umsponnen ist. Im Laufe der weiteren Entwicklung vermehrt sich die Alge durch die Bildung von Autosporen, wodurch schließlich das reife Soredium entsteht (Abb. 3.13 h, 3.17).

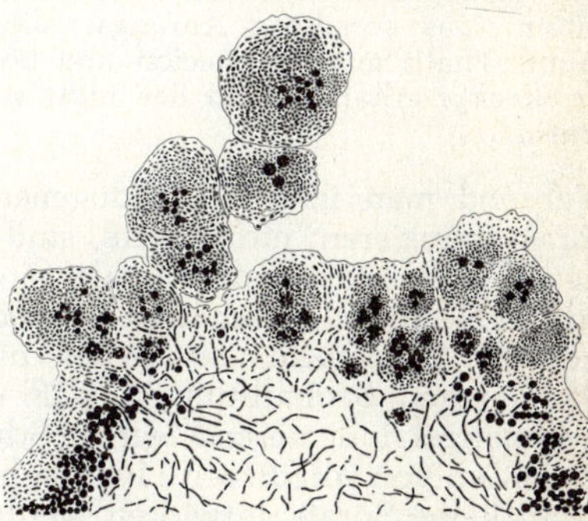

Abb. 3.17 Soral von *Lobaria pulmonaria* mit verschiedenen Stadien der Soredienbildung.

Durch welche inneren Prozesse die Bildung von Soralen gesteuert wird, wissen wir nicht. Die Impulse scheinen beide Bionten zu beeinflussen und sie zu verstärktem Teilen und Wachsen anzuregen. In heteromeren Blatt- und Strauchflechten werden die Markhyphen an bestimmten Stellen unter der Algenzone meristematisch, sie verzweigen sich plötzlich reichlich unter Abschnürung von kurzen, plasmareichen, dünnwandigen Zellen. Die in dieser Zone liegenden Algenzellen beginnen ebenfalls sich lebhaft zu vermehren. Die Markhyphen stoßen in die Rinde vor und durchbrechen sie. Bei der weiteren Entwicklung der Soredien werden jeweils einzelne Gruppen von Algenzellen von Hyphen durchzogen und umsponnen und dabei nach oben gedrückt. An der Basis werden laufend Soredien nachgebildet. Die älteren Soredien werden dadurch allmählich aus dem Lager herausgeschoben. Die Verbindungen zwischen ihnen lösen sich, so daß sie schließlich frei auf der Oberfläche des Sorals angehäuft liegen, von wo sie leicht durch mechanische Einflüsse verbreitet werden können.

Neben der normalen Entwicklung der Sorale findet man noch eine Reihe von abweichenden Typen. Bei manchen braunen Parmelien entstehen die Soredien z. B. an der Spitze der Isidien. Bei *Pseudocyphellaria*-Arten und Arten der Gattung *Usnea* findet man Übergänge von Atemporen zu Soralen. Es wird vermutet, daß die Sorale sich phylogenetisch von solchen Atemporen herleiten.

Im allgemeinen ist das Vorkommen von Soralen ein artspezifisches Merkmal einer Flechte[91] (S. 261 f.). Interessant ist die Entwicklung der Sorale von *Peltigera spuria*. Bei dieser Flechte ist die Bildung der Sorale vom Alter des Thallus abhängig. Junge Exemplare dieser Art tragen Flecksorale. (Abb. 13.28 j). Wenn an den Lobenrändern die Apothecien entstehen, werden die Sorale langsam zurückgebildet. Alte Lager besitzen nur noch Fruchtkörper und keine Sorale mehr (Abb. 13.28 i). An günstigen Standorten kann man alle drei Stadien nebeneinander finden. Diese eigenartige Rückbildung der Sorale wurde erst relativ spät entdeckt[69], nachdem zuvor schon alle drei Entwicklungsstadien als eigene Arten einen lateinischen Namen erhalten hatten. Das servediöse Anfangsstadium wurde *Peltigera erumpens* genannt, Thalli mit Apothecien und Soralen hatten den Namen *Peltigera haszlinskyi* erhalten, und das nicht servediöse Endstadium hieß *Peltigera spuria*.

Während man über die endogenen Faktoren, die die Bildung der Sorale induzieren, nichts weiß, sind einige Umweltfaktoren bekannt, die die Entwicklung der Sorale fördern. Im allgemeinen entwickeln sich Sorale an feucht-schattigen Standorten besonders reichlich. Experimentelle Untersuchungen liegen nicht vor, doch schließt man aus ökologischen Beobachtungen, daß weniger die Feuchtigkeit als der Lichtmangel induzierend wirkt. Schattige Felswände sind fast ausschließlich von servediösen Flechten besiedelt, während von submersen Arten keine Sorale entwickelt werden und amphibische Flechten nur selten servediös sind.

Hormocystangien

Hormocystangien sind bisher nur von der Gattung *Lempholemma* bekannt[178]. Sie entwickeln sich als blasenförmige Anschwellungen lateral oder terminal an den strauchförmigen Ästen des Thallus (Abb. 3.13 d). In den Hormocystangien bilden die symbiotischen *Nostoc*-Algen Hormocysten, die von einer derben Gallertscheide umgeben sind. Einzelne Hyphen des Mycobionten dringen in die Gallerthülle der Hormocysten ein. So entstehen die lichenisierten Hormocysten, die als Diasporen für die Vermehrung der Flechten sorgen. Die lichenisierten Hormocysten werden durch den Zerfall des Hormocystangiums frei.

Die Hormocysten sind bei den verschiedenen Arten der Gattung *Lempholemma* unterschiedlich stark lichenisiert. In einigen Fällen enthalten sie keine Pilzhyphen und dienen ausschließlich der Vermehrung der Alge. Meist ist die Gallerte der Hormocysten jedoch von Pilzhyphen durchzogen, so daß beide Bionten durch die Diaspore verbreitet werden. Bei einer Art werden zusammen mit den lichenisierten Hormocysten einzelne dicke Hyphenabschnitte abgestoßen, was an die Bildung von Soredien erinnert (Abb. 3.13 e).

Poren und Öffnungen der Rinde: Cyphellen und Pseudocyphellen

Die Rinde der heteromeren Flechten mit ihren stark verkitteten Hyphen bildet ein großes Hindernis für den Gasaustausch der darunter liegenden Gewebe. Obwohl nach neueren Untersuchungen mit dem Rasterelektronenmikroskop die Rindenhyphen nicht so stark miteinander verbunden sind, wie man früher annahm, sondern die Lageroberfläche von zahlreichen winzigen Poren durchbrochen ist[305], hat eine Reihe von Flechten besondere Atemöffnungen entwickelt.

Die charakteristisch gebauten Durchlüftungsorgane der Gattung *Sticta* werden **Cyphellen** genannt. Sie entstehen als kleine Gruben auf der Unterseite des Lagers (Abb. 3.11 g, h). Die untere Rinde bildet an diesen Stellen eine runde Erhebung, die in der Mitte kraterförmig eingesenkt ist. Am Grunde der Vertiefung lösen sich Hyphenzellen aus dem Verband. Es bildet sich eine lockere Schicht von kugeligen Zellen (Abb. 3.18 d). Das so entstandene Organ erinnert an die Lentizellen der höheren Pflanzen. Die Cyphellen nehmen im Verlauf ihrer Entwicklung beträchtlich an Umfang zu. Eine Erleichterung des Gasaustausches im Thallus scheint nur durch junge Cyphellen gewährleistet zu sein. In alten Cyphellen schließen die kugeligen Zellen dicht zusammen und sind durch eine Gallerte verklebt, die durch das Absterben und Verschleimen der äußeren Zellen entsteht (Abb. 3.18 e).

Ebenfalls mit lockeren Kugelzellen gefüllt sind die Atemporen auf der Lagerunterseite von *Nephroma resupinatum* (Abb. 3.18 a). Im Gegensatz zu *Sticta* sind die Atemöffnungen hier keine kraterförmig vertieften Gruben, sondern Auswüchse der Rinde, die unter dem Namen **Tuberkeln** bekannt sind.

Manche Blatt- und Strauchflechten bilden Atemporen, die in ihrem Aussehen und in ihrer Struktur von Cyphellen abweichen. Man nennt diese Gebilde **Pseudocyphellen.** Bei der Gattung *Pseudocyphellaria*, die nach ihnen benannt wurde, bilden sie unregelmäßige Höcker auf

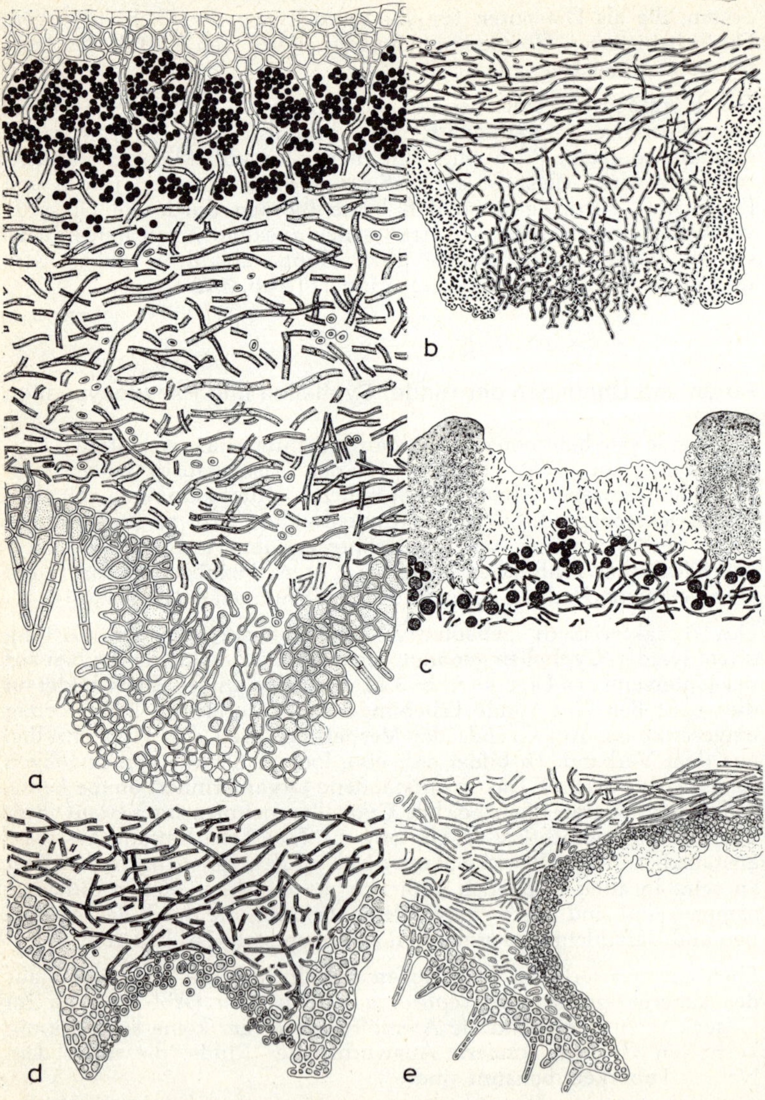

Abb. 3.18 Durchlüftungsorgane des Thallus. a) Atempore in der Tuberkelspitze von *Nephroma resupinatum*. b) Pseudocyphelle von *Pseudocyphellaria impressa*. c) Pseudocyphelle von *Cornicularia divergens*. d und e) Junge und alte Cyphelle von *Sticta sylvatica*.

der Unterseite des Lagers, die ringsum berindet und in der Mitte mit kurzzelligen Markhyphen gefüllt sind (Abb. 3.18 b). In sehr alten und abnorm großen Pseudocyphellen gelangen Gruppen von Algenzellen zwischen den Markhyphen an die Oberfläche. Dadurch erhält die Pseudocyphelle Ähnlichkeit mit einem Soral, obgleich es sich hier nicht um eine Soredienbildung im eigentlichen Sinn handelt (s. o.).

Die Pseudocyphellen der Strauchflechte *Cornicularia divergens* sind zum Teil nur flache Vertiefungen in der Rinde, die das Mark nicht erreichen (Abb. 3.11 k, 3.18 c), während sie an anderen Stellen die Rinde völlig durchbrechen.

Neben Cyphellen und Pseudocyphellen findet man bei vielen Flechten Atemporen, die keinen besonderen Namen erhalten haben. Die braune *Parmelia exasperata* bildet auf der Lageroberseite Auswüchse von der Farbe des Lagers mit einer helleren, punktförmigen Vertiefung in der Mitte. Die Rinde ist an diesen Stellen stark reduziert, und einzelne Markhyphen treten zutage (Abb. 3.13 j).

Auf die Bedeutung von Soralen und Abbruchstellen der Isidien für den Gaswechsel wurde schon hingewiesen.

Cephalodien

Wie wir gesehen haben, geht ein Teil der Mycobionten mit Grünalgen, ein anderer mit Blaualgen eine Symbiose ein. Ein Zusammenleben mit Cyanophyceen hat den Vorteil, daß zumindest ein Teil dieser Blaualgen elementaren Stickstoff binden kann. Einige Flechten, die eine Grünalge als Phycobionten enthalten, erwerben sich den gleichen ernährungsbiologischen Vorteil dadurch, daß sie in bestimmten Teilen ihres Thallus eine Blaualge als dritten Symbiosepartner aufnehmen. Da Grünalgen und Blaualgen verschiedene Photosyntheseprodukte aufbauen, können diese Flechten unter Umständen weitere Vorteile aus der Vielfalt des Nahrungsangebotes ziehen (S. 140 f.). Die fest begrenzten Teile des Lagers, die die symbiotische Blaualge enthalten, nennt man Cephalodien.

Bei den Flechten sind die Cephalodien sicher unabhängig voneinander mehrfach entwickelt worden. Sie kommen bei verschiedenen systematischen Gruppen vor. Regelmäßig treten Cephalodien bei allen *Stereocaulaceae* und bei den Gattungen *Psoroma* und *Placopsis* auf. Bei den *Peltigeraceae* und *Stictaceae* sind sie häufig, bei Arten der *Lecideaceae* und den *Caliciales* kommen sie vereinzelt vor. Manche Flechten sind auf eine bestimmte Blaualgengattung spezialisiert, während bei anderen die Cephalodien des gleichen Lagers verschiedene Zweitsymbionten enthalten können[109] (Abb. 3.19 e).

Die Blaualgen sind nicht in allen Fällen in einem gesonderten Organ lokalisiert. Bei *Solorina crocea* bilden die *Nostoc*-Algen eine gleich-

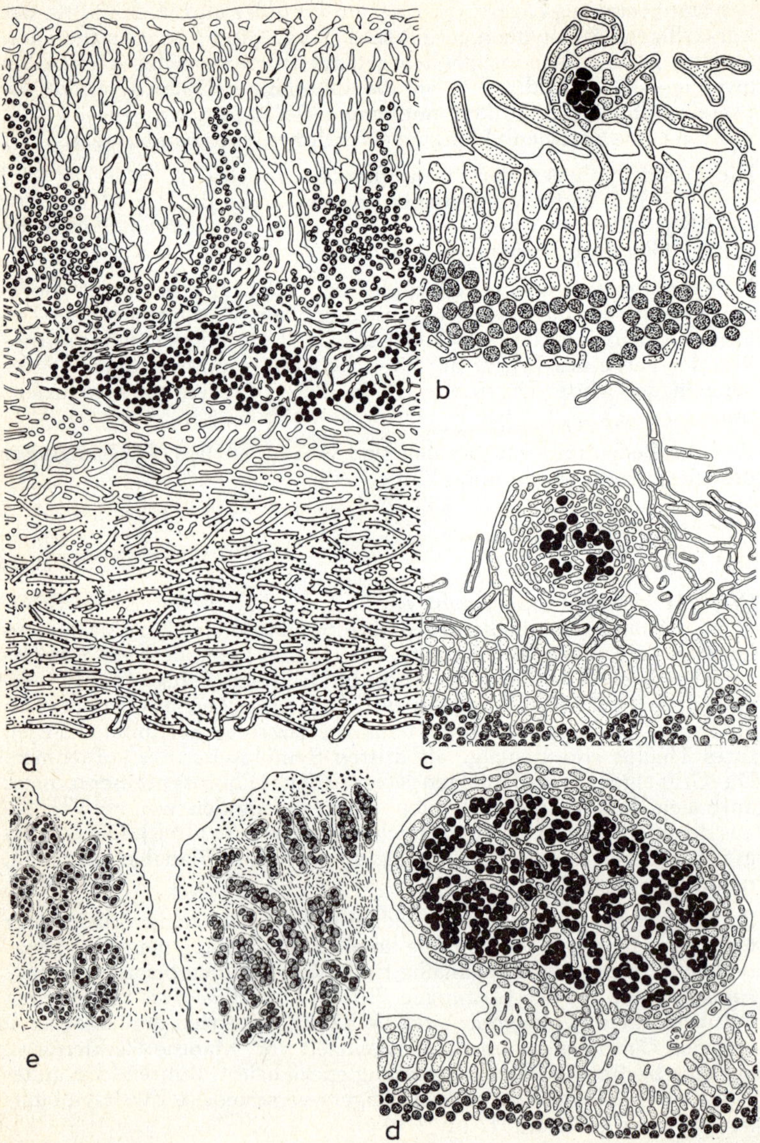

Abb. 3.19

mäßige Algenschicht unter der Schicht der Grünalgen (Abb. 3.19 a). Bei der Gattung *Compsocladium*, die zu den *Stereocaulaceae* gehört, liegen die großen *Scytonema*-Algen im unteren Teil des strauchigen Thallus verstreut. Man könnte diese beiden Formen mit einigem Vorbehalt als einfache Typen der Cephalodienbildung bezeichnen. Bei zahlreichen anderen Flechten sind die Blaualgen dagegen nicht gleichmäßig im Thallus verteilt, sondern an bestimmten Stellen konzentriert. Man nennt diese im Lager eingeschlossenen Organe **interne Cephalodien.**

Interne Cephalodien kommen bei den *Peltigeraceae* und *Stictaceae* vor. Die Zweitalge, bei diesen Flechten stets eine *Nostoc*-Art, wird erst vom ausgewachsenen Thallus eingefangen[204, 205, 285]. Normalerweise werden die Blaualgen von den Hyphen des Tomentums an der Lagerunterseite umschlossen und ins Innere des Thallus geschoben. Dort vermehren sie sich und bilden einen großen Klumpen, der bei einem dünnen Thallus als Anschwellung der Lageroberseite nach außen zu sehen ist (Abb. 3.20 a). Im Extremfall wölbt sich das interne Cephalodium soweit empor, daß es schließlich auf der Lageroberfläche sitzt. Ausnahmsweise scheint es auch möglich zu sein, daß die Cyanophyceen durch die obere Rinde ins Innere des Thallus gelangen. Das interne Cephalodium liegt in diesem Fall oberhalb der Grünalgenschicht (Abb. 3.20 b).

Häufiger als die internen sind **externe Cephalodien,** die dem Thallus aufsitzen. Die bekanntesten Beispiele für den externen Typ sind die Cephalodien von *Placopsis*- und *Peltigera*-Arten. Bei *Placopsis* bilden sie rötliche, scheibenförmige Gallen auf der Oberseite des Lagers, die viel größer werden als die Apothecien (Abb. 3.16 a). Zweitphycobionten sind die Blaualgen *Nostoc, Stigonema* und *Scytonema*[229]. Bei *Peltigera*-Arten entstehen externe Cephalodien auf den Adern der Thallusunterseite *(P. venosa)* oder auf der Oberseite des Lagers *(P. aphthosa* und *P. leucophlebia)*. Im zweiten Fall haben sie etwa die Farbe des Lagers. Sie bilden flache Scheiben (Abb. 3.16 e) oder konvexe Höcker. Die Cephalodien der *Stereocaulaceae* sind kugelförmig oder strauchig verzweigt. Sie können ebenfalls verschiedene Gattungen der Cyanophyceen enthalten. Die Cephalodien können auf den Pseudo-

---

Abb. 3.19 Cephalodien. a) Lager von *Solorina crocea* mit zweierlei Algen. Die Zellen des Phycobionten *Coccomyxa* (punktiert) liegen in Mark und Rinde, die *Nostoc*-Zellen (schwarz) in Gruppen im unteren Teil des Marks. b—d) Bildung externer Cephalodien bei *Peltigera aphthosa:* b) Einfangen einer *Nostoc*-Kolonie durch Haare der Rinde; c) etwas älteres Stadium mit geschlossenem Hyphenmantel; d) junge Cephalodie. Die Rinde des Thallus beginnt sich aufzulösen. e) Ausschnitte aus zwei benachbarten externen Cephalodien von *Lecidea pelobotryon*, links mit *Gloeocapsa*, rechts mit *Stigonema*.

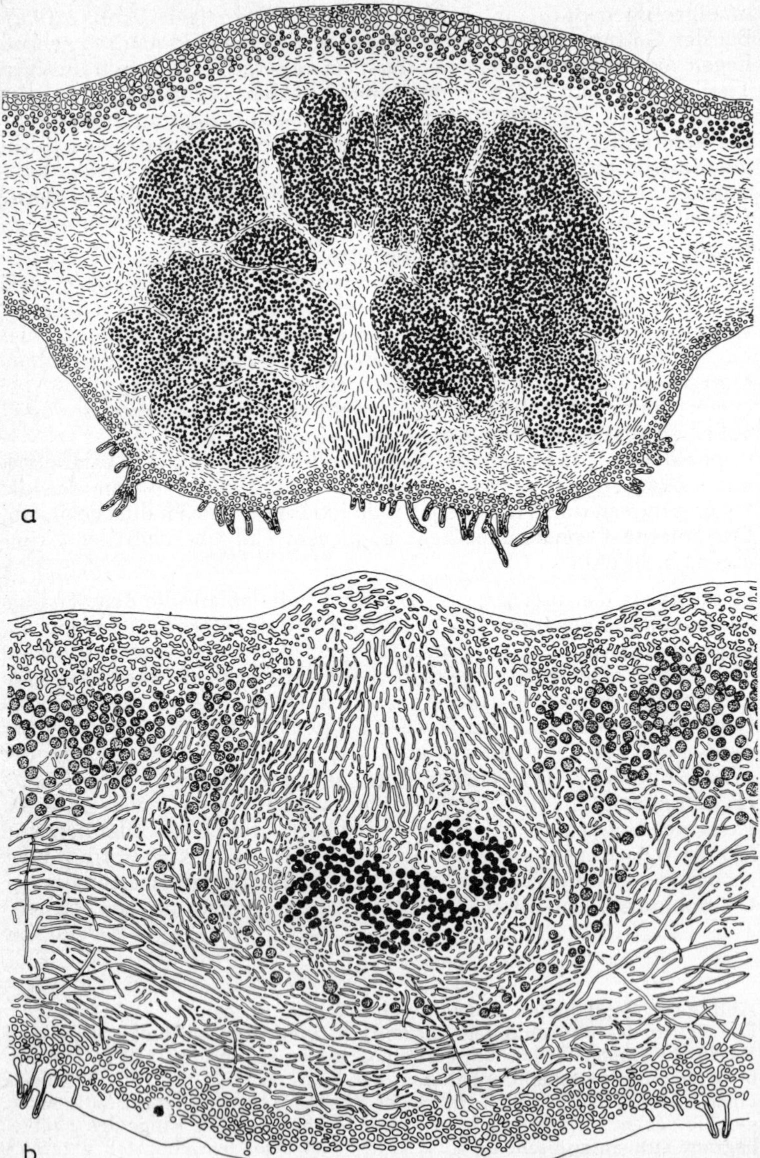

Abb. 3.20

podetien oder auf den Lagerschuppen sitzen (Abb. 13.14 a). Die Cephalodien der Gattung *Stereocaulon* werden nach ihrer Anatomie in verschiedene Typen unterteilt. Man findet berindete und unberindete Formen (Abb. 3.21). Beim sogenannten sacculaten Typ besteht die Rinde aus netzig verzweigten Hyphen, deren Enden dünn oder kopfig vergrößert sein können.

Neben internen und externen Cephalodien findet man auch solche, die überhaupt nicht auf dem Thallus sitzen. Bei areolierten und schuppigen Thalli enthält oft eine ganze Thallusschuppe nur Blaualgen. Die Cephalodien sitzen also zwischen den Lagerareolen. Diese Cephalodien unterscheiden sich von den Thallusschuppen durch eine abgerundetere Form und eine dunklere bläuliche oder rötliche Färbung. Nur in seltenen Fällen, z. B. bei *Psoroma hypnorum* sind die Cephalodien kaum von den Thallusareolen zu unterscheiden. In allen Fällen kann die Anatomie der Cephalodien dem Bau des Thallus gleichen. Nicht nur bei krustenförmigen Flechten, sondern auch bei der blattförmigen Gattung *Solorina* können die Cephalodien neben dem eigentlichen Thallus vorkommen. Bei *Solorina spongiosa* trägt eine kreisförmige Schuppe das Apothecium. Die Schuppe ist von einem Kranz kleiner Schüppchen umgeben, die die Blaualgen enthalten.

Cephalodien, die sich anfangs selbständig entwickeln, können sekundär auf den Thallus gelangen. Dieser Vorgang wurde bei *Placopsis gelida* beobachtet[377]. Die Cephalodien entstehen dicht neben den Thallusloben, die die Grünalgen enthalten (Abb. 3.16 a). Beim weiteren Wachstum der Flechte schiebt sich das Lager unter die Cephalodien, bis diese schließlich in der Mitte des Thallus stehen.

Die Cephalodien von *Peltigera aphtosa* entwickeln sich dagegen direkt auf dem Thallus. Der Zweitsymbionat ist hier immer *Nostoc*. Die *Nostoc*-Kolonien werden von Wind und Wasser auf den Thallus gebracht und bleiben an den Haaren der Thallusoberseite kleben. Diese werden dadurch zum Wachstum angeregt, sie legen sich den Algenkolonien an und fangen sie ein[72] (Abb. 3.19 b). Weitere Hyphen wachsen aus den Rindenzellen des Thallus aus und beteiligen sich an der Bildung des Cephalodiums (Abb. 3.19 c). An der Außenseite des Cephalodiums beginnt sich langsam eine Rinde zu differenzieren.

Abb. 3.20 Interne Cephalodien. a) Schnitt durch ein kugeliges Cephalodium von *Lobaria laetevirens* mit großen Gruppen von *Nostoc*-Zellen. Die symbiotischen Grünalgen bilden eine schmale Zone unterhalb der Lageroberseite. b) Schnitt durch das Lager von *Lobaria pulmonaria* mit junger Cephalodie Die *Nostoc*-Zellen wurden hier ausnahmsweise durch die Hyphen der oberen Rinde festgehalten und in den Thallus hineingeschoben (vgl. Text).

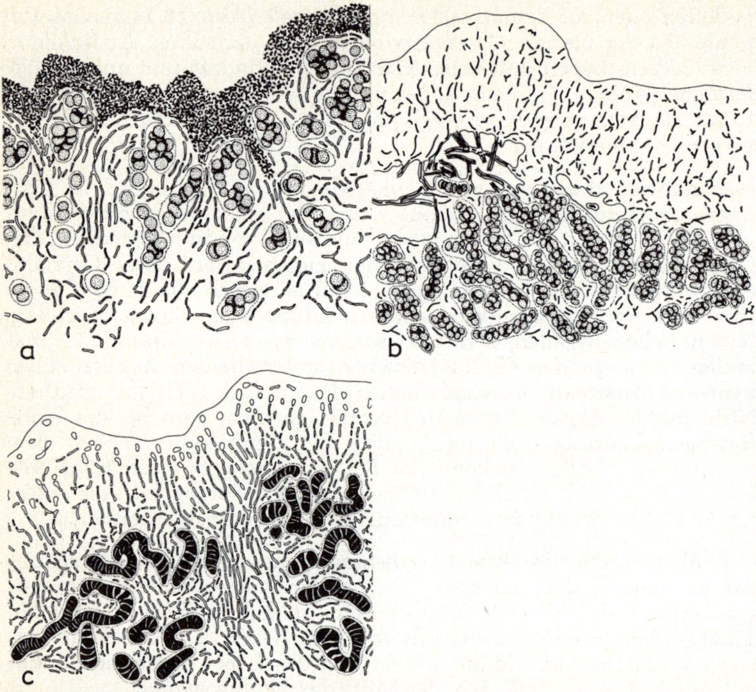

Abb. 3.21 Cephalodientypen bei der Gattung *Stereocaulon*. a) Unberindetes Cephalodium (*St. botryosum*, Phycobiont ist *Nostoc*). b) Sacculater Typ mit netziger Rinde (*St. ramulosum*, Phycobiont ist *Stigonema*). c) Sacculater Typ mit marginal erweiterten Hyphenzellen der Rinde (*St. coniophyllum*, Phycobiont ist *Scytonema*).

Noch immer ist das junge Cephalodium nur durch die einzelnen Hyphen aus Haaren und Rindenzellen mit dem Thallus verbunden und steht wie auf Stelzen (Abb. 3.19 d). Schließlich lockert sich die Lagerrinde unter dem Cephalodium auf, so daß ein direkter Kontakt zwischen Cephalodium und Mark entstehen kann. Die ganze Entwicklung gleicht sehr dem Entstehen mancher Isidien von *Peltigera lepidophora* (S. 57 f.).

Beim Bau der inneren und äußeren Cephalodien von *Lobaria* und *Peltigera* scheint das Einfangen der Blaualgen durch eine Reizwirkung der Alge ausgelöst zu werden[204]. Anders ist es kaum zu erklären, daß nur die als Partner in Frage kommenden *Nostoc*-Algen und keine anderen Cyanophyceen, die auf den Thallus fallen, zum Bau der Cephalodien verwandt werden.

In allen beschriebenen Fällen wird das Cephalodium immer vom Flechtenthallus neu gebildet. Seit kurzem ist aber ein Fall bekannt, in dem die Cephalodien selbst für ihre Vermehrung sorgen. Das Lager einer neuseeländischen *Psoroma*-Art ist mit bräunlichen, schuppenförmigen Cephalodien bedeckt, die an ihren Rändern querdiös aufbrechen (James[201]). Diese Soredien wachsen auf der Oberfläche des gleichen Lagers oder auf anderen Thalli zu neuen Cephalodien heran.

Wir haben bisher das Entwicklungsprinzip kennengelernt, bei dem ein Flechtenthallus mit Grünalgen als ersten Symbionten sekundär Blaualgen einfängt, um mit ihnen Cephalodien zu bilden. Ein Beispiel für diesen Entwicklungsgang war die Gattung *Lobaria*. Eine Art dieser Gattung, *Lobaria amplissima*, hat die Forschung lange Zeit vor besondere Rätsel gestellt.

Im Unterschied zu den übrigen Lobarien besitzt *Lobaria amplissima* nämlich keine internen, sondern strauchförmige, externe Cephalodien. Diese externen Cephalodien ähnelten zur Überraschung der Wissenschaftler außerordentlich einer kleinen Blaualgenflechte, die man *Dendriscocaulon umhausense* nannte. Es schien also nicht ausgeschlossen, daß die angeblichen Cephalodien von *Lobaria amplissima* nichts anderes als eine *Dendriscocaulon*-Art waren, die auf dem Lobaria-Thallus parasitiert. Es stellte sich heraus, daß zwischen den angeblichen Cephalodien und den *Dendriscocaulon*-Arten, von denen es eine ganze Reihe gibt, zwar anatomische Unterschiede bestehen; aber dennoch blieb die strukturelle und habituelle Übereinstimmung frappierend.

In neuester Zeit hat ein Flechtenfund eine überraschende Lösungsmöglichkeit für das Rätsel gezeigt. Man fand Thalli einer strauchförmigen *Dendriscocaulon*-Art, die an ihren Seitenzweigen kleine Thalli der schon vorher bekannten Flechte *Sticta filix* trugen (James[201]) (Abb. 3.16 b). Offenbar verläuft bei diesen Flechten die Entwicklung genau umgekehrt wie bei der normalen Cephalodienbildung. Hier entsteht zuerst die Symbiose zwischen Blaualge und Mycobiont, wodurch ein *Dendriscocaulon*-Thallus gebildet wird. Dieser fängt sekundär Grünalgen ein und entwickelt so den Thallus von *Sticta filix*. Nur der Thallus von *Sticta filix* bildet Fruchtkörper. Der gleiche Mycobiont bildet hier also mit zwei verschiedenen Algen zwei völlig verschiedene Thalli. Man kann daher annehmen, daß die in der Natur vorkommenden *Dendriscocaulon*-Arten in Wirklichkeit nichts anderes sind als die unvollständigen Vorstadien von Flechten der Gattungen *Sticta* und möglicherweise auch von den verwandten Gattungen *Lobaria* und *Pseudocyphellaria*.

4

Fruktifikationsorgane

Die Fruchtkörper der Flechten sind die Fruktifikationsorgane des Mycobionten. Als Nebenfruchtform kommen fast ausschließlich Pycnidien vor. Die Hauptfruchtform der lichenisierten Basidiomyceten, das Basidiocarp, wird in seinem Bau durch die Symbiose nur wenig beeinflußt. Auch die Basidiosporen entwickeln sich völlig normal.

Im Gegensatz zu den Basidiolichenen ist bei den Ascomyceten-Flechten dagegen die Hauptfruchtform, das Ascocarp, häufig degeneriert oder fehlt völlig. Die ascocarplosen Flechten sind ganz auf die vegetative Vermehrung durch Isidien, Sorale oder Thallusbruchstücke angewiesen (S. 212 f.). Diese Reduktion der sexuellen Vermehrung ist eine starke Anpassung an die symbiotische Lebensweise. Auch Flechtenarten, die noch fertile Ascocarpien entwickeln, zeigen im Bau dieser Fruchtkörper häufig Anpassungen an das Zusammenleben mit der Alge. So kann z. B. die Schutzfunktion des Fruchtkörpers teilweise oder ganz vom Thallus übernommen werden.

Pycnidien

Auf dem Thallus sehr vieler Flechten findet man birnenförmige oder kugelige Behälter, die Pycnidien. In ihrem Inneren werden an besonderen Hyphen, den **Conidophoren, Conidien** gebidet. Die Funktion der Conidien ist nicht eindeutig geklärt. Es ist denkbar, daß sie entweder auskeimen und so den Mycobionten vegetativ verbreiten, oder daß sie bei der generativen Vermehrung als Spermatien fungieren. In diesem Falle würden sie mit den Trichogynen der Ascogone verschmelzen. Die Pycnidien müßten dann richtiger als Spermogonien bezeichnet werden, was besonders in der älteren lichenologischen Literatur auch oft geschehen ist. Für die Funktion der Conidien als Spermatien fehlt noch jeder sichere Beweis. Um die angebliche Funktion der Conidien als Spermatien zu widerlegen, wurden vor fast hundert Jahren Kulturversuche mit Conidien durchgeführt[283], bei denen ein Auskeimen beobachtet werden konnte. Diese Angaben bedürfen aber dringend der Überprüfung.

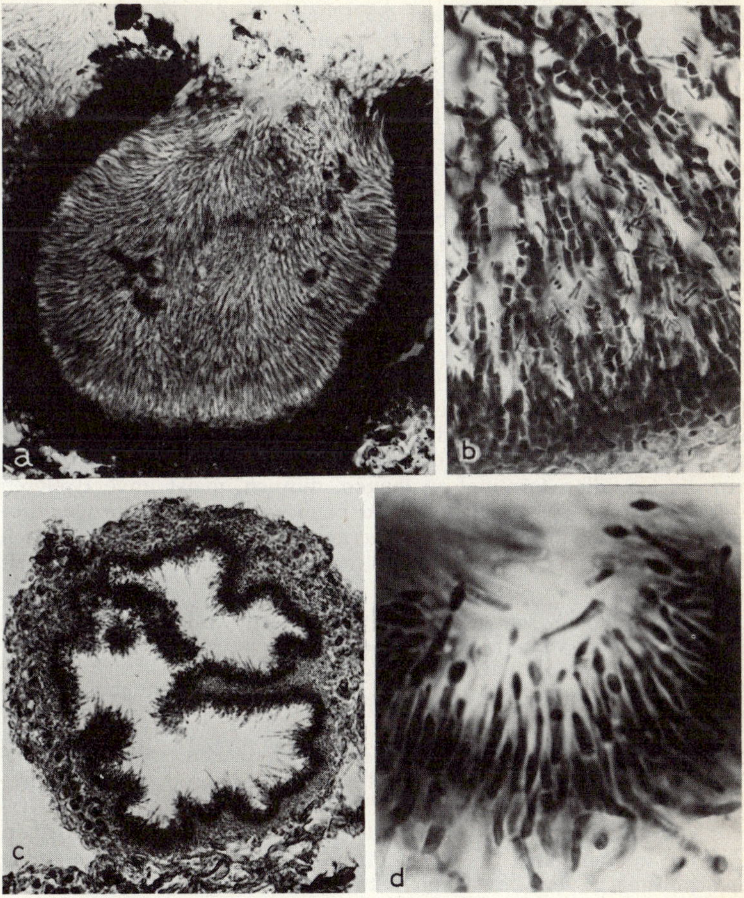

Abb. 4.1 Pycnidien. a) Pycnidie mit Makroconidien von *Lecanactis abietina* (130 ×). b) Ausschnitt aus einer Pycnidie von *Pseudocyphellaria anthraspis*. Die Conidiophoren sind kurzzellig und verzweigt, die Conidien werden terminal und lateral gebildet (460 ×). c) Gekammerte Pycnidie von *Dimerella diluta* (110 ×). d) Ausschnitt aus einer Pycnidie von *Lichina rosulans*. Die Conidiophoren sind langzellig, meist unverzweigt und bilden die Conidien terminal (650 ×) (d aus A. Henssen: Lichenologist 4 [1969] 88).

Die Pycnidien haben meist einen Durchmesser von einem zehntel bis zu einem halben Millimeter. Sie werden marginal (Abb. 3.11 i, j) oder laminal (Abb. 3.12 j, 3.16 f) auf der Oberfläche des Thallus angelegt oder stehen terminal an der Spitze strauchförmiger Loben. Bei Blattflechten findet man sie meist in den Randzonen der Lager. Sie können ganz in den Thallus eingesenkt sein, teilweise aus der Oberfläche herausragen oder auf dem Thallus sitzen. Ihre Entwicklung erfolgt homolog der Ontogenese der Fruchtkörper, was auf eine ursprüngliche Funktion als Spermogonien hindeutet. Nicht selten werden in alten Pycnidien Ascocarpien entwickelt, was ebenfalls auf einen engen Zusammenhang der beiden Organe hinweist. Bei der Familie der *Lichinaceae* entstehen die Apothecien sogar regelmäßig aus Pycnidien. Man nennt diese Fruchtkörper **Pycnoascocarpien.**

Die Wand der Pycnidien umschließt entweder eine einzige Höhle oder zahhreiche Kammern, die durch vorspringende Leisten der Wand voneinander getrennt sind (Abb. 4.1 c). Die Wand kann durch die Einlagerung unbekannter schwarzer Substanzen „verkohlen" (Abb. 4.1 a). Aus der Innenseite der Wand entspringen die Conidiophoren, an denen die Conidien gebildet werden. Man kann die Conidienträger nach ihrem Bau in zwei Haupttypen trennen. Im ersten Fall entstehen die Conidien terminal an langen, dünnen, meist unverzweigten Zellen (Abb. 4.1 d, 4.2 a), während beim zweiten Typ die Conidiophoren kurzzellig gegliedert und verzweigt sind. Bei diesem zweiten Typ werden die Conidien gewöhnlich terminal und lateral entwickelt (Abb. 4.1 b).

Die Conidienbildung an unverzweigten Trägern wird in der lichenologischen Literatur vielfach als „exobasidal" bezeichnet, während die Entwicklung an gegliederten Trägern „endobasidal" genannt wird. Diese Namen sollten besser nicht verwendet werden, da die Conidiophoren nichts mit Basidien zu tun haben.

Zwischen den beiden Haupttypen der Conidiophoren treten Zwischenformen auf. Unverzweigte kurzzellige Conidiophoren mit nur terminalen Conidien kommen z. B. bei *Tholurna* vor (Abb. 4.2 c). Bei *Dermatocarpon* besteht die Pycnidie aus einem pseudoparenchymatischen Gewebe mit einzelnen Höhlungen. Hierbei werden die Conidien in den Kammern von den isodiametrischen Zellen abgeschnürt, ohne daß besondere Conidiophoren ausgebildet werden (Abb. 4.2 d). Bei den *Parmeliaceae* schließlich finden wir Übergänge vom einfachen zum gegliederten Typ. Die Conidien werden bei dieser Familie meist von bajonettartigen Fortsätzen kurzer Zellen gebildet[131]. Daneben finden sich hier aber auch langzellige, unverzweigte Conidienträger (Abb. 4.2 f). Bei den Flechten werden fast ausschließlich Mikroconidien gebildet. Die Mikroconidien sind stets einzellig. Ihre Form ist artspezifisch und zeigt Variationen von kugelig über walzenförmig, stäbchenförmig und hantelförmig bis zu nadelförmig und sichelig gekrümmt. Die Zellen sind plasmareich und dünnwandig. An den

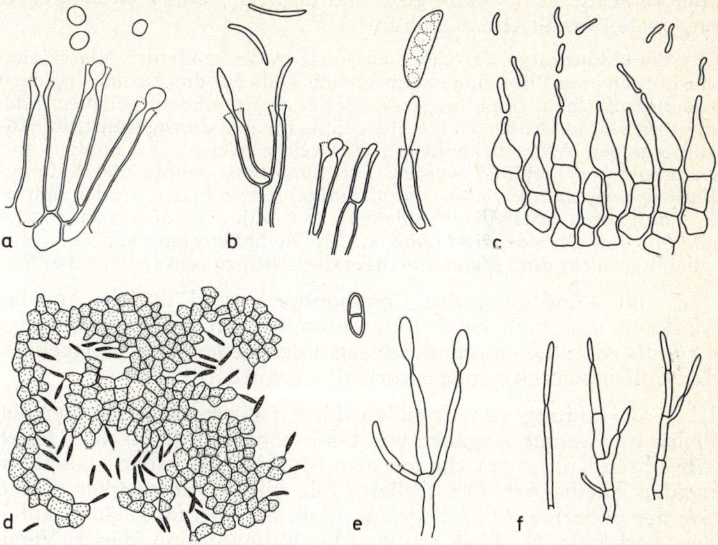

Abb. 4.2 Typen der Conidienbildung. a) Langzellige Conidiophoren (Phialiden) von *Thermutis velutina.* b) Bildung von Mikro- und Makroconidien (Phialosporen) bei *Lecanactis abietina.* c) Kurzzellig gegliederte Conidiophoren von *Tholurna dissimilis*, die terminal Conidien abschnüren. d) Ausschnitt aus einer Pycnidie von *Dermatocarpon fluviatile.* Die Conidien werden von isodiametrischen Conidiophorenzellen in Höhlungen abgeschieden. e) Bildung von zweizelligen Makroconidien bei *Porina viridiseda.* f) Entwicklung der Conidien nach dem Bajonettyp bei *Parmelia exasperata.*

kurzzellig gegliederten Conidiophoren werden im allgemeinen kurze stäbchen- oder hantelförmige Conidien gebildet, während an den langzelligen ungegliederten Conidienträgern die entstehenden Conidien alle beschriebenen Formen haben können.

Neben den allgemein bei Flechten verbreiteten Mikroconidien kommen bei einigen Lichenen auch andere Conidientypen vor. Für *Microthelia atomaria* wurden beispielsweise Stylosporen beschrieben. Einige Arten der Gattung *Porina* und *Lecanactis abietina* entwickeln Makroconidien, die ebenfalls in Pycnidien gebildet werden. Die Makroconidien von *Porina* sind vakuolenreich und im reifen Zustand zweizellig (Abb. 4.2 e). Die Makroconidien von *Lecanactis abietina* sind einzellig, aber relativ groß und besitzen ähnlich wie Ascosporen eine feste Wand (Abb. 4.2 b rechts).

Der Entwicklungstyp der Conidien spielt in der modernen Klassifizierung der imperfekten Pilze eine entscheidende Rolle für die Aufklärung der verwandtschaftlichen Beziehungen[30, 191, 415]. Entsprechend genaue Untersuchungen wurden bisher an Flechtenconidien kaum durchgeführt, so daß nur von wenigen Arten bekannt ist, auf welche Weise die Conidien an den Conidiophoren gebildet werden. Für *Conotrema* wurde die Bildung von Blastosporen nachgewiesen, die als aufgeblasene Enden an der Spitze der Conidiophoren entstehen[130]. Makro- und Mikroconidien von *Lecanactis abietina* sind Phialosporen (Abb. 4.2 b). Die Entwicklung von Phialosporen scheint auch für die *Lichinaceae* charakteristisch zu sein (Abb. 4.2 a)[181].

Bau und Anordnung der Conidiophoren sind oft ein konstantes Merkmal innerhalb einer Flechtenfamilie. Bei den *Lichinaceae* z. B. sind die Conidiophoren durchweg ungegliedert und langzellig, bei den *Collemataceae* dagegen kurzzellig gegliedert.

Über die Bildung von Conidien durch isolierte Mycobionten liegen bisher nur wenige Angaben vor. Ein besonders interessantes Ergebnis erbrachten Kulturversuche mit dem Mycobionten einer rindenbewohnenden *Buellia*-Art. Der isolierte Pilz bildete die gleichen Conidien wie der imperfekte Pilz *Sporidesmium*, der ebenfalls häufig auf Rinden vorkommt[142]. Eine erfolgreiche Reproduktion dieser Versuche würde beweisen, daß Flechten die Hauptfruchtform von imperfekten Pilzen sein könnten.

Basidiocarp

Die wenigen lichenisierten Basidiomyceten gehören alle zur Unterklasse der *Holobasidiomycetidae*, die sich durch ungeteilte Basidien auszeichnen (Abb. 13.59 e). Die Fruchtkörper der Basidiomyceten-Flechten sind krustenförmig (resupinat), konsolenförmig, fingerförmig bis koralloid (clavarioid) oder haben die Form eines Hutpilzes mit Lamellen (Abb. 13.58, 13.59). Bei der letzten Gruppe sind die Fruchtkörper frei von Algen, während bei den clavarioiden Formen einzelne Gruppen von Algenzellen in die Fruchtkörpertrama eingelagert sein können. Der Phycobiont hat in keinem Fall einen formativen Einfluß auf das Basidiocarp.

Ascocarp

Die lichenisierten Ascomyceten gehören zu der Unterklasse der *Ascomycetidae*, bei denen die Asci aus einem System ascogener Hyphen gebildet und in Fruchtkörper eingeschlossen werden. Von der zweiten

Unterklasse, den *Endomycetidae*[289], die in etwa den *Hemiascomycetidae*[16] anderer Autoren entsprechen, sind keine lichenisierten Vertreter bekannt.

Die *Ascomycetidae* kann man nach der Form, der Struktur und der Entwicklung ihrer Fruchtkörper einteilen. Die Form der Fruchtkörper spielte in der älteren Systematik eine wichtige Rolle. Neuerdings berücksichtigt man in erster Linie Merkmale der Struktur und Ontogenese (S. 105 ff.), da sich die übereinstimmende Fruchtkörperform verschiedener Gattungen häufig als Konvergenz erwiesen hat.

Die Wahrscheinlichkeit einer Konvergenz ist bei den niederen Pflanzen im allgemeinen relativ groß, da meist nur eine geringe Anzahl von morphologischen Merkmalen und Feinstrukturen zur Erfüllung einer bestimmten Funktion zur Verfügung steht. Sind strukturelle oder ontogenetische Verschiedenheiten zwischen morphologisch gleichen Gebilden festzustellen, so kann man sicher sein, daß konvergente Bildungen und keine homologen Organe vorliegen [360].

Die Ascocarpien dienen der Sporenverbreitung. Sie haben die Form einer Schale oder einer Kugel. Die Schale kann kreisrund oder gestreckt sein. Die Kugel ist entweder geschlossen und zerfällt bei der Sporenreife oder besitzt einen apikalen Porus, durch den die Sporen austreten. Bei der Beschreibung der Entwicklungstypen werden wir sehen, daß diese Grundformen der Fruchtkörper sich in Struktur und Ontogenese bei den verschiedenen Familien stark unterscheiden können.

Innerhalb der *Ascomycetidae* hat man zwei Hauptentwicklungslinien, die *Ascohymeniales* und die *Ascoloculares* aufgestellt[291] (S. 105 f.). Man hat den konvergent entstandenen, aber morphologisch ähnlichen Strukturen dieser beiden Entwicklungslinien eigene Namen gegeben, um damit die unterschiedliche Entstehung hervorzuheben. Das geschah zu einer Zeit, als man glaubte, zwei eindeutig begrenzte Gruppen mit streng korrelierenden Merkmalen unterscheiden zu können. Inzwischen wurden jedoch so viele intermittierende Typen bekannt, daß eine streng nach dem Verlauf der Ontogenese durchgeführte Terminologie zu einer verwirrenden Fülle von Namen führen würde. Wir verwenden deshalb in diesem Buch einige der alten Termini in übergeordnetem Sinn als morphologisch-funktionelle Begriffe. Das gilt für die drei Fruchtkörperformen der Flechten, Apothecium, Perithecium und Hysterothecium, für das Hymenium und für die Paraphysen, unter denen wir alle Hüllhyphen verstehen, die die Asci umgeben.

Das Ascocarp besteht aus dem sexuellen Apparat und dem Hilfsgewebe. Zum sexuellen Apparat gehören Ascogone, ascogene Hyphen und die Asci mit den Sporen, zum Hilfsgewebe alle übrigen Elemente des Fruchtkörpers wie die Paraphysen, das Gehäuse und die subhymenialen Schichten.

Bau des Ascocarps

Sexueller Apparat: Ascogone, Asci, Sporen

Das **Ascogon** ist das weibliche Sexualorgan der Ascomyceten. Die erste genaue Beschreibung von Flechtenascogonen geht auf die Untersuchungen von STAHL[392] (1877) an *Collemataceae* zurück. Das vielzellige, schraubige Ascogon, wie es für diese Familie charakteristisch ist (Abb. 4.3 a), gilt seither als typisch für die lichenisierten Ascomyceten. Fast ebenso häufig ist jedoch eine gerade Kette aus Ascogonzellen, wie sie z. B. bei *Cladonia* vorkommt (Abb. 13.13 a). Die Ascogone werden einzeln oder zu mehreren von den Markhyphen des Thallus gebildet. Bei den meisten Flechten sind sie mit einer langen Trichogyne versehen, welche die Thallusoberfläche durchbricht. Die Trichogynen sind bei einigen Flechten verzweigt (Abb. 13.20 a). Die Zellen von Ascogon und Trichogyne sind im allgemeinen einkernig. Eine Ausnahme bilden die *Peltigeraceae*[285].

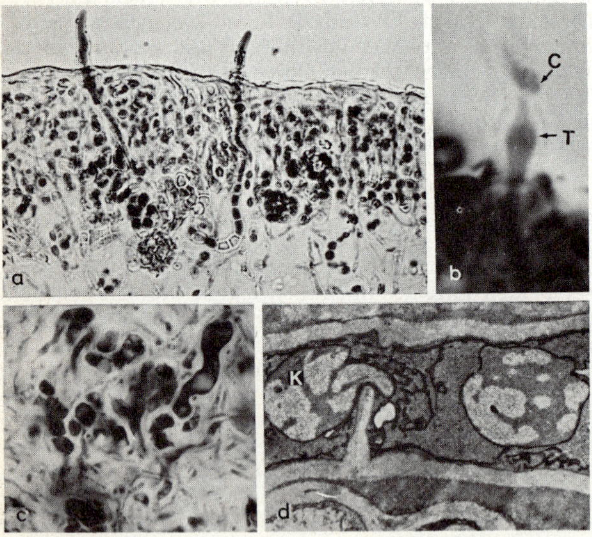

Abb.4.3 Fruchtkörperinitialen. a) Spiralig eingerollte Ascogone mit ausragenden Trichogynenspitzen von *Collema subnigrescens* (350 ×). b) Trichogynenspitze (T) mit anhaftender Conidie (C) von *Philophorus robustus* (2500 ×). c) Junger Ascus mit Haken und Gruppen von ascogenen Hyphenzellen von *Pertusaria oculata* (400 ×). d) Ascogene Hyphe von *Physcia aipolia*. Einer der beiden Kerne (K) bei der Wanderung durch den Porus der Querwand (13 000 ×) b aus H. M. JAHNS: Nova Hedwigia 20 [1970] 1; d aus E. RUDOLPH, R. M. GIESY: Mycologia 58 [1966] 786).

Die Endzelle der Trichogyne ist klebrig. Gelegentlich sieht man eine oder mehrere Conidien an ihr haften. STAHL[392] beobachtete bei *Collema* das Verschmelzen von Conidien mit der Trichogynenspitze und vermutete eine Spermatisierung. Die Conidien scheinen in charakteristischer Lage, etwa im rechten Winkel zur Trichogynenendzelle, festzukleben (Abb. 4.3 b)[7, 166, 196]. Ein Kernübertritt wurde jedoch bisher von niemandem festgestellt. Bei der Kleinheit der Kerne und der Schwierigkeit, eine Flechte oder einen isolierten Mycobionten von Spore zu Spore zu kultivieren (S. 207 ff.), dürfte die Frage, ob eine Spermatisierung stattfindet oder nicht, so bald nicht gelöst werden. Die sich häufenden Angaben über das Vorkommen von Trichogynen bei Flechten[166, 196, 253], und das Vorkommen von zwei Kernen in einzelnen Trichogynen- und Ascogonzellen sprechen allerdings für die STAHLsche Theorie. Zumindest für einen großen Teil der Flechten dürfte sie zutreffen.

Im Gegensatz zu STAHLS Theorie hält der französische Mykologe MOREAU[285] die Trichogynen für funktionslose Anhängsel der Flechtenascogone. Nach seinen Beobachtungen erfolgt die Dikaryotisierung bei *Peltigera-* und *Collema*-Arten durch Somatogamie. Deuterogamie kommt bei *Collema bachmanianum* vor. Bei dieser Flechte orientieren sich die Trichogynen parallel zur Thallusoberfläche, und ihre Endzellen verschmelzen mit beliebigen Thallushyphen. In anderen Fällen sprossen aus Markhyphen charakteristische kurze Zellen hervor, die mit der Trichogyne verschmelzen. Man nennt die kurzen Zellen interne Conidien[25, 79].

Da bei den Ascomyceten ganz allgemein eine Rückbildung der Sexualorgane und ein Übergang zur Somatogamie beobachtet werden kann, ist es durchaus wahrscheinlich, daß bei den Flechten Somatogamie und eine Befruchtung durch Conidien nebeneinander vorkommen.

Aus den Ascogonzellen sprossen die dikaryotischen, ascogenen Hyphen. Sie bilden gewöhnlich ausgedehnte fädige Systeme und wachsen beim Vertikalwachstum der Fruchtkörper (S. 104 f.) mit in die Höhe (Abb. 13.53). In den ascogenen Hyphen können wie in anderen Hyphen der Ascomyceten die Kerne ungehindert von einer Zelle zur anderen wandern. Die Wände zwischen den Zellen sind von Poren durchbrochen, durch die sich die Kerne durchquetschen können (Abb. 4.3 d). Bei einigen Entwicklungstypen liegen die ascogenen Zellen nicht über die ganze Anlage verteilt, sondern bilden einzelne, voneinander getrennte Gruppen.

Die **Asci** werden meist nach dem Hakentypus entwickelt (Abb. 4.3 c). Wie neue Untersuchungen ergeben haben, entstehen bei einigen Gattungen der *Caliciales* die Asci nach dem Kettentypus[370]. Dabei werden die Asci nacheinander aus den Zellen der ascogenen Hyphen in basipetaler Richtung gebildet (Abb. 4.4 a). Der sexuelle Apparat der *Caliciales* zeigt noch weitere Besonderheiten. Haken können entweder völlig fehlen oder aber an den ascogenen Hyphen so zahlreich hintereinander gebildet werden, daß eine Ähnlichkeit mit dem Schnallenmycel der Basidiomyceten entsteht[370] (Abb. 4.4 c).

Die **Ascusstruktur** spielt in zunehmendem Maße eine Rolle bei der Klassifizierung der Ascomyceten. Wir werden uns hier auf die wichtigsten Strukturen beschränken, die man relativ leicht mikroskopisch beobachten kann, und verweisen für speziellere Fragen der Feinstruktur auf die einschlägige Literatur[58, 253].

Bei den Flechten finden wir prototunicate[126, 289], unitunicate und bitunicate Asci. Die Wand der **prototunicaten** Asci ist dünn und leicht vergänglich. Ein besonderer Mechanismus zum Ausschleudern der Sporen fehlt. Im Gegensatz dazu sind die beiden anderen Ascustypen an die Verbreitung der Ascosporen angepaßt. Die Wand der **unitunicaten** Asci ist im typischen Fall spitzenwärts verdickt und mit einem **Apikalapparat** versehen, der beim Austritt der Sporen mitwirkt. Die Wand der **bitunicaten** Asci spaltet sich bei der Reife in zwei Schichten.

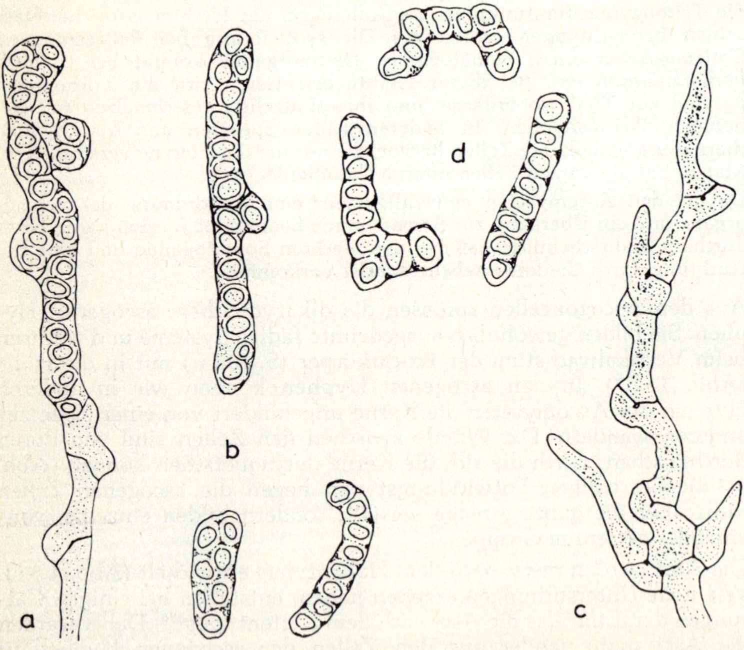

Abb. 4.4 Besonderheiten der Ascusbildung bei den *Caliciales*. a) Asci in Ketten bei *Chaenotheca trichialis*. b) Zwei zusammenhängende und zwei einzelne Asci von *Chaenotheca trichialis*. c) Schnallenbildung bei *Coniocybe furfuracea*. d) Ascusformen bei *Coniocybe furfuracea* (aus A. Schmidt: Ber. Dtsch. Bot. Ges. N. F. 4 [1970] 127.

Die äußere platzt auf, die innere streckt sich durch Quellung ruckartig in die Länge und schleudert die Sporen durch einen apikalen Porus aus. Die beiden Schichten bezeichnet man als **Exoascus** und **Endoascus.** Auch bei den unitunicaten Asci besteht die Wand aus mehreren Schichten, die sich allerdings nicht voneinander trennen. Es wurde deshalb die Bezeichnung **nonfissitunicat** anstelle von unitunicat vorgeschlagen, **fissitunicat** anstelle von bitunicat[183].

Die Ascusfeinstrukturen lassen sich durch Anfärben besser erkennen. Ascuswände und Apikalapparat können sich mit Jod-Jodkalium-Lösung blau färben. Die blaue Färbung zeigt Isolichenin an (S. 154). Glykogen verursacht eine weinrote Färbung, die aber nicht immer sicher zu beobachten ist[229]. Der Grad der Färbung ist vom Alter der Asci abhängig. Manchmal färbt sich lediglich eine der Ascuswand anhaftende Schleimschicht oder die Hymenialgallerte. Neben Ascus und Hymenialgallerte färben sich bei manchen Flechten auch die ascogenen Hyphen mit Jod blau.

Prototunicat sind die Asci bei den *Caliciales, Lichinaceae* und manchen *Ostropales.* Grundsätzlich kann die prototunicate Struktur entweder als Anpassung an die Sporenverbreitung entstanden sein und damit ein progressives Merkmal darstellen, oder es handelt sich um eine Regression, eine sekundäre Vereinfachung im Zuge einer allgemeinen Degeneration der Fruchtkörper.

Die prototunicaten Asci der *Caliciales* sind wahrscheinlich ein Beispiel für die erste Möglichkeit. Wenn ihre sehr dünne Ascuswand zerfällt, sind die Sporen noch ganz jung. Die Sporen reifen zwischen den Paraphysen heran (Abb. 13.2 d). Paraphysen und Sporen bilden eine pulverige Masse, das Mazaedium. Der Zerfall der Asci steht in engem Zusammenhang mit der eigentümlichen Entwicklung des Mazaediums und ist in diesem Fall als besondere Anpassung an die Sporenverbreitung zu deuten.

Anders liegen die Verhältnisse bei den *Lichinaceae* und *Ostropales.* Die prototunicaten Asci sind hier wahrscheinlich durch Reduktion der Ascuswand im Zuge einer degenerierenden Sporenausschleuderung entstanden. Bei den *Ostropales* findet man alle Stadien von gut entwickelten Asci mit Apikalstrukturen *(Ostropaceae)* bis zum Fehlen einer deutlichen Ascuswand (bei einigen *Thelotremataceae*). Bei den *Lichinaceae* ist allgemein eine Degeneration der Asci und Sporen zu beobachten. Die dünnwandigen, prototunicaten Asci dieser Ordnung werden bei der Sporenreife verformt, reißen an der Spitze auf oder verschleimen völlig (Abb. 4.5 f, g).

Bitunicate Asci sind bei den Flechten weit verbreitet. Im Unterschied zu den nicht lichenisierten Pilzen weisen sie vielfach eine positive Jodreaktion auf. Wir können bitunicate Asci mit einem dünnen und solche mit einem dicken Exoascus unterscheiden. Beim ersten Ascustyp schrumpft der dünne Exoascus zusammen, wobei der dicke Endoascus ruckartig expandiert. Das plötzliche, wie von einer Feder getriebene Vorschnellen hat diesem Ascustyp in der englischsprachigen Literatur den Namen „Jack in the box“ eingetragen. Diesen Typ finden wir bei pyrenocarpen Flechten, z. B. bei *Arthropyrenia antecellens* (Abb. 4.6 l).

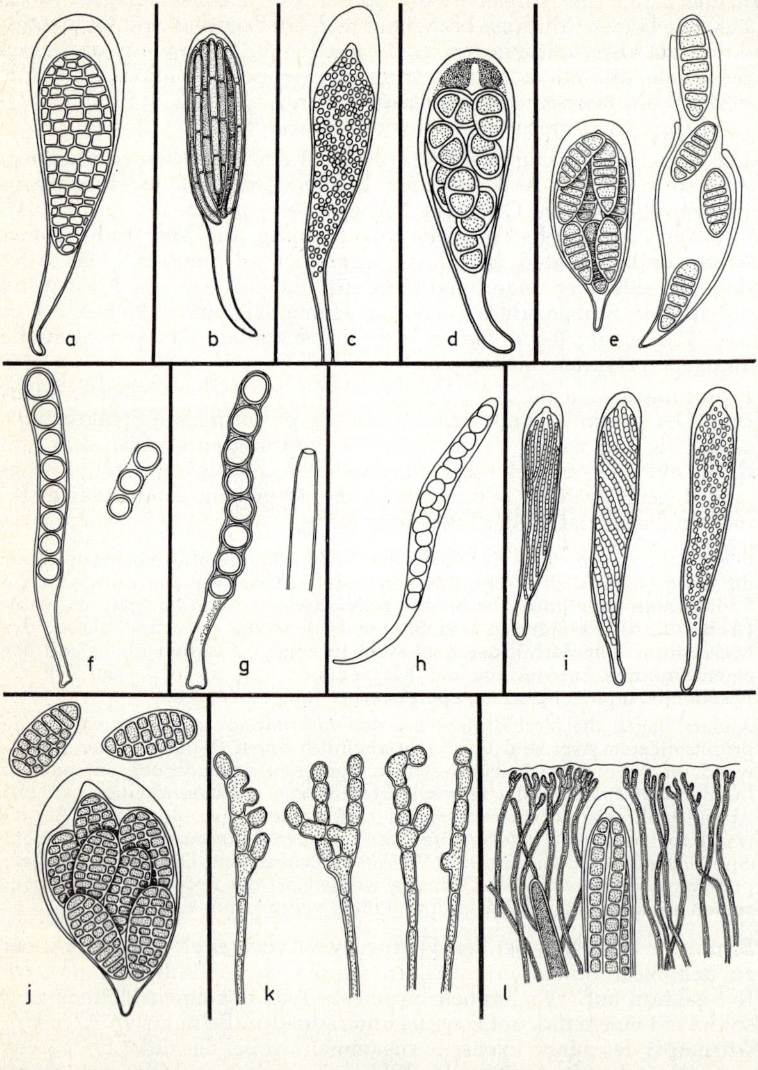

Abb. 4.5 Asci, Sporen und Paraphysen. a) *Graphia mendax*. Unitunicater, monosporer Ascus mit mauerförmiger Spore. b) *Chiodecton perplexum*. Bitunicater Ascus mit parallel-mehrzelligen Sporen. c) *Glypholecia scabra*. Unitunicater, vielsporiger Ascus. d) *Buellia coniops*. Ascus

Bei *Microglaena* ist die Schrumpfung des Exoascus weniger ausgeprägt, und die Ascusspitze zeigt die für viele pyrenocarpe Flechten eigentümliche Blaufärbung mit Jod (Abb. 4.6 g). In jungen Asci liegen bei *Microglaena* mehrere sich blau färbende Lamellen übereinander, während in alten eine Ringstruktur vorhanden ist. Der dünne Exoascus von *Dermatocarpon* zerfällt beim Aufplatzen vollständig, ohne Spuren zu hinterlassen (Abb. 13.50).

Der zweite bitunicate Ascustyp mit einer dicken äußeren Wand ist charakteristisch für die Ordnung der *Arthoniales*. Die Expansion des Endoascus ist bei diesem Typ sehr viel schwerer zu beobachten (Abb. 4.5 e). Durch Druck wird der zarte Endoascus leicht zerstört. Die Sporen scheinen dann unmittelbar aus dem Exoascus auszutreten (Abb. 4.6 b).

Die bitunicaten Asci sind meist kurz und gedrungen, fast kugelig (Abb. 4.6 f), clavat, d. h. mit verbreitertem oberen Teil versehen (Abb. 4.5 e, j) oder obclavat (Abb. 13.50). Bei den *Arthoniales* haben sie eine zylindrische Form (Abb. 4.5 b). An der Spitze sind die Asci kuppelförmig verdickt und in der Mitte mit einer Membranverdünnung versehen. Diese Struktur verwischt sich in reifen Asci, wenn die Sporen fest gegen die Spitzenverdickung gepreßt werden. Die äußere Ascuswand ist bei den *Arthoniaceae* oft zwei- bis dreischichtig.

Der unitunicate Ascus der Flechten ist stets inoperculat, d. h. er öffnet sich nicht mit einem Deckelchen. Die Ascuswand der unitunicaten Flechten ist meist an der Spitze verdickt (Abb. 4.6 c, k), in seltenen Fällen aber auch gleichmäßig dünn (Abb. 4.6 m). Innerhalb der Verdickungen können amyloide Feinstrukturen vorhanden sein. Bei *Lecanora*-Arten ist es beispielsweise ein amyloider Ring (Abb. 4.6 a) und bei den *Teloschistaceae* eine kappenartige, amyloide Verdickung (Abb. 4.8). Bei den *Ostropales* färbt sich die verdickte Spitze nicht mit Jod. Die Form der Asci ist mehr oder weniger langgestreckt zylindrisch bis clavat.

---

mit amyloider Ringstruktur (Jodfärbung), Sporen braun, zweizellig. e) *Arthonia timidula*. Bitunicater Ascus mit macrocephalen Sporen, rechts: Endoascus expandiert. f) *Lichina rosulans*. Prototunicater Ascus, dessen Wand bei der Reife verschleimt; Sporen einzellig. g) *Porocyphus coccodes*. Prototunicater, apikal aufreißender Ascus. h) *Tholurna dissimilis*. Prototunicater Ascus mit zweizelligen Sporen. i) *Bactrospora dryina*. Zerfall der quergeteilten Sporen im Ascus. j) Art der *Arthothelium-Cryptothecia*-Gruppe. Bitunicater Ascus mit der charakteristischen Spitzenverdickung, Sporen mauerförmig. k) *Placopsis subgelida*. Paraphysenenden mit perlschnurartig vergrößerten Zellen. l) *Conotrema urceolatum*. Ausschnitt aus dem oberen Teil des Hymeniums; die Paraphysenenden sind verzweigt und zu einem Epithecium verflochten.

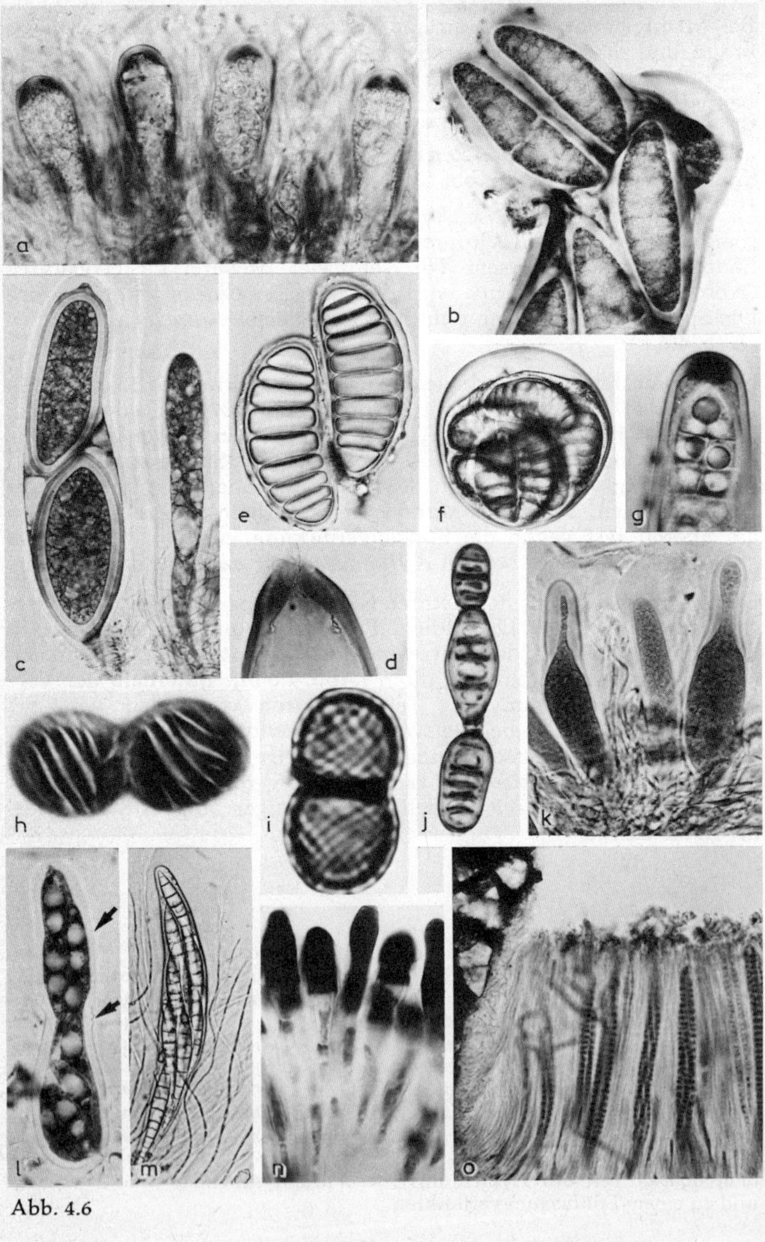

Abb. 4.6

Bei einer Reihe von Flechten findet man Zwischenformen zwischen typischen unitunicaten und bitunicaten Asci. Bei *Pertusaria* beispielsweise ist die Ascuswand ähnlich wie beim bitunicaten Typus verdickt (Abb. 4.6 c). Der Protoplast läßt sich nur aus jungen Asci herausdrücken. Die reifen Asci öffnen sich durch einen Spalt, durch den zusammen mit den Sporen ein Plasmarest austritt. Die dicke Ascuswand ist nach der Entleerung noch deutlich zu erkennen (Abb. 4.6 d).

Bei den *Peltigeraceae* und *Stictaceae* ist entweder ein amyloider Ring oder eine amyloide Kappenstruktur (Abb. 4.7) vorhanden. In beiden Fällen reißt der Ascus unregelmäßig oder mit einem Spalt auf. Der Endoascus streckt sich dabei in geringem Maße, und der Exoascus bleibt als dünne, an der Spitze durch Jod blau gefärbte Hülle zurück (Abb. 4.7). Für einige *Lecideaceae* wird ein kragenförmiges Austreten des Plasmas beschrieben[325].

Wie der Bau der Fruchtkörper so ist auch die jeweilige Ascusstruktur als Merkmal zu werten, das im Dienste der Sporenverbreitung in verschiedenen Entwicklungsreihen der Pilze mehrfach entstanden ist. Wir hatten bereits diskutiert, daß das Auftreten der prototunicaten Asci der *Caliciales* in engem Zusammenhang mit ihrer Sporenverbreitung in Form eines Mazaediums steht, während bei den *Lichinaceae* und *Ostropales* prototunicate Asci als Rückbildungserscheinung zu interpretieren sind. Das Vorkommen von prototunicaten Asci in diesen drei Ordnungen ist in keiner Weise ein Hinweis auf eine bestehende natürliche Verwandtschaft. Alle übrigen Merkmale sprechen gegen eine solche Annahme. In gleicher Weise ist das Auftreten von bitunicaten Asci zu werten. Die unterschiedliche

---

Abb. 4.6 Asci, Sporen und Paraphysen. a) *Lecanora conizaeoides.* Ausschnitt aus dem Hymenium (Quetschpräparat). Die amyloide Ringstruktur in den Ascusspitzen durch Jod blau gefärbt (550 ×). b) Art der *Arthothelium-Cryptothecia*-Gruppe. Unter Druck zerplatzter, bitunicater Ascus mit dickwandigem Exoascus (260 ×). c und d) *Pertusaria pertusa:* c) alter, dickwandiger Ascus mit zwei Sporen und junger Ascus, an der Basis Reste der netzig verzweigten Paraphysoide (170 ×); d) Spitze eines entleerten Ascus mit Längsspalt (325 ×). e und f) *Stirtonia*-Art. e) quergeteilte Sporen mit Halo (350 ×); f) kugeliger, bitunicater Ascus (220 ×). g) *Microglaena leucothelia.* Spitze eines bitunicaten Ascus mit amyloider Apikalstruktur (Jodfärbung) (850 ×). h und i) Sporen von *Tholurna dissimilis* mit Spiralleisten: h) auf die Oberfläche scharf eingestellt (1800 ×); i) im optischen Schnitt (1600 ×). j) *Pyrgillus javanicus.* Sporenkette aus 4- bis 6-zelligen Sporen (850 ×). k) *Peltula tortuosa.* Vielsporige, unitunicate Asci mit apikal verdickter Ascuswand und Schleimkappe (350 ×). l) *Microthelia atomaria.* Bitunicater Ascus mit dünnwandigem, geschrumpften Exoascus (unterer Pfeil) und expandiertem Endoascus (oberer Pfeil) (430 ×). m) *Porina nucula.* Dünnwandiger Ascus mit unverzweigten Paraphysen (130 ×). n) *Lopadium pezizoidum.* Schwarz pigmentierte Paraphysenenden (800 ×). o) *Conotrema urceolatum.* Ausschnitt aus dem Apothecium, links: Rand des kohligen Gehäuses mit eingelagerten Oxalatkristallen und Saum von Periphysoiden. Die langen Sporen sind parallel-mehrzellig (220 ×).

Struktur weist bereits darauf hin, daß bitunicate Asci polyphyletisch entstanden sind. Soweit nicht andere Merkmale korrelieren, beweist das Vorhandensein bitunicater Asci allein noch nicht die nähere Verwandtschaft zweier Pilze.

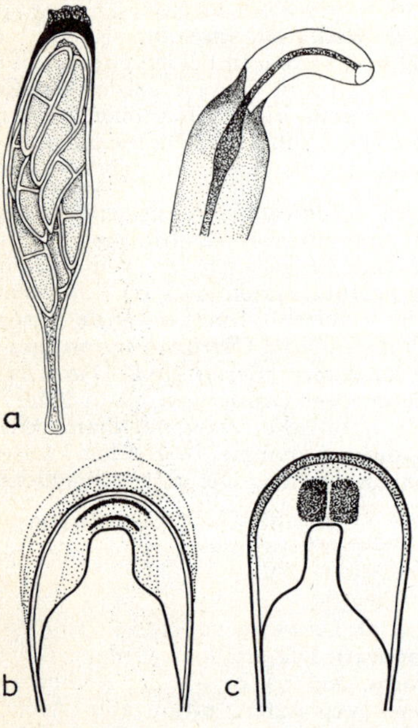

Abb. 4.7 Asci der *Peltigerineae*. a) *Lobaria laetevirens*. Ascus mit amyloider Kappe und amyloider Schleimauflagerung, rechts: Expansion des Endoascus. b) *Pseudocyphellaria anthraspis*. Ascusspitze mit amyloider Kappenstruktur. c) *Peltigera praetextata*. Ascusspitzen mit amyloider Ringstruktur.

Die zytologischen Verhältnisse bei der **Sporenbildung** wurden u. a. an *Dermatocarpon*-Arten verfolgt[398]. Die haploiden Kerne sind sehr klein. Die Karyogamie findet bereits in ganz jungen Asci statt. Der diploide Kern vergrößert sich stark mit zunehmendem Ascusvolumen. Den beiden meiotischen Teilungen folgt wie üblich eine Mitose und danach die Entwicklung der acht Ascosporen in freier Zellbildung.

Bei der Sporenreife werden vom Restplasma die Sporenwände aufgelagert. Sie sind farblos oder braun, dünn oder dick und manchmal mehrschichtig. Ihre Oberfläche ist meist glatt, selten warzig oder anders skulpturiert. Bei den *Caliciales* erhalten die Sporen ihre Auflagerungen nicht im Ascus, sondern außerhalb, wenn sie im Mazaedium freiliegend heranreifen (vgl. S. 274 f.).

Wie bei den nicht lichenisierten Ascomyceten werden auch bei den Flechten gewöhnlich acht Sporen im Ascus entwickelt. Die Sporen können jedoch bis auf eine reduziert sein, z. B. bei *Mycoblastus* oder bei *Pertusaria*-Arten. Andere Flechten haben dagegen polyspore Asci, die bis zu mehreren hundert Sporen enthalten können (Abb. 4.5 c, 4.6 k).

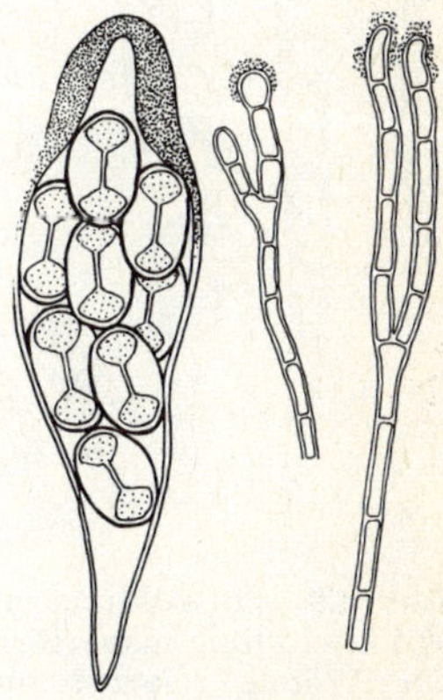

Abb. 4.8 Ascus und Paraphysen von *Caloplaca marina*. Ascus mit amyloider Kappe und bipolar-zweizelligen Sporen, Paraphysenköpfe mit aufgelagertem Parietin.

Die Form der Sporen ist artspezifisch. Man unterscheidet einzellige, zweizellige, parallel-mehrzellige (Abb. 4.5 b, d, f) und mauerförmige (dictospore oder muriforme Abb. 4.5 j) Sporen, wovon bei den letzteren wiederum submuriforme mit nur einer Längswand und eumuriforme mit mehreren Längswänden unterschieden werden. Die Sporenfächer sind zylindrisch (Abb. 4.9 a) oder linsenförmig (Abb. 4.9 c, d). Ein besonderer Sporentyp ist die bipolare Spore der *Teloschistaceae*. Die beiden Lumina dieser Spore sind durch eine dicke, unvollständige Querwand, die von einem feinen Kanal durchbrochen wird, getrennt (Abb. 4.8).

Die mauerförmigen Sporen entstehen meristogen durch dreidimensionale Teilung, sind also echt parenchymatisch. Die Wände werden kreuzweise zueinander angelegt (Abb. 4.9 a), oder es entstehen kubische Sporen durch in verschiedene Richtungen erfolgende Teilungen

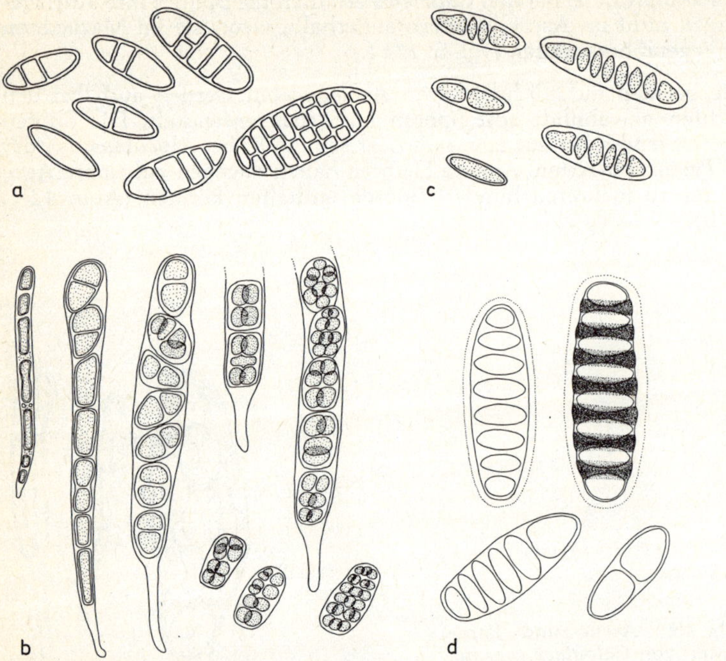

Abb. 4.9 Entwicklung mauerförmiger und parallel-mehrzelliger Sporen. a) Entwicklung mauerförmiger Sporen durch zueinander senkrechte Anlage der Wände *(Gyrostomum scyphuliferum)*. b) Entwicklung kubischer, mauerförmiger Sporen *(Leptotrema wightii)*. c) Bildung parallel-mehrzelliger Sporen mit linsenförmigen Fächern *(Phaeotremalobatum)*. d) Sporenentwicklung bei *Graphis scripta*. Die Interlocularplatten der reifen Sporen färben sich mit Jod blau-violett.

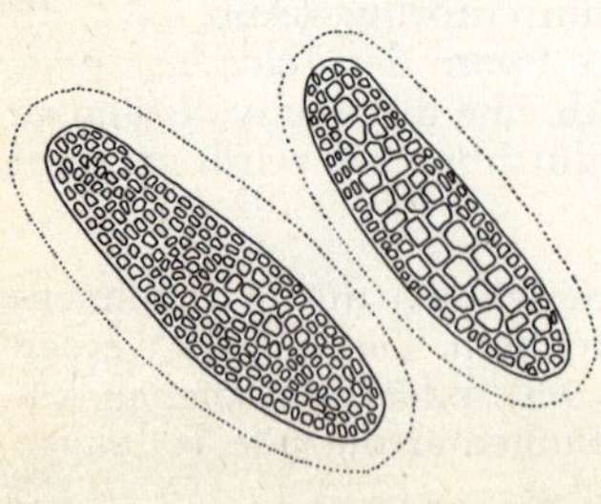

Abb. 4.10 Mauerförmige Spore mit Halo in Aufsicht und Seitenansicht (Art der *Arthothelium-Cryptothecia*-Gruppe).

(Abb. 4.9 b). Manche Sporen sind von einer Gallerthülle umgeben, die man Halo nennt (Abb. 4.10). Viele Sporen der *Thelotremataceae* und *Graphidaceae* färben sich mit Jod blau oder violett. Bei *Graphis scripta* bleiben die Endzellen ungefärbt. Die Jodfärbung beschränkt sich hier auf die Wände zwischen den Zellen, die Interlocularplatten[336]. Da die Färbung im äußeren Teil der Interlocularplatten viel intensiver ist als weiter im Inneren, entsteht der Eindruck, als seien die gefärbten Sporen von violetten Reifen umschlossen (Abb. 4.9 d).

Hilfsgewebe der Fruchtkörper: Paraphysen — Gehäuse

Im Unterschied zu den ascogenen Hyphen und Asci besteht das Hilfsgewebe aus monokaryotischen Hyphen. Bei den Flechten werden im allgemeinen die Paraphysen, das Gehäuse des Fruchtkörpers und die subhymeniale Schicht zum Hilfsgewebe gerechnet.

Die Paraphysen bilden zusammen mit den Asci das **Hymenium,** das in der älteren Flechtenliteratur auch als Thecium bezeichnet wird. Es ist bei den Flechten stark gallertig und beim Eintrocknen von knorpeliger Konsistenz. Bei gymnocarpen Fruchtkörpern sind in der obersten Schicht des Hymeniums häufig Farbstoffe oder Kristalle in die gallertige Substanz zwischen den Paraphysen, die sogenannte Hymenialgallerte, eingelagert. Makroskopisch kann man die Kristalle oft als Bereifung (Pruina) auf der Scheibe des Apotheciums oder Hysterotheciums erkennen (Abb. 13.41 k).

Die oberste Schicht des Hymeniums bezeichnet man in der Lichenologie als **Epithecium.** Ein echtes Epithecium im mykologischen Sinne besteht aus einem Hyphengeflecht und kommt bei den Flechten selten vor. Es ist z. B. bei *Conotrema urceolatum* und den *Pertusariaceae* vorhanden. Bei *Conotrema* wird das Epithecium aus den reich verzweigten Enden der Paraphysen gebildet (Abb. 4.5 l), bei den *Pertusariaceae* entsteht es bei der Entwicklung der Fruchtkörper aus der Thallusrinde (S. 359 ff.).

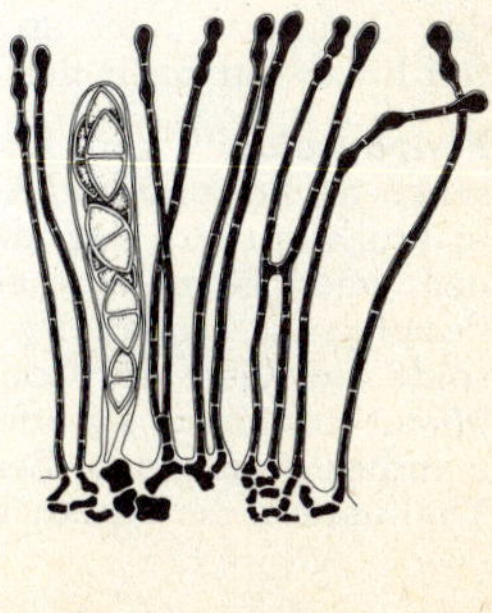

Abb. 4.11 Ascus und Paraphysen von *Coenogonium interplexum*. Die ascogenen Hyphen treten als Reihe kantiger Zellen hervor; die Paraphysenenden sind keulig, kopfig oder perlschnurartig verdickt.

Die **Paraphysen** sind sterile Hyphen, zwischen die die Asci einwachsen. Ihre Endzellen sind häufig keulig oder kopfig verdickt (Abb. 4.11) und bei manchen Arten pigmentiert (Abb. 4.6 n). Die Verzweigung der Paraphysen variiert stark. Die Fäden können unverzweigt sein und dicht nebeneinander stehen wie Palisaden, oder sie bilden ein lockeres bis dichtes Netzwerk aus reich verzweigten und anastomosierenden Hyphen (Abb. 13.52 d). Alle Paraphysen sind septiert. Angaben über unseptierte Paraphysen beruhen auf Fehlbeobachtungen. Die Paraphysenzellen sind kurz oder länger, ihre Wände gewöhnlich glatt, selten mit Stacheln besetzt (Abb. 13.44 b, c). Das Wachstum der Paraphysen ist im allgemeinen begrenzt. Eine Ausnahme bilden die *Caliciales*, bei denen die Paraphysen ständig von der Basis her verlängert werden.

Nach der Art ihrer Entstehung hat man eine Reihe von Paraphysentypen unterschieden, z. B. echte Paraphysen, Paraphysoide, Pseudoparaphysen, Proparaphysen, primäre und sekundäre Paraphysen. Die einzelnen Termini werden häufig in verschiedenem Sinne gebraucht[166, 196, 253, 264, 267]. Wir verwenden die Bezeichnung Paraphysen als übergeordneten Begriff und verstehen die Unterbegriffe wie folgt:

Echte Paraphysen sind die Hüllfäden der Ascohymenialen, die aus den subhymenialen Schichten entspringen und von Beginn an freie Enden haben. Die freien, in Gallerte eingebetteten Enden bilden die Oberfläche des Hymeniums.

Paraphysoide entwickeln sich aus dem generativen Gewebe (S. 116) junger Ascocarpien und später vor allem seitlich aus der Begrenzung der Anlage. Sie sind mehr oder weniger stark netzig verzweigt. Ihre Spitzen werden erst sekundär frei oder bleiben mit einer sie überlagernden Deckschicht verbunden. Bei vielen Flechten sind die ersten Paraphysen Paraphysoide, und erst später werden echte Paraphysen entwickelt. Bei anderen Lichenen sind Paraphysoide die einzige Form der Hüllfäden.

Pseudoparaphysen sind die Hüllfäden der ascolocularen Pilze. Sie entstehen aus Reihen kurzer Zellen, die beidendig in der Fruchtkörperhöhlung befestigt sind (S. 110 f.). Pseudoparaphysen werden in der Literatur auch Paraphysoide oder Interthecialfasern genannt.

Periphysen nennt man die kurzen Hyphen, die in Perithecien unterhalb des Ostiolums oder im Mündungskanal gebildet werden. Sie können bis tief hinab zur Basis des birnenförmigen Fruchtkörpers reichen (Abb. 4.16 a).

Periphysoide[119], auch laterale Paraphysen genannt[130], erinnern in ihrem Aussehen an Periphysen (Abb. 13.37 c, 13.39 d). Sie kommen jedoch entweder in Fruchtkörpern vor, die nicht zu den Perithecien gerechnet werden können, oder sie unterscheiden sich durch ihre Entwicklung von den echten Periphysen. In den Pycnoascocarpien der *Lichinaceae* sind die Periphysoide die Reste der Conidiophoren. Bei den *Gyalectaceae* und den *Ostropineae* entstehen sie aus dem inneren Gehäuserand analog den Periphysen mancher Perithecien. Bei den *Graphidaceae* schließlich entwachsen sie dem Thallusrand der Apothecien.

Das **Gehäuse** bildet die äußere Schutzwand des Ascocarps. Es ist bei vielen Flechten teilweise oder ganz reduziert. Häufig wird die Schutzfunktion dann vom Thallus übernommen. Im Extremfall liegen die Asci einzeln im Thallusgewebe eingebettet. Das Gehäuse besteht aus antiklinen oder periklinen Hyphen, die ein Pseudoparenchym oder Plectenchym bilden. Durch Einlagerung von unbekannten chemischen Substanzen kann sich das Gehäuse völlig schwarz färben. Man spricht von „Verkohlung" oder „Karbonisierung". Die Dunkelfärbung kann auf das umliegende Thallusgewebe oder das Substrat ausstrahlen. Es ist dann schwer festzustellen, wo das Substrat aufhört und das eigentliche Fruchtkörpergewebe anfängt. Auch bei nicht karbonisierten Formen werden bei bestimmten Entwicklungstypen einzelne Teile des Substrats in das Gehäuse eingebaut. Einige Flechten lagern große Mengen von Oxalatkristallen in die Gehäusewand ein (S. 371, 383).

Den Ausdruck Gehäuse verwenden wir als übergeordneten Begriff für jede Art von deutlicher Begrenzung des Hymeniums. Die Bezeichnung schließt also das Excipulum der Apothecien und die Wand der Perithecien ebenso ein wie den äußeren Teil des Ascostromas ascolocularer Pilze. Auch die äußere Schicht eines Fruchtkörpers, die nicht durch eine besondere Struktur, sondern nur durch Verkohlung abgegrenzt ist, gehört hierher. In einigen Fällen kann ein Gehäuse sogar aus verkohltem Substrat gebildet werden.

In weniger umfassendem Sinne als den Ausdruck Gehäuse gebrauchen wir die Bezeichnung Eigenwand. Hierunter verstehen wir nur das Gehäuse der ascohymenialen Fruchtkörper (S. 115 ff.). Die Eigenwand kann sekundär rückgebildet sein oder vollständig fehlen; letzteres ist häufig dann der Fall, wenn die Fruchtkörper von einem Thallusrand umgeben sind.

Subhymeniale Schichten nennen wir alle Geflechte unterhalb des Hymeniums bis zur Gehäusewand bzw. bis an das angrenzende Thallusgewebe. In der lichenologischen Literatur wird dieser Teil des Fruchtkörpers bald als **Hypothecium**, bald als **Subhymenium** bezeichnet. Das **Hypothecium** im engeren Sinne ist die Zone, in welcher die ascogenen Hyphen eingelagert sind[62]. Diese Zone hebt sich im allgemeinen durch eine stärkere Färbbarkeit ab. Darunter liegt die **Bildungsschicht,** der die echten Paraphysen und die Excipulumhyphen entspringen. Die subhymenialen Schichten können ebenso wie das Gehäuse verkohlen.

Form der Fruchtkörper

Nach der äußeren Form und anderen Kriterien unterscheidet man im allgemeinen fünf Fruchtkörpertypen: Apothecium, Perithecium, Hysterothecium, Cleistothecium und Thyriothecium.

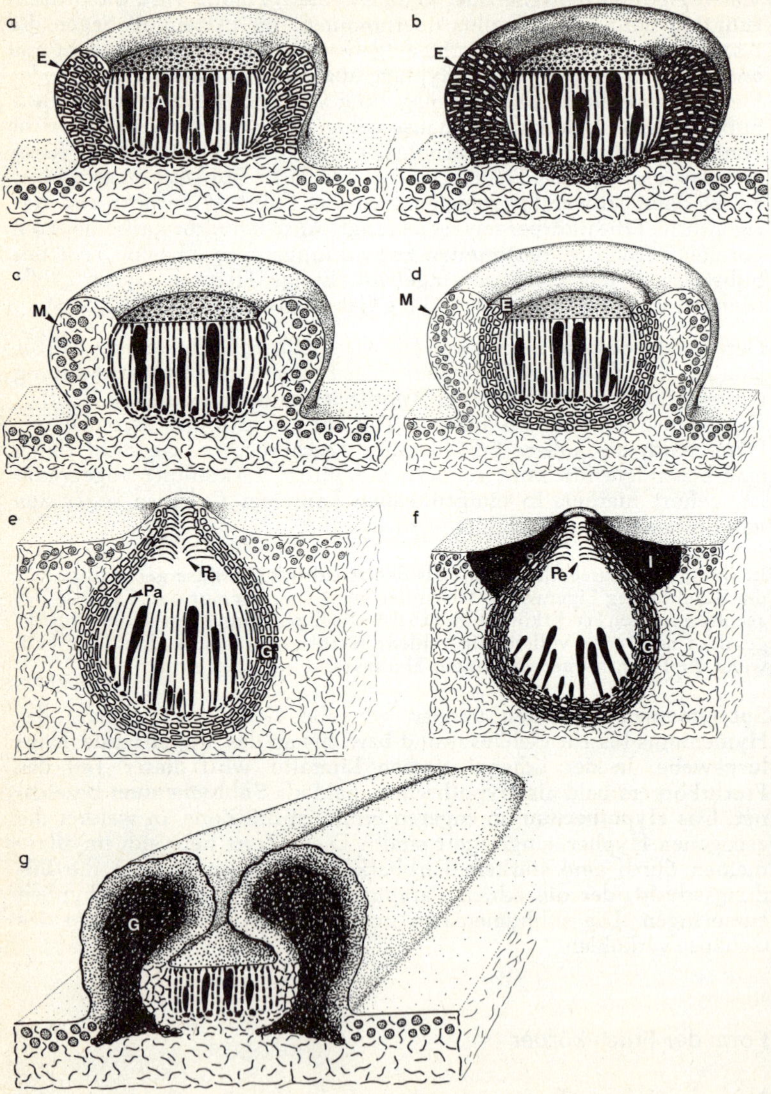

Abb. 4.12

Das **Apothecium** ist ein scheiben- oder napfförmiger Fruchtkörper, dessen Hymenium offenliegt. Diesen Bau bezeichnet man als **gymnocarp.** Die Oberfläche des Hymeniums wird **Scheibe** oder **Discus** genannt. Die Scheibe kann durch Flechtenstoffe, die ins Epithecium eingelagert sind, braun, schwarz oder auch leuchtend rot, orange oder gelb gefärbt sein. Das Hymenium wird schalenförmig vom Gehäuse umschlossen.

Nach der Art der Berandung des Flechtenapotheciums unterscheidet man vier Haupttypen. Drei dieser Typen werden nach den Gattungen *Lecanora, Lecidea* und der Untergattung *Biatora* der Gattung *Lecidea* benannt, da sie für diese charakteristisch sind. Im einfachsten Fall wird das Gehäuse vom Gewebe des Fruchtkörpers gebildet. Wenn dieser Eigenrand, der im typischen Fall aus dem Excipulum proprium besteht (S. 98), ein wachsartiges Aussehen hat, spricht man von einem **biatorinen** Apothecium (Abb. 4.12 a). Ein gleich gebautes Apothecium mit stark verkohltem Rand wird als **lecidein** bezeichnet (Abb. 4.12 b). Der Eigenrand des Apotheciums kann völlig fehlen. In diesem Fall wird das Gehäuse aus Gewebe des Thallus gebildet. Fruchtkörper, die solch einen Thallusrand besitzen, nennt man **lecanorin** (Abb. 4.12 c). Eigenrand und Thallusrand können auch beide anwesend sein und das Hymenium mit zwei Schichten umschließen. Man spricht dann von **zeorinen** Apothecien (Abb. 4.12 d). Der Eigenrand eines Apotheciums wird auch als **Margo proprius** und der Thallusrand als **Margo thallinus** bezeichnet.

Die Bezeichnungen biatorin, lecidein und lecanorin, die besonders in den Bestimmungsschlüsseln eine große Rolle spielen, ermöglichen eine nur recht grobe Orientierung. Bei der Benennung der Randstrukturen geht man meistens von der Färbung des Randes aus und spricht von einem Eigenrand, wenn das Gehäuse ungefähr die gleiche Farbe wie die Apotheciumscheibe hat (biatorin) oder vollständig schwarz ist (lecidein). Ein Thallusrand dagegen unterscheidet sich in seiner Färbung nicht vom Thallus. Thallusrand und Eigenrand können nicht nur durch den Habitus, sondern auch durch anatomische Strukturen unterschieden werden. Man kann jede Berandung, die Algenzellen enthält, als Thallusrand bezeichnen.

Wir werden im folgenden ausführlich auf die verschiedenen Berandungstypen des Apotheciums eingehen und wollen hier nur feststellen, daß Thallusrand und Eigenrand entwicklungsgeschichtlich auf sehr unterschiedliche Weise entstehen können. Die typische Form des Apotheciums ist eine kreisrunde Schale mit deutlich sichtbarer Scheibe.

Abb. 4.12 Fruchtkörperformen der Ascomyceten-Flechten, schematisch. a–d) Apothecien: a) biatorin; b) lecidein; c) lecanorin; d) zeorin. e und f) Perithecien. g) Hysterothecium. E = Exipulum proprium, G = Gehäuse, I = Involucrellum, M = Margo thallinus, Pa = Paraphysen, Pe = Periphysen. Erklärung siehe Text.

Daneben gibt es Apothecien, die täuschend einem Perithecium (s. u.) ähnlich sehen können. Diese scheinbar geschlossenen Fruchtkörper haben entweder eine punktförmige Scheibe oder sind in eine Thalluswarze eingesenkt, die ebenfalls nur eine sehr enge Öffnung freiläßt (Abb. 13.36 b). Solche Apothecien kommen bei verschiedenen Familien vor, die daneben stets auch Vertreter mit normal gestalteten Apothecien enthalten.

Das **Perithecium** (Abb. 4.12 e) hat eine birnen- oder flaschenförmige Gestalt. Das Hymenium ist auf allen Seiten vom Gehäuse umschlossen. Diesen Bau bezeichnet man als **angiocarp.** Nur apikal besitzt der Fruchtkörper eine Mündung, das **Ostiolum,** durch das die Ascosporen nach außen gelangen. Unterhalb des Ostiolums ragen häufig Periphysen in die Fruchtkörperhöhlung hinein. Paraphysen können vorhanden sein oder fehlen. Das Gehäuse kann mehr oder weniger stark verkohlen. Charakteristisch für viele pyrenocarpe Flechten ist eine schildförmige Schwärzung des um die Mündung liegenden Flechtengewebes und Substrats. Man bezeichnet sie als Involucrellum (Abb. 4.12 f). Das Perithecium kann ebenso wie das Apothecium von einem Thallusrand umgeben sein (Abb. 13.45 b). Man sagt in einem solchen Fall, daß das Perithecium in Lagerwarzen eingesenkt liegt. Die Ontogenie dieser Lagerwarzen entspricht dem normalen Entwicklungstyp eines Margo thallinus bei Apothecien (S. 97 f.).

Das **Hysterothecium** ist meistens ein langer, schmaler Fruchtkörper mit einem spaltförmigen Hymenium (Abb. 4.12 g). Die Abb. 13.41 zeigt den Habitus solcher Ascocarpien, die man mit dem Ausdruck **lirellenförmig** beschreibt. Die Lirellen sind unterschiedlich lang und häufig verzweigt. Das Hysterothecium öffnet sich durch einen Längsspalt oder liegt von Anfang an frei exponiert. Fruchtkörper dieses

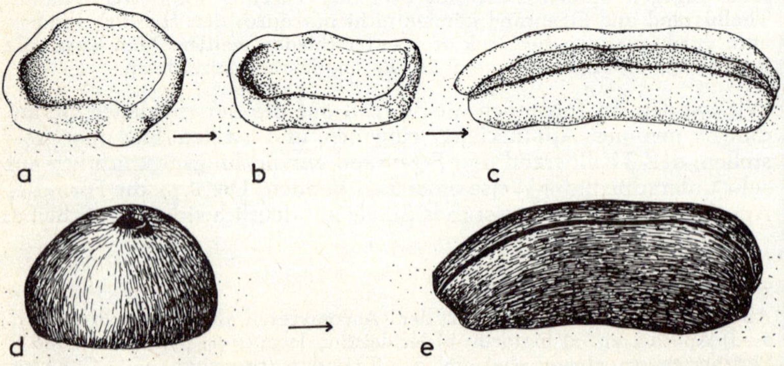

Abb. 4.13 Ableitung eines Hysterotheciums a—c) von einem Apothecium, d—e) von einem Perithecium.

Typs sind unberandet oder von einem Thallusrand umschlossen. Das Gehäuse kann verkohlt sein, und oft greift die Schwärzung auch auf den umliegenden Teil von Thallus und Substrat über.

Das Hysterothecium läßt sich phylogenetisch sowohl vom Apothecium wie vom Perithecium ableiten (Abb. 4.13). In beiden Fällen ist der ursprünglich runde Fruchtkörper nicht gleichmäßig weitergewachsen, sondern streckt sich einseitig in Richtung einer Querachse. Dadurch entsteht ein langgestreckter Fruchtkörper. Je mehr sich das Wachstum auf diese eine Achse beschränkt, desto langgestreckter wird das Hysterothecium.

Die Entstehung aus dem Perithecium ist relativ selten. Sie ist charakteristisch für die nicht lichenisierten *Hysteriales* (S. 110). Die Öffnung dieser Fruchtkörper erfolgt durch Aufreißen eines feinen Längsspaltes.

Bei allen Flechten hat sich das Hysterothecium aus dem Apothecium entwickelt. Die hysterocarpen Familien enthalten stets Formen mit mehr oder weniger typischen Apothecien, und selbst innerhalb mancher Gattungen kann die Fruchtkörperform schwanken. Die Fruchtkörperscheibe der Hysterothecien variiert dabei von breit elliptisch über schmal und langgezogen zu fein spaltenförmig.

Das **Cleistothecium** ist ein vollkommen geschlossener Fruchtkörper, in dem die Asci für gewöhnlich zerstreut eingebettet liegen und kein geschlossenes Hymenium bilden. Die Sporen werden nach Zerfall der Fruchtkörperwand frei. Das **Thyriothecium** ist ein schildförmig abgeplattetes Ascocarp mit apikaler Mündung und einer besonderen Anordnung der Asci. Nur wenige lichenisierte Pilze besitzen Cleistothecien, während Thyriothecien bei Flechten nicht vorkommen.

Nach dem Verlauf der Entwicklung bezeichnet man die Fruchtkörper als **angiocarp** oder geschlossenfrüchtig, wenn sie zumindest bis zur Sporenreife geschlossen bleiben. Das Perithecium, das Cleistothecium, das Thyriothecium und das Hysterothecium der *Hysteriales*, das sich aus dem Perithecium entwickelt, sind angiocarpe Fruchtkörper. **Gymnocarp** oder offenfrüchtig sind Apothecien und Hysterothecien, bei denen die Fruchtschicht von Beginn an frei exponiert liegt. Fruchtkörper, deren Hymenium zunächst von einer Deckschicht bedeckt wird, die dann sekundär aufreißt, nennt man **hemiangiocarp.** Bei manchen Entwicklungstypen (s. u.) bilden Reste der Deckschicht eine Art Epithecium. Der Entwicklung nach sind diese Fruchtkörper angiocarp, der Erscheinungsform nach gymnocarp. Sie werden von uns ebenfalls als hemiangiocarp bezeichnet.

Die Fruchtkörperform spielte früher eine wichtige Rolle bei der Klassifizierung der Ascomyceten. Man unterschied drei große Gruppen. Die Pilze mit Cleistothecien faßte man als Plectomyceten zusammen, die Formen mit Perithecien als Pyrenomyceten und die Formen mit Apothecien als Discomyceten. Entsprechend bezeichnete man die Flechten mit Perithecien und

Apothecien als Pyrenolichenen bzw. Discolichenen. Diese Gruppen galten ursprünglich als natürliche systematische Einheiten. Wir wissen jedoch heute, daß wir die Fruchtkörperform lediglich als ein verbreitungsbiologisches Merkmal werten können, d. h. sie stellt eine Anpassung an einen bestimmten Typ der Sporenverbreitung dar, die von Pilzen verschiedener systematischer Herkunft entwickelt wurde[291].

Bei den Perithecien wird die schleimige Masse der Sporen durch einen engen Porus herausgequetscht. Der hierfür notwendige Druck entwickelt sich durch Wasseraufnahme und Verquellen des gallertigen Peritheciumkernes. Ein solches Herausdrücken der Sporen in Form eines Cirrus ist charakteristisch für die Flechtenperithecien. Bei nicht lichenisierten Pyrenomyceten kommen daneben andere Mechanismen der Sporenausschleuderung vor.

Bei den Apothecien und Hysterothecien der Flechten liegt das Hymenium bei der Reife frei exponiert, und die Sporenausstreuung wird durch ein Austrocknen der Fruchtschicht eingeleitet. Im gallertigen Hymenium und in den Asci entstehen dabei Spannungen, die zu einem Ausschleudern der Sporen führen.

Die Differenzierungsmöglichkeiten aus Hyphengeflechten sind begrenzt. Es ist daher nicht verwunderlich, daß sich solche für die Sporenverbreitung besonders effektive Fruchtkörpertypen phylogenetisch mehrfach entwickelt haben.

Geteilte Fruchtkörper

Apothecien und Hysterothecien können im reifen Zustand eine artspezifische Unterteilung des Hymeniums aufweisen. Das bekannteste Beispiel hierfür sind die *Umbilicaria*-Arten mit ihren stark geteilten Scheiben (Abb. 13.17 d). Man nennt solche gerillten Apothecien **gyrophor.** Die Aufteilung ist ein charakteristisches Merkmal für die meisten Arten der Gattung *Umbilicaria.* Sie beginnt frühzeitig bei der Apothecienentwicklung und entsteht durch einen örtlich begrenzten Wachstumsstillstand einzelner Stücke des Hymeniums, die dann von den benachbarten Teilen übergipfelt werden (Abb. 13.18 d, f). Die Bildung steriler Partien kann sich auf die Apotheciummitte beschränken. Das Apothecium sieht dann wie genabelt aus und wird **omphalodisc** genannt (Abb. 13.17 b).

Apothecien mit steriler Mitte kommen auch bei anderen Flechtengattungen vor. Bei der Gattung *Lecidea* wachsen an einigen Stellen des Hymeniums die Paraphysen verstärkt, wodurch sterile Partien entstehen. Die Endzellen dieser Hyphen gleichen in ihrer Struktur den Hyphen des Excipulums. Auf ähnliche Weise werden die Apothecien von *Glypholecia* und die Hysterothecien einiger *Graphidaceae* durch sterile Gewebestücke unterteilt (Abb. 13.43 a).

Entwicklung des Apothecienrandes

Die Apothecien haben entweder einen Eigenrand oder einen Thallusrand. Ein Apothecium mit Thallusrand haben wir als lecanorines Apothecium bezeichnet. Biatorine und lecideine Apothecien besitzen einen Eigenrand. Der Thallusrand hat die Farbe des Thallus, der Eigenrand in etwa die Färbung der Apothecienscheibe, falls er nicht wie beim lecideinen Apothecium völlig schwarz ist (S. 93).

Der Thallusrand kann auf verschiedene Weise entstehen. Im einfachsten Fall besteht er aus dem Thallusgewebe, das die junge Fruchtkörperanlage umgeben hat. Bei den *Lichinaceae* (Abb. 13.24) z. B. liegt das Primordium zunächst in einer Thallusanschwellung. Eine Zeitlang hält der umgebende Thallus mit dem Wachstum der Anlage Schritt, reißt dann am oberen Pol auf und bildet die seitliche Berandung des Fruchtkörpers. Der Thallusrand enthält in diesem Fall von Anfang an Algenzellen.

Bei anderen Flechten, z. B. bei den *Teloschistaceae*, wächst die Fruchtkörperanlage über den Thallus in die Höhe. Der Thallus wächst gleichzeitig als ringförmige Scheide um das Apothecium mit empor. Sind Rinde und Mark des Thallus auf diese Weise am Bau des Gehäuses beteiligt, dann entsteht ebenfalls ein typisch lecanorines Apothecium mit Thallusrand (Abb. 13.30 c).

Bei Flechten mit mächtig entwickelter Rinde kann die Thallusrinde auch allein um das Apothecium emporwachsen (Abb. 13.18). Man nennt ein solches Apothecium superlecideoid[112]. In einem superlecideoiden Apothecium grenzt die Thallusrinde als scheinbares Excipulum an das Hymenium. Wir nennen dieses Geflecht ein **Pseudoexcipulum.** Das Pseudoexcipulum ist im Unterschied zum Thallusrand frei von Algen und wie ein Eigenrand gefärbt.

Eine eigenartige Bildung des Thallusrandes ist bei den *Pannariaceae* zu beobachten. Bei diesen Flechten, die ebenfalls eine gut entwickelte Rinde haben, stoßen Markhyphen zwischen Rinde und Apotheciumanlage empor und transportieren Algenzellen mit sich. Der entstehende Thallusrand ist zunächst undifferenziert. Er erhält jedoch sekundär eine Rinde, die in der Struktur der oberen Thallusrinde entspricht. Lediglich in der Zellgröße bleibt sie etwas zurück (Abb. 13.20 e). Der Thallusrand kann relativ weit vom Apothecium entfernt gebildet werden und erst sekundär auf mehr oder weniger breiter Front mit ihm zusammenwachsen (Abb. 13.20 f, 13.21 b).

In der äußersten Zone des Thallusrandes werden bei vielen Flechten **Stützgewebe** angelegt. Sie entstehen aus Rinden- und Markhyphen des Thallusrandes und bestehen meistens aus dichtgepackten, großlumigen Zellen. Bei den *Collemataceae* wachsen aus dem Excipulum des Apotheciums lange, dicke Hyphen in den gallertigen Thallus hinein, die den schweren Fruchtkörper befestigen und stützen. Diese **Ankerhyphen** können ebenfalls am Bau der Stützgewebe beteilgt sein. Stützgewebe können direkt unter dem Fruchtkörper oder auch im Thallusrand angelegt werden. Sie liegen bei manchen Arten marginal, bei anderen basal und bei wieder anderen sowohl seitlich wie unter dem Apothecium (Abb. 13.7, 13.8). Die Stützgewebe können so stark entwickelt sein, daß die Algenzellen im Thallusrand verdrängt oder abgetötet werden. Dadurch erhält ein Margo thallinus die Färbung eines Eigenrandes.

Wir haben gesehen, daß ein Gehäuse, das im Habitus als Eigenrand erscheint, ontogenetisch sehr unterschiedlicher Herkunft sein kann. Wir wollen deshalb diesen Begriff im weitesten Sinn als algenfreies Geflecht verstehen, das das Hymenium umgibt. Der Eigenrand kann ein Pseudoexcipulum, ein Stützgewebe in einem ursprünglichen Thallusrand, oder, wie bei biatorinen und lecideinen Apothecien, ein Excipulum proprium, d. h. ein Eigenrand im engeren Sinne, sein.

Das **Excipulum proprium** umgibt die Fruchtschicht entweder wie eine Schale unten und an den Seiten, oder es umschließt das Hymenium nur seitlich wie ein Ring. Ein schalenförmiges Excipulum wird **cupular,** ein ringförmiges **annular** genannt. Das annulare Excipulum ist bei den Flechten häufiger als das cupulare. Es besteht meistens aus bogig nach außen gekrümmten Hyphen mit erweiterten Zellen und verquollenen Wänden.

Beim Wachstum des Apotheciums werden die Excipulumhyphen in akropetaler Richtung schichtweise aufeinander gelagert. Die Hyphen sind jedoch nicht immer streng parallel angeordnet, sondern können bei manchen Arten netzig verzweigt oder locker miteinander verflochten sein. Die netzige Verzweigung gibt im Zusammenhang mit einer gleichzeitig starken Gelatinisierung der Hyphenwände eine besonders feste Struktur.

Ein cupulares Excipulum ist für die *Parmeliaceae, Gyalectales, Ostropales* und die meisten *Collemataceae* charakteristisch. Die Struktur des cupularen Excipulums kann sehr unterschiedlich sein. Die Hyphen verlaufen antiklin oder periklin, sind parallel ausgerichtet oder miteinander verflochten. Bei paralleler Anordnung entsteht häufig ein mehr oder weniger ausgeprägtes Pseudoparenchym (Abb. 3.6 c). Die antiklinen Hyphen können gerade oder geschlängelt verlaufen und netzig verzweigt sein (Abb. 3.6 d, e).

Alle Berandungen des Fruchtkörpers können Anhänge tragen. Aus dem Excipulum wachsen häufig Haare aus (Abb. 13.20 d). Ein Lagerrand kann ebenfalls behaart sein (Abb. 13.20 e), häufig ist er jedoch auch gefaltet oder mit Lobuli besetzt (Abb. 4.14 d).

Hymenien mit Algen

Wir kennen einige Fälle, in denen das Hymenium mit Algen bedeckt ist oder Algen einschließt. Es handelt sich hierbei um ein art- oder gattungsspezifisches Merkmal. Die Algen entstammen dem Thallus der Flechte. Diese auf dem Hymenium befindlichen Algen sind nicht mit Fremdalgen zu verwechseln, die gelegentlich auf alternden Apothecien, insbesondere bei cyanophilen Flechten vorkommen.

Algen liegen immer dann in der obersten Gewebeschicht eines Fruchtkörpers, wenn das Ascocarp nur eine unregelmäßige Wucherung des Lagers ist (Abb. 4.14 a, 4.15). Ein solcher Fruchtkörper, ein **Thallinocarp,** kommt bei den *Lichinaceae* vor. Bei der Entstehung eines Thallinocarps wandelt sich der Thallus unmittelbar in einen Fruchtkörper um. Die Asci werden zwischen die Thallushyphen eingeschoben. Ein

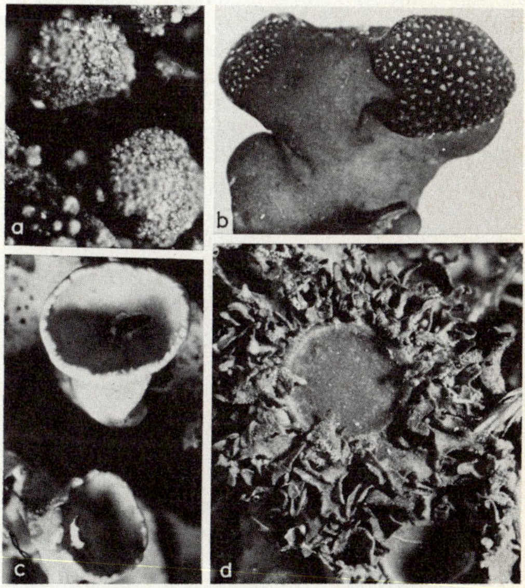

Abb. 4.14 Formen des Ascocarps. a) Thallinocarp von *Lichinella americana* (40 ×). b) Zusammengesetzter Fruchtkörper von *Rechingeria cribellifera* (10 ×). c) Apothecien mit durchbrochener Scheibe von *Parmelia nilgherrensis* (7 ×). d) Apothecium von *Leptogium burgessii*, Lagerrand mit thallinen Anhängseln (8,5 ×) (a aus A. Henssen: Nova Hedwigia 15 [1968] 543).

ganz ähnliches Bild entsteht, wenn viele Apothecien gehäuft angelegt werden, und zwar so dicht, daß ein mehr oder weniger durchgehendes Hymenium gebildet wird. Die Ansammlung von Apothecien wirkt in seiner unregelmäßigen Form habituell wie ein Thallinocarp. Von oben gesehen erscheint das zusammengesetzte Hymenium siebartig durchbrochen. Die hellen Stellen sind die Einzelhymenien, die dunklen Flecken bestehen aus algenhaltigem Grundgewebe (Abb. 4.14 b).

Auf dem Hymenium der Fruchtkörper liegen bei einigen Flechten **Epithecialalgen.** Sie stammen sehr wahrscheinlich von Thallusalgen ab, sind aber kleiner als diese. Alle Arten der blattbewohnenden Gattung *Sporopodium* und einige Arten anderer epiphyller Flechten besitzen Epithecialalgen[355].

Die **Hymenialalgen** kommen unter anderem in den Perithecien der Gattungen *Endocarpon* und *Staurothele* vor (Abb. 4.16). Sie stellen eine hohe Anpassung an die symbiotische Lebensweise dar, da sie zusammen mit den Sporen ausgeschleudert werden. Beide Symbiosepartner werden also gemeinsam verbreitet, wodurch die Entstehung neuer Lager gewährleistet wird. Die Hymenialalgen sind wie die Epithecialalgen kleiner als die Thallusalgen. Bei der Entwicklung der Fruchtkörper gelangen einzelne Zellen des Phycobionten in die Fruchtkörperhöhlung. In dem andersartigen physiologischen Milieu nehmen sie die von den Thallusalgen abweichende Gestalt an. Künstlich isoliert und weitergezüchtet gelangen sie zur selben Größe wie in Kultur gehaltene Algenzellen aus dem Lager.

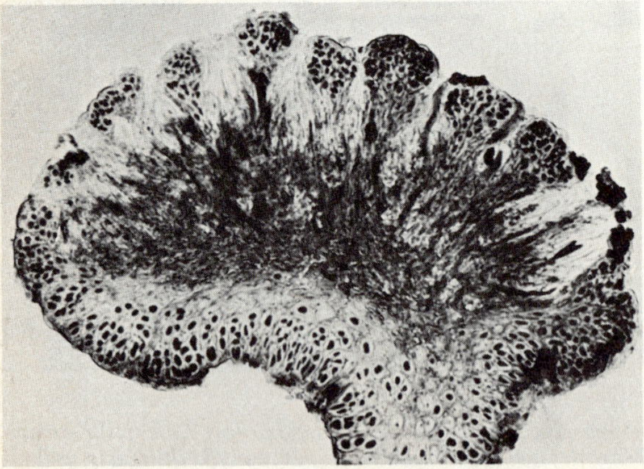

Abb. 4.15 Schnitt durch das Thallinocarp von *Lichinella americana.* Die Algen liegen in Gruppen auf dem Hymenium (150 ×) (aus A. HENSSEN: Bryologist 71 [1968] 271).

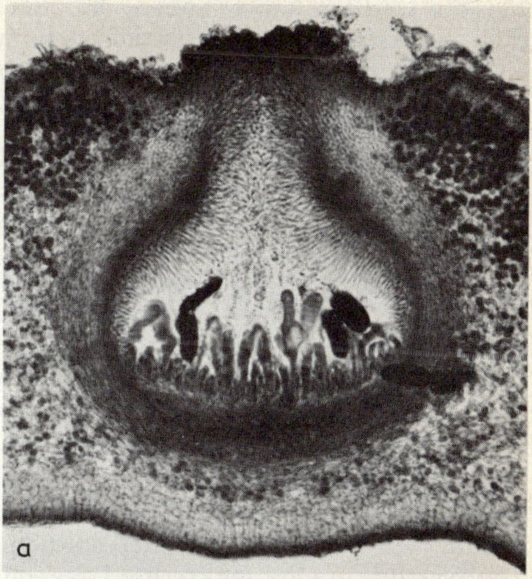

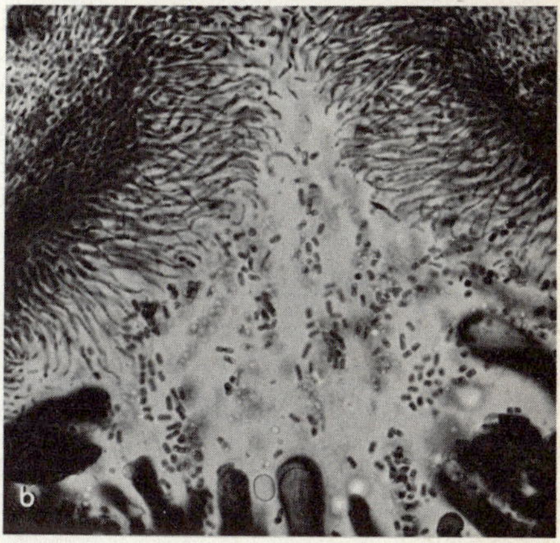

Abb. 4.16 Perithecium von *Endocarpon pusillum.* a) Übersicht (Seitenschnitt): Die Asci stehen dicht gedrängt an der Basis der Peritheciumhöhlung, die von Periphysen ausgekleidet ist; Paraphysen fehlen (130 ×). b) Ausschnitt aus dem oberen Teil der Peritheciumhöhlung mit Periphysen und länglichen Hymenialalgen (350 ×).

Stellung der Fruchtkörper: Podetien, Pseudopodetien, Stromata

Die Ascocarpien stehen entweder laminal auf den Flächen, marginal am Rande oder terminal an der Spitze der Loben. Dorsiventral gebaute Lager tragen die Fruchtkörper im allgemeinen auf der Oberseite.

Manche Flechten haben Loben, die zum Teil aufrecht stehen. An solchen aufgerichteten Thallusstücken können die Fruchtkörper sowohl an der Oberseite als auch an der Unterseite sitzen. Bei manchen Gattungen wird das Ascocarp marginal angelegt, kommt aber durch das weitere Wachstum der Lobe sekundär in eine laminale Stellung auf der Oberseite oder der Unterseite des Thallus. Die reifen Apothecien der Gattung *Nephroma* liegen beispielsweise auf der Thallusunterseite und die ausgewachsenen Apothecien von *Peltigera* auf der Thallusoberseite, obwohl beide marginal im Thallusrand angelegt werden (S. 337 ff.). Bei einigen Arten dieser beiden Gattungen werden die reifen Fruchtkörper außerdem noch über das Niveau des übrigen Thallus in die Höhe gehoben. Dabei wächst der Thallus an den Stellen, an denen die Fruchtkörper gebildet werden, zu schmalen, aufrechten Loben aus (Abb. 13.28 a, i). Die Apothecien dieser Arten stehen auf diese Weise senkrecht zum Substrat.

Bemerkenswert ist, daß die Apothecien vieler *Leptogium*-Arten einer senkrechten Stellung durch besondere Wachstumsvorgänge entgehen. Kommt ein Fruchtkörper einer solchen Art an einem aufsteigenden Thallusstück in eine senkrechte Lage, dann wächst der untere Teil des Apotheciums aus. Dabei streckt sich die dem Erdboden zugekehrte Seite besonders stark, so daß sich der Fruchtkörper nach oben krümmt und seine Scheibe schließlich wieder parallel zum Erdboden steht.

Die Fruchtkörper können ganz oder halb in den Thallus eingesenkt sein oder ihm aufsitzen. Ganz eingesenkt sind z. B. die Perithecien von *Dermatocarpon* (Abb. 13.17 f) und die Apothecien von *Solorina saccata* (Abb. 13.28 k). Die eingesenkten Perithecien sind meist senkrecht zur Oberfläche des Thallus orientiert. Bei einigen Gattungen liegen sie jedoch horizontal. Das Ostiolum ist in diesem Fall zu einem langen Kanal ausgewachsen, der sich nach oben umbiegt und die Oberfläche des Lagers durchstößt (Abb. 13.47 b).

Einige Apothecien liegen dem Thallus flach auf, die meisten jedoch werden wenigstens ein kleines Stück über den Thallus emporgehoben. Bei manchen Gattungen kann der Stiel des Fruchtkörpers eine beträchtliche Länge erreichen.

Podetien und Pseudopodetien

Die Fruchtkörperstiele unterscheiden sich in Funktion und Entwicklung bei den verschiedenen Gattungen beträchtlich. Rein morphologisch betrachtet streckt sich im einfachsten Fall der untere Teil des Fruchtkörpers und hebt so die Scheibe des Apotheciums deutlich über den Thallus empor. Funktionell ist dieser Stiel ein Teil des Fortpflanzungsorgans. Ein gutes Beispiel für diesen Typ ist die Gattung *Baeomyces*, deren Fruchtkörper stark an nicht lichenisierte Pilze erinnern (Abb. 13.14 b).

Bei einigen Arten der großen Flechtengattung *Cladonia* haben die Fruchtkörper im Prinzip das gleiche Aussehen wie bei *Baeomyces*, bei den meisten Arten hat der Stiel jedoch Assimilationsaufgaben des Thallus mit übernommen, es können sogar kleine Blättchen (Phyllocladien) aus dem Stiel herauswachsen.

Bei der Untergattung *Cladina* der Gattung *Cladonia* und bei der Gattung *Stereocaulon* geht diese Funktionsänderung so weit, daß der aufrecht stehende Teil der Flechte, der Thallus verticalis, alle Funktionen des ursprünglichen, flachliegenden Thallus horizontalis übernommen hat. Der primäre Thallus ist bei alten Pflanzen völlig zurückgebildet und verschwunden. Wenn der aufrechte Teil des Thallus entwicklungsgeschichtlich zum Fruchtkörper gehört, so nennt man ihn ein **Podetium.** In anderen Fällen gehört der Stiel zum Thallus und wird **Pseudopodetium** genannt (S. 305 ff., 314 f.).

Stromata

Die Fruchtkörper können gehäuft (Abb. 4.17 c) oder zerstreut angelegt werden. Wenn sie in charakteristischen Gruppen auftreten, so spricht man von Stromata. Zum Teil sind diese „Stromata" der lichenologischen Terminologie lediglich Gruppen von individuellen Fruchtkörpern, zum Teil handelt es sich um echte Stromata im mykologischen Sinne, d. h. die Ascocarpien entwickeln sich in besonderen stromatischen Geflechten. Beispiele für den ersten Fall sind die Gattungen *Trypethelium* und *Sarcographa*. Bei *Trypethelium* verursachen Gruppen von einzelnen Perithecien eine Vorwölbung des Lagers (Abb. 4.17 a), bei *Sarcographa* liegen die Hysterothecien sternförmig gehäuft. Näheren Kontakt miteinander haben die Perithecien von *Parmentaria astroidea*. Sie sind radial orientiert und ihre Ostioli münden gemeinsam in der Mitte (Abb. 4.17 d). Echte Stromata haben die Gattung *Glyphis* (Abb. 13.41 h) und *Chiodecton* (Abb. 4.17 b). Die Stromata wachsen in die Breite und in die Höhe. Das Stromainnere verbräunt und verkohlt dabei in zunehmendem Maße von der Basis her. Bei *Glyphis cicatricosa* entwickeln sich im Stroma die Hysterothecien sukzessive in vertikaler Richtung, für *Chiodecton perplexum* ist besonders die sekundäre Aufteilung der Stromahymenien durch Einschaltung steriler Gewebe charakteristisch (Abb. 13.57).

Wachstum, Lebensdauer und Größe der Fruchtkörper

Im Gegensatz zu der raschen Fruchtkörperentwicklung nicht lichenisierter Ascomyceten wachsen die Ascocarpien der Flechten sehr langsam. Insbesondere das Wachstum der Apothecien kann sich über viele Jahre erstrecken. Asci werden bereits in ganz jungen Stadien gebildet,

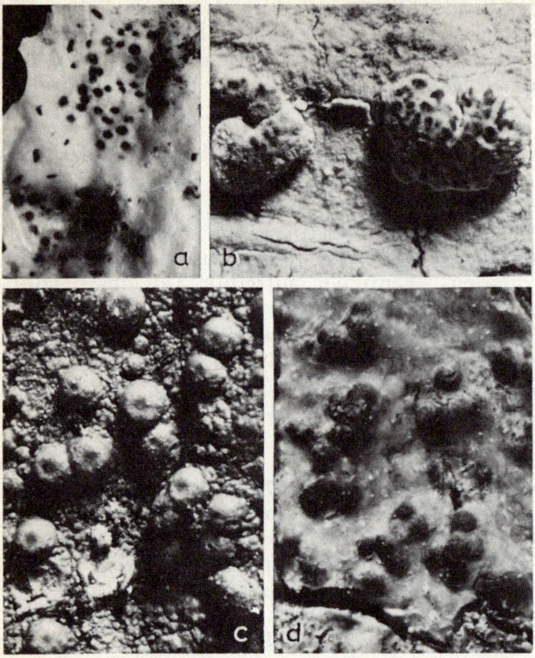

Abb. 4.17 Stellung der Fruchtkörper. a) Perithecien in Gruppen („Stromata") bei *Trypethelium virens* (4 ×). b) Stromata mit Hysterothecien von *Chiodecton perplexum* (20 ×). c) Perithecien von *Porina nucula* (6 ×). d) Radial angeordnete Perithecin von *Parmentaria astroidea* (8 ×).

so daß sich die Sporenausstreuung durch ein einzelnes Apothecium über lange Zeit hinzieht. Allmählich macht sich dann eine Degeneration des Hymeniums bemerkbar, die bei vielen Flechten zum vollständigen Zerfall führt und die Apothecienberandung als leere Schale hinterläßt. Alte Perithecien kollabieren und können, wenn sie im Thallus eingesenkt waren, durch einen Pfropf verschlossen werden[84]. Die Apothecien können in die Breite und in die Höhe wachsen. An dem Vertikalwachstum sind alle Teile des Hilfsgewebes und die ascogenen Hyphen beteiligt (Abb. 13.33, 13.53). Entweder wächst der Fruchtkörper allein in die Höhe, oder der Thallus zeigt gleichzeitig starkes Vertikalwachstum.

Bei starkem Vertikalwachstum des Thallus werden bei Arten der Gattungen *Phylliscum* und *Leptotrema* in Teilen der degenerierten alten Fruchtkörper neue Apothecien angelegt. Die alten Apothecien kollabieren und schließen nicht ejakulierte Sporen ein (Abb. 13.40 b). Das Unterbleiben der Sporenausschleuderung und das Degenerieren der frisch angelegten jungen Asci ist auch bei vielen pyrenocarpen Flechten zu beobachten.

Das Breitenwachstum der Apothecien ist bei den *Peltigeraceae* und *Parmeliaceae* am ausgeprägtesten. Zu diesen Familien gehören die Gattungen mit den größten Apothecien. Bei *Parmelia-* und *Nephroma-*Arten können sie mehr als 2 cm im Durchmesser erreichen. Gewöhnlich sind die Apothecien etwa 0,5 bis 1 cm breit. Die Länge der Hysterothecien schwankt zwischen ungefähr 0,1 und 2 cm. Die Perithecien werden nur bei wenigen Arten breiter als ein oder zwei Millimeter.

Entwicklung des Ascocarps

Bei der modernen systematischen Einteilung der Pilze spielen entwicklungsgeschichtliche Merkmale eine große Rolle. Auf Grund der Ontogenie der Fruchtkörper unterscheidet man bei den Ascomyceten die beiden großen Gruppen der Ascolocularen und der Ascohymenialen. Auch bei den Flechten lassen sich diese beiden Entwicklungstypen sowie einige spezielle Zwischenformen feststellen, die uns eine genaue Begrenzung der Ordnungen und Familien ermöglichen.

Die Ascocarp-Entwicklung der Flechten zeigt gegenüber den nicht lichenisierten Ascomyceten eine Reihe von Besonderheiten, die offenbar in Anpassung an das relativ hoch entwickelte Lager der Lichenen entstanden sind. In diesem Kapitel soll versucht werden, eine Übersicht über die Vielfalt der Entwicklungsmöglichkeiten bei den Flechten zu geben. Ausführlicher werden die einzelnen Entwicklungstypen im systematischen Teil bei den entsprechenden Ordnungen behandelt.

Um die verwirrende Vielfalt von Entwicklungstypen der Ascocarpien bei den Flechten besser verstehen zu können, ist es erforderlich, zuerst einen Überblick über die Grundzüge der Entwicklung bei ascohymenialen und ascolocularen Pilzen zu geben. Dies ist um so notwendiger, als die ursprünglichen Definitionen der Entwicklungstypen später erweitert und verändert wurden, wobei leider die gleichen Namen oft in unterschiedlicher Bedeutung verwendet wurden.

Charakteristik der ascohymenialen und ascolocularen Pilze

Die Einteilung der Ascomyceten in ascohymeniale und ascoloculare wurde 1932 von NANNFELDT[291] aufgestellt. Nach seiner Definition beginnt die Entwicklung des Ascocarps bei den **Ascohymenialen** mit der Anlage eines Ascogons, das sekundär von Hyphen umhüllt wird, die aus der Traghyphe des Ascogons entspringen. Dieses Primordium entwickelt sich zu einem Fruchtkörper, der ein echtes Hymenium aus echten Paraphysen und Asci besitzt. Die unitunicaten Asci sind häufig durch eine amyloide Apikalstruktur charakterisiert. Der Fruchtkörper hat eine Eigenwand, die auch dann angelegt wird, wenn das Ascocarp sich innerhalb eines Stromas entwickelt.

Bei den **Ascolocularen** dagegen entsteht zuerst ein **Ascostroma,** in dem sekundär die Ascogone angelegt werden. Die Asci entwickeln sich in Höhlungen des Stromas, den sogenannten **Loculi.** Die Loculi können auf unterschiedliche Weise entstehen. Entweder werden die Zellen des stromatischen Gewebes aufgelöst oder sie werden durch das Wachstum der Asci zusammengedrückt. Die Ascostromata enthalten entweder nur eine große Höhlung oder zahlreiche kleine Loculi. Entsprechend beschreibt man ein Ascostroma als unilocular oder als plurilocular. Die Asci sind nach dieser ursprünglichen Beschreibung immer bitunicat und frei von amyloiden Strukturen. Entweder wird in jedem der Loculi nur ein Ascus angelegt, oder es entsteht eine größere Anzahl von Asci, die durch Interthecialgewebe oder Hüllfäden voneinander getrennt sein können. Diese Trenngewebe sind nichts anderes als die zusammengepreßten Reste des Stromagewebes. Die Hüllfäden sind im Unterschied zu den echten Paraphysen am oberen und am unteren Ende im Stroma befestigt. Ein echtes Hymenium aus echten Paraphysen fehlt den Ascolocularen nach der ursprünglichen Definition ebenso wie eine Eigenwand, die die Asci und Hüllfäden vom übrigen Stromagewebe trennt.

Nannfeldts Definition wurde schon bald durch andere Untersuchungen in einigen kleineren Punkten abgeändert und ergänzt. Es stellte sich heraus, daß bei den pyrenocarpen Ascohymenialen das Ascogon nicht allein von den Seitenzweigen seiner Traghyphe umhüllt wird, sondern daß auch Nachbarhyphen an diesem Vorgang beteiligt sind. Wie wir sehen werden, gilt diese Beobachtung in besonderem Maße für alle ascohymenialen Flechten. Andere Beobachtungen ergaben, daß die Hüllhyphen der Ascolocularen nicht, wie urspünglich angenommen, Reste des zusammengepreßten Stromagewebes sind, sondern durch spezifische Differenzierungsprozesse neu entstehen[267, 301, 427].

Wenn wir diese Ergänzungen in die urspüngliche Definition mit einbeziehen, ergibt sich folgende Charakteristik (vgl. aber S. 115):

Ascohymeniale Pilze: Der Fruchtköper entwickelt sich allmählich aus dem Ascogon und seinen Hüllhyphen. Diese können durch Verzweigung der Traghyphe des Ascogons entstehen oder sich von den umliegenden Hyphen herleiten. Der Fruchtkörper besitzt ein echtes Hymenium mit echten Paraphysen und unitunicaten Asci. Das Ascocarp ist von einem Eigenrand umgeben.

Ascoloculare Pilze: Das Ascostroma wird primär gebildet. In ihm differenzieren sich die Ascogone. Die bitunicaten Asci entwickeln sich in Loculi. Echte Paraphysen und ein Eigenrand fehlen.

Von den Merkmalen, die zur Charakteristik der Ascohymenialen und Ascolocularen verwendet wurden, maß LUTTRELL[264, 266] (1951) der Struktur der Asci besondere Bedeutung bei. Entsprechend wählte er für die Ascohymenialen den Namen **Unitunicatae** und nannte die Ascolocularen **Bitunicatae** oder **Loculoascomyceten.** Die Bezeichnung Loculoascomyceten wird in modernen mykologischen und lichenologischen Systemen häufig gebraucht[16, 147, 150, 428]. Im allgemeinen werden in diesen Systemen die *Loculoascomycetidae* als Unterklasse der Ascomyceten der Unterklasse der *Ascomycetidae* gegenübergestellt. Hierbei entspricht die Unterklasse der *Ascomycetidae* der Gruppe der Ascohymenialen. Nach LUTTRELLS Auffassung waren die Termini *Unitunicatae* und *Bitunicatae* synonym zu den ursprünglichen Bezeichnungen *Ascohymeniales* und *Ascoloculares.*

Bei genauer Betrachtung zeigt sich also, daß NANNFELDT und LUTTRELL im Prinzip die gleiche Einteilung der Ascomyceten vorschlugen und nur den beiden Gruppen verschiedene Namen gaben, je nachdem, welches der Merkmale ihnen besonders wichtig erschien. Beide nahmen an, daß der Entwicklungstyp der Fruchtkörper, den NANNFELDT für entscheidend hielt, mit der Struktur der Asci, dem für LUTTRELL ausschlaggebenden Merkmal, korrelierte. Diese Annahme hat sich jedoch nicht bestätigt. Pilze und Flechten mit ascohymenialer Entwicklung können bitunicate Asci besitzen, während andererseits unitunicate Asci mit einem Entwicklungstyp kombiniert sein können, der an die Ascolocularen erinnert.

Das Fehlen einer Korrelation zwischen den beiden Merkmalsgruppen zwang die Forscher, beim Aufstellen eines Systems zwischen den beiden Prinzipien zu wählen. Entsprechend teilt eine Gruppe von Wissenschaftlern die Pilze nach ihrer Ascusstruktur in *Prototunicatae, Unitunicatae* und *Bitunicatae* ein, gleichgültig ob sie sich ascohymenial oder ascolocular entwickeln[126, 289]. Andere Forscher sehen dagegen im Gesamtverlauf der Morphogenese das entscheidende Kriterium für eine Klassifizierung. Sie behalten die Gruppen der Ascohymenialen und Ascolocularen bei und stellen z. B. auch bitunicate Pilze, die sich ascohymenial entwickeln, zur Gruppe der Ascohymenialen[253, 301]. Diese Einteilung wird auch in diesem Buch angewandt, da sie uns das geeignete Mittel erscheint, um die natürlichen Verwandtschaftsverhältnisse der Flechten untereinander und zu den nicht lichenisierten Formen zu erfassen.

Die Verwirrung der Termini wird noch vergrößert durch die unterschiedliche Verwendung des Wortes bitunicat. Verschiedene Forscher, insbesondere CHADEFAUD und seine Schüler gebrauchen den Ausdruck auch für mehrschichtige Asci, bei denen die Schichten keinen Unterschied in der Elastizität aufweisen. Bei diesen Asci trennen sich die Schichten der Wand nicht voneinander, sie sind nicht fissitunicat und dürfen deshalb nicht mit den echten bitunicaten Asci verwechselt werden.

Betrachten wir nun die Ascocarp-Entwicklung der Flechten, um zu sehen, in welche der Gruppen sie eingeordnet werden müssen, so stellen wir fest, daß die meisten Arten ascohymeniale Pilze sind. Es ist nicht völlig ausgeschlossen, daß es unter den typischen ascolocularen Pilzen gar keine lichenisierten Vertreter gibt. Eine Reihe von früher beschriebenen ascolocularen Flechten hat sich bei neueren Untersuchungen als nicht lichenisiert erwiesen. Ein Teil der Lichenen entspricht in seiner Entwicklung weder genau dem ascohymenialen noch dem ascolocularen Typ. Einige wenige pyrenocarpe Flechten (*Arthopyreniaceae*) haben eine Ascocarp-Ontogenese, die sich eng an die der Ascolocularen anschließt, während die Ordnung der *Arthoniales* sich keiner der beiden Hauptentwicklungslinien ohne Zwang zuordnen läßt. Diese Ordnung bildet eine verbindende Zwischengruppe. Die Flechten dieser Ordnung wurden bisher gewöhnlich in verschiedene Ordnungen der Ascolocularen eingereiht[147, 150, 335], seltener auch zu den Ascohymenialen gestellt[253].

Entwicklungstypen ascolocularer Pilze

Wie schon oben erwähnt wurde, sind die typischen ascolocularen Pilze zumindest zum großen Teil nicht lichenisiert. Sie sind vor allem Parasymbionten der Flechten sowie Parasiten und Epiphyten auf höheren Pflanzen. Wie LUTTRELL[266] rechnen wir zu dieser Gruppe die fünf Ordnungen der *Myriangiales, Dothideales, Pleosporales, Hysteriales* und *Microthyriales* unter Ausschluß der gewöhnlich zu diesen Ordnungen gestellten pyrenocarpen und hysterocarpen Flechtenfamilien. Die genannten fünf Ordnungen weisen eine Reihe von charakteristischen Entwicklungstypen auf. Wir wollen uns hier auf eine Auswahl der Typen beschränken, die als Vergleich zur Entwicklung der ascohymenialen Fruchtkörper von Bedeutung sind.

Bei der Definition der ascolocularen Entwicklung haben wir gesehen, daß die Morphogenese der Fruchtkörper mit dem Entstehen eines Ascostromas beginnt. Dieses Fruchtkörpergewebe, in dem die Sexualorgane liegen, kann sich auf verschiedene Weise entwickeln. Bei manchen Ascolocularen besteht schon der Thallus aus einem vegetativen Stroma, in dem dann ein weiteres stromatisches Gewebe, das Ascostroma, entsteht. Ebensogut kann der Thallus aber auch aus lockeren Hyphen bestehen, an denen sich dann das kompakte Gewebe des Ascostromas entwickelt. Das Gewebe des Ascostromas ist entweder ein Pseudoparenchym oder kann – ein bei den Pilzen sehr seltener Fall – ein echtes Parenchym sein.

Die hier beschriebenen Unterschiede in der Entwicklung des Ascostromas sind das Ordnungsprinzip, nach dem die Entwicklungstypen der Ascolocularen getrennt werden.

Zerfalltyp

Zu diesem Entwicklungstyp gehören Vertreter der Ordnungen der *Pleosporales*, der *Dothideales* und der *Hysteriales*, z. B. die Gattungen *Pleospora*, *Mycosphaerella* und *Hysterium* (Abb. 4.18 a–j). All diese Gattungen haben bitunicate Asci mit einem dünnwandigen Exoascus. Das Ascostroma dieses Entwicklungstyps ist ein echtes Parenchym. Es entsteht aus einer Hyphenzelle durch dreidimensionale Teilungen. Bei einem Teil der Pilze beginnen mehrere Zellen eines Hyphenknäuels sich parenchymatisch zu teilen. Bei diesen Arten ist das Ascostroma also aus mehreren parenchymatischen Gewebsstücken zusammengesetzt. Das Primordium des Fruchtkörpers schwillt zu einem kugelförmigen Gebilde an, das sich zu einem uniloculären Perithecium oder zu einem Hysterothecium weiterentwickelt. Sehr charakteristisch ist die Differenzierung dieser Fruchtkörper. Im Inneren der Anlage, im sogenannten Zentrum, lösen sich die Zellen aus dem Zellverband (Abb. 4.18 a). Aus den losgelösten, dünnwandigen Zellen entwickeln sich Sexualorgane und Hilfsgewebe des Fruchtkörpers. Der Zerfall des Gewebezentrums hat dem Entwicklungstyp seinen Namen gegeben.

Die äußeren Lagen des Parenchyms, die unversehrt erhalten bleiben, werden zur Schutzschicht des Fruchtkörpers. Dabei werden die Zellwände verdickt und färben sich braun. Einige der losgelösten Zellen werden zu Ascogonzellen (Abb. 4.18 b). Eine Trichogyne wurde nur selten beobachtet. Ein Teil der Ascogonzellen kann sich unmittelbar zu Asci entwickeln, ohne Einschaltung ascogener Hyphen.

Während dieser Entwicklung schreitet der Zerfall des Zentrums ständig von innen nach außen fort. Ein Teil der losgelösten Zellen, die sich nicht zu Ascogonen umwandeln, bleibt als meristematische Gruppe im oberen und unteren Teil des Fruchtkörpers erhalten. Insbesondere am apikalen Pol kann man eine meristematische Kappe aus plasmareichen, stärker färbbaren Zellen beobachten. Aus einigen dieser Zellen entwickelt sich das Ostiolum der Perithecien. Es öffnet sich gewöhnlich durch das Herausbröckeln einzelner Zellen (Abb. 4.18 d, g, j), seltener durch ein spaltförmiges Auseinanderweichen des Gewebes (Abb. 4.18 h).

Die restlichen Zerfallszellen des Zentrums, die weder an der Bildung der Meristeme noch an der Entwicklung der Ascogone beteiligt sind, haben bei den verschiedenen Pilzen unterschiedliche Schicksale. Auf Grund der Unterschiede in diesem Teil des Entwicklungsganges ist es möglich, den Zerfalltyp in drei Untertypen zu untergliedern.

Beim ersten Untertyp lösen sich die Zellen des Zentrums, die nicht an der Bildung von Ascogonen und Meristemkappen beteiligt sind, vollständig auf (Abb. 4.18 i, j). Man vermutet, daß die heranwachsenden Asci die Reste dieser Zellen absorbieren. Man nennt sie deshalb Nährzellen.

Beim zweiten Untertyp wird nur ein Teil der Zellen des Zentrums zu Nährzellen, während die anderen sich zu Periphysen entwickeln. Diese Entwicklung läßt sich gut an einer Gruppe von Pilzen beobachten, die saprophytisch, parasymbiotisch auf Flechten oder epiphytisch auf Moosen wachsen. Die lockeren Zellen im Inneren des Primordiums strecken sich und ordnen sich radial an. Sie ragen wie Strahlen von der Wand in den zentralen Hohlraum hinein. Dieses Strahlstadium ist typisch für diesen Entwicklungstyp (Abb. 4.18 f). Beim Wachstum der Anlage rücken die Strahlen auseinander und bilden als randständige Periphysen die innere Begrenzung des Loculus (Abb. 4.18 g). Sie werden am oberen Pol von den meristematischen Zellen fortlaufend nachgebildet. In den Perithecien mit spaltförmiger Öffnung, die relativ groß sind und nur langsam heranwachsen, sind die Periphysen besonders gut ausgebildet (Abb. 4.18 h).

Beim dritten Untertyp löst sich ebenfalls nur ein Teil der lockeren Zellen auf, während sich die übrigen zu Paraphysen differenzieren. Dieser Entwicklungsgang ist für *Pleospora herbarum* charakteristisch — ein Pilz, der schon mehrfach untersucht wurde. Ein Teil der losgelösten Zellen streckt sich und tritt untereinander und mit den meristematischen Zellen an beiden Polen in Verbindung (Abb. 4.18 c). Diese Paraphysen sind also an beiden Enden befestigt und müssen deshalb im Unterschied zu echten Paraphysen als Pseudoparaphysen bezeichnet werden (S. 90).* Beim Heranwachsen des Fruchtkörpers werden ihre oberen Enden durch Anlagerung weiterer meristematischer Zellen verlängert. Im Verlauf der Differenzierung strecken sich die Zellen der Pseudoparaphysen beträchtlich. Im reifen Perithecium sind sie zu dünnen Fäden geworden.

Zum dritten Entwicklungstyp gehört nicht nur *Pleospora*, sondern werden auch die *Hysteriales* gerechnet, obwohl sie ein Hysterothecium als Fruchtkörper besitzen, während *Pleospora* ein Perithecium bildet. Die Entwicklung des Zentrums des Fruchtkörpers ist jedoch bei beiden Gruppen identisch (Abb. 4.18 e). Die abweichende Fruchtkörperform des Hysterotheciums entsteht durch ungleichmäßiges Wachstum aus einem Perithecium (S. 94 f.).

An dieser Stelle müssen noch einmal einige Erklärungen zu den benutzten Begriffen gegeben werden. Die reifen Perithecien der ascolocularen Pilze

---

* Manche Forscher beobachteten bei diesem Entwicklungstyp, daß die Pseudoparaphysen aus den Zellen der oberen meristematischen Kappe entstehen und nach unten in den Fruchtkörper hineinwachsen. Entsprechend unterscheidet sich ihre Definition des Begriffes Pseudoparaphysen von unserer Charakteristik[265, 267, 301].

sehen den Perithecien der ascohymenialen täuschend ähnlich. Um die unterschiedliche Entwicklung hervorzuheben, wurde vorgeschlagen, den ascolocularen Strukturen eigene Namen zu geben. Die Bezeichnungen Perithecium, Apothecium und Paraphysen sollten den Ascohymenialen vorbehalten bleiben und bei den Ascolocularen durch die Worte Pseudothecium, Pseudoapothecium und Pseudoparaphysen ersetzt werden. Entsprechende Umbenennungen anderer Fruchtkörpertypen sind jedoch nicht erfolgt. Eine konsequent durchgeführte Neubenennung der morphologischen Strukturen aller Entwicklungstypen scheint auch wenig wünschenswert. Sie würde nämlich zu einer unüberschaubaren Fülle der Begriffe führen, da nicht nur innerhalb der beiden Hauptentwicklungslinien zahlreiche unterschiedliche Typen bestehen, sondern auch noch einige Zwischengruppen vorkommen, die keiner der beiden Hauptgruppen zugeordnet werden können. Wir halten es darum für zweckmäßiger, die alten Begriffe zu verwenden. Ein weitgefaßter Paraphysenbegriff scheint besonders deshalb angebracht, weil die Bezeichnung auch bei Basidiomyceten, Moosen und Farnen Verwendung findet. Die Namen Pseudothecium und Pseudoparaphysen gebrauchen wir, ebenso wie die Termini „echte Paraphysen und Paraphysoide", als spezifische Unterbegriffe (S. 90). Selbst der Begriff Pseudoparaphysen darf nicht zu eng gefaßt werden. Um nicht weitere Begriffe einführen zu müssen, nennen wir nicht nur die Paraphysen vom *Pleospora*-Typ Pseudoparaphysen, sondern auch die Hüllfäden von *Atichia* und *Microthelia aterrima* (s. u.), die in Struktur und Bildung vom Normaltyp etwas abweichen.

Aggregattyp

Wir haben gesehen, daß bei den Pilzen des Zerfalltyps ein Primordium aus echtem Parenchym entstand, dessen Zentrum dann sekundär zerfiel. Beim zweiten Entwicklungstyp der Ascolocularen entsteht hingegen das Ascostroma durch die Anhäufung einzelner, getrennt entstandener Zellen. Diese Aggregation plasmareicher Zellen, die dem Typ seinen Namen gegeben hat, kann entweder in einem vegetativen Stroma (Abb. 4.18 q—r) oder an einzelnen Hyphen (Abb. 4.18 s, t) erfolgen.

Charakteristisch für die Einzelheiten der weiteren Entwicklung sind die Gattungen *Myriangium* und *Elsinoë* (Abb. 18 q—t). Die Fruchtkörper dieser Flechten haben von außen gesehen die Form von Apothecien. Die Ascostromata sind plurilocular. Die Loculi sind unregelmäßig über das Stroma verteilt. Jeder Loculus enthält nur einen Ascus. Die Entwicklung der Asci beginnt mit der Teilung einer plasmareichen Zelle in zwei ascogene Zellen, die als Paar beieinander liegen bleiben. Eine dieser Paarzellen wächst zum Ascus heran. Die Kernverhältnisse der paarigen ascogenen Zellen wurden von MILLER[276] bei *Myriangium* untersucht. Aus den Zellen des Ascostromas, die sich nicht zu ascogenen Zellen entwickeln, differenziert sich das pseudoparenchymatische Interthecialgewebe, das die Loculi voneinander trennt. Die Zellen schließen lückenlos zusammen und halten zunächst durch Teilung und

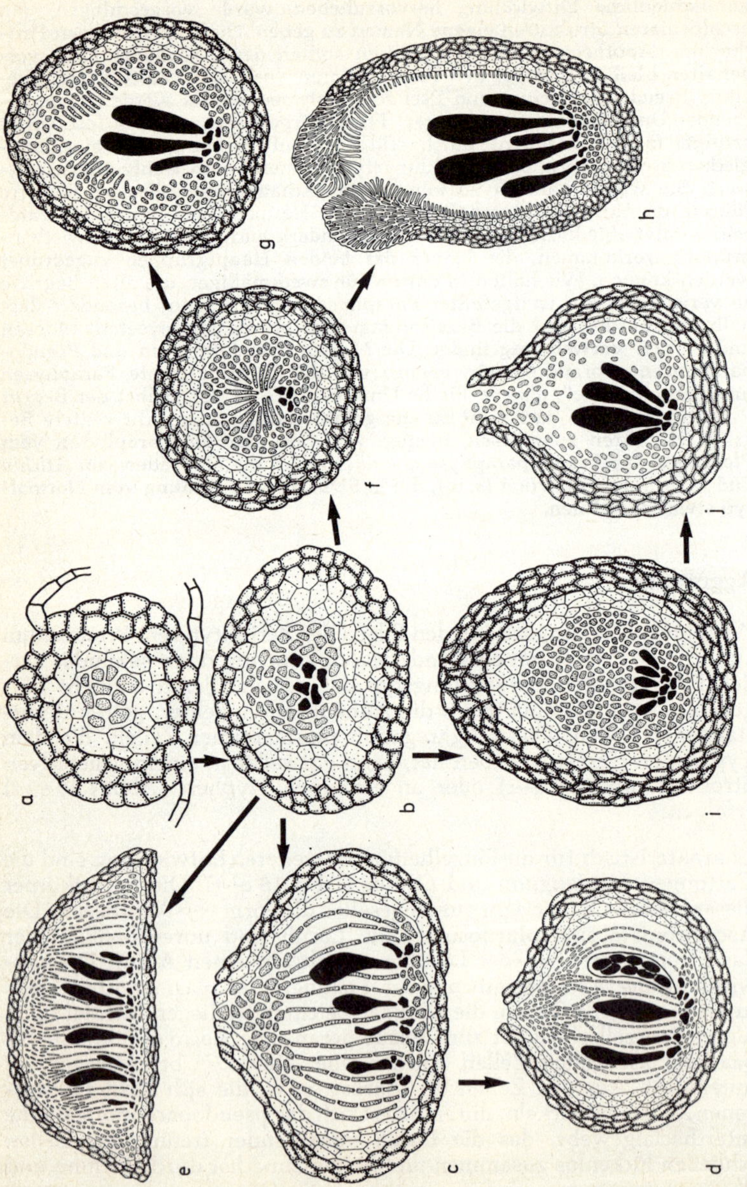
a
b
c
d
e
f
g
h
i
j

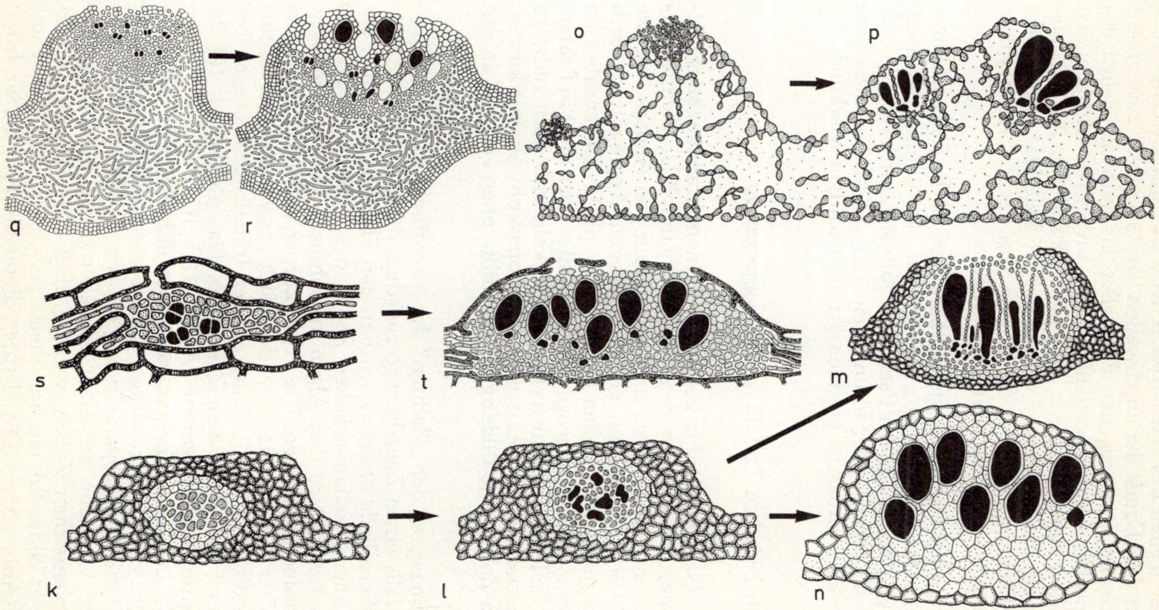

Abb. 4.18 Typen der Fruchtkörperentwicklung bei ascolocularen Filzen, schematisiert. a—h) Zerfalltyp: a und b) Anfangsstadien der vier durch Pfeile gekennzeichneten Entwicklungsrichtungen; c und d) *Pleospora herbarum*, e) *Hysterium pulicare*; f—h) *Pleospora collematum*-Gruppe; i und j) *Mycosphaerella tassiana*. k—p) Zwischentypen: k—n) *Microthelia aterrima*-Gruppe; o und p) *Atichia globulifera*, q—t) Aggregattyp: q und r) *Myriangium duriaei*; s und t) *Elsinoë*-Arten Weitere Erläuterungen siehe Text.

Streckung mit dem Wachstum der zwischen ihnen eingebetteten Asci Schritt. In alten Teilen des Ascostromas wird das Interthecialgewebe teilweise unter dem Druck der anschwellenden Asci passiv zusammengequetscht. Sowohl die ascogenen Paarzellen als auch die Zellen des Interthecialgewebes werden fortlaufend von unten her nachgebildet. Die ältesten Asci liegen dadurch am oberen Rand des Ascostromagewebes, das nach der Entleerung der Asci abbröckelt. Das Ascostroma besitzt keine Eigenwand, durch die es von den vegetativen Hyphen oder dem vegetativen Stroma abgegrenzt wird.

Der Aggregattyp hat einige besonders charakteristische Eigenschaften. Besonders auffallend ist die lang anhaltende Neubildung der ascogenen Zellen und der Ersatz der Pseudoparaphysen durch Interthecialgewebe. Auch die Struktur der bitunicaten Asci, die bei dieser Gruppe einen dickwandigen Exoascus besitzen, ist ein wichtiges Merkmal.

Zwischentypen zwischen Zerfalltyp und Aggregattyp

Das Lager der Gattung *Atichia* besteht aus einem braunen, stark gallertigen Stroma, das sehr an den Thallus cyanophiler Flechten erinnert. Die reifen Ascostromata haben die Form von Apothecien. Die jungen Fruchtkörper entstehen genau wie beim Aggregattyp durch Zusammenlagerung vieler Zellen (Abb. 4.18 o, p). Im Gegensatz zum Aggregattyp entstehen die ascogenen Zellen hier aber nicht in Paaren. Die anderen Zellen des Ascostromas entwickeln sich auch nicht zu einem Interthecialgewebe, sondern zu Pseudoparaphysen mit kurzen, vakuolisierten Zellen. Die Bildung dieser Hüllhyphen erinnert an den Zerfalltyp.

Der Entwicklungsgang der „Flechten" der *Microthelia aterrima*-Gruppe stellt ebenfalls einen Zwischentyp zwischen Zerfalltyp und Aggregattyp dar. *Microthelia aterrima* wird zu den Flechten gerechnet, obwohl die braunen, isodiametrischen Zellen des vegetativen Stromas keinen engen Kontakt zu den Algen aufnehmen, die die Oberfläche des Thallus bedecken können. Die Fruchtkörper haben die Form von Apothecien. Das Ascostroma entwickelt sich im vegetativen Stroma durch die dreidimensionale Teilung einiger Initialzellen. Dieser Teil der Entwicklung entspricht dem Zerfalltyp. Das gleiche gilt für die nächsten Schritte der Ontogenese (Abb. 4.18 k, l). Das Zentrum der Anlage zerfällt in einzelne Zellen, von denen sich einige zu Ascogonzellen differenzieren. Die restlichen Zerfallszellen bilden jedoch nie die langen, dünnen Pseudoparaphysen, die wir bei *Pleospora* kennengelernt haben. Vielmehr entstehen entweder Pseudoparaphysen aus kurzen vakuolenreichen Zellen, wie sie auch *Atichia* besitzt (Abb. 4.18 m), oder es bildet sich ein Interthecialgewebe wie bei *Elsinoë* und *Myriangium* (Abb. 4.18 n). Die Flechten dieser Gruppe, die ein Interthecialgewebe besitzen, haben pluriloculare Fruchtkörper, während die Stromata, die Pseudoparaphysen enthalten, unilocular sind.

An dieser Stelle müssen auch die pyrenocarpen *Arthopyreniaceae* erwähnt werden. Ihre Ascorcarpentwicklung erinnert in mancher Hinsicht an *Pleospora,* unterscheidet sich jedoch durch die Bildung von Paraphysoiden an Stelle von Pseudoparaphysen. Da bisher nur sehr wenige Arten dieses Verwandtschaftskreises untersucht wurden, müssen weitere Ergebnisse abgewartet werden, bevor die systematische Stellung dieser Pilze endgültig geklärt werden kann. Es ist durchaus möglich, daß einige Vertreter dieser Familie sich bei genauer Untersuchung der Ascocarpontogenie als typische ascoloculare Pilze erweisen.

Zusammenfassung

Abschließend sollen noch einmal die Charakteristika des ascolocularen Entwicklungsganges zusammengestellt werden, soweit sie allen geschilderten Entwicklungstypen gemeinsam sind.

1. Die Entwicklung beginnt mit der Entstehung eines Ascostromas.
2. Im Ascostroma werden sekundär Ascogonzellen gebildet.
3. Echte Paraphysen fehlen ebenso wie eine Eigenwand, die den fertilen, die Asci enthaltenden Teil des Stromas, umgibt.
4. Pseudoparaphysen oder Interthecialgewebe können vorkommen.
5. Die Asci sind stets bitunicat. Einige Gruppen haben einen dickwandigen, andere einen dünnwandigen Exoascus.
6. Besonders bemerkenswert ist die Tatsache, daß die Ascogone bzw. die Initialen der ascogenen Zellen über einen sehr langen Zeitraum immer wieder neu nachgebildet werden.

Entwicklungstypen ascohymenialer Flechten

Nach der ursprünglichen Definition des ascohymenialen Entwicklungsganges (S. 105 f.) beginnt die Bildung des Ascocarps mit der Anlage eines Ascogons. Aus der Tragzelle des Ascogons wachsen Seitenhyphen aus, die sich zum Hilfsgewebe des Fruchtkörpers differenzieren. Das Hilfsgewebe besteht aus den Paraphysen und der Eigenwand des Ascocarps. Aus dem Ascogon selbst entwickeln sich die ascogenen Hyphen, aus denen wiederum die Asci entstehen. Diesen Entwicklungsgang kann man als den Prototyp der ascohymenialen Morphogenese betrachten.

Diesen charakteristischen Entstehungstyp, wie er zuerst von NANNFELDT[291] beschrieben wurde, findet man häufig bei den nicht lichenisierten Pilzen. Er ist z. B. typisch für die operculaten Discomyceten[62]. Bei den Flechten ist dieser Prototyp dagegen selten und kommt nur bei der Familie der *Collemataceae* vor. Nur bei dieser Gruppe entsteht im allgemeinen der Fruchtkörper aus einem einzelnen Ascogon und den Verzweigungen seiner Traghyphe. In den übrigen Einzelheiten der Fruchtkörperontogenie weicht aber auch diese Flechtenfamilie von den nicht lichenisierten Pilzen ab. Während z. B. der Fruchtkörper der inoperculaten Discomyceten an irgend einer Stelle des lockeren Mycels frei liegend gebildet wird, liegt das Ascogon bei den *Collemataceae* tief in den Flechtenthallus eingesenkt (Abb. 4.3 a). Auch das junge Apothecium ist noch vom Lager umschlossen. Erst bei der weiteren Entwicklung wird der Fruchtkörper sekundär aus dem Lager herausgehoben. Es ist deutlich, daß der Entwicklungsgang der Collemataceen an die besonderen Bedingungen der Lichenisierung und an die Struktur des Thallus angepaßt ist und dadurch vom Prototyp der ascohymenialen Morphogenese abweicht. Erst das reife Apothecium der Collemataceen, das sekundär über das Lager emporgehoben ist, zeigt wieder die prinzipielle Ähnlichkeit des Entwicklungsganges mit den nicht lichenisierten Discomyceten. So unterscheidet sich z. B. ein Fruchtkörper der Gattung *Ramalodium* von diesen Pilzen allein durch seine gallertige Struktur, durch die er seine längere Lebensdauer erhält (Abb. 13.7 e).

Bei allen anderen ascohymenialen Flechten entsteht das Ascocarp im Gegensatz zu den Collemataceen nicht nur aus einem Ascogon und seiner Traghyphe, sondern aus mehreren Ascogonen und den sie umgebenden Hyphen. Die Hyphen, die die Ascogone umhüllen, bilden im weiteren Verlauf der Entwicklung das Hilfsgewebe des Fruchtkörpers. Wir bezeichnen diese Hyphen, aus denen die Hauptmasse des Fruchtkörpergewebes entsteht, als **generatives Gewebe**[179]. Die Hyphen des generativen Gewebes unterscheiden sich durch ihre dünnen Zellwände, ihren Plasmareichtum und durch ihre abweichende Zellform von den übrigen Thallushyphen. Im einzelnen kann die Struktur des generativen Gewebes bei den verschiedenen Flechtengruppen stark variieren. Die Hyphen sind eng oder locker verflochten oder bestehen aus isodiametrischen Zellen.

Das generative Gewebe kann dem Hyphengeflecht gleichgesetzt werden, das bei den Collemataceen durch die Verzweigung der Traghyphe des Ascogons entsteht. Bei den Collemataceen wird in jedem Fall immer zuerst das Ascogon angelegt, welches dann sekundär durch die Verzweigungen der Traghyphe eingehüllt wird. Bei den anderen Flechten ist die Reihenfolge der Entstehung nicht so eindeutig. Auch hier findet man Fälle, in denen zuerst das Ascogon entsteht, das anschließend vom generativen Gewebe eingeschlossen wird. Bei vielen Flechten wird aber das generative Gewebe zuerst gebildet. Die Ascogone entstehen dann sekundär an einigen Hyphen des Gewebes. In einigen Fällen kann die Anlage des generativen Gewebes schon sehr lange vor der Entstehung der Ascogone erfolgen. Bei manchen Arten der Gattung *Cladonia* bildet das generative Gewebe zuerst einen langen Fruchtstiel. Erst an seiner Spitze entstehen Ascogone und Apothecium (Abb. 13.13 d, e)[196]. Bei der Gattung *Cladia* kann das generative Gewebe sich sogar mehrfach zu einem vollständigen, sterilen Fruchtkörper differenzieren, bevor die ersten Ascogone erscheinen (Abb. 13.15)[197].

Von diesen Sonderfällen abgesehen, kann man allgemein feststellen, daß ein generatives Gewebe, welches eine Gruppe von Ascogonen umhüllt, das charakteristische Primordium der ascohymenialen Flechten ist. Aus diesem Anfangsstadium entwickeln sich die Fruchtkörper, die offen (angiocarp), geschlossen (gymnocarp) oder sekundär geöffnet (hemiangiocarp) sein können. Der Entwicklungsgang vom Primordium zum reifen Fruchtkörper ist bei den verschiedenen Flechtengruppen nicht einheitlich. Es lassen sich mehrere, deutlich voneinander abweichende Entwicklungstypen unterscheiden. Interessanterweise kann ein Entwicklungstyp sowohl zur Bildung angiocarper Apothecien als auch zum Entstehen gymnocarper Perithecien führen. Diese habituell so unterschiedlichen Ascocarpien weichen in ihrer Entwicklung nicht weit voneinander ab (Abb. 4.19).

Erster Entwicklungstyp ascohymenialer Fruchtkörper

Die Weiterentwicklung des Primordiums aus generativem Gewebe mit Ascogonen (Abb. 4.19 a) verläuft bei den Flechten dieses Typs in der folgenden Weise. Während aus den Ascogonen die ascogenen Hyphen entstehen, entwickeln sich aus dem generativen Gewebe durch Streckung der Hyphen die ersten Paraphysen (Abb. 4.19 b). Sie sind verzweigt und durch Anastomosen miteinander verbunden. Diese Hüllhyphen nennen wir Paraphysoide (S. 90). Ihre Enden werden sekundär frei, wobei die Spitzenzellen sich wie bei echten Paraphysen verdicken können. Sie werden in der Regel bald durch echte Paraphysen ersetzt, die aus der Bildungsschicht emporwachsen.

Aus dem Stadium der Paraphysoide können sich entweder gymnocarpe Apothecien (z. B. bei den *Lecanorales*) oder Perithecien (z. B. bei den *Sphaeriales*) entwickeln. Die Fruchtschicht der Apothecien besteht meistens aus echten Paraphysen; nur selten bleiben die Paraphysoide die einzige Form der Hüllfäden (Abb. 4.19 d). Die Perithecien enthalten ebenfalls entweder Paraphysen oder Paraphysoide (Abb. 4.19 g, h). Zusätzlich können noch Periphysen vorhanden sein.

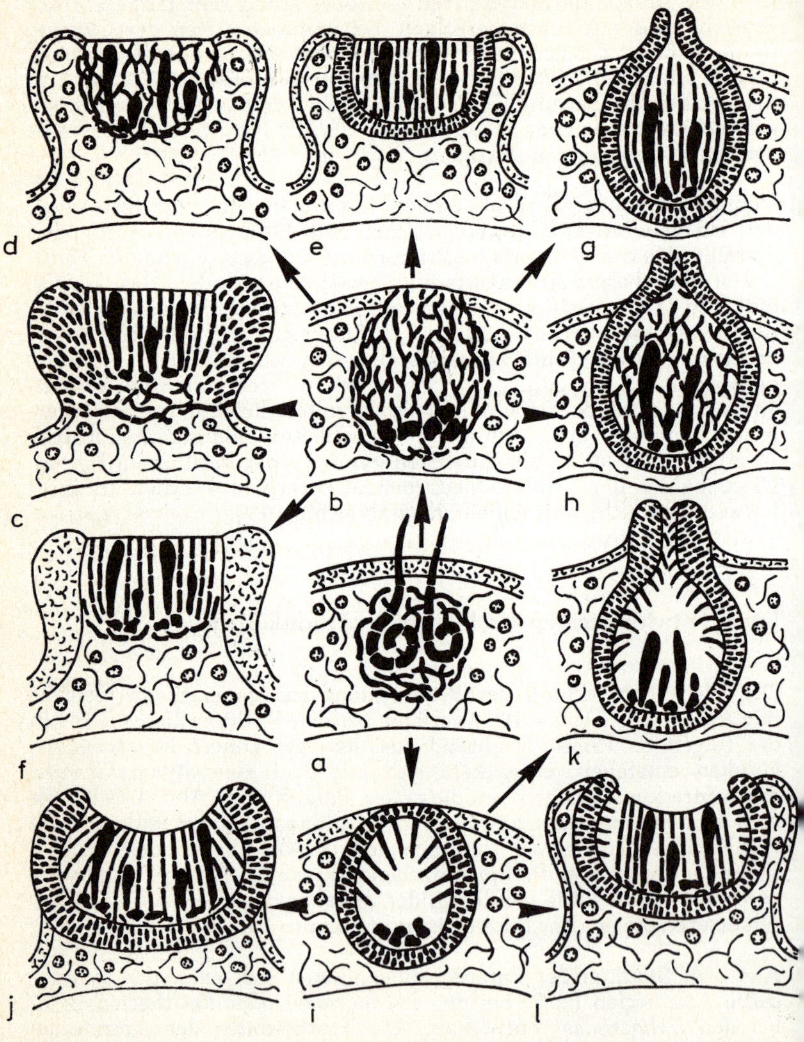

Abb. 4.19 Typen der ascohymenialen Entwicklung schematisch. a) Generatives Gewebe mit Ascogonen. b) Offenes Primordium mit ascogenen Hyphen und Paraphysoiden. c) Biatorines Apothecium mit annularem Excipulum und echten Paraphysen. d) Lecanorines Apothecium mit Para-

Die Asci der Flechtengruppen mit gymnocarpen Apothecien sind prototunicat oder unitunicat. Die unitunicaten Asci sind oft dickwandig und amyloid. Die Asci der Gruppen mit Perithecien sind unitunicat oder bitunicat. Sie können amyloid oder nicht amyloid sein.

Charakteristisch für die ascohymenialen Fruchtkörper ist die Berandung des Ascocarps. Im einzelnen variiert dieses Merkmal bei den verschiedenen Gruppen der ascohymenialen Flechten sehr stark. Bei den *Collemataceae*, z. B. bei der Gattung *Ramalodium*, ist das Hymenium von einem mächtig entwickelten, becherförmigen Excipulum umschlossen (Abb. 13.7 e). Die Hauptzuwachszone für Hymenium und Excipulum liegt am äußeren Rand des Hymeniums. Die Hyphen, die in diesem Bereich des Fruchtkörpers aus der Bildungsschicht emporwachsen, werden nach innen in Paraphysen und nach außen in Zellreihen des Excipulums umgewandelt. Bei vielen Gattungen dieses Entwicklungstyps ist das Excipulum nicht becherförmig (cupular), sondern ringförmig (annular) (Abb. 4.19 c).

Bei vielen Flechten wird das Hymenium außer vom Excipulum noch zusätzlich vom Thallusrand geschützt (Abb. 4.19 e). Besonders bei Gattungen der Collemataceen ist er häufig durch Stützgewebe gefestigt (Abb. 13.8 c). Oft hat der Margo thallinus den Eigenrand verdrängt und die Schutzfunktion allein übernommen (Abb. 4.19 d).

Wie wir sehen werden, besitzen auch die anderen Entwicklungstypen der ascohymenialen Flechten einen Thallusrand. In seiner Entwicklung kann man eine Anpassung an die Lichenisierung sehen. Der Thallusrand ist zunächst ein zusätzlicher Schutz des Hymeniums, ersetzt jedoch in vielen Fällen das Excipulum, das graduell reduziert wird. Bei den verschiedenen Familien der *Lecanorales* kann man alle Stadien der Reduktion des Excipulums beobachten. Bei denjenigen *Lecanorales*, die ein heteromer gebautes Lager besitzen, besteht der Thallusrand meistens aus Mark und Rinde. In seltenen Fällen wird das Hymenium nur von der Rinde umschlossen. Diese Struktur bezeichnet man als Pseudoexcipulum (Abb. 4.19 f).

---

physoiden. e) Zeorines Apothecium mit echten Paraphysen. f) Apothecium mit Pseudoexcipulum und echten Paraphysen. g) Perithecium mit echten Paraphysen. h) Perithecium mit Paraphysoiden. i) Geschlossenes Primordium mit ascogenen Hyphen und Hyphen, die von oben in die Höhlung des Primordiums einwachsen. j) Biatorines Apothecium mit Periphysoiden, die sich zu Paraphysen verlängert haben. k) Perithecium mit Periphysen. l) Zeorines Apothecium mit kurzen Periphysoiden, die einen Saum am Innenrande des Excipulums bilden. Weitere Erklärungen siehe Text.

Sonderformen des ersten Entwicklungstyps

Der Fruchtkörper einiger *Lichinaceae* ist dem Habitus nach ein Apothecium. Dieses wird aber nicht direkt aus dem generativen Gewebe gebildet, sondern vielmehr entsteht aus dem generativen Gewebe zuerst eine Pycnidie. Aus der Pycnidie entwickelt sich sekundär das Ascocarp. Die Conidiophoren der Pycnidie fungieren als erste Hüllhyphen des Ascocarps und werden erst später durch echte Paraphysen ersetzt (S. 333). Man nennt diesen Fruchtkörper ein **Pycnoascocarp.**

Bei anderen Arten aus der Familie der *Lichinaceae* ist das generative Gewebe sehr stark oder sogar völlig reduziert. Die Asci entwickeln sich bei diesen Lichenen unmittelbar zwischen den Hyphen und Algen des Thallus. Dieser Fruchtkörper wird als **Thallinocarp** bezeichnet (S. 99).

Die Fruchtkörperentwicklung der *Pertusariaceae* stellt in gewisser Weise einen Übergang zu den folgenden Entwicklungstypen dar. Einige Ascocarpien aus dieser Familie könnte man als hemiangiocarp bezeichnen. Das Hymenium dieser Flechten besteht aus Paraphysoiden. Bei einigen Arten sind sie untereinander und mit einer dünnen Deckschicht aus Thallusgewebe verflochten, während bei anderen Arten die Paraphysoide sich perlschnurartig differenzieren und miteinander verkleben (S. 359 ff.).

Zweiter Entwicklungstyp ascohymenialer Fruchtkörper

Bei den Flechten dieses Typs bildet sich aus dem generativen Gewebe ein charakteristisches Anfangsstadium des Ascocarps. Es entsteht ein kugelförmiges, geschlossenes Gehäuse mit einem zentralen Hohlraum. In diese Höhlung wachsen von oben und von den Seiten her strahlenförmig Hyphen ein (Abb. 4.19 i). Aus diesem Entwicklungsstadium kann sowohl ein Perithecium als auch ein Apothecium entstehen (Abb. 4.19 j, k, l). Beide Fruchtkörperformen kommen bei diesem Entwicklungstyp vor, Perithecien z. B. bei den *Verrucariales*, Apothecien bei den *Ostropineae* und den *Gyalectales*.

Bei der Entwicklung der Perithecien verändert die erste Anlage des Fruchtkörpers ihre Form nicht mehr wesentlich. Am oberen Ende der Hohlkugel entsteht das Ostiolum. Die strahlig eingewachsenen Hyphen in der oberen Hälfte der Höhlung werden zu Periphysen. Paraphysen werden nicht gebildet (Abb. 4.19 k). Die Asci sind bitunicat.

Die Anlage kann sich statt zu einem Perithecium auch zu einem Apothecium entwickeln. Dabei öffnet sich die Hohlkugel im oberen Teil zwischen den strahlenförmig angeordneten Hyphen. Beim Weiterwachsen wird diese Öffnung immer größer. So wandelt sich die Hohlkugel langsam in eine flache Schüssel um, in der die strahlenförmig angeordneten Hyphen aufrecht am Rande der Schale stehen. Die gleichen Hyphen, die in den Perithecien die Periphysen bildeten, werden also hier zu lateralen Paraphysen (Periphysoiden) des Apotheciums (Abb. 4.19 l). Während sich der Fruchtkörper öffnet, wachsen gleichzeitig von der Basis her echte Paraphysen in die Anlage ein. Sie füllen den Raum in der Mitte des jungen Hymeniums, der nicht von den lateralen Paraphysen beansprucht wird. Die lateralen Paraphysen haben ein unterschiedliches Schicksal. Bei einigen Flechten entwickeln sie sich weiter und bilden zusammen mit den basalen Paraphysen schließlich eine durchgehende Schicht (Abb. 4.19 j). In anderen Fällen bleiben die lateralen Paraphysen kurz. Sie sind dann deutlich vom eigentlichen Hymenium aus basalen Paraphysen abgesetzt (Abb. 4.19 l). Die Apothecien dieses Entwicklungstyps enthalten unitunicate Asci, die zum Teil, beispielsweise bei den *Gyalectales*, amyloid sind. Die Apothecien besitzen entweder nur einen Eigenrand, oder sie sind zusätzlich von einem Thallusrand umgeben.

Die Entwicklung der Apothecien dieses Typs ist ein charakteristisches Beispiel für eine hemiangiocarpe Ontogenese. Das Primordium des Fruchtkörpers ist angiocarp. Bei der Reife öffnet sich die Anlage, wodurch ein gymnocarpes Ascocarp mit freiliegendem Hymenium entsteht. In der nächsten Gruppe werden wir einige Flechten kennenlernen, deren Fruchtkörper ebenfalls eine heminangiocarpe Entwicklung zeigen. Im Unterschied zu den oben besprochenen Flechten besteht bei ihnen der junge Fruchtkörper aber nicht aus einer Hohlkugel mit strahlenförmig einwachsenden Hyphen. Sie können daher nicht zum gleichen Entwicklungstyp gerechnet werden.

Verschiedene Typen hemiangiocarper Entwicklung bei ascohymenialen Fruchtkörpern

Die Gattung *Peltigera* ist wahrscheinlich das bekannteste Beispiel für eine hemiangiocarpe Fruchtkörperentwicklung bei Flechten (Abb. 4.20 a–c). Bei dieser Gattung werden die Ascogone vor dem generativen Gewebe angelegt. In der jungen Anlage entsteht bald eine Höhlung, in die von unten her echte Paraphysen einwachsen. Die Deckschicht über dem Hymenium reißt bei der weiteren Entwicklung in Fetzen auf (Abb. 13.28 e–g). Erst bei älteren Stadien wird ein Excipulum differenziert. Unter dem großen Apothecium hält die Markschicht mit dem Wachstum des Ascocarps Schritt. Die Markschicht ist an der Basis verstärkt und versteift den Fruchtkörper. Die Asci von *Peltigera* sind bitunicat.

Bei den *Graphidaceae* (Abb. 4.20 d–f) finden wir als Primordium der Fruchtkörperentwicklung wieder, das typische Anfangsstadium der ascohymenialen Flechten. Eine Gruppe von Ascogonen liegt innerhalb eines generativen Gewebes. Im weiteren Verlauf der Entwicklung bildet das generative Gewebe ein lockeres Netzwerk. Dieses lockere Gewebe spaltet sich in der Mitte, wodurch ein Hohlraum entsteht. Die Decke dieser Höhlung reißt beim reifen Fruchtkörper schließlich auf. Der untere Teil des lockeren Gewebes bildet Paraphysoide. Bei manchen Gattungen können zusätzlich echte Paraphysen entstehen, wäh-

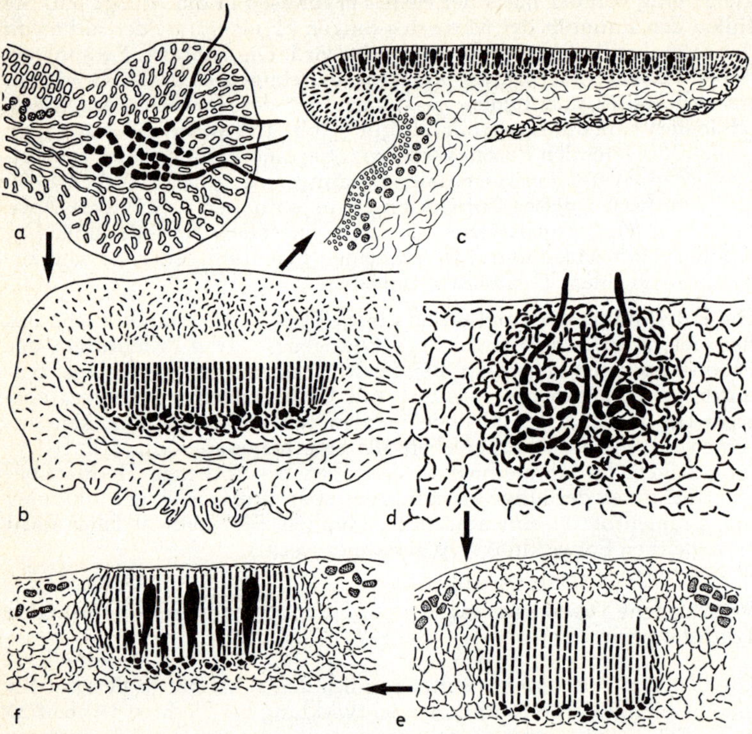

Abb. 4.20 Entwicklung hemiangiocarper Fruchtkörper, schematisiert. a—c) *Peltigera;* a) Rand des Lagers mit Ascogonen und ausragenden Trichogynen; b) junger, noch geschlossener Fruchtkörper mit dicht stehenden Paraphysen, an deren Basis die ascogenen Hyphen liegen; c) reifes, lang ausgewachsenes Apothecium mit ungleichseitig stark entwickeltem Excipulum. d—f) *Graphina:* d) spiralige Ascogone in generativem Gewebe; e) junger, noch geschlossener Fruchtkörper, die Paraphysen teils bis an die Deckschicht hochgewachsen; f) reifer Fruchtkörper (Querschnitt). Weitere Erläuterungen siehe Text.

rend bei anderen Flechten der Gruppe die Paraphysoide die einzigen Hüllhyphen bleiben. Die Fruchtkörper sind nur in wenigen Fällen Apothecien, meist dagegen langgestreckte Hysterothecien. Die schmalen Hysterothecien können in ihrer Längsachse eine Zeitlang horizontal weiterwachsen. Dabei wachsen die ascogenen Hyphen mit (Abb. 13.43 c). Die Asci der Graphidaceen sind unitunicat und nicht amyloid.

Formen der Ascocarpontogenese zwischen ascohymenialem und ascoloculärem Typ

Die Ordnung der *Arthoniales* vereinigt eine Reihe von typisch ascohymenialen und ascolocularen Merkmalen. Wir betrachten diese Flechten deshalb als Zwischengruppe zwischen den beiden Hauptentwicklungslinien. Die Morphogenese beginnt mit der Anlage eines generativen Gewebes, in dem sekundär die Ascogonzellen entstehen. Dieser erste Entwicklungsschritt ist typisch für eine ascohymeniale Ontogenese. Generatives Gewebe und Ascogonzellen werden aber in den Fruchtwarzen der Familie der Arthoniaceen wiederholt angelegt (Abb. 13.52). Diese sukzessive Bildung von Ascogongruppen ist ein charakteristisches ascoloculares Merkmal.

Bei der Familie der *Arthoniaceae* (Abb. 4.21 c—e) liegen die Asci einzeln oder zu mehreren in Gruppen zusammen. Das generative Gewebe

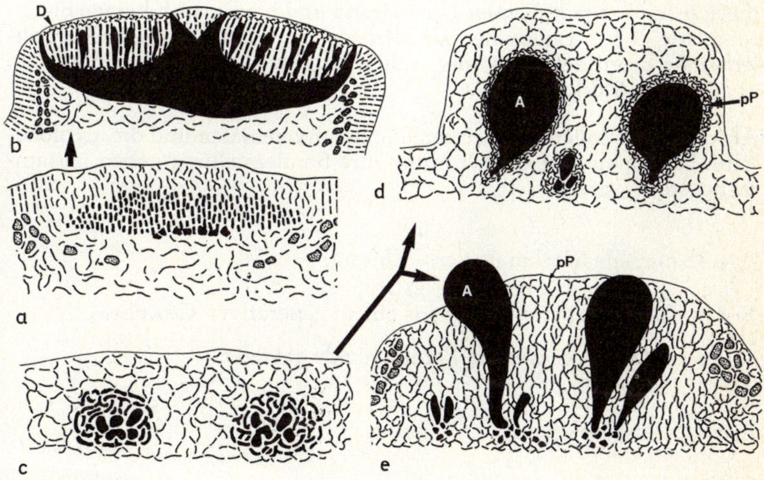

Abb. 4.21 Hemiangiocarpe Fruchtkörperentwicklung bei den *Arthoniales*, schematisiert. a und b) *Roccella:* a) junger Fruchtkörper mit Paraphysoiden und ascogenen Zellen; b) reifes, sekundär geteiltes Apothecium mit Deckschicht. c—e) *Arthoniaceae:* c) zwei Hyphenknäuel von generativem Gewebe mit ascogenen Zellen; d) Asci in Loculi, von einem dichten Geflecht der Paraphysoide umgeben; e) Asci zwischen dicht netzig verzweigten Paraphysoiden. A = Asci, D = Deckschicht, pP = Paraphysoide.

differenziert sich zu Paraphysoiden. Diese bilden entweder eine dichte Hülle um die einzelnen Asci, oder sie formen einen größeren Gewebekomplex aus reich verzweigten, anastomosierenden Hyphen, in den die Asci eingebettet liegen. Das so entstandene Hymenium ist stark gallertig.

Bei der Familie der *Roccellaceae,* (Abb. 4.21 a, b) besteht das generative Gewebe aus vertikal angeordneten parallelen Hyphen. Aus ihnen differenzieren sich auch bei dieser Familie Paraphysoide, die allerdings lange von einer Thallusschicht bedeckt bleiben.

Die Entwicklung der Paraphysoide bei den beiden Familien der Arthoniaceen und der Roccellaceen ist wieder ein deutlich ascohymeniales Merkmal. Echte Paraphysen, wie sie bei vielen ascohymenialen Flechten vorkommen, werden von den *Arthoniales* nie gebildet, freilich auch keine Pseudoparaphysen und kein pseudoparenchymatisches Interthecialgewebe, wie es für ascoloculare Pilze typisch ist.

Bei den *Arthoniales* haben die bitunicaten Asci einen dickwandigen Exoascus, wie wir ihn bei dem ascolocularen Pilz *Myriangium* kennengelernt haben. Die Fruchtkörper sind Apothecien oder Hysterothecien. Sie besitzen keinen Thallusrand und häufig auch keinen Eigenrand, wie er für ascohymeniale Flechten charakteristisch ist. Das Fehlen eines Eigenrandes ist hier wahrscheinlich ein primitives und kein abgeleitetes Merkmal.

Abschließend sollen noch einmal die ascohymenialen und die ascolocularen Merkmale, die der Ordnung ihre Sonderstellung geben, zusammengestellt werden.

Ascohymeniale Merkmale der Ordnung:

1. Der Fruchtkörper entsteht aus einem generativen Gewebe.
2. Im Fruchtkörper werden Paraphysoide gebildet.

Ascolocular Merkmale der Ordnung:

1. Dem Fruchtkörper fehlt ein Eigenrand.
2. Der Ascustyp mit seinem dickwandigen Exoascus gleicht den Asci der ascolocularen Gattung *Myriangium.*
3. Die Gruppen der Ascogonzellen werden mehrfach nacheinander angelegt.

5

Stoffwechselphysiologie der Flechten

Alle physiologischen Untersuchungen stoßen bei Flechten auf viel größere Schwierigkeiten als bei anderen Pflanzengruppen. Das Ziel jeder Beobachtung bei den Flechten ist es ja nicht, das Verhalten eines einzelnen Organismus zu ergründen, sondern die Lebensäußerungen zweier Bionten zu interpretieren, die sich fortlaufend gegenseitig beeinflussen. Phycobiont und Mycobiont stimmen zwar in den Grundzügen ihres Verhaltens mit frei lebenden Algen und Pilzen überein; besondere physiologische Anpassungen an die Situation der Symbiose sind jedoch unübersehbar. Die Frage nach dem Stofftransport zwischen den Partnern ist ein Beispiel für die zahlreichen Probleme, die sich aus dem Dualismus der Flechtenthalli ergeben. Alle Untersuchungen dieser Art sind mit großen technischen Schwierigkeiten verbunden. Zwar ist es leicht möglich, die beiden Bionten getrennt zu kultivieren und zu untersuchen; aber wie wir sehen werden, weichen ihre physiologischen Verhaltensweisen unter diesen Bedingungen deutlich von ihrem Verhalten innerhalb der Flechte ab. Zuverlässige Ergebnisse sind in den meisten Fällen nur dann zu gewinnen, wenn die Experimente am unbeschädigten Flechtenthallus selbst vorgenommen werden. Es ist in den letzten Jahren in zunehmendem Maße gelungen, für diese Beobachtungen die notwendigen Untersuchungsmethoden zu entwickeln. Langzeitexperimente werden freilich dadurch erschwert, daß es kaum möglich ist, Flechten im Labor längere Zeit am Leben zu erhalten[214]. Das physiologische Gleichgewicht ist so labil, daß der Thallus meist schnell desintegriert. Die meisten Untersuchungen zum Stoffwechsel der Flechten werden deshalb an frisch gesammelten Exemplaren durchgeführt, aus deren Thallus mit einem Korkbohrer Scheiben von gleichmäßiger Größe herausgestanzt werden[153]. Die Ergebnisse dieser Versuche haben zusammen mit den Beobachtungen der isolierten Bionten in der letzten Zeit ein zunehmend geschlossenes Bild von der Physiologie der Flechten ergeben. Trotz aller methodischen Schwierigkeiten kann man sagen, daß diese Symbioseorganismen besser untersucht worden sind, als dies bei allen anderen pflanzlichen Symbiosen der Fall ist.

Physiologie des isolierten Phycobionten

Trotz aller Versuche mit isolierten Flechtenalgen ist es noch immer unklar, ob die Phycobionten der Lichenen sich prinzipiell von freilebenden Algen unterscheiden. Solange die Algen in der Flechtensymbiose leben, weichen sie in Gestalt und Verhalten von frei lebenden

Exemplaren ab. Algen der Gattung *Trebouxia*, die zu den häufigsten Phycobionten der Grünalgenflechten gehören, haben z. B. außerhalb des Flechtenthallus schärfere Konturen und größere Zellen (vgl. dagegen S. 29). Auch Blaualgen werden im Flechtenlager in ihrer Gestalt verändert. Fädige Algen sind in der Flechte häufig so stark verformt, daß sie kaum zu erkennen sind. Die Grünalgen pflanzen sich im Flechtenthallus durch einfache Zellteilung und mit Hilfe von Aplanosporen fort. Gameten und bewegliche Zoosporen konnten bei isolierten Algen in flüssigen Kulturmedien beobachtet werden. Blaualgen bilden im Inneren des Thallus und in Kulturen Heterocysten und Hormogonien. An Hand von elektronenmikroskopischen Aufnahmen konnte berechnet werden, daß die Zahl der Heterocysten von *Nostoc* in der Flechte *Peltigera canina* mit 3,27% der Zellen recht niedrig liegt[50].

Alle bisher aufgeführten Unterschiede trennen die Flechtenalgen jedoch nicht prinzipiell von ihren frei lebenden Verwandten, da alle Besonderheiten in der Kultur isolierter Phycobionten wieder verschwinden. Die Abweichungen sind also nicht genetisch fixiert, sondern durch die Einflüsse der symbiotischen Lebensweise hervorgerufen. Andere Kennzeichen der Flechtenalgen verschwinden dagegen in künstlichen Kulturen nicht. Isolierte Algen behalten im allgemeinen das langsame Wachstum bei, das für Phycobionten in der Flechte charakteristisch ist[7]. In der Flechte ist die langsame Entwicklung der Algen sicher ebenfalls eine Anpassung an die Symbiose. Da die Photosyntheserate der Flechtenalgen keineswegs geringer ist als bei frei lebenden Algen, können die Phycobionten bei ihrem langsamen Wachstum große Mengen von Kohlenhydraten an den Mycobionten abgeben[390].

Die isolierten Flechtenalgen sind zu normalem, autotrophem Wachstum befähigt. Vitamingaben haben sie zu ihrer Entwicklung im Kulturmedium nicht nötig[315, 440]. Versuche, das Wachstum der kultivierten Algen durch Extrakte aus dem Mycobionten zu beeinflussen, haben in einigen Fällen Erfolg gehabt. Die Entwicklung von *Trebouxia* wird durch Kohlenhydrate und organische Stickstoffverbindungen deutlich gefördert[7]. Diese Alge kann in einer glucosehaltigen Nährlösung sogar völlig heterotroph im Dunkeln leben. Das heterotrophe Wachstum ist in der Kultur sogar schneller als die Entwicklung unter autotrophen Bedingungen[110].

Temperatur, Licht und pH-Wert des Kulturmediums haben einen deutlichen Einfluß auf die Entwicklung der Algen, obwohl relativ große Schwankungen toleriert werden können. Es ist interessant, daß die optimalen Lebensbedingungen häufig von den entsprechenden Werten des Mycobionten abweichen. Für *Trebouxia*[195, 315] ist ein pH-Wert von 4,0—7,4, für *Nostoc*[163] von 6,0—9,9 optimal.

Die isolierten Phycobionten sind in Kultur meist relativ empfindlich gegen hohe Lichtintensitäten und gleichen damit den meisten frei lebenden Algen[7, 195, 425]. Frei lebende Algen besitzen in vielen Fällen eigene Schutzmechanismen gegen intensive Lichteinstrahlungen. Da die Phycobionten in der Flechte durch die Hyphen der Rinde geschützt werden, sind bei ihnen die eigenen Abwehrmöglichkeiten unter Umständen nicht mehr voll entwickelt. *Trebouxia* aus der Flechte *Xanthoria parietina* besitzt z. B. im Vergleich zu frei lebenden Algen weniger β-Carotin im Verhältnis zur Chlorophyllmenge[82]. Man nimmt an, daß Carotin beim Schutz der Algen vor übermäßigen Lichtmengen eine Rolle spielt.

Isolierte Flechtenalgen sind in Kultur auffallend empfindlicher gegen Hitze und Trockenheit als im Thallus der Flechte. Der frisch isolierte Phycobiont von *Cladonia convoluta* kann z. B. eine Temperatur bis zu 90 ° C ertragen, während er nach einer Kulturzeit von 9 Wochen so „verweichlicht" ist, daß er schon bei 70 ° C geschädigt wird[238]. Die *Coccomyxa*-Algen aus *Solorina saccata* können nach einer Kulturzeit von 9 Wochen nur noch eine Trockenperiode von 5 Wochen aushalten, während sie in der Flechte eine Trockenzeit von 23 Wochen überdauern.

Zum Verständnis der Symbiose ist die Frage nach dem Stofftransport zwischen den beiden Partnern von besonderer Bedeutung. Es ist denkbar, daß die Flechtenalge in Kultur Stoffe in das Medium abgibt, die normalerweise an den Mycobionten weitergegeben werden. *Nostoc* aus *Collema tenax* exkretiert z. B. 5 % des Stickstoffs, den es aus der Luft fixiert hat, in das Medium. Gleichzeitig werden Polysaccharide und Vitamine (Thiamin, Biotin, Riboflavin, Nicotinsäure, Pantothensäure) ausgeschieden[162]. Bei anderen Versuchen gab eine *Coccomyxa*-Alge aus *Peltigera aphthosa* 16mal soviel Biotin ins Kulturmedium ab, wie eine frei lebende *Chlorella pyrenoidosa*[32]. Auch die Exkretion von Kohlenhydraten scheint — zumindest bei frisch isolierten Flechtenalgen — ungewöhnlich hoch zu sein. Frisch isoliertes *Nostoc* aus *Peltigera polydactyla* schied nach Inkubation mit $NaH^{14}CO_3$ große Mengen von ^{14}C-Glucose in das Kulturmedium aus. Nur wenig ^{14}C wurde in den Algenzellen in unlöslichen Verbindungen festgelegt. Nach einigen Tagen ging die starke Exkretion zurück[87]. Die Beobachtungen legen den Schluß nahe, daß die Permeabilität der Algenzellen durch den Einfluß des Pilzes verändert wird. Im einzelnen werden wir bei der Besprechung des Flechtenthallus noch auf dieses Problem zurückkommen. Nach neuesten Experimenten ist es nicht sicher, ob Versuche mit frisch isolierten Phycobionten wirklich eindeutige Rückschlüsse auf die Verhältnisse in der Flechte zulassen.

Physiologie des isolierten Mycobionten

Der Mycobiont der meisten Flechten läßt sich leicht isolieren und in Kultur halten. Sowohl Agar als auch flüssige Medien sind für die Zucht geeignet. In flüssigen Kulturmedien bilden die Pilze meist eine schleimige Mycelmasse oder einzelne Klümpchen, während sie auf Agar im allgemeinen einen kompakten Klumpen formen. Der Habitus der Kulturen kann innerhalb einer Art beträchtlich variieren. Bei einigen Versuchen konnte in dem Gewebeklumpen der Anfang einer Gliederung beobachtet werden[407]. Dichtere und dünnere Hyphenlagen wurden als „Rinde" und „Mark" bezeichnet. Es ist jedoch sehr zweifelhaft, ob man in diesen Fällen wirklich von Gewebeschichten sprechen kann, die den Thallusschichten der Flechte entsprechen. Die Pilzkolonien ähneln jedenfalls niemals deutlich dem Flechtenthallus, aus dem sie isoliert wurden. Die Entwicklung eines normalen Thallus scheint ohne den Symbiosepartner nicht möglich zu sein. Immerhin haben die isolierten Mycobionten aber in Ausnahmefällen die Fähigkeit, in der Kultur Fortpflanzungsorgane zu bilden. Pycnidien und Conidien wurden unter diesen Bedingungen mehrfach beobachtet. In einem Fall wurde sogar ein Apothecium angelegt, das freilich nicht zur Reife gelangte[7].

Die isolierten Mycobionten wachsen viel langsamer als die meisten frei lebenden Pilze. Ein schnellwüchsiger Flechtenpilz kann in einer Agarkultur im Monat einen Durchmesser von 1—2 cm erreichen. In den meisten Fällen beträgt der monatliche Zuwachs jedoch nur 1—2 mm. In flüssigem Medium werden in 25 ml Kulturflüssigkeit höchstens etwa 100 g Trockengewicht erreicht[143]. Aus Kulturen von *Aspergillus* oder *Penicillium* kann man dagegen etwa die vierfache Menge erwarten. Bei den meisten Flechtenpilzen hört in flüssiger Kultur der Zuwachs nach etwa fünf bis sechs Wochen langsam auf, während die Wachstumskurve des Mycobionten von *Buellia stillingiana* schon nach drei Wochen einen deutlichen Peak zeigt[143, 163].

Ernährung des Mycobionten

Stickstoff

Manche Flechtenpilze können in Kultur verschiedene Stickstoffquellen nutzen. Eine generelle Vorliebe für bestimmte Verbindungen läßt sich nicht feststellen. Anorganische und organische Verbindungen ermöglichen ein gleich gutes Wachstum. *Acarospora fuscata* entwickelt sich am besten mit KNO_3, während *Cladonia cristatella* L-Alanin bevorzugt[5]. Andere Stoffe, die gut genutzt werden können, sind z. B. Ammoniumsalze, Pepton und Harnstoff. Die meisten Aminosäuren (z. B. L-Prolin, L-Alanin, L-Arginin, L-Glutaminsäure, L-Asparaginsäure) werden gut verwertet[136, 411].

Die Vorliebe eines Pilzes für eine bestimmte Stickstoffquelle hängt auch von der Zusammensetzung des Kulturmediums ab. Der Mycobiont von *Xanthoria parietina* kann z. B. in flüssiger Kultur eine größere Vielfalt von Stickstoffverbindungen verwerten, wenn er an Stelle von Saccharose Pektin als Kohlenhydrat erhält[19].

Die Art der Stickstoffquelle kann die Eigenschaften des Mycobionten in der Kultur verändern. Bei dem Pilzpartner der Flechte *Buellia stillingiana* wird die Ausbildung von Conidien durch Glutaminsäure, Harnstoff oder Casein verhindert[147]. Eine nordamerikanische *Bacidia*-Art wird durch Ammoniumnitrat und Glycin zur Bildung eines gelben Pigments angeregt. Ammoniumtartrat und Glutaminsäure unterdrükken dagegen die Bildung des Pigments.

Kohlenhydrate

Die meisten Mycobionten sind bei ihrer Versorgung mit organischen Stoffen nicht auf bestimmte Substanzen angewiesen. Fast alle Disaccharide (z. B. Cellobiose, Maltose, Lactose, Saccharose) und Hexosen (z. B. Glucose, Galaktose, Fructose, Mannose, Rhamnose, Sorbose) können gut verwertet werden. Einige Polysaccharide wie Dextrin, Dextran und Pektin geben gute Ergebnisse, während Cellulose und Stärke weniger gut geeignet sind. Andere Zucker, Alkohole und Säuren des Krebscyclus geben unterschiedlich gute Resultate[7].

Ähnlich wie bei der Stickstoffversorgung können auch die verschiedenen Kohlenhydrate Form und Eigenschaften der Pilze verändern, z. B. bildet der Mycobiont von *Graphina bipartita* mit Lactose ein gelbes Pigment[5]. Seine Hyphen sind in diesen Kulturen von einer dicken Gallertscheide umhüllt und dicht mit roten Kristallen besetzt. In einer maltosehaltigen Kulturlösung ist das Pigment des Pilzes dagegen dunkler gelb. Die Kristalle sind vorhanden, die Gallertscheide ist unter diesen Bedingungen jedoch schwächer entwickelt. In einem Kulturmedium, das Saccharose enthält, sind die Zellen des Pilzes verkrüppelt. Sie sind von einer großen Gallertscheide umgeben, produzieren aber kein Pigment und keine Kristalle. Bei *Acarospora fuscata* stimuliert Dextrose die Produktion eines braunen Pigments[3]. Für die Synthese von Parietin durch den Mycobionten von *Xanthoria parietina* scheint Glucose notwendig zu sein.

Vitamine und Wuchsstoffe

Viele Flechtenpilze sind in Kultur auf eine Versorgung mit Vitaminen angewiesen. Die meisten untersuchten Arten benötigen für ihr Wachstum zumindest Thiamin und Biotin (z. B. die Mycobionten von *Acarospora fuscata, Lecidea decipiens, Stereocaulon vulcani, Buellia stillingiana, Peltigera aphthosa*)[5, 32, 143]. Der Pilzpartner von *Sarcogyne similis* kann auf Thiamin verzichten, ist aber auf Biotin angewiesen, während *Collema tenax* wohl Biotin, aber kein Thiamin entbehren kann[163]. Wie wir bei der Besprechung der isolierten Algen gesehen haben (S. 127), werden beide Vitamine von den Phycobionten reichlich produziert und in die Nährlösung abgegeben. Der Pilz kann also in der Symbiose durch die Alge mit Vitaminen versorgt werden. Ganz allgemein wird das Wachstum isolierter Flechtenpilze durch einen Extrakt aus Algen stimuliert. Es ist unbekannt, worauf dieser Effekt im einzelnen zurückzuführen ist[163, 440]. Indol-3-essigsäure (4—16 mg/l) hinderte in einigen Experimenten das Wachstum der Flechtenpilze, während Giberellinsäure (5—100 mg/l) keinen Effekt hatte[116, 187]. Allerdings könnte der negative Effekt der Indol-3-essigsäure auch auf die hohe Konzentration zurückzuführen sein.

Einfluß von Umweltfaktoren auf den Mycobionten

pH-Wert

Die Flechtenpilze sind deutlich vom pH-Wert des Kulturmediums abhängig. Die optimalen Bedingungen variieren für die verschiedenen Pilzarten. Der günstigste pH-Wert liegt z. B. für *Collema tenax* bei 6,2, für *Xanthoria parietina* bei 5,6—6,4, für *Sarcogyne similis* bei 5,0, für *Buellia stillingiana* bei 4,5 und für *Umbilicaria papulosa* bei 2,0[144, 163]. Bei ungünstigem Säuregrad der Kulturflüssigkeit verringert sich das Wachstum des Pilzes. Auch in anderer Hinsicht kann der pH-Wert auf die Entwicklung des Pilzes Einfluß nehmen. Der Mycobiont von *Buellia stillingiana* bildet z. B. nur dann Conidien aus, wenn der pH-Wert des Mediums zwischen 5 und 7 liegt[147].

Temperatur und Licht

Als heterotrophe Organismen sind die Pilze relativ unabhängig vom Licht. Das gilt auch für die Flechtenpilze. *Collema tenax* bildet unter intensiver Beleuchtung Carotinoide aus, die die Kolonie rot färben[160]. Berichte über eine Schädigung isolierter Mycobionten durch direktes Sonnenlicht beruhen wahrscheinlich auf der starken Erwärmung der Kulturen[7]. Im allgemeinen wird das Mycelwachstum der isolierten Pilze weder durch Dauerlicht noch durch unterbrochene Belichtung beeinflußt.

Die Temperatur hat einen deutlichen Einfluß auf die Entwicklung der Flechtenpilze. Die optimale Temperatur liegt für die meisten Arten zwischen 15 ° und 20 ° C. Dieser Wert ist bedeutend niedriger als bei vielen nicht lichenisierten Pilzen. Die Temperaturempfindlichkeit variiert bei den verschiedenen Mycobionten[397]. *Baeomyces rufus* ist

z. B. an Schwankungen der Temperatur nur schlecht angepaßt. Die Optimumkurve dieser Art zeigt einen steilen Peak bei 18 ° C. *Physconia pulverulenta* ist dagegen viel unempfindlicher. Die Optimumkurve dieses Organismus verläuft flach zwischen 9 °—21 ° C.

Tiefe Temperaturen können die Flechtenpilze ausgezeichnet vertragen. Der Mycobiont von *Umbilicaria papulosa* überlebt das Eintauchen in flüssigen Stickstoff (—197° C)[277]. Dabei ist es ohne Bedeutung, ob der Pilz trocken oder naß ist. Die Widerstandsfähigkeit gegen Hitze ist dagegen in jedem Fall viel geringer als gegen Kälte. Hier spielt es auch eine entscheidende Rolle, ob der Pilz trocken oder eingequollen ist. Im trockenen Zustand kann der Mycobiont über mehrere Wochen eine Temperatur von +45 ° C ohne Schaden ertragen. Im nassen Zustand ist seine Toleranzgrenze dagegen schon bei +30 ° C erreicht[403].

Sekundäre Stoffwechselprodukte des Mycobionten

Der Thallus der meisten Flechten enthält große Mengen verschiedener Pigmente und Flechtenstoffe (S. 155 ff.), die jedoch in Kulturen des isolierten Pilzes nur sehr selten gebildet werden. In Kulturen des Mycobionten von *Xanthoria parietina* entsteht das organe gefärbte Pigment Parietin und der Mycobiont von *Candelariella vitellina* synthetisiert das gelbe Pulvinsäureanhydrid[4]. Während diese beiden Pilze in der Flechte und in Kultur die gleichen Stoffe bilden, scheint bei anderen Mycobionten das Verhalten in der Kultur und in der Symbiose unterschiedlich zu sein. Der Pilzpartner von *Cladonia cristatella* synthetisiert z. B. in künstlichem Medium ein rotes Pigment, das nicht mit der Rhodocladonsäure identisch ist, die normalerweise die Flechte rot färbt[5].

Depside oder Depsidone, die für die meisten Flechten charakteristisch sind, scheinen im allgemeinen in den Kulturen der isolierten Pilze nicht vorzukommen. Isolierte Mycobionten von zahlreichen Arten der Gattungen *Cladonia, Lecanora* und *Parmelia* zeigten keine Spur dieser Stoffe[186]. Ältere Untersuchungen, bei denen Flechtensäuren in Kulturen der Mycobionten gefunden wurden[57], ließen sich nicht reproduzieren. In neuester Zeit wurden jedoch in einer Kultur des Pilzpartners von *Ramalina crassa* Usninsäure und Salacinsäure entdeckt[221, 228]. Bemerkenswerterweise scheint die Bildung der Stoffe von der Temperatur abhängig zu sein. Bei 10 ° C synthetisierte der Pilz beide Stoffe, während bei 25 ° C nur Usninsäure entstand.

Da auch nicht lichenisierte Pilze in einigen Fällen Depsidone synthetisieren können, ist nicht einzusehen, warum isolierte Flechtenpilze hierzu prinzipiell nicht imstande sein sollten. Zum Beispiel bildet der Pilz *Aspergillus nidulans* die Stoffe Nornidulin und Nidulin (vgl. S. 162). In den Kulturen isolierter Mycobionten wurden zumindest auch monocyclische Phenolsäuren (Orsellinsäure und Hämatommasäure) gefunden, die Vorläufer von Depsiden sind[186]. Wahrscheinlich muß angenommen werden, daß die Algen bei der Synthese der Flechtenstoffe eine wichtige, im einzelnen aber noch unbekannte Rolle spielen. Die Algen selbst können Tannine enthalten[257], die chemisch mit Depsiden verwandt sind. In einigen Fällen kann man beobachten, daß die Alge tatsächlich einen direkten Einfluß auf die Bildung sekundärer Stoffwechselprodukte des Pilzes ausübt. Bei der Flechte *Chiodecton sanguineum* z. B. ist die Symbiose noch nicht gefestigt, so daß der Mycobiont auch ohne Algen noch saprophytisch leben kann. Der algenfreie Mycobiont ist in Natur kräftig rot gefärbt. An lichenisierten Stellen des Thallus verschwindet unter dem Einfluß der Alge die rote Pigmentierung[409].

Physiologie des Flechtenthallus

Wasser- und Salzhaushalt

Wassergehalt

Flechtenthalli, die völlig mit Wasser durchtränkt sind, enthalten im Durchschnitt zwischen 100 % und 300 % ihres Trockengewichts an Wasser. Diese Werte gelten sowohl für Blatt- und Strauchflechten als auch für Krustenflechten[147, 334]. Die Thalli der Gallertflechten können dagegen sehr viel größere Wassermengen enthalten, da bei ihnen wahrscheinlich die dicken Gallertscheiden der Algen zur Speicherung beitragen. Voll durchtränkte Thalli von *Collema crispum* enthalten 800 %, von *Collema cristatum* 1400 %, von *Leptogium lichenoides* 830% und von einer nicht näher bestimmten *Collema*-Art sogar 3900 % des Trockengewichts an Wasser[386]. Abgesehen von diesen gallertigen Flechten ist der maximale Wassergehalt der Flechten kleiner als bei anderen epiphytischen Kryptogamen[28]. Der minimale Wassergehalt der Flechten liegt in der Natur bei 2—14,5 %[147, 238]. Im Unterschied zu höheren Pflanzen wird das Wasser bei den Flechten nicht intrazellulär gespeichert. Bei eingequollenen Thalli liegt die Hauptmenge des Wassers in Hohlräumen zwischen den Hyphen und in den stark quellbaren Wänden der Pilzzellen[399].

Die Gewebe des Thallus enthalten im eingequollenen Zustand unterschiedliche Wassermengen. Bei der Gattung *Usnea* scheint z. B. ein Drittel des aufgenommenen Wassers im Zentralstrang gespeichert zu werden[132]. Die Medulla von *Peltigera polydactyla* enthält im durchtränkten Zustand 25 % mehr Wasser pro Trockengewicht als Algenschicht und Rinde[386].

Wasseraufnahme und Wasserabgabe

Die Aufnahme von Wasser ist bei den Flechten ein rein passiver physikalischer Prozeß. Die normale Absorbtionskurve der Thalli entspricht einem hydrophilen Gel. Im allgemeinen nehmen Flechten flüssiges Wasser, mit dem sie in der Natur in Form von Regen oder Tau in Berührung kommen, sehr schnell auf. Beim Eintauchen der Thalli in Wasser wird mehr als die Hälfte der maximalen Wassermenge in weniger als einem Viertel der Zeit aufgenommen, die zur völligen Durchtränkung notwendig ist. Flechten sind in Wasser meist schon nach 1–2 Min., spätestens aber nach 30 Minuten völlig eingequollen[146]. Die Wasserabgabe erfolgt ähnlich schnell. Bei einer relativen Luftfeuchtigkeit von 60 % und einer Temperatur von 20 ° C fällt der Wassergehalt des durchtränkten Thallus von *Umbilicaria polyphylla* in 6 Std. auf 15 %[334]. Da Flechten am natürlichen Standort häufig jeweils nur kurze Zeit mit flüssigem Wasser in Kontakt kommen, ist die Fähigkeit zur schnellen Absorption natürlich besonders wichtig. Wie wir sehen werden, kann aber auch das schnelle Austrocknen unter Umständen von Bedeutung sein, da dadurch Hitzeschaden und eine ungünstige Stoffbilanz vermieden werden (S. 136, 146). Die meisten Beobachtungen über die Wasseraufnahme von Flechten beziehen sich auf Experimente, bei denen die Flechten ganz in Wasser eingetaucht wurden. Solche Versuche sagen natürlich nichts über die Absorptionsfähigkeit verschiedener Teile des Thallus aus. Die Aufnahmerate hängt vor allem von der Struktur der jeweiligen Oberfläche und vom Grad ihrer Inkrustierung mit Flechtenstoffen ab. Die Rinde der meisten Flechten ist mit winzigen Spalten durchsetzt, die wie ein Schwamm das Wasser aufsaugen. Das gleiche gilt für die unberindete Unterseite vieler Thalli, durch die das Wasser besonders schnell eindringen kann. Die untere Rinde der *Parmelia*-Arten ist dagegen oft so stark mit Flechtenstoffen inkrustiert, daß sie für Wasser fast undurchlässig ist[381]. Bei diesen Parmelien dringt das Wasser schneller durch die Oberseite des Thallus als durch die Unterseite. Bei *Xanthoria parietina* ist dagegen die Absorptionsgeschwindigkeit an der Unterseite zehnmal so groß wie an der stärker berindeten Oberseite. Bei *Dermatocarpon miniatum* ist die Resorption an der Unterseite sogar 30mal schneller.

Besondere Organe, die die Aufnahme und Abgabe von Wasser kontrollieren, gibt es bei Flechten nicht. Die Rhizinen vieler Flechten, die Adern an der Thallusunterseite von *Peltigera* und der Zentralstrang einiger Gattungen erinnern zwar in ihrer Form an Wasseraufnahme- oder Wasserleitungsorgane höherer Pflanzen, aber nur in seltenen Fällen erfüllen sie auch diese Funktion. Rhizinen der Gattung *Parmelia* leiten z. B. kaum Wasser. Das gleiche gilt auch für den Zentralstrang von Usnea[381]. Befeuchtete Äste dieser Flechte leiten das Wasser kaum weiter. Die Rhizinen und Adern von *Peltigera* dagegen nehmen durch ihre schwammige Struktur das Wasser kapillar auf und transportieren es weiter. *Lecidea crystallifera*, eine Fensterflechte der Wüstengebiete (S. 239 ff.), ist besonders gut an die Aufnahme von Wasser angepaßt. Mit ihrer langen „Pfahlwurzel", die wie ein Docht wirkt, saugt sie Wasser tief aus dem Boden[421].

Einige Flechten, z. B. Arten der Gattung *Lepraria* und *Calicium*, sind unbenetzbar. Nach einem Aufenthalt von 6 Std. in Wasser sind diese Thalli noch immer nicht durchtränkt. Diese Arten sind völlig auf die Aufnahme von Wasserdampf angewiesen. Es ist bemerkenswert, daß viele dieser Flechten unter felsigen Überhängen und an schattigen Stellen leben. In dieser Umgebung kommen sie seltener in Kontakt mit flüssigem Wasser, als es an einem anderen Standort der Fall wäre[55]. Gleichzeitig sind diese Arten in ihrer geschützten Umgebung nur wenig durch Hitze gefährdet. Da sie Wasser relativ langsam aufnehmen und abgeben und da die Hitzeempfindlichkeit feuchter Flechten besonders hoch ist, würden sie an einem sonnigen Standort unter Umständen leicht geschädigt werden. Die Aufnahme von Wasserdampf erfolgt zwar langsamer als die Absorption von flüssigem Wasser, geht aber bei diesen unbenetzbaren Flechten viel schneller vor sich als bei anderen Thalli. In feuchtigkeitsgesättigter Luft haben diese Arten schon nach 6—8 Std. die maximale Wassermenge aufgenommen, während benetzbare Flechten diesen Punkt erst nach 50 Std. erreichen.

Da flüssiges Wasser in der Form von Regen und Tau in jedem Fall nur jeweils kurze Zeit zur Verfügung steht, ist für alle Flechten die Aufnahme von Luftfeuchtigkeit besonders wichtig. Nach einem Regenschauer trocknen Flechten in der Sonne so schnell wieder aus, daß die Photosyntheseperiode nur sehr kurz ist. Nur durch hohe Luftfeuchtigkeit kann das Austrocknen verzögert und können die Umweltbedingungen günstig beeinflußt werden. In vielen Fällen ist deshalb nicht die Niederschlagsmenge, sondern die Luftfeuchtigkeit der begrenzende Faktor für das Vorkommen von Flechten. Es ist also nicht überraschend, daß in chilenischen und afrikanischen Nebelwüsten, in denen fast kein Regen fällt, eine sehr reiche Flechtenvegetation anzutreffen ist[73].

Wie schon gesagt, ist die Aufnahme von Wasser aus der Luft bei den meisten Flechten viel langsamer als die Absorption von flüssigem Wasser. Es kann 1—9 Tage dauern, bevor ein konstanter Wassergehalt erreicht ist. Bei einer Luftfeuchtigkeit von 95 % nehmen die meisten Flechtenthalli etwa 30—50 % ihres maximalen Wassergehaltes auf[386]. Diese Werte entsprechen viel eher den normalen Lebensbedingungen in der Natur als eine völlige Durchtränkung mit flüssigem Wasser, die ja nur immer kurzzeitig im Regen erreicht werden kann. Die Quellungsmaxima verschiedener Arten weichen bei der gleichen Dampfspannung der umgebenden Atmosphäre voneinander ab. Bei einer relativen Dampfspannung der Luft von 100 % hat *Ramalina farinacea* z. B. einen Wassergehalt von 50 % des Trockengewichts, während *Peltigera praetextata* einen Wert von 140 % erreicht[55].

Die Aufnahme von Wasserdampf wird durch dünne Salzkrusten, wie sie die Flechten in Salzwüsten oder in der Nähe des Meeres bedecken können, deutlich gefördert[105].

Für den Wasserhaushalt von erdbewohnenden Flechtenpolstern ist die durchschnittliche Feuchtigkeit des Untergrundes von Bedeutung, da sie zum Teil die Schnelligkeit des Austrocknens der Thalli reguliert. Die Feuchtigkeit des Substrats kann sogar die Morphologie des Thallus beeinflussen[217].

Der Wassergehalt einer Flechte ist also immer deutlich von den Umweltbedingungen abhängig. Abb. 5.1 zeigt ein Beispiel für das Zusammenwirken der verschiedenen Faktoren. In dem dargestellten Beispiel ist Tau die wichtigste Feuchtigkeitsquelle der Flechte.

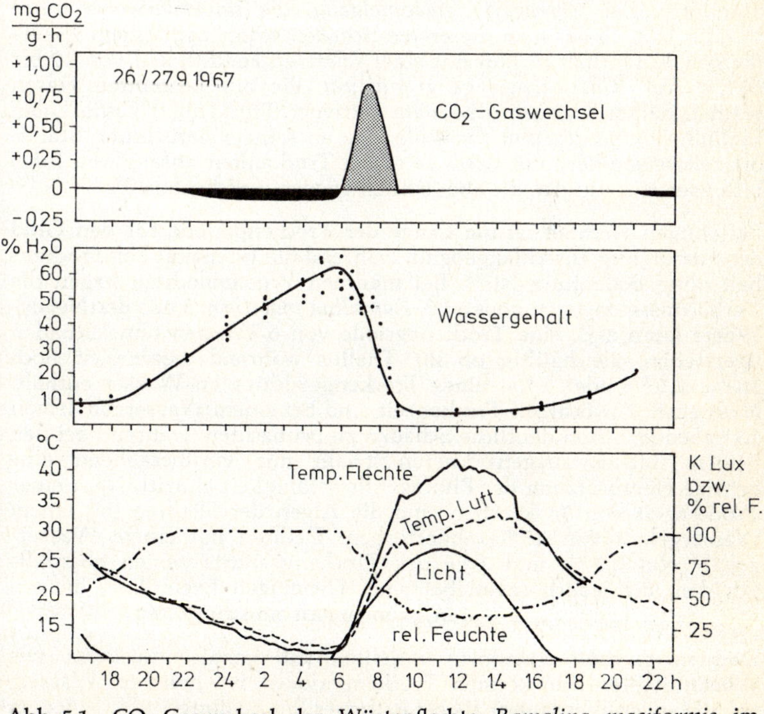

Abb. 5.1 CO_2-Gaswechsel der Wüstenflechte *Ramalina maciformis* im Tageslauf bei Taubenetzung, Wassergehalt der Thalli, Beleuchtungsintensität, relativer Luftfeuchtigkeit, Flechten- und Lufttemperatur (aus O. L. LANGE, E. D. SCHULZE, W. KOCH: Flora 159 [1970] 38).

Trockenresistenz

Alle Untersuchungen zur Trockenresistenz der Flechten beweisen deren große Unempfindlichkeit gegen Wassermangel. Die Frage nach der genauen Größe der Resistenz setzt einen einheitlichen Bezugspunkt voraus, durch den eine entstandene Schädigung deutlich angezeigt wird. Angaben, nach denen *Cladonia impexa* eine Trockenzeit von 8 Wochen, *Umbilicaria pustulata* eine solche von 62 Wochen überdauern kann, beziehen sich z. B. auf die anschließende Messung der Dunkelatmung[238]. Offensichtlich wird aber die Photosynthesefähigkeit schon viel früher geschädigt. Wird also die Photosynthesefähigkeit als Bezugspunkt gewählt, so erhält man für die Resistenz deutlich niedrigere Werte[244]. Außerdem müssen bei allen Beobachtungen eventuell auftretende Spätschäden berücksichtigt werden.

Die Resistenz gegen Austrocknung variiert bei Flechten verschiedener Standorte. Bei *Verrucaria elaeomelaena,* die normalerweise unter Wasser lebt, findet man die ersten Schäden schon nach einem zwölftägigen Aufenthalt in Luft mit einer relativen Feuchtigkeit von 40 bis 60 %. Auf *Rhizocarpon geographicum,* die auf besonnten Felsen wächst, haben dagegen 6 Monate extremer Trockenheit kaum einen Einfluß. *Dermatocarpon fluviatile,* das an seinem natürlichen Standort zeitweise überflutet wird, zeigt bei Trockenheit anfängliche Inhibitionserscheinungen, die aber schnell wieder zurückgehen[333].

Bei einigen Flechten ist die Länge der Trockenperiode für den Grad der Schädigung ausschlaggebend, während die Intensität der Trockenheit ohne Bedeutung ist[238]. Bei manchen Wüstenflechten liegen die Verhältnisse dagegen anders[244]. *Ramalina maciformis* aus der Negev-Wüste kann z. B. eine Trockenperiode von 6 Wochen ohne Schaden überstehen, gleichgültig ob ihr Thallus während dieser Zeit noch 15 %, 2,5 % oder 1 % seines Trockengewichtes an Wasser enthält. Nach einer 22wöchigen Trockenzeit sind bei einem Wassergehalt von 15 % jedoch schon deutliche Schäden zu beobachten, während bei den beiden stärker ausgetrockneten Thalli nur vorübergehend eine geringe Herabsetzung der Photosynthesefähigkeit eintritt. Nach einer Trockenzeit von 34 Wochen sind die Algen der Flechten mit einem Wassergehalt von 15 % abgestorben. Flechten mit einem Wassergehalt von 2,5 % und 1 % des Trockengewichts zeigen ebenfalls Schäden, die jedoch reversibel sind. Diejenigen Exemplare, die am stärksten ausgetrocknet waren, erholen sich am schnellsten.

Flechten feuchter Standorte verhalten sich genau umgekehrt wie Wüstenflechten. Sie können Trockenperioden bei höherem Wassergehalt besser überdauern als bei extremer Entquellung[331, 333]. In jedem Fall haben Trockenperioden einen Einfluß auf Photosynthese und Atmung. Die Einzelheiten sollen in den folgenden Abschnitten besprochen werden.

Ionenhaushalt

Die wichtigste Ionenquelle der Flechten ist Regenwasser, das zuvor das Substrat überfließt. Auf diesem Umweg erhalten sie alle löslichen Stoffe, die in der Unterlage vorhanden sind. Es ist nicht bekannt, ob die Rhizinen und Rhizoidhyphen den Thallus auch direkt mit Stoffen des Substrats versorgen können. In diesem Zusammenhang ist die Fähigkeit vieler Flechtensäuren zur Chelatbildung wichtig, da hierdurch das Substrat angegriffen werden kann. Die Fumarprotocetrarsäure aus *Parmelia conspersa* greift z. B. Granit an, auf dem die Flechte wächst[401]. Auf jeden Fall besteht eine enge Beziehung zwischen der Zusammensetzung des Substrats und dem Stoffwechsel der Flechten. Das wird schon durch die Tatsache bewiesen, daß zahlreiche Arten an eine bestimmte Unterlage gebunden sind. So kommen z. B. viele Arten der *Teloschistaceae* nur auf Kalkgestein vor. *Acarospora sinopica* wächst anscheinend nur auf Steinen, die einen hohen Prozentsatz an Eisen enthalten.

Es ist nicht bekannt, welche Ionen die Flechten im einzelnen benötigen. Auffallend ist die Fähigkeit der Lichenen, Stoffe zu akkumulieren. Verschiedene rindenbewohnende Arten wiesen eine deutlich höhere Konzentration von SiO_2, P_2O_5, MgO, Fe_2O_3 und Al_2O_3 auf als die Baumrinde, die ihnen als Substrat diente. Der Gehalt an $^{2-}SO_4$,Mn_3O_4, K_2O und Na_2O unterschied sich dagegen nicht vom Substrat. Der Gehalt an CaO war in den Flechten sogar erheblich geringer[274]. Die Flechten besitzen also deutlich eine Auswahlmöglichkeit bei der Stoffaufnahme. Der geringe Gehalt an Calcium ist besonders interessant, da man auch in anderen Fällen eine Abwehr der Flechten gegen übermäßige Calciummengen finden kann. Bei einigen Arten sind die Thalli mit einer riesigen Menge von Calciumoxalatkristallen vollgepackt, die sogar das Aussehen der Flechte verändern können[362, 364, 365].

Besonders bemerkenswert ist die Fähigkeit der Flechten, in ihrem Thallus Metallionen zu speichern. Dabei werden Konzentrationen erreicht, die für höhere Pflanzen letal wären. Ein belgisches Exemplar von *Diploschistes scruposus* enthielt z. B. Zink in einer Konzentration von über 9 % seines Trockengewichts. Der Untergrund enthielt in diesem Fall nur 1 %[237]. Andere Metalle, die in großen Konzentrationen in Flechten gefunden wurden, sind Blei, Zinn, Eisen, Kupfer, Cadmium, Cer, Strontium, Titan, Vanadium, Yttrium[252, 263]. Auf den Erzschlacken mittelalterlicher Hüttenwerke, die noch eine große Menge von Metallen enthalten, wächst eine besondere Flechtengesellschaft, die an diese Lebensbedingungen angepaßt ist.

Es ist weitgehend unbekannt, welche Mechanismen es den Flechten ermöglichen, die hohen Konzentrationen dieser Stoffe zu ertragen. Verschiedene Möglichkeiten sind denkbar[247]. Zum Beispiel könnte das Plasma eine besondere Resistenz gegen Metall-Ionen besitzen, die besonders den lichenisierten Pilzen und Algen eigen ist. Es ist auch möglich, daß die Ionen innerhalb des Cytoplasmas durch Chelatoren oder andere metallbindende Substanzen festgelegt werden. Eine dritte Möglichkeit ist der aktive oder passive Transport der Substanzen in Bereiche des Thallus außerhalb von Plasma und Zellwand und ihre Ablagerung als unlösliche Metallsalze.

Der Gehalt an bestimmten Schwermetallen variiert bei den verschiedenen Flechten einer Schlackenhalde stark, da die Arten anscheinend befähigt sind, bestimmte Stoffe selektiv aufzunehmen. Außerdem werden die verschiedenen Metalle an unterschiedlichen Stellen des Thallus abgelagert. Während bei *Acarospora sinopica* Eisen und Kupfer z. B. an der Oberfläche des Thallus eine Schicht von anorganischen Verbindungen bilden, wird Zink im Inneren des Thallus eingelagert[293].

Das Verhalten der Flechten gegenüber bestimmten Stoffen kann für den Menschen von Bedeutung sein. Unter den akkumulierten Schwermetallen befindet sich in arktischen Gebieten auch radioaktives Cäsium und Strontium, das auf indirektem Wege in die Nahrung des Menschen gelangen kann (S. 249). Die meisten Flechten sind besonders empfindlich gegen Schwefeldioxid. Lichenen gewinnen in diesem Zusammenhang Bedeutung als Maßstab für den Grad der Luftverunreinigung (S. 251 f.).

Energiegewinnung und Energieumwandlung

Die Photosynthese der Phycobionten ist die wichtigste Energiequelle der Flechten. In geringem Maße können wahrscheinlich zusätzlich aus dem Wasser und dem Substrat organische Stoffe, besonders Kohlenhydrate, aufgenommen werden. Sehr hoch darf der Anteil dieser Versorgung schon deshalb nicht sein, weil — wie alle Laboratoriumsversuche ergeben haben — eine starke äußere Zufuhr von Kohlenhydraten die Flechte desintegrieren läßt.

Versuche mit isolierten Pilzen und Algen haben immerhin gezeigt, daß beide Bionten bei der Zufuhr organischer Stoffe saprophytisch leben können. Einige Flechten enthalten eine Reihe von Enzymen, die für saprophytische Pilze charakteristisch sind (z. B. Amylase, Cellulase, Urease)[281]. Wahrscheinlich kann also der Pilz Stoffe des Substrats in begrenztem Maße direkt angreifen und ausnutzen.

Photosynthese

Intensität der Photosynthese

Die Photosyntheserate blattförmiger Flechtenthalli ist im Verhältnis zur Oberfläche viel geringer als bei den Blättern höherer Pflanzen. Man muß freilich in Rechnung stellen, daß z. B. bei der Flechte *Pelti-*

gera aphthosa nur etwa 3–5% des Thallus aus Algen bestehen. Dadurch enthält ein Flechtenblatt nur 1/4 bis 1/10 der Chlorophyllmenge echter Blätter[432]. Da die Atmung der Flechtengewebe mit der der höheren Pflanzen etwa vergleichbar ist[147], ergibt sich für die Flechten eine relativ geringe Nettophotosyntheserate. Bei verschiedenen Arten lagen die gemessenen Maximalwerte der Nettokohlendioxid-Assimilation zwischen 0,4 und 6,4 mg CO_2 pro dm^2/h[248, 386]. An extremen Standorten wie z. B der Negev-Wüste können diese maximalen Photosyntheseraten etwa den Werten von Phanerogamen der gleichen Umgebung entsprechen [248].

Die niedrige Photosyntheserate der Flechten kann auch durch die geringe Lichtmenge verursacht werden, die den Algen im Thallus zur Verfügung steht. Dabei darf freilich nicht vergessen werden, daß hohe Lichtintensitäten die Flechtenalgen schädigen. Immerhin absorbiert aber die Rinde der Flechten 26–43% des eingestrahlten Lichtes, während dieser Wert bei der Epidermis höherer Pflanzen nur bei 4–13% liegt[99]. In gewissen Fällen kann die geringe Lichtintensität durch die Einlagerung fluoreszierender Flechtenstoffe in die Rinde wieder wettgemacht werden (S. 180). Trotzdem ist innerhalb eines Flechtenlagers, besonders aber in den dichten Polstern mancher strauchförmiger Arten, der Mangel an Licht ein begrenzender Faktor für die Photosynthese. In Polstern von *Cladonia stellaris* durchdringen z. B. nur 10% des eingestrahlten Lichtes das obere Drittel der Thalli[212].

Es ist denkbar, daß verschiedene Teile eines Flechtenthallus unterschiedlich starke Photosynthese zeigen. Auch das Alter der Thalli könnte einen Einfluß haben. Versuche zu diesen Fragen sind aber bisher nur in geringem Maße durchgeführt worden. Einige Messungen ergaben, daß die Photosyntheserate älterer Thalli doppelt so groß war wie bei jungen Lagern[334]. Bei *Cladonia stellaris* sind die oberen Äste des strauchförmigen Thallus aktiver als die tiefer gelegenen Schichten. Man kann bei dieser Flechte eine logarithmische Abnahme im Verhältnis von Chlorophyllgehalt pro Trockengewicht zu Nettophotosynthese pro Trockengewicht beobachten. Gleichzeitig ist das Verhältnis von Chlorophyll a zu Chlorophyll b in der Spitze der Thalli kleiner als 2, während es in den unteren Teilen der Flechte größer als 2 ist[209].

Verwertung der Assimilate

Die Phycobionten der Flechten bilden verschiedene Photosyntheseprodukte. Diese Tatsache kann nicht überraschen, wenn man bedenkt, daß die Algen zu sehr unterschiedlichen systematischen Gruppen gehören. Außerdem kann der Pilz auf den Stoffwechsel der Alge Einfluß nehmen. Die gegenseitige Beeinflussung der Bionten wird bei all den Fragen besonders deutlich, die sich mit der Übertragung der Photosyntheseprodukte von der Alge auf den Pilz beschäftigen. Neben dem

Transport der Produkte sind ihr Umbau durch den Pilz und ihre Speicherung wichtige Themen der Forschung.

In Kulturen der isolierten Algen läßt sich relativ leicht feststellen, welche Substanzen der Phycobiont im nicht lichenisierten Zustand synthetisiert. Wichtig ist aber gerade die Frage, welche Stoffe die Alge in der Flechte bildet und in den Thallus exkretiert. Man hat versucht, dieses Problem an frisch isolierten Algen zu lösen. *Nostoc*-Algen aus *Peltigera polydactyla* gaben unter diesen Umständen große Mengen von Glucose in die Kulturflüssigkeit ab[390]. Nach neueren Untersuchungen ist aber zweifelhaft, ob die so gewonnenen Werte wirklich die natürlichen Verhältnisse im Thallus wiedergeben[189].

Neuerdings ist es gelungen, den einheitlichen Flechtenthallus direkt zu untersuchen[189]. Die Thalli werden hierzu kurzzeitig in eine Kulturflüssigkeit gebracht, die ^{14}C-Natriumbicarbonat enthält. Dadurch werden die Primärprodukte der Photosynthese in der Flechtenalge radioaktiv markiert. Nach einer kurzen Inkubationszeit werden die Flechten in eine Lösung überführt, die reichliche Mengen von ^{12}C-Kohlenhydrat enthält. Der Mycobiont nimmt aus der Lösung die unmarkierten Stoffe und nicht die von der Alge exkretierten markierten Photosyntheseprodukte auf. Auf diese Weise ist es möglich zu messen, welche assimilierten Stoffe in welcher Menge von der Alge ausgeschieden werden. Durch eine nicht unterbrochene Markierung mit ^{14}C läßt sich leicht feststellen, in welche Stoffe die Primärassimilate der Alge schließlich vom Pilz umgebaut werden.

Versuche mit den oben erklärten Methoden ergaben einen grundsätzlichen Unterschied zwischen Flechten mit Grünalgen und solchen Arten, die Blaualgen als Symbionten enthalten. Grünalgen exkretieren im Thallus verschiedene Zuckeralkohole[9, 326]. Je nach der Algenart kann es sich z. B. um Ribit (bei *Trebouxia*), um Erythrit (bei *Trentepohlia*) oder um Sorbit handeln. Die Produktion der Zuckeralkohole wird durch die Symbiose stimuliert[9], die Weitergabe an den Pilz erfolgt jedoch im allgemeinen langsam[330]. Der Pilz baut die empfangenen Kohlenhydrate zu Mannit und Arabit um[327]. Die isolierten Bionten weichen in Kultur zum Teil von ihrem Verhalten in der Flechte ab. *Trebouxia* produziert nach ihrer Isolierung noch für einige Zeit Ribit, um dann später in zunehmendem Maße Saccharose zu synthetisieren. Die entstandenen Kohlenhydrate werden nicht mehr exkretiert[328]. Wenn der isolierte Mycobiont auf Ribit kultiviert wird, so produziert er genau wie in der Flechte Mannit und Arabit.

Wie weit Beobachtungen an intakten Flechten von Ergebnissen abweichen können, die an isolierten Bionten gewonnen wurden, zeigt ein Vergleich der exkretierten Stoffmengen[134, 189]. *Trebouxia*, die frisch aus *Xanthoria aureola* isoliert wird, gibt etwa 8 % des fixierten Kohlenstoffes in das Kulturmedium ab, während der entsprechende Wert in der unzerstörten Flechte bei 40% liegt. Ungefähr 21% des ^{14}C, das von frisch isolierten *Trebouxia*-Algen in 3 Std. fixiert wird, ist in Stoffen festgelegt, die in Äthanol unlöslich sind. Im Thallus erreicht dieser Wert selbst nach 6 Std. nur 1 %. Die Symbiose mit dem Pilz hat also einen deutlichen Einfluß auf das Verhalten der Algen.

Frisch isolierte *Nostoc*-Algen scheiden in Kultur große Mengen von Glucose aus[390]. Bei längerer Kultur geht nicht nur die abgegebene Stoffmenge zurück, sondern an Stelle von Glucose wird ein Glucosepolysaccharid gebildet[87]. Die Produktion von Glucose durch *Nostoc* ist in der Flechte vergleichsweise schneller als die Abgabe von Ribit durch *Trebouxia*[330]. Genau wie in den Grünalgenflechten synthetisiert der Mycobiont der Blaualgenflechten aus dem Primärassimilat der Algen Mannit[390]. Mannit ist für die Algen als organischer Nährstoff zur Ernährung nicht zu verwenden[87]. Der Umbau zu Mannit erfolgt im Mark der Flechte mit großer Geschwindigkeit. Unlösliche Reservestoffe des Pilzes werden danach langsamer synthetisiert.

Nach neuesten Ergebnissen exkretieren die Blaualgen in der Flechte wahrscheinlich nicht Glucose, sondern ein Glucan[188]. Das Glucan wird dann durch ein extrazelluläres Enzym des Pilzes sofort zu Glucose abgebaut, die dann im Pilz in Mannit umgewandelt wird. Die beobachtete starke Ausscheidung von Glucose durch frisch isolierte Algen steht mit dieser Theorie nicht im Widerspruch. Bei der Isolierung der Algen enthält das Untersuchungsmaterial nämlich noch große Mengen fragmentierter Pilzhyphen. Diese Zellreste können noch für einige Zeit das Enzym zur Spaltung des Glucans liefern. Die Wirkung würde langsam nachlassen und in der Kultur schließlich ganz verschwinden. Diese Theorie stimmt gut mit den früheren Beobachtungen überein, nach denen bei längerer Kultur tatsächlich an Stelle von Glucose ein Glucosepolysaccharid gebildet wird[87]. Abb. 5.2 faßt den Weg der Assimilate bei Grün- und Blaualgenflechten noch einmal zusammen.

Bei allen Flechten scheint der Pilz die Permeabilität der Algenwand zu erhöhen, wodurch die Exkretion der Photosyntheseprodukte erreicht wird. Die Durchlässigkeit der Zellwand wird jedoch nicht für alle Stoffe verändert, sondern es handelt sich um einen selektiven Vorgang. Sowohl bei *Nostoc* als auch bei *Trebouxia* wird nur die Permeabilität für den jeweils synthetisierten Stoff erhöht. Es ist unbekannt, wie dieser Mechanismus im einzelnen funktioniert[87, 134].

Jeder Flechtenpilz kann alle Photosyntheseprodukte verwerten, die überhaupt von Grünalgen oder Blaualgen abgegeben werden[100, 204]. Flechten, die in ihrem Thallus sowohl Grünalgen als auch Blaualgen enthalten, haben durch die Versorgung mit unterschiedlichen Nährstoffen einen Vorteil. Das gilt um so mehr, als z. B. *Trebouxia* und *Nostoc* ein unterschiedliches Temperaturoptimum haben. Dadurch vergrößert sich die Temperaturspanne, in der die Flechte ausreichende Lebensbedingungen findet.

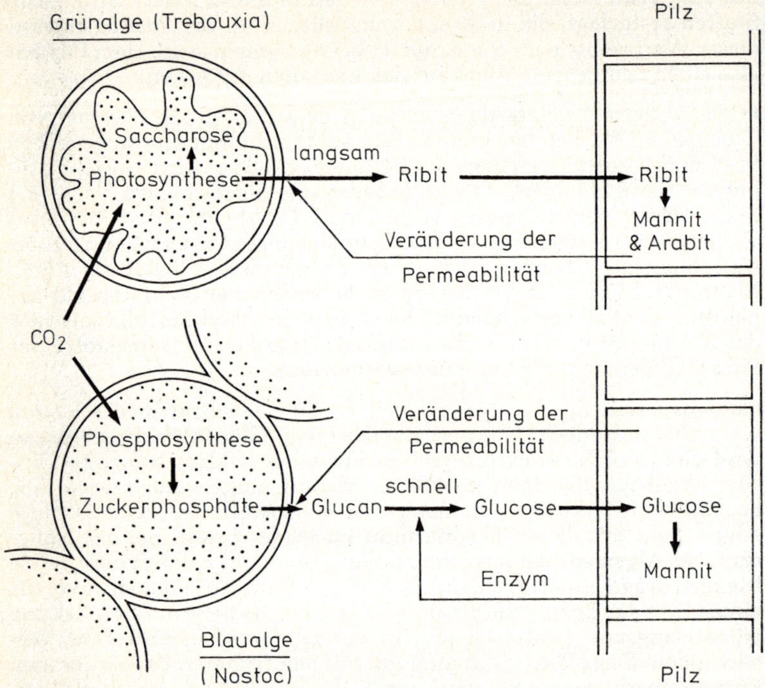

Abb. 5.2 Abgabe von Photosyntheseprodukten durch Grün- und Blaualgen an die Mycobionten (nach Smith und Hill).

Die Aufnahme von Photosyntheseprodukten durch den Pilz stimmt im Prinzip mit dem Verhalten von Pilzen überein, die in Symbiose mit höheren Pflanzen leben[389]. Die Exkretion von organischen Stoffen durch den Phycobionten unterscheidet sich vom Verhalten der Algen einer Zoosymbiose.

Abhängigkeit der Photosynthese vom Wassergehalt

Die Photosyntheseaktivität ist stark vom Wassergehalt des Thallus abhängig. Bei zunehmender Einquellung erreicht die Photosynthese einen Maximalwert, um dann bei vielen Flechten wieder abzusinken. Der plötzliche Abfall kann auf Schwierigkeiten in der Gasdiffusion zurückgeführt werden, die dann entstehen, wenn alle Hohlräume zwischen den Hyphen mit Wasser gefüllt sind. Der Maximalwert der Photosynthese wird bei verschiedenen Flechten unterschiedlich schnell erreicht. Dicke, dicht gebaute Thalli setzen schon bei einem relativ niedrigen Wassergehalt dem Gasaustausch Schwierigkeiten entgegen. Der optimale Wassergehalt einer Flechte reicht von einer 65%igen Durchtränkung bei *Umbilicaria pustulata* bis zu einem Wassergehalt von 90% bei *Peltigera canina*[332, 386]. Aquatische Lichenen zeigen auch bei 100%iger Durchtränkung noch Photosynthese. Auch bei anderen Arten treten CO_2-Diffusionsschwierigkeiten durch Übersättigung mit Wasser nicht auf. Zum Beispiel können die Hyphen mancher Arten so wasserabstoßend sein, daß sich im Thallus keine geschlossene Wasserschicht bildet[244].

Die Photosynthese der Flechten kann schon bei sehr geringem Wassergehalt des Thallus ihr Maximum erreichen. Dabei liegt für Flechten trockener Standorte das Optimum des Wassergehaltes niedriger als für Arten aus feuchter Umgebung[55]. Viele Flechten sind für ihre Photosynthese keineswegs auf die Versorgung mit flüssigem Wasser angewiesen. Die Wüstenflechte *Ramalina maciformis* erreicht ihren Feuchtigkeitskompensationspunkt, bei dem die CO_2-Aufnahme durch die Photosynthese und die CO_2-Abgabe durch die Atmung gleich groß sind, im Gleichgewicht mit Luft von 80% relativer Feuchtigkeit[244]. Dieser Wert entspricht etwa einem Wassergehalt der Flechte von 20%. Bei einem Wassergehalt von weniger als 30% erreicht diese Flechte bereits den Halbwert ihrer Nettophotosynthese. Oberhalb eines Wassergehaltes von 60% führt eine weitere Befeuchtung nicht mehr zur Steigerung der Photosynthese. Da die Flechte am natürlichen Standort jeden Morgen vom Tau so stark durchnäßt wird, daß sie eine Durchtränkung von 38–91% erreicht, kann sie jeden Tag mehrere Stunden mit hoher bis maximaler Leistung assimilieren. Die Benetzung durch Tau ist auch an anderen Standorten von großer Bedeutung für die Flechten[55, 399]. Auch ohne direkte Befeuchtung erreicht die Wüstenflechte in nahezu wasserdampfgesättigter Luft in 6 bis 8 Stunden einen Wassergehalt, der eine apparente CO_2-Aufnahme ermöglicht[242, 244]. Nach und nach kann der Thallus in feuchter Luft 90% seiner maximalen Photosyntheseleistung erreichen. Eine zusätzliche Befeuchtung mit Wasser ist sogar ungünstig, da sie die Atmung stark steigert, während die Photosynthese das Maximum nicht überschreiten kann[244, 245] (Abb. 5.3 a).

Ein Wassermangel des Thallus kann in einem gewissen Grade durch höhere Lichtmengen kompensiert werden. Bei starker Beleuchtung kann eine Flechte auch dann ihre maximale Photosyntheseleistung erreichen, wenn ihr Wassergehalt unter dem Optimum liegt[55] (Abb. 5.3 c). Auf die besondere Resistenz der Flechten gegen Trockenzeiten wurde schon auf S. 136 hingewiesen.

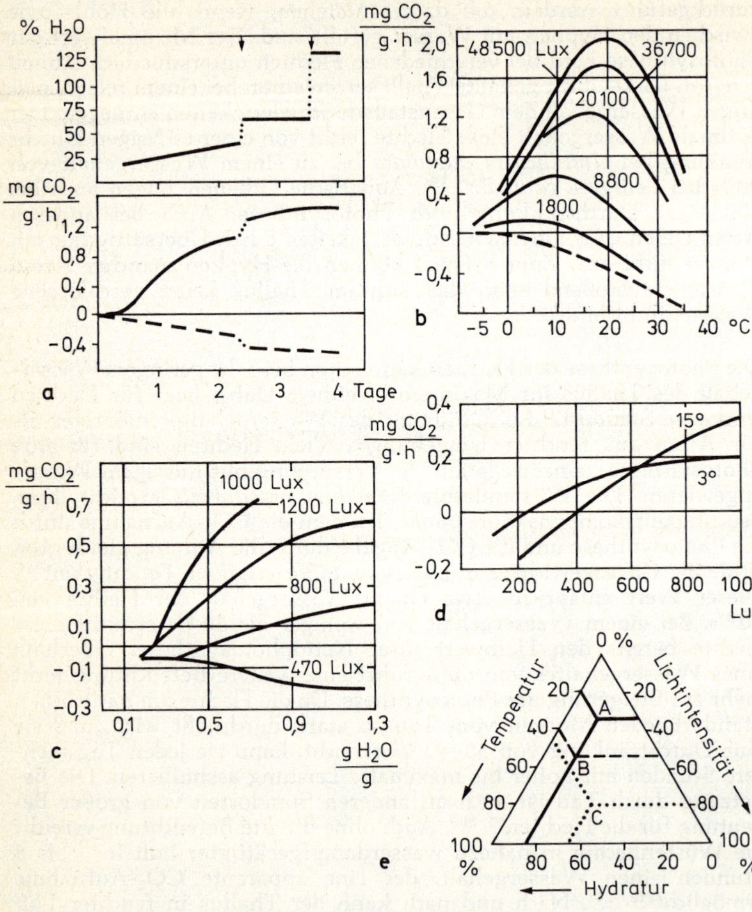

Abb. 5.3 a) Zeitlicher Verlauf von Wassergehalt (oben) und CO_2-Gaswechsel (unten) bei *Ramalina maciformis.* Die ausgetrockneten Thalli wurden vom Zeitpunkt O ab mit wasserdampfgesättigter Luft begast und später (Pfeile) besprüht. b) CO_2-Gaswechsel von *Ramalina maciformis* bei verschieden starker Belichtung und Dunkelatmung (gestrichelte Kurve) in Abhängigkeit von der Thallustemperatur (Abzisse). c) Verlauf der apparenten Photosynthese und apparenten Atmung bei *Pseudevernia furfuraceae* in Abhängigkeit von Lichtintensität und Wassersättigung. d) Verlauf der apparenten Photosynthese bei *Peltigera praetextata* in Abhängigkeit von Lichtintensität und Temperatur. e) Erklärung siehe Text (a, b nach LANGE, c—e nach BUTIN).

Abhängigkeit der Photosynthese von der Temperatur

Die Stärke der Photosynthese ist deutlich von der Temperatur abhängig. Verschiedene Flechtenarten erreichen bei unterschiedlichen Temperaturen ihre optimale apparente Photosyntheseleistung. Die Höhe der optimalen Temperatur kann in Abhängigkeit von der Jahreszeit, dem Wuchsort und der Lichtintensität variieren.

Das Temperaturoptimum für eine maximale Photosynthese liegt im Winter niedriger als im Sommer. Bei dieser Erscheinung spielen verschiedene Faktoren zusammen. Photosynthese und Atmung werden durch Wechsel in Temperatur und Licht unterschiedlich stark gehemmt und gefördert. Die optimale Temperatur für die Photosynthese ist z. B. von der Beleuchtung abhängig. So verschiebt sich bei steigender Lichtintensität das Temperaturoptimum der Wüstenflechte *Ramalina maciformis* von 5° C nach 20° C[244] (Abb. 5.3 b). Auf Grund solcher Einflüsse kann sich die gleiche Flechte unter verschiedenen Umweltbedingungen physiologisch sehr unterschiedlich verhalten. Die Flechte *Peltigera praetextata* hat z. B. bei der relativ hohen Temperatur von 15° C einen Lichtkompensationspunkt von 400 Lux. Sie verhält sich ähnlich wie ein Sonnenblatt und erzielt durch Kombination von hoher Temperatur mit hoher Lichtintensität einen großen Assimilationsgewinn[55] (Abb. 5.3 d). Bei einer Temperatur von 3° C verhält sich die Flechte dagegen eher wie ein Schattenblatt. Ihr Lichtkompensationspunkt ist mit 200 Lux viel niedriger und ihre maximale Photosyntheseausbeute viel geringer als bei höheren Temperaturen (Abb. 5.3 d). Diese Beispiele zeigen eine Anpassung der Flechte an niedrige Temperaturen. Ganz allgemein wird das Verhältnis von apparenter Photosynthese zur Dunkelatmung bei sinkender Temperatur größer[393]. Die Atmung wird durch eine tiefere Temperatur stärker gehemmt als die Photosynthese. Gleichzeitig steigt im Winter die Zahl der Algenzellen in der Flechte, so daß sie fast um die Hälfte mehr Chlorophyll zur Verfügung hat[432].

In den meisten Gebieten liegt das Temperaturoptimum der Flechten zwischen 10° und 20° C. Das gilt erstaunlicherweise auch für die Wüstenflechte *Ramalina maciformis*[244]. Bei näherer Betrachtung ist diese Tatsache aber nicht so überraschend, da in den frühen Morgenstunden, in denen die Feuchtigkeit für die Photosynthese ausreicht, die Temperaturen im Bereich dieses Optimums liegen. Nur tropische Flechten haben ein höheres Temperaturoptimum. In diesen Gegenden assimilieren die Lichenen am besten bei einer Temperatur von 20° C, während sie im Bereich des Nullpunkts keine Photosynthese mehr zeigen[241].

In kalten Gebieten liegt das Optimum für die Netto-Photosynthese unter 10° C. *Letharia vulpina*, eine Flechte, die in den höheren Lagen der Alpen vorkommt, fixiert bei –5° C noch die Hälfte der CO_2-Menge, die sie unter optimalen Bedingungen aufnimmt[241]. Bei dieser Temperatur hat sich in ihrem Mark schon Eis gebildet. Bei +20° C stellt diese Flechte dagegen die Photosynthese ein. Da Flechten sehr schnell austrocknen, bildet sich in ihrem Thallus bei tiefen Temperaturen im Gegensatz zu höheren Pflanzen wahrscheinlich keine geschlossene Eisschicht. Dadurch bleibt ein CO_2-Gaswechsel immer möglich.

Während das Temperaturoptimum der Photosynthese vom Standort der Flechte abhängt, ist die Unempfindlichkeit gegen extreme Kälte in verschiedenen Klimagebieten verbreitet. In vielen Fällen besitzen Flechten eine Toleranz gegen extremen Frost, die weit über alle Temperaturen hinausgeht, die sie an ihrem Standort jemals ertragen müssen. *Cladonia foliacea* war nach einem 96 Wochen dauernden Aufenthalt im Dunkeln bei einer Temperatur von —15 ° C noch immer zur Photosynthese fähig[243]. Die gleiche Flechte zeigte bei —24 ° C noch eine deutliche CO_2-Aufnahme[240]. Bei anderen Experimenten waren zahlreiche Flechten nach einem Aufenthalt von 33 Stunden bei —78,5° C überhaupt nicht oder nur wenig geschädigt. Sowohl Flechten aus alpinen als auch aus tropischen Gebieten zeigten diese hohe Resistenz. Geschädigt wurden vor allem Arten von Standorten mit hoher Luftfeuchtigkeit. Diese Flechten besitzen auch eine geringe Widerstandskraft gegen Hitze und Trockenheit[207].

Die Empfindlichkeit der Flechten gegen hohe Temperaturen ist von ihrem Wassergehalt abhängig. Im ausgetrockneten Zustand kann *Ramalina maciformis* eine halbstündige Erhitzung auf 65 ° C ohne Schädigung der Photosynthesefähigkeit überstehen[244]. Nach einem halbstündigen Aufenthalt bei 67,5 ° C ist die apparente CO_2-Aufnahme jedoch auf die Hälfte verringert. Die Schädigung ist aber zumindest zum Teil reversibel. Eine Temperatur von 85 ° C tötet die trockene Flechte völlig ab. Da Flechten an extremen Standorten durchaus Temperaturen von 60° erreichen können, ist eine Schädigung durch Hitze in der Natur nicht auszuschließen.

Im feuchten Zustand werden Flechten schon bei viel niedrigeren Temperaturen geschädigt. Bei *Ramalina maciformis* ruft eine einstündige feuchte Hitze von 36 ° C reversible Störungen, eine Temperatur von 38 ° C bereits irreversible Schäden hervor. Da Flechten bei höheren Temperaturen sehr schnell austrocknen, sind sie diesen Gefahren am natürlichen Standort kaum ausgesetzt.

Abhängigkeit der Photosynthese vom Licht

Einige Bemerkungen zur Abhängigkeit der Photosynthese von der Lichtintensität wurden schon in den vorhergehenden Abschnitten gemacht. Für die Größe der Lichtmenge, die den Algen für die Photosynthese zur Verfügung steht, sind die Dicke der Flechtenrinde und der Grad ihrer Sättigung mit Wasser entscheidend. Durch eine nasse Rinde dringen je nach dem Grad ihrer Pigmentierung 55—76 % des eingestrahlten Lichtes hindurch[99]. In der Cortex-Schicht eines austrocknenden Thallus bilden sich winzige, luftgefüllte Spalten, die das Gewebe opak und lichtundurchlässig machen. Durch ausgetrocknetes

Gewebe kann Licht nur noch halb so gut hindurchdringen wie durch eine nasse Rinde. Flechten können sich außer durch den Wassergehalt der Gewebe den unterschiedlichen Lichtintensitäten noch auf andere Weise anpassen. Thalli von *Xanthoria* entwickeln im Schatten eine dickere Algenschicht als im Sonnenlicht[190]. Dagegen ist an Standorten mit hoher Lichtintensität die Dicke der Rindenschicht größer und ihre Pigmentierung stärker ausgeprägt[376].

Die optimale Belichtung variiert bei den verschiedenen Flechten. Das Optimum kann etwa zwischen 4300 und 24500 Lux liegen[46, 391, 393]. Die optimale Lichtintensität und das Licht-Kompensationsgleichgewicht, d. h. die Lichtintensität, bei der die photosynthetische CO_2-Aufnahme den Atmungsverlust gerade kompensiert, hängen stark von der Temperatur und dem Wassergehalt der Flechte ab (Abb. 5.3 c und 5.3 b). Bei niedrigen Temperaturen zwischen $-5°$ C und $+2°$ C liegt beispielsweise der Lichtkompensationspunkt für die Flechte *Ramalina maciformis* bei 200—300 Lux[244]. Bei einer Thallustemperatur der wassergesättigten Flechte von 27 ° C ist der Kompensationspunkt auf 8000 Lux gestiegen. Andere Flechtenarten benötigen geringere Lichtintensitäten[55, 393].

Bei sehr niedrigem Wassergehalt in annähernd erreichtem Gleichgewichtszustand mit Luft von 80 % relativer Feuchtigkeit (10 ° C Flechtentemperatur) liegt der Kompensationspunkt für die Lichtintensität mit 10000 Lux relativ hoch. Wenn dagegen eine völlig ausgetrocknete Flechte mit wasserdampfgesättigter Luft befeuchtet wird, so erreicht sie während der Einquellung den Kompensationspunkt schon bei 500 Lux. Dabei enthält sie zu diesem Zeitpunkt noch keineswegs mehr Wasser als bei dem oben erwähnten Aufenthalt in Luft von 80 % Feuchtigkeit. Durch die Begasung mit feuchter Luft wird anscheinend der Photosyntheseapparat der Alge stärker reaktiviert als die Atmung des Pilzes. Die Ursache für diese Erscheinung könnte z. B. ein Feuchtigkeitsgradient im Inneren des Thallus sein. In diesem Zusammenhang muß man sich vor Augen halten, daß die Flechte als hygroskopischer Schwamm zwar Feuchtigkeit sehr schnell in ihren Thallus aufnimmt, daß aber das Wasser unter Umständen in die dünnwandigen Algenzellen sehr viel schneller eindringt als in die dickwandigen Hyphen. Die Abhängigkeit des Lichtkompensationspunktes von Temperatur und Wassergehalt der Flechte wird also durch den Zeitfaktor der Wasserdampfaufnahme weiter kompliziert.

Wie wir gesehen haben, beeinflussen sich die verschiedenen Außenfaktoren bei der Photosynthese gegenseitig. Abb. 5.3 e versucht, die Einflüsse von Licht, Temperatur und Feuchtigkeit auf den Kompensationspunkt der Flechte, an dem sich CO_2-Aufnahme durch Photosynthese und CO_2-Abgabe durch Atmung die Waage halten, schematisch darzustellen[55]. Je eine Seite des Dreiecksdiagramms gibt die Auswirkung eines Faktors wieder. Bei den Größenangaben von Licht, Temperatur und Feuchtigkeit handelt es sich um relative Werte. Mit

100 % und 0 % wurden jeweils die optimale und minimale Größe eines jeden Faktors bezeichnet. Jeder Punkt im Inneren des Dreiecks ist ein möglicher Kompensationspunkt, der einer ganz bestimmten Kombination der drei Faktoren entspricht. Die jeweiligen Werte sind leicht abzulesen, da die Kompensationspunkte aus dem Schnittpunkt der Seitenparallelen des Dreiecks hervorgehen. Die Punkte A, B und C in der Abbildung sind Beispiele für Kompensationspunkte. Der Kompensationspunkt B hat im Vergleich zu A die gleiche Hydratur, während sich Temperatur und Lichtintensität verändern. Der Punkt C weicht von den beiden anderen Punkten in allen drei Faktoren ab.

Atmung

Die Intensität der Atmung entspricht bei den Flechten etwa den niedrigsten Werten, die für die Blätter der Angiospermen gemessen wurden. Unter optimalen Bedingungen bei 20 ° C erreicht die Atmung etwa einen Wert von 0,2–2,0 mg CO_2/g Trockengewicht/h[147]. Im Gegensatz zur Photosynthese ist keine Abhängigkeit der Atmung vom Alter des Thallus festzustellen[334]. Das Mark von *Peltigera polydactyla* zeigt eine geringere Atmung als Algenschicht und Rinde[386]. Inwieweit die gemessenen Werte auf ein unterschiedliches Verhalten von Alge und Pilz zurückzuführen sind, ist unbekannt.

Nach einigen Untersuchungen liegt bei Flechten der respiratorische Quotient, d. h. das Verhältnis von abgegebenem CO_2 zu aufgenommenem O_2, bei 0,73–0,85[153, 206]. Bei der Veratmung von Glucose ist der RQ gleich 1. Möglicherweise ist der niedrige Wert bei Flechten auf Fettatmung oder auf die Ansammlung organischer Säuren zurückzuführen, da bei diesem Vorgang viel Sauerstoff verbraucht und wenig Kohlendioxid freigesetzt wird. Bei *Hypogymnia physodes* bewirkt ein Anfeuchten des Thallus nach längerer Trockenheit ein Ansteigen des RQ von 0,87 auf 1,0. Eine mögliche Erklärung für diese Beobachtung wäre, daß zu Anfang des Versuches Fett veratmet wurde, das sich während der Trockenperiode in den Algen gesammelt hat. Im Laufe des Versuchs wären dann in zunehmendem Maße Zucker veratmet worden, die nach der Befeuchtung durch die beginnende Photosynthese in der Alge entstehen konnten[97]. In zuckerhaltigen Nährmedien liegt der RQ einer Flechte bei 1,25[153]. In diesem Fall herrschen im Thallus unter Umständen anaerobe Bedingungen[317].

Die Atmung der Flechten wird nach Laborversuchen durch Schwefeldioxid geschädigt. Die untersuchten Konzentrationen entsprachen den Bedingungen, wie sie in der Umgebung von Industriebetrieben herrschen[26].

Einfluß der Temperatur auf die Atmung

Bei zunehmender Temperatur des Thallus steigt die Atmung an. Ein Optimum liegt im allgemeinen bei 10°–20° C. Meßbare Atmung wurde bis hin zu —24 ° C beobachtet[240]. Als Maßstab für die Empfindlichkeit der Flechten gegen extreme Temperaturen wurde auf S. 136 die Schädigung der Photosynthesefähigkeit angegeben. Die Fähigkeit zur Atmung ist gegen extreme Umweltbedingungen weniger anfällig, wodurch der Flechte natürlich nicht geholfen ist, wenn die Fähigkeit zur Photosynthese zerstört wird. Trockene Thalli von *Alectoria sarmentosa* zeigten nach einem Aufenthalt bei 70 ° noch die Hälfte der normalen Atmung, während *Cladonia pyxidata* sogar 101 ° C ertragen konnte[238]. Im eingequollenen Zustand liegt der Grenzwert wie bei anderen Pflanzen jedoch schon bei 35°—46° C.

Auch gegen extreme Kälte ist die Atmung sehr unempfindlich. Im allgemeinen vertragen Flechten eine schnelle Abkühlung schlechter als einen langsamen Temperaturabfall[208]. *Cladonia rangiferina* ertrug eine langsame Abkühlung auf —196 ° C, während ein plötzlicher Temperaturschock ihre Atmung schon bei —78 ° C schädigte. *Xanthoria elegans* von einem Standort in der Arktis vertrug es dagegen, in flüssigem Stickstoff direkt auf —196° C abgekühlt zu werden. Nicht alle Flechten sind so unempfindlich. *Roccella phycopsis* aus dem Mittelmeergebiet wird schon bei —20 ° C geschädigt.

Es ist nicht sicher bekannt, ob Flechten in bezug auf ihre Atmung ganz allgemein eine Anpassung an das Klima ihres normalen Standortes zeigen. In den meisten Fällen scheinen arktische Flechten sich von tropischen Arten durch stärkere Atmung zu unterscheiden[372].

Einfluß des Wassers auf die Atmung

Die Atmung steigt mit wachsendem Wassergehalt des Thallus an, bis sie ein Maximum erreicht hat. Der Maximalwert kann in einigen Fällen schon bei einer Durchtränkung des Thallus von 40 % erreicht sein, während bei den meisten Flechten die Atmung erst dann nicht mehr ansteigt, wenn der Thallus 80—95 % der möglichen Wassermenge aufgenommen hat[391]. Auch eine völlige Durchtränkung des Thallus verringert die Atmung nicht wieder[147]. Beim Austrocknen des Thallus geht die Atmung meist schneller zurück als die Photosynthese. Eine kleine Restatmung bleibt aber auch bei extremer Trokkenheit erhalten. Der Thallus von *Teloschistes flavicans* atmet auch dann noch, wenn die Flechte nur noch 0,4 % ihrer maximalen Wassermenge enthält[68].

Stoffbilanz

Eine Flechte ist an einem bestimmten Standort nur dann lebensfähig, wenn sie unter den herrschenden Umständen eine positive Stoffbilanz erreichen kann. Dieses Kriterium schließt alle Merkmale wie Temperatur, Licht und Wasser automatisch ein. Von der Höhe des Nettostoffgewinns hängt z. B. der jährliche Zuwachs des Thallus ab. Das Verhältnis von jährlichem Zuwachs zu jährlichem Absterben alter

Thallusteile verändert sich im Laufe des Lebens einer Flechte. Nach genauen Berechnungen verkleinert sich durch diesen Vorgang das relative Wachstum einer strauchförmigen *Cladonia*-Art von Jahr zu Jahr in zunehmendem Maße[210].

Typisch für die Flechten ist ihre Fähigkeit, auch unter extremen Umweltbedingungen eine positive Stoffbilanz zu erzielen. Ein Beispiel soll genügen: *Hypogymnia physodes* weist bei Freilandbeobachtungen zwischen +4 ° und 0 ° C den ganzen Tag über eine positive Stoffbilanz auf[373]. Die Flechte erreichte am Nachmittag unter den herrschenden Bedingungen einen Maximalwert der CO_2-Aufnahme von 3,8 $mg \cdot dm^{-2} \cdot h^{-1}$ (bezogen auf die Fläche der Flechte). Der Stoffgewinn in 24 Std. nach Abzug der nächtlichen Atmung ist 16,5 mg $CO_2 \cdot dm^{-2}$. Auch bei –6 ° C fand noch eine CO_2-Bindung bis zu 0,44 $mg \cdot dm^{-2} \cdot h^{-1}$ statt. Die Leistung bei 0 ° C erreichte fast die maximale CO_2-Bindung immergrüner Coniferen.

Stickstoffhaushalt

Der Stickstoff ist für die Proteinsynthese unentbehrlich. Der Stickstoffgehalt von *Peltigera polydactyla* beträgt unter Laborbedingungen 3,6–4,5 ‰[386]. Ein Viertel dieser Menge liegt in löslicher Form vor. In Nährlösungen nimmt der Thallus von *Peltigera* z. B. Asparagin (als ganzes Molekül) schnell auf. Der Einbau des Stoffes erfolgt dagegen langsam. Noch nach 72 Std. war die Hälfte des Asparagins im Thallus unverändert vorhanden. Ähnlich langsam scheint der Abbau der Proteine in Hungerzeiten vor sich zu gehen. Messungen ergaben einen Abbau von nur 5–10 % in 7 Tagen[384].

In der Natur werden Flechten durch Regenwasser, das über das Substrat läuft, mit Nitraten und organischen Stickstoffverbindungen versorgt. Eine Anzahl von Flechten wächst an Standorten, die besonders reich an organischem Stickstoff sind. Ein beliebtes Substrat dieser nitrophilen Arten (z. B. aus den Gattungen *Xanthoria* und *Physcia*) sind Vogelsitzplätze, die größere Mengen Guano aufweisen. Flechten dieser Standorte besitzen häufig Urease-Enzymsysteme[147].

Alle Flechten mit Grünalgen als Symbiosepartner sind auf die oben erwähnten Stickstoffquellen angewiesen. Versuche mit *Cladonia impexa*, die *Trebouxia* als Phycobionten enthält, beweisen, daß Grünalgenflechten keinen Luftstickstoff fixieren können[375]. Dagegen können *Nostoc*-Algen, die häufig als Flechtenalgen vorkommen, Luftstickstoff sehr gut aufnehmen. Ohne Zweifel decken die Blaualgenflechten den größten Teil ihres Stickstoffbedarfes auf diesem Wege. Viele Flechten enthalten in ihrem Gewebe Bakterien, die zur Fixierung von Luftstickstoff befähigt sind. Durch Isotopenmarkierung wurde jedoch bewiesen, daß die Bakterien für die Stickstoffversorgung der Flechten keine Rolle spielen[376].

Nostoc-Algen aus *Collema* fixieren in künstlicher Kultur atmosphärischen Stickstoff und geben unter diesen Bedingungen ein Viertel davon in die Nährlösung ab[159]. In der Flechte liegen die Verhältnisse wahrscheinlich etwas anders. Experimente mit $^{15}N_2$ haben gezeigt, daß das Tempo der Fixierung bei *Peltigera canina* sehr hoch ist, wenn man es auf die Menge der vorhandenen Algen bezieht[275]. Das gleiche gilt für die Cephalodien von *Peltigera aphthosa*, deren *Nostoc*-Algen den Stickstoff schneller fixieren, als es bei frei lebenden Formen dieser Gattung der Fall ist[212]. Nachdem in den Algen der Cephalodien der Stickstoffgehalt einen bestimmten Wert erreicht hat, wird praktisch der ganze zusätzlich fixierte Stickstoff exkretiert. Der Mycobiont könnte diesen Vorgang durch eine Permeabilitätserhöhung der Algenzellwand verursachen. Es ist auch denkbar, daß der Einbau des Stickstoffs in Proteine der Alge durch den Pilz verhindert wird. Der größte Teil des Stickstoffs, der bei *Peltigera aphthosa* von den Cyanophyceen der Cephalodien ausgeschieden wird, kommt dem Mycobionten zugute. Nur 3 % der Menge erreichen die symbiotischen Grünalgen[216]. Nicht alle Cephalodien versorgen den Pilz ausreichend mit Stickstoff. Bei *Stereocaulon ramulosum* z. B. scheinen die *Nostoc*-Algen der sacculaten Cephalodien bei der Fixierung von N_2 nur eine geringe Aktivität zu entfalten[376].

Die Fähigkeit zur Stickstoffixierung durch die symbiotischen Blaualgen leidet nur wenig unter Umwelteinflüssen. Nach einer Trockenperiode zeigten die Algen eine gute Erholung[164].

Jahreszeitliche Veränderungen der Lebenserscheinungen

In Westeuropa ist die physiologische Aktivität der Flechten im Sommer niedriger als zu den übrigen Jahreszeiten. Unabhängig von der Temperatur ist die Photosyntheserate im Sommer geringer als im Winter. Möglicherweise hängt diese Erscheinung mit dem höheren Chlorophyllgehalt der Flechte im Winter zusammen (S. 145). Bei *Peltigera polydactyla* steigt das Trockengewicht pro Thallusoberfläche im Frühjahr stark an. Ein zweiter, geringerer Anstieg ist im Herbst zu beobachten, während in der Zeit von August bis September ein Minimum liegt[385]. Parallel zu diesen Beobachtungen variiert die Aufnahme von Glucose aus einer Nährlösung. Es ist unklar, wie weit sich diese Erscheinungen im Wachstum der Flechte widerspiegeln. Möglicherweise findet der hauptsächliche Zuwachs des Flechtenthallus im Frühjahr statt.

Auch andere Lebensäußerungen der Flechten zeigen einen Jahresrhythmus. Bei vielen Arten ist z. B. eine Keimung der ausgeschleuderten Sporen nur im Winter und Frühling möglich[314]. Außerdem ist die Zahl der reifen Sporen wahrscheinlich nicht zu allen Jahreszeiten gleich groß.

6

Von J. Santesson

Chemie der Flechten

Höhere Pflanzen enthalten meist zahlreiche sekundäre Stoffwechselprodukte in geringer Konzentration. In Flechten dagegen findet man im allgemeinen nur wenige Substanzen, diese aber in großen Mengen. Dadurch wird die Untersuchung der Flechtenstoffe sehr erleichtert, und die Flechten gehören deshalb zu den chemisch am besten bekannten Pflanzengruppen. Es besteht natürlich die Gefahr, daß Stoffe, die nur in geringen Mengen vorkommen, neben den reichlich vorhandenen und deshalb leicht zu untersuchenden Verbindungen übersehen werden. Sicher gibt es zahlreiche Flechtenstoffe, die wegen ihrer geringen Konzentration noch nicht entdeckt wurden.

Die von Flechten synthetisierten Verbindungen kann man schematisch in primäre und sekundäre Stoffwechselprodukte einteilen. Die „primären" Stoffe nehmen mehr oder weniger aktiv am Stoffumsatz der Zelle teil. Sie sind in der Pflanzenwelt weit verbreitet und bei fast allen Pflanzen anzutreffen. Einige dieser „primären" Stoffe kommen im Protoplasma vor, während andere in der Zellwand lokalisiert sind.

Die „sekundären" Stoffe können in der Regel als Stoffwechselendprodukte mit oft noch unbekannter Funktion betrachtet werden. Viele von ihnen sind nur in einer Art oder in einigen wenigen Arten zu finden. In den Flechten sind sie in der Regel den Pilzhyphen extrazellulär in einer mehr oder weniger kristallinen Schicht aufgelagert.

Zwischen „primären" und „sekundären" Stoffen kann keine scharfe Grenze gezogen werden, was aber ohne Bedeutung ist, da diese Einteilung hauptsächlich die Übersicht über die Vielfalt der Substanzen erleichtern soll.

Die Termini „primär" und „sekundär" enthalten auch keinen Hinweis auf ihre Bedeutung für die biologische Forschung: „primäre" Stoffe sind oft nur von sekundärem Interesse für die Taxonomen und Naturstoffchemiker, dagegen von primärem Interesse für die Physiologen und Biochemiker.

Primäre Stoffwechselprodukte

In Flechten kommen etwa die gleichen primären Stoffe vor wie in anderen Pflanzengruppen. Deshalb können diese Verbindungen hier sehr summarisch behandelt werden, wobei nur die Unterschiede deutlich hervorgehoben werden sollen (vgl. auch das vorhergehende Kapitel).

Aminosäuren und Peptide

Alle Aminosäuren, die normalerweise in Pflanzen gefunden werden, sind auch aus Flechten in freier oder gebundener Form bekannt, ebenso wie die weniger verbreiteten Stickstoffverbindungen Betain und Sarcosin. Zwei Oligopeptide, Pikroroccellin und Cyclo-(L-prolyl-*d*-β-amino-β-phenylpropionyl-L-prolyl-*d*-β-amino-β-phenyl-propionyl)[48], hat man aus *Roccella*-Arten isoliert. Sie sollten jedoch besser als sekundäre Stoffwechselprodukte bezeichnet werden. Auch eine Anzahl Enzyme, z. B. Ribonuclease und Urease, wurden in Flechten nachgewiesen.

Photosynthesepigmente

Chlorophyll a und b kommen in Flechten in geringeren Mengen als in höheren Pflanzen vor. Carotinoide (β-Carotin, γ-Carotin, Violaxanthin und Xanthophylle) wurden aus Flechten und aus Kulturen der Phycobionten isoliert. Selbst isolierte Mycobionten produzieren in Kultur Carotinoide, die noch nicht näher identifiziert werden konnten[165]. Bei Blaualgenflechten sind Biliproteine zu erwarten.

Kohlenhydrate

Charakteristisch für Flechten ist der oft hohe Gehalt an Zuckeralkoholen[258]. D-Mannit ist weit verbreitet, ebenso D-Arabit. Bei den bisher nur sehr begrenzt untersuchten Pyrenocarpen wurde an Stelle von D-Arabit Volemit gefunden, doch kann man hieraus noch keine weitergehenden Schlußfolgerungen ziehen[259]. Eine große Zahl der untersuchten Roccellaceen enthält Erythrit, teils in freier Form, teils mit Orsellinsäure oder Lecanorsäure verestert.

In *Xanthoria* wurde Ribit nachgewiesen, das vom Phycobionten, einer *Trebouxia*-Art, synthetisiert wird und die primäre Kohlenstoffquelle bildet. Der Mycobiont kann Ribit dann in Arabit oder Mannit, das wahrscheinlich als Reservestoff dient, umwandeln. Wird eine Flechte dunkel gehalten, so daß sie hungert, sinkt ihr Mannitgehalt drastisch ab[85, 327].

Eine Reihe gewöhnlicher Monosaccharide wie D-Fructose, D-Galaktose und D-Glucose sowie einige Disaccharide wie Trehalose und Saccharose sind aus Flechten bekannt. Bei einer *Peltigera polydactyla* mit *Nostoc* als Phycobionten ist Glucose die primäre Kohlenstoffquelle für den Mycobionten[86, 88].

Auch Glykoside von Zuckeralkoholen konnten nachgewiesen werden. Es ist anzunehmen, daß sie bei Flechten weit verbreitet sind.

Die Zellwände der Hyphen bestehen größtenteils aus Lichenin oder Isolichenin, manchmal auch aus anderen selteneren Polysacchariden. Lichenin ist ein lineares Polysaccharid aus D-Glucose mit β-1,3- und β-1,4-Bindungen (Abb. 6.1 a). Das Molekulargewicht von 20 000 bis 40 000 liegt zwischen dem der Stärke und dem der Cellulose. Lichenin ist in kaltem Wasser schwer löslich und zeigt mit Jod keine Farbreaktion. Isolichenin ist ebenfalls ein D-Glucose-Polysaccharid, jedoch mit α-1,3- und α-1,4-Bindungen (Abb. 6.1 b). Es ist in kaltem Wasser löslich und gibt mit Jod eine blaue Farbreaktion. Während Lichenin und Isolichenin bisher nur aus Flechten bekannt sind, wurden sehr nahe verwandte Glucane in Hafer und Gerste gefunden.

Verschiedene Verbindungen

Nur wenige Flechten wurden bisher auf ihren Vitamingehalt hin untersucht. Nachgewiesen wurden unter anderem Ascorbinsäure, Fol-

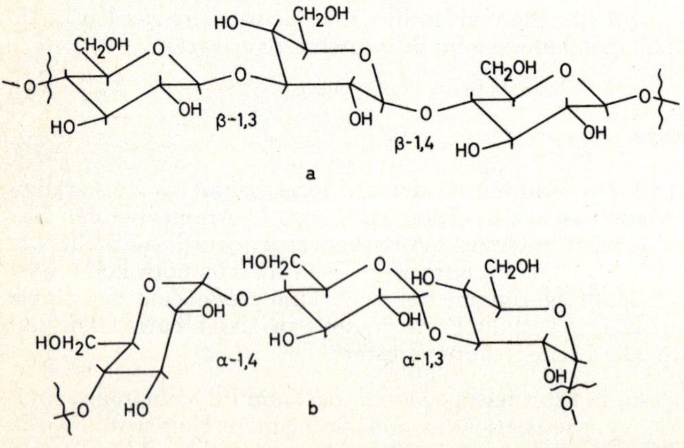

a

b

Abb. 6.1 Teile der Strukturformeln von a) Lichenin und b) Isolichenin.

säure, Pantothensäure, Vitamin B_1, B_2 und B_{12}, alle jedoch in meist geringen Konzentrationen. Die Vitamine werden wahrscheinlich vom Phycobionten produziert.

Viele Verbindungen des Citronensäurecyclus (Krebscyclus) hat man in den Flechten nachgewiesen. Bemerkenswert ist Oxalsäure, die extrazellulär in Form von Calcium- oder Kaliumoxalat vorkommt und anscheinend ein „sekundäres" Ausscheidungsprodukt darstellt. Ammoniak, Methylamin, Dimethylamin und Trimethylamin verursachen den unangenehmen Geruch einiger Sticta-Arten[395]. Dimethylsulfon $(CH_3)_2SO_2$ hat man aus *Cladonia deformis* isoliert. Cholin und Cholinschwefelsäureester sind aus mehreren Gattungen bekannt.

Sekundäre Stoffwechselprodukte

Die sekundären Stoffwechselprodukte der Flechten nennt man häufig „Flechtenstoffe" („Flechtensäuren" der älteren Literatur). Diese Stoffe, die in der Regel ausschließlich bei Flechten angetroffen werden, erregten bereits frühzeitig besondere Aufmerksamkeit. ALMS[18] schrieb 1831 im ersten Band der „Annalen der Pharmazie" über Pikrolicheninsäure: „... dürfte es also als würdiges Ersatzmittel der Chinarinde in der Heilkunde sein Glück machen: dann wäre das Bewußtseyn, zur Linderung der leidenden Menschheit ein Scherflein beigetragen zu haben, die schönste Belohnung meiner Arbeit". Dieser Satz zeigt, daß man frühzeitig große Hoffnungen an die medizinische Wirkung der Flechtenstoffe knüpfte, die sich jedoch nicht oft erfüllten.

Die Untersuchung der Flechtenstoffe fand ihren ersten Höhepunkt in den beiden rivalisierenden Arbeiten von ZOPF und HESSE am Ende des 19. Jahrhunderts. ZOPF[442] faßte 1907 die damaligen Kenntnisse über Flechtenchemie in seinem Buch „Die Flechtenstoffe" zusammen. Es hat rein beschreibenden Charakter und enthält eine Aufstellung über das Vorkommen und die Eigenschaften der verschiedenen Substanzen, während über ihre chemische Struktur fast nichts ausgesagt wird. Trotzdem ist dieses Buch noch immer eine Goldgrube für den Flechtenchemiker.

Eine neue Ära der Flechtenchemie wurde 1913 durch FISCHERS Synthese des Depsids Lecanorsäure eingeleitet[101]. In den folgenden Jahrzehnten wurde eine große Anzahl von Verbindungen isoliert und ihre Struktur aufgeklärt, vor allem von ASAHINA und seinen Mitarbeitern. Heute kennt man die chemische Konstitution von über 200 Flechtenstoffen. Weitere 5—10 neue Verbindungen werden jährlich entdeckt.

Die Flechtenstoffe kann man in drei biosynthetische Hauptgruppen einteilen: die Acetat-Polymalonatgruppe, die Shikimisäuregruppe und die Mevalonsäuregruppe. Im folgenden sollen die Biosynthesewege und die wichtigeren Verbindungen der drei Gruppen vorgestellt werden. Ausführliche Übersichten mit Strukturformeln und chemischen Daten der verschiedenen Verbindungen finden sich bei C. CULBERSON, HUNECK und, was die Biosynthese betrifft, bei MOSBACH.

Acetat-Polymalonatgruppe

Mit etwa 160 Verbindungen ist dies die größte Gruppe der Flechtensubstanzen. Sie enthält aliphatische Fettsäuren, einige alicyclische Verbindungen und eine Vielzahl verschiedener Typen von aromatischen Verbindungen.

Die Biosynthese (Abb. 6.2) wird dadurch eingeleitet, daß Acetyl-Coenzym A mit Malonyl-Coenzym reagiert; letzteres entsteht durch Carboxylierung von Acetyl-Coenzym A. Die neugebildete Verbindung spaltet Kohlendioxid ab und kann dann mit einem weiteren Molekül Malonyl-Coenzym A reagieren. Wiederum wird CO_2 abgespalten usw. Auf diese Weise erhält man Kohlenstoffketten vom Typ CH_3CO-$(CH_2CO)_n$-S-CoA (Polyketidketten) mit einer großen Anzahl von Kohlenstoffatomen, die dann zu aromatischen Verbindungen cyclisiert werden können. Findet eine Reduktion von -CH_2CO- zu -CH_2CH_2- nach jeder Anlagerung von Malonyl-Coenzym A statt, so erhält man Ketten vom Typ $CH_3CH_2(CH_2$-$CH_2)_n$--CH_2CO-S-CoA, welche die Grundbausteine für die aliphatischen Fettsäuren bilden. Durch eine unvollständige Reduktion können Ketten des Typus $CH_3CH_2(CH_2$-

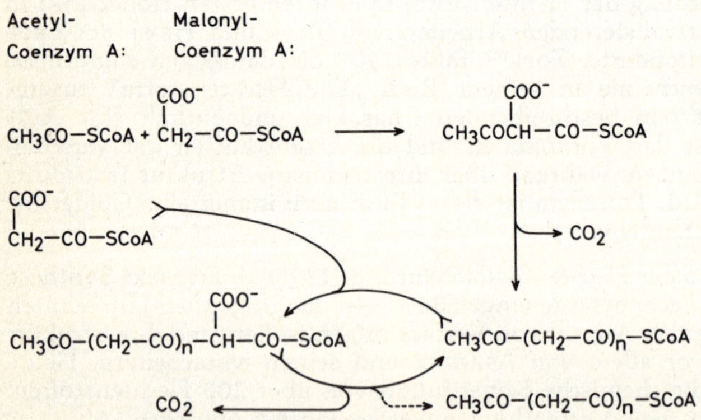

Abb. 6.2 Biosynthese von Polyketidketten aus Acetyl-Coenzym A und Malonyl-Coenzym A.

$CH_2)_m(CH_2CO)_nCH_2CO$-S-CoA entstehen. Eine Cyclisierung dieser Ketten führt zu aromatischen Verbindungen mit langen Alkylseitenketten.

Aliphatische Verbindungen

Neben einer Reihe von gewöhnlichen Fettsäuren, z. B. der Ölsäure, sowie einigen selteneren Fettsäuren wie der Ventosasäure sind etwa 15 aliphatische Säuren bekannt, deren Vorkommen auf die Flechten begrenzt ist. Strukturell stehen diese Säuren Verbindungen sehr nahe, die bei nicht lichenisierten Pilzen vorkommen. MOSBACH hat ein Biosyntheseschema (Abb. 6.3) vorgeschlagen, das größtenteils auf Analogien zu den bekannten Synthesen der nicht lichenisierten Pilze aufgebaut ist. Lediglich die Biosynthese von Protolichesterinsäure (Abb. 6.3 a) hat man bei Flechten untersucht[47].

Protolichesterinsäure ist eine der häufigsten aliphatischen Flechtensäuren. Sie ist optisch aktiv, und beide Antipoden sind aus Flechten bekannt (Abb. 6.3 a). Roccellsäure (Abb. 6.3 b) kommt u. a. bei Roc-

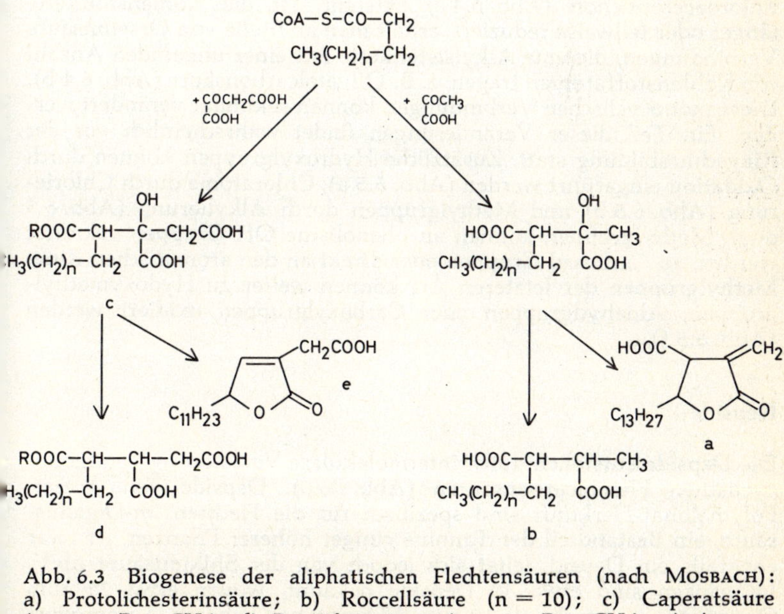

Abb. 6.3 Biogenese der aliphatischen Flechtensäuren (nach MOSBACH): a) Protolichesterinsäure; b) Roccellsäure (n = 10); c) Caperatsäure (n = 12, R = CH_3); d) Rangiformsäure (n = 12, R = CH_3); e) Acarensäure.

cellaceen vor, Caperatsäure (Abb. 6.3 c) bei vielen Parmeliaceen, Rangiformsäure (Abb. 6.3 d) bei einer Reihe von *Cladonia*-Arten und Acarensäure (Abb. 6.3 c) bei einigen *Acarospora*-Arten.

Aromatische Verbindungen

Durch die Cyclisierung von nicht reduzierten Polyketidketten können entweder monocyclische oder polycyclische Verbindungen gebildet werden. In der Regel werden dann mehrere monocyclische Verbindungen zu größeren Einheiten zusammengekoppelt, den Depsiden, Depsidonen usw., oder die polycyclischen Verbindungen werden nicht dimerisiert, sondern nur gering sekundär verändert.

Monocyclische, nicht frei vorkommende Verbindungen

Eine Kondensation von einer Acetyl-Coenzym-A-Einheit mit drei Malonyl-Coenzym-A-Einheiten führt zu einer C_8-Kohlenstoffkette. Diese Kette kann durch die Flechten in zweierlei Weise zu einem Ring verknüpft werden, so daß entweder Orsellinsäure (Abb. 6.4 a) oder Phloroacetophenon (Abb. 6.4 c) entsteht. Ist die Kohlenstoffkette länger oder teilweise reduziert, erhält man an Stelle von Orsellinsäure Verbindungen, die eine Alkylseitenkette mit einer ungeraden Anzahl von Kohlenstoffatomen tragen, z. B. Olivetolcarbonsäure (Abb. 6.4 b). Diese monocyclischen Verbindungen können sekundär verändert werden. Ein Teil dieser Veränderungen findet wahrscheinlich vor der Ringschlußbildung statt. Zusätzliche Hydroxylgruppen können durch Oxidation eingeführt werden (Abb. 6.5 a), Chloratome durch Chlorierung (Abb. 6.5 b) und Methylgruppen durch Alkylierung (Abb. 6.5 c—e). Methylgruppen können an phenolische OH-Gruppen geknüpft werden, an Carboxyl-Gruppen oder direkt an den aromatischen Ring. Methylgruppen der letzteren Art können weiter zu Hydoxymethylgruppen, Aldehydgruppen oder Carboxylgruppen oxidiert werden (Abb. 6.5 f).

Depside

Die Depside entstehen durch intermolekulare Veresterung von monocyclischen Phenolcarbonsäuren (Abb. 6.6). Depside von Acetat-Polymalonat-Herkunft sind spezifisch für die Flechten. *m*-Digallussäure, ein Bestandteil der Tannine einiger höherer Pflanzen, ist zwar ebenfalls ein Depsid, leitet sich jedoch von der Shikimisäure ab[192]. Im ganzen sind etwa 40 Depside bekannt, wovon etwa 25 zum Orcintypus und mehr als 10 zum β-Orcintypus gehören. Ferner wurden sechs Tridepside und ein Tetradepsid vom Orcintypus isoliert.

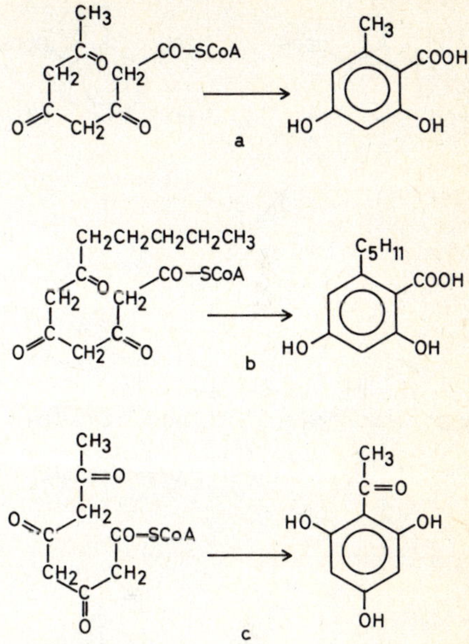

Abb. 6.4 Cyclisierung von Polyketidketten zu monocyclischen aromatischen Verbindungen: a) Orsellinsäure; b) Olivetolcarbonsäure und c) Phloroacetophenon.

In Depsiden vom Orcintypus entstehen die Phenolcarbonsäuren aus (eventuell modifizierten) Orsellinsäuren oder aus homologen Verbindungen. In Depsiden vom β-Orcintypus wird ein C_1-Substituent (Methyl-, Hydroxymethyl- usw.) in die 3-Stellung der Orsellinsäure eingeführt (vgl. Abb. 6.6 f). Dieser Substituent fehlt bei Depsiden vom Orcintypus. Befindet sich die phenolische Hydroxylgruppe, die verestert wird, in *para*-Stellung zur Carboxylgruppe, so erhält man ein *para*-Depsid (Abb. 6.6 b—d, g), nimmt sie die *meta*-Stellung ein, so entsteht ein *meta*-Depsid. Durch die intermolekulare Veresterung von drei Phenolcarbonsäuren werden Tridepside gebildet.

Das einfachste Depsid ist die Lecanorsäure (Abb. 6.19 a). Sie ist allgemein verbreitet. Bei den Roccellaceen trifft man sie auch in Form von Erythrin, einem Erythritolester der Lecanorsäure (Abb. 6.6 d). Evernsäure (Abb. 6.6 a), ein Monomethyläther der Lecanorsäure ist in der Hauptsache auf *Parmelia, Ramalina* und *Evernia* beschränkt. Confluentinsäure (Abb. 6.6 b) und Divaricatsäure (Abb. 6.6 c) sind Beispiele für Depside mit längeren Alkylseitenketten. Erstere findet sich hauptsächlich in der Gattung *Lecidea*, letztere ist weiter verbreitet. *Meta*-Depside vom Orcintypus, z. B. Sekikasäure (Abb. 6.6 e), kommen regelmäßig in den Gattungen *Cladonia* und *Ramalina* vor. Alle

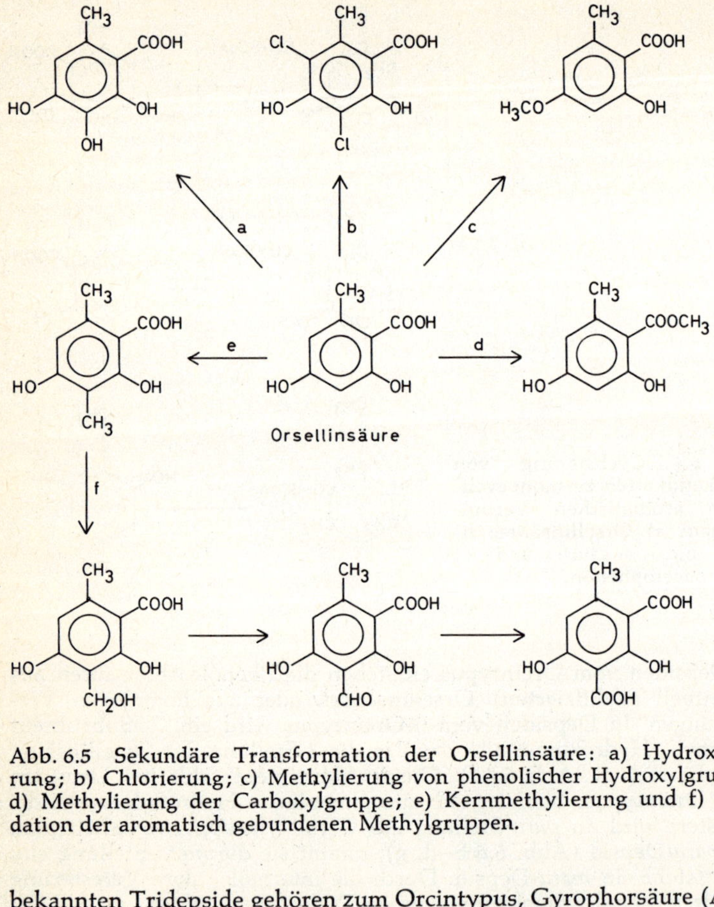

Abb. 6.5 Sekundäre Transformation der Orsellinsäure: a) Hydroxylierung; b) Chlorierung; c) Methylierung von phenolischer Hydroxylgruppe; d) Methylierung der Carboxylgruppe; e) Kernmethylierung und f) Oxidation der aromatisch gebundenen Methylgruppen.

bekannten Tridepside gehören zum Orcintypus, Gyrophorsäure (Abb. 6.6 f) wurde in etwa 20 Gattungen aus 12 Familien gefunden.

Depside vom β-Orcintypus trifft man ebenfalls in vielen Gattungen an. Am häufigsten ist Atranorin (Abb. 6.19 d), das in der Regel in der Rinde vorkommt, während die meisten anderen sekundären Stoffwechselprodukte im Mark lokalisiert sind. Als Beispiele für andere Depside vom β-Orcintypus seien Squamatsäure (Abb. 6.6 g) und Thamnolsäure (Abb. 6.6 h) erwähnt.

Zwei Depside vom sogenannten Benzylestertypus sind bekannt: Barbatolsäure und Alectorialsäure[303]. Beide wurden bei Usneaceen gefunden.

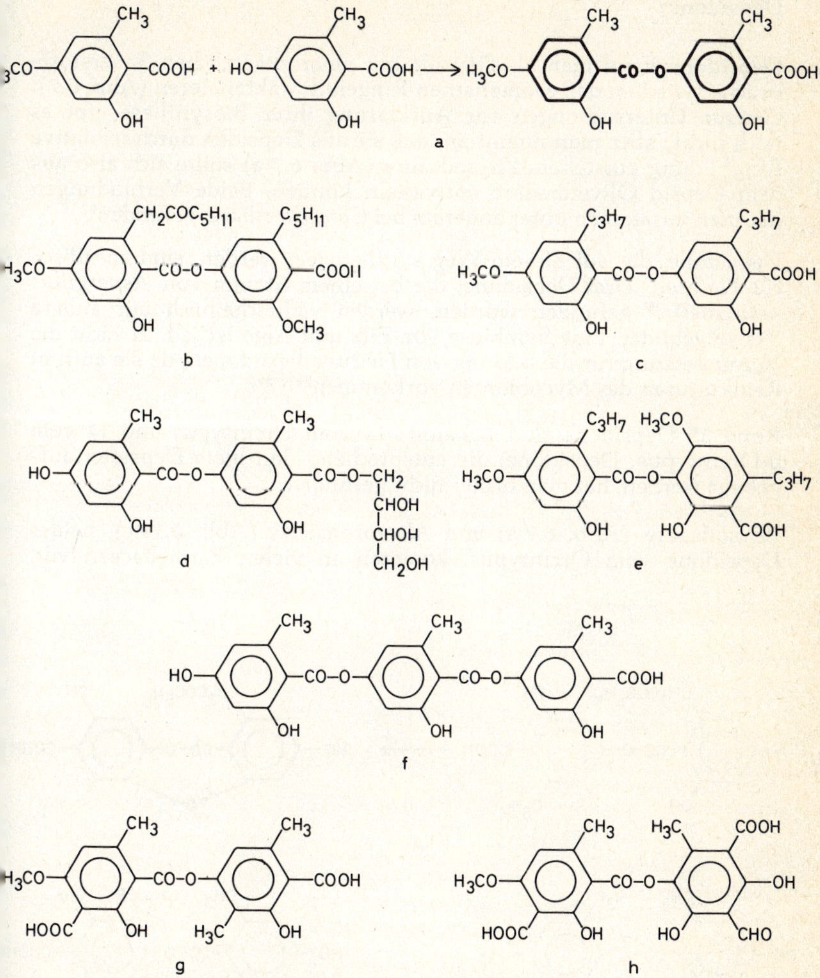

Abb. 6.6 Depside. a) Bildung eines Depsids (Evernsäure) aus 4-O-Methylorsellinsäure und Orsellinsäure. Das Depsidskelett ist stark umrandet. b—d) *para*-Depside vom Orcintypus; b) Confluentinsäure; c) Divaricatsäure; d) Erythrin; e) Sekikasäure, ein *meta*-Depsid vom Orcintypus; f) Gyrophorsäure, ein Tridepsid vom Orcintypus; g) Squamatsäure, ein *para*-Depsid vom β-Orcintypus; h) Thamnolsäure, ein *meta*-Depsid vom β-Orcintypus.

Depsidone

Depsidone kann man als Depside mit einer zusätzlichen Sauerstoffbrücke zwischen den aromatischen Ringen charakterisieren (Abb. 6.7). Genaue Untersuchungen zur Aufklärung ihrer Biosynthese gibt es noch nicht; aber man nimmt an, daß sie aus Depsiden durch oxidative Ringbildung entstehen. Physodsäure (Abb. 6.7 a) sollte sich also aus dem Depsid Olivetorsäure entwickeln können. Beide Verbindungen hat man zusammen unter anderem bei *Cetraria ciliaris* gefunden[63].

Depsidone, die auf diesem Weg synthetisiert werden, sind spezifisch für Flechten. Drei Depsidone, die bei einem Stamm von *Aspergillus nidulans*[74–76] gefunden wurden, werden wahrscheinlich auf andere Weise gebildet. Eine Symbiose von Pilz und Alge ist jedoch nicht die Voraussetzung für die Bildung von Flechtendepsidonen, da sie auch in Reinkulturen des Mycobionten vorkommen[221, 345].

Rund 25 Depsidone sind bekannt: 11 vom Orcintypus und 14 vom β-Orcintypus. Depsidone, die entsprechend den *meta*-Depsiden aufgebaut werden, hat man bisher nicht gefunden.

Physodsäure (Abb. 6.7 a) und Alectoronsäure (Abb. 6.19 c), beides Depsidone vom Orcintypus, kommen in vielen Parmeliaceen vor.

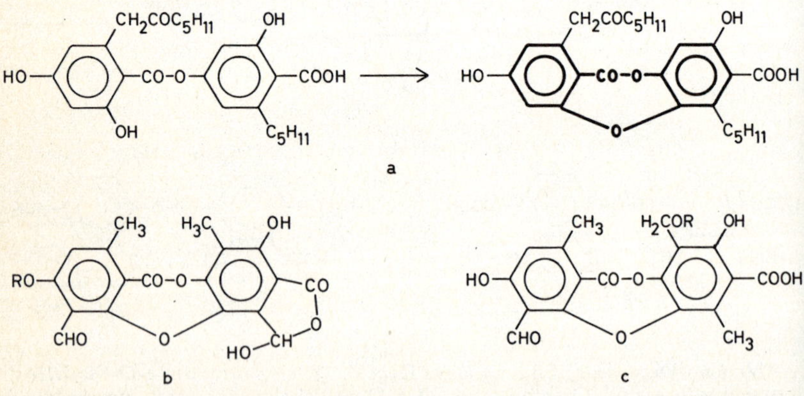

Abb. 6.7 Depsidone. a) Bildung des Depsidons Physodsäure aus dem Depsid Olivetorsäure. Das Depsidonskelett ist fett gedruckt. b) Norstictinsäure (R = H) und Stictinsäure (R = CH_3). c) Protocetrarsäure (R = H) und Fumarprotocetrarsäure (R = OCOCH = CHCOOH).

Die vier β-Orcindepsidone, Norstictinsäure, Stictinsäure (Abb. 6.7 b), Protocetrarsäure und Fumarprotocetrarsäure (Abb. 6.7 c) sind weit verbreitet.

Depsone

Bisher ist nur ein einziges Depson bekannt, die Pikrolichensäure, die nur in der Gattung *Pertusaria* vorkommt und die *Pertusaria amara* den bitteren Geschmack gibt. Sie entsteht wahrscheinlich durch oxidativen Ringschluß eines (bisher nicht angetroffenen) Depsids (Abb. 6.8)[423].

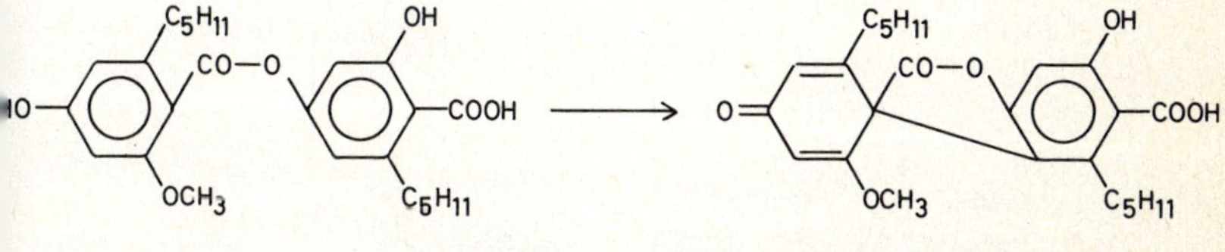

Abb. 6.8 Das Depson Pikrolicheninsäure kann durch oxidativen Ringschluß eines Depsids entstehen.

Dibenzofurane

Hier erfolgt die Biosynthese wahrscheinlich durch eine oxidative Addition von zwei Phenolcarbonsäuren und Ringschluß unter Wasserabspaltung (Abb. 6.9). Abgesehen davon, daß Rhodomyrtoxin und ψ-Rhodomyrtoxin[20, 412] bei einer höheren Pflanze vorkommen, sind auch die Dibenzofurane spezifisch für Flechten. Sechs solcher Verbindungen sind bekannt, z. B. Pannarsäure (Abb. 6.9). Alle sind sehr selten anzutreffen.

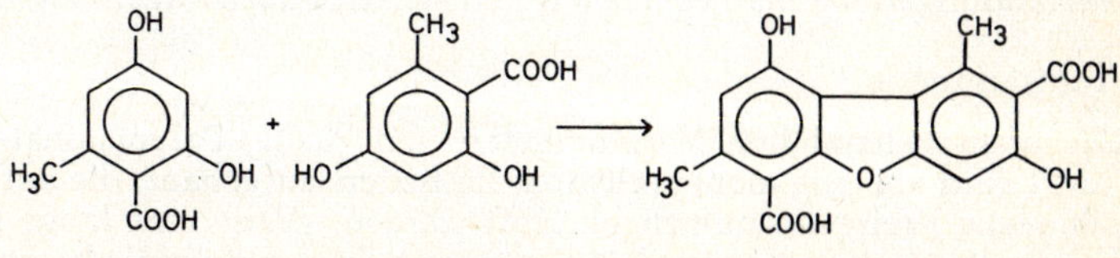

Abb. 6.9 Das Dibenzofuran Pannarsäure kann durch oxidative Kondensation von zwei Molekülen Orsellinsäure gebildet werden.

Usninsäuren

Die bisher besprochenen Verbindungen entstehen aus Phenolcarbonsäure vom Orsellinsäuretypus. Eine C_8-Polyketidkette kann, wie bereits erwähnt, auch zu Phloroacetophenon cyclisiert werden (Abb. 6.4 b). Wird Phloroacetophenon methyliert, so erhält man Methylphloroacetophenon. Zwei solche Moleküle können oxidativ zusammengekoppelt werden, wobei durch Ringschluß unter Wasserabspaltung Usninsäure und Isousninsäure entstehen (Abb. 6.10)[402]. Sowohl

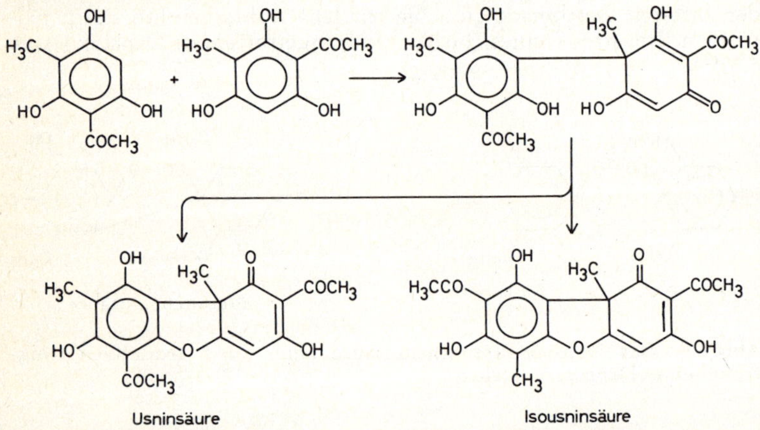

Abb. 6.10 Usninsäure entsteht aus zwei Molekülen Methylphloroacetophenon durch oxidative Kopplung und dehydrierende Cyclisierung.

Usninsäure wie Isousninsäure kommen in zwei optischen Antipoden, in (+)- und (–)-Form vor. Flechten enthalten die beiden Säuren entweder nur in (+)- oder in (–)-Form; aber gemischt treten die beiden Formen in der Natur nie auf.

Dibenzochinone

Das rote Pigment Pyxiferin soll ein Dibenzochinon sein[59]. Ähnliche Verbindungen hat man bei nicht lichenisierten Pilzen angetroffen.

Anthrachinone

Die oben behandelten Verbindungen von Acetat-Polymalonat-Herkunft sind alle aus monocyclischen Einheiten aufgebaut, die auf verschiedene Weise zusammengeknüpft werden. Wenn eine lange Polyketidkette cyclisiert wird, können unmittelbar polycyclische aromatische Verbindungen entstehen. Ein Beispiel hierfür sind die Anthrachinone, die in Flechten vorkommen. Je nachdem wie die Ringbildung vor sich geht (Abb. 6.11), erhält man entweder Anthrachinone vom

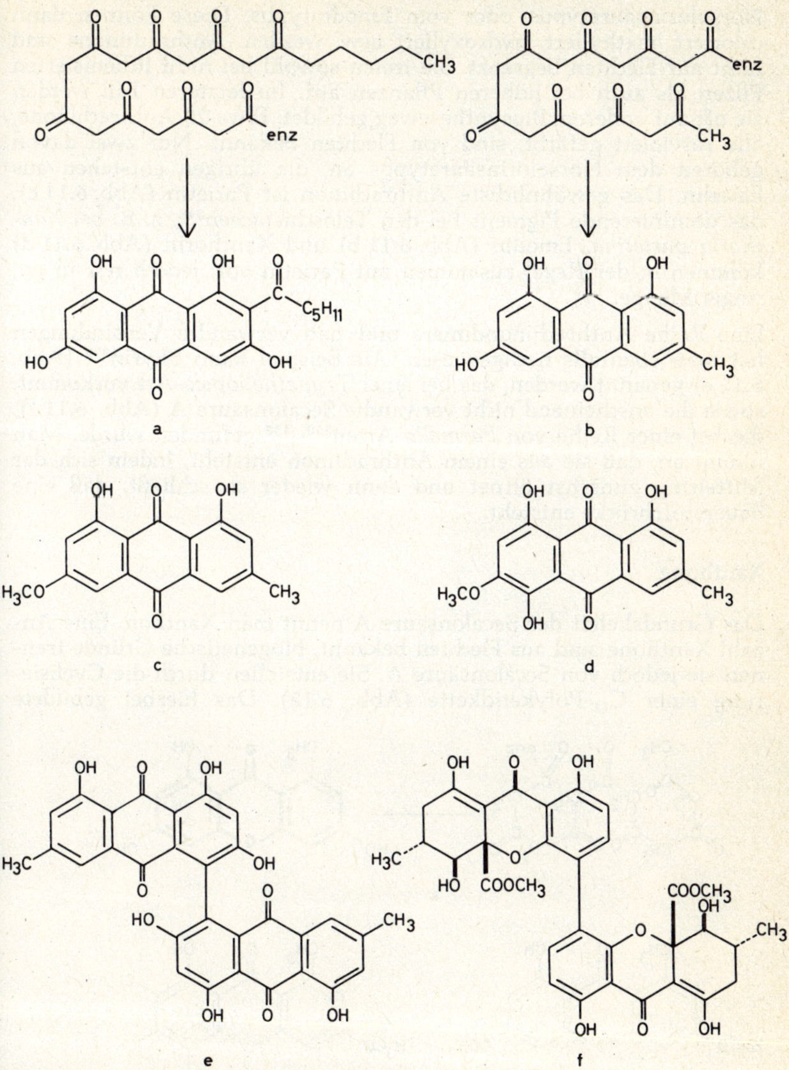

Abb. 6.11 Anthrachinone. Ein Ringschluß der Polyketidketten kann führen zu a) Norsolorinsäure oder b) Emodin. Durch sekundäre Veränderung können entstehen c) Parietin und d) Xanthorin, wie auch e) das *bis*-Anthrachinon Skyrin. f) Secalonsäure A ist ein *bis*-Tetrahydroxanthon, doch wird es wahrscheinlich aus Anthrachinonen gebildet.

Norsolorinsäuretypus oder vom Emodintypus. Diese können dann chloriert, methyliert, hydroxyliert usw. werden. Anthrachinone sind nicht auf Flechten begrenzt. Sie treten sowohl bei nicht lichenisierten Pilzen als auch bei höheren Pflanzen auf. Im letzteren Fall werden sie oft auf anderem Biosyntheseweg gebildet. Etwa 20 Anthrachinone, alle rotviolett gefärbt, sind von Flechten bekannt. Nur zwei davon gehören dem Norsolorinsäuretypus an, die übrigen entstehen aus Emodin. Das gewöhnlichste Anthrachinon ist Parietin (Abb. 6.11 c), das dominierende Pigment bei den Teloschistaceen[348], z. B. bei *Xanthoria parietina*. Emodin (Abb. 6.11 b) und Xanthorin (Abb. 6.11 d) kommen in der Regel zusammen mit Parietin vor, jedoch nur in geringer Menge.

Eine Reihe Anthrachinondimere und nah verwandte Verbindungen hat man ebenfalls nachgewiesen. Als Beispiel kann Skyrin[379] (Abb. 6.11 e) genannt werden, das bei einer *Trypetheliopsis*-Art vorkommt, sowie die anscheinend nicht verwandte Secalonsäure A (Abb. 6.11 f), die bei einer Reihe von *Parmelia*-Arten[350, 436] gefunden wurde. Man nimmt an, daß sie aus einem Anthrachinon entsteht, indem sich der Mittelring zunächst öffnet und dann wieder so schließt, daß eine Sauerstoffbrücke entsteht.

Xanthone

Das Grundskelett der Secalonsäure A nennt man Xanthon. Eine Anzahl Xanthone sind aus Flechten bekannt, biogenetische Gründe trennen sie jedoch von Secalonsäure A. Sie entstehen durch die Cyclisierung einer C_{14}-Polyketidkette (Abb. 6.12). Das hierbei gebildete

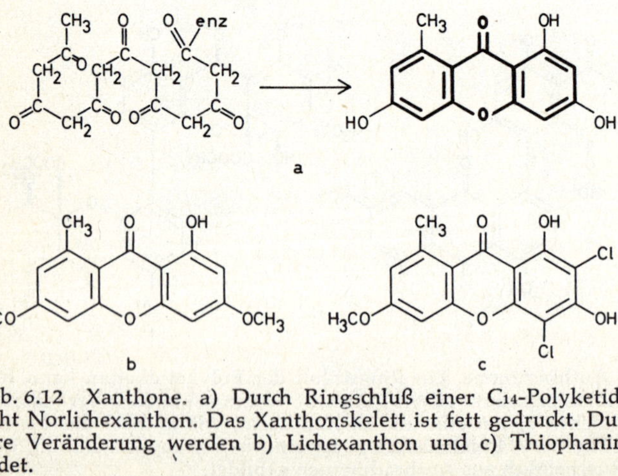

Abb. 6.12 Xanthone. a) Durch Ringschluß einer C_{14}-Polyketidkette entsteht Norlichexanthon. Das Xanthonskelett ist fett gedruckt. Durch sekundäre Veränderung werden b) Lichexanthon und c) Thiophaninsäure gebildet.

Xanthon, Norlichexanthon, kann durch Chlorierung und Methylierung in die übrigen Flechtenxanthone umgewandelt werden. Sechzehn Flechtenxanthone sind bekannt[345]. Sehr nahe verwandte Verbindungen finden wir bei nicht lichenisierten Pilzen, während die Xanthone der höheren Pflanzen nicht von Acetat-Polymalonat abstammen[56, 133].

Flechtenxanthone sind hell bis kräftig gelbe Pigmente. In der Regel sind sie chloriert. Nur Norlichexanthon und das ziemlich häufig vorkommende Lichexanthon (Abb. 6.12 b) machen eine Ausnahme. Thiophaninsäure (Abb. 6.12 c) ist das gelbe Pigment vieler *Pertusaria*-Arten[256, 345].

Naphthochinone

Die roten Apotheciumpigmente einiger *Haematomma*- und *Cladonia*-Arten wurden kürzlich als Naphthochinone erkannt[27, 52]. Sie werden wahrscheinlich durch die Ringbildung von C_{14}-Polyketidketten gebildet. Ähnliche Verbindungen findet man auch in anderen Pflanzengruppen.

Chromone

Diese farblosen bis hellgelben Verbindungen die ebenfalls durch Cyclisierung von Polyketidketten entstehen, kommen vereinzelt bei Pflanzen vor. Bei Flechten hat man nur drei angetroffen, wovon eins das Siphulin (Abb. 6.13) der sterilen *Siphula ceratites* ist.

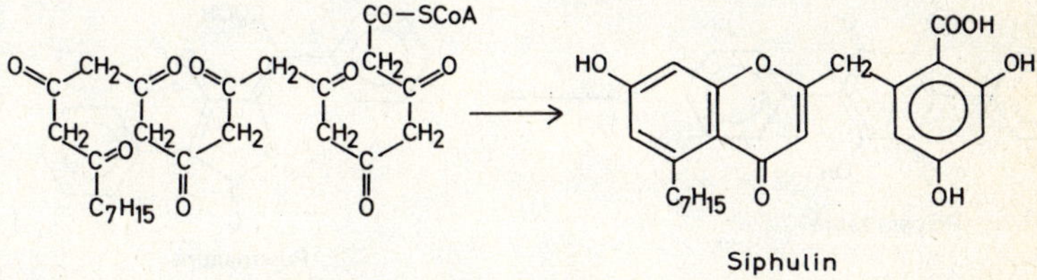

Abb. 6.13 Das Siphulin, ein Chromanon, kann durch Ringschluß einer C_{24}-Polyketidkette entstehen.

Shikimisäuregruppe

Außer über den Acetat-Polymalonat-Weg können die Flechten auch über die Shikimisäure aromatische Verbindungen bilden. Dieser Biosyntheseweg ist allgemein in der Pflanzenwelt verbreitet und spielt besonders bei höheren Pflanzen eine große Rolle[53]. Auf diese Weise werden so wichtige Produkte wie Cumarine, Gallussäuren und Zimtsäuren gebildet. Aus Zimtsäuren entsteht über Zimtalkohol Lignin. Durch Kombination des Shikimisäurewegs und des Acetat-Polymalonat-Wegs können Flavone und Anthocyanidine synthetisiert werden. Jedoch sind sowohl die lichenisierten wie die nicht lichenisierten Pilze zu dieser Verbindung der Biosynthesewege nicht in der Lage.

Der Shikimisäureweg bei Flechten ist in Abb. 6.14 zusammengefaßt. Die im Zuckerstoffwechsel entstehenden Verbindungen Phosphoenolbrenztrauben-

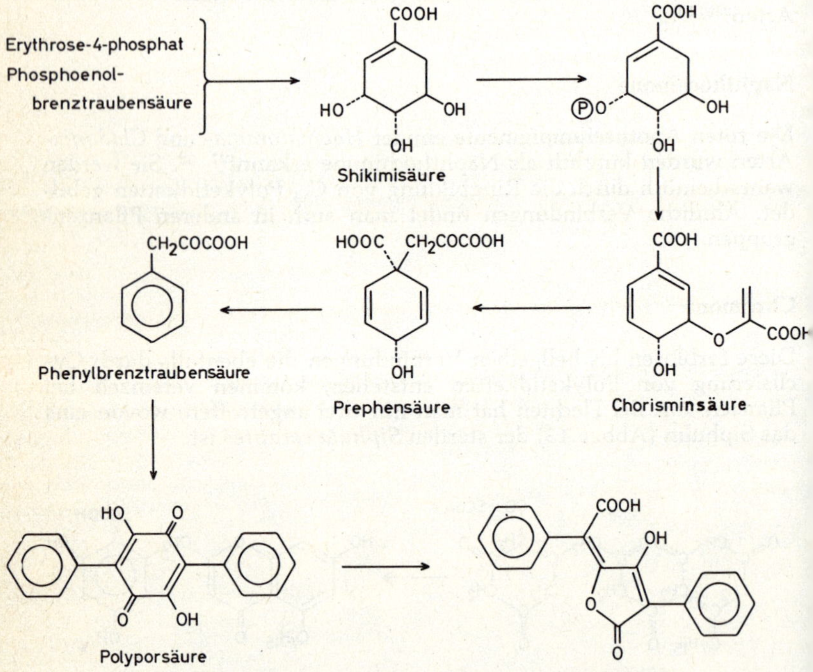

Abb. 6.14 Biosynthese der Shikimisäureprodukte.

säure und Erythrose-4-phosphat werden in mehreren Schritten zu Shikimisäure umgesetzt. Diese wird phosphoryliert und reagiert mit weiterer Phosphoenolbrenztraubensäure, wobei zunächst Prephensäure (über Chorisminsäure) und danach Phenylbrenztraubensäure entsteht. Zwei Moleküle Phenylbrenztraubensäure können sodann zu Polyporsäure zusammengelagert werden (ein Triphenylchinon). Durch eine oxidative Ringöffnung von Polyporsäure wird Pulvinsäure gebildet und aus dieser wieder eine ganze Reihe von Tetronsäuren.

Wir finden bei den Flechten zwei Haupttypen von Shikimisäureprodukten, nämlich Terphenylchinone und Tetronsäuren vom Pulvinsäuretypus. Nur zwei Terphenylchinone sind bekannt: Polyporsäure und Thelephorsäure (Abb. 6.15 a). Diese beiden purpurfarbenen bis

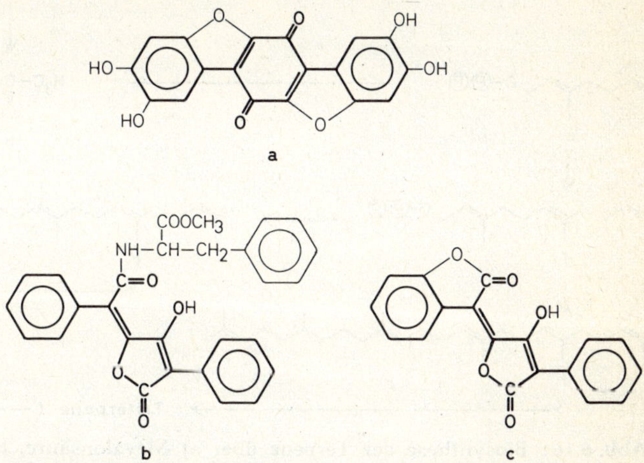

Abb. 6.15. Shikimisäureprodukte der Flechten. a) Thelephorsäure (ein Terphenylchinon, das Grundskelett ist fett gedruckt). b) Rhizocarpsäure. c) Calycin (Tetronsäure, das Grundskelett ist fett gedruckt).

violetten Pigmente kommen in einer Reihe nicht lichenisierter Pilze vor, besonders in Basidiomyceten. Bei den Flechten sind sie dagegen selten.

Tetronsäuren, auch Pulvinsäurederivate genannt, sind bei Flechten durch neun Verbindungen vertreten. Diese gelben Pigmente sind bei den Gattungen *Candelariella* und *Rhizocarpon* verbreitet. Die wichtigsten Verbindungen sind Rhizocarpsäure (Abb. 6.15 b), Pulvindilacton, Calycin (Abb. 6.15 c) und Vulpinsäure. Einige Tetronsäuren vom Pulvinsäuretypus hat man aus der Kultur der Mycobionten isoliert[287]. Sie sind neuerdings sogar bei nicht lichenisierten Pilzen gefunden worden[95, 343, 394]. Man kann sie aber trotzdem als relativ typische Flechtenpigmente betrachten.

Mevalonsäuregruppe

Das Acetyl-Coenzym A ist auch für die Biosynthese der Mevalonsäuregruppe eine Schlüsselsubstanz (Abb. 6.16). Die schrittweise Kondensierung von drei Molekülen Acetyl-SCoA, gefolgt von einer Reduktion, führt zur Mevalonsäure, welche phosphoryliert wird. Gleichzeitige Abspaltung von

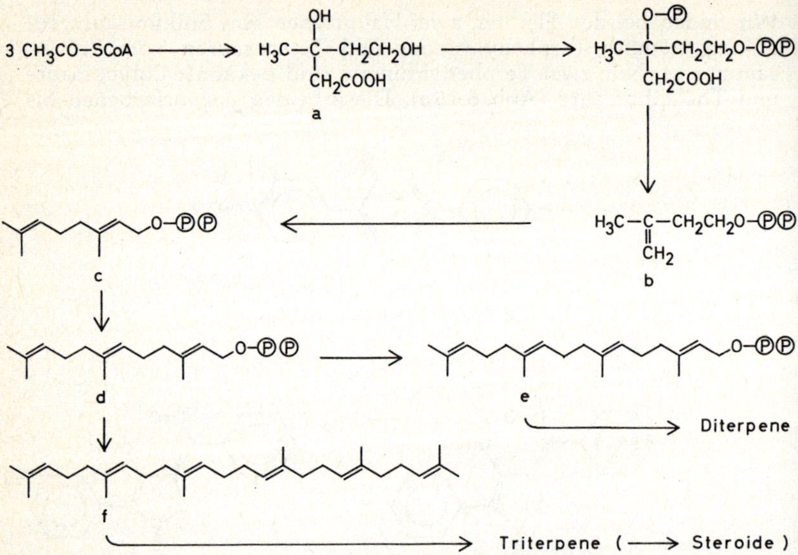

Abb. 6.16 Biosynthese der Terpene über a) Mevalonsäure, b) Isopentenylpyrophosphat, c) Geranylpyrophosphat, d) Farnesylpyrophosphat, e) Geranylgernalypyrophosphat und f) Squalen.

Phosphat und Decarboxylierung ergibt Isopentenylpyrophosphat mit fünf Kohlenstoffeinheiten, welches im Gleichgewicht mit dem isomeren 3,3-Dimethylallylpyrophosphat steht. Durch schrittweise Kondensierung erhält man die C_{10}-Einheit Geranylpyrophosphat, die C_{15}-Einheit Farnesylpyrophosphat und die C_{20}-Einheit Geranyl-geranylpyrophosphat. Eine Dimerisierung von Farnesylpyrophosphat gibt Squalen, das ein Vorläufer der Triterpene und Steroide ist. Geranylgeranylpyrophosphat kann entweder als Vorstufe für Diterpene dienen oder bildet nach Dimerisierung die Ausgangssubstanz für Carotine.

Verbindungen, die biosynthetisch aus Mevalonsäure entstehen, nennt man oft isoprenoide Verbindungen. Bei den Flechten sind sie durch vier Gruppen repräsentiert: die Diterpene, Triterpene, Sterole und Carotinoide, wovon die letztgenannte Gruppe in Zusammenhang mit den primären Stoffwechselprodukten behandelt wurde. Nur ein Diterpen ist bisher bei Flechten gefunden worden: (—)-16-α-Hydroxykauran (Abb. 6.17 c), das bei einer Reihe von amerikanischen *Ramalina*-Arten vorkommt.

Etwa zwanzig Flechtentriterpene von bekannter Struktur wurden isoliert, davon acht aus *Parmelia entotheiochroa*, eine der wenigen Flechten, die eingehend in bezug auf Triterpene untersucht wurden.

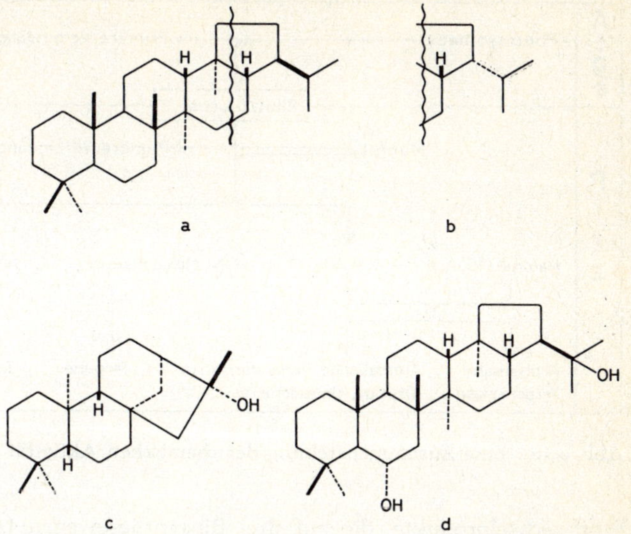

Abb. 6.17 Terpene: a) Hopan, b) Isohopan, c) (-)-16-α-Hydroxykauran und d) Zeorin.

Die meisten der Flechtentriterpene leiten sich aus dem Grundskelett des Hopan (Abb. 6.17 a) oder aus dem Isohopan (Abb. 6.17 b) ab. Das wichtigste Triterpen ist das allgemein vorkommende Zeorin (Abb. 6.17 d). Daneben können Leucotylin, Friedelin und Ursolsäure genannt werden. Die beiden letzteren sind auch von zahlreichen höheren Pflanzen bekannt; die meisten Flechtentriterpene sind jedoch nur auf Flechten beschränkt.

Von den Sterolen, die bei Flechten nachgewiesen wurden, sind zwei (β-Sitosterol und Ergosterol) im ganzen Pflanzenbereich verbreitet, das dritte (Fungisterol) kommt häufig bei nicht lichenisierten Pilzen vor.

Zusammenfassung

Abb. 6.18 zeigt einen Versuch, die chemischen Aktivitäten der Flechten in einem Schema zusammenzufassen.

Durch die Photosynthese der Phycobionten entstehen Zuckeralkohole (z. B. Ribit) oder Zucker (Glucose), die zum Myocobionten transportiert werden. Dieser wandelt die Kohlenhydrate in den Reservestoff Mannit oder in sekundäre Stoffwechselprodukte um. Die sekundären

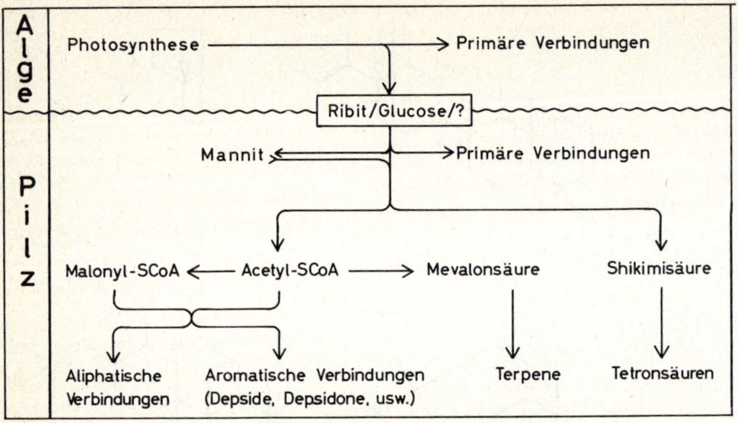

Abb. 6.18 Eine Zusammenstellung der chemischen Aktivität der Flechten.

Stoffwechselprodukte, die auf drei Biosynthesewegen (Acetat-Polymalonat-Weg, Shikimisäureweg und Mevalonsäureweg) gebildet werden, sind oft sehr spezifisch ausgeprägt und von anderen Pflanzengruppen her nicht bekannt. Besonders charakteristisch für die Flechten sind die Depside und Depsidone.

Identifizierung der Flechtensubstanzen

Um sicher festzustellen, welche Flechtenstoffe in einer Flechte vorhanden sind, muß man die verschiedenen Verbindungen isolieren. Die Arbeit ist zeitraubend, und man benötigt oft große Mengen der betreffenden Flechte. Mit Hilfe einiger mikrochemischer Methoden kann man jedoch mit ziemlich großer Sicherheit Flechtenstoffe identifizieren, ohne daß man sie isoliert. Es sei jedoch betont, daß solche mikrochemischen Bestimmungen niemals vollkommen sicher sind. Besonders interessante, bemerkenswerte oder unerwartete Resultate sollte man so weit wie möglich durch Isolierung der Stoffe verifizieren.

Farbreaktionen

Viele Flechtensubstanzen reagieren mit bestimmten Stoffen und liefern gefärbte Reaktionsprodukte, die zur Identifizierung dienen können. Die wichtigsten Reagenzien sind Calciumhypochlorit, $Ca(OCl)_2$ (verkürzt C), Kaliumhydroxid KOH (verkürzt K) und *para*-Phenylendiamin, $H_2NC_6H_4NH_2$ (verkürzt PD oder P). C und K wurden von NYLANDER[295] bereits 1866 vorgeschlagen, während PD von ASAHINA[21] 1934 eingeführt wurde.

Die Farbreaktionen führt man unmittelbar an einem Fragment der Flechte aus, indem man einen Tropfen der Reagenzlösung mit einem spitzen Glasstab oder mit einer Pipette aufträgt. Am besten prüft man Rinde und Mark getrennt. Apothecien geben mitunter andere Reaktionen als der Thallus. Besonders wenn der Flechtenthallus dunkelfarbig ist, kann es von Vorteil sein, die Farbreaktionen mit Hilfe der „Filterpapiermethode" auszuführen[342].Ein kleines Stück Thallus wird fest in die Mitte eines Filterpapiers gedrückt und mit Aceton betropft. Jeden Tropfen läßt man verdunsten, ehe man den nächsten zufügt. Die Flechtenstoffe werden auf diese Weise extrahiert und bilden einen Ring rund um das Thallusfragment. Die Farbreaktionen werden dann an diesem Ringe ausgeführt. Auf dem weißen Hintergrund sind sie leicht zu erkennen.

Größte Vorsicht ist angebracht mit allen Reagenzien, die für Farbreaktionen verwendet werden. Schwer heilende Wunden können entstehen, wenn sie mit der Haut in Kontakt kommen. Das gilt besonders für K und PD. Flechtenfragmente, die mit dem Reagenz in Kontakt gekommen waren, soll man unmittelbar fortwerfen. Unter keinen Umständen soll man sie zurück in die Herbarkapsel stecken.

C verwendet man in Form einer gesättigten wäßrigen Lösung, am besten in dunkler Flasche, die höchstens einen Tag haltbar ist. (An Stelle von C kann man ein wasserlösliches chlorhaltiges Bleichmittel verwenden. Man sollte es vorher nur an einigen Flechten mit bekannter Farbreaktion testen, z. B. an *Umbilicaria pustulata,* die sich mit C rosa färbt). Eine rosa bis rote Färbung erhält man, wenn aromatische Verbindungen mit einer freien phenolischen Hydroxylgruppe in *meta*-Stellung (Abb. 6.19 a) vorhanden sind. Ist die Position zwischen den beiden Hydroxylgruppen durch eine Alkylgruppe oder ähnliches substituiert, wie z. B. im Atranorin (Abb. 6.19 d), so bleibt die Farbreaktion aus. Dibenzofurane, außer Schizopeltesäure, reagieren mit C und geben eine grünliche Färbung, die jedoch oft schwer zu beobachten ist. Was chemisch bei der C-Reaktion passiert, ist nicht bekannt. Möglicherweise können die phenolischen Verbindungen unter gleichzeitiger Chlorierung zu gefärbten monomeren oder dimeren Chinonen oxidiert werden.

K verwendet man in Form einer 5—25%igen wäßrigen Lösung, die in einer gut verschlossenen Flasche unbegrenzt haltbar ist. Gefärbte Flechtenstoffe vom Chinontypus, z. B. Parietin, geben dunkelrote bis violette Färbungen, während andere Pigmente wie Tetronsäuren, Xanthone und Usninsäuren nicht mit K reagieren. Viele farblose Depside oder Depsidone ergeben gelbe bis rote Färbungen mit K. Die

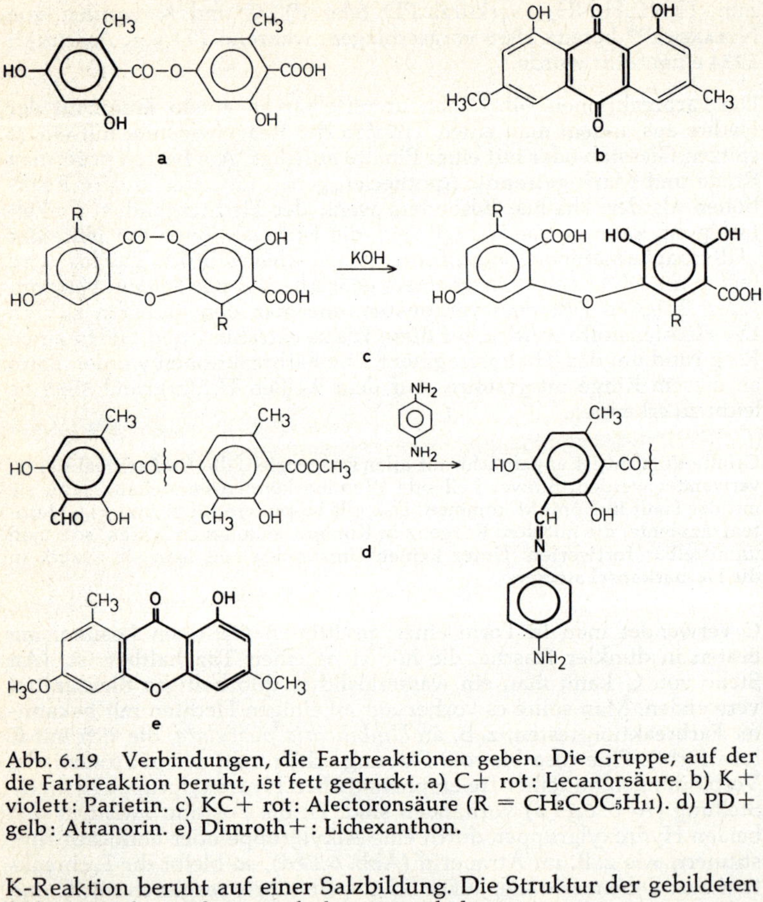

Abb. 6.19 Verbindungen, die Farbreaktionen geben. Die Gruppe, auf der die Farbreaktion beruht, ist fett gedruckt. a) C+ rot: Lecanorsäure. b) K+ violett: Parietin. c) KC+ rot: Alectoronsäure (R = $CH_2COC_5H_{11}$). d) PD+ gelb: Atranorin. e) Dimroth+: Lichexanthon.

K-Reaktion beruht auf einer Salzbildung. Die Struktur der gebildeten farbigen Kaliumsalze ist jedoch meist unbekannt.

Selbst wenn beide, K- und C-Reaktionen, negativ sind, kann man mitunter durch die Kombination der beiden Reagenzien eine Farbreaktion erhalten (verkürzt KC). Wenn man K zuerst zusetzt, werden Esterbindungen bei gewissen Depsiden und Depsidonen hydrolysiert. Dabei kann eine zusätzliche phenolische Hydroxylgruppe frei werden, so daß eventuell zwei *meta*-Hydroxyle vorliegen (Abb. 6.19 c). Setzt man nun C zu, so erhält man mit einem Teil der Flechtenstoffe eine rötliche Farbreaktion (KC+).

PD wird in Form einer 0,1%igen alkoholischen Lösung verwendet. Sie ist nur sehr begrenzt haltbar. Eine stabilere PD-Lösung (Steiners

Lösung)[396] kann man aus 1 g *para*-Phenylendiamin, 10 g Natriumsulfit und 1 ml eines Netzmittels (Spülmittel) in 100 ml Wasser bereiten. Positive Reaktion, gelbe bis rote Farbtöne, erhält man mit Verbindungen, die aromatisch gebundene Aldehydgruppen besitzen. Die Reaktion beruht auf der Bildung von Schiffschen Basen (Abb. 6.19 d). An Stelle von PD können andere aromatische Diamine, z. B. ortho-Dianisidin, als Reagenz verwendet werden[341]. Mit solchen Diaminen erhält man ähnliche Farbreaktionen.

Für bestimmte Flechtenstoffe gibt es eine Reihe spezieller Farbreaktionen, Usninsäure und Isousninsäure geben eine gelbgrüne bis grüne Färbung mit einer 10⁰/₀igen wäßrigen Lösung von Titantrichlorid[34] ($TiCl_3$) und eine tiefgelbe Färbung mit einer 5⁰/₀igen alkoholischen Lösung von Chloramin T[280]. Xanthone und Chromone mit freien Hydroxylgruppen neben den Carbonylgruppen (Abb. 6.19 e) zeigen mit Dimroths Reagens eine intensiv leuchtende, gelbliche Fluoreszenz im ultravioletten Licht[344]. Das Reagens bereitet man, indem man 10 g Borsäure portionsweise zu 100 ml warmem Essigsäureanhydrid gibt. Anschließend wird die Lösung gekühlt. Man muß sie in einer eingeschliffenen Flasche aufbewahren.

Diejenigen Flechtensubstanzen, die Farbreaktionen mit einem oder allen der erwähnten Reagenzien geben, sind in dem folgenden Verzeichnis zusammengefaßt:

Farblose Verbindungen

PD+ gelb-rot, K+ gelb-rot: Atranorin, Baeomycessäure, Chloratranorin, Decarboxythamnolsäure, Hämathamnolsäure, Thamnolsäure, Norstictinsäure, Physodalsäure, Fumarprotocetrarsäure, Protocetrarsäure, Salazinsäure, Stictinsäure, Barbatolsäure, Alectorialsäure, Virenssäure, Constictinsäure.

PD+ gelb-rot, K—: Pannarin, Psoromsäure (Fumarprotocetrarsäure, Virenssäure).

C+ rot, K+ gelb-rot, PD—: Hiascinsäure, Cryptochlorophaeasäure, Merochlorophaeasäure, Paludosasäure, Ramalinolsäure, Scrobiculin, Hypothamnolsäure.

C+ rot, K—, PD-: β-Orsellinsäuremethylester, Montagnetol, Anziasäure, Erythin, Gyrophorsäure, Lecanorsäure, 3,5-Dichlorlecanorsäuremethylester, Olivetorsäure, 4-O-Desmethylbarbatinsäure, Siphulin.

C+ grün, K—, PD—: Didymsäure, Pannarsäure, Porphyrilsäure, Strepsilin.

C+ bläulich, K—, PD—: Diploschistessäure.

KC+ rot, C—, K—, PD—: Glomellifersäure, Microphyllinsäure, Alectoronsäure, α-Collatolsäure, Lobarsäure, 4-O-Methylphysodsäure, Norlobaridon, Physodsäure, Pikrolicheninsäure.

Gefärbte Verbindungen

K+ rot-violett: Anthrachinone, *bis*-Anthrachinone, Terphenylchinone, Pyxiferin, Naphthochinone.

K– Dimroth+: Xanthone, Sordidon.

K–, $TiCl_3$+: Usninsäuren.

Mikrokristallisation

Diese einfache Methode, die von Asahina[22] 1936 eingeführt wurde, ermöglicht eine ausreichend sichere Identifizierung einer Reihe von Flechtensubstanzen. Ein Thallusfragment (5—100 mg) legt man auf einen Objektträger und tropft zur Extraktion vorhandener Flechtenstoffe Aceton, Benzol oder ein anderes Lösungsmittel darauf. Nach Verdunsten des Lösungsmittels bildet der Extrakt einen Ring rund um das Thallusfragment. Das Thallusstück entfernt man, legt ein Deckglas über den Ring aus Flechtensubstanzen und setzt eine geeignete Kristallisationslösung zu. Darauf wird der Objektträger vorsichtig erwärmt bis eine kleine oder größere Menge des Flechtensubstanzringes in Lösung gegangen ist. Nach Abkühlung kann man unter dem Mikroskop die charakteristischen Kristalle der verschiedenen Flechtensubstanzen beobachten. Durch einen Vergleich mit Fotografien von bekannten Substanzen kann man so viele Stoffe identifizieren. Die Methode ist nicht für die Bestimmung von Pigmenten geeignet. Ausführliche Anweisungen und Literaturhinweise finden sich bei Hale[147].

Chromatographie

Die Papierchromathographie war die erste chromatographische Methode, die für die Identifizierung von Flechtensubstanzen angewandt wurde. Sie wurde 1950 von Wachtmeister und Mitsuno eingeführt und erwies sich schnell in vielen Fällen der Mikrokristallisationsmethode als überlegen, insbesondere bei der Unterscheidung von verschiedenen Pigmenten und bei gewissen Depsidonen.

Seit den sechziger Jahren wird in der Flechtenchemie die Dünnschichtchromatographie (DC) benutzt. Diese Methode ist weniger zeitraubend und bequemer als die Papierchromatographie und gibt in der Regel bessere Resultate. Die Möglichkeit, fertige Dünnschichtplatten zu kaufen, hat das Verfahren noch weiter vereinfacht.

Bei einer DC-Analyse von Flechtensubstanzen unterwirft man das Thallusfragment (in der Regel 0,1—10 mg) in einem Reagenzglas zunächst der Extraktion mit Aceton oder einem anderen geeigneten Lösungsmittel. Ein

Teil des Extraktes wird mit einer Kapillare auf eine DC-Platte aufgetragen. Neben dem Substanzfleck, der die extrahierten Flechtenstoffe enthält, kann man Flecke von Vergleichssubstanzen auftragen, die man als Bestandteile des Extraktes vermutet. Danach wird die Platte entwickelt und getrocknet. Die Flechtensubstanzen erscheinen nach der Trennung als Flecke in verschiedenem Abstand vom Startfleck. Ungefärbte Stoffe kann man sichtbar machen, indem man die DC-Platte mit geeigneten Reagenzien besprüht. Der Quotient aus den Entfernungen zwischen Startfleck und Substanzfleck einerseits und Startpunkt und Fließmittelfront andererseits, der R_F-Wert, ist spezifisch für jeden Stoff. Ein Beispiel für eine entwickelte DC-Platte ist in Abb. 6.20 dargestellt.

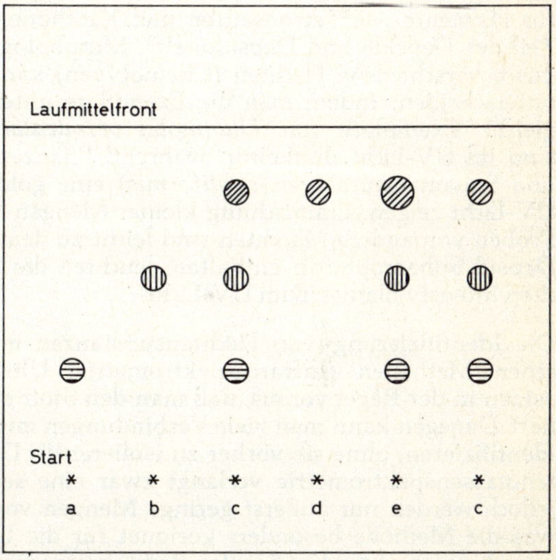

Abb. 6.20 Eine entwickelte DC-Platte. a, b und d sind reine Substanzen, c ist ein Rohextrakt einer Flechte. Bei e wurden die reine Substanz d und der Rohextrakt c zusammen chromatographiert (Cochromatographie). Der Fleck, der dem Stoff d entspricht, vergrößerte sich, während die Flecken, die den Vergleichssubstanzen a und b entsprechen, unverändert blieben.

Dünnschichtchromatographie kann für die Identifizierung aller Typen von Flechtensubstanzen verwandt werden[35]. Für aliphatische Flechtensäuren ist DC die einzige praktisch anwendbare mikrochemische Methode. Tabellen über R_F-Werte, Fließmittelmischungen und Reagenzien für Flechtensubstanzen sind unter anderem von SANTESSON publiziert worden. Man sollte sich jedoch bei der Bestimmung niemals nur auf die R_F-Werte verlassen, sondern stets Vergleichssubstanzen mitchromatographieren. Eine spezielle Methode, bei der Atranorin und Norstictinsäure als Standardsubstanzen der Dünnschichtchromatographie fungieren, wurde von C. CULBERSON und KRISTINSSON vorgeschlagen. Für weitere Informationen über die chromatographische Technik sei auf die Werke von LINSKENS, RANDERATH und STAHL verwiesen.

Andere Methoden

Einige Flechtensubstanzen weisen eine charakteristische Fluoreszenz im langwelligen ultravioletten Licht (365 nm) auf. Dies gilt besonders für Pigmente wie Tetronsäuren und Xanthone, aber selbst für einen Teil der Depside und Depsidone[140]. Morphologisch gleiche, aber chemisch verschiedene Flechten (Chemotypen) kann man mitunter leicht unterscheiden, indem man die Exemplare unter der UV-Lampe vergleicht. Exemplare von *Thamnolia vermicularis* mit Thamnolsäure sind im UV-Licht dunkelrot, während Pflanzen mit Baeomycessäure und Squamatsäure (var. *subliformis*) eine goldgelbe Fluoreszenz im UV-Licht zeigen. Einmischung kleiner Mengen von *Sphaerophorus* in Proben von anderen Flechten sind leicht zu demonstrieren. Da sie das Depsid Sphaerophorin enthalten, leuchten die *Sphaerophorus*-Stückchen intensiv blauweiß im UV-Licht.

Die Identifizierung von Flechtensubstanzen mit spektrophotometrischen Methoden (Infrarotspektrometrie, Ultraviolettspektrometrie) setzen in der Regel voraus, daß man den Stoff erst in reiner Form isoliert. Dagegen kann man viele Verbindungen mit Massenspektrometrie identifizieren, ohne sie vorher zu isolieren[346]. Die Methode der Flechtenmassenspektrometrie verlangt zwar eine sehr teure Ausrüstung; jedoch werden nur äußerst geringe Mengen von Flechten verbraucht, was die Methode besonders geeignet für die Untersuchung von Typusexemplaren macht. Bei der flechtenmassenspektrometrischen Methode wird ein kleines Stück Flechte (in der Regel 0,001—0,1 mg) in ein Massenspektrometer eingeführt und erhitzt. Die Flechtensubstanzen werden vergast, und man kann deren Massenspektren registrieren, um diese dann für die Identifizierung zu verwenden. Die Methode ist besonders für Pigmente geeignet. Ein einziges Apothecium von *Thelocarpon epibolum* (Durchmesser 0,1 mm) reicht aus, um die in ihm enthaltende gelbe Tetronsäure bestimmen zu können[350].

Einige Flechtensubstanzen kommen in optisch aktiver Form vor, d. h. sie können polarisiertes Licht drehen. Die optischen Antipoden der Usninsäure, (+)-Usninsäure und (—)-Usninsäure, kann man oft im Rohextrakt der Flechten ohne vorhergehende Trennung identifizieren[350]. In der Literatur wird auch eine dünnschichtchromatographische Methode für die Unterscheidung der Usninsäureantipoden beschrieben[34].

Konzentration, Funktion und praktische Anwendung

Konzentration

Die typischen Flechtensubstanzen machen im Thallus in der Regel 0,1–10% des Trockengewichts der Flechte aus. *Parmelia tinctorum* kann sogar über 25% des Depsids Lecanorsäure[2] enthalten, *Rocella endocrocea* über 25% des Depsids Erythrin[350]. Ein kurioses Phänomen tritt bei gewissen amerikanischen *Ramalina*-Arten auf. Wenn die Konzentration von (—)-16-α-Hydroxykauran 10% des Trockengewichts übersteigt, kristallisiert nach ein paar Jahren im Herbarium Diterpen aus und bildet eine schimmelähnliche Kristallmasse auf der Flechte[36]. Die Menge der Flechtensubstanz kann innerhalb einer Art stark variieren. Die Unterschiede beruhen wahrscheinlich vor allem auf äußeren Faktoren, z. B. Lichteinfluß.

Funktion der Flechtensubstanzen

Obwohl man die Flechtensubstanzen über ein Jahrhundert studiert hat und obwohl sie in bemerkenswerter Menge im Flechtenthallus vorkommen, ist eigentlich nichts Sicheres darüber bekannt, welche Rolle sie für die Flechten spielen. Man hat eine Reihe von Theorien aufgestellt[106], die aber bisher noch nicht bewiesen werden konnten.

Die Flechtenstoffe haben oft antibiotische Eigenschaften und können vielleicht die Flechten gegen den Angriff von Mikroorganismen und Insekten schützen. Im Herbarium sind die Flechten weit weniger als andere Pflanzengruppen dem Insektenfraß ausgesetzt. Ob dieses auf dem Gehalt an Flechtensubstanzen beruht, ist jedoch zweifelhaft, da viele Insekten Flechten und Flechtensubstanzen ohne Schaden verzehren können (S. 245).

Extrazellulär gelagerte Flechtenstoffe verringern die Verdunstung und können auf diese Weise die Hyphen vor Austrocknung schützen. Viele aromatische Flechtenstoffe können ferner durch Chelatbildung mehrwertige Metallionen abfangen, wodurch die Mineralversorgung der Flechte erleichtert wird.

Gewisse spezialisierte Pilze parasitieren auf den Flechten, ohne daß die Flechtensubstanzen ihnen schaden. Ob diese Flechtenparasiten selbst ähnliche Verbindungen produzieren wie ihre Wirte, ist nicht bekannt. Es ließe sich jedoch leicht mit Hilfe mikrochemischer Methoden, der Dünnschichtchromatographie und Flechtenmassenspektrometrie, feststellen.

Flechtenstoffe, insbesondere Pigmente, die in der Rinde abgelagert sind, absorbieren einen großen Teil des einfallenden Lichtes. Diese Filterwirkung könnte ein Schutz für nicht photophile Phycobionten sein (z. B. *Trebouxia*) und sie vor Schädigung durch allzukräftige Beleuchtung bewahren. Wahrscheinlich liegt folgender „Feed-back-Mechanismus" vor (Abb. 6.21 a, b): Guter Lichtzugang → verstärkte

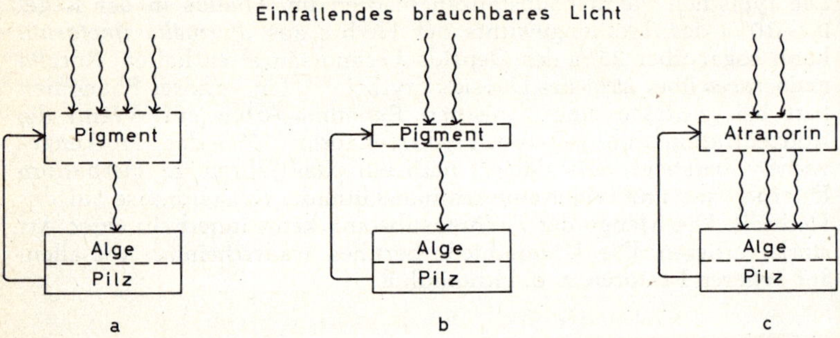

Abb. 6.21 Denkbare Funktionen der Flechtenstoffe, die in der Rinde lokalisiert sind. a) Bei guter Belichtung können reichliche Pigmentmengen das meiste Licht wegfiltrieren. b) Bei geringer Lichtmenge ist die Filterwirkung unbedeutend, da nur geringe Pigmentmengen vorhanden sind. Die Photosynthese treibende Alge erhält in beiden Fällen etwa die gleiche Lichtmenge. c) Atranorin kann als Fluorophor wirken: Licht von einer Wellenlänge, die nicht verwendbar ist, wird vom Atranorin absorbiert und in einer Wellenlänge emittiert, die der Phycobiont ausnützen kann.

Photosynthese → verstärkte Kohlenhydratzufuhr für den Mycobionten → verstärkte Pigmentproduktion → verringerte Lichtmenge. Hierdurch kann außerdem die Balance zwischen Phycobiont und Mycobiont geregelt werden. Sonnenexponierte Flechten enthalten in der Regel eine beträchtlich größere Pigmentmenge als Exemplare der gleichen Art von schattigen Standorten[324].

Atranorin, ein sehr verbreitetes farbloses Depsid, kann gerade die umgekehrte Funktion haben[319]. Es absorbiert ultraviolettes Licht und emittiert einen Teil dieser aufgenommenen Energie in Form von längerwelligem Licht durch Fluoreszenz. Das wieder ausgesandte Licht hat eine Wellenlänge, die zur Photosynthese ausgenutzt werden kann. Auf diese Weise könnte Atranorin in der Rinde der Flechte die Photosynthese des Phycobionten verstärken (Abb. 6.21 c).

Man nimmt an, daß viele Flechtenstoffe die Permeabilität der Algenzellen z. B. für Kohlenhydrate herabsetzen (S. 127). Es ist natürlich auch denkbar, daß Flechtenstoffe nur Abfallprodukte des Mycobiontenstoffwechsels sind und daß ihnen daher eine spezifische Funktion fehlt.

Praktische Anwendung der Flechtenstoffe

Eine Reihe von Flechtenstoffen hat einen starken antibiotischen Effekt. Besonders zu nennen ist die Usninsäure, die in verschiedenen Formen als Medizin verkauft wird (vgl. S. 248). Auch andere interessante medizinische Wirkungen von Flechtensubstanzen hat man nachgewiesen, z. B. eine Antitumorwirkung der Polyporsäure[54] und eine cardiotonische Aktivität von Pulvindilacton[290].

Die uralte Anwendung von Flechten als Färbemittel beruht auf ihrem Gehalt an Flechtenstoffen, worunter in erster Linie die Depside Lecanorsäure, Erythrin, und Gyrophorsäure zu nennen sind. Durch Behandlung mit Alkalien, besonders Ammoniak, werden die Depside zu Orcin abgebaut, das durch Luftoxidation in ammoniakalischem Milieu Farbstoffmischungen gibt, z. B. Orcein, Orseille und Cudbear[33]. Lackmus, der zum Nachweis von Protonen verwendet wird, wird auf ähnliche Weise hergestellt wie Orcein. Solche Farbstoffe wurden früher bevorzugt für die Färbung von Seide und Wolle verwandt[220] (S. 250 f.), heute haben sie nur noch Bedeutung für die Färbung von Lebensmitteln und histologischen Präparaten (Orceinfärbung).

Unter den selteneren Anwendungsgebieten der Flechtenstoffe ist die Herstellung von Narkotika zu nennen. Olivetol, ein Abbauprodukt des Depsids Olivetorsäure, kann u. a. als Ausgangsmaterial für die Synthese der wirksamen Komponente im Haschisch dienen.

Flechtenstoffe und Flechtentaxonomie

Das Vorkommen von Flechtenstoffen in den Flechten ist von großem taxonomischen Interesse. Es bietet sich hier durch die Vielfaltigkeit der Flechtensubstanzen ein Merkmal mit großen Variationsmöglichkeiten, bei dem die Variationen in der Regel nicht gradweise, sondern diskontinuierlich erfolgen. Während in bezug auf die Größe der Sporen, der Apothecienfarbe usw. oft gleitende Übergänge zu finden sind, gibt es in bezug auf die Flechtenstoffe im Prinzip nur zwei Möglichkeiten, entweder ist eine gewisse Verbindung vorhanden, oder sie fehlt. Soweit man die Struktur und Biosynthese der Flechtenstoffe kennt, kann man auch mit ziemlicher Wahrscheinlichkeit voraussagen, in welchem Grade die verschiedenen Verbindungen miteinander verwandt sind.

Es gibt jedoch auch Fallgruben. Man kann niemals mit voller Sicherheit beweisen, daß ein Stoff vollständig fehlt. Er kann in so geringer Konzentration vorhanden sein, daß man diese Spuren selbst mit Hilfe der Massenspektrometrie nicht entdecken kann. Selbst wenn die Menge äußerst gering ist, so bedeutet das doch, daß die Flechte den genetischen Code besitzt, der notwendig ist, den Stoff zu synthetisieren.

Verschiedene Individuen einer Art enthalten in der Regel die gleichen Flechtenstoffe. Dagegen können verschiedenen Arten einer Gattung hierin bedeutende Unterschiede aufweisen. Daraus ergibt sich, daß den Flechtenstoffen vor allem eine Bedeutung als Merkmal für die Abgrenzung der Arten zukommt, selbstverständlich zusammen mit morphologischen Kennzeichen. Besonders in Gattungen mit wenigen morphologischen Merkmalen kann die Chemie eine große Hilfe sein. Selbst auf dem Gattungsniveau können die Flechtensubstanzen als Kennzeichen für die taxonomische Begrenzung dienen. Die beiden sehr nahestehenden Gattungen *Cetrelia* und *Platismatia* hat man aus *Cetraria* abspalten können, da man bei sämtlichen *Cetrelia*-Arten Caperatsäure findet, die jedoch bei keiner *Platismatia*-Art vorkommt[66].

Selbst bei der Abgrenzung von Familien können die chemischen Kriterien von Wert sein. Fast alle Teloschistaceen enthalten das gelbe bis orangefarbene Anthrachinonpigment Parietin, während es sonst in anderen Familien nur ganz vereinzelt auftritt[347, 438].

Erythrin ist bei den Roccellaceen und nahestehenden Familien sehr verbreitet, aber sonst nur sehr selten anzutreffen.

Bei lichenisierten Basidiomyceten hat man bisher keine Flechtenstoffe gefunden. Die Entdeckung des Depsids Confluentinsäure bei *Chiodecton sanguineum*[64], das als Basidiomycet *Herpothallon* galt, führte zur Überlegung, ob es sich hier nicht um einen Ascomyceten handelt[107, 296].

Chemotypen

Obwohl die meisten Flechtenarten eine konstante chemische Zusammensetzung haben, gibt es doch in gewissen Fällen morphologisch identische Exemplare, die ungleiche Flechtenstoffe enthalten. Man hat es hier mit den sogenannten Chemotypen zu tun[385]. Die oft verwendeten Ausdrücke „chemical strains" oder „chemische Varietäten" bedeuten ungefähr dasselbe.

Es gibt keinen experimentellen Beweis dafür, wie Chemotypen entstehen. Alles deutet jedoch darauf hin, daß sie genetisch bedingt sind und nicht durch Umweltfaktoren hervorgerufen werden. Im Prinzip kann man fünf verschiedene Formen von Chemotypen unterscheiden.

Die Biogenese dieser Typen ist in Abb. 6.22 zusammengestellt. Wird in Chemotyp 1 ein bestimmter Stoff C angetroffen, so kann er in einem anderen Chemotyp fehlen, ohne daß irgend eine andere Verbindung dafür auftritt (2), oder er kann durch einen Vorläufer B des Stoffes ersetzt sein (3). Diese beiden Fälle können durch einfache Verlustmutation erklärt werden. Der Vorläufer B kann auch zusammen mit dem Stoff C auftreten (4). In einem solchen Fall ist er sicherlich auch in Chemotyp 1 B vorhanden, aber in so geringer Menge, daß der Stoff schwer nachzuweisen ist. Ein genetischer Unterschied braucht hier nicht vorzuliegen, der quantitative Unterschied kann umweltbedingt sein.

Die Biosynthese kann durch die Bildung des Vorläufers A in eine andere Richtung gelenkt werden, so daß eine (5 a) oder mehrere Verbindungen (5 b) entstehen, die in Chemotyp 1 nicht anzutreffen sind. Solche chemischen Variationen zwischen Chemotypen können auf tiefgehende genetische Unterschiede hindeuten. Das gleiche gilt, wenn der Stoff C durch einen anderen Stoff I ersetzt wurde (6), der keinen Vorläufer mit C gemeinsam hat, ausgenommen die primären Stoffwechselprodukte, z. B. Acetyl-Coenzym A.

Einige Beispiele sollen für die Verdeutlichung der verschiedenen Chemotypen in Abb. 6.22 gegeben werden. *Thamnolia vermicularis* var.

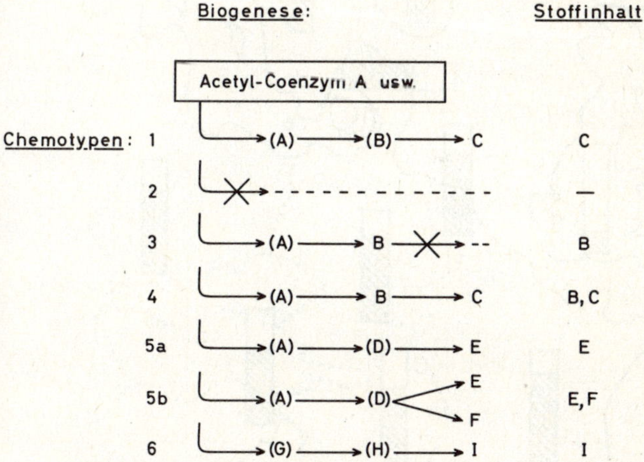

Abb. 6.22 Verschiedene Arten von Chemotypen (Erklärung im Text).

vermicularis enthält das Depsid Thamnolsäure, während var. *subuliformis* die Depside Baeomycessäure und Squamatsäure aufweist. Man kann sich vorstellen, daß alle drei Verbindungen aus monocyclischen aromatischen Vorläufern entstehen, aber Baeomycessäure und Squamatsäure haben sicherlich außerdem noch gemeinsame Vorläufer. Die „Baeomycessäure-Squamatsäure-Rasse“ gehört demnach zum Typ 5 b. *Cetraria islandica* kommt in zwei Formen vor, einer PD+ mit und einer PD– ohne Fumarprotocetrarsäure. Beide enthalten außerdem Protolichesterinsäure[224]. Hier liegt ein Beispiel des Chemotyps 2 vor. Die außereuropäische *Parmelia cetrata* tritt entweder mit

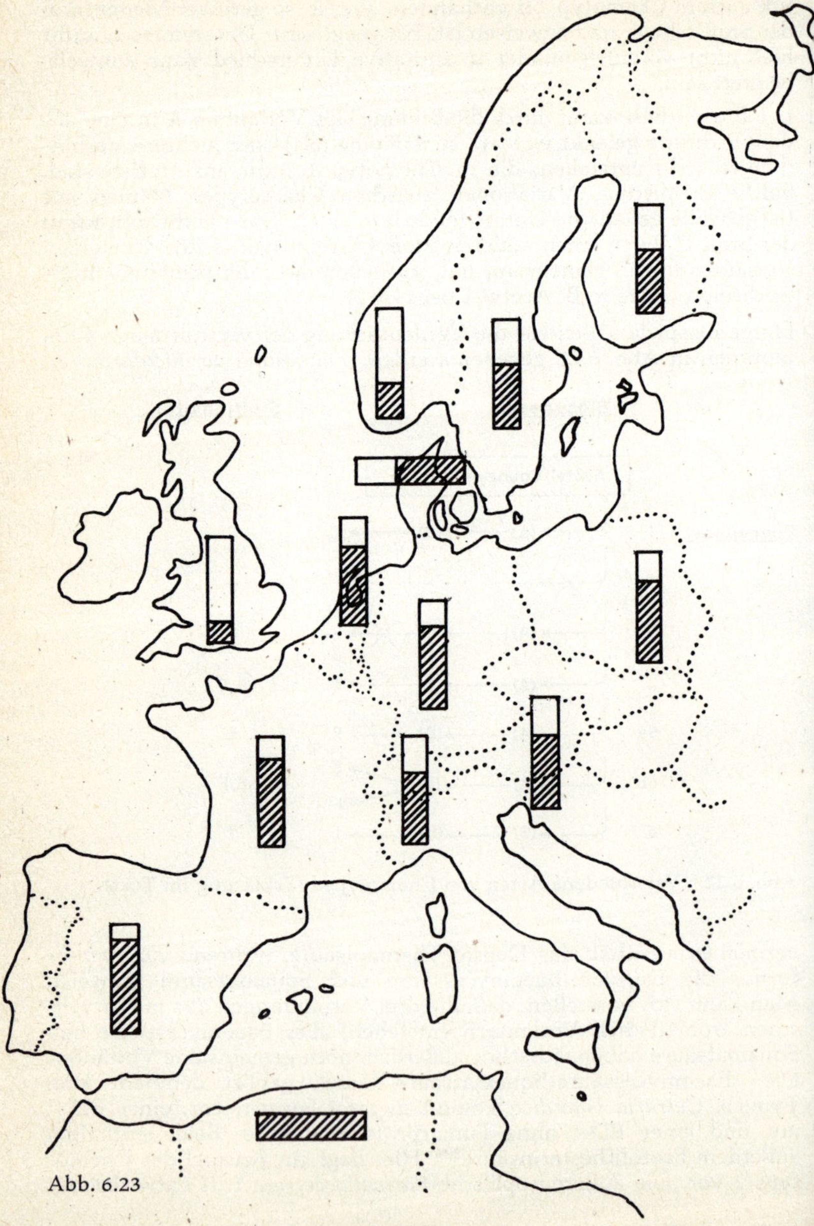

Abb. 6.23

dem Depsidon Salazinsäure oder mit der aliphatischen Verbindung Protolichesterinsäure auf[146]. Diese beiden Verbindungen haben im ganzen gesehen nur den Acetat-Polymalonat-Ursprung gemeinsam. Die beiden Chemotypen von *Parmelia bolliana* kann man ebenfalls als Chemotyp 1 bzw. Typ 6 klassifizieren. Dabei ist es gleichgültig, welchen Typ man als Chemotyp 1 bezeichnet.

Pseudevernia furfuracea kommt in Europa in zwei Chemotypen vor: Einer mit Physodsäure (C—), der andere mit Olivetorsäure (C+ rot). Da Physodsäure wahrscheinlich aus Olivetorsäure entsteht (Abb. 6.7 a), ist die Olivetorsäurerasse wahrscheinlich ein Chemotyp vom Typ 3 und möglicherweise durch einfache Verlustmutation entstanden. Natürlich kann man auch umgekehrt denken: Die Physodsäurerasse ist aus der Olivetorsäurerasse entstanden, weil die Flechte die Fähigkeit erlangte, Depside in Depsidone überzuführen.

Die Chemotypen zeigen mitunter eine unterschiedliche geographische Verbreitung. Das Vorkommen der beiden europäischen *Pseudevernia furfuracea*-Chemotypen geht aus Abb. 6.23 hervor. Im Nordwesten überwiegt die Olivetorsäureform (var. *olivetorina*), während die Physodsäureform (var. *furfuracea*) häufiger wird, je weiter südwärts man kommt. In Nordafrika wurde keine Olivetorsäureform mehr gefunden. *Pseudevernia furfuracea* kommt auch in Amerika vor, aber dort mit Lecanorsäure.

Der taxonomische Wert von Chemotypen ist umstritten. Manche Lichenologen sind der Ansicht, daß jeder Chemotyp als besondere Art betrachtet werden sollte, andere dagegen weigern sich, den chemischen Merkmalen irgendwelchen taxonomischen Wert beizumessen. Wiederum andere sind für einen Kompromiß und nennen die Chemotypen Unterarten, Varietäten oder „Chemovar.". Es ist wahrscheinlich noch zu früh, eine definitive Wertung für die taxonomische Bedeutung der Chemotypen zu geben.

Bevor wir nicht mehr von der Biosynthese der Flechtenstoffe wissen, vor allem, welche genetischen Veränderungen die Entstehung von verschiedenen Chemotypen bewirken, sollte man einer entgültigen Stellungnahme ausweichen. Das Vorkommen von Chemotypen kann man vermerken, ohne daß man ihnen einen speziellen taxonomischen Rang verleiht.

Abb. 6.23 Verbreitung der beiden europäischen Chemotypen von *Pseudevernia furfuracea* (Olivetorsäure-Typus weiß, Physodsäuretypus schraffiert) (nach HALE).

7

Symbiose, Parasitismus, Epiphyten

Die Flechten gelten als Musterbeispiel für eine Symbiose. Zwei Organismen, die sich in ihrem Aufbau und in ihren Lebensansprüchen weitgehend unterscheiden, leben in so engem Kontakt miteinander, daß sie einen neuen Organismus mit spezifischen morphologischen und physiologischen Eigenschaften bilden. Unter dem Begriff Symbiose haben die Forscher im Laufe der Zeit jedoch sehr verschiedene Dinge verstanden. Auch die Beziehungen von Alge und Pilz in der Flechte wurden im einzelnen ganz unterschiedlich interpretiert. Es ist deshalb notwendig, die Kriterien einer Symbiose genau zu definieren, um danach zu untersuchen, inwieweit sie bei den Flechten zu finden sind. Außerdem verdienen bei den Flechten diejenigen Fälle besondere Beachtung, in denen mehr als zwei Partner an der Symbiose beteiligt sind. Eine Flechte, die ja im allgemeinen aus einer Alge und einem Pilz zusammengesetzt ist, kann z. B. mit einer zweiten Alge oder mit einem zweiten Pilz vergesellschaftet sein. In einigen Fällen können auch zwei komplette Flechten miteinander in Beziehung treten. Diese Polysymbiosen vermitteln uns einerseits Einblicke in die vielfältigen Wechselbeziehungen, die zwischen den Bionten bestehen können, während sie uns andererseits Aufschlüsse über die Entstehung der Flechten geben. So kann man z. B. beobachten, daß bestimmte Pilze zum Zusammenleben mit Algen übergehen. In anderen Fällen verlieren Flechten unter besonderen Bedingungen ihre Algen. Diese delichenisierten Pilze nehmen dann eine parasitische oder saprophytische Lebensweise an.

Theorien über das Verhältnis von Pilz und Alge im Flechtenthallus

Seit De Bary und Schwendener vor hundert Jahren die dualistische Natur der Flechten entdeckten (S. 4 f.), sind eine Reihe von Theorien über das wechselseitige biologische Verhältnis der beiden Bionten im Flechtenthallus aufgestellt worden. De Bary[31] verstand unter Symbiose ganz allgemein einen **Kommensalismus,** eine Ernährungsgemeinschaft von zwei Organismen. Seine Auffassung stützte sich vor allem auf das Verhalten von Pilzen, die im Unterschied zur üblichen saprophytischen Lebensweise als Parasiten auf höheren Pflanzen leben. Entsprechend diesem Vorbild war er der Ansicht, daß in der Flechte der Pilz auf der Alge schmarotzt. Schwendener[374] vertrat denselben Standpunkt, wobei er die Algen als Sklaven bezeichnete, die von ihrem Herrn ausgenützt werden. Im gleichen Sinn wird in der Literatur im Zusammenhang mit der Flechtensymbiose häufig der Ausdruck **Helotismus** gebraucht[424]. Er besagt, daß die Algen zwar in eine Lage gebracht werden, die günstige Voraussetzungen für die Photosynthese schafft, daß im übrigen aber der Pilz auf Kosten der Algen lebt. Während die bisher genannten Ausdrücke die dominierende Rolle des Pilzes betonen, weist der Begriff **Konsortium,** der von Reinke[322] eingeführt wurde, mehr auf die morphologisch-physiologische Einheit der Komponenten im Flechtenlager hin. Der Ausdruck **Mutualismus** betont ebenfalls die gegenseitige Abhängigkeit der beiden Bionten, bei der der Mycobiont auf die Photosyntheseprodukte der Alge und der Phycobiont auf die Versorgung mit Wasser und Nährsalzen angewiesen ist. Die gegenseitige Abhängigkeit der Bionten unterscheidet die Flechten von den lockeren Vergesellschaftungen, die man normalerweise als Parabiosen bezeichnet. In einer Parabiose verwerten die beiden saprophytischen Partner die gegenseitigen Stoffwechselprodukte.

Eine völlig andere Auffassung vom Wesen der Flechten äußerten französische Forscher[285, 286]. Nach ihrer Ansicht sind die Flechten nichts anderes als Algengallen, also krankhafte Erscheinungen der Algen, die durch einen Pilz befallen werden. Diese Anschauung wird den morphologischen Verhältnissen jedoch nicht gerecht, denn wie wir gesehen haben (S. 45), bildet die Alge nur selten den Hauptteil des Flechtenlagers. In den meisten Fällen ist der Pilz der dominierende Partner. Eine andere Auffassung, die heute ebenfalls keine Befürworter mehr findet, ist Elenkins Definition vom Endosaprophytismus der lichenisierten Pilze. Nach dieser Interpretation soll der Mycobiont saprophytisch von den zunächst abgetöteten Algenzellen leben.

Moderne Definition der Symbiose

Der Begriff der Symbiose wird heute enger gefaßt, als es in der Definition von De Bary der Fall war. Man versteht darunter nicht mehr jeden Kommensalismus, sondern unterscheidet die Symbiose schärfer von zufälligen Vergesellschaftungen einerseits und einem parasitischen Verhältnis andererseits. Nach Scott[376] ist eine Symbiose ein Zustand, bei dem zwei oder mehr Organismen sich in einer ausgeglichenen physiologischen Abhängigkeit befinden, ohne daß dabei permanente Abwehrreaktionen ausgelöst werden. Im einzelnen kann das Abhängigkeitsverhältnis durch sechs Kriterien gekennzeichnet werden. Nach Scotts Definition müssen zumindest vier dieser Voraussetzungen erfüllt sein, bevor man von einer Symbiose sprechen kann. Diese Betrachtungsweise gewährt genügend Spielraum, um den vielfältigen Formen des gegenseitigen Kontaktes gerecht zu werden. Die von Scott aufgestellten Kriterien einer Symbiose sind:

1. Das Zusammenleben der Bionten ist eine permanente Eigenschaft in ihrem Lebenszyklus.
2. Es besteht ein physischer Kontakt zwischen den Bionten.
3. Es ist ein einseitiger oder wechselseitiger Stofftransport vorhanden, oder
4. durch die Stoffausscheidung des einen Partners findet für den anderen eine Milieuverbesserung statt.
5. Morphogenetische Effekte sind zu beobachten.
6. Es werden Stoffwechselprodukte gebildet, die normalerweise von keinem der Bionten allein erzeugt werden.

Betrachten wir die Flechten unter diesen Gesichtspunkten, so können wir folgende Tatsachen festhalten:

zu 1: Der Mycobiont kann nur im Zusammenleben mit Algen existieren. Für diesen Partner stellt der Kontakt mit dem anderen Bionten also eine permanente Eigenschaft dar. Einige Pilze, z. B. einzelne Arten der *Caliciales* (S. 270 ff.), bilden insofern eine Ausnahme, als sie sowohl saprophytisch als auch im Kontakt mit Algen leben können. Der zweite Partner, die Alge, ist dagegen in ihrem Lebenszyklus nicht unbedingt auf den Pilz angewiesen. Durch das Zusammenleben wird im Gegenteil ihre normale Entwicklung gehemmt, da die Bildung von Zoosporen und Gameten unterdrückt wird. Inwieweit sich Algenrassen herausgebildet haben, die im Flechtenthallus besser als in der Natur gedeihen, ist eine viel diskutierte Frage, die jedoch noch nicht endgültig geklärt ist (s. u.).

zu 2: Ein physischer Kontakt zwischen den Bionten ist stets vorhanden. Entweder baut der Pilz die Algenzellen in sein Lager ein, oder seine Hyphen durchziehen die Algengallerte. Der direkte Kontakt variiert von einem einfachen Umspinnen der Algen durch die Hyphen bis hin zur Ausbildung von Haustorien, die in die Alge eindringen (S. 25 ff.).

zu 3 und 4: In allen Flechten findet ein Stofftransport von der Alge zum Pilz statt. Organische Stoffe werden vom Pilz entweder in unmittelbarem Kontakt durch Haustorien aufgenommen, oder sie werden von der Algenzelle in die Lagergallerte ausgeschieden und dort von den Pilzhyphen resorbiert. Bei den meisten Flechten sind die Algenzellen durch Pilzgewebe von der Außenwelt abgeschnitten. Die Aufnahme von Wasser und Nährsalzen erfolgt also im wesentlichen durch die Gewebe des Pilzes hindurch, die ihrerseits die Algen mit diesen Stoffen versorgen. Eine Ausnahme bilden die Gallertflechten, bei denen die Gallerte der Algenzellen die äußere Begrenzung des Lagers bildet. Hier sind die Algen in der Lage, Wasser und Nährsalze unmittelbar aufzunehmen.

zu 5: Morphogenetische Effekte sind beim Zusammenleben der Flechtenbionten besonders stark ausgeprägt. Aufgrund dieser Tatsache dauerte es sehr lange, bis überhaupt die Uneinheitlichkeit des Flechtenlagers erkannt wurde. Sehr primitive Ascomyceten-Flechten sowie manche Basidiomyceten-Flechten bilden jedoch eine Ausnahme, da hier die Partner keinen morphogenetischen Einfluß aufeinander auszuüben scheinen.

zu 6: Die Produktion spezifischer Flechtenstoffe ist ein charakteristisches Merkmal der Flechten. Die Gallertflechten und die lichenisierten Basidiomyceten scheinen dieses Merkmal allerdings nicht zu besitzen.

Für die Mehrzahl der Flechten, besonders für die höher entwickelten Formen, treffen alle sechs Kriterien zu. Einige größere Gruppen wie z. B. manche gallertige Arten der Ascomyceten-Flechten und viele Basidiomyceten-Flechten erfüllen jedoch nur vier der Voraussetzungen. Bei ihnen kann ein morphogenetischer Effekt fehlen und die Produktion von Flechtenstoffen unterbleiben. Nach der Definition von Scott gelten jedoch auch Arten die nur vier Kriterien erfüllen als Symbioseorganismen. Diese Auffassung stimmt mit unserer allgemeinen Definition einer Flechte überein (S. 8 f.).

Eine größere Anzahl von Flechten aus verschiedenen Gruppen weist jeweils eine der Voraussetzungen nicht auf. Es handelt sich vor allem um primitive Formen, bei denen die Lichenisierung noch nicht weit fortgeschritten ist. Eine Reihe von Pilzen kann fakultativ eine Symbiose mit Algen eingehen. Einige Arten bilden nur in einem Teil ihres Lebenszyklus eine Symbiose, um im übrigen als saprophytische Pilze oder als Parasymbionten einer Flechte zu leben. Zwischen Saprophyten, Parasymbionten, parasitischen Pilzen und Flechten kommen zahlreiche Übergänge vor. Sekundär delichenisierte Flechten, die wiederum als Saprophyten, Parasiten oder Parasymbionten leben, verwirren das Bild noch zusätzlich (S. 205 f.). Die Gruppe der Flechten ist keineswegs scharf umgrenzt.

Grenzfälle der Flechtensymbiose

Es kann unter Umständen schwierig sein zu entscheiden, ob ein Organismus als saprophytischer oder parasitischer Pilz oder bereits als Flechte angesprochen werden muß. In solchen Zweifelsfällen kann die verwandtschaftliche Zugehörigkeit der Bionten einen Hinweis geben. Wenn die nächstverwandten Pilzarten z. B. Parasiten sind, besteht eine gewisse Wahrscheinlichkeit, daß auch der fragliche Pilz eher ein Parasit als ein Symbiont ist. Entsprechend kann man annehmen, daß Algengruppen, die normalerweise nicht als Flechtensymbionten vorkommen, eher als Wirt für einen Parasiten auftreten, als daß sie zum Bionten einer Flechte werden. Ein Beispiel hierfür sind *Mycosphaerella-*

Arten, die auf den Braunalgen *Pelvetia* und *Ascophyllum* wachsen. Die nächstverwandten *Mycosphaerella*-Arten sind Parasiten auf höheren Pflanzen, während Braunalgen im allgemeinen nicht als Symbionten der Flechten in Frage kommen. Wir können deshalb mit ziemlicher Sicherheit annehmen, daß es sich in diesen Fällen um ein parasitisches Verhältnis zwischen Pilz und Alge handelt. Hierfür spricht auch die Größe der Fruchtkörper des Pilzes, die im Vergleich zur Wirtspflanze winzig sind. Von einer morphologisch-physiologischen Einheit kann in diesem Fall keine Rede sein.

Das Verhältnis zwischen dem Pilz *Didymella lenormandii* und seiner Substratalge *Stigonema tomentosum* ist dagegen schwieriger zu deuten[166]. Beide Organismen zusammen wurden ursprünglich als Flechte beschrieben. Die Arten der Gattung *Didymella* sind meist Parasymbionten der Flechten oder Parasiten anderer Pflanzen. Es scheint deshalb gerechtfertigt zu sein, auch diesen Pilz als Parasiten einzustufen, um so mehr als sein Mycel nur an begrenzten Stellen in die Gallerte der Wirtsalge eindringt.

Einen besonders deutlichen Grenzfall stellt die „Flechte“ *Mastodia tessellata* dar. Sie wurde 1847 von HOOKER und HARVEY beschrieben. Angeblich unterschied sie sich durch „Kapselfrüchte“ von der Meeresalge *Ulva*. HARIOT erkannte 1887, daß es sich bei dieser Flechtenalge um eine Art der Gattung *Prasiola* handelt, während die „Kapselfrüchte“ die Perithecien eines Pilzes sind. Der Pilz erhielt später den Namen *Guignardia prasiola*[203]. Andere Arten der Gattung *Guignardia* sind Saprophyten, Parasiten oder Parasymbionten der Flechten. Pilz und Alge bilden bei *Mastodia* eine morphologische Einheit. Der Pilz durchwuchert mit seinem Mycel die flächige Alge, wobei der Zellverband der Alge in Gruppen von Einzelzellen zerteilt wird. Ein ähnlicher Vorgang kann ganz allgemein bei Flechten mit flächigen oder fädigen Phycobionten beobachtet werden. Die Assoziation weicht außerdem in ihren Standortsbedingungen von der frei lebenden Alge ab. *Prasiola* wächst unterhalb des Wasserspiegels, während *Mastodia tessellata* an höher gelegenen Stellen der gleichen Felsen vorkommt. Man muß diese Assoziation wahrscheinlich zumindest als Beginn einer Lichenisierung ansehen. *Guignardia alaskana*, ein anderer Pilz der gleichen Gattung, induziert bei *Prasiola* ein dreidimensionales Wachstum an Stelle des normalen flächigen Thallusbaus[203]. In diesem Fall ist also ein morphogenetischer Effekt und damit ein weiterer Schritt zur echten Symbiose zu beobachten.

Physiologische Beziehungen der Bionten

Wie bei allen Symbiosen, so bildet auch bei den Flechten der Stoffaustausch die Grundlage für das symbiotische Verhältnis der beiden Partner. Der chlorophyllfreie Pilz nutzt die Alge und ihre Fähigkeit zur

Photosynthese aus. Mit ihrer Hilfe entwickelt er einen gemeinsamen autotrophen Organismus. Die Evolution der Flechte führt zu komplizierten gemeinsamen Strukturen der beiden Partner, deren Entwicklung teils endogen, teils exogen gesteuert wird. Über die physiologischen Vorgänge, die bei dieser Morphogenese beteiligt sind, wissen wir erst sehr wenig. Besonders auffallend ist die Gestalt vieler Thalli, die Assimilationsorgane höherer Pflanzen imitieren. Eine andere bemerkenswerte Fähigkeit des Konsortiums ist die Produktion spezifischer Flechtenstoffe.

Vorteile des Pilzes

Der Pilz wird durch die Alge mit der Hauptmenge der benötigten Kohlenhydrate versorgt (S. 138 ff.). Wahrscheinlich sind die Flechtenpilze nur in geringem Maße befähigt, Stoffe des Substrats wie z. B. Lignin und Zellulose abzubauen und zu verwerten. Einfach gebaute Kohlenhydrate und Zuckeralkohole werden auch in Kultur von den isolierten Mycobionten bevorzugt. Die Flechtenpilze ähneln in dieser Hinsicht den parasitischen Pilzen, und es ist fraglich, ob sie als Saprophyten überhaupt längere Zeit existieren können.

Auch die Stickstoffversorgung des Pilzes wird in der Flechte zum Teil durch die Alge sichergestellt. Das gilt für Flechten, deren Phycobiont *Nostoc* ist, da diese Alge Luftstickstoff fixieren kann. In vielen Fällen erlangen Grünalgenflechten den gleichen Vorteil durch Cephalodien, die *Nostoc* als Zweitsymbionten enthalten (S. 151).

Für den Pilz könnten aus der Symbiose unter Umständen geringe Nachteile durch antagonistische Effekte der Algen entstehen[161]. Im ganzen gesehen ist die symbiotische Lebensweise jedoch für den Mycobionten von beträchtlichem Vorteil. Schon die große Zahl von Pilzen verschiedener Verwandtschaftsgruppen, die an diese Ernährungsweise angepaßt sind, legt diesen Gedanken nahe. Zur Ausbildung der Fruktifikationsorgane wie überhaupt zu seiner normalen Entwicklung ist der Pilz auf das Zusammenleben mit der Alge angewiesen. Die Autotrophie der Alge und die besondere Resistenz des Konsortiums erlaubt dem Flechtenpilz die Besiedlung unwirtlicher Standorte. Flechten können als Pioniere in Regionen vordringen, die nur wenigen anderen Pflanzen zugänglich sind (S. 223).

Vorteile der Alge

Die Algen sind bei den meisten Flechten völlig in das Gewebe des Pilzes eingeschlossen. Sie sind deshalb bei der Aufnahme von Wasser und Mineralstoffen auf den Mycobionten angewiesen. Die Durchtränkung mit Wasser ist bei den Flechten ein passiver Vorgang. Auch die meisten Mineralstoffe werden mit diesem aufgenommenem Wasser passiv zu den Algen transportiert (S. 137). Daneben kann der Pilz bestimmte Substanzen auch selektiv aufnehmen und im Thallus speichern. Es ist nicht ausgeschlossen, daß diese Fähigkeit für die Versorgung der Alge von Bedeutung ist. Die Versorgung mit Mineralstoffen kann unter Umständen auch durch das Abscheiden von Flechtensäuren gefördert werden, die das Substrat angreifen und auflösen.

Das Flechtenlager kann der Alge Schutz gegen zu hohe Lichtintensität geben. Die Flechte ist in der Lage, die Lichtdurchlässigkeit der Rinde den jeweiligen Bedingungen anzupassen. In diesem Zusammenhang sind der Wassergehalt der Rinde und ihre Pigmentierung wichtige Faktoren (S. 146, 179 f.).

Es ist möglich, daß die Alge *Trebouxia* im Flechtenthallus bessere Lebensbedingungen findet als in der Natur[7]. Sie zeichnet sich durch langsames Wachstum und ein niedriges Lichtoptimum aus. Diese Eigenschaften machen sie im unlichenisierten Zustand nur schlecht konkurrenzfähig. Man findet sie deshalb in der Natur nur relativ selten frei lebend, während sie als Phycobiont von Flechten weit verbreitet ist. Allerdings wird *Trebouxia* in den Flechten genau wie alle anderen Phycobionten an einer normalen Entwicklung gehindert. Sie bildet im Thallus lediglich Autosporen und weder Zoosporen noch Gameten.

Die physische Schädigung der Algen durch Haustorien des Pilzes ist im allgemeinen begrenzt. Die Anzahl der ungeschädigten Zellen übertrifft jedenfalls die der geschädigten bei weitem. Die Haustorien der Flechtenpilze weichen in ihrer Feinstruktur von den Haustorien parasitischer Pilze ab[338]. Es wäre denkbar, daß die Flechtenhaustorien auch phylogenetisch nicht aus den Haustorien von Parasiten entstanden sind, sondern sich im Flechtenthallus direkt als besondere Anpassung an die symbiotische Lebensweise entwickelt haben[387].

Morphogenetische Effekte[376, 397]

Der formative Einfluß des Pilzes auf die Alge ist leichter festzustellen als mögliche Veränderungen, die durch die Algen beim Pilz hervorgerufen werden. Die Algen kommen unter natürlichen Bedingungen frei vor, und es ist deshalb einfach, ihre Lager mit lichenisierten Formen zu vergleichen. Beim Pilz sind wir für solche Vergleiche dagegen auf künstliche Kulturen der Mycobionten angewiesen.

Einfluß des Pilzes auf die Alge

Die Algenzellen werden durch die Pilzhyphen zu verstärktem Wachstum angeregt. Eine vermehrte Teilung der Algen kann man immer in denjenigen Teilen des Lagers beobachten, die stark wachsen oder deren

Gewebe sich lebhaft differenzieren. Randzonen des Lagers und Stellen mit jungen Fruchtkörpern sind gute Beispiele für diesen Vorgang. Die Algenzellen werden unter dem Einfluß der Symbiose meistens mehr oder weniger stark vergrößert. Auch hier scheint eine unmittelbare Beeinflussung durch die Hyphen vorzuliegen. Die Hymenialalgen, die bei den Verrucariaceen in der Gallerte der Perithecien eingebettet liegen, haben nur etwa die gleiche Größe, die auch von isolierten Algenzellen in künstlichen Kulturen erreicht wird.

Fädige Algen werden im Flechtenlager oft bis zur Unkenntlichkeit verformt (S. 13 ff.). Besonders Algen aus den Gattungen *Scytonema* und *Trentepohlia* und aus der Familie *Rivulariaceae* werden in ihrem Aussehen verändert, während die Gattungen *Nostoc* und *Stigonema* formresistenter zu sein scheinen.

Der morphogenetische Einfluß des Pilzes kann in verschiedenen Flechtengattungen unterschiedlich groß sein. Bei der Gattung *Collema* werden die Grundformen des Thallus, seine Konsistenz und Farbe durch die Alge bestimmt. Einzelorgane dieser Flechten wie z. B. Isidien oder die Form der Loben werden dagegen vor allem durch den Pilz beeinflußt[79]. Bei der Gattung *Leptogium*, die zur gleichen Familie wie *Collema* gehört, ist der formative Einfluß des Pilzes dagegen ungleich größer und auch für die Grundform des Thallus ausschlaggebend. Dasselbe gilt für die Lichinaceen und andere Gruppen, die im speziellen Teil des Buches eingehend behandelt werden.

Einfluß der Alge auf den Pilz

Da die Flechtenpilze in der Natur im allgemeinen nicht frei vorkommen, ist nur schwer festzustellen, inwieweit die Alge einen formativen Einfluß auf den Mycobionten ausübt. Das gilt besonders für die höher entwickelten Flechten. Von diesen wissen wir nicht einmal sicher, ob ihre Vorfahren nur ein einfaches Mycel entwickelten oder aber ein Stroma besaßen, wie es bei manchen phylogenetischen Spekulationen vorausgesetzt wird (S. 9 f.) Eine Möglichkeit zum Vergleich bieten die *Caliciales*, da ihre Arten zum Teil lichenisiert sind, zum Teil aber auch saprophytisch oder fakultativ symbiotisch leben. Bei dieser Gruppe haben die nicht lichenisierten Formen ein einfaches, unscheinbares Mycel. Verwandte, obligat lichenisierte Arten entwickeln dagegen einen körnigen oder schuppigen Thallus von kompakter Konsistenz. Das Lager dieser Flechten ist zudem häufig durch die Einlagerung von Flechtenstoffen leuchtend bunt gefärbt (S. 277). Die Alge übt also einen deutlichen formativen Einfluß auf den Pilz aus und regt ihn zur Entwicklung eines stromatischen Lagers an.

In höheren Flechten kann man formative Einflüsse der Algen auf die Gewebe des Pilzes feststellen. Die Unterseite der Lager von *Peltigera* und der Primärschuppen von *Cladonia* ist normalerweise unberindet.

Aus dem Inneren des Thallus oder aus der Umgebung der Flechte können in einigen Fällen Algenzellen auf die Unterseite des Lagers gelangen. An diesen Stellen bildet der Pilz über der Alge eine Rinde aus. Dieser Vorgang wurde bei *Cladonia* sowohl in der Natur[196] als auch durch Experimente nachgewiesen[416]. In der Gattung *Peltigera* entwickeln die Arten *P. aphthosa* und *P. leucophlebia* entsprechende Rindenstücke um Algengruppen an der Unterseite der Fruchtkörper. Die Form der Rindenstücke unterscheidet sich jedoch bei den beiden Arten auf charakteristische Weise (S. 345). Bei den *Stictaceae* kann sich auch in der Nachbarschaft interner Cephalodien die Struktur des Pilzgewebes verändern.

Die Cephalodien der Flechten beweisen, daß Algen verschiedener systematischer Herkunft einen unterschiedlichen morphogenetischen Effekt ausüben können. Ein besonders gutes Beispiel ist der Pilz der Flechte *Sticta filix*. Mit Grünalgen bildet er ein blattförmiges Lager, während er mit Blaualgen strauchige Thalli formt (S. 71). In anderen Fällen üben Blaualgen und Grünalgen dagegen keinen unterschiedlichen Einfluß auf nah verwandte Pilze aus. Die Thalli der Flechten aus den Gattungen *Peltigera* und *Sticta* stimmen in ihrer Struktur und im Habitus überein, obwohl sie zum Teil Grünalgen und zum Teil Blaualgen als Phycobionten enthalten.

Morphogenese des Konsortiums

Es wäre von großem Interesse zu wissen, durch welche Prozesse die Ausbildung komplizierter Lager bei den hoch entwickelten Flechten gesteuert wird. Leider liegen auf diesem Gebiet kaum experimentelle Untersuchungsergebnisse vor.

Bei allen heteromeren Flechten nehmen die Algen eine bestimmte Zone im Thallus ein. In den meisten Fällen bilden sie unter der Rinde eine horizontale Schicht. Nur selten stoßen sie in unregelmäßigen Gruppen in die Rindenzone vor (S. 46). Da die Algen im Flechtenlager nur in unbeweglicher Form vorkommen, müssen sie offensichtlich passiv durch die Hyphen verschoben werden. Manche Flechten sollen zu diesem Zweck besondere Schiebehyphen entwickeln (S. 216). Die Anordnung der Algen in einer Algenschicht wird wahrscheinlich vor allem durch das Licht induziert. Im übrigen spielen hierbei vielleicht auch Phytohormone eine Rolle[376]. Eine Ausrichtung der Algen in Abhängigkeit von einer bestimmten Lichtintensität kann experimentell erreicht oder in der Natur unter natürlichen Bedingungen beobachtet werden. Die Lage der Algenschicht verändert sich z. B. in Loben, die ihre natürliche Lage durch Aufrichten verloren haben. Auch durch das Wachstum von Thallus und Fruchtkörpern können Teile der Algenschicht eine neue Lage erhalten. So werden durch die Entwicklung der Apothecien bei Arten der Gattung *Peltigera* einige Algen auf die Unterseite des Thallus gedrückt, wo sie die Bildung der Rinde induzieren.

Die Flechtenthalli mit ihrer besonderen Assimilationsschicht ähneln den Blättern höherer Pflanzen. Eine weitere konvergente Erscheinung sind unterschiedlich dicke Schatten- und Sonnenlager der Flechten. So sind Exemplare von *Xanthoria parietina* an schattigen Orten viel dünner als an sonnigen Standplätzen. Nicht nur die Dicke des gesamten Thallus, sondern auch die Abmessungen der einzelnen Schichten variiert an verschiedenen Standorten. Im Schatten sind Rinde und Mark dünner, die Algenschicht dagegen dicker als in der Sonne. Das Licht scheint also in den Blättern der Angiospermen und in dem Konsortium der Flechten einen ähnlichen Differenzierungseffekt hervorzurufen[376].

Polysymbiosen, Epiphyten und Parasiten

Bei den Flechten sind häufig mehr als zwei Organismen an der Symbiose beteiligt. Unter natürlichen Bedingungen sind die Flechtenlager z. B. mit epiphytischen Bakterien bedeckt. Elektronenoptische Studien ergaben, daß auch in der Lagergallerte häufig Bakterien eingebettet liegen[11].

Ob die Bakterien irgendeine Bedeutung für die Flechte haben, ist umstritten. Im Gegensatz zu den symbiotischen Blaualgen sind sie jedenfalls an der Stickstoffversorgung der Flechte nicht beteiligt (S. 151).

Eine wichtige Beziehung besteht dagegen mit Sicherheit zwischen den Flechten und Pilzen, die auf diesen Flechten wachsen und in symbiotische Beziehungen zur Flechtenalge treten. Die Entwicklung solcher Parasymbiosen oder Nebensymbiosen läßt Rückschlüsse auf die Entstehung der Flechten zu. Auch sekundäre Rückbildungen von Flechten können durch solche Beobachtungen erkannt werden. Für das allgemeine Verständnis der symbiotischen Beziehungen im Flechtenthallus ist die nähere Untersuchung dieser Pilze besonders aufschlußreich (S. 200 ff.).

Viele Flechten wachsen epiphytisch oder parasitisch auf anderen Pflanzen, während andere Lichenen selbst von Epiphyten, Parasymbionten und Schmarotzern besiedelt werden.

Flechten als Bewohner von Moosen und höheren Pflanzen

Schnellwüchsige Flechten überziehen mit ihrem Thallus häufig das Lager von Moosen. Meistens sind es die alten oder absterbenden Teile der Bryophyten, die zusammen mit anderem Detritus als Substrat dienen. Einige Flechten besiedeln aber auch lebenskräftige Moose, ohne sie anscheinend zu schädigen. Ein Beispiel für diese Art des Zusammenlebens ist die Flechte *Normandina pulchella*, die als Epiphyt auf *Frullania*-Arten lebt. Neben diesen Epiphyten sind jedoch einige Fälle von echtem Parasitismus bekannt[312]. Die Flechte *Caloplaca schisti-*

dii, die in den Kalkalpen vorkommt, befällt regelmäßig Arten der Moosgattung *Schistidium*, die dabei durch den Parasiten abgetötet werden. Auf Moosen der Gattungen *Andreaea* und *Grimmia*, die auf Urgestein vorkommen, parasitieren die Flechten *Caloplaca nivalis*, *Lecanora curvescens*, *Lecanora leptacina* und *Lecidea caesioatra*.

Die meisten rindenbewohnenden (corticolen) Flechten sind harmlose Epiphyten. Früher nahm man an, ein dichter Flechtenbewuchs schädige die Bäume. Man kann zwar beobachten, daß besonders solche Bäume, die dicht mit Flechten bedeckt sind, in ihrem Wuchs verkümmern, doch sind die Flechten offenbar nicht die Ursache ihrer schlechten Entwicklung. Vielmehr ist das langsame Wachstum der Bäume der Primäreffekt. Da hier die Rinde nicht schnell erneuert wird, finden die langsam wüchsigen Flechten bessere Lebensbedingungen als auf kräftigeren Bäumen, die ihre Rinde rascher abwerfen.

In einigen Fällen wurde eine ernsthafte Schädigung des Baumes durch eine Flechte beobachtet. *Ramalina tayloriensis* verletzt durch ihre Haftorgane die Rinde von Sandelholzbäumen und schädigt sie zusätzlich durch das Ausscheiden von Usnin- und Sekikasäure[378].

Blattbewohnende (foliicole) Flechten, die z. B. immergrüne Blätter und Farnwedel besiedeln, sind in den Tropen weit verbreitet. Die epiphyllischen Flechten, gleichgültig ob es sich um obligate oder fakultative Blattbewohner handelt, scheinen gelegentlich ihren Wirten Schaden zuzufügen, in den meisten Fällen sind sie jedoch harmlos. *Strigula*-Arten werden oft als Parasiten bezeichnet; allerdings ist die Art ihres Kontaktes zur Wirtspflanze noch ungeklärt[355].

Algen und Moose als Bewohner von Flechten

Algen sind harmlose Bewohner der Flechten. Besonders an feuchten Standorten sind Lager und Apothecien der Krustenflechten häufig von Algenpolstern überwachsen. Die Epiphyten sind besonders auffällig, wenn es sich bei ihnen um fädige Formen wie die schwarzbraunen Büschel von *Stigonema* oder die orangeroten Fäden von *Trentepohlia* handelt. Die Algen können auch als Endophyten in alternde Apothecien und Thalli eindringen. *Gyalecta jenensis* wird z. B. von *Trentepohlia*-Algen überwachsen, die in das Hymenium degenerierender Apothecien eindringen können. Eine Zeichnung von REINKE[322] (1898) stellt dieses Stadium dar. Allerdings wurde diese Abbildung häufig falsch interpretiert, da man annahm, der Phycobiont der Flechte wachse nach oben aus der Flechte heraus.

Einige Forscher haben die *Nostoc*-Algen, die manche Flechten zur Bildung von Cephalodien anregen, als Parasiten bezeichnet. Die Cephalodien selbst betrachteten sie als Gallen[298]. Diese Interpretation wird jedoch den Beziehungen zwischen den Organismen nicht gerecht, da die

Algen entweder aktiv durch die Pilzhypen in das Lager hineingeschoben oder von ihnen umsponnen und eingefangen werden (vgl. S. 65 ff.). Die Cephalodien dienen dem Pilz als Organe zur Bindung von atmosphärischem Stickstoff. Sie müssen deshalb als hoch spezialisierte Anpassungen an die symbiotische Lebensweise gewertet werden. Da die angeblich parasitischen Algen der Cephalodien durch den Pilz häufig abgetötet werden, könnte man eher den Mycobionten als Parasiten bezeichnen, besonders da er der einzige Nutznießer dieses Kontaktes ist.

In den feuchten Tropengebieten kommen Lebermoose als harmlose Epiphyten auf Flechten vor. Sie überziehen sowohl corticole wie foliicole Lichenen. Ein Überwachsen absterbender Flechtenlager durch verschiedene Moose kann man allgemein beobachten.

Pilze und Flechten als Bewohner von Flechten

Zwischen den Flechten und den sie bewohnenden lichenisierten und nicht lichenisierten Pilzen können vielfältige und unterschiedliche Beziehungen bestehen. An manchen Flechten, die auf anderen Flechten leben, läßt sich ein stufenweiser Prozeß der Delichenisierung beobachten, der schließlich zu nicht lichenisierten Saprophyten führt (S. 205 f.). Flechtenbewohnende Pilze und Flechten sind nur selten reine Epiphyten oder Saprophyten, sondern meistens Parasymbionten oder Parasiten. Es ist oft nicht leicht zu entscheiden, welche Form des Zusammenlebens im Einzelfalle vorliegt. Früher bezeichnete man alle flechtenbewohnenden Pilze als Flechtenparasiten, gleichgültig welcher Art der Kontakt zwischen den Organismen war. Heute versteht man unter Flechtenparasiten im engeren Sinn nur die Formen, die der Wirtspflanze einen sichtbaren Schaden zufügen.

Parasitische Flechten[307, 312]

Rein epiphytische, flechtenbewohnende Lichenen dürfte es nach neueren Untersuchungen kaum geben. Zwischen der Substratflechte und der auf ihr wachsenden Flechte scheint immer eine enge physiologische Beziehung zu bestehen, die zu einer unterschiedlich großen Schädigung der Unterlage führt. Man kann verschiedene Formen des Parasitismus unterscheiden.

Gelegenheitsparasiten

Raschwüchsige Flechten können konkurrenzschwächere Arten überwachsen und zum Absterben bringen. Der tote Thallus wird wahrscheinlich aufgelöst und stofflich ausgenutzt. Die schnellwüchsige

Flechte, die man als Gelegenheitsparasit bezeichnet, tötet die Substratflechte nicht aktiv durch irgendwelche Substanzen; vielmehr tritt durch den Abschluß von Licht und Feuchtigkeit eine allgemeine Schädigung ein.

Gelegenheitsparasiten sind vor allem schnell wachsende *Pertusaria*- und *Ochrolechia*-Arten. Es können aber sogar endolithische Krustenflechten miteinander konkurrieren. So greift die endolithische Art *Caloplaca nubigena* die endolithischen Lager von *Lecidea immersa* an. Gegen gleichstarke Arten grenzen sich die Thalli der Gelegenheitsparasiten durch ausgeprägte Ränder ab, während schwächere Arten vom Rande her überwachsen werden.

Jugendparasiten

Jugendparasiten beginnen ihre Entwicklung als Schmarotzer, bauen jedoch allmählich einen eigenen Thallus auf, um schließlich als selbständige Flechten weiterzuwachsen. *Diploschistes bryophilus*, eine schnellwüchsige Flechte auf Erde oder Moosen, kann z. B. fakultativ auf Cladonien parasitieren. Der Parasit kann in diesem Fall sehr früh Apothecien anlegen, noch bevor er einen eigenen Thallus entwickelt hat. Später bildet *Diplochistes* genau wie beim Überwachsen von Moosen oder anderem Substrat auf den Wirtsflechten einen eigenen Thallus mit eigenem Phycobionten aus. Die Substratflechte stirbt schließlich vollständig ab.

Eine andere Form des Jugendparasitismus zeigt *Rhizocarpon pusillum*. Diese krustenförmige Lichene besiedelt die ebenfalls krustige Art *Sporastatia testudinea* oder verschiedene *Lecanora-(Aspicilia-)*Arten. Der Schmarotzer zeigt genau die gleiche Areolierung wie der Wirtsthallus, da er sein eigenes Lager innerhalb der Wirtsareolen anlegt. Allmählich wird das Gewebe des Wirts zerstört und aufgelöst, und der Thallus nimmt die Struktur und Farbe des Parasiten an. Es findet also ein langsamer Umbau der Wirtsflechte statt. Im allgemeinen wird nur ein kleines Stück der Substratflechte befallen, so daß die Schädigung geringer ist als bei *Diplochistes*, die Cladonien völlig abtötet.

Vollparasitische Flechten

Vollparasiten entwickeln von Anfang an ihr eigenes Lager auf der Substratflechte. Manche Arten töten die Wirtspflanze schnell ab, wodurch auch den Parasiten die Lebensmöglichkeiten entzogen werden. Eine Flechte, deren Thallus von solch einem Parasiten befallen ist, bietet nach einiger Zeit ein charakteristisches Bild. An derjenigen Stelle des Lagers, die zuerst infiziert wurde, sind Wirt und Parasit verschwunden, so daß ein Loch entstanden ist. Das Loch ist von einer kreisförmigen Zone umgeben, die dicht mit den Fruchtkörpern des Parasiten bedeckt ist. Außerhalb dieser Zone breitet sich der Thallus des Schmarotzers auf dem Thallus der Wirtspflanze schnell weiter aus. Andere flechtenbewohnende Lichenen schädigen ihre Unterlage dagegen kaum.

Die gleiche parasitische Flechte kann verschiedene Wirtspflanzen unterschiedlich stark schädigen[406]. Die Flechte *Buellia scabrosa* z. B. ist als Parasit auf die Gattung *Baeomyces* spezialisiert. Sie bildet auf den Wirtsflechten gelbgrüne Lager, in die die schwarzen Apothecien eingesenkt sind. Auf *Baeomyces placophyllus* scheint der Parasit keinen negativen Einfluß auszuüben, so daß man den Kontakt wahrscheinlich als Parasymbiose bezeichnen muß (s. u.). *Baeomyces roseus* dagegen wird durch den Befall deutlich geschädigt. In diesem Falle ist *Buellia scabrosa* also als Parasit anzusehen.

Bei parasitischen Flechten besteht die Tendenz, das Lager zunehmend zu reduzieren. Bei flechtenbewohnenden Arten der Gattung *Lecanora* sind schließlich nur noch in der Apothecienberandung symbiotische Algen vorhanden, bei parasitischen *Lecida*-Arten fehlen sie ganz. Auf diese Weise entstehen Übergänge von parasitischen Flechten zu parasymbiotischen und parasitischen nicht lichenisierten Pilzen. Einige parasitische Pilze sind also in Wirklichkeit delichenisierte Flechten. Alle Arten, in denen keine eigenen Algen mehr nachgewiesen werden können, bezeichnet man im Unterschied zu den flechtenbewohnenden Lichenen als Flechtenparasiten im weiteren Sinn.

Parasitische Flechten können wiederum von anderen Schmarotzern überwachsen sein. Ein Beispiel für diesen mehrstufigen Parasitismus ist die Flechte *Lecanora farinosa*, auf deren Thallus man eine *Caloplaca*-Art fand. Diese war wiederum von einer pyrenocarpen Kruste überwuchert, auf der schließlich eine *Lecanora*-Art wuchs[312].

Die parasitischen Flechten sind entweder auf einen bestimmten Wirt spezialisiert oder greifen wahllos eine große Zahl von Flechtenarten an. *Lecidea insularis* ist z. B. ein spezialisierter Parasit, der inselartige Lager auf *Lecanora rupicola* und verwandten Arten bildet. *Rinodina soredicola* besiedelt die Sorale cyanophiler Blattflechten, besonders von *Lobaria scrobiculata*, ohne den Wirt besonders zu schädigen. Nur einige Algenzellen werden abgetötet.

Schmarotzerflechten finden sich bevorzugt unter den *Caliciales* sowie in den Gattungen *Buellia*, *Caloplaca*, *Lecanora* und *Lecidea*. Allein von *Lecidea* sind 20 parasitische Arten bekannt[185]. Als Wirtsflechten kommen fast ausschließlich Krustenflechten in Betracht; vor allem Arten der Sippen *Aspicilia*, *Lecanora* und *Lecidea* werden oft befallen. Während die Parasiten oft nitrophilen Artengruppen entstammen, sind die Substratflechten meist ausgesprochen nitrophob. Insgesamt sind zur Zeit etwa 80 parasitische Flechtenarten bekannt[307].

Flechtenbewohnende Pilze

Pilze können als Epiphyten, Saprophyten, Parasymbionten oder als Parasiten auf Flechten leben. Sie können sich auf dem Lager oder auf den Fruchtkörpern ansiedeln.

Epiphyten und Saprophyten

Die Epiphyten überziehen mit ihren Hyphen die Oberfläche der Flechtenlager, ohne in sie einzudringen. Die imperfekte Pilzgattung *Torula* z. B. überwächst mit ihren braunen Hyphen aus tonnenförmigen bis kugelförmigen Zellen die Oberfläche von Krusten-, Blatt- und Strauchflechten. Sogar Myxomyceten und einige Mucorineen wurden gelegentlich als Epiphyten auf Flechten gefunden.

Der Pilz *Thelocarpon epibolum* gilt als Saprophyt. Er wächst auf den basalen, abgestorbenen Thallusteilen von *Peltigera aphthosa*. Andere Arten der Gattung *Thelocarpon* sind lichenisiert.

Parasiten und Parasymbionten

Eine sehr große Zahl von Pilzen lebt als Parasymbiont oder Parasit auf Flechten. KEISSLER[211] erwähnt in RABENHORSTS Kryptogamenflora etwa 180 Gattungen. Ein Teil dieser Gruppen ist freilich sicher als synonym zu betrachten, da früher z. B. delichenisierte Flechten einen eigenen Gattungsnamen erhielten (s. u.). Einige der flechtenbewohnenden Pilze sind ganz auf einen bestimmten Wirt spezialisiert. Die konstante Assoziation bestimmter Arten mit bestimmten Wirten kann sogar als systematisches Merkmal verwendet werden[355]. Andere Pilze dagegen kommen auf einer großen Zahl von Wirtsflechten vor. *Trichothecium pygmaeum* bewohnt beispielsweise mehr als 100 verschiedene Flechten[211]. Umgekehrt kann eine Flechte wie *Peltigera canina* als Wirt für etwa 20 Pilze dienen. Drei Fünftel der flechtenbewohnenden Pilze sind Ascomyceten, zum größten Teil Gattungen mit pyrenocarpen Fruchtkörpern, während die restlichen Arten zu den *Fungi imperfecti* gehören. Haupt- und Nebenfruchtform der parasitierenden Pilze können auf der gleichen Substratflechte vorkommen.

Die parasitischen Pilze sind zum Teil Schwächeparasiten, die vor allem alternde Flechtenthalli befallen. Diese sterben unter dem Einfluß des Parasiten schneller ab. *Nectria lecanodes*, ein Pilz, der auf *Peltigera*-Arten wächst, ist ein Beispiel für diese Form des Parasitismus. Andere Schmarotzer, wie z. B. *Buellia destructans*, befallen lebenskräftige Flechtenlager und töten sie teilweise ab.

Die Parasymbionten nutzen die Stoffwechselprodukte der Wirtspflanzen aus, ohne diese dabei sichtlich zu schädigen. Es handelt sich im

Grunde um eine Symbiose zu dritt, bei der eine Alge mit zwei Pilzen zusammenlebt. Zopf[441] prägte für die Symbiose mit dem zweiten Pilzpartner den Begriff **Parasymbiose.**

Die Hyphen des Parasymbionten durchziehen das Flechtenlager, wo sie mit den Algen in Kontakt treten können. Ähnlich wie der Mycobiont kann auch der Parasymbiont Haustorien in die Algenzellen entsenden, die Algen umspinnen oder ohne sichtbaren Kontakt zu den Algen in der Thallusgallerte wachsen. Im letzten Fall nehmen die Hyphen die diffus im Thallus verteilten Nährstoffe auf. Haustorien werden z. B. von dem Parasymbionten *Pleosphaeria lichenotricis* gebildet, dessen Hyphen gemeinsam mit dem Mycobionten die Fäden von symbiotischen *Scytonema*-Algen überwachsen[172]. Die Hyphen von *Abrothallus parmeliarum* umschlingen die Algen mit Klammerhyphen. Die Hyphen des Parasymbionten *Pleospora collematum* scheinen im Lager der *Collema*-Arten keinen Kontakt zu den Algen zu haben, sie verlaufen gänzlich innerhalb des Wirtes. Nur die Fruchtkörper durchbrechen mit ihrem oberen Teil die Lageroberfläche (Abb. 7.1 a).

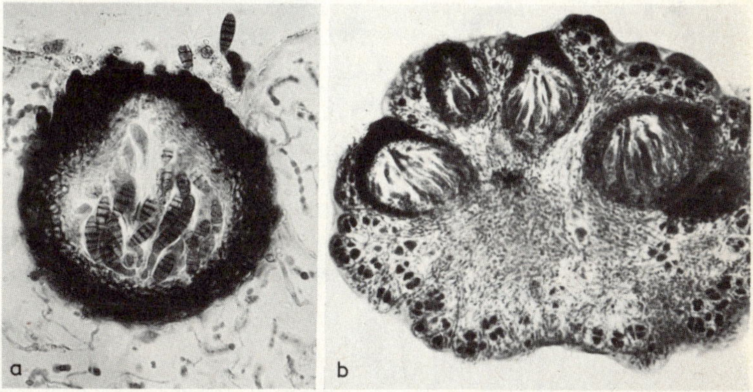

Abb. 7.1 Flechtenbewohnende Pilze. a) Schnitt durch ein Pseudothecium von *Plespora collematum* im Thallus von *Collema* (200 ×). b) Schnitt durch eine Galle auf dem Lager von *Ephebe lanata* mit vier Perithecien des Parasiten *Pharcidia ephebes* (400 ×) (b aus A. Henssen: Symb. Bot. Upsal. 18, 1 [1963] 1).

Eine besonders weitgehende Anpassung an die parasitische Lebensweise zeigen *Abrothallus*-Arten. Gemeinsam mit dem Mycobionten nimmt der Fremdpilz an der Bildung der Soredien teil. Flechte und Parasit werden auf diese Weise gemeinsam verbreitet. Wie sich solche infizierten Soredien weiter entwickeln, ist allerdings nicht bekannt.

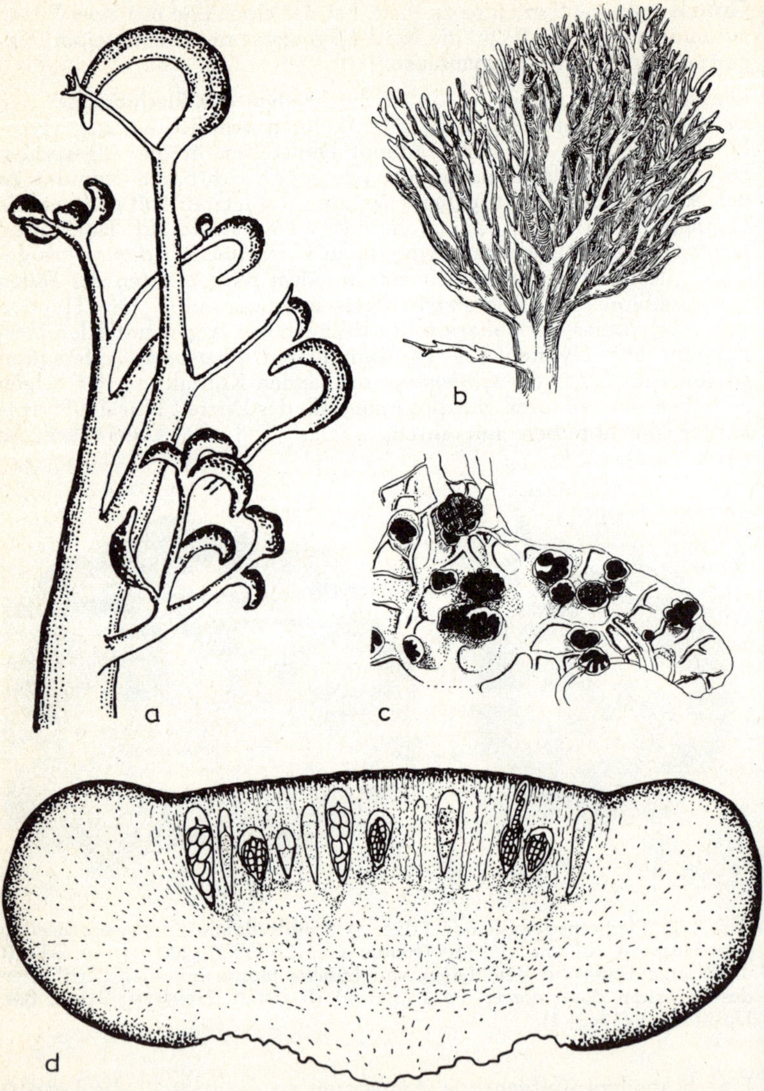

Abb. 7.2 Flechtenparasiten. a) Hakengallen an den Podetien von *Cladonia furcata* (9 ×). b) Hexenbesen an *Cornicularia aculeata*, die durch den Befall mit *Sporotrichum* entstanden (12 ×). c) Durch *Lichenomyces liche-*

Gallenbildung

Nicht alle flechtenbewohnenden Pilze sind unscheinbar und nur an ihren Fruchtkörpern zu erkennen. Viele Arten bilden zusammen mit der Wirtsflechte charakteristische Gallen. An Exemplaren der Flechte *Cornicularia aculeata*[24] und an Cladonien wurden Verformungen beobachtet, die an die Hexenbesen höherer Pflanzen erinnern (Abb. 7.2 b). Die Spitzen von *Cladonia*-Podetien können hakenförmige Auswüchse tragen, die Cecidien genannt werden (Abb. 7.2 a). Diese braunen Gallen sind in ihrem Inneren vom Mycel des Parasiten durchsetzt. Auf *Peltigera*-Arten, die von *Illosporium carneum* befallen sind, bilden sich staubige, soralartige Aufbrüche. Der Pilz ist die Nebenfruchtform von *Nectriella robergei*, die auf den gleichen Wirtsflechten als Parasit vorkommt[356].

Besonders interessant ist die Form der Gallen, die der Parasit *Lichenomyces lichenum (Celidium lichenum)* auf den Lagern von *Lobaria pulmonaria* bildet (Abb. 7.2 c). Sie ähneln in ihrem Aussehen so sehr den Apothecien, daß sie häufig mit ihnen verwechselt werden[299]. Dabei schreibt man ihre schwarze Färbung, die sie von den rötlichen Apothecien unterscheidet, dem Befall durch den Parasiten zu. In Wirklichkeit werden jedoch die Apothecien von *Lobaria pulmonaria* niemals infiziert[356]; vielmehr wird nur der Thallus befallen und zur Bildung der apothecienförmigen Gallen angeregt. Mit Hilfe anatomischer Untersuchungen ist es nicht schwer, Apothecien und Gallen zu unterscheiden.

Ob die flechtenbewohnenden Pilze das Lager oder die Apothecien des Wirts befallen und ob sie dabei Gallen verursachen, hängt zum Teil von dem Parasiten und zum Teil vom Wirt ab. *Abrothallus suecicus* besiedelt z. B. nur die Apothecien verschiedener *Ramalina*-Arten, ohne aber ihre Gestalt zu verändern[294]. *Abrothallus parmeliarum* befällt dagegen nur das Lager von zahlreichen, verschiedenen Flechten. Auf einigen Wirten ruft dieser Parasit Gallen hervor, auf anderen dagegen nicht. Allerdings ist es nach neueren Untersuchungen möglich, daß es sich bei *Abrothallus parmeliarum* nicht um eine, sondern um mehrere Arten handelt.

---

num erzeugte Gallen auf dem Lager von *Lobaria pulmonaria*. d) Asci von *Arthonia intexta* im Hymenium einer *Lecidea*-Art (a, b aus K. v. KEISSLER: Die Flechtenparasiten. In: Kryptogamen-Flora, Bd. VIII, hrsg. von L. Rabenhorst; Akademische Verlagsgesellschaft, Leipzig 1930; c) aus P. OZENDA, G. CLAUZADE: Les Lichens. Masson, Paris 1970; d aus H. HERTEL: Ber. Dtsch. Bot. Ges. 82 [1969] 209.

Reduktionsformen der Flechtenparasiten

Der Befall einer Flechte durch einen Parasiten ist besonders auffällig, wenn der Schmarotzer auf dem Wirt Gallen bildet. Bei einigen parasitischen Pilzen geht die Entwicklung dagegen in eine andere Richtung. Lager und Fruchtkörper des Schmarotzers sind bei diesen Arten sehr stark reduziert. *Arthonia intexta* entwickelt z. B. nicht einmal mehr die Hilfsgewebe des Fruchtkörpers, sondern die Asci werden unmittelbar in das Hymenium des Wirtsapotheciums eingeschoben, wo sie Seite an Seite mit den Asci der Flechte stehen[182] (Abb. 7.2 d). Bei einem derartigen Durcheinander kann es nicht überraschen, daß die Asci des Parasiten mehrfach für die Asci der Flechte gehalten wurden. Mindestens acht Beschreibungen gehen auf eine gemischte Diagnose der beiden Komponenten zurück und sind deshalb ungültig. Es ist aber durchaus möglich, die verschiedenen Asci voneinander zu unterscheiden. Der Parasit *Arthonia intexta* hat bitunicate Asci mit mehrzelligen Sporen, während der Wirt, eine *Lecidea*-Art, unitunicate Asci mit einzelligen Sporen besitzt.

Auch in anderen Fällen haben die Parasiten zu Verwechslungen Anlaß gegeben. Fruchtkörper der Parasiten wurden für die Ascocarpien oder für die Pycnidien der Wirtsflechten gehalten, während man andererseits Pycnidien der Flechten, als Organe eines Parasiten ansah. Zum Beispiel galten die Perithecien des Parasiten *Pharcidia ephebes* (Abb. 7.1 b), lange Zeit als die Fruchtkörper der Flechte *Ephebe lanata*[166]. Man erkannte den Irrtum auch dann nicht, als man Exemplare von *Ephebe* mit echten Fruchtkörpern entdeckte, sondern ordnete diese Flechten in der neuen Gattung *Ephebeia* ein. Die echten Fruchtkörper sind an den einzelligen Sporen zu erkennen, während der Parasit zweizellige Sporen besitzt.

Auch die kleinfädige Flechte *Lichenothrix* wurde zunächst verkannt und zusammen mit ihrem Parasymbionten als einheitliche Flechte beschrieben[172]. Solche Irrtümer entstehen aber nicht nur bei den kleinwüchsigen, cyanophilen Flechten, sondern auch bei Großflechten. *Thamnolia vermicularis*, eine Flechte, die nur steril bekannt ist, wurde wiederholt mit Fruchtkörpern beschrieben, die sich jedoch alle als Ascocarpien von Parasiten herausstellten. Es ist sogar vorgekommen, daß die charakteristischen Usneen als eine neue Gattung beschrieben wurden, wenn sie durch Pilzbefall verändert waren[437].

Übergangsformen der parasitischen Lebensweise

Nicht immer lassen sich die Beziehungen zwischen einer Flechte und den auf ihr lebenden Pilzen mit den Worten „parasitisch", „parasymbiotisch" oder „saprophytisch" genau kennzeichnen. Nach den Beobachtungen von Tobler[406] kann sich das Verhältnis der Organismen zueinander im Laufe der Zeit ändern. Der Pilz *Phacopsis vulpina* z. B. entwickelt sich vom Parasymbionten zum Parasiten und schließlich zum Saprophyten. Er befällt den Thallus von *Letharia vulpina*, in den er wahrscheinlich durch die Sorale eindringt. Der Pilz breitet sich vor allem in der Algenzone des Wirts aus, wo er als Parasymbiont die Algen umschlingt und sie zu verstärktem Wachstum anregt. Später werden die Algenzellen durch den Angriff des Pilzes abgetötet, der nun das Stadium des Parasitismus erreicht hat. Das Mycel des Schmarotzers vermehrt sich, während gleichzeitig das Gewebe der Flechte abstirbt. Im letzten Stadium seiner Entwicklung lebt *Phacopsis* als Saprophyt auf den toten, sich auflösenden Resten der Wirtspflanze.

Entstehung flechtenbewohnender Pilze und Lichenen[357]

Pilze und Flechten, die auf Lichenen wohnen, stellen ein interessantes Bindeglied zwischen den nichtlichenisierten Pilzen und den Lichenen dar. In der Tab. 7.1 sind einige Beispiele zusammengestellt, die einen Eindruck von den möglichen phylogenetischen Beziehungen geben. Die linke Seite der Tabelle enthält Flechten, die auf Rinde, Erde oder Gestein wachsen, während rechts in der Tabelle die saprophytischen Pilze aufgeführt sind. In der Mitte der Tabelle zeigen drei Abteilun-

Tabelle 7.1. **Phylogenetische Beziehungen zwischen Parasymbionten, Parasiten und Saprophyten bestimmter Pilzgattungen.** (R. SANTESSON: Bot. Not. 120 [1967], 497).

Flechten auf Rinde, Erde, Gestein	auf Flechten			saprophytisch lebende Pilze
	parasitische Flechten	Parasymbionten	Parasiten	
lichenisiert		nicht lichenisiert		
Diploschistes bryophilus				
Candelariella-Arten	Candelariella superdistans			
Lecidea-Arten	Lecidea furvella	Lecidea vitellinaria		
Catillaria-Arten	Catillaria epiblastematica	Catillaria miliaria	Catillaria aggregata	
Buellia-Arten	Buellia scabrosa	Buellia bayrhofferi	Buellia destructans	Buellia lignyota
		Microthyrium peltigerae	Microthyrium maculans	Microthyrium-Arten
			Nectria lecanodes	Nectria-Arten
			Athelia bisporum	

gen die verschiedenen flechtenbewohnenden Organismen. Mit Ausnahme von *Athelia* sind alle aufgeführten Gattungen Ascomyceten. Man kann deutlich erkennen, daß Arten der Flechtengattungen *Candelariella*, *Lecidea* und *Catillaria* in zunehmendem Maße zur parasitischen Lebensweise übergegangen sind. Da in diesen Gattungen keine saprophytischen Pilze vorkommen, sind diese Parasiten mit Sicherheit delichenisierte Flechten. Die Gattung *Buellia* dagegen enthält auch saprophytische Pilze. Da die große Mehrzahl der Arten dieser Gattung jedoch Flechten sind, ist es höchst wahrscheinlich, daß auch hier die Entwicklung von den Flechten hin zu den saprophytischen Pilzen gegangen ist.

Im unteren Teil der Tabelle sind dagegen einige Gattungen aufgeführt, die keine lichenisierten Formen enthalten. Es handelt sich um typische Pilze, von denen sich einige Arten an das Leben auf Flechten angepaßt haben. Diese Parasymbionten und Parasiten sind also nicht durch Delichenisierung entstanden.

Parasiten und Parasymbionten können also auf verschiedenen Wegen entstehen, wie das folgende Schema zeigt:

Flechte auf Rinde → Flechte auf Flechte → Parasymbiont auf Flechte ⇄ Parasit auf Flechte ⇄ saprophytischer Pilz

Entsprechend lassen sich die Schritte zusammenstellen, die von einer autotrophen Flechte mit eigenen Phycobionten zu einem stark reduzierten Parasymbionten führen[182]. Der Parasymbiont entwickelt im Extremfall überhaupt keine eigenen Fruchtkörper mehr, sondern legt seine Asci unmittelbar im Fruchtkörper des Wirts an.

„autotrophe" Flechte → Flechte als Gelegenheits- oder Jugendparasit —Reduktion des Thallus→ obligat parasitische Flechte —Verlust eigener Algen→ nicht lichenisierter Ascomycet mit Fruchtkörpern —Verlust des Fruchtkörperhilfsgewebes→ Asci in fremdem Hymenium

Die verschiedenen Beispiele haben gezeigt, daß ein großer Teil der flechtenbewohnenden Pilze von Flechten abstammt. Sie gehören vor allem zu den Ordnungen der *Caliciales*, *Lecanorales* und *Arthoniales*. Parasiten, die von nicht lichenisierten Arten abstammen, gehören hauptsächlich in den Verwandtschaftskreis der *Sphaeriales*, der *Helotiales* und zu den Ordnungen der echten ascolocularen Pilze wie z. B. den *Pleosporales* (S. 109). Die nächsten Verwandten dieser Parasiten leben häufig als Schmarotzer auf höheren Pflanzen oder als Epiphyten auf Lebermoosen.

8

Synthese und Kultur der Flechten

Pilz und Alge leben in der Flechte in einem labilen Gleichgewicht, das leicht durch äußere Faktoren gestört werden kann. Wenn die Umweltfaktoren einen der Partner besonders begünstigen, bricht das Symbiosegleichgewicht zusammen und die Bionten entwickeln sich getrennt weiter. Es kann deshalb nicht überraschen, daß es auch im Labor nicht schwierig ist, die Partner zu isolieren und rein zu züchten. Andererseits bereitet die Kultur einer Flechte oder sogar ihre Synthese aus den Komponenten unter kontrollierten Bedingungen große Schwierigkeiten, da es bisher kaum gelang, genau diejenigen Umweltbedingungen herzustellen, bei denen das Symbiosegleichgewicht stabil ist.

Isolierung der Bionten

Die Schritte, die zur Isolierung des Mycobionten und des Phycobionten sowie zur Synthese der Flechte aus den Partnern führen, sind in Abb. 8.1 dargestellt.

Der Mycobiont kann am einfachsten und sichersten aus Ascosporen gezüchtet werden. Diese Methode setzt natürlich voraus, daß die Flechte reife Fruchtkörper entwickelt. Die meisten Fruchtkörper schleudern die Sporen beim Eintrocknen aus. Sie können mit einer Agarplatte oder einer Kunststoffolie aufgefangen werden. Besonders praktisch ist das Einfangen der Sporen mit Hilfe von Parafilm, da sie von dieser Oberfläche leicht mit Wasser abgespült werden können. Die so gewonnene Sporenemulsion kann zum Beimpfen von Kulturmedien benutzt werden. Die Sporen der meisten Flechten keimen in Kultur leicht aus. Bei *Peltigera* förderte der Extrakt des Phycobionten die Keimfähigkeit der Sporen.

Der Mycobiont kann auch aus dem somatischen Pilzgewebe der Flechte isoliert werden. Zu diesem Zweck bringt man ein Stück des Thallus auf einen Nährboden, der reichlich Kohlenhydrate enthält. Da diese Bedingungen den Mycobionten besonders begünstigen, bricht die Symbiose zusammen. Der Pilz breitet sich im Nährboden aus, so daß es einfach ist, unlichenisierte Hyphen abzuschneiden und überzuimpfen. Bei dieser Methode besteht die große Gefahr, daß es sich bei dem isolierten Pilz um eine zufällige Verunreinigung oder um einen Parasymbionten handelt.

Auch bei der Isolierung des Phycobionten besteht immer die Gefahr einer Verunreinigung. Genau wie beim Mycobionten wird in einer Rohkultur das Symbiosegleichgewicht zum Zusammenbruch gebracht. Besonders fädige Algen wachsen in anorganischen Nährlösungen aus Thallusfragmenten aus und können leicht isoliert werden. Einzellige

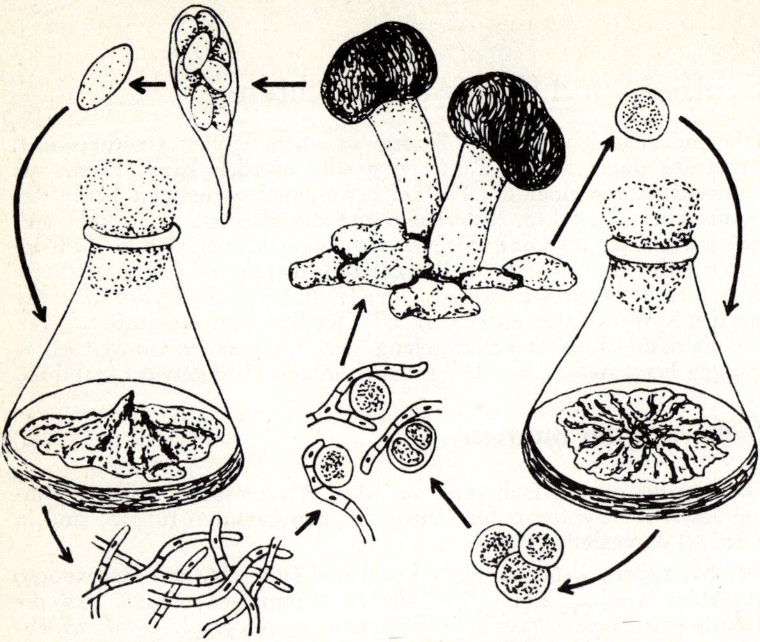

Abb. 8.1 Schema der Synthese einer Flechte aus den Komponenten (nach HALE und AHMADJIAN).

Phycobionten werden am besten aus Stücken der Algenschicht gewonnen, die aus dem Inneren des Thallus herausgeschnitten werden. Mit Hilfe des Mikromanipulators werden aus dem zerriebenen Gewebe vor allem solche Algenzellen abgetrennt, an denen noch Reste der Hyphen hängen. Auf diese Weise ist am besten sichergestellt, daß wirklich der Phycobiont und nicht eine Fremdalge isoliert wird.

Sowohl Phycobiont wie Mycobiont lassen sich im Labor leicht auf festen und in flüssigen Medien kultivieren. Ihre Anforderungen an das Substrat können verschieden sein. Auf Grund dieser Tatsache lassen die isolierten Partner Rückschlüsse auf die physiologischen Verhältnisse in der Flechte zu (S. 125 ff.).

Bedingungen für die Kultur und Synthese der Flechten [7, 376]

Die Bionten einer Flechte werden durch verschiedene Faktoren gezwungen, im symbiotischen Verband zu bleiben oder bei einer Neusynthese miteinander Kontakt aufzunehmen. Die genaue Natur dieser

Faktoren ist im einzelnen oft noch unbekannt. Auf keinen Fall dürfen die Umweltbedingungen einem der Partner optimale Lebensbedingungen bieten, da er sonst nicht mehr auf die Symbiose angewiesen ist. Eine Flechte gedeiht also nur unter solchen Bedingungen optimal, die keinem der Partner allein eine optimale Entwicklung erlauben. Wichtigste Voraussetzung für die Kultur von Flechten ist deshalb ein nährstoffarmes Substrat. Kohlenhydrathaltige Nährmedien begünstigen den Pilz zu stark, während die Alge bei zu reichlicher Versorgung mit Mineralstoffen die Symbiose verläßt.

Soweit bekannt, spielt die Feuchtigkeit eine entscheidende Rolle für die Erhaltung des Symbiosegleichgewichts. Erfolgreiche Kulturversuche ließen sich nur bei einem periodischen Wechsel von Durchfeuchtung und völliger Austrocknung erzielen. Wegen seiner gleichmäßigen Feuchtigkeit ist Agar deshalb für Flechtenkulturen nur schlecht geeignet. Bessere Resultate wurden mit Erde, Tonscherben, Kieselgel oder in Agar eintauchenden Rindenstücken erreicht.

Das langsame Wachstum der Flechten erschwert die Kultur in besonderem Maße. Es ist nicht einfach, Kulturen über den Zeitraum von einem oder mehreren Jahren frei von Verunreinigungen zu halten. Fremdalgen und Pilze, Bakterien und Moosprotonemata können störend auftreten.

Die Herstellung bakterienfreier Kulturen ist immer mit großen Schwierigkeiten verbunden, besonders bei cyanophilen Flechten, bei denen sich die Bakterien in den Gallerthüllen der Algen festsetzen können. Inwieweit die natürliche Bakterienflora eine Voraussetzung für das normale Wachstum der Flechtenlager bildet, ist umstritten. Der erste erfolgreiche Syntheseversuch ging von bakterienfreien Reinkulturen der Bionten aus, so daß die Bakterien zumindest in diesem Falle keine Bedeutung für die Flechte hatten[10].

Es ist zur Zeit noch unklar, welchen Einfluß das Licht auf Flechtenkulturen ausübt. Zweifellos besitzen verschiedene Flechten unterschiedliche Lichtoptima. Bei der einzigen Flechte, die bisher erfolgreich von Spore zu Spore kultiviert wurde, war kein Unterschied zwischen Kulturen im Dauerlicht und im Hell-Dunkel-Wechsel zu beobachten.

Auch der Einfluß der Temperatur ist noch nicht geklärt. Die Temperaturoptima der Flechten liegen im allgemeinen relativ niedrig (S. 145 f.). Es ist auch nicht auszuschließen, daß regelmäßige Temperaturschwankungen für die Flechte von Bedeutung sind[83].

Kultur der Flechten von Spore zu Spore

Die einzige Flechte, die bisher mehrfach von Spore zu Spore kultiviert werden konnte, ist *Endocarpon pusillum*. Diese kleine Erdflechte ist aus mehreren Gründen ein besonders geeignetes Objekt für Kulturversuche. Ihr Wachstum ist nicht so extrem langsam, wie es sonst bei Flechten meist der Fall ist. In der Natur kann diese Art z. B. einen frischen Weganstich relativ schnell besiedeln. Außerdem gehört die Flechte zu den Arten der Verrucariaceen, bei denen Hymenialalgen zusammen mit den Sporen ausgeschleudert werden. Pilz und Alge werden bei diesen Flechten also nicht nur bei der vegetativen Vermehrung durch Thallusstücke, sondern auch bei der generativen Fortpflanzung durch Sporen zusammen verbreitet.

Der erste erfolgreiche Kulturversuch mit *Endocarpon pusillum* wurde von STAHL[392] bereits 1877 beschrieben. Es gelang ihm, innerhalb einiger Monate die Flechte aus Sporen und anhaftenden Hymenialalgen auf Erde in Tontöpfen zu züchten. An den neu gebildeten Flechten entstanden wieder Fruchtkörper mit reifen Sporen. STAHLS Ergebnisse wurden später angezweifelt, konnten jedoch 1967 von BERTSCH und BUTIN[40] mit den gleichen Methoden reproduziert werden.

AHMADJIAN u. HEIKKILÄ[10] gelang es, die Flechte aus den beiden isolierten Bionten zu synthetisieren.

Zur Entwicklung der Flechten war ein abwechselndes Durchfeuchten und Austrocknen notwendig. Wenn das Substrat nicht zeitweise völlig austrocknete, so entwickelten sich keine normalen Lagerschuppen. Die Schuppen waren in solchen Fällen dicht mit hyalinen Haaren bedeckt, die den Zellen der oberen Rinde entsprangen. Bei ausreichender Austrocknung entstanden Thalli mit glatter Oberfläche, die völlig den normalen Lagern am natürlichen Standort entsprachen. Einziger Unterschied war die grüne Farbe der kultivierten Flechte, die von der braunen Farbe der natürlichen Exemplare abwich.

Normale Thalli entwickelten sich sowohl bei 15° C im Dauerlicht, als auch bei 19° C im 18-Stunden-Tag.

Begrenzte Synthese- und Kulturerfolge

Mit verschiedenen Flechten wurden Kulturversuche durchgeführt, die nur begrenzten Erfolg hatten. Wir können an dieser Stelle nur eine Auswahl erwähnen. Die Rindenflechte *Xanthoria parietina* wurde mehrfach untersucht. Bei der Synthese aus den Bionten gelang es bis zu einem gewissen Grade, die normale Differenzierung des Lagers zu erzielen[407]. Schnellwüchsige Erdflechten dürften ganz allgemein geeignetere Objekte für Synthese- und Kulturversuche sein als Rindenflechten. Zum Beispiel sind die Flechten der Gattungen *Baeomyces*, *Cladonia* und *Peltigera* relativ schnellwüchsig. Das gleiche gilt für ihre Mycobionten. AHMADJIAN[7] gelang es, den isolierten algenfreien Mycobionten von *Cladonia cristatella* bis zur Bildung von Podetien mit Pycnidien und Apothecienanlagen zu züchten. THOMAS[403] erhielt bei seinen zahlreichen Syntheseversuchen mit isolierten Bionten in einer seiner Kulturen Podetien. Beide Erfolge können als besondere Glücksfälle gewertet werden, die nicht beliebig reproduzierbar sind.

Zahlreiche Experimente beschäftigen sich nicht mit den isolierten Bionten, sondern versuchen, die ganze Flechte zu kultivieren. Tobler[408] ließ Exemplare von *Baeomyces roseus* unter Glasglocken im Labor weiterwachsen. Bei diesem Experiment erwies sich ausreichende Luftfeuchtigkeit bei bewegter und nicht zu warmer Luft als optimal für die Flechte. Die Apothecien entwickelten sich zu enormer Größe.

Besonders geeignet für Kulturversuche scheinen die algenhaltigen Auswüchse der Apothecienunterseite von *Peltigera leucophlebia* zu sein, die unter kontrollierten Laboratoriumsbedingungen relativ schnell zu kleinen Thalli auswachsen[215].

Neuerdings wurden Flechten im Phytotron unter sorgfältig kontrollierten Bedingungen aus Thalluspartikeln gezüchtet[83]. Das Verfahren hatte bei *Pycnothelia papillaria* und drei *Cladonia*-Arten Erfolg. Es entwickelten sich normal differenzierte Lagerschuppen, in einem Fall Podetien und bei drei Arten Pycnidien. Unter anderem wurden bei den Versuchen Temperatur, Licht und Feuchtigkeit variiert. Nach den Ergebnissen dieser Experimente zu schließen, scheint für die Flechten besonders ein regelmäßiges Schwanken dieser Umweltfaktoren günstig zu sein. Störend machten sich vor allem Fremdinfektionen bemerkbar. Es gelang nicht, die entstandenen jungen Thalli unter den Anfangsbedingungen der Kultur auf saubere Kulturböden umzupflanzen. Es ist nicht ausgeschlossen, daß beim Ansetzen der ersten Kultur aus den zerstückelten Elternthalli Stoffe frei wurden, die für die Entwicklung der jungen Stadien wichtig sind. Bei einem Umpflanzen der jungen Thalli fehlten diese Stoffe dann offenbar.

Fruchtkörper wurden bei keinem der Experimente gebildet. Welche Faktoren für diese Tatsache verantwortlich sind, ist unbekannt. Es ist denkbar, daß eine Kälteperiode oder eine lange Trockenzeit zur Initiierung des generativen Gewebes erforderlich ist.

Andere Erdflechten, die ein erfolgreiches Wachstum in künstlicher Kultur versprechen und sich damit wahrscheinlich auch für Syntheseversuche eignen, sind die Sandbewohner arider Gebiete. Fragmente von cyanophilen Flechten aus den Familien der Heppiaceen und Lichinaceen scheinen sich auf Kieselgel unter Laboratoriumsbedingungen relativ rasch zu differenzierten Lagerschuppen weiterentwikkeln zu können[118]. Das gleiche gilt für die Grünalgenflechte *Dermatocarpon hepaticum*.

In einem der frühesten Syntheseversuche wurden *Nostoc*-Kolonien mit Sporen von *Collema limosum* beimpft[321]. Es entwickelte sich ein Lager, das dem Thallus der *Collema*-Art entsprach. Apothecien wurden allerdings nicht gebildet. Die einfach gebauten *Collema*-Arten würden sich sicher auch gut als Objekt für moderne Kultur- und Syntheseexperimente eignen.

9

Wachstum und Vermehrung

Die meisten Flechten entwickeln sich im Vergleich zu anderen Pflanzen überaus langsam. Ihr geringes Wachstum wird durch eine außergewöhnliche Langlebigkeit kompensiert. Diasporen des Pilzpartners und amphigene Diasporen des Flechtenthallus, die beide Symbionten enthalten, dienen zur Vermehrung der Flechten.

Vermehrung der Flechten

Sowohl die vegetativen als auch die generativen Fortpflanzungsorgane der Flechten sind in den vorhergehenden Kapiteln ausführlich behandelt worden. Abgesehen von wenigen Ausnahmen (S. 13) vermögen sich die Algen im Flechtenthallus nicht generativ zu vermehren. Auch die sexuelle Fortpflanzung des Mycobionten ist in vielen Fällen eingeschränkt oder ganz verloren gegangen. Im Zusammenhang mit dieser Entwicklung haben die amphigenen Diasporen eine besondere Bedeutung erhalten. Sie stellen eine erfolgreiche Anpassung an das symbiotische Zusammenleben von Pilz und Alge dar, weil sie durch die gleichzeitige Verbreitung beider Partner in besonderem Maße das Fortbestehen des Konsortiums sichern.

Die generativen Ascosporen und Basidiosporen des Mycobionten müssen nach ihrer Verbreitung erneut Kontakt mit passenden Algen aufnehmen, bevor sie eine Flechte bilden können. Das gleiche gilt für vegetative Vermehrungsweisen, bei denen nur der Pilz verbreitet wird. Pycnidiosporen und andere Conidien gehören ebenso zu dieser Gruppe wie Gemmen und Brutknospen,wie sie in Gestalt von ein- bis mehrzelligen, braunen Körpern von Arten der Gattungen *Umbilicaria* und *Buellia* entwickelt werden. Alle auskeimenden Diasporen des Pilzes müssen auf eine passende Alge treffen. Die Wahrscheinlichkeit dafür ist nur gering. Unter Umständen erfolgt nur in einem von mehreren Millionen Fällen eine Neubildung der Flechte[376].

Einige Anpassungen fördern die Neubildung der Symbiose. Das Keimmycel kann anscheinend eine Zeitlang saprophytisch leben, so daß eine größere Aussicht besteht, mit Algen in Kontakt zu kommen. Bei einigen Arten der Verrucariaceen ist die Neubildung des Thallus besonders wahrscheinlich. Hier werden Hymenialalgen zusammen mit den Sporen ausgeschleudert, so daß bei der Keimung beide Partner sofort vereint sind (S. 100 f.). Bei der submers lebenden *Verrucaria margacea* keimen die Ascosporen schon im Perithecium. Das so entstandene Mycel wird als Ganzes ausgestoßen, um danach geeignete Algen einzufangen [407].

Die amphigenen Diasporen können viele Formen annehmen. Soredien, Isidien, lichenisierte Hormocysten und Bruchstücke des Lagers wurden schon erwähnt. Bei Cladonien sind es die Podetien, die amphigene Diasporen liefern, sei es in Form von Soredien oder als Fragmente (Abb. 9.1). Im Lager von Krustenflechten können ganze Areolen ausbröckeln und zur Verbreitung beitragen. Teile der oberen Lagerschicht, wie sie z. B. bei der Gattung *Fulgensia* aus dem Thallus herausbrechen, werden Schizidien genannt[310]. Lobuli oder Adventivlobuli, die aus dem Rand oder der Fläche des Lagers sprossen, können genau wie Isidien vom Thallus abgerissen oder durch das Absterben der Flechte sekundär frei werden.

Nicht alle Fortpfanzungsmethoden sind unter verschiedenen Umweltbedingungen gleich günstig. In den arktischen Regionen werden z. B. kaum Apothecien, Soredien oder Isidien ausgebildet. Die Verbreitung durch Thallusfragmente scheint hier am wirkungsvollsten zu sein[01, 339]. In einigen Fällen kann man in der Natur eine Umstellung der Flechten von der sexuellen zur vegetativen Fortpflanzung beobachten. Bei Arten, die normalerweise keine Sorale besitzen, kann an geographisch weit auseinanderliegenden Orten eine spontane Soredienbildung auftreten. Diese Formen scheinen sich jedoch nur in seltenen Fällen auszubreiten. Eine Ausnahme bildet *Cetraria delisei*, eine Flechte der boreal-arktischen Hochmoore, von der wiederholt größere Bestände einer sorediösen Form beobachtet wurden. Es handelt sich hier offenbar um die Entstehung einer genotypisch veränderten Parallelart zu der normalen, apothecienbildenden Form. In diesem Zusammenhang soll auf das Auftreten von Artenpaaren hingewiesen werden (S. 261 f.).

Entwicklung und Wachstum des Flechtenlagers[397]

Ein junges Flechtenlager kann nur dann heranwachsen und sich differenzieren, wenn es geeignete Umweltbedingungen vorfindet. Sind die Bedingungen nicht optimal, so bilden sich lediglich sorediöse Überzüge oder halbentwickelte Flechten, wie man es z. B. häufig an zu feuchten oder schattigen Standorten beobachten kann.

Die ersten Entwicklungsstadien heteromerer Flechten sind im allgemeinen wenig differenziert. Sie sind etwa den einfach gebauten Krustenflechten vergleichbar. Erst wenn das Lager einen größeren Umfang erreicht hat, bildet sich eine Schichtung des Gewebes heraus.

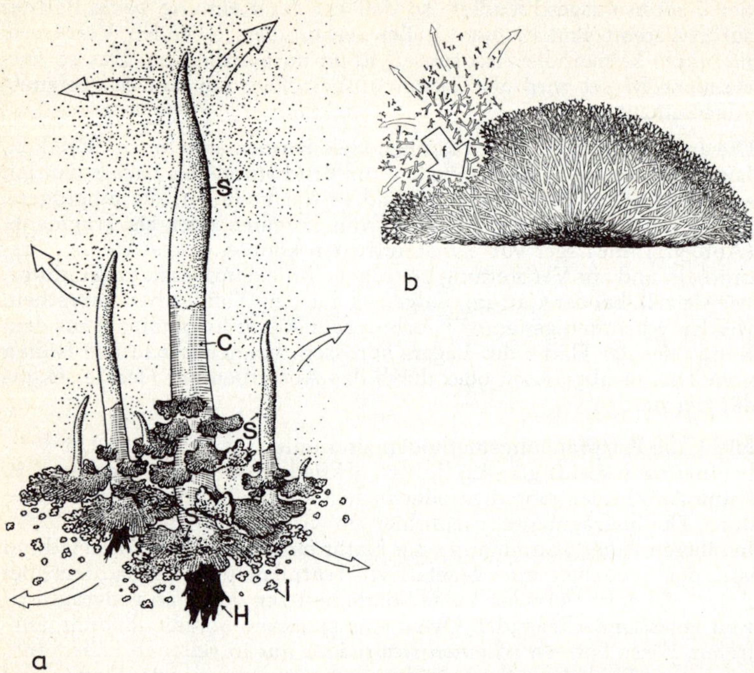

Abb. 9.1 Vegetative Vermehrung bei Cladonien durch a) Soredien und b) Thallusfragmente. Der Pfeil (f) stellt eine äußere mechanische Kraft dar, die ein Zerbrechen des im trockenen Zustand sehr spröden *Cladina*-Polsters bewirkt. C = Cortex, H = Haftfaserbüschel, I = Anfangsstadium des Lagers, das sich aus einer Soredie entwickelte, S = Soredien (aus E. Hennipman: Wet. Meded. K. N. N. V. 79 [1968] 1).

Bei einer Verbreitung durch Thallusfragmente fungieren die auswachsenden Hyphen zunächst als Hapteren, die das Bruchstück an der Unterlage befestigen. Die Differenzierung einer Blattflechte aus keimenden Sporen und eingefangenen Algen wurde bei *Xanthoria parietina* beobachtet[430]. Bei dieser Art entwickelt das Keimmycel einer Ascospore bei Beginn der Lichenisation drei verschiedene Zelltypen. Einige Hyphen sind langzellig, während andere, kurzzellige Hyphen den Kontakt mit Algen aufnehmen. An den Berührungsstellen zwischen den Bionten werden Kralienhyphen gebildet, die die Algen umfassen. In einem Zeitraum von etwa 14 Tagen entsteht ein Vorthallus, in dem Hyphen und Algen ungeordnet durcheinander liegen. Nach einem Monat zeigt sich die erste Andeutung eines heteromeren

Baus, nach etwa zwei Monaten die normale Schichtung in Rinde, Algenzone und Mark. Der Thallus wächst im Laufe seiner weiteren Entwicklung fast nur noch in die Breite. Nach acht Monaten mißt die Lagerrosette 2—6 mm im Durchmesser. Nach zwei Jahren hat das Lager einen Durchmesser von mehreren Zentimetern erreicht und beginnt zu fruktifizieren.

Strauchförmige Thalli entstehen bei manchen Flechten aus plagiotropen Loben, die sich sekundär aufrichten, während die Lager anderer Arten sofort emporwachsen. In einigen Fällen entwickelt sich ein strauchförmiger Vertikalthallus auch aus einem ausdauernden Horizontalthallus. Das bekannteste Beispiel für diesen Entwicklungstyp sind die Podetien der Cladonien (S. 102 f.). Die Arten der Gattungen *Lichina* und *Lempholemma* stellen dagegen gute Beispiele für die beiden erstgenannten Entwicklungsmöglichkeiten dar[177]. Unsere Kenntnisse über die Steuerung des orthotropen Wachstum sind gering. Sicher hat das Licht eine induzierende Wirkung (S. 194). Auch die Algen sollen angeblich einen Einfluß auf die Wachstumsrichtung ausüben[408], doch bedarf diese Behauptung der Nachprüfung.

Die strauchigen Loben oder Podetien vieler Arten aus den Gattungen *Cetraria, Cladia* und *Cladonia* zeigen ein fortdauerndes orthotropes Wachstum an der Spitze der Thalli. Die alten Gewebe an der Basis der Flechten sterben langsam ab. Die blattförmigen und krustigen plagiotropen Flechten wachsen dagegen im allgemeinen kaum in vertikaler Richtung. Bei den meisten Arten schuppt nur die obere Rinde langsam ab und wird von innen aus dem Thallus her ersetzt.

Plagiotrope Flechten dehnen sich bei ungestörtem Wachstum nach allen Seiten hin gleichmäßig radial aus. Wenn zwei Flechtenthalli einander berühren, so wird im allgemeinen eine charakteristische, dunkle Trennungslinie gebildet (Abb. 13.51). Schnellwüchsige Flechten können schwächere Arten auch überwachsen (S. 197 f.).

Von den wenig differenzierten Gallertflechten einmal abgesehen, geht das Wachstum der Thallusränder bei den blattförmigen Flechten im allgemeinen von den Pilzhyphen aus. Diese Hyphen bilden bei vielen Flechten eine algenfreie Randzone, die bei Arten der Gattungen *Placynthium* und *Parmeliella* z. B. fädig gebaut ist, während sie bei Arten der Gattung *Pertusaria* eine feste, knorpelige Struktur besitzt. Die Zuwachszone muß sekundär Algen in sich aufnehmen. Bei Arten der Gattung *Pertusaria* können einzelne Zellen der symbiotischen Grünalge zwischen die schnellwüchsigen, plasmareichen Randhyphen geraten. In diesem Fall konzentrieren sich die Pilzzellen zu Bündeln aus parallel liegenden Schiebehyphen[292], die die Algen weiter in die Randzone hineinpressen. Der fädige Prothallus von *Placynthium nigrum* erhält seine Algen auf andere Weise. Beim Befeuchten des Thallus lösen sich aus dem Rand der Lagerschuppen Hormogonien der symbiotischen Rivulariacee, die auf den Prothallus fallen[127]. Hier werden sie von den Hyphen umsponnen, wodurch sie zum Ausgangspunkt für die Bildung neuer Thallusschuppen werden. Die Einzelschuppen entstehen also zerstreut in der Randzone des Thallus und wachsen erst sekundär zu einer geschlossenen Kruste zusammen.

Es ist denkbar, daß beim Wachstum von Lager und Podetien auch frei lebende Algen neu in den Thallus eingebaut werden. Theoretisch müßte dieser Prozeß durchaus möglich sein, da er der normalen Lichenisierung entspricht. Generell dürften die meisten Algen in den jungen Teilen der Lager jedoch Abkömmlinge der früher eingefangenen Phycobionten sein. Sicher erwiesen ist der Einbau frei lebender *Nostoc*-Algen in die Cephaloiden und in manche Isidien der *Peltigera*-Arten. Nach einigen Beobachtungen sollen auch die Podetien und Phyllocladien der Gattung *Cladonia*[429] sowie die Randzonen der Pertusarien[71] ihre Algen aus der Umgebung aufnehmen. Andere Forscher widersprechen dieser Ansicht. Die Behauptungen müßten schon deshalb überprüft werden, weil in *Cladonia* der Phycobiont Trebouxia ist. Diese Alge ist nach der Ansicht von Ahmadjian[7] in der Natur nur selten frei lebend zu finden, so daß es fraglich ist, ob sie für eine regelmäßige Aufnahme durch das junge Thallusgewebe überhaupt in ausreichender Menge zur Verfügung steht.

Wachstumsmessungen

Die radiale Zuwachsrate wird vor allem an den runden Lagern der Blatt-, Nabel- und Krustenflechte gemessen. Das vertikale Wachstum wird an strauchförmigen Thalli und Podetien untersucht. Die Entwicklung horizontaler Lager kann mit zwei verschiedenen Methoden gemessen werden[397].

Bei der direkten Methode wird der Zuwachs über einen längeren Zeitraum hinweg mit einem Zentimetermaß gemessen oder mit Hilfe von Photographien ermittelt. Die Intervalle zwischen den Beobachtungen betragen mindestens mehrere Monate, weil in kürzeren Abständen keine meßbaren Veränderungen festzustellen sind. Die ersten Untersuchungen dieser Art wurden bereits vor hundert Jahren durchgeführt, wobei man vor allem die radiale Zuwachsrate des Gesamtthallus ermittelte. In neuerer Zeit wird dagegen auch das Wachstum einzelner Loben beobachtet. Dabei zeigte sich z. B. bei Arten der Gattungen *Parmelia* und *Physcia* eine erstaunliche Individualität der Loben, die vor einer vorschnellen Verallgemeinerung einzelner Meßergebnisse warnt[139]. Die charakteristische Lobenform bleibt beim Wachstum von *Parmelia caperata* erhalten[149]. In diesem Fall verlängert sich die Spitze der Loben unbegrenzt, während das Breitenwachstum bei einer bestimmten Ausdehnung gestoppt wird. Die Hauptzuwachszone liegt an der Spitze des Thallus und ist etwa einen Millimeter breit. Das interkalare Wachstum ist relativ gering.

Bei der indirekten Meßmethode bestimmt man das Wachstum mit Hilfe einer datierten Unterlage. Geeignete Substrate für diese Beobachtungen sind Zweige und Bäume, deren Alter man durch den Sproßaufbau oder durch Jahresringe ermitteln kann, ferner datierte Grabsteine, eiserne Grabkreuze und Bauwerke. Auch Felsblöcke in Gletschermoränen, deren Entstehung geschichtlich überliefert ist, sind ein geeignetes Beobachtungsgebiet (S. 251). Bei der indirekten Meßmethode setzt man voraus, daß gleichgroße Thalli einer Flechtenart gleichalt sind. Außerdem nimmt man an, daß die größten Lager am ältesten sind und in ihrem Alter in etwa dem der Unterlage entsprechen. Die Methode birgt also eine Reihe von Unsicherheitsfaktoren:

1. Der Zeitpunkt, an dem die Erstbesiedlung durch eine bestimmte Art stattfand, ist unbekannt. Bei einem höheren Alter des Substrats wird dieser Faktor unbedeutend und kann vernachlässigt werden.

2. Es ist unbekannt, ob der gemessene Thallus bis zum Zeitpunkt der Messung kontinuierlich und gleichmäßig gewachsen ist oder ob er bereits so alt ist, daß er sein Wachstum eingestellt hat. Dieser Faktor fällt bei den ringbildenden Blattflechten nicht ins Gewicht, da diese, wie z. B. *Parmelia centrifuga*, in der Mitte absterben und zentrifugal anscheinend unbegrenzt weiterwachsen.

3. Bei einem sehr alten Substrat kann es ungewiß sein, ob die größten Lager einer Art wirklich die Erstbesiedler sind, oder ob sie einer späteren Generation angehören. Dieser Unsicherheitsfaktor spielt wahrscheinlich auch bei der lichenometrischen Methode der Gletscherdatierung eine Rolle und sollte nicht zu gering eingeschätzt werden (S. 251).

Für strauchförmige Flechten sind die angegebenen Meßmethoden nicht anwendbar. Bei den Podetien der *Cladina*-Arten mißt man z. B. die Länge der einzelnen Internodien, um die jährliche Zuwachsrate zu bestimmen. Angeblich wird in jedem Jahr ein neuer Kranz von Seitenästen angelegt. Die Spitzen der Thalli besitzen die größte Wachstumsintensität. Neben dem Längenzuwachs wird von manchen Forschern auch die Zunahme des Trockengewichts als Maß für das Wachstum des Thallus genutzt.

Zuwachsraten der Flechtenthalli

Das Wachstum der Flechtenlager wird durch das Mikroklima der Standorte beeinflußt[397]. Die optimale Entwicklung hängt z. B. von der Beschaffenheit des Substrats, vom Licht und von der Feuchtigkeit ab.

Die Zuwachsrate kann bei manchen Arten experimentell durch Nährstoffgaben gesteigert werden[139]. In vielen Fällen kann man eine Abhängigkeit der Entwicklungsgeschwindigkeit von der Jahreszeit beobachten. Für diese Erscheinung sind physiologische Faktoren wie Feuchtigkeit und Temperatur verantwortlich (S. 151).

Die Tab. 9.1 und 9.2 zeigen den durchschnittlichen Jahreszuwachs einiger Flechtenarten. Alle Werte wurden mit der direkten Meßmethode ermittelt[114]. Allgemein läßt sich feststellen, daß Blatt- und Strauchflechten schneller wachsen als Krustenflechten. Bei Blattflechten kann man in Mitteleuropa im Durchschnitt mit einem jährlichen Zuwachs von 2—3 mm rechnen. In Gegenden mit milderen Wintern und einer geringeren Schneebedeckung, z. B. im Südosten der Vereinigten Staaten, kann eine etwas höhere Wachstumsrate erreicht werden[149]. Einige Flechten sind sehr viel schnellwüchsiger als der Durchschnitt der Arten. *Peltigera canina* mit einem jährlichen Zuwachs von 18 mm und *Peltigera rufescens* mit 25—27 mm sind besonders auffällige Beispiele. Innerhalb einer Gattung kann die Geschwindigkeit des Wachstums stark variieren. In der Gattung *Cladonia* wachsen z. B. alle Arten

Tabelle 9.1. **Jahreszuwachs einiger Blatt- und Strauchflechten unter verschiedenen klimatischen Bedingungen: A=subalpine Stufe der Alpen, B= boreale Nadelwaldzone, G=gemäßigte Zone mit milden Wintern im Südosten der Vereinigten Staaten** (nach Werten von FREY, HAKULINEN und HALE)

Art		Jahreszuwachs in mm
orthotropes Wachstum		
Cladonia coccifera	(A)	1,6— 2
Cladonia deformis	(A)	0,5— 3
Cladonia uncialis	(A)	2,5— 2,8
Cladonia arbuscula	(A)	2 — 7,5
Cladonia rangiferina		2 — 5
plagiotropes Wachstum		
Parmelia centrifuga	(B)	1,5— 2,4
Parmelia conspersa	(B)	0,8— 3,4
Parmelia conspersa	(G)	5 — 8
Parmelia saxatilis	(B)	1,7— 3,2
Peltigera aphthosa	(A)	5 —10
Peltigera canina	(G)	18
Peltigera spuria v. erumpens	(A)	2,5— 4
Peltigera rufescens	(A)	25 —27
Physcia caesia	(B)	0,9— 1,1

Tabelle 9.2. **Jahreszuwachs einiger epipetrischer Krustenflechten unter verschiedenen klimatischen Bedingungen: A=subalpine Stufe der Alpen, G=gemäßigter Klimabereich, W=aride Zone (Negev-Wüste)** (nach Werten von FREY, HALE, LANGE und EVENARI)

Art		radiales Randwachstum in mm
Caloplaca aurantia	(W)	0,68
Diploschistes scruposus	(G)	0,44
Lecanora alphoplaca	(A)	0,68—1,4
Trapelia coarctata	(G)	1,4
Haematomma ventosum	(A)	0,1 —0,3
Rhizocarpon disporum	(A)	0,03—0,14
Rhizocarpon geographicum	(A)	0,25—0,6
Dimelaena oreina	(G)	0,57

der Untergattung *Cladina* schneller als die restlichen Arten. Die höchste bekannte Zuwachsrate wurde an der strauchförmigen Flechte *Ramalina menziesii* beobachtet, die an der pazifischen Küste Nordamerikas vorkommt. Bei dieser Art beträgt der Zuwachs einzelner Loben in den feuchten Monaten von September bis Mai zwischen 11 und 90 mm. Extrem langsam wachsen dagegen *Umbilicaria*-Arten, die sich im Jahr nur um wenige Zehntelmillimeter vergrößern[113].

Die Krustenflechten scheinen in allen Klimagebieten etwa gleich langsam zu wachsen. Die Wüstenflechte *Caloplaca aurantia* entwickelt sich z. B. nicht langsamer als vergleichbare Thalli in Europa[246]. Die Art beweist dadurch ihre gute Anpassung an die extremen Standortsbedingungen.

Der prozentuale Flächenzuwachs eines Thallus nimmt mit der Größe des Lagers ab. In größeren Lagern, besonders bei krustenförmigen Arten, besteht wahrscheinlich kein nennenswerter zentrifugaler Austausch von Stoffwechselprodukten. Für den eigentlichen Zuwachs stehen also nur die Randstücke des Thallus und die Assimilate dieser Zone zur Verfügung. Mit zunehmender Größe des Thallus wird die zentrale, wachstumsinaktive Zone immer größer, wodurch natürlich der prozentuale Flächenzuwachs automatisch immer kleiner wird.

Die indirekte Meßmethode hat gezeigt, daß die Thalli vieler Arten eine große Wachstumsperiode aufweisen[147, 397]. Bei anderen Flechten folgt jedoch einem schnellen und starken Anstieg der Wachstumskurve für lange Zeit ein konstanter Verlauf, bis schließlich ein allmähliches Absinken des Zuwachses zu beobachten ist.

Alter der Flechten

Mit Hilfe direkter Wachstumsmessungen wurde für die untersuchten Arten ein maximales Durchschnittsalter von 30—50 Jahren ermittelt[147]. Die indirekte Meßmethode untersucht vor allem langsamwüchsige Arten und ergab sehr viel höhere Werte[41]. Für *Rhizocarpon geographicum* im Gletschervorfeld wurde z. B. ein Alter von 350 bis 1300 Jahren angegeben, für *Lecanora cinerea* 800 bis 1000 Jahre und für *Umbilicaria cylindrica* ein Alter von 180 Jahren.

Lager von *Parmelia centrifuga* erreichen in Lappland nicht selten einen Durchmesser von einem Meter. Bei einem durchschnittlichen jährlichen Zuwachs von zwei Millimetern sind seit dem Wachstumsbeginn 500 Jahre vergangen. Während dieser Zeit ist aber der Thallus von innen her fortlaufend abgestorben, so daß der lebende Thallus nur 6—10 Zentimeter breit ist (Abb. 10.2 b). Der älteste lebende Teil der Flechte hat also nur ein Alter von 30—50 Jahren, was durchaus den Werten anderer Blattflechten entspricht.

Regeneration

Alle Flechtenthalli besitzen eine ausgesprochen große Fähigkeit zur Regeneration. Bruchstücke des Thallus und Teile des Fruchtkörpers können wieder neu auswachsen. Bei Cladonien gehen in einigen Fällen aus alten Apothecien algenhaltige Phyllocladien hervor[200]. Abgebrochene Podetien können — beispielsweise bei der Gattung *Pycnothelia* — voll regeneriert werden[196]. Die Hyphen von Mark und Rinde besitzen anscheinend die Fähigkeit, jederzeit wieder in den meristematischen Zustand übergehen zu können. Bei *Sphaerophorus globosus* bilden z. B. die Markhyphen nach einer Verletzung eine Art Kallus, aus dem sich eine neue Rinde differenziert[137].

Individualität der Flechten

Die Wuchsform der Flechten und einige Besonderheiten ihrer Entwicklung machen es oft sehr schwierig, den Begriff des „Individuums" bei dieser Pflanzengruppe klar zu definieren. Das Schema in Abb. 9.2 stellt an Hand der Strauchflechten einige der Probleme im Detail dar. Im einfachsten Fall nimmt eine keimende Spore (2) mit einer Alge (1) Kontakt auf (5). Aus diesen zwei Bionten entsteht der gesamte Thallus, der nicht mit anderen Lagern verwächst (9). Bei dieser Pflanze handelt es sich um ein eindeutiges Individuum, das entweder Sporen bilden oder sich auf vegetativem Wege durch amphigene Diasporen selbst reproduzieren kann (8). In den meisten Fällen werden von dem Keimmycel der Spore (2) bei der Lichenisierung aber sicher mehrere Algen (3) aufgenommen (6). Da der Mycobiont in der Symbiose jedoch deutlich dominiert, kann bei der entstehenden Pflanze (10) ebenfalls kein Zweifel an ihrer Individualität bestehen. Bei vielen Strauchflechten, besonders aber bei Krustenflechten, muß man annehmen, daß der Thallus nicht nur aus mehreren Algen (3) gebildet wird, sondern daß auch mehrere Pilzsporen (4) an seinem Aufbau beteiligt sind (7). Das Gewebe der Flechte (11) ist also in diesem Fall genetisch nicht einheitlich. Unter Umständen müßte man hier schon von einem Sammelorganismus sprechen. In diesem theoretischen Falle kann eine amphigene Diaspore, die genetisch unterschiedlichen Hyphen des Thallus vielleicht nur zum Teil enthalten und so bei der vegetativen Verbreitung für eine gewisse Variabilität sorgen (12).

Die Thalli strauchförmiger Flechten wachsen an der Spitze, während sie an der Basis absterben. Verzweigte Thalli können sich auf diese Weise aufspalten und zu zwei getrennten Pflanzen werden (14). Diese sind sich genetisch gleich, vorausgesetzt daß die Ausgangspflanze in sich einheitlich war. Über die Individualität der beiden Tochterpflanzen, die sich vegetativ reproduzieren können (13), sollte eigentlich keine Diskussion notwendig sein. Der Vorgang der Aufspaltung kommt im Pflanzenreich in ähnlicher Weise bei Torfmoosen und höheren Polsterpflanzen regelmäßig vor.

In vielen Fällen verwachsen Flechtenthalli miteinander. Besonders in den dichten Polstern mancher Strauchflechten ist diese Erscheinung fast durchgehend zu beobachten. Man sollte in der Praxis zwischen dem Verwachsen einzelner Berührungspunkte (15) und dem völligen Verschmelzen der Organe (16) unterscheiden. Ein Cladonien-Polster, in dem die kleinen Seitenäste der einzelnen Pflanzen miteinander verwachsen sind, sollte man nicht schon deshalb als „Individuum höherer Ordnung“[41] bezeichnen, weil die Einzelpflanzen im Herbarium nicht ohne Gewalt voneinander getrennt werden können. Es scheint sinnvoller zu sein, mit der Bezeichnung „Individuum höherer Ordnung“ diejenigen Flechten zu beschreiben, bei denen mehrere Thalli zu einem neuen Ganzen verschmelzen (16). Besonders auffällig ist diese Erscheinung bei Arten der Gattung *Cladia*[198], da dort praktisch alle fruktifizierenden Äste durch Verwachsen kleiner Zweige entstehen. Bei diesen Flechten ist die Wahrscheinlichkeit sehr groß, daß Thallusbruchstücke verschiedener Äste genetisch unterschiedliches Material enthalten. Die vegetative Verbreitung durch amphigene Diasporen führt im Zusammenhang mit den vorausgegangenen Verschmelzungen bei diesen Flechten dann mit Sicherheit zu einer Neukombination der Merkmale (17).

Bei den Blattflechten liegen die Verhältnisse ähnlich wie bei den Strauchflechten. Krustenflechten entstehen wahrscheinlich häufig aus

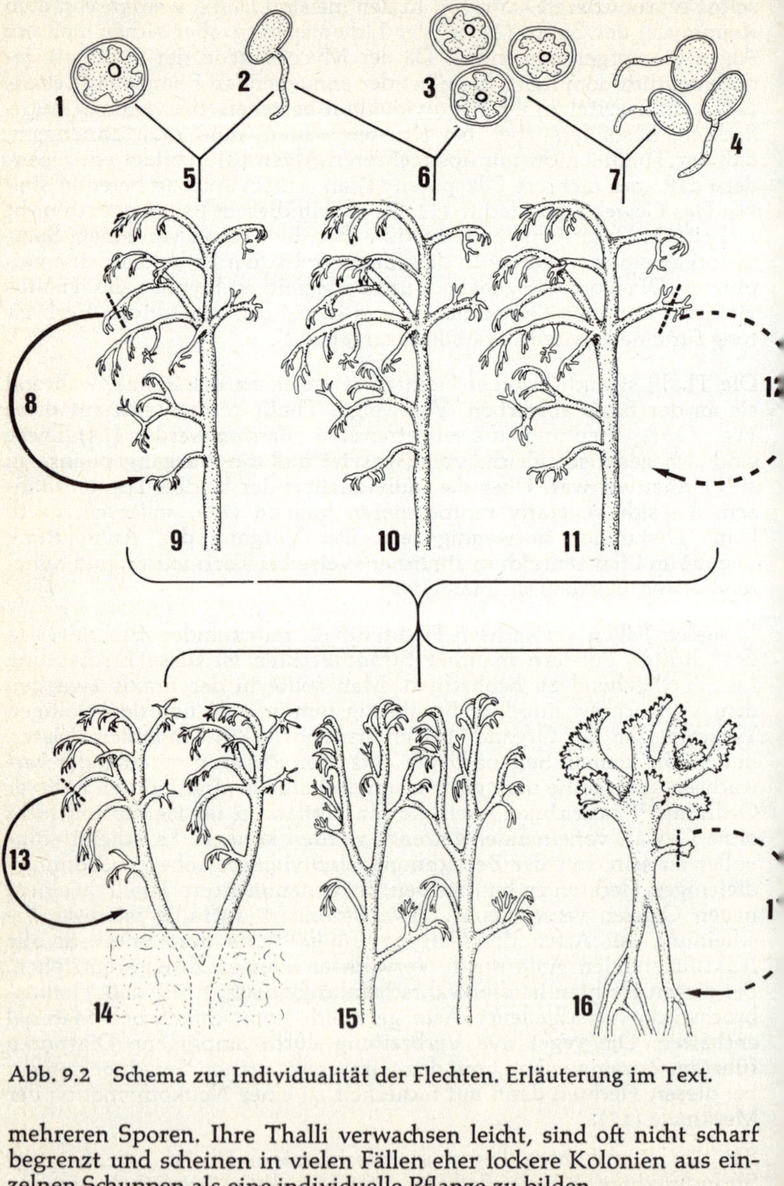

Abb. 9.2 Schema zur Individualität der Flechten. Erläuterung im Text.

mehreren Sporen. Ihre Thalli verwachsen leicht, sind oft nicht scharf begrenzt und scheinen in vielen Fällen eher lockere Kolonien aus einzelnen Schuppen als eine individuelle Pflanze zu bilden.

10

Ökologie und Verbreitung

Die Thalli der Flechten wachsen sehr langsam und sind deshalb unter normalen Bedingungen den meisten anderen Pflanzen unterlegen. Aus diesem Grunde finden wir Flechten vor allem an solchen Standorten, die den konkurrierenden Pflanzen nur schlechte Existenzmöglichkeiten bieten. In unwirtlichen Gebieten wirkt sich die große Resistenz der Symbioseorganismen gegen Kälte und lange Schneebedeckung, gegen Hitze und lange Austrocknung besonders günstig aus. Selbst unter extremen Umweltbedingungen erreichen sie noch eine positive Stoffwechselbilanz. Ihre Langlebigkeit und ihr nahezu unbegrenztes Wachstum bieten weitere Vorteile. So werden die Flechten zu Vorposten des pflanzlichen Lebens. In der Antarktis dringen sie z. B. bis zum 86. Breitengrad vor, und auf diesem Kontinent wurden im Königin-Maud-Gebirge in 4700 m Höhe sogar noch 7 Flechtenarten gefunden[271]. In Wüsten und Halbwüsten sind Flechten und Algen über weite Strecken die einzigen Besiedler.

Flechten besiedeln als Pioniere eine unglaubliche Vielzahl von Substraten. Sie kommen auf der glatten Rinde von Bäumen, neu entstandenen Erdhängen und Felsflächen genau so vor, wie auf Glas, Porzellan, Marmor, Eisen, Zeitungspapier, Filz, Leder und Knochen[78, 269, 318]. Auch Schalen von Seepocken (Abb. 10.1) und Schnecken und sogar die Panzer der Riesenschildkröten[156] auf den Galapagos-Inseln können als Unterlage dienen. Große Bestände bilden Flechten auf kalkreicher Erde und Rohhumus.

Da die Flechten kein Wasser speichern können, sind sie auf ständige ausreichende Versorgung mit Feuchtigkeit angewiesen. Neben dem Regen kommt hierbei dem Tau und dem Wasserdampf der Luft eine besondere Bedeutung zu. Das üppigste Flechtenwachstum findet man deshalb an luftfeuchten Standorten, in den Nebelzonen der Küsten und Gebirge und besonders in den niederschlagsreichen boreal-arktischen Gebieten.

Auf geeignetem Substrat sind die Flechten in allen Klimazonen der Erde anzutreffen. Besonders flechtenfeindlich sind dagegen die menschlichen Kulturlandschaften und Siedlungen. Flechten sind z. B. sehr empfindlich gegen Verunreinigung der Luft, wobei manche Arten als Indikatoren den jeweiligen Gehalt der Luft an SO_2 genau anzeigen (S. 251 f.). Neben der Schädigung durch Rauch und Abgase bewirkt das Stadtklima eine ungünstige Austrocknung der Thalli. Aus diesen

Abb. 10.1 Perithecien von *Arthopyrenia halodytes* (schwarze Punkte) im Gehäuse von *Balanus* (4 ×).

Gründen entwickeln sich in der Umgebung der Städte Flechtenwüsten. Flechtenpilze, die durch ihr Zusammenleben mit Algen zur autotrophen Lebensweise übergegangen sind, unterscheiden sich in ihren Standortsansprüchen naturgemäß von nicht lichenisierten Pilzen. In Vorkommen und Verbreitung gleichen die Flechten den Blütenpflanzen und besonders den Moosen, mit denen sie viele Standorte gemeinsam haben. Arten, Gattungen und unter Umständen auch ganze Familien der Flechten sind auf bestimmte Verbreitungsgebiete beschränkt, die weitgehend mit den Arealtypen von Bryophyten und Phanerogamen übereinstimmen.

Das Areal eines Taxons wird von ökologischen, genetischen und historischen Faktoren bestimmt. Da die langsamwüchsigen Flechten sich überwiegend vegetativ fortpflanzen, geht ihre Evolution wahrscheinlich nicht sehr schnell vonstatten. Daraus erklärt sich die Arten- und Gattungsgleichheit der holarktischen Flechten, die viel größer ist als bei den Blütenpflanzen. Die Ursachen und der Verlauf der Arealbesiedlung können nur mit indirekten Methoden ermittelt werden, da fossile und subfossile Funde von Flechten sich meist als unzuverlässig erwiesen haben. Für das Vorkommen von Flechten an bestimmten Standorten sind mikroklimatische und biotische Faktoren anscheinend viel bedeutender als großklimatische Einflüsse. Experimentell-ökologische Untersuchungen der letzten Jahrzehnte haben zu aufschlußreichen Erkenntnissen über die Anpassung der Flechten an extreme Standorte geführt.

Standorte der Flechten[28]

Eine Pflanze wird von einem Komplex von klimatischen, edaphischen und biotischen Bedingungen beeinflußt, die man unter dem Begriff Standortsbedingungen zusammenfaßt. Die einzelnen Faktoren können auf engstem Raum sehr unterschiedlich stark sein. Das Standortklima oder Mikroklima kann z. B. vom Großklima der Gegend stark abweichen.

Klima

Flechten sind viel mehr vom Klima abhängig als höhere Pflanzen. Sie sind nicht in der Lage, die Hydratur ihres Lagers zu regeln. Da die Pflanzen auch auf den Wärmehaushalt ihres Thallus keinen Einfluß nehmen können, sind sie sowohl der Austrocknung als auch der Überhitzung ausgesetzt. Unter solchen ungünstigen Bedingungen gehen Flechten in einen Zustand latenten Lebens über. Als immergrüne Pflanzen, deren Entwicklung nicht durch periodische Ruhezeiten unterbrochen wird, sind die Flechten dem Einfluß des Klimas während des ganzen Jahres ausgesetzt. Da das Wachstum dieser Organismen viele Jahre anhält, müssen sie sich über lange Zeit hinweg einem regelmäßigen Wechsel der Umweltbedingungen anpassen können.

Licht

Im allgemeinen haben Flechten einen höheren Lichtbedarf als Moose. Dunkle Wälder, in denen Stämme und Äste dicht mit Moosen behangen sind, sind arm an Flechten. Es gibt natürlich auch unter den Flechten ausgesprochen schattenliebende Arten wie z. B. einige epiphytische ozeanische Krustenflechten[17]. Die meisten Blatt- und Strauchflechten sind dagegen photophil. Flechten können sich ähnlich wie Sonnen- oder Schattenblätter höherer Pflanzen verhalten, wobei unter Umständen die Reaktionen des Thallus durch seine Umwelt beeinflußt werden (S. 195). Manche Flechten bevorzugen direkte Sonneneinstrahlung, andere dagegen diffuses Licht, wobei diese Ansprüche unabhängig von der Größe des Lichtbedarfs sind. Für *Graphis scripta* ist z. B. eine verhältnismäßig geringe Lichtintensität bei direkter Sonneneinstrahlung günstig, während *Chaenotheca melanophaea* an diffuses Licht in hoher Intensität angepaßt ist[28].

Ein Übermaß an direkter Sonneneinstrahlung scheint für fast alle Flechten schädlich zu sein. Die Thalli schützen sich gegen hohe Lichtmengen durch Bereifung der Rinde und durch Einlagerung von Pigment. Die Pigmentierung vieler Arten ist dementsprechend im Schatten schwächer ausgebildet als im Licht (S. 179 f.).

Temperatur

Die Flechten entwickeln sich am besten bei niedrigen bis mittleren Temperaturen, die 30° C nicht überschreiten. Einige Arten werden als wärmeliebend bezeichnet. Diese Flechten benötigen zu ihrer Entwicklung keine höheren Temperaturen als die übrigen Arten, sind aber in ihrem Vorkommen an milde Winter gebunden. In Europa findet man wärmeliebende Arten besonders im Westen des Kontinents und im mediterranen Gebiet. Die optimale Temperatur liegt selbst für Wüstenflechten nicht über 18–20° C. Nur Arten der feuchtwarmen Tropengebiete weisen Optimalwerte über 20° C auf (S. 145).

Flechten sind an tiefe Temperaturen besonders gut angepaßt und weisen auch unter dem Nullpunkt noch eine positive Stoffwechselbilanz auf (S. 145 f. und 150). Die Resistenz gegen hohe Temperaturen ist bei trockenen Thalli viel größer als bei eingequollenen Flechten. Es ist deshalb von besonderer Bedeutung, daß die Organismen bei steigenden Temperaturen möglichst schnell austrocknen. Flechten sind natürlich nicht in der Lage, ihre Thallustemperatur durch Transpiration zu kontrollieren. Sie können sich weit über die Temperatur ihres Substrats erhitzen und auch in Mitteleuropa Wärmegrade von 70 bis 85° C erreichen[238].

Wasser

Die Flechten können das benötigte Wasser auf direktem Wege als Regen, Tau oder Luftfeuchtigkeit, oder auf dem Umweg über das Substrat aufnehmen. Als feuchte Substrate kommen Hochmoore oder Steine in Betracht, die ständig oder zeitweise von Wasser überspült werden. In Hochmooren findet man z. B. die boreal-arktische Flechte *Cetraria delisei*. *Cladia retipora* nimmt mit ihren porösen Thalli in den Mooren Australiens die Rolle der Torfmoose ein. Auch Baumrinde und Moospolster, die in der Lage sind, Wasser zu speichern, können für die Versorgung der Flechten mit Flüssigkeit von Bedeutung sein. Manche Blattflechten aus den Familien der *Stictaceae* und *Collemataceae* wachsen bevorzugt auf Baumrinden über feuchten Moospolstern. Auch für die Krustenflechte *Thelotrema lepadinum*, die auf glattrindigen Bäumen wächst, sind wasserspeichernde Rasen der Moose *Frullania* und *Radula* von Bedeutung.

Eine Reihe von Flechten ist an Standorte angepaßt, an denen sie zeitweise von Wasser überspült werden. Es kann sich dabei sowohl um Arten handeln, die normalerweise auf dem Trockenen leben, als um solche Flechten, die auf eine feuchte Umgebung eingestellt sind. Zahlreiche Blaualgenflechten aus den Gattungen der *Lichinaceae* und *Heppiaceae* leben z. B. in ariden Gebieten in den Sickerwasserstreifen der Felsen, wo sie zeitweise überrieselt werden. Amphibische Flechten sind auf die regelmäßige Überspülung mit Wasser angewiesen oder sind resistent gegen Überflutungen. Andere Flechten können eine Überflutung dagegen nicht vertragen. Die Arten *Parmelia conspersa, Parmelia saxatilis* und *Umbilicaria pustulata,* die auf Felsen in der Strandzone der Binnengewässer vorkommen, werden z. B. durch eine nur wenige Wochen andauernde Überflutung abgetötet[351].

Zahlreiche Flechten sind besonders an die Absorption von Feuchtigkeit aus der Luft angepaßt. Neben vielen Wüstenflechten gehören zu dieser Gruppe einige unbenetzbare lepröse Krusten (S. 134) und eine Reihe von faden- und bandförmigen Strauchflechten nebelreicher Gebiete. Manche Flechten können sich bei langer Schneebedeckung optimal entwickeln, z. B. ist *Solorina crocea* eine Charakterpflanze der Schneetälchen-Vegetation. *Parmelia olivacea* ist dagegen sehr empfindlich gegen Schnee. Sie gedeiht nur oberhalb der Schneedecke, so daß ihre Lager in lappländischen Birkenwäldern die Höhe des winterlichen Schneefalls anzeigen.

Substrat

Neben einigen ausgefallenen Substraten, wie sie am Anfang dieses Kapitels erwähnt wurden, bewachsen Flechten vor allem Gestein, Erde und Detritus. Ebenso häufig kommen sie als Epiphyten auf anderen Pflanzen vor. Viele Arten sind bodenstet und können als Anzeiger für kalkreiche oder saure Substrate dienen. Die Ansiedlung bestimmter Arten wird neben dem Säuregrad der Unterlage besonders durch das Angebot an bestimmten Nährstoffen beeinflußt. Dabei sind vor allem Stickstoff- und Phosphorverbindungen von Bedeutung. Allgemein bekannt ist die reiche Flechtenvegetation von Vogelsitzplätzen. An diesen Standorten kommen Arten der Gattungen *Physcia, Ramalina, Xanthoria, Buellia* und *Rinodina* vor. In Nordeuropa gesellt sich die Art *Umbilicaria arctica* häufig dazu. Für die Flechten dieser Standorte werden verschiedene Bezeichnungen, wie z. B. nitrophil oder ornithocoprophil, benutzt. Ähnliche Assoziationen von Flechten finden sich an Straßenbäumen, die mit Staub imprägniert sind.

Flechten des Meeresufers zeigen eine deutliche Toleranz gegen Salz. Einige maritime Flechten, wie z. B. Arten aus der Familie der *Roccellaceae,* scheinen in ihrem Vorkommen sogar an einen gewissen Salzgehalt der Luft gebunden zu sein. Diese Flechten finden sich nur in Küstennähe.

Die Exposition gegen Licht und Wind spielt bei der Besiedlung eines Substrats ebenso eine Rolle wie sein Neigungsgrad. Einige Arten der Gattung *Umbilicaria* wachsen nur an lotrechten Felswänden. Neu entstandene Erd- und Felsflächen werden durch schnellwüchsige Arten besiedelt. In Mitteleuropa sind Arten der Gattungen *Cladonia* und *Baeomyces* die Erstbesiedler frischer, sandiger Weganstiche. Auf dem Vulkangestein der Insel Surtsey, die im Jahre 1966 südlich von Island entstanden ist, gehören nach fünf Jahren neben Algen und Moosen auch drei Flechten zu den Pionieren der Vegetation[225]. Es handelt sich um die Arten *Placopsis gelida, Stereocaulon vesuvianum* und *Trapelia coarctata*. Die beiden erstgenannten Arten werden auch auf den Kanarischen Inseln häufig als Erstbesiedler auf vulkanischem Substrat gefunden.

Die Rinde lebender Bäume und totes Holz werden von Flechten besiedelt. Manche Arten bevorzugen hartes Holz, während andere Flechten auf morsches Holz spezialisiert sind. Einige Flechten kommen in bestimmten Gebieten sogar nur auf angekohltem Holz vor. So findet man die Arten *Lecidea scalaris, Lecidea friesii* und *Lecidea anthracophila*, die alle drei zur Untergattung *Psora* gehören, in borealen Nadelwäldern regelmäßig auf angebrannten Baumstümpfen.

Die Ansiedlung von Flechten auf bestimmten Baumarten wird durch zahlreiche Faktoren beeinflußt[28]. So sind die mechanische Beschaffenheit der Rinde und ihr Säuregrad von Bedeutung. Manche Flechten bevorzugen glattrindige Bäume, andere Arten solche mit rauher Borke. Der ursprüngliche pH-Wert der Rinde kann durch Staubanflug stark verändert werden. Neben der Baumart ist deshalb auch die Zusammensetzung des Erdbodens von Bedeutung. Coniferen sind ein schlechteres Substrat als Laubbäume, da ihre Rinde relativ leicht abschuppt und eine geringe Wasserspeicherkapazität besitzt. Auch ihr Gehalt an Harz und der höhere Säuregrad wirken sich ungünstig aus. Eine Ausnahme macht die Lärche, da hier die ungünstigen Faktoren im Winter durch eine bessere Lichtversorgung an den kahlen Bäumen kompensiert werden. Ganz allgemein sind Exposition und Beschattung durch das Laub der Bäume wichtige Faktoren.

Bei der Besiedlung der Gesteine spielen physikalische und chemische Eigenschaften des Substrats eine Rolle. Für die Flechten scheint bei Silikatgesteinen vor allem der jeweilige Kalkgehalt bedeutsam zu sein, während bei Kalkgestein die physikalische Beschaffenheit ausschlaggebend ist[433]. Kalk- und Silikatbewohner sind daher scharf getrennt, während sich auf sauren und basischen Silikaten die Grenzen verwischen.

Kalk bewohnende Flechten dringen unmittelbar in das flache Gestein ein oder siedeln in Spalten. Sie tragen erheblich zur Verwitterung des Gesteins bei[80]. Die Zersetzung der Unterlage kann mechanischer und chemischer Natur sein. Durch die Ausscheidung von Säuren vermögen die Flechten tief in das Substrat einzudringen. Inwieweit auch der Phycobiont Säuren ausscheidet, ist nicht geklärt, doch wird den Pilzhyphen der wesentliche Anteil an den Verwitterungsprozessen zugesprochen. Eine Beteiligung des Phycobionten ist nicht auszuschließen, da auch nicht lichenisierte Algen tief in Gestein eindringen können. Ätzspuren, die auf flechtenbewachsenem Silikatgestein, Glimmer, Feldspat und Quarz festgestellt wurden, sind wahrscheinlich durch ausgeschiedene Flechtensäuren verursacht worden. Eine größere Rolle bei der Verwitterung dürfte jedoch die Bildung von Chelaten spielen

(S. 137). Unter älteren Lagern von Krustenflechten kann sich eine dicke Verwitterungsschicht ansammeln, die von Hyphen durchsetzt ist. Sie entsteht vor allem durch Kaolinisierung des Glimmergehaltes der betreffenden Gesteine[433]. Unter *Pertusaria corallina* kann sie 3 bis 4 mm dick werden.

In wieweit die Flechten die natürliche Verwitterung der Silikatgesteine hemmen oder fördern, ist umstritten. Während sie auf der einen Seite zweifellos zu der Zersetzung durch Kaolinisierung beitragen, können sie andererseits auch konservierend wirken, indem sie das Gestein vor dem Abbröckeln schützen.

Biotische und anthropogene Einflüsse

Von den biotischen Einflüssen, die von der lebenden Natur auf die Flechten ausgeübt werden, wurden einige schon im vorigen Abschnitt genannt. Die Anreicherung von Nährstoffen durch Vogelexkremente gehört ebenso hierher wie die unterschiedliche Beschattung durch Substratbäume. Auch die übrige Vegetation der Standorte übt einen entscheidenden Einfluß auf die Licht- und Feuchtigkeitsverhältnisse aus. Flechtenlager, die auf engem Raum beieinander wachsen, können sich gegenseitig beeinflussen.

Im Vergleich zu den genannten Faktoren ist der Einfluß des Menschen auf die Flechtenvegetation weitaus tiefgreifender. Menschliche Bauwerke aus Stein und Holz, wie z. B. Dächer und Zäune, bieten den Flechten neue, geeignete Substrate. Auch durch das Pflanzen von Straßenbäumen, durch das Entwässern von Torfböden und durch das Freilegen von Erd- und Felshängen beim Straßenbau werden den Flechten neue Standorte erschlossen.

Die meisten menschlichen Kulturmaßnahmen wirken sich dagegen negativ auf die Flechtenvegetation aus, können sie unter Umständen sogar vernichten. Ganz allgemein werden durch die Kultivierung des Landes dem Flechtenwachstum weite Flächen entzogen. Substratbäume werden häufig abgeholzt. Schon die Lichtung eines forstwirtschaftlich genutzten Waldes kann das Mikroklima so stark verändern, daß die meisten Flechten absterben. In früheren Zeiten ist die Flechtenvegetation wahrscheinlich durch das industrielle Sammeln der Flechten stark geschädigt worden (S. 250 f.). Heute wird das Wachstum der Flechten vor allem durch städtische Siedlungen und Industrieanlagen bedroht.

Luftverunreinigung und Stadtfeindlichkeit der Flechten [28, 251, 383, 397]

Schon vor hundert Jahren wurde in den Städten eine relative Flechtenarmut beobachtet, die mit steigender Industrialisierung ständig zugenommen hat. Man kann von einer Stadtfeindlichkeit, einer Poleophobie der Flechten sprechen. Diese Erscheinung hat zwei mögliche Ursachen. Einerseits ist wahrscheinlich das Mikroklima in den Städten sehr viel trockener als an den natürlichen Standorten. Zum Beispiel verhindert die relativ hohe Nachttemperatur in vielen Fällen den Taufall. Die zweite Ursache liegt in der starken Luftverschmutzung, die in besonderem Maße die Epiphytenvegetation zerstört, wie zahlreiche Untersuchungen der letzten Jahre gezeigt haben. Besonders schädlich wirkt sich SO_2 aus, das nicht nur eine direkte Giftwirkung hat, sondern sich auch durch den Regen als Schwefelsäure niederschlägt. Unter dem Einfluß von Schwefeldioxid verfärben sich die Lager rot, sterben ab und lösen sich schließlich vom Substrat.

Flechten und Moose sind gegen Luftverunreinigung viel empfindlicher als Phanerogamen und epiphytische Algen. Moose und Flechten nehmen im Gegensatz zu höheren Pflanzen die schädlichen Stoffe mit ihrer ganzen Oberfläche auf, wodurch unter Umständen die starke Schädigung der Kryptogamen erklärt wird. Flechten können außerdem viele Stoffe in ihrem Thallus akkumulieren. Diese Gründe erklären freilich nicht, warum rindenbewohnende Algen gegen die Gifte verhältnismäßig unempfindlich sind. Man nimmt an, daß im Flechtenthallus gerade die symbiotischen Algen durch SO_2 geschädigt werden. Das abweichende Verhalten der Phycobionten gegenüber den frei lebenden, unempfindlichen Algen könnte unter Umständen mit der geänderten Permeabilität der Zellen zusammenhängen, die durch den Mycobionten verursacht wird (S. 141). Die Vergiftungserscheinungen wurden im einzelnen jedoch noch nicht experimentell geklärt.

Wenn man die Epiphytenvegetation eines Industriegebietes oder einer Großstadt untersucht, so stellt man fest, daß die Zentren dieser Gebiete meistens frei von Flechten sind. Es handelt sich um sogenannte Flechtenwüsten. In den Außenbezirken schließt sich eine Kampfzone an, die eine zunehmende Anzahl von Flechtenarten enthält. In den weiter entfernt liegenden Zonen findet sich in der sauberen Luft noch die normale Vegetation, doch sind diese Bereiche in der modernen Industrielandschaft sehr selten. Der jeweilige Schädigungsgrad in einem Gebiet kann durch die Kartierung einiger Flechtenarten relativ schnell festgestellt werden. Wenn auf einer Karte Standorte mit gleichem Epiphytenbewuchs verbunden werden, so zeigen sich um das Zentrum großer Städte herum ringförmige Zonen, die die graduelle Abnahme der Luftverunreinigung widerspiegeln. Zur Untersuchung des Verschmutzungsgrades an bestimmten Punkten werden oft Flechten mit einem Stück der Unterlage aus sauberen Gebieten transplantiert. Ein Absterben dieser Versuchspflanzen zeigt eine unsaubere Luft an. Unter günstigen Umständen kann die Flechtenvegetation sogar quantitative Aussagen über den SO_2-Gehalt der Luft erlauben (S. 252).

Lebensformen[270]

Die Standortsansprüche und die Anheftungsweise der Thalli ermöglichen es, bei den Flechten verschiedene Lebensformen zu unterscheiden, deren Bezeichnungen zum Teil in Anlehnung an Begriffe gewählt wurden, die von RAUNKIAER für Phanerogamen eingeführt wurden. Eine Unterscheidung von festhaftenden und frei beweglichen Formen ermöglicht eine grundsätzliche Einteilung in zwei große Gruppen.

Zur Gruppe der beweglichen Thalli (errante Formen) gehören die Wanderflechten der Steppen und Wüsten. Besonders Arten der Gattungen *Cladonia, Parmelia* und *Lecanora* gehören zu dieser Gruppe. Die Thalli der Cladonien bilden häufig runde Klumpen, die vom Wind über weite Strecken verweht werden. Das gleiche gilt für die kugeligen oder abgeplatteten Lager der eßbaren Flechte *Lecanora esculenta* (S. 248). Auch flache Thalli, wie z. B. das Lager von *Parmelia chlorochroa,* die in dem amerikanischen Felsengebirge vorkommt, können beweglich sein. Manche Flechten sind begrenzt beweglich. Es handelt sich um Thalli von fadenförmigen Usneen, die nur locker über den Zweigen der Bäume hängen und für kurze Strecken verweht werden können. Auch manche strauchförmige Flechten, die auf der Erde wachsen und am Grunde absterben, können durch den Wind fortbewegt werden.

In der großen Gruppe der festhaftenden Flechten (adnate Formen) unterscheidet man eine Reihe verschiedener Lebensformen. Kriterien der Einteilung sind die Feuchtigkeitsansprüche der Thalli oder die Wuchsform der Lager. Die Unterscheidungen sind jedoch nicht immer konsequent, und es sollen hier nur einige Beispiele gegeben werden. Als Nebelflechten bezeichnet man die faden- oder bandförmigen Thalli der Gattungen *Ramalina* und *Usnea,* die in Gebieten mit hoher Luftfeuchtigkeit wachsen, so daß sie ihren Wasserbedarf durch die Absorption von Wasserdampf decken können. Die Wasserflechten sind in ihrem Vorkommen an Süßwasser oder Meerwasser gebunden. Sie wachsen amphibisch oder submers. In der Antarktis wurde die Flechte *Verrucaria serpuloides* von Tauchern in einer Tiefe von mehreren Metern unter Wasser gefunden[236]. Die meisten submersen Flechten des Süßwassers gehören zu den Gattungen *Verrucaria* und *Ionaspis.* Viele Flechtenarten an den Küsten der Gewässer werden regelmäßig von Wasser überspült.

Einige Lebensformen der Flechten decken sich weitgehend mit den schon früher beschriebenen Wuchsformen (S. 38 ff.). Man unterscheidet Flechten, deren Thallus im Substrat wächst (Kryptolichenes oder Endolichenes), von Arten, die sich flach auf der Unterlage ausbreiten (Epilichenes), und von solchen Formen, deren Lager aufrecht steht (Chamälichenes). Diese Typen sind durch Zwischenformen verbunden. Eine neuere Einteilung gliedert die beiden letzten Gruppen nach der absoluten Wuchshöhe in mehrere Kategorien[28].

Substratspezifität der Flechten

Die Flechten sind im allgemeinen streng an ein bestimmtes Substrat gebunden. Von dieser Regel gibt es jedoch Ausnahmen. Selbst ausgesprochene Gesteinsbewohner wie *Umbilicaria pustulata* und *Parmelia conspersa* bewachsen mitunter Holz und Rinde.

Epilithische Flechten gehen relativ selten von ihrem felsigen Substrat auf Rinde über, während andererseits Epiphyten leichter auf Gestein überwechseln. Dabei meiden sie allerdings Kalk. Blatt- und Strauchflechten, die locker auf dem Substrat sitzen, wechseln ihre Unterlage leichter als festhaftende Krustenflechten. Eine Ausnahme bilden z. B. *Mycoblastus sanguinarius* und *Pertusaria amara*, die nicht nur auf Holz, sondern recht häufig auch auf Gestein anzutreffen sind. Eine Großflechte, die nicht nur auf Rinde vorkommt, sondern auf Holz, Stein und Sand übergeht, ist die weit verbreitete Art *Hypogymnia physodes*. Bei manchen Flechten sind Einflüsse des Klimas für die Wahl des Substrats ausschlaggebend. Eine Reihe von ozeanischen Rindenflechten — z. B. *Parmeliella plumbea* und *Lobaria amplissima* — wachsen unter besonders günstigen klimatischen Bedingungen auch auf Gestein[77]. Umgekehrt sind *Sphaerophorus globosus* und *Buellia canescens* in kontinentalem Klima Gesteinsflechten, während sie in luftfeuchten Gebieten Rinde oder sogar Holz besiedeln. Auch der Nährstoffreichtum spielt bei der Substratwahl eine Rolle. Die coniophilen Flechtengesellschaften auf Gestein und Rinde zeigen große Übereinstimmungen. *Xanthoria parietina* besiedelt im Binnenland nährstoffreiche Rinden, an der Meeresküste ist die Flechte dagegen eine Charakterart der Uferfelsen.

Sukzession

Ein bestimmtes Substrat kann nacheinander von verschiedenen Flechten besiedelt werden. Zum Beispiel findet man auf jungen und alten Bäumen ganz unterschiedliche Flechtenassoziationen. Mit zunehmendem Alter der Bäume ändert sich die mechanische und chemische Beschaffenheit der Rinde. Dieser Vorgang wird durch die ersten Epiphyten noch gefördert. Die unterschiedliche Belaubung alter und junger Bäume hat außerdem einen Einfluß auf das Mikroklima. Glattrindige Baumstämme werden vorzugsweise von Krustenflechten bewachsen, während Blatt- und Strauchflechten sich erst auf der älteren, unregelmäßigen Borke ansiedeln. Bei größerer Beschattung nehmen Moose überhand. Diese werden schließlich wiederum von bestimmten Flechten überwachsen, die auf feuchte Moospolster als Substrat spezialisiert sind.

Eine Flechtensukzession, bei der die Erstbesiedler zu den Krustenflechten gehören, während sich höher entwickelte Thalli erst später ansiedeln, gilt im allgemeinen als typisch für Rinde und Gestein. Es handelt sich hier jedoch keineswegs um eine feste Gesetzmäßigkeit[433]. So konnte man beobachten, daß die Zweigspitzen der Esche zuerst von den blattförmigen Arten *Xanthoria polycarpa* und *Physcia tenella* besiedelt werden[81]. Auch auf frischem Gestein, z. B. in den Gletschermoränen, findet man häufig Arten der blattförmigen Nabelflechte *Umbilicaria* als erste Besiedler. Der Bewuchs mit Umbilicarien kann sogar so dicht sein, daß Krustenflechten nicht Fuß fassen können. Umgekehrt fällt es *Umbilicaria*-Arten schwer, Steine zu besiedeln, die von einer dichten Decke aus Krustenflechten überzogen sind[113]. In diesen Fällen ist es also entscheidend, welche Diasporen sich zuerst auf dem Substrat festsetzen.

Flechtengesellschaften und Lebensgemeinschaften verschiedener Standorte

Flechten können allein oder zusammen mit Phanerogamen zahlreiche charakteristische Gesellschaften bilden. Eine eingehende Behandlung dieses Gebietes würde den Rahmen dieses Buches sprengen, so daß hier nur einige Hinweise gegeben werden können. Auf Gestein, Erde und Rinde werden deutlich erkennbare Assoziationen gebildet, die zum Teil weltweit verbreitet sind. In Mitteleuropa findet man z. B. auf kalkreicher Erde die „Bunte Erdflechtengesellschaft"[218], die ihren Namen von den leuchtend gelben *Fulgensia*-Arten, der roten *Lecidea decipiens*, den weißen oder grünlichen Arten der Gattungen *Lecanora, Buellia* und *Toninia*, sowie den braunen Arten *Dermatocarpon hepaticum* und *Lecidea lurida* erhalten hat. Diese Gesellschaft findet sich in ähnlicher Form in den ariden Gebieten des Mittelmeeres und Nordamerikas. Nur kommen dort noch die auffallenden braunen Heppiaceen und die grünlichgelbe *Acarospora schleicheri* dazu.

An den Ufern der Binnengewässer und der Meeresküsten bilden verschiedene Gesteinsflechten charakteristische Zonierungen (Tab. 10.1)[93, 351]. Der unterste Bereich der Meeresfelsen wird von dem schwarzen Gürtel der *Verrucaria maura*-Zone eingenommen. Neben der Gattung *Verrucaria* finden sich in diesem Bereich Arten der kleinstrauchigen Gattung *Lichina*. Von den beiden europäischen Arten dieser Gattung kommt *Lichina confinis* an der Nord- und Ostsee allein vor, während am Atlantik zusätzlich auch *Lichina pygmaea* zu finden ist. Oberhalb des *Verrucaria*-Gürtels folgt die *Caloplaca marina*-Zone, die aus verschiedenen orange gefärbten *Caloplaca*-Arten und unscheinbaren Arten der Gattung *Lecanora* besteht. Die oberste Zone ist z. B. aus den Arten *Lecanora atra, Parmelia pulla, Xanthoria parietina, Anaptychia fusca* und *Ramalina siliquosa* zusammengesetzt. Diese Flechten bilden einen Übergang zu den normalen Felsflechtengesellschaften.

Tabelle 10.1. **Zonierung der Flechten an Meeresfelsen der schwedischen Westküste** (nach ELIASSON).

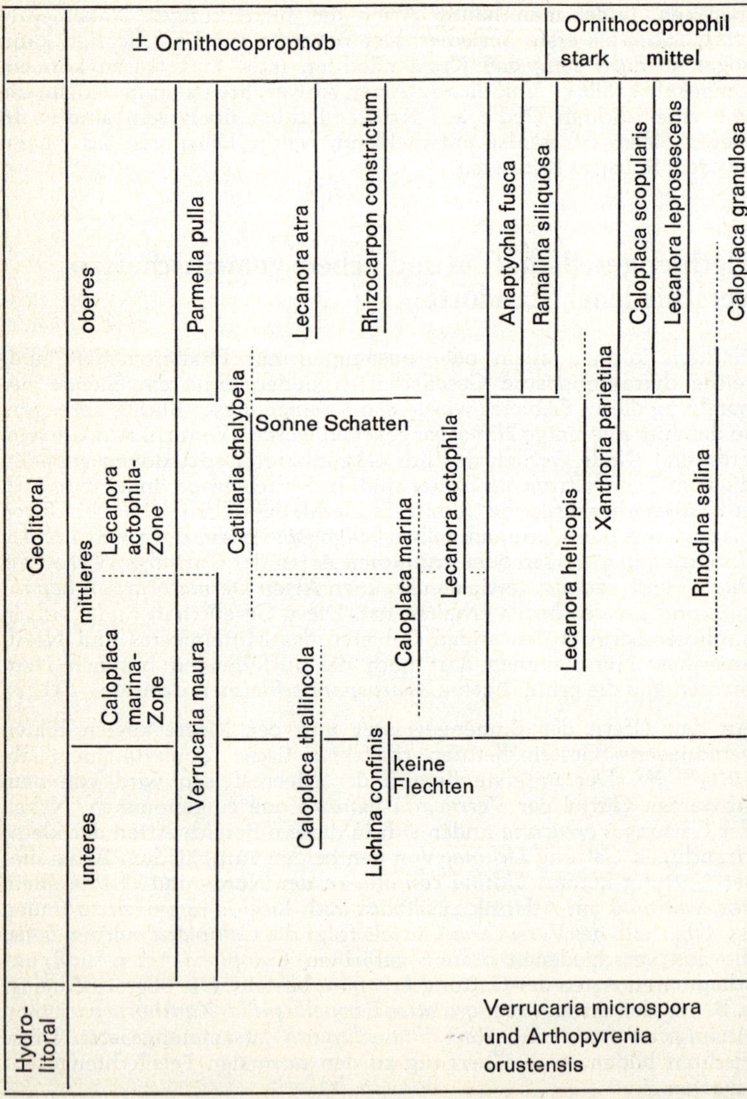

Verschiedene Krustenflechten formen auffällige Assoziationen auf Steinflächen in Skandinavien und den Alpen (Abb. 10.2 c). Die grünen und gelben Arten der Gattung *Rhizocarpon* und *Haematomma ventosum* treten auf saurem Gestein besonders deutlich hervor, während *Xanthoria elegans* basisches Substrat in auffallend roten Beständen überzieht. Alle diese Arten sind epilithische Flechten. Weniger auffallend sind dagegen die zahlreichen endolithischen Kalkarten. Das vegetative Lager dieser Flechten befindet sich vollständig im Substrat, nur die Fruchtkörper sind als Punkte sichtbar (Abb. 3.8 g). Auch sie sind mehr oder weniger in das Substrat eingesenkt und hinterlassen bei ihrem Zerfall Gruben im Gestein. Vor allem Arten der pyrenocarpen Verrucariaceen und der discocarpen Lecideaceen wachsen endolithisch.

In den borealen Felsen-Kiefern-Wäldern wird das Vegetationsbild von den dichten Beständen der Strauchflechten aus den Gattungen *Cladonia, Cetraria* und *Stereocaulon* beherrscht. Besonders die Rentierflechten, die zur Untergattung *Cladina* der Gattung *Cladonia* gehören, bilden dichte Polster auf dem Rohhumus, der die Urgesteinsfelsen nur in dünner Schicht bedeckt (Abb. 10.2 a, d). Ähnliche Polster, die jedoch aus anderen *Cladonia*-Arten bestehen, finden sich in noch größerer Mächtigkeit auf geeigneten Felsen im Südosten der Vereinigten Staaten und in Südamerika. In den Tundren können sich Arten der Gattungen *Cladonia, Cetraria* und *Alectoria* in Beständen von mehreren Quadratkilometern Größe ausbreiten, allerdings nur in solchen Gebieten, die nicht von Rentieren beweidet werden (S. 246).

In den mitteleuropäischen Bergwäldern fallen die Assoziationen der Bartflechten besonders ins Auge. Die seltene *Usnea longissima* bildet Girlanden von mehreren Metern Länge (Abb. 10.3 a). *Lobaria pulmonaria* (Abb. 10.3 b) bedeckt die Stämme der Bäume in feuchten Schluchtwäldern und Arten der Gattung *Peltigera* sind regelmäßige Besiedler des Waldbodens (Abb. 10.4). Auf den Flechtenreichtum staubimprägnierter Straßenbäume wurde bereits hingewiesen.

Neben Bäumen können auch die langlebigen Blätter von Agaven und Bromeliaceen als Unterlage für Flechten dienen[355]. Selbst auf den Stacheln von Kakteen siedeln sich Flechten an (z. B. *Chrysothrix noli-tangere*). Viele Flechten leben epiphytisch auf anderen Flechten oder Moosen (S. 195 ff.).

Sehr groß ist die Gruppe der blattbewohnenden Flechten[355], die obligat oder fakultativ auf immergrünen Blättern höherer Pflanzen leben (Abb. 10.5). Sie sind in den Tropen und Subtropen weltweit verbreitet und dringen z. B. mit der Art *Strigula elegans* bis nach Frankreich vor. Die meisten Arten dieser Gruppen wachsen auf der Cuticula der Blattoberseite. Arten der Gattungen *Strigula* und *Raciborskiella* entwickeln sich subcuticular. Man hat vielfach angenommen, daß die blattbewohnenden Flechten schneller wachsen als andere Arten, da ihr Substrat nur eine begrenzte Lebensfähigkeit hat. Diese Vermutung trifft

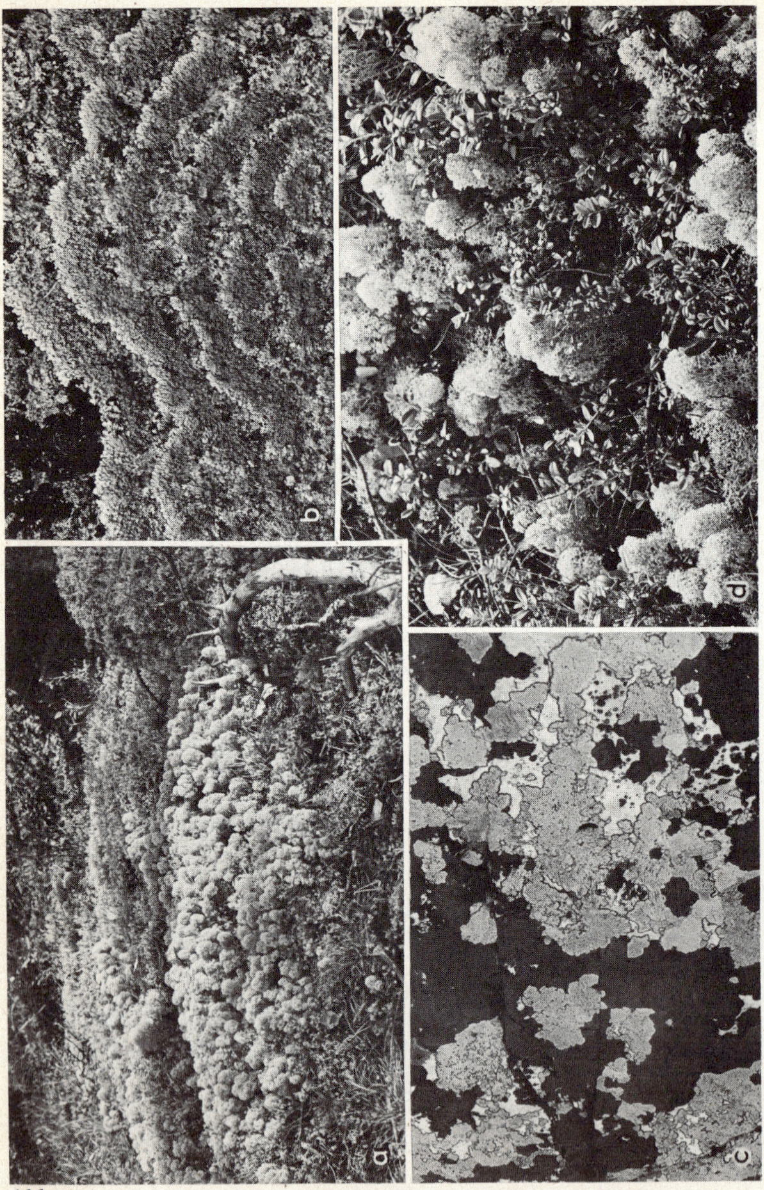

Abb. 10.2

jedoch nicht zu. Dagegen können bei diesen Flechten die Thalli schon dann Fruchtkörper entwickeln, wenn sie erst einen Durchmesser von wenigen Millimetern erreicht haben, so daß auf diese Weise der Entwicklungszyklus schneller durchlaufen wird. Nur wenige blattbewohnende Arten bilden Isidien oder Sorale, und Thallusbruchstücke scheinen bei der Verbreitung überhaupt keine Rolle zu spielen. Die Flechten dieser Gruppe vermehren sich also überwiegend durch Sporen und Conidien. Da die phycobiontischen Algen fast immer frei auf den Blättern vorkommen, bietet die Neulichenisierung keine Schwierigkeiten.

Die Flechten arider Gebiete zeigen interessante Anpassungen an ihren extremen Standort. Die Wüstenflechten sind in besonderem Maße auf die Absorption von Tau und Nebel angewiesen. Bei experimentellen Untersuchungen in der Negev-Wüste wurde festgestellt, daß die Stoffwechseltätigkeit der Flechten *Ramalina maciformis* und *Teloschistes lacunosus* in engem Zusammenhang mit den mikroklimatischen Bedingungen ihres Standorts steht. Diese Arten sind während der meisten Stunden des Tages ausgetrocknet und befinden sich in einer Art Trockenstarre. Nur während der Morgenstunden können sie nach der Befeuchtung durch den Tau für einige Stunden assimilieren. In dieser Zeitspanne erreichen Licht, Temperatur und Feuchtigkeit am Standort etwa die gleichen Werte, die im Experiment als optimal für die Flechte ermittelt wurden. Die kurze Photosynthesespanne genügt, um eine positive Stoffbilanz zu garantieren (vgl. S. 143 und Abb. 5.1).

Eine besondere Anpassung an das Wüstenleben haben die Fensterflechten der südafrikanischen und chilenischen Trockengebiete entwickelt[103, 421]. Die Lager dieser Flechten sind ähnlich wie die Sprosse der höheren Fensterpflanzen fast völlig im Substrat versenkt. Ein ausgedehntes System von Rhizoidhyphen und Rhizinen dringt tief in den Boden ein (Abb. 10.6). Die obere Rinde des Thallus ist stark verdickt und bildet wie ein Fenster die einzige Verbindung zur Atmosphäre. Die Rinde dient als wasseraufnehmendes Organ und als Verdunstungsschutz. Gleichzeitig beschirmt sie die Algen vor starker Sonneneinstrahlung. Auch die Algenschicht ist bei diesen Arten sehr mächtig entwickelt, unter Umständen als Anpassung an die verminderte Lichtdurchlässigkeit der Rinde. Zu den Fensterflechten gehören Arten der Gattungen *Lecidea*, *Toninia*, *Endocarpon* und *Acarospora*.

Abb. 10.2 Flechtenvegetation. a) *Cladina*-Polster im Felsen-Kiefern-Wald in Südwestfinnland. b) Ineinandergeschachtelte Thallusringe von *Parmelia centrifuga* in Nordfinnland (etwa 1/10 nat. Größe). c) Mosaik aus Krustenflechten auf hellem Urgestein in Lappland; helle Lager: gelbgrüne *Rhizocarpon*-Arten, schwarze Lager: *Lecanora badia* var. *picea* (etwa 1/8 nat. Größe). d) *Cladonia stellaris* zwischen *Vaccinium vitis-idaea* am gleichen Standort wie (a) (etwa 1/8 nat. Größe).

Abb. 10.3 a) Von Fichtenzweigen herabhängende Girlanden von *Usnea longissima* (etwa 1/10 nat. Größe). b) Die Lungenflechte *Lobaria pulmonaria*, rechts die netzig geaderte Unterseite des Thallus sichtbar (etwa 1/8 nat. Größe).

Abb. 10.4 Die Hundsflechte *Peltigera canina* auf Nadelwaldboden (etwa 1/4 nat. Größe).

Verbreitung der Flechten

Unsere Kenntnisse über die Verbreitung der Flechtenarten sind begrenzt. Viele Gebiete der Erde wurden lichenologisch nur wenig erforscht. In anderen Gegenden wurden vor allem die Großflechten gesammelt, während die Krusten unberücksichtigt blieben. Die Verbreitungskarten unauffälliger Arten geben häufig genau den Reiseweg eines Spezialisten wieder und beweisen dadurch ihre Unvollständigkeit. Auch die Verbreitung von Chemotypen kann pflanzengeographisch erfaßt werden, was in der letzten Zeit in zunehmendem Maße geschehen ist (Abb. 6.23).

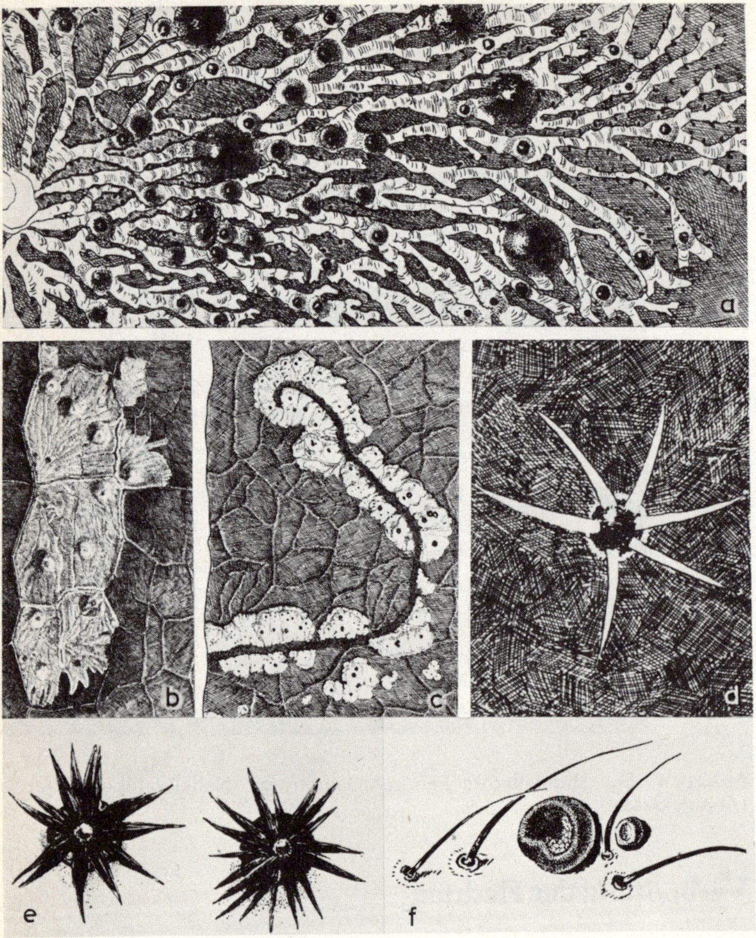

Abb. 10.5 Blattbewohnende Flechten. a) *Strigula melanobapha*. Lager mit radiären Loben, die Perithecien und Pycnidien tragen (11 ×). b) *Strigula nemathora*. Die subcuticular wachsende Flechte hat Schwierigkeiten, die Blattnerven zu passieren (7 ×). c) *Strigula elegans*. Befall des Blattes entlang einer Fraßspur (3 ×). d) *Trichothelium alboatrum*. Perithecium mit weißen Borsten (70 ×). e) *Trichothelium epiphyllum*. Perithecien mit schwarzen Anhängseln (35 ×). f) *Tricharia carnea*. Apothecien und Lagerborsten (30 ×) (aus R. Santesson: Symb. Bot. Upsal. 12, 1 [1952] 1).

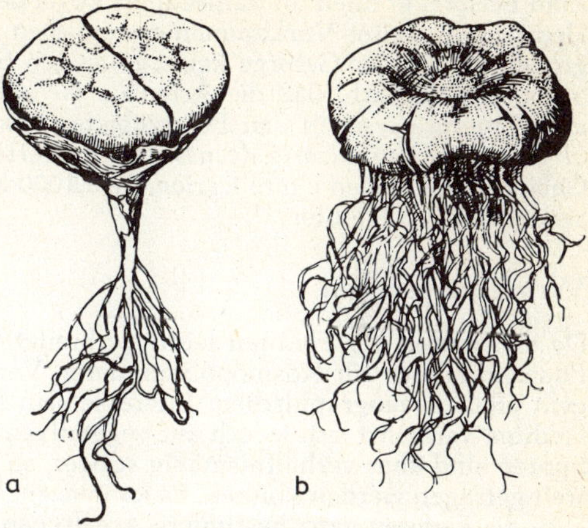

Abb. 10.6 Konvergenz der Wuchsform bei Wüstenbewohnern. a) Die Blütenpflanze *Lithops triebneri* mit Pfahlwurzel. b) Die Flechte *Lecidea decipiens* mit ausgeprägtem Haftfasersystem (4 ×) (aus S. VOGEL: Beitr. Biol. Pflanz. 31 [1955] 45).

Artenreichtum der verschiedenen Klimazonen

In der gemäßigten Klimazone findet man relativ viele Flechtenarten in größeren Mengen. Die arktischen Gebiete sind artenarm, aber reich an Individuen, während die Tropen zwar zahlreiche Arten, aber keine Massenvorkommen enthalten. Eine Ausnahme bilden in den Tropen frisch entstandene Erdflächen, die z. B. von der Basidiomyceten-Flechte *Cora pavonia* dicht besiedelt werden können. Normalerweise lebt diese Flechte in den Kronen der Bäume (S. 410).

Aufschlußreich ist das Zahlenverhältnis zwischen Flechtenarten und Gefäßpflanzen in einem bestimmten Gebiet, das man als Flechtenkoeffizient bezeichnet. Der Flechtenkoeffizient wird von den Tropen in Richtung auf die Pole hin größer[271, 299]. In Brasilien erreicht der Wert mit 0,1 eine für die Tropen typische Höhe. In den gemäßigten Zonen beträgt der Koeffizient 0,5—0,7, im boreal-subarktischen Gebiet etwa 1. In den arktischen Gebieten steigen die Werte sprunghaft an. Der Flechtenkoeffizient beträgt für Grönland 2, für Spitzbergen 3 und erreicht in der Antarktis den Extremwert von 100.

Auch die Höhenzonen der Berge zeigen eine ähnliche relative Zunahme der Flechten im Vergleich zu den Phanerogamen. Allerdings enthalten die hohen Gebiete der Berge nicht die gleichen Kombinationen von Flechtenarten wie die polaren Zonen, da verschiedene Standortfaktoren eine Verschiebung der Verbreitungsgrenzen bewirken.

Zum Beispiel können die zahlreichen Vögel der Arktis den nitrophilen Flechten ein weites Vorkommen ermöglichen, während diese Arten in großen Höhen der Gebirge keine günstigen Standplätze mehr finden. So ist es erklärlich, daß die Arten *Parmelia infumata, Physcia dubia* und *Physcia caesia* in den Polargebieten zusammen mit *Umbilicaria virginis* und *Umbilicaria decussata* anzutreffen sind, während in den Gebirgen die beiden Umbilicarien etwa 1000 Meter höher vorkommen als die anderen Flechten[113].

Verbreitungstypen

Da die Sporen der Flechten leicht verbreitet werden, hielt man diese Pflanzen früher für Kosmopoliten, deren Verbreitung von nur geringem pflanzengeographischem Interesse sein kann. Die Mehrzahl der Flechten vermehrt sich jedoch auf vegetativem Wege. Die amphigenen Sporen sind aber verhältnismäßig schwer, so daß sie vom Wind nicht weit getragen werden können. Es kann deshalb nicht überraschen, daß auch die Flechten ganz bestimmte Arealtypen aufweisen, wie sie ähnlich bei Blütenpflanzen und Moosen zu beobachten sind. Diese Aussage gilt nicht nur für die Großflechten, sondern auch für die Krustenflechten, jedenfalls soweit diese untersucht sind. Die Probleme der Verbreitung bipolarer Arten z. B. können deshalb an Flechten ebensogut studiert werden wie an höheren Pflanzen[94]. Die Untergattung *Neuropogon* der Gattung *Usnea* ist z. B. bipolar verbreitet. Nur eine Art dieser Gruppe, *Usnea sulphurea,* kommt im nördlichen borealen Gebiet zirkumpolar vor. Alle anderen Arten der Untergattung sind auf der südlichen Halbkugel, unter anderem in Antarktika, Neuseeland, den Kerguelen und Südamerika bis hin nach Ekuador, beheimatet. Eine bipolare Verbreitung mit verbindenden Populationen in den tropischen Gebirgen besitzen die Arten *Cetraria islandica* und *Thamnolia vermicularis.* Beide Flechten, die in verschiedenen Chemotypen auftreten (S. 183), besiedeln besonders in der Holarktis ausgedehnte Gebiete.

Ozeanische Flechten besitzen ein charakteristisches Verbreitungsgebiet an den europäischen Westküsten, kommen aber auch an geeigneten, luftfeuchten Standorten in den Alpen und den Karpaten vor[77, 366]. Viele dieser Arten, so die Flechte *Anthracothecium pyrenuloides,* haben ihr Hauptgebiet in den Tropen[279]. Andere Flechten, wie z. B. *Cavernularia hultenii,* kommen an den Küsten der Ozeane vor (amphiozeanisch)[14]. Dieser Verbreitungstyp ist bei höheren Pflanzen sehr selten.

Die Flechtenvegetation der Holarktis ist sehr einheitlich, wie ein Vergleich der europäischen und nordamerikanischen Arten zeigt (Tab. 10.2). Bei den 17 aufgeführten Gattungen der Großflechten beträgt der Durchschnitt der Artengleichheit etwa 75%. Die Artenzahl ist in Nordamerika größer. Außerdem muß mit einer Erhöhung der Artenzahl für Nordamerika gerechnet werden, da dieses Gebiet noch sehr viel schlechter erforscht ist als Europa. Die Flechtenflora scheint genau wie alle anderen Pflanzengruppen in Europa während der Eiszeit sehr stark gelitten zu haben. Eine Reihe von Flechten kommt in Nordamerika und Ostasien vor, während sie in Europa fehlt. Die Verbreitung dieser Arten kann amphipazifisch sein[226]. In diesem Fall kommen die Flechten in Ostasien und an der Westküste der Vereinigten Staaten vor. Bei einem zweiten Typ findet man die gleiche Flechtenart im Südosten der Vereinigten Staaten und in Ostasien[435].

Von den europäischen Großflechten sind z. B. die Gattungen Cladonia und Parmelia Kosmopoliten. *Lobaria, Usnea, Alectoria* und *Umbilicaria* sind hauptsächlich auf der nördlichen Halbkugel verbreitet, während *Sticta* und *Pseudocyphellaria* auf der südlichen Hemisphäre häufiger sind. Einige Flechtengattungen sind Endemiten. *Himantormia* findet man z. B. nur in der Antarktis. Mehrere Gattungen der *Roccellaceae* sind in ihrem Vorkommen auf einzelne Inseln beschränkt (S. 402). Die Gattung *Tholurna* galt lange als Endemit des borealen Nordeuropas, wurde jedoch neuerdings auch in Nordamerika gefunden[297].

Tabelle 10.2. **Anzahl der in Europa und Nordamerika gemeinsam vorkommenden Arten von 17 Großflechtengattungen nach den Artenlisten von** POELT, HALE und CULBERSON.

Gattung	Anzahl in Europa	Anzahl in Nordamerika	gemeinsame Arten	% der europ. Arten in Nordamerika
Cetraria	18	36	16	89
Cladonia	84	125	67	80
Lobaria	7	11	5	72
Nephroma	9	8	8	89
Parmelia	78	141	49	63
Parmeliopsis	3	5	3	100
Peltigera	15	17	15	100
Physcia	36	36	24	67
Physconia	9	6	6	67
Pilophorus	3	7	2	67
Pseudocyphellaria	4	6	2	50
Solorina	5	5	5	100
Stereocaulon	27	31	19	71
Sticta	7	6	5	72
Teloschistes	5	5	3	60
Umbilicaria	35	30	21	60
Xanthoria	13	8	6	46

11

Wirtschaftliche Bedeutung der Flechten

Flechten sind für den Menschen von nur geringem praktischem Nutzen. Nur in den subarktischen Gebieten ist der Anteil der Flechten an der Vegetation so beträchtlich, daß er einen wesentlichen ökonomischen Faktor bilden kann. Das langsame Wachstum der Thalli macht jedoch auch in diesen Gegenden eine intensive Nutzung dieser Pflanzen zu einem fragwürdigen Unternehmen. In früheren Zeiten war die wirtschaftliche Bedeutung der Flechten größer als heute, da durch die industrielle Entwicklung viele Anwendungsbereiche bedeutungslos geworden sind. *Cladonia stellaris*, deren strauchförmige Thalli zum Binden von Kränzen benutzt werden, ist die einzige Flechte, deren praktische Verwendung heute noch allgemein bekannt ist.

Einfluß der Flechten auf ihr Substrat

Flechten sind die Erstbesiedler extremer Standorte. In vielen Fällen spielen sie ohne Zweifel eine Rolle bei der Verwitterung von Gestein[363]. Die Hyphen der Thallusunterseite und die Rhizinen dringen in winzige Spalten der Felsen ein, während die Flechtensäuren den Stein direkt angreifen. Durch die Einwirkung der Flechten entsteht so langsam ein lockeres Substrat, das zusammen mit den Humusresten abgestorbener Lichenen die Ansiedlung höherer Pflanzen zuläßt. Die Fähigkeit der Flechtensäuren, Chelate zu bilden, kann unter Umständen den Boden von unerwünschten Humussäuren befreien. Experimente haben aber gezeigt, daß die Flechtensäuren gleichzeitig eine deutliche Hemmwirkung auf das Wachstum höherer Pflanzen ausüben. Schon Konzentrationen, wie sie im Erdboden flechtenreicher Wälder anzutreffen sind, hatten einen deutlich negativen Einfluß auf Testpflanzen[108].

Die Einwirkung der Flechten auf ihr Substrat kann in einigen Fällen wirtschaftlichen Schaden hervorrufen. Epiphytische Flechten verletzen zwar im allgemeinen die Bäume nicht; in einigen Fällen jedoch dringen die Hyphen des Pilzes tiefer in die Wirtspflanze ein, so daß diese geschädigt wird (vgl. auch S. 196). In einigen Fällen wurden wertvolle Glasfenster von Flechten besiedelt und zerstört[147].

Bedeutung der Flechten für Tiere

Flechten bieten vielen Invertebraten Schutz und Nahrung. Dichte Flechtenpolster können z. B. von Ameisen bewohnt werden. Tropische Käfer betreiben durch die Imitation von Flechten eine wirkungsvolle Mimikri. Viele Schnecken und Raupen fressen Flechten. Häufig raspeln Schnecken mit ihrer Radula das Hymenium aus Apothecien heraus. Die Veränderung des Habitus durch Tierfraß ist für die Beschreibung zahlreicher neuer „Arten" verantwortlich. Schnecken besitzen das Enzym Lichenase, mit dessen Hilfe sie Lichenin und Isolichenin, die wichtigsten Kohlenhydrate der Flechten, abbauen können. Cetrarsäure und einige andere Flechtensäuren, die für Wirbeltiere giftig sind, schaden den Schnecken anscheinend nicht. Vulpinsäure scheint dagegen für alle Tiere giftig zu sein. Auf jeden Fall sind die bitteren Flechtenstoffe aber auch den Schnecken unangenehm. Bei Fütterungsversuchen wurden extrahierte Flechtenexemplare von ihnen deutlich bevorzugt. In Mittelamerika werden von einem Vogel *(Ptilogonys caudatus)* regelmäßig Usneen zum Nestbau verwandt[382]. Ihre größte wirtschaftliche Bedeutung haben Flechten als Futter für Rentiere und ihre wilden Verwandten, die Caribous. In Nordskandinavien werden die Rentierflechten auch als Zusatzfutter für Haustiere verwandt. Die subarktischen Flechtenheiden sind so ertragreich, daß sie z. B. im Jahre 1961 in Finnland 180 000 Rentiere ernähren konnten[13]. Auf der südlichen Halbkugel reicht der Flechtenbewuchs für eine größere Tierhaltung nicht aus. Die ursprüngliche Kultur der Lappen war völlig auf die Rentierhaltung ausgerichtet. Durch das Nomadenleben der Herdenbesitzer wurde die Überbeweidung einzelner Gebiete verhindert, was für die langsamwüchsigen Flechten von besonderer Bedeutung ist.

Der Grad der Begrasung beeinflußt deutlich den Flechtenwuchs[12, 13]. Bei geringer Beweidung dominiert *Cladonia stellaris,* die nur wenige andere Flechten aufkommen läßt. Diese Flechten bilden die Hauptnahrung der Rentiere; bei stärkerer Begrasung geht ihr Anteil an der Vegetation deshalb zurück. Sie wird von *Cladonia rangiferina, Cladonia mitis* und einigen anderen *Cladonia*-Arten ersetzt. Bei übermäßiger Beweidung verschwinden die Cladonien fast völlig. Sie werden durch die schnellwüchsige Flechte *Stereocaulon paschale* ersetzt, die für die Tiere wertlos ist. Die Regeneration überbegraster Gebiete dauert viele Jahre. Neben den eigentlichen Rentierflechten sind bei den Tieren auch verschiedene Bartflechten, besonders *Alectoria jubata,* sehr beliebt.

Cladonia stellaris und *Cetaria islandica* werden als Futter für Haustiere gesammelt. In Island rechnet man mit einem Tagesbedarf von etwa 10 Kilo Flechten für eine Kuh. Ein Bauernhof mit einem Viehbestand von 10 Kühen, einigen Schafen und Ziegen hat einen Jahresbedarf von etwa 45 000 Kilo Flechten. Um diese Menge zu ernten, muß jährlich eine Fläche von ca. 20 000 m^2 dichtbewachsener Flechtenheide zur Verfügung stehen. Bei einer Regenerationszeit der Flechten von 30 Jahren, muß ein Bauer also Zugang zu 600 000 m^2 Flechtenheide haben. Im allgemeinen wird das Vieh aber nur zusätzlich im Winter mit Flechten gefüttert, so daß die tatsächlich gesammelte Menge geringer ist.

Durch ihren hohen Licheningehalt sind die Flechten ein kohlenhydratreiches Futter. Es ist aber fraglich, inwieweit die Tiere das Lichenin verwerten können. Wahrscheinlich sind sie auf die Mitwirkung der Darmbakterien angewiesen. Das Futter wird meistens 24 Std. in Wasser eingeweicht oder mit Soda behandelt, um die bitteren Flechtensäuren zu entfernen.

Flechten als menschliche Nahrung

Während Flechten in früheren Zeiten häufig gegessen wurden, sind sie heute für die menschliche Ernährung praktisch ohne Bedeutung. Nur in Japan wird noch regelmäßig eine Flechte *(Umbilicaria esculenta)* als Delikatesse gegessen[359]. Die Art wächst an senkrechten Felswänden, wo sie mühevoll mit Seilen und Leitern geerntet wird (Abb. 11.1). Die Thalli werden 12 Std. in Wasser geweicht, wonach Rhizinen und Umbilicus entfernt werden. Die Flechte wird als süße Suppe, als saurer Salat oder in Fett gebacken gegessen.

Cetraria islandica und *Cladonia stellaris* wurden in den nördlichen Ländern häufig zu Brot gebacken oder als Brei gekocht. Stets wurde durch mehrfaches Abkochen oder Behandeln mit Lauge wenigstens ein Teil der bitteren Flechtensäuren entfernt. Diese Methode ist nur zum Teil erfolgreich. Es wird berichtet, daß Flechtenbrot einen brennenden Geschmack hinterläßt. Besonders empfehlenswert war angeblich Schiffszwieback, der zu einem Teil aus Flechtenmehl gebacken war, da dieser kaum von Maden angefallen wird. Beim Kochen verwandelt sich *Cetraria islandica* in eine gallertige Masse, die mit Gewürzen und Milch gegessen wurde. Zwei Fässer voll gepreßter Flechten wurden in ihrem Wert einem Faß Kornmehl gleichgesetzt. In Wirklichkeit sind aber wahrscheinlich das Lichenin und das Isolichenin, die den größten Teil der Kohlenhydrate der Flechten bilden, für den Menschen praktisch unverdaulich. Ihr Nährwert ist also gering.

In vielen Fällen haben Flechten als Notnahrung gedient. In Kanada z. B. waren Umbilicarien unter dem Namen „Tripe de Roche" als Nahrung in Hungerzeiten bekannt. Bei dem biblischen Manna handelt es sich dagegen wohl nicht, wie häufig behauptet wird, um die Flechte *Lecanora esculenta,* sondern um ein Sekret von Tamariskenbäumen, die von Schildläusen verletzt werden. Die eßbare Flechte *Lecanora esculenta* wächst locker auf Steinen. Sie wird vom Wind häufig in

Abb. 11.1 Ernte von *Umbilicaria esculenta* in Japan (aus M. Satô: Nova Hedwigia 16 [1968] 505).

großen Haufen zusammengeweht und dient noch heute in Wüstengebieten als Viehfutter.

Die Bitterstoffe der Flechten sind in russischen Klöstern in einigen Fällen beim Bierbrauen als Ersatz für Hopfen verwandt worden. Sehr wichtig war im vorigen Jahrhundert die Alkoholgewinnung aus Flechten. Die Polysaccharide der Flechten wurden dazu mit Schwefelsäure zu Glucose hydrolysiert. In der neutralisierten Flüssigkeit wuchs die Hefe sehr gut. Die Ausbeute betrug ca. 250 cm^3 Alkohol pro Kilo Flechten. In der Sowjetunion wird angeblich noch immer nach der gleichen Methode Glucose gewonnen.

Flechten als Heilmittel, Gifte und Krankheitserreger

Schon seit dem Altertum werden Flechten als Heilmittel gebraucht. Die Zahl der Flechten, die als Arzneimittel verwandt wurden, stieg besonders im späten Mittelalter stark an. Damals war man der Ansicht, Pflanzen besäßen Heilkräfte gegen Erkrankungen derjenigen Körperteile, denen sie in Aussehen oder Farbe ähneln. Aus diesem Grunde gebrauchte man die Bartflechte *Usnea* als Haarwuchsmittel, die Lungenflechte *Lobaria pulmonaria* gegen Lungenkrankheiten und die gelbe *Xanthoria parietina* gegen Gelbsucht. Die Hundsflechte *Peltigera canina* wurde mit schwarzem Pfeffer in Milch als Mittel gegen Tollwut eingenommen. Ungeheuren Wert besaßen Flechten, die auf Totenschädeln gewachsen waren. Sie galten als Heilmittel gegen Epilepsie.

Heute werden noch zwei Flechten und ein Flechtenstoff in der Medizin verwandt. Ein Tee aus *Cetraria islandica* fördert die Durchblutung der Schleimhäute[368]. Dieser Tee wird bei Verdauungsbeschwerden und gegen bestimmte Formen der Lungentuberkulose, gegen Keuchhusten und Katarrhe gebraucht. *Lobaria pulmonaria* ist in der Homöopathie ein Hustenmittel. Wichtiger als diese beiden Flechten ist die Usninsäure, die in den meisten Fällen aus *Cladonia stellaris* gewonnen wird. Usninsäure ist ein wirksames Oberflächenantibiotikum gegen gram-positive Bakterien. Sie wird in Deutschland in einer Salbe (Usniplant) gehandelt. Das Präparat ist besonders gegen verschiedene Pilzinfektionen wirksam.

Usninsäure kann in einigen Fällen für den Menschen auch schädlich sein. Genau wie die Flechtenstoffe Atranorin und Evernsäure kann Usninsäure eine allergische Kontaktdermatitis hervorrufen[337]. Bei anderen Personen wirken die Stoffe als Sensibilisatoren, die die Lichtempfindlichkeit der Haut krankhaft steigern. Diese Krankheiten treten besonders in Kanada bei Holzfällern auf, die bei ihrer Arbeit mit Usneen in Kontakt kommen[278]. Die Soredien der Flechten, die sich in der Kleidung festsetzen, genügen oft, um die Symptome auch bei den Frauen der Arbeiter hervorzurufen.

Polysaccharide aus *Umbilicaria esculenta* haben sich als Mittel gegen bestimmte Tumoren bei Mäusen bewährt[380]. Die Hemmwirkung von Flechtenstoffen erweist sich auch bei der Behandlung verschiedener Pflanzenkrankheiten als nützlich. Tomatenkrebs und Tabakmosaikvirus sind erfolgreich behandelt worden. In der Natur kann unter Umständen die Hemmung verschiedener Holzparasiten durch epiphytische Flechten in der Forstwirtschaft eine wichtige Rolle spielen[157]. Ein Wasserextrakt von *Hypogymnia physodes*, wie er z. B. durch Regen entsteht, erwies sich im Experiment als sehr wirkungsvoll gegen verschiedene schädliche Pilze (vgl. auch S. 181).

Die Fähigkeit der Flechten, bestimmte Stoffe zu speichern, hat sich in der letzten Zeit für den Menschen als schädlich erwiesen. Radioaktives Caesium und Strontium, die bei Atombombenversuchen entstehen, werden von Flechten akkumuliert und gelangen auf dem Weg über Rentiere und Caribous in den Körper von Lappen und Eskimos[152, 400]. Die Konzentrationen im menschlichen Körper erreichen ein Drittel des maximal zulässigen Wertes. Auffällig ist die jahreszeitliche Schwankung der Radioaktivität des Rentierfleisches. Fleisch aus der Herbstschlachtung enthält nur wenig Caesium, da die Tiere im Sommer meist höhere Pflanzen fressen. Im Winter werden dagegen fast nur Flechten geweidet, so daß das Fleisch der Winterschlachtung viel gefährlicher ist. Entsprechend steigen bei den Lappen die gemessenen Werte im Frühjahr stark an.

Vulpinsäure aus der Flechte *Letharia vulpina* ist ein starkes Gift. Auch die Flechten *Cetraria pinastri* und *Cetraria juniperina* sind angeblich giftig. Vulpinsäure wirkt auf das Zentralnervensystem. Sie erhöht die Atmung stark und führt schließlich durch Atemlähmung zum Tode[361]. Die Flechte *Letharia vulpina* wurde früher zum Vergiften von Wölfen gebraucht. Obwohl kaum ein Leser dieses Buches in die Verlegenheit kommen wird, einen Wolf vergiften zu müssen, soll der Kuriosität halber hier das Rezept mitgeteilt werden: „Die Flechte wird zerrissen und pulverisiert. Ist sie dabei trocken, so daß sie stäubt, muß man die Nase zustopfen, sonst gibt es Nasenbluten. Das Pulver wird mit Fett und gehacktem Fleisch in einer Pfanne über schwachem Holzkohlenfeuer erwärmt und gerührt, damit es nicht anbrennt. Nachher bringt man dazu frisches Blut und zerriebenen Rentierkäse, so daß es gut riecht. Das Gift wird in Leichen zerrissener Rentiere angebracht, zwischen Haut und Fleisch oder in das Fleisch hineingesteckt. Ein Wolf, der das Gift verschluckt hat, stirbt meistens innerhalb von 24 Stunden, wenn er nicht rechtzeitig frisches Blut frißt".

Flechten als Parfum und Genußmittel

Viele Flechten besitzen eine ausgeprägte Fähigkeit, Duftstoffe zu absorbieren. In der Sahara wird *Parmelia paraguariensis* mit Rosenöl behandelt und im Verhältnis von 1 : 10 unter den Tabak gemischt, der aus Röhrenknochen geraucht wird[239]. Die Flechte ist wirtschaftlich so wichtig, daß sie mit Karawanen von der Atlantikküste ins Innere transportiert wird.

Manche Flechtenarten, besonders *Evernia prunastri, Pseudevernia furfuracea, Lobaria pulmonaria* und verschiedene *Ramalina*-Arten, besitzen jedoch auch einen ausgeprägten Eigengeruch. *Evernia prunastri* wurde im Altertum in Ägypten als Duftstoff bei der Einbalsamierung verwandt. Im 17. Jahrhundert diente die gepulverte Flechte als wohlriechender Puder. In unserer Zeit wird die zerriebene Flechte in einer Menge von 1 % manchen Seifen als Duftstoff zugesetzt. Viel wichtiger ist aber heute die chemische Extraktion der Duftstoffe[38, 39, 49]. Die Flechten werden zu diesem Zweck in Frankreich, Jugoslawien und Nordafrika gesammelt. Sie kommen unter den Namen Eichenmoos oder „mousse de chéne" *(E. prunastri)* und Baummoos *(P. furfuracea)* in den Handel. Wegen des anhaftenden Harzes ist *Pseudevernia* weniger wertvoll. Die Flechten werden möglichst lange gelagert, da dadurch der Geruch intensiviert wird, wobei sorgfältig verhütet werden muß, daß fremde Gerüche absorbiert werden. Die Flechten werden mit verschiedenen Extraktionsmitteln wie Methanol, Benzol oder Petroläther ausgezogen. Wachse und Harze werden in einer Alkohollösung bei – 20° C ausgefällt, während die grüne Farbe des Chlorophylls meist erhalten bleibt. Neben wohlriechenden Estern der Evernsäure enthält der Extrakt zahlreiche Duftstoffe in kleinen Mengen (z. B. Borneol, Geraniol, Citronellol, Vanillin, Cineol, Kampfer u. a.). Der Extrakt ist ein unentbehrlicher Grundstoff für viele Parfums, von denen die Marken „Chyphre" und „Fougère" die bekanntesten sind.

Flechten als Farbstoffe

Die Flechtenstoffe gehörten lange Zeit zu den wichtigsten Farbstoffen, die erst durch die Teerfarben verdrängt wurden. Flechtenfarben ergaben besonders warme und tiefe Farbtöne, waren jedoch nicht lichtecht. Heute werden sie fast nur noch mit Teerfarben zusammen verwendet, denen sie besondere Tiefe geben. Nur bestimmte Tuchsorten wie Harris Tweed aus Schottland werden noch immer mit Flechten gefärbt (vgl. auch S. 181).

Die wichtigsten Flechtenfarbstoffe waren Orseille und Lackmus, die aber nicht immer die gleiche Qualität besaßen, da sehr unterschiedliche Flechten verarbeitet wurden[368]. *Roccella-Arten, Pertusaria corallina, Umbilicaria pustulata, Ochrolechia tartarea* und andere Arten waren die wichtigsten Grundstoffe. Für die englische Industrie wurden die Flechten in Schottland geerntet oder von Cap Verde und schließlich aus Ceylon importiert. Ihr Preis schwankte im vorigen Jahrhundert zwischen 50 und 200 Pfund pro Tonne. Auch in Frankreich wurde für die dortige Industrie eifrig gesammelt. Französische Flechtensucher kamen sogar bis zur Milseburg in der Rhön[1].

Die Flechten wurden zerkleinert, befeuchtet und mit Ammoniak besprüht. Nach mehreren Tagen konnte die graue Farbpaste abgesiebt werden. In früheren Zeiten wurde an Stelle von Ammoniak meistens Urin benutzt, der in manchen ländlichen Gebieten für diesen Zweck in Fässer gesammelt wurde, um zum Färben der selbstgesponnenen Wolle vorrätig zu sein.

Lichenometrie

Wie an anderer Stelle erklärt wurde, wachsen Krustenflechten außerordentlich langsam. Es wird vermutet, daß einzelne Thalli in den Alpen ein Alter von 1000 Jahren, in der Arktis sogar von 4500 Jahren erreichen können[43]. Der Zuwachs solcher Flechten läßt sich z. B. an Hand von alten Fotos berechnen, die Krustenflechten auf Steinen und Gebäuden zeigen. Ein Vergleich mit der heutigen Größe dieser Thalli ermöglicht einen Rückschluß auf das jährliche Wachstum. Umgekehrt kann man bei bekannter Wachstumsgeschwindigkeit einer Flechte aus der maximalen Thallusgröße das Alter einer undatierten Unterlage erschließen. Dieses Verfahren, das man Lichenometrie nennt, wird z. B. bei der Altersbestimmung von Gletschermoränen verwandt[42]. Angeblich genügt eine Länge der Moräne von 50 Metern, um maximal-große Thalli zu finden. Die Methode setzt natürlich voraus, daß der Flechtenthallus im Durchschnitt gleichmäßig wächst. Es ist noch nicht völlig sicher, wie weit die Ergebnisse der Lichenometrie zuverlässig sind.

Eine besonders interessante Anwendung dieser Methode war der Versuch, mit Hilfe der Lichenometrie das Alter der Steinfiguren auf den Osterinseln zu bestimmen[104].

Flechten als Maßstab der Luftverunreinigung

Die meisten Flechten sind gegen Luftverunreinigung sehr empfindlich. Besonders schädlich ist Schwefeldioxid. Auf Grund der unterschiedlichen Anfälligkeit der verschiedenen Flechtenarten kann man aus Vegetationskarten eines Gebietes schnell einen Eindruck vom Grad der Luftverschmutzung bekommen[29]. Da die Flechten schon auf sehr geringe Konzentrationen reagieren, können sie durch ihr Absterben frühzeitig vor Milieuschäden warnen. Das Vorkommen bestimmter Arten korreliert so deutlich mit einem bestimmten SO_2-Gehalt der Luft, daß es möglich ist, mit Hilfe der Flechtenvegetation eine 10-Punkte-Skala zur Messung des Schwefeldioxidgehaltes aufzustellen[155]. Die Skala reicht von einer Verunreinigung, die keine Epiphytenvegetation mehr zuläßt, bis hin zu völlig sauberer Luft. Auf Stufe 2 der Skala entspricht z. B. das Vorkommen von *Lecanora conizaeoides* einem SO_2-Gehalt der Luft von ca. 150 $\mu g/m^3$. *Lobaria amplissima* und *Teloschistes flavicans* kommen dagegen nur in der völlig sauberen Luft der Stufe 10 vor.

SPEZIELLER TEIL

12

Klassifizierung und Taxonomie der Flechten

Prinzipien der Klassifizierung

Jede Klassifizierung der Organismen hat das Ziel, die Vielfalt der Formen überschaubarer zu machen. Dabei vereinigt man Pflanzen, die sich in irgendeinem Merkmal ähnlich sind, in einer Gruppe. Als Ordnungsprinzip kann man jedes beliebige Merkmal oder auch eine Gruppe von Eigenschaften verwenden. Auf diese Weise erhält man ein System, das die Pflanzen mehr oder weniger übersichtlich anordnet, das aber nur wenig über die Verwandtschaft der Pflanzen untereinander aussagt. Das willkürlich ausgewählte Ordnungsmerkmal kann durchaus von verschiedenen, nicht miteinander verwandten Pflanzen entwickelt worden sein. Systeme, die auf solchen, willkürlich gewählten Merkmalen beruhen und nicht die natürliche Verwandtschaft der Organismen berücksichtigen, nennt man künstliche Systeme.

Künstliche Systeme finden wir vor allem in der älteren Systematik. Zu ihnen gehört auch das bekannte System von LINNÉ (1753), das die Pflanzen in 24 Klassen einteilte. Bei dieser Einteilung waren alle Kryptogamen in einer Klasse zusammengefaßt, während die Blütenpflanzen in 23 Klassen unterteilt wurden. Auch heute werden niedere Organismen wie z. B. die Bakterien noch immer in künstlichen Systemen geordnet. Die leicht erkennbaren Ordnungsmerkmale ermöglichen es, diese Organismen schnell und sicher zu erkennen und einzuordnen.

Auch in anderen Pflanzengruppen spielen künstliche Ordnungsprinzipien oft aus praktischen Gründen noch eine Rolle. Man spricht z. B. von „Holzgewächsen" oder „parasitischen Pilzen" und vereinigt dabei sehr verschiedene Organismen, die nur in einem bestimmten Aspekt oder ihrer Lebensweise übereinstimmen. Die meisten Bestimmungstabellen benutzen ebenfalls eine künstliche systematische Einteilung.

Die moderne Systematik bemüht sich, die Organismen nicht nach willkürlichen Merkmalen zu ordnen, sondern vor allem die natürliche Verwandtschaft der Pflanzen zu berücksichtigen. Man faßt die Organismen nach dem Grad ihrer Verwandtschaft in Gruppen zusammen, die bestimmte Rangstufen in einer hierarchischen Anordnung einnehmen. Eine solche Gliederung bezeichnet man als ein natürliches System.

Klassifizierung der Flechten

Bei der Einordnung der Flechten in das System der Pflanzen spielt der Gegensatz zwischen künstlichen und natürlichen Gruppen eine besondere Rolle. Wie wir gesehen haben, kann eine Flechte aus verschiedenen Pilzen bestehen, die wiederum mit unterschiedlichen Algen assoziiert sein können. Da z. B. die Mycobionten der Ascolichenen mit den Mycobionten der Basidiolichenen weniger nah verwandt sind als mit den nicht lichenisierten Ascomyceten, kann man die Lichenen in ihrer Gesamtheit sicher nicht als eine natürliche Gruppe bezeichnen. Die Flechten bilden also keine taxonomische Einheit, sondern eine künstliche Gruppe der Pilze, die an eine besondere Ernährungsweise angepaßt ist[291, 353]. Die Tatsache, daß Pilze verschiedener Verwandtschaftsgruppen ihren Bedarf an Kohlenhydraten durch die Symbiose mit Algen decken, ist ein bemerkenswertes Beispiel für Konvergenz in der Evolution.

Manche Forscher treten dennoch für eine taxonomische Sonderstellung der Flechten ein. Sie begründen diese Ansicht mit dem Hinweis auf die besonderen Merkmale, die die Flechten von den nicht lichenisierten Pilzen unterscheiden. Dazu gehören z. B. die chemischen Flechtenstoffe (S. 155 ff.) und die speziellen vegetativen Diasporen der Flechten (S. 53 ff.). Sie berücksichtigen dabei nicht, daß die Diasporen, durch die eine gleichzeitige Verbreitung der beiden Symbiosepartner gewährleistet wird, auch nur eine mehrfach konvergent entstandene Anpassung an die besondere Form des Zusammenlebens darstellen. Das gleiche gilt für die Ähnlichkeit der morphologischen Gestalt. Krustige, blättrige und strauchige Lager sind ebenso mehrfach entwickelt worden wie der anatomische Bau des Thallus mit seinen Organen.

Nach den allgemein anerkannten Regeln der taxonomischen Klassifizierung ist es nicht korrekt, Organismen, die nicht näher miteinander verwandt sind, auf Grund konvergent erworbener Eigenschaften in einer Gruppe zu vereinigen. Mit dem gleichen Recht könnte man z. B. die Holzgewächse als taxonomische Einheit betrachten, statt sie bei den Gruppen der Angiospermen und Gymnospermen einzuordnen, mit denen sie nach dem Bau ihrer Blüten verwandt sind. Entsprechend ist es unumgänglich, in einem natürlichen System die Flechten gemäß dem Bau ihrer Fruchtkörper bei den verschiedenen Pilzgruppen einzureihen.

Die systematische Stellung der symbiotischen Alge ist für die Klassifizierung der Flechte von untergeordneter Bedeutung, da der Pilz der dominierende Teil des Konsortiums ist. Nur der Mycobiont vermag sich im lichenisierten Zustand generativ fortzupflanzen. Gleichzeitig ist seine Abhängigkeit von der Symbiose so groß, daß er ohne Algen nicht mehr zu existieren vermag, während der Phycobiont im allgemeinen auch nicht lichenisiert leben kann. Die internationalen Regeln der botanischen Nomenklatur tragen diesen Verhältnissen Rechnung (s. u.).

Ältere Flechtensysteme

Bevor die Doppelnatur der Lichenen entdeckt wurde, galten die Flechten allgemein als eigene gesonderte Pflanzengruppe. Nachdem SCHWENDENER sie vor hundert Jahren als Symbioseorganismen erkannt hatte, wurden sie in den meisten Fällen immer noch nicht, wie man es eigentlich hätte erwarten sollen, bei den Pilzen eingeordnet. Nur sehr wenige Forscher zogen aus SCHWENDENERS Ergebnissen die notwendige systematische Konsequenz. So schlug z. B. VAINIO[417] vor, die Flechten als Pilze zu behandeln. Sein System konnte sich jedoch nicht durchsetzen.

Allgemein akzeptiert wurde dagegen das System von ZAHLBRUCKNER[438], das in ENGLER u. PRANTLS Buch „Natürliche Pflanzenfamilien" veröffentlicht wurde. Die Flechten werden hier weiterhin als taxonomische Gruppe, und zwar als Nebenklasse der Ascomyceten und Basidiomyceten geführt. In neuerer Zeit wurde die taxonomische Sonderstellung der Flechten vor allem von MATTICK[273] befürwortet, der ihnen in ENGLERS Werk „Syllabus der Pflanzenfamilien" die Position einer Abteilung des Pflanzenreichs einräumte, eine Einstufung, die in manche Lehrbücher der Botanik übernommen wurde.

Das System ZAHLBRUCKNERS übte einen dominierenden Einfluß auf die Klassifizierung der Flechten aus. Obwohl man sich allgemein der Mängel dieses Systems bewußt ist, dient es auch heute noch häufig als Richtlinie für die Anordnung der Flechten, besonders in floristischen Arbeiten. Dieser große Erfolg beruht zum Teil auf einem anderen Werk des gleichen Autors, dem „Catalogus Lichenum Universalis"[439]. Dieses Buch, das alle bis 1940 veröffentlichten Flechtennamen in einer dem System folgenden Anordnung enthält, ist für jede lichenologische Arbeit unentbehrlich. ZAHLBRUCKNERS System und Catalogus enthalten noch immer die umfassendste Zusammenstellung aller Flechtensippen.

Moderne Systematik

Die moderne Flechtensystematik bemüht sich um eine Einordnung der Flechten in das System der Pilze. Die konsequente Klassifizierung der Flechten nach Merkmalen des Mycobionten ist die einzige Möglichkeit, die echte Verwandschaft der Sippen untereinander und mit den nicht lichenisierten Formen deutlich darzulegen. Eine entsprechende Neugruppierung der Flechten wurde in größerem Umfang erstmals von

R. SANTESSON durchgeführt[353, 355]. Das von HALE[147] sowie von HALE u. CULBERSON[150] aufgestellte moderne Flechtensystem baut auf SANTESSONS Ergebnissen auf. Unser eigenes System, das wir in diesem Buch vorschlagen, ist eine wesentlich erweiterte und korrigierte Fassung der früheren Einteilungen.

Die Veränderungen beruhen vor allem auf Forschungsergebnissen über die Ontogenie der Fruchtkörper. Wie jedes frühere System, so ist auch die von uns gegebene Anordnung keine endgültige Lösung, sondern nur ein weiterer Schritt auf dem Weg zu einem natürlichen System. Neue Erkenntnisse werden weitere Umstellungen notwendig machen.

Nomenklatur

Die Beschreibung der Pflanzen und ihre Anordnung in einem System dürfen nicht beliebig erfolgen, sondern sind festen Regeln unterworfen. Alle Fragen, die sich mit der Anordnung und den Namen der Pflanzen, d. h. mit der Nomenklatur befassen, werden von einer internationalen Kommission geregelt. Die so entstandenen Gesetze sind im „Internationalen Code der botanischen Nomenklatur" zusammengefaßt[250].

Nach diesen Regeln bezeichnet man jede systematische Einheit als Taxon. Jedes Taxon erhält einen lateinischen Namen und nimmt innerhalb eines hierarchischen Systems eine bestimmte Rangstufe ein. Die Grundeinheit dieser Anordnung ist die Art (species), die seit LINNÉ mit einem binären Namen bezeichnet wird. Dieser Doppelname besteht aus dem Namen der nächsthöheren Rangstufe, der Gattung (genus), und einem beschreibenden Adjektiv, dem Epitheton. Die Rangstufen oberhalb der Gattung werden durch bestimmte Endungen gekennzeichnet. Die wichtigsten Kategorien sind in aufsteigender Reihenfolge die Familie (familia, Endung *-aceae*), die Unterordnung (subordo, Endung *-ineae*), die Ordnung (ordo, Endung *-ales*), die Unterklasse (subclassis, bei den Pilzen mit der Endung *-mycetidae*), die Klasse (classis, bei den Pilzen mit der Endung *-mycetes*), die Abteilung (divisio, bei den Pilzen mit der Endung *-mycota*), das Reich (regnum, Endung *-ota*).

Die lichenisierten Pilze gehören beispielsweise im Reich der *Eukaryota* zur Abteilung der *Mycota (Eumycota)*. Die *Mycota* (auch *Fungi* oder *Mycophyta* genannt) sind die echten Pilze, denen als besondere Abteilung die *Myxomycota*, die Schleimpilze gegenüberstehen[15]. Innerhalb der *Mycota* gehören die Flechten zu den beiden Klassen der höheren Pilze, den *Ascomycetes* und den *Basidiomycetes*. Einige Flechtenarten gehören zur Formklasse der *Deuteromycetes*. Die *Deuteromycetes* oder *Fungi imperfecti* bilden eine künstliche Gruppe, in der man alle Pilze zusammenfaßt, die nur als sterile Thalli, zum Teil mit vegetativer Vermehrung bekannt sind. Da die generative Hauptfruchtform fehlt, ist man nicht in der Lage, diese Organismen einer der Klassen zuzuordnen.

Die internationalen Regeln der botanischen Nomenklatur legen genau fest, in welcher Form ein Taxon beschrieben werden muß und wann ein Name Gültigkeit hat. Für die Taxa vom Rang einer Familie abwärts gelten die Regeln der Typisierung und der Priorität. Die Namen dieser Taxa sind an das Exemplar der Pflanze gebunden, das dem Autor bei seiner Beschreibung vorgelegen hat und das als Typusexemplar in einem Herbarium hinterlegt wurde. Die Namen der Taxa gründen sich auf diesen **nomenklatorischen Typus,** der Text der ursprünglichen Beschreibung ist dagegen nicht bindend. Während bei höheren Pflanzen die ursprüngliche Beschreibung sich meist wirklich auf eine einzige Pflanze bezieht, besteht eine Typusprobe in einem Flechtenherbar häufig aus verschiedenen Thallusstücken, von denen man nicht mit Sicherheit sagen kann, ob sie zu einer oder mehreren Pflanzen gehören. Man bezeichnet deshalb oft eine ganze Probe als Typus. Eine Pflanze bzw. eine Probe, die der Autor selbst zum Typus erklärt, nennt man den **Holotypus.** Wenn vom Typusmaterial eine so große Menge vorhanden war, daß mehrere identische Proben im Herbar hinterlegt werden konnten, so ist eins dieser Exemplare der Holotypus, während die übrigen als **Isotypen** bezeichnet werden. Wurde aus dem ursprünglichen Material durch den Autor kein Holotypus ausgewählt, so kann später eine der Proben zum Typus bestimmt werden, den man als **Lectotypus** bezeichnet. Häufig haben dem Autor Pflanzen aus verschiedenen Aufsammlungen vorgelegen, die er alle für seine Beschreibung berücksichtigte. In diesem Fall werden alle benutzten Pflanzen als **Syntypen** bezeichnet. Wenn das gesamte Material, auf das sich die Beschreibung gründet, verloren gegangen ist, so kann ein neuer nomenklatorischer Typus ausgewählt werden, den man dann als **Neotypus** bezeichnet.

Die Art gründet sich also auf einen nomenklatorischen Typus. Von den Arten, die zusammen eine Gattung bilden, ist eine die Typusart dieser Gattung. Entsprechend gründet sich eine Familie wieder auf eine bestimmte Typusgattung. Die Flechte *Lichina confinis ist* z. B. die Typusart der Gattung *Lichina,* während die Gattung *Lichina* wiederum die Typusgattung der Familie der *Lichinaceae* ist.

Auch heute muß bei der Neubeschreibung einer Flechte die Diagnose noch in lateinischer Sprache abgefaßt werden. Hinter dem Namen jeder Pflanze wird abgekürzt der Name des Autors angegeben. Wenn eine Art später in eine andere Gattung gestellt wird, so wird auch der Name des Autors vermerkt, der diese Neukombination vornimmt. Der Name des Erstbeschreibers wird dann in Klammern gesetzt. Zum Beispiel beschrieb O. Müller 1782 eine Flechte unter dem Namen *Lichen confinis.* 1831 wurde diese Flechte von C. A. Agardh in die Gattung *Lichina* überführt. Der korrekte Name dieser Art ist demnach heute *Lichina confinis* (O. Müll.) C.A.Ag. Die Autorennamen werden in wissenschaftlichen Arbeiten zitiert, während man in Lehrbüchern meist darauf verzichtet. Wir bringen sie der Vollständigkeit halber im Register.

Die Prioritätsregeln bestimmen, daß jede Pflanze, auch wenn sie mehrfach beschrieben wurde, nur einen gültigen Namen hat. Es ist dies immer der Name, unter dem sie zum ersten Mal in einer legitimen, d. h. gültigen Veröffentlichung auf einer bestimmten systematischen Rangstufe eingeordnet wurde. Man hat einen Zeitpunkt festgelegt, der als Anfangspunkt für gültige Veröffentlichungen gilt. Alle früher veröffentlichten Namen werden außer Betracht gelassen. Dieser Zeitpunkt ist für die Flechten ebenso wie für die Blütenpflanzen das Jahr 1753, in dem die erste Auflage von LINNÉS „Species plantarum" erschien. Für die nicht lichenisierten Pilze gelten spätere Daten, nämlich das Jahr 1801 (in dem PERSOONS „Synopsis Methodicus Fungorum" veröffentlicht wurde) für die Rost-, Brand- und Bauchpilze und das Jahr 1821 (in dem der erste Band von FRIES „Systema Methodicus Fungorum" erschien) für alle übrigen Pilze.

Die Prioritätsregeln sollen zu einer allmählichen Stabilisierung der Namengebung führen. Zur Zeit bringen die zahlreichen, notwendigen Änderungen leider auch häufig Verwirrung. Immer wieder entdeckt man, daß Arten, die unter einem bestimmten Namen allgemein bekannt sind, schon früher mit Typusmaterial und gültiger Diagnose unter einem anderen, mittlerweise vergessenen Namen beschrieben wurden. Die allgemein bekannten Rentierflechten *Cladonia sylvatica* und *Cladonia alpestris* müssen beispielsweise neuerdings *Cladonia arbuscula* und *Cladonia stellaris* genannt werden, da dies die ältesten Namen sind, die man bisher für diese Flechten feststellen konnte. Die Änderung solcher seit langer Zeit allgemein verwendeter Bezeichnungen wird als sehr störend empfunden. Es gibt aber keine Möglichkeit, diese Artnamen zu bewahren. Anders ist es mit entsprechenden Gattungsnamen. Wird für eine Gattung, deren Name seit langem gebräuchlich ist, ein älterer Name entdeckt, der nach den Prioritätsregeln den Vorrang hätte, so kann man den bis dahin üblichen Namen auf Antrag konservieren lassen. Eine speziell zu diesem Zweck eingesetzte Kommission prüft, ob ein solcher Antrag begründet ist. Eine Liste aller konservierter Namen ist als Anhang im „Internationalen Code der botanischen Nomenklatur" erschienen.

Wird eine Pflanze mehrfach beschrieben, so bezeichnet man die verschiedenen ihr gegebenen Namen als **Synonyme.** Es kann aber auch geschehen, daß verschiedene Pflanzen beschrieben werden, dabei aber zufällig den gleichen Namen erhalten. Solche gleichlautenden Namen für verschiedene Pflanzen bezeichnet man als **Homonyme.** Nach den Prioritätsregeln bleibt in diesem Fall der Name der zuerst beschriebenen Pflanze vorbehalten, während das später publizierte Homonym durch einen neuen Namen ersetzt werden muß.

Einige Gesetze des Kodex beziehen sich besonders auf die Flechten. So bestimmt der Artikel 13: „Den Flechten gegebene Namen sollen nomenklatorisch auf ihre Pilzkomponente bezogen werden". Der Name der Flechte ist also gleichzeitig der Name des Pilzes. Daher ist es überflüssig, den Mycobionten durch Anhängen der Endung *-myces* an den Namen der Flechte zu kennzeichnen, wie es manchmal geschieht. Es ist also z. B. falsch, die Pilzkomponente von *Xanthoria parietina* als *Xanthoriomyces parietinae* zu bezeichnen. Ebenso ist es unnötig, nicht lichenisierte Arten einer Flechtengattung von dieser abzutrennen und aus ihnen eine neue Gattung zu bilden. Man hat dies gelegentlich getan und den ursprünglichen Gattungsnamen mit der Vorsilbe *Myco-* versehen. Ein Beispiel sind die Gattungen *Bilimbia* und *Mycobilimbia.* Eine weitere Besonderheit entstand aus der langen Trennung der Flechtentaxonomie von der Pilztaxonomie. Sippen, bei denen eine Lichenisierung nur schwer oder nicht eindeutig nachgewiesen werden konnte, wurden von Mykologen und Lichenologen unterschiedlich benannt. Die Gattung *Dermatina,* die wahrscheinlich nicht obligat mit Algen vergesellschaftet ist (S. 408), wurde von den Mykologen mit dem Namen *Cyrtidula* bezeichnet. Nach den Prioritätsregeln ist der ältere Name *Dermatina* gültig. In einigen Fällen hat sich die Abtrennung der nicht lichenisierten Arten einer Gattung auch als berechtigt erwiesen. Spätere Forschungsergebnisse haben z. B. gezeigt, daß die Arten, die als Gattung *Mycocalicium* von der Gattung *Calicium* abgetrennt worden sind, sich neben der fehlenden Lichenisierung noch durch andere wichtige Merkmale von den lichenisierten Arten unterscheiden (S. 282).

Taxonomie

Wie wir gesehen haben, wurden die Flechten sehr lange als eigenständige systematische Gruppe betrachtet. Diese Sonderstellung der Lichenen ermöglichte die Entwicklung einer eigenen Flechtentaxonomie, die von den Einteilungsprinzipien der Pilze abwich.

Ähnlich wie bei anderen Pflanzengruppen wurde auch bei den Flechten zunächst die äußere Ähnlichkeit des Habitus als ein Kriterium der Verwandtschaft angesehen. Die sehr variable Gestalt, die die verschiedensten Formen von krustigen Überzügen bis zu großen blatt- und strauchähnlichen Thalli zeigt, ist das auffälligste Merkmal dieser Organismen. Es ist deshalb verständlich, daß um die Mitte des vorigen Jahrhunderts die Wuchsform das wichtigste Merkmal für die Umgrenzung der Familie war.

Nachdem SCHWENDENER die wahre Natur der Lichenen erkannt hatte, blieb die Taxonomie der Flechten doch weiterhin von der der Pilze isoliert. Dafür waren vor allem die Klassifizierungsmethoden von REINKE[322] und ZAHLBRUCKNER[438, 439] verantwortlich, die weiterhin vor allem Thallusmerkmale zur Begrenzung der Taxa verwandten. Wuchsform, Algenkomponente und Art der Apothecienberandung galten als grundlegende Kriterien. REINKE vereinigte z. B. in seiner Serie der *Cyanophili* alle Flechten mit Blaualgen als Phycobionten, in seiner Ordnung der *Parmeliales* die discocarpen Sippen, die durch einen Thallusrand gekennzeichnet sind, und in seiner Ordnung der *Lecideales* die discocarpen Sippen, die einen Eigenrand besitzen. Auch in ZAHLBRUCKNERS System sind Wuchsform, Algenkomponente und Apothecienrand wichtige Merkmale bei der Umgrenzung der Familien und Gattungen. Eine solche Überbetonung der vegetativen Strukturen führte zur Aufstellung von Gruppen, die uns heute als künstlich erscheinen. Zum Beispiel trennte ZAHLBRUCKNER die Familie der *Physciaceae* auf Grund ihrer blattförmigen Wuchsform von den krustigen Familien der *Rinodinaceae* und der *Buelliaceae*. Die *Rinodinaceae* waren ihrerseits von den *Buelliaceae* nur durch das Vorkommen eines Margo thallinus getrennt. Heute faßt man die drei Familien ZAHLBRUCKNERS in der Familie der *Physciaceae* zusammen.

Besonders künstlich waren diejenigen Gattungen und Familien in ZAHLBRUCKNERS System, die auf Grund der systematischen Stellung der symbiotischen Blaualgen aufgestellt worden waren. Durch dieses Einteilungsprinzip wurden einerseits nah verwandte Flechten auseinandergerissen und verschiedenen Gattungen oder sogar Familien zugeordnet, während andererseits die entstandenen Familien in sich meist oder weniger heterogen waren. Ein Beispiel für diese Heterogenität bildet ZAHLBRUCKNERS Familie der *Collemataceae*, deren Gattungen wir heute zu vier verschiedenen Familien stellen[173]. Im Gegensatz dazu fassen wir heute in der Familie der *Lichinaceae* eine Gruppe von Flechten zusammen, die von ZAHLBRUCKNER in drei Familien, die *Lichinaceae*, *Ephebaceae* und *Pyrenopsidaceae* zersplittert worden waren[166].

Gegenwärtig befindet sich die Taxonomie der Flechten in einer neuen Phase. An Stelle der vegetativen Strukturen berücksichtigt man jetzt in zunehmendem Maße Bau und Entwicklung der generativen Fruchtkörper. Daneben gewinnen chemische Merkmale immer mehr an Bedeutung. Die Neufassung der Familien und Gattungen ist aber noch keineswegs abgeschlossen. Nur ein Teil der alten Familien wurde bisher nach modernen Gesichtspunkten klassifiziert. Wir sind deshalb in vielen Fällen noch auf die traditionelle Umgrenzung der Sippen angewiesen.

Begrenzung der Familien

In der modernen taxonomischen Forschung werden die Familien vor allem durch Merkmale der generativen Fruchtkörper begrenzt. Der Verlauf der Fruchtkörperentwicklung, der anatomische Bau der Fruchtkörperhilfsgewebe, die Struktur der Asci sowie Form und Farbe der Sporen sind besonders wichtig. Bei den verschiedenen Familien spielen die einzelnen Merkmale eine unterschiedliche Rolle. Jedes taxonomische Merkmal kann sich in einer Sippe als konstant und damit als wichtig erweisen, während es in einer anderen Sippe stark variiert und damit wertlos ist.

Einge Beispiele sollen verdeutlichen, welche Merkmale in der Praxis für die Abgrenzung bestimmter Familien benutzt werden. So unterscheiden sich die *Collemataceae* von allen anderen Flechtenfamilien durch den Verlauf der Fruchtkörperentwicklung. Das Apothecium entwickelt sich bei dieser Familie nur aus dem Ascogon und seiner Traghyphe ohne Beteiligung der Nachbarhyphen (S. 116). Für die Familie der *Parmeliaceae* ist die Struktur der Fruchtkörperhilfsgewebe charakteristisch. Alle Flechten dieser Familie besitzen ein cupulares Excipulum, das sie von den anderen Familien der *Lecanorales* unterscheidet. Asci und Sporen sind die entscheidenden Charakteristika bei der Abgrenzung der *Teloschistaceae* und der *Physciaceae*. Die *Teloschistaceae* besitzen Asci mit glockenförmiger, amyloider Apikalverdickung und bipolare, farblose Sporen, während die *Physciaceae* durch dickwandige Asci mit amyloidem Apikalring und durch braune, in der Regel zweizellige Sporen gekennzeichnet sind.

Neben den aufgeführten Merkmalen können zusätzlich auch vegetative Strukturen, die Algenkomponente oder die Inhaltsstoffe der

Flechte als Merkmale für die Begrenzung der Familie herangezogen werden. Zum Beispiel sind alle Flechten der *Parmeliaceae* durch einen hoch differenzierten, blättrigen oder strauchigen Thallus gekennzeichnet. Die *Collemataceae* sind ausschließlich auf *Nostoc*-Algen als Symbiosepartner spezialisiert. Der Flechtenfarbstoff Parietin gilt als charakteristische Substanz für die *Teloschistaceae*.

Begrenzung der Gattungen

In der traditionellen taxonomischen Forschung wurden die Flechtengattungen vor allem durch die Struktur und Farbe der Sporen, durch die Art der Apothecienberandung, durch die Wuchsform und durch die Algenkomponente bestimmt. Viele so entstandene Einteilungen sind auch heute noch gültig, oft freilich nur deshalb, weil die Gattungen noch nicht nach modernen Gesichtspunkten bearbeitet sind. Zum Beispiel werden die Gattungen der *Lecideaceae* nach der Zahl der Sporenlumina unterschieden. Die Arten mit einzelligen Sporen rechnet man zur Gattung *Lecidea*, Flechten mit zweizelligen Sporen zur Gattung *Catillaria*, solche mit parallelmehrzelligen Sporen zur Gattung *Bacidia* und Arten mit mauerförmigen Sporen zur Gattung *Lopadium*. Eine entsprechende Serie von Gattungen, die sich durch die zunehmende Zahl der Sporenlumina unterscheiden, finden wir bei der Familie der *Lecanoraceae*. Durch die Berandung der Apothecien werden in der traditionellen Taxonomie die Gattungen *Lecidea* und *Lecanora* getrennt:: *Lecidea* besitzt einen Eigenrand, während der Fruchtkörper von *Lecanora* von einem Thallusrand umgeben ist.

Die genannten Merkmale werden heute im allgemeinen nicht mehr so schematisch angewandt. Aus einzelligen Sporen können sich leicht mehrzellige entwickeln. Bei der Gattung *Tapellaria* wurde z. B. die Entstehung von mauerförmigen aus parallel-mehrzelligen Sporen nachgewiesen[355]. Auch der Apothecienberandung kommt oft nur geringe Bedeutung zu. Manche Arten der Gattungen *Lecidea* und *Lecanora* sind offenbar enger miteinander verwandt als jeweils mit anderen Artengruppen ihrer eigenen Gattung. Die Gattungen *Lecidea* und *Lecanora* sind ungewöhnlich artenreich, wodurch ihre notwendige Aufspaltung in natürliche taxonomische Einheiten große Schwierigkeiten bereitet.

Einige Flechtengattungen sind bereits nach modernen Gesichtspunkten bearbeitet. Von den artenreichen Gattungen *Parmelia* und *Cetraria* wurden kleinere Gattungen mit Hilfe von anatomischen und chemischen Merkmalen abgetrennt. Zum Beispiel umfaßt die Gattung *Cetrelia* breitlobige Arten mit Pseudocyphellen[66]. An chemischen Inhaltsstoffen findet man im Cortex dieser Flechten nur Atranorin, während die habituell ähnlichen Arten der Gattung *Platismatia* neben dem Atranorin noch Caperatsäure aufweisen. Bei der Neufassung cyanophiler Gattungen erwiesen sich entwicklungsgeschichtliche Merkmale als besonders bedeutsam. Bei der Gattung *Ephebe* entwickeln sich beispielsweise die Apothecien immer aus Pycnidien[166].

Selbstverständlich sind die klassischen Merkmale der Taxonomie nicht völlig bedeutungslos geworden. Die Wuchsform gilt nach wie vor als ein entscheidendes Kriterium bei der Aufstellung von Flechtengattungen, wobei allerdings der anatomische Thallusbau stärker als früher berücksichtigt wird. Auch die Algenkomponente spielt immer noch eine wichtige Rolle, besonders bei der Begrenzung der cyanophilen *Lichinaceae.* Alle Arten der Gattung *Ephebe* enthalten z. B. die Blaualge *Stigonema* als Phycobionten, eine Alge, die man sonst nur selten in Flechten findet.

Im Vergleich zu den Pilzen ist die Zahl der Flechtengattungen sehr gering. Mit der Aufstellung von zahlreichen kleinen, eng umgrenzten Gattungen ist in der Zukunft zu rechnen.

Begrenzung der Arten

Die sichere Trennung der Arten ist bei den Flechten sehr schwierig. Die genetischen Zusammenhänge könnten nur durch Kulturversuche geklärt werden, die aber zur Zeit noch nicht möglich sind. Besonders große Schwierigkeiten bereiten Flechten, die nur steril vorkommen und deshalb nicht an Hand von Fruchtkörpermerkmalen eingeordnet werden können.

Bei den Krustenflechten dienen vor allem Größen und Struktur der Sporen als artentrennende Merkmale. Da die Sporen der Blatt- und Strauchflechten weniger stark variieren, greift man hier auf Merkmale des Thallus zurück. Von Bedeutung ist dabei das Vorkommen von Soralen, Isidien, Cilien, Tomentum und Cephalodien. Auch die anatomische Struktur von Rhizinen, Tomentumhaaren und Atemporen spielt eine wichtige Rolle.

Der taxonomische Wert von Soralen und Isidien war lange Zeit umstritten, ihre Bedeutung für die Begrenzung der Arten wird jedoch heute allgemein anerkannt. Interessant für das Abgrenzen der Arten ist das Auftreten von Artenpaaren[91, 311]. Es handelt sich um sehr ähnliche Arten, von denen die eine Apothecien besitzt, während sich die zweite durch Soredien vermehrt und meist keine generativen Fruchtkörper mehr ausbildet. Die sorediöse Art ist im allgemeinen weit verbreitet, während die fertile, nicht sorediöse Art auf ein kleines Gebiet beschränkt ist. Es war möglich, für manche sorediöse Art die bis dahin unbekannte fertile Art des Paares durch planmäßiges Suchen aufzuspüren. Zweifellos muß man sich die sorediöse Art als aus der fertilen Art entstanden vorstellen.

Chemische Merkmale werden in zunehmendem Maße zur Trennung von Arten verwendet. Es ist umstritten, ob ein chemisches Merkmal allein ausreicht, um zwei morphologisch nicht zu unterscheidende Flechten als Arten voneinander zu trennen (S. 185).

Anzahl der Flechtenarten

Bei den nicht lichenisierten Pilzen und bei den Flechten können wir uns gegenwärtig nur ein ungefähres Bild von ihrem Artenreichtum machen. Man vermutet, daß die Zahl der Pilze insgesamt etwa ebenso groß ist wie die Zahl der Blütenpflanzen, also etwa bei 300 000 Arten liegt[289]. Von dieser angenommenen Zahl wurde bisher nur der vierte Teil entdeckt und beschrieben. Die Anzahl der bekannten nicht lichenisierten Pilzarten schätzt man auf 45 000[15] bzw. 62 000[289], die der lichenisierten Pilze auf 16 000.

ZAHLBRUCKNERS[439] Catalogus, der alle bis zum Jahr 1932 veröffentlichten Flechtennamen enthält, führt über 15 000 Arten auf. Nach LAMB[232], der die Arbeit ZAHLBRUCKNERS fortsetzte, wurden bis zum Jahre 1960 fast 6000 weitere Arten publiziert. Über die letzten zehn Jahre liegen noch keine Aufstellungen vor*. Man kann annehmen, daß von den 21 000 beschriebenen Flechtenarten zumindest 25 % Synonyme sind[147]. Die Zahl der Mehrfachbeschreibungen ist bei den Flechten sehr hoch, wie moderne monographische Bearbeitungen zeigen. Von den 350 publizierten Artnamen der Sektion *Amphigymnia* der Gattung *Parmelia* erwiesen sich z. B. 70 % als überflüssig[147]. Von den 158 Artnamen der Gattung *Stereocaulon* ist nur etwa die Hälfte notwendig. Ähnlich hoch ist der Prozentsatz der Synonymie bei artenarmen Gattungen. Bei der Gattung *Ephebe* erwiesen sich beispielsweise 10 von 18 veröffentlichten Namen als synonym.

Mehr als 99 % der 16 000 Flechtenarten sind lichenisierte Ascomyceten. Da die Zahl der nicht lichenisierten Ascomyceten auf 30 000 geschätzt wird[289], ist etwa ein Drittel der anerkannten Ascomyceten-Arten lichenisiert.

Stellung der Flechten im Pilzsystem

Die Einordnung der wenigen lichenisierten Basidiomyceten bereitet keine Schwierigkeiten. Die symbiotische Lebensweise hat bei den Basidiomyceten-Flechten keinen Einfluß auf die Gestalt oder Struktur ihrer Fruchtkörper genommen, so daß sich die Familienzugehörigkeit der Arten ohne weiteres erkennen läßt. Bei manchen Arten ist die Li-

---

* 1972 erschien eine Liste von W. L. CULBERSON und D. L. HAKSWORTH: Lichens 1961—1969. Commonwealth Mycological Institute, Kew.

chenisierung sogar so wenig auffällig, daß man sie erst in jüngster Zeit als Flechte erkannte.

Die lichenisierten Ascomyceten, die mit ihren 16 000 Arten den Hauptteil der Flechten darstellen, gehören zur Unterklasse der *Ascomycetidae*. Diese unterscheiden sich von der zweiten Unterklasse der *Endomycetidae*[289] durch die Entwicklung eines Systems ascogener Hyphen und durch die Bildung von Fruchtkörpern. Die meisten Ascomyceten-Flechten gehören zur Gruppe der ascohymenialen Pilze (S. 105 f.). Nur wenige Flechten sind typisch ascolocular. Eine weitere Gruppe von Flechten läßt sich nicht ohne Zwang einer der beiden Hauptentwicklungslinien zuordnen. Sie wird von uns deshalb als Zwischengruppe eingestuft.

Die ascohymenialen Flechten sind offensichtlich eine phylogenetisch sehr alte Gruppe, die sich durch ihre symbiotische Lebensweise schon früh von den anderen Pilzen getrennt und sich weit von ihnen fortentwickelt hat. Nur wenige Familien dieser Flechten zeigen engere Beziehungen zu nicht lichenisierten Formen.

System

Klasse Ascomycetes — Unterklasse Ascomycetidae

Gruppe: ascohymeniale Pilze

1. Ordnung *Caliciales*

1. *Caliciaceae*
2. *Cypheliaceae*
3. *Sphaerophoraceae*

Anhang: 4. *Mycocaliciaceae*

2. Ordnung *Lecanorales*

1. Unterordnung *Lecanorineae*

5. *Collemataceae*
6. *Parmeliaceae*
7. *Lecanoraceae*
8. *Lecideaceae*
9. *Candelariaceae*
10. *Baeomycetaceae*
11. *Cladoniaceae*
12. *Stereocaulaceae*
13. *Umbilicariaceae*
14. *Ramalinaceae*
15. *Acarosporaceae*
16. *Arctomiaceae*
17. *Pannariaceae*
18. *Coccocarpiaceae*
19. *Heppiaceae*

2. Unterordnung *Lichinineae*

20. *Lichinaceae*

3. Unterordnung *Peltigerineae*

21. *Placynthiaceae*
22. *Peltigeraceae*
23. *Stictaceae*

4. Unterordnung *Teloschistineae*

24. *Teloschistaceae*

5. Unterordnung *Physciineae*

25. *Physciaceae*

6. Unterordnung *Pertusariineae*

26. *Pertusariaceae*
27. *Trapeliaceae*

3. Ordnung *Gyalectales*

28. *Gyalectaceae*

4. Ordnung *Ostropales*

1. Unterordnung *Ostropineae*

29. *Ostropaceae*
30. *Thelotremataceae*

Anhang: 31. *Asterothyriaceae*

2. Unterordnung *Graphidineae*

32. *Graphidaceae*

5. Ordnung *Sphaeriales*

33. *Porinaceae*

Anhang: bitunicate Familien

34. *Pyrenulaceae*
35. *Microglaenaceae*
36. *Strigulaceae*

6. Ordnung *Verrucariales*

37. *Verrucariaceae*

Zwischengruppe

7. Ordnung *Arthoniales*

38. *Arthoniaceae*
39. *Roccellaceae*
40. *Lecanactidaceae*
41. *Opegraphaceae*

Gruppe: ascoloculare Pilze

8. Ordnung *Pleosporales*

42. *Arthopyreniaceae*

9. Ordnung *Dothideales*

43. *Mycoporaceae* Anhang: *Microthelia aterrima*-Gruppe

Klasse Basidiomycetes — Unterklasse Holobasidiomycetidae

1. Ordnung *Aphyllophorales*

44. *Corticiaceae* 45. *Clavariaceae*

2. Ordnung *Agaricales*

46. *Tricholomataceae*

Formklasse Deuteromycetes

Die in dieser Übersicht aufgeführten 43 Familien der lichenisierten Ascomyceten sind unterschiedlich gut bekannt. Bei allen Gruppen, zu denen keine modernen Bearbeitungen vorliegen, hat die traditionelle Umgrenzung der Gattungen und Familien vorläufigen Charakter. Im beschreibenden Teil dieses Buches wird jeweils auf den derzeitigen Stand der Forschung hingewiesen. Einige ganz ungenügend bekannte Familien wie die *Moriolaceae* und die *Epigloeaceae* werden gar nicht behandelt. Auch von den Gattungen findet nur eine Auswahl Erwähnung.

Zu der im einzelnen von uns gewählten Einteilung sollen hier noch einige Bemerkungen folgen.

Die pyrenocarpen Familien der ascohymenialen Flechten wurden bisher alle zu der Pilzordnung der *Sphaeriales* gestellt[150, 355]. In unserem System verbleiben in dieser Ordnung nur die unitunicaten *Porinaceae*. Die übrigen, früher hier eingeordneten Familien sind bitunicat. Drei von ihnen, darunter die *Pyrenulaceae*, bringen wir als Anhang an die *Porinaceae*, da ihre systematische Position zur Zeit noch nicht geklärt ist. Die *Verrucariaceae*, die ebenfalls zu diesem Verwandtschaftsbereich gerechnet wurden, unterscheiden sich im Verlauf ihrer Ascocarp-Ontogenese so grundsätzlich von den anderen Familien, daß wir sie als eigene Ordnung abtrennen.

Die discocarpen oder hysterocarpen ascohymenialen Flechten sind alle inoperculat. In unserer Übersicht sind die Familien auf vier Ordnungen verteilt.

Tabelle 12.1. **Die Familien der lichenisierten Ascomyceten und ihre wichtigsten Merkmale.** (Sonderformen sind eingeklammert; bei den Wuchsformen ist der vorherrschende Typ fett gedruckt.)

	Ascocarp Form			Ascocarp Ontogenie			Entwicklungstyp			Ascus			Sporen			Paraphysen im reifen Fruchtkörper			Fruchtkörperstiele		Thallusmorphologie					Phycobionten		anatomische Besonderheiten		
	Apothecium	Hysterothecium	Perithecium	gymnocarp	hemiangiocarp	angiocarp	ascohymenial	Zwischentyp	ascolocular	prototunicat	unitunicat	bitunicat	stets mehr als 8	bipolar	cupulares Excipulum kommt vor	echte Paraphysen	Paraphysoide	Pseudopar./Interth. Gew.	Podetien	Pseudopodetien	Krustenflechten	Blattflechten	Strauchflechten	zweigestalteter Thallus	Gallertflechten	Grünalgen	Blaualgen	Cephalodien	Cyphellen	Pseudocyphellen
Caliciales																														
Caliciaceae	A				h		h			p						eP			Po		K			Z		G		C		
Cypheliaceae	A	H			h		h			p						eP				Ps	**K**	B		Z		G				
Sphaerophoraceae	A				h		h			p						eP						B	**S**			G				
Mycocaliciaceae	A				h		h				u										K					G				
Lecanorales																														
Lecanorineae																														
Collemataceae	A			g			h				u				c	eP									G		B			
Parmeliaceae	A			g			h				u				c	eP						B	S			G				P
Lecanoraceae	A			g			h				u					eP					**K**	B	S			G		C		
Lecideaceae	A			g			h				u					eP					**K**	B	S			G		C		
Candelariaceae	A			g			h				u					eP					K	B				G				
Baeomycetaceae	A			g			h				u					eP			Po					Z		G				
Cladoniaceae	A			g			h				u					eP			Po	Ps				Z		G				
Stereocaulaceae	A			g			h				u					eP				Ps				Z		G		C		

Umbilicariaceae	A	g	h	u			eP		B	G		
Ramalinaceae	A	g	h	u			eP		S	G		
Acarosporaceae	A	g	h	u	p		eP		K B	G		
Arctomiaceae	A	g	h	u			eP		K	B		
Pannariaceae	A	g	h	u			eP		K B	G B	C	
Coccocarpiaceae	A	g	h	u			eP		B S	B		
Heppiaceae	A	g	h	u			eP		B S	B		
Lichinineae												
Lichinaceae	A	g	h	p		c	eP P		G	B		
Peltigerineae												
Placynthiaceae	A	h	h				eP		B S			
Peltigeraceae	A	h	h	(b)			eP		B S	G B	C	(C) P
Stictaceae	A	h	h	(b)			eP		B S	G B	C	C P
Teloschistineae												
Teloschistaceae	A	g	h	u	b		eP		K B S	G		
Physciineae												
Physciaceae	A	g	h	u			eP		K B S	G		
Pertusariineae												
Pertusariaceae	A	h	h	u		c	P		K	G	C	
Trapeliaceae	A	h	h	u			P		K	G		
Gyalectales												
Gyalectaceae	A	h	h	u		c	eP		K	G		
Ostropales												
Ostropineae												
Ostropaceae	A	h	h	u		c	eP		K	G		
Thelotremataceae	A	h	h	u		c	eP		K	G		
(Asterothyriaceae)	A			u					K	G		
Graphidineae												
Graphidaceae	A H	h	h	u								

Fortsetzung Seite 268

Fortsetzung von Tabelle 12.1

	Ascocarp Form			Ascocarp Ontogenie			Entwicklungstyp			Ascus			Sporen			Paraphysen im reifen Fruchtkörper			Fruchtkörperstiele		Thallusmorphologie					Phycobionten		anatomische Besonderheiten	
	Apothecium	Hysterothecium	Perithecium	gymnocarp	hemiangiocarp	angiocarp	ascohymenial	Zwischentyp	ascolocular	prototunicat	unitunicat	bitunicat	stets mehr als 8	bipolar	cupulares Excipulum kommt vor	echte Paraphysen	Paraphysoide	Pseudopar./Interth. Gew.	Podetien	Pseudopodetien	Krustenflechten	Blattflechten	Strauchflechten	zweigestalteter Thallus	Gallertflechten	Grünalgen	Blaualgen	Cephalodien	Cyphellen Pseudocyphellen
Sphaeriales																													
Porinaceae			P			a	h				u										K					G			
Pyrenulaceae			P			a	h					b				eP	P				K					G			
Microglaenaceae			P			a	h					b					P				K					G			
Strigulaceae			P			a	h					b									K					G			
Verrucariales																													
Verrucariaceae			P			a	h					b				–	–	–			K	B	S			G			
Arthoniales																													
Arthoniaceae	A	H		g	h			Z				b					P				K					G			
Roccellaceae	A	H			h			Z				b					P				K	B	S			G			
Lecanactidaceae	A	H			h			Z				b					P				K					G			
Opegraphaceae	A	H			h			Z				b					P				K					G			
Pleosporales																													
(Arthopyreniaceae)			P			a			l			b									K					G			
Dothideales																													
Mycoporaceae			P			a			l			b						Ps			K					G			

Die *Caliciales* bilden die erste der vier Ordnungen. Sie sind durch die Ausbildung eines Mazaediums ausgezeichnet. Die Ordnung enthält lichenisierte und nicht lichenisierte Arten. Da viele dieser Flechten sehr klein sind, ist ihre Symbiose mit Algen nur schwer nachzuweisen. Es läßt sich daher nicht sagen, wie hoch der Prozentsatz der lichenisierten Formen ist. Die systematische Sonderstellung dieser Gruppe wird von Lichenologen und Mykologen allgemein anerkannt.

Die *Ostropales* bilden eine zweite Ordnung unseres Systems. Nach neueren Untersuchungen scheint eine größere Zahl von Flechten Beziehungen zu dieser Gruppe zu haben[130]. Bei den *Ostropaceae* ist die Zahl der nicht lichenisierten Arten gegenüber den lichenisierten Formen so verschwindend gering, daß man sich fragt, ob es sich bei diesen Pilzen nicht um Flechten handelt, die sekundär zur saprophytischen Lebensweise zurückgekehrt sind.

Die Ordnung der *Gyalectales* wurde früher als Familie der großen Ordnung der *Lecanorales* geführt. Die Fruchtkörperentwicklung der *Gyalectales* weicht aber so stark von der Entwicklung der *Lecanorales* ab, daß eine gesonderte Stellung dieser Gruppe berechtigt erscheint. Auffällig ist die starke konvergente Übereinstimmung der Fruchtkörperentwicklung zwischen den *Gyalectales* und der Unterordnung der *Ostropineae* der *Ostropales*.

Die *Lecanorales* galten als typische Ordnung der discocarpen Flechten. Diese vierte Ordnung unseres Systems ist heterogen, doch reichen unsere derzeitigen Kenntnisse nicht aus, sie in befriedigender Weise in systematische Einheiten aufzuteilen. Wir haben diese Ordnung in sechs Unterordnungen gegliedert. Fünf dieser Unterordnungen stellen wahrscheinlich natürliche Einheiten dar. In ihnen sind diejenigen Verwandtschaftsgruppen angeordnet, die sich zur Zeit taxonomisch klar erfassen lassen. Die Unterordnung der *Lecanorineae* ist dagegen weiterhin eine heterogene Einheit.

Die *Arthoniales* bilden eine Zwischengruppe. Sie zeigen verwandtschaftliche Beziehungen zu den *Patellariaceae* und zu einigen Parasymbionten der Flechten. Sie können weder an die ascohymenialen noch an die ascolocularen Ordnungen eng angeschlossen werden.

Bei den ascolocularen Pilzen sind der Vollständigkeit halber Vertreter der *Dothideales* aufgeführt, die gewöhnlich als Flechten bezeichnet werden, nach neueren Ergebnissen jedoch nicht lichenisiert sind. Die Einreihung der *Arthopyreniaceae,* von denen ebenfalls viele Arten nicht mit Algen in Symbiose leben, in die Ordnung der *Pleosporales* kann noch nicht als gesichert gelten (S. 115).

Die Tab. 12.1 gibt eine Übersicht über die Merkmale, nach denen wir die Ordnungen und Unterordnungen der Ascomyceten-Flechten begrenzen.

13

Beschreibung der Flechtengruppen

Klasse Ascomycetes — Unterklasse Ascomycetidae

1. Ordnung Caliciales

Familien: (1) *Caliciaceae,* (2) *Cypheliaceae,* (3) *Sphaerophoraceae*
Anhang: (4) *Mycocaliciaceae.*

Charakteristik der Ordnung

Zu den *Caliciales* gehören nicht lichenisierte Pilze, Krustenflechten mit primitivem Lager und hoch differenzierte Blatt- und Strauchflechten. Sie sind in der temperierten Zone und montan-tropisch weltweit verbreitet und enthalten eine Reihe von monotypischen, endemischen Gattungen. Das wichtigste Merkmal der *Caliciales* ist das Mazaedium, der aus Paraphysen und Sporen gebildete pulverförmige obere Teil des Fruchtkörpers. Die heranreifenden Sporen liegen frei zwischen den Paraphysen, deren Enden ein Capillitium bilden. Die Paraphysen wachsen unbegrenzt. Die Fruchtkörper sind meist Apothecien, seltener Hysterothecien (bei der Gattung *Schistophoron)* und können an der Spitze von echten Podetien oder von Pseudopodetien stehen. Die Fruchtkörper entwickeln sich hemiangiocarp. Die Deckschicht besteht aus dem generativen Gewebe oder zusätzlich aus Teilen des Thallus. Die prototunicaten, meist 8sporigen Asci zerfallen vor der Sporenreife. Die reifen Sporen sind ein- bis mehrzellig oder submuriform, hell oder braun, glatt, warzig, mit Spiral- oder Netzleisten versehen oder von einem pseudoparenchymatischen Außengehäuse aus umgewandelten Paraphysen umgeben. Die Conidiophoren sind gegliedert oder ungegliedert; dementsprechend werden die Conidien terminal und lateral oder nur terminal entwickelt. Scharf begrenzte Sorale und Isidien für die vegetative Vermehrung fehlen, das Lager kann jedoch servediös aufbrechen. Einige Arten bilden Cephalodien.

Die Phycobionten sind einzellige oder fädige Grünalgen: *Protococcus, Stichococcus* und *Trentepohlia.*

Entwicklung der Fruchtkörper der Caliciales

Bevor wir die Familien der *Caliciales* im einzelnen besprechen, wollen wir an Hand einiger Arten einige Möglichkeiten der Fruchtkörperentwicklung in dieser Ordnung kennenlernen.

Fruchtkörper von Tholurna dissimilis. Die hemiangiocarpe Entwicklung der Fruchtkörper läßt sich gut an *Tholurna dissimilis* verfolgen.

Diese boreale Flechte wächst auf einzeln stehenden Fichten an der Baumgrenze. *Tholurna* bildet rund um Stamm und Zweige igelartige Polster. Die Thallusrosetten sind in der Mitte durch zahlreiche Rhizoidhyphen befestigt. Die leicht aufgeblasenen Loben sind an der Ober- und Unterseite durch isodiametrische Zellen berindet. Das Lager erhält ein igelartiges Aussehen durch fingerartige Ausstülpungen der Loben, in deren Spitzen die Fruchtkörper entstehen (Abb. 13.1). Während die späteren Entwicklungsstadien der Fruchtkörper durch die Ausbildung des Mazaediums sehr von anderen Lichenen differieren, sind die Anfangsstadien der Ontogenie durchaus den Stadien anderer Flechten vergleichbar. Ähnlich wie bei den *Cladoniaceae* bildet das generative Gewebe auf den Loben kleine braune Höcker, aus denen die Endzellen der Trichogynen hervorragen (Abb. 13.2 a). Im Inneren liegen dicht gehäuft die geraden bis gebogenen Ascogone. Die äußeren Zellen der Anlage sondern ein braunes Pigment ab. Bei der weiteren Differenzierung entsteht ein halbkugeliges Gehäuse. An der Spitze von Reihen verdickter ascogener Zellen werden die ersten Asci gebildet (Abb. 13.2 b). Zwischen die Asci wachsen, besonders vom Rande her, Paraphysen ein. Im Unterschied zu allen anderen Flechten ist das Wachstum der Paraphysen nicht begrenzt, an der Basis werden ständig Zellen nachgebildet. Da die Paraphysen in der noch geschlossenen Anlage gegen die Deckschicht stoßen, biegen sie sich beim weiteren Wachstum hin und her (Abb. 13.2 c). Die junge Ascocarpanlage verbreitert sich besonders an ihrem unteren Ende. Die Hyphen des Gehäuses orientieren sich hier antiklin, und es kommt zur Bildung eines pseudoparenchymatischen Excipulums, das sich in alten Apothecien bis in den oberen Rand hineinzieht (Abb. 13.2 d).

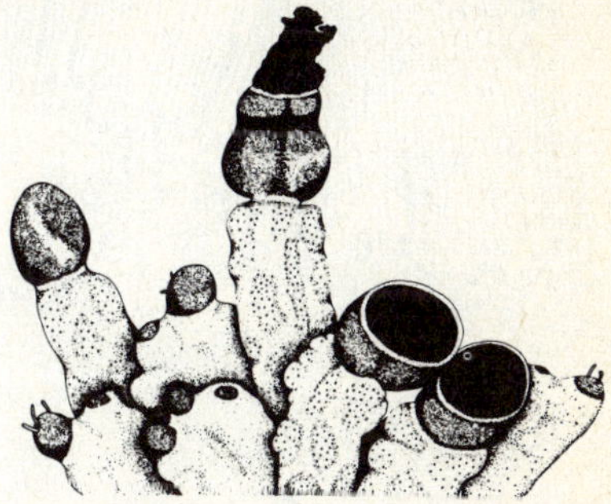

Abb. 13.1 *Tholurna dissimilis.* Teil eines fertilen Lagers mit allen Stadien der Fruchtkörperentwicklung. Primordien mit austretenden Trichogynen, reife Apothecien mit schwarzem, teils herausquellendem Mazaedium (25 ×).

Die weiteren Asci werden unter Hakenbildung in großer Anzahl entwickelt. Sie sind schmal zylindrisch und lang gestielt (Abb. 4.5 h) und werden im Hymenium in ungleicher Höhe angelegt. Sie bilden die Sporen wie üblich in freier Zellbildung. Zwischen ihnen bleibt Rest-

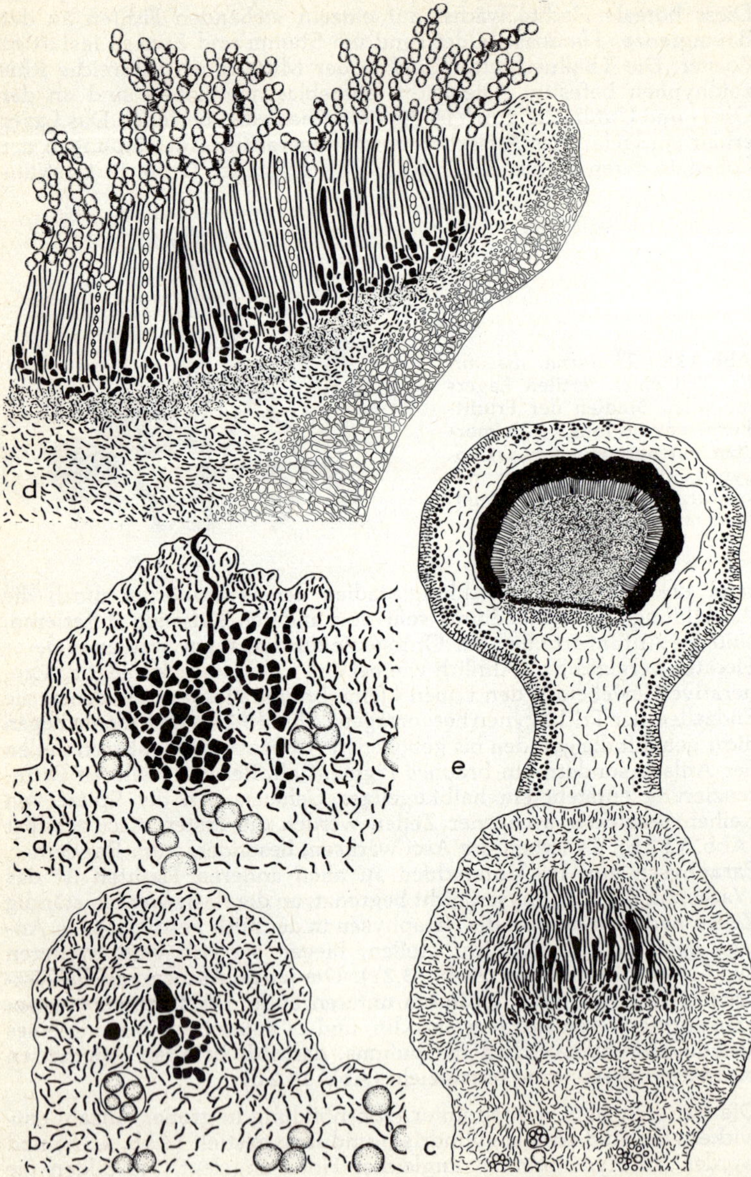

Abb. 13.2

plasma erhalten. Die Wand der zweizelligen Sporen wird eingezogen, bevor die Asci zerfallen. Die frei gewordenen Sporen wachsen heran und erhalten eine dicke, braune Wand mit Spiralleisten (Abb. 4.6 h, i).

Unter dem Druck der sich entwickelnden Asci und Paraphysen reißt die junge Anlage an ihrem oberen Ende auf, und das **Mazaedium** quillt über den Rand des Gehäuses empor (Abb. 13.1). Die Sporenmasse ist durchsetzt vom **Capillitium** aus den relativ dicken, gering verzweigten Paraphysen. Durch die nachgebildeten Asci und die sich ständig verlängernden Paraphysen werden die Sporen immer weiter nach oben transportiert. Im Mazaedium liegen auf diese Weise die ältesten Sporen außen, die jüngsten innen.

Während die Anlage größer wird, wächst gleichzeitig die fingerförmige Ausstülpung des Thallus, an dem das Primordium gebildet wurde, in die Höhe und entwickelt sich zu einem hohlen Pseudopodetium. Im Unterschied zu den Apothecien stehen die Pycnidien nicht auf ähnlichen Thallusausstülpungen, sondern sind in die Loben eingesenkt. Die Conidiophoren haben fast kugelige Gestalt und bilden die hantelförmigen Conidien hauptsächlich terminal (Abb. 4.2 c).

Die subhymenialen Schichten verbräunen in älteren Apothecien von Tholurna in geringem Maße. Andere Gattungen aus der Verwandtschaft von *Tholurna* zeigen dieses Merkmal deutlicher. Bei Arten der Gattung *Cyphelium*, bei der die Ascocarpien in Fruchtwarzen eingesenkt sind, ist die Verbräunung kräftiger ausgeprägt (Abb. 13.5 g) und kann zusätzlich das Gehäuse erfassen. Bei *Pyrgillus javanicus* (Abb. 13.5 h) hat das verkohlte Gehäuse einen aufgesetzten Trichter, in dem sich die reifen Sporen ansammeln.

Fruchtkörper von Sphaerophorus. Die Ascocarpien von *Sphaerophorus* entstehen terminal oder subterminal an den Lagerstielen der Flechte (Abb. 13.5 a). Sie haben bei den verschiedenen Arten entweder eine runde oder abgeflachte Form. Die Anlage wird tief im Mark gebildet und besteht aus einem dichten, kugeligen Geflecht aus generativem Gewebe. Die ascogenen Zellen sind auffällig großlumig. Die äußerste Zone des Primordiums verkohlt und wölbt sich im Inneren als halbkugelige Columella vor. Zwischen der schwarzen Deckschicht und der

---

Abb. 13.2 Entwicklung der Fruchtkörper bei den *Caliciales*. a—d) *Tholurna dissimilis:* a) Gruppe von Ascogonen mit ausragender Trichogyne; b) Primordium mit erstem Ascus; c) junger, noch geschlossener Fruchtkörper mit Asci und Paraphysen; d) reifes Apothecium mit Mazaedium und pseudoparenchymatischem Excipulum. e) *Sphaerophorus globosus.* Schnitt durch den kompliziert gebauten jungen Fruchtkörper. Das Hymenium liegt in einer Höhlung des Thallus auf einer Columella. Die Columella wird an der Basis durch ein dichtes Hyphengeflecht begrenzt, in dem sich eine dunkle Schicht herausbildet.

Columella differenziert sich das kuppelförmige Hymenium (Abb. 13.2 e). Der Thallus bildet um das sich entwickelnde Apothecium eine Anschwellung. Die Anlage wird vom Mark und einer dünner werdenden Rinde bedeckt, die Algenzone reicht oft nicht bis in die oberste Spitze. Die Markhyphen lagern auf ihrer Oberfläche in großen Mengen Flechtenstoffe ab. Die Algen werden zu verstärkter Teilung angeregt. Unter dem Druck des wachsenden Fruchtkörpers reißen die deckenden Thallusschichten lappig auf, und das darunter liegende verkohlte Gehäuse wird sichtbar (Abb. 13.5 a). Es lockert sich bei der weiteren Entwicklung und wird vom Mazaedium durchsetzt. Die reifen einzelligen Sporen haben unregelmäßig warzige Auflagerungen und haften an den dicken Fasern des Capillitiums.

Fruchtkörper der Caliciaceae. Die Gattungen der *Caliciaceae* bilden echte Podetien. Nach der Anlage der Ascogone entwickelt sich das basale generative Gewebe zu einem Fruchtkörperstiel. Er ist meist unverzweigt. Bei *Chaenotheca trichialis* entspringt er im allgemeinen der Unterseite der Thallusschuppen (Abb. 13.3). Abgesehen von der Bil-

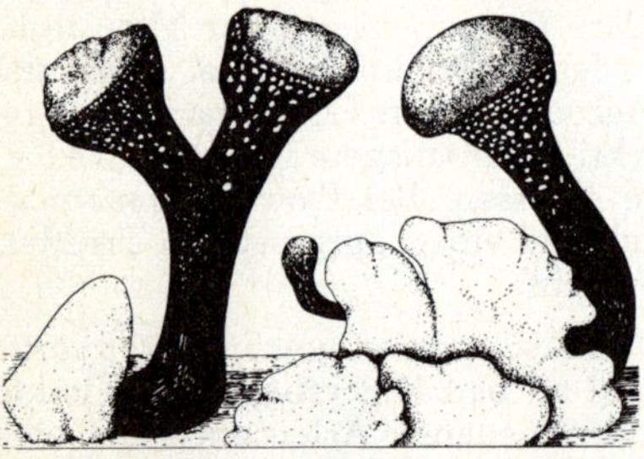

Abb. 13.3 *Chaenotheca trichialis.* Lagerschuppen mit gestielten Fruchtkörpern (40 ×).

dung eines Podetiums verläuft die Entwicklung der Apothecien bei *Chaenotheca* ähnlich wie bei *Tholurna.* Die Ontogenese der Fruchtkörper von *Calicium* erinnert dagegen durch das Auftreten von großlumigen ascogenen Zellen und die Verkohlung des Gehäuses mehr an *Sphaerophorus.*

Asci und Sporen

Bei den Bemerkungen zur Charakteristik der Ordnung haben wir schon kurz auf die Bedeutung der Sporenentwicklung für die Kennzeichnung dieser Flechtengruppe hingewiesen. An dieser Stelle sollen jetzt alle Besonderheiten vergleichend zusammengefaßt werden.

Die Asci werden nicht immer wie bei *Tholurna* mit normaler Hakenbildung abgegliedert. Haken können ganz fehlen, oder sie werden beim Wachstum der ascogenen Hyphen so schnell hintereinander gebildet, daß der Eindruck eines Schnallenmycels entsteht (Abb. 4.4 c). Die Asci können auch in Ketten gebildet werden[370] (Abb. 4.4 a). Sie haben dann eine unregelmäßige Form (Abb. 4.4 b, d).

Ihre endgültige Gestalt, Farbe und Struktur erhalten die Sporen bei der langsamen Reife im Mazaedium. Der Größenunterschied zwischen den frisch aus dem Ascus frei gewordenen und den ausgereiften Sporen ist beträchtlich. Die Differenz ist besonders kraß bei *Texosporium*, da die Sporen hier noch zusätzlich eine pseudoparenchymatische Hülle aus umgebildeten Paraphysen erhalten[405] (Abb. 13.4). Der Durchmesser alter Sporen ist hier sechs- bis achtmal größer als der junger Sporen. Die Bildung eines „Epispors" aus Paraphysen ist sonst von keiner anderen Flechte bekannt.

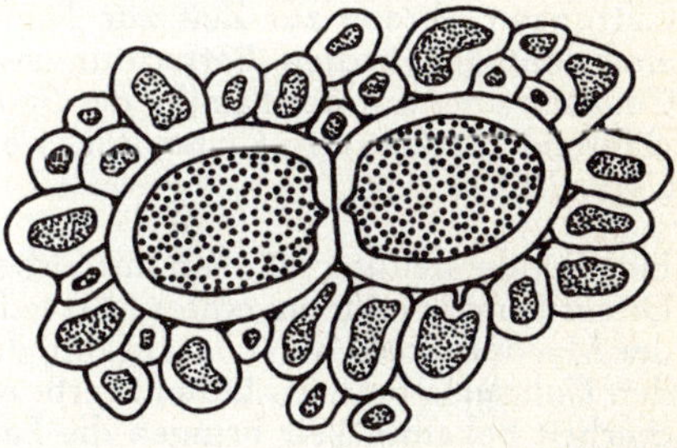

Abb. 13.4. *Texosporium sancti-jacobi*. Ascospore mit pseudoparenchymatischem „Epispor" aus Paraphysen (1500 ×) (nach einer elektronenoptischen Aufnahme von Tibell u. Hofsten).

Die Entstehung der Spiralleistenstruktur, wie sie z. B. die Sporen von *Tholurna* (Abb. 4.6 h, i), *Pseudosphaerophorus* und einigen *Cyphelium*-Arten besitzen, hat man elektronenoptisch untersucht[404]. In der Außenzone der Wand junger Sporen entstehen weniger dichte Stellen. Sekundär bilden sich aus ihnen Furchen, die sich bei der weiteren Verdickung der Sporenwand vertiefen und verbreitern. Die stehenbleibenden Leisten ziehen sich spiralig von den Polen zum Septum der zweizelligen Sporen. Durch ungerichtete Zerklüftung der Sporenwände entwickeln sich bei anderen *Cyphelium*-Arten unregelmäßig warzige Auflagerungen.

Das erste Septum in mehrzelligen Sporen wird im allgemeinen schon eingezogen, wenn sie sich noch im Ascus befinden. Die weitere Septierung erfolgt beim Reifen im Mazaedium. Die Sporen sind bei den meisten Arten ein- oder zweizellig, seltener parallel-mehrzellig oder submuriform. Die freigewordenen Sporen liegen bei vielen Arten wie im Ascus perlschnurartig aufgereiht hintereinander (Abb. 4.6 j).

Verwandtschaftliche Beziehungen

Durch die Entwicklung des Mazaediums nehmen die *Caliciales* eine Sonderstellung innerhalb der *Ascomycetidae* ein. In dem System von Zahlbruckner[438] werden sie als besondere Unterreihe, die *Coniocarpineae*, geführt.

Es wurde wiederholt die Frage aufgeworfen, ob die *Caliciales* eine phylogenetisch einheitliche Gruppe sind, oder ob das Vorhandensein eines Mazaediums nur als konvergente Erscheinung zu werten ist[291]. Unsere derzeitigen ontogenetischen Kenntnisse reichen nicht aus, um hierauf eine eindeutige Antwort geben zu können. Möglicherweise ist der Besitz eines Mazaediums von Pilzen verschiedener phylogenetischer Herkunft erworben worden. Zum Beispiel weisen die habituell so ähnlichen Gattungen *Chaenotheca* und *Calicium* in der Ontogenie einige bedeutende Differenzen auf. Sie unterscheiden sich auch durch die Form der Sporen und die Struktur der Fruchtkörperstiele [371]. Beide Gattungen werden zur Zeit zur Familie der *Caliciaceae* gestellt. Bei einer ontogenetischen Betrachtungsweise scheint aber die Gattung *Calicium* eher mit der Familie der *Spaerophoraceae* verwandt zu sein, während die Gattung *Chaenotheca* eine deutliche Beziehung zu den *Cypheliaceae* zeigt.

Eine Sonderstellung nehmen mit Sicherheit die *Mycocaliciaceae* ein[371]. Dieser Familie fehlt ein echtes Mazaedium. Die Merkmalskombination der *Mycocaliaceae* weist darauf hin, daß kaum eine Verwandtschaft zu den *Caliciales* besteht. Lichenisierte *Mycocaliaceae* sind nicht mit Sicherheit bekannt. Wir bringen die Familie der Vollständigkeit halber als Anhang an die Ordnung, da viele Arten der Familie früher zu verschiedenen Gattungen der *Caliciaceae* gestellt wurden.

Beschreibung der Familien

Die Begrenzung der drei Familien der *Caliciales* hat provisorischen Charakter, da viele Gattungen unvollständig bekannt sind.

Die Caliciaceen umfassen die Sippen mit Podetien. Die hier vereinigten Flechten gehören zu wenigstens zwei verschiedenen Entwicklungstypen. Es wird sich daher vielleicht später als notwendig erweisen, die Familie aufzuteilen. Zu den Cypheliaceen stellen wir die Gattungen mit krustigem, blättrigem oder strauchigem Lager, bei denen die Apothecien weder mit einem echten Podetium noch mit einer Columella versehen sind. Die Sphaerophoraceen im engeren Sinne sind durch den Besitz einer Columella ausgezeichnet.

(1) Familie Caliciaceae

Gattungen: *Calicium, Chaenotheca, Coniocybe* und *Sphinctrina.*

Charakteristik der Familie

Die Caliciaceen sind nicht lichenisierte Pilze und Krustenflechten der gemäßigten Zone und wachsen auf Holz, Rinde oder Erde. Cephalodien kommen vor. Die Apothecien werden von echten Podetien getragen. Die Sporen sind ein- oder zweizellig, hell oder dunkel.

Soweit ein Lager entwickelt wird, ist es körnig oder schuppig und kann pulverig orediös aufgelöst sein. Durch Einlagerung von Flechtenstoffen ist der Thallus bei manchen Arten leuchtend gelb oder grün gefärbt. Auch die Fruchtkörperköpfchen können artspezifisch weiß, braun, gelb oder grün bereift sein. Durch Ablagerung von Flechtenstoffen auf den äußersten Hyphen entsteht diese Pruina. Die Apothecien sind kreiselförmig oder kugelig und sitzen auf mehr oder weniger langen Podetien. Lang gestielte kugelige Fruchtkörper sehen wie winzige Stecknadeln aus.

Die Gattungen unterscheiden sich durch die Struktur der Fruchtkörperstiele[371] und die Form und Farbe der Sporen. Die Sporen sind bei *Chaenotheca* und *Sphinctrina* kugelig und dunkel, bei *Coniocybe* kugelig und hell und bei *Calicium* zweizellig und braun.

Bemerkungen zu den Gattungen

Chaenotheca trichialis hat ein gut entwickeltes schuppiges Lager. Vereinzelt werden Cephalodien mit *Nostoc* als Symbionten angelegt. Die Entwicklung der Thallusschuppen und der Fruchtkörper erfolgt zum Teil noch unabhängig voneinander. Die Podetien können unmittelbar vom Mycel zwischen den Thallusschuppen gebildet werden. Meistens entstehen sie jedoch in der Basis der Loben unterhalb der Algenzone und wachsen aus der Unterseite der Schuppen heraus (Abb. 13.3).

Calicium viride ist eine auffällige Flechte auf Holz oder Rinde mit hellgrünem Thallus und unterschiedlich lang gestielten Fruchtkörpern. *Coniocybe furfuracea* bildet schwefelgelbe Überzüge auf dem Wurzelwerk umgefallener Bäume und auf frischen Wegabstichen. Die *Sphinctrina*-Arten sind bemerkenswert wegen ihrer parasitischen Lebensweise auf anderen Flechten. Sie kommen besonders auf *Pertusaria*-Arten vor.

(2) Familie Cypheliaceae

Gattungen: *Acroscyphus, Cyphelium, Pyrgillus, Schistophoron, Texosporium, Tholurna.*

Charakteristik der Familie

Die Cypheliaceen haben ein krustiges, blättriges oder strauchiges Lager. Die Apothecien sind in Thalluswarzen eingesenkt, sitzen unmittelbar auf dem Lager oder werden auf Pseudopodetien emporgehoben (*Tholurna*). Echte Podetien und Columella fehlen. Eine Reihe von Gattungen sind endemisch und wenig bekannt.

Bemerkungen zu den Gattungen

Cyphelium ist in Europa mit mehreren Arten heimisch, die, wie z. B. *Cyphelium tigillare*, ein leuchtend grünes Lager besitzen. Der Thallus der meisten Arten ist krustig. *Cyphelium californicum* bildet große, placoide Rosetten mit effiguriertem Rand, die mit Rhizoidhyphen auf dem Holz befestigt sind. Die Anatomie dieser Art erinnert durch die unregelmäßig in Gruppen in die Rinde eingelagerten Algenzellen an *Solorina crocea* (Abb. 13.5 g).

Die Flechte *Pyrgillus javanicus* kommt auf Java, in Australien und Nordamerika vor und bildet dünne Überzüge auf Rinde. Sie ist bemerkenswert wegen des unterteilten Gehäuses mit aufgesetztem Trichter, in dem sich die reifen mehrzelligen Sporen ansammeln (Abb. 13.5 h).

Texosporium sancti-jacobi mit der unter den Flechten einmaligen Sporenentwicklung (s. o.) hat ein kleinschuppiges Lager und Apothecien mit dickem thalloidem Rand (Abb. 13.5 d). Die Flechte ist im südlichen Kalifornien endemisch.

Das ostafrikanische *Schistophoron* hat als einzige Gattung der Ordnung hysterocarpe Fruchtkörper (Abb. 13.5 c). Die jungen Sporen sind, wenn sie durch Zerfall der Asci frei werden, einzellig. Ausgereift haben sie drei Septen und sind mit kleinen Warzen besetzt. Dieses Hysterothecium bildet eine erstaunliche Konvergenz zu anderen systematischen Gruppen. Es läßt sich wie meistens bei den Flechten auch hier von einem Apothecium ableiten (S. 94 f.).

Einen blättrigen bzw. strauchigen Thallus haben die beiden Gattungen *Tholurna* und *Acroscyphus*. Die Entstehung der igelartigen *Tholurna*-Polster wurde auf S. 271 beschrieben. Bei *Acroscyphus* stehen die drehrunden Loben dicht gedrängt und tragen terminal die Apothecien (Abb. 13.5 b). Das Mark ist sehr fest und bräunlich und besteht aus Strängen von fest aneinandergekitteten Hyphen (Abb. 13.6 b). Dieser zusammengesetzte Zentralstrang ist von einem Mantel lockerer Markhyphen umgeben, die sich nach außen zu senkrecht orientieren und eine Palisadenrinde bilden. Die Algen sind in die Rindenzone eingelagert.

(3) Familie Sphaerophoraceae

Gattungen: *Calycidium, Pleurocybe, Sphaerophorus.*

Charakteristik der Familie

Die Sphaerophoraceen sind Gesteins- oder Rindenflechten mit hochdifferenziertem blättrigem oder strauchigem Thallus, der in Mark und Rinde gegliedert ist. Besonderes Merkmal der Apothecien ist die halbkugelige Columella. Die Sporen sind einzellig und braun, die Capillitiumfasern zum Teil sehr dick. Die artenreiche Gattung *Sphaerophorus* ist weltweit verbreitet, *Pleurocybe* und *Calycidium* sind monotypische Endemiten.

Bemerkungen zu den Gattungen

Sphaerophorus ist in Europa durch drei Arten vertreten. Das strauchige Lager wird mehrere Zentimeter hoch und besteht aus dicken, verzweigten, drehrunden oder abgeplatteten Haupttrieben mit zahlreichen dünnen, kurzen Seitenverzweigungen (Abb. 13.5 a). Die Festigkeit der Lagerstiele wird durch ein flockiges Mark und eine stark gelatinisierte Rinde erreicht. Die Rindenhyphen sind netzig verzweigt (Abb. 3.7 h) oder verlaufen vorwiegend in der Längsrichtung. Im letzteren Fall reißen die Verklebungsstellen der Hyphen schollig auf (Abb. 13.6 a). An solchen Stellen werden bevorzugt Flechtenstoffe abgelagert. Das watteartige, stark lufthaltige Mark wird von mehr oder weniger eng verflochtenen und periklinen Hyphen gebildet. Daran schließt sich nach außen eine Schicht lockerer Markhyphen an, in welche die Algen eingebettet liegen. Dieser Aufbau erinnert an *Usnea*. Die Markhyphen sind bei *Spaerophorus* allerdings nicht zu einem festen Strang verbunden.

Bei *Sphaerophorus melanocarpus* sind die Loben abgeplattet und die Algen auf die dem Licht zugewandte Seite beschränkt, während der Thallus von *Sphaerophorus globosus* drehrund ist.

Die Morphologie von *Sphaerophorus* imitiert den Sproß einer höheren Pflanze mit dornähnlichen Blättern. Analog zu den Verhältnissen bei den *Cladoniaceae* hat man die Haupttriebe als Podetien und die unscheinbaren Seitenverzweigungen als Phyllocladien bezeichnet. *Sphaerophorus* entwickelt jedoch keinen primären Horizontalthallus, so daß die Bezeichnung Podetium nicht zutrifft. Es handelt sich vielmehr um normale Loben eines aufrechten Lagers, die terminal oder subterminal die Apothecien tragen.

Pleurocybe madagascarea hat einen strauchigen Thallus mit abgeplatteten Loben, welche die Apothecien laminal tragen (Abb. 13.5 f). Die Seitenverzweigungen haben die gleiche Breite wie die Haupttriebe. Das innere Mark wird von wenigen lockeren Hyphen gebildet, die

Abb. 13.5

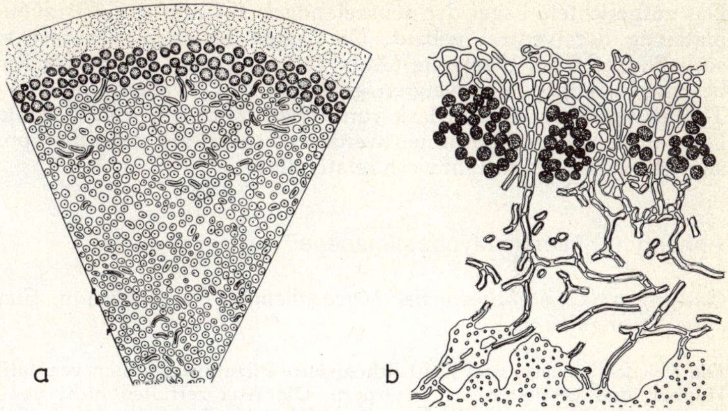

Abb. 13.6 a) *Sphaerophorus melanocarpus.* Sektor aus einem Thallusquerschnitt. Rinde und Mark bestehen aus periklinen Hyphen, die Wände der Rindenhyphen sind stark verquollen. b) *Acroscyphus sphaerophoroides.* Rand eines Thallusquerschnitts. Lager in pseudoparenchymatische Rinde, Algenzone, lockeres Mark und knorpeligen Zentralstrang gegliedert.

leicht zerreißen. Die älteren Lobenteile sind dadurch hohl. Die Algen bleiben hauptsächlich auf die Oberseite der Loben beschränkt. Die Rinde besteht aus längsverlaufenden, stark gelatinisierten Hyphen, deren Wände wie bei *Sphaerophorus melanocarpus* schollig aufbrechen und mit kristallinen Flechtenstoffen durchsetzt werden. Die Ablagerung von Flechtenstoffen auf den Markhyphen ist, ebenfalls wie bei *Sphaerophorus,* in Nachbarschaft der Apothecien besonders stark. Auch die warzigen Sporen und dicken Capillitiumfasern stimmen bei beiden Gattungen weitgehend überein.

Abb. 13.5 *Caliciales.* a) *Spaerophorus globosus.* Lager mit aufbrechenden kugeligen Apothecien (5,5 ×). b) *Acroscyphus sphaerophoroides.* Lager mit Apothecien in verschiedenen Stadien der Entwicklung (3,5 ×). c) *Schistophoron tenue.* Lager mit Hysterothecien (12 ×). d) *Texosporium sancti-jacobi.* Gestielte Apothecien (20 ×). e) *Calycidium cuneatum.* Schnitt durch das blättrige Lager mit prosoplectenchymatischer oberer Rinde (130 ×). f) *Pleurocybe madagascarea.* Loben mit reifen Apothecien, aus denen das Mazaedium quillt (6,5 ×). g) *Cyphelium californicum.* Schnitt durch ein fertiles Lager mit Apothecium (50 ×). h) *Pyrgillus javanicus.* Apothecium im Längsschnitt, die reifen Sporen im trichterförmigen Teil des Gehäuses angesammelt (65 ×).

Das aufgerichtete Lager der neuseeländischen Gattung *Calycidium* ist blattartig dorsiventral gebaut. Die Algen befinden sich fast ausschließlich auf der Oberseite (Abb. 13.5 e). Obere und untere Rinde bestehen aus netzig verzweigten, gelatinisierten Hyphen. Die Mitte des Thallus wird von einem Mark von *Sphaerophorus*-Struktur gebildet. Die halbkugeligen Apothecien werden marginal angelegt, die Sporen sind glatt, die Capillitiumfasern relativ dünn.

Anhang: (4) Familie Mycocaliciaceae[371]

Gattungen: *Chaenothecopsis, Mycocalicium, Phaeocalicium, Stenocybe, Strongyleuma.*

Die Mycocaliciaceen sind nicht lichenisierte Pilze mit braunen vegetativen Hyphen und gestielten Fruchtkörpern. Die Asci zerfallen nicht vor der Sporenreife. Sie sind apikal verdickt, schmal-zylindrisch und enthalten einreihig ein- oder mehrzellige braune Sporen. Auf der Scheibe angehäufte reife Sporen können ein Mazaedium vortäuschen.

Die Mycocaliciaceen gleichen auf Grund ihrer gestielten, stecknadelartigen Fruchtkörper den Caliciaceen und wurden bisher vielfach verschiedenen Gattungen dieser Familie als Arten zugeordnet. Sie sind mit den *Caliciales* anscheinend jedoch nicht näher verwandt. Die stets einreihigen Sporen reifen in den schmal-zylindrischen, unitunicaten Asci aus. Die Asci, die verdickte, manchmal von einem Kanal durchbrochene Spitzen haben, lösen sich höchstens in alten Apothecien auf. Die ausgestoßenen Sporen bleiben bei manchen Arten auf dem Fruchtkörper liegen.

Die Hyphen der Mycocaliciaceen sind im Gegensatz zu denen der Caliciales von Anfang an braun. Die junge Fruchtkörperanlage besteht aus einem pseudoparenchymatischen, generativen Gewebe, in dem die Ascogone angelegt werden. Das generative Gewebe bildet zunächst das Podetium, in dem, ähnlich wie bei *Cladonia turgida*, die ascogenen Hyphen emporwachsen. Die Spitze erweitert sich. Die ascogenen Hyphen entwickeln die Asci büschelweise unter Hakenbildung, während echte Paraphysen in den jungen Fruchtkörper einwachsen. Die äußersten Hyphen des ursprünglichen Stiels werden zu einem periklinen Gehäuse, das auf dem Hymenium als Deckschicht erhalten bleibt oder schollenartig abschuppt. Die reifen, gestielten Fruchtkörper sind etwa halb so lang wie die der Caliciaceen.

Die Mycocaliciaceen sind Pilze oder Flechtenparasiten. Lichenisierte Formen sind bisher nicht mit Sicherheit bekannt. Die fünf Gattungen der Familie werden nach der Größe und Struktur der Asci, dem Bau der Sporen und der Anatomie der Fruchtkörperstiele unterschieden. Bei *Chaenothecopsis* und *Strongyleuma* ist die apikale Verdickung der Ascusspitze ähnlich wie bei den *Ostropaceae* durch einen feinen Kanal durchbrochen, bei den anderen Gattungen dagegen nicht. Die Mycocaliciaceen zeigen häufig eine starke ökologische Anpassung. Die Parasiten sind auf einen Wirt beschränkt, die Saprophyten auf eine bestimmte Unterlage. *Mycocalicium subtile* wächst beispielsweise nur auf festem oder trocken-morschem Nadelholz, während die *Phaeocalicium*-Arten auf Zweige von Laubbäumen spezialisiert sind. *Phaeocalicium compressulum* kommt sogar nur auf *Alnus* vor.

2. Ordnung Lecanorales

Unterordnungen: *Lecanorineae, Lichinineae, Peltigerineae, Teloschistineae, Physciineae, Pertusariineae.*

Charakteristik der Ordnung

Die *Lecanorales* bilden eine sehr große Ordnung. In ihr sind die meisten Flechten vereinigt, deren Fruchtkörper Apothecien sind. Alle großflächigen Blattflechten und die Mehrzahl der Strauchflechten mit ansehnlichem Lager gehören zu dieser Gruppe. Die *Lecanorales* bilden eine Parallelordnung zu den nicht lichenisierten *Helotiales,* die ebenfalls durch inoperculate Asci gekennzeichnet sind. *Lecanorales* und *Helotiales* unterscheiden sich insbesondere durch Konsistenz und Lebensdauer des Hymeniums. Die Fruchtkörper der *Lecanorales* sind langlebig. Ihr Hymenium ist stark gallertig, die Paraphysen sind durch die Gallerte verklebt, und die Asci besitzen eine dicke Wand und oft eine amyloide Apikalstruktur. Im Gegensatz dazu bestehen die vergänglichen Fruchtkörper der *Helotiales* aus dünnwandigen Asci und getrennt stehenden Paraphysen. Der Bau des Excipulums ist bei beiden Ordnungen ähnlich vielgestaltig. Bei den *Lecanorales* ist oft zusätzlich der Thallus stark am Aufbau des Fruchtkörpers beteiligt.

Innerhalb der *Lecanorales* lassen sich verschiedene Entwicklungslinien unterscheiden, die in der Struktur der Asci und Sporen oder im Gesamtverlauf der Ascocarp-Ontogenie voneinander abweichen. Auf diese Unterschiede gründet sich die Einteilung der Ordnung in sechs Unterordnungen. Die Unterordnung der *Lichinineae* ist durch prototunicate, nicht amyloide Asci und durch eine außerordentlich große Variabilität in der Ontogenese der Apothecien ausgezeichnet. Die *Teloschistineae* und *Physciineae* werden durch besondere Strukturen der Sporen charakterisiert. Die *Peltigerineae* fallen durch hemiangiocarpe Apothecien und einen begrenzt bitunicaten Bau der Asci auf, während die *Pertusariineae* durch Bau und Entwicklung der Fruchtkörperhilfsgewebe gekennzeichnet werden. Diese fünf Unterordnungen sind in sich einheitlich und gut gegeneinander abgegrenzt. Im Gegensatz dazu ist die sechste Unterordnung der *Lecanorineae* in sich nicht einheitlich. Fast jede der 15 Familien weicht, soweit sie bisher untersucht wurden, in irgendeinem ontogenetischen Merkmal von den übrigen ab. Es ist zur Zeit nicht möglich zu entscheiden, welchen systematischen Wert man diesen Entwicklungstypen beimessen kann. Eine endgültige Aufteilung der *Lecanorales* in natürliche Einheiten ist erst dann möglich, wenn alle Gattungen dieser großen Ordnung auf ihre Ascocarp-Ontogenese hin untersucht sind.

1. Unterordnung Lecanorineae

Familien:

(5) *Collemataceae,*	(6) *Parmeliaceae,*	(7) *Lecanoraceae,*
(8) *Lecideaceae,*	(9) *Candelariaceae,*	(10) *Baeomycetaceae,*
(11) *Cladoniaceae,*	(12) *Stereocaulaceae,*	(13) *Umbilicariaceae,*
(14) *Ramalinaceae,*	(15) *Acarosporaceae,*	(16) *Arctomiaceae,*
(17) *Pannariaceae,*	(18) *Coccocarpiaceae,*	(19) *Heppiaceae.*

Unter den 15 Familien dieser Unterordnung nehmen die *Collemataceae* eine Sonderstellung ein. Die Fruchtkörper dieser Familie entstehen mit einer Ausnahme nur aus dem Ascogon und seiner Traghyphe ohne Beteiligung des umliegenden Gewebes. Diese Entwicklung erinnert an die Ontogenese der inoperculaten Discomyceten. Lebensdauer und Konsistenz des Hymeniums stimmen bei den *Collemataceae* jedoch mit den anderen Familien der *Lecanorineae* überein. Möglicherweise sind die *Collemataceae* relativ spät zur symbiotischen Lebensweise übergegangen.

Die Familien der *Lecanoraceae* und *Lecideaceae* sind bisher nur schlecht untersucht. Frühere Forscher sahen einen engen Zusammenhang zwischen den krustigen *Lecanoraceae,* den blattförmigen *Parmeliaceae* und den strauchförmigen *Usneaceae.* Sie stellten eine Entwicklungsreihe auf, die von den einfachen, krustigen Thalli über die blattförmigen zu den strauchförmigen Flechten führte. Nach unserer Auffassung besteht tatsächlich ein Zusammenhang zwischen den Flechten, die bisher in den Familien der *Parmeliaceae* und der *Usneaceae* eingeordnet wurden. Die Verwandtschaft ist selbst so eng, daß eine Spaltung in zwei Familien uns nicht gerechtfertigt erscheint und wir die ganze Gruppe unter den *Parmeliaceae* zusammenfassen. Ob auch zwischen den *Parmeliaceae* und den *Lecanoraceae* so enge Beziehungen bestehen, ist dagegen recht zweifelhaft. Bisher sind jedenfalls keine Vertreter der *Lecanoraceae* bekannt, die entwicklungsgeschichtlich mit den *Parmeliaceae* übereinstimmen.

Eine Entwicklung von krustigen Formen zu höher entwickelten Thalli glaubte man auch bei der krustenförmigen Familie der *Lecideaceae,* den krustig bis blattförmigen *Baeomycetaceae* und den strauchförmigen *Cladoniaceae* zu sehen. Der Zusammenhang zwischen diesen drei Familien wurde durch neuere Untersuchungen bestätigt[196].

Viele Gattungen der *Lecideaceae* haben ohne Zweifel enge Beziehungen zu Gattungen der *Lecanoraceae.* Die *Ramalinaceae* und *Umbilicariaceae* schließen sich wahrscheinlich an diesen Verwandtschaftskreis an.

Die systematische Stellung der fünf letzten Familien der *Lecanorineae* ist problematisch. Die *Acarosporaceae* und *Heppiaceae* sind ungenügend bekannt. Ontogenetische Merkmale isolieren die *Pannariaceae* und *Arctomiaceae*. Die *Coccocarpiaceae* zeigen manche Übereinstimmung mit der Unterordnung der *Peltigerineae* und werden später möglicherweise diesem Verwandtschaftsbereich zugeordnet werden müssen.

(5) Familie Collemataceae[173]

Gattungen: *Collema, Homothecium, Leciophysma, Leightoniella, Leptogium, Physma, Ramalodium.*

Die *Collemataceae* bilden eine natürliche Gruppe, die sich in der Fruchtkörperentwicklung eng an die nicht lichenisierten Discomyceten anschließt.

Charakteristik der Familie

Die Collemataceen sind Gallertflechten der temperierten und montan-tropischen Region. Viele Arten leben vorzugsweise auf Kalkgestein, manche wachsen auf Rinde und über Moosen. Das olivgrüne, braune oder violett- bis bläulichgraue Lager hat oft eine blättrige Gestalt und ist mit Rhizoidhyphen oder Haftfaserbüscheln auf dem Substrat befestigt. Sorale fehlen, Isidien werden von vielen Arten entwickelt. Der Thallus ist homöomer gebaut, unberindet oder mit einer ein- oder mehrschichtigen Rinde versehen (S. 47 f.). Die zeorinen oder biatorinen Apothecien haben ein becherförmig geschlossenes oder ein annular offenes Excipulum aus periklinen oder antiklinen Hyphen, die teils ein Pseudoparenchym bilden, teils netzig verbunden sind und stark gelatinisieren. Bei vielen Arten wird der Fruchtkörper mit Hilfe von Ankerhyphen in dem gallertigen Lager befestigt, oder es werden basal und marginal Stützgewebe entwickelt. Die unitunicaten achtsporigen Asci sind apikal verdickt. Mit Hilfe der Jodfärbung lassen sich amyloide Ringstrukturen oder Kappen nachweisen. Die farblosen Sporen sind einzellig oder quer- bis mauerförmig geteilt und manchmal von kubischer Gestalt. Die Paraphysen sind an den Enden kopfig oder keulig verdickt. Die kurzen Conidien entstehen terminal und lateral an gegliederten Conidiophoren. Phycobiont ist stets *Nostoc*. Besondere Kennzeichen der Collemataceen sind die Entwicklung des Fruchtkörperhilfsgewebes aus der Traghyphe des Ascogons, das meist cupulare Excipulum und die Befestigung vieler Apothecien im gallertigen Thallus durch Ankerhyphen oder Stützgewebe.

Entwicklung und Bau der Fruchtkörper

Die *Collemataceae* dienten uns als Musterbeispiel für die ascohymeniale Entwicklung eines Apotheciums (S. 116). Im Unterschied zu anderen Flechten wird das generative Gewebe nicht aus zahlreichen Nachbarhyphen der Ascogone, sondern ausschließlich aus Verzweigungen der Ascogontraghyphe gebildet (Abb. 13.8). Dadurch besteht nur ein loser Zusammenhang zwischen dem kompakten Primordium und dem umgebenden, meist stark gallertigen Thallus.

Von den Collemataceen sind besondere Methoden zur Verankerung und Festigung des Ascocarps entwickelt worden, die zu der für die Familie charakteristischen Ausgestaltung der Fruchtkörper führen (Abb. 13.7). Bei vielen Arten wachsen aus dem Excipulum nach allen Seiten die sogenannten Ankerhyphen in den Thallus hinein und bilden bei Erreichen der Thallusgrenzschicht marginal im Lagerrand oder unterhalb des Apotheciums rundliche Stützzellen, die sich zu einem Pseudoparenchym zusammenschließen (Abb. 13.7 f). Bei Arten mit berindetem Lager werden die Stützgewebe vor allem aus der Rinde durch Teilung und Streckung der Zellen gebildet, sekundär können sie durch Zellen der Ankerhyphen verstärkt werden (Abb. 13.8 b, c).

Als dritte Festigungsmöglichkeit ist ein mächtig entwickeltes Excipulum zu nennen. Bei den meisten Gattungen bildet das Excipulum einen geschlossenen Becher. Nur bei *Leciophysma* und *Homothecium* ist das ringförmige Gehäuse an der Basis durch eine mehr oder weniger weite, kreisrunde Öffnung durchbrochen. Abb. 13.9 zeigt die Entwicklung dieses Excipulums. Die Struktur des Excipulums ist sehr mannigfaltig. Die Hyphen können antiklin oder periklin verlaufen und unregelmäßig verflochten, netzig verbunden oder parallel ausgerichtet sein. Die Wände der netzig verzweigten Hyphen verquellen. Bei den anderen Typen der Festigungsgewebe können dagegen Pseudoparenchyme aus mehr oder weniger regelmäßig dünnwandigen, isodiametrischen Zellen entstehen (Abb. 3.6 c, 13.7 b). In seltenen Fällen fehlt ein Excipulum, und das Hymenium ist nur von einem Lagerrand umgeben (Abb. 13.7 a).

Bei der Gattung *Leptogium* schließen sich vielfach eine Differenzierung des Excipulums und die Anlage von Stützgeweben gegenseitig aus. Entweder besteht das Excipulum aus einem gut entwickelten Pseudoparenchym und Stützgewebe fehlen, oder Stützgewebe sind vorhanden und das Excipulum wird von undifferenzierten Hyphen gebildet. Eng verwandte Arten können in diesem Merkmal differieren.

Der Thallusrand der Apothecien ist bei *Physma* und einer Reihe von *Leptogium*-Arten mächtig entwickelt und bildet ringförmige oder antikline Falten um die Apotheciumscheibe oder lappige Anhängsel (Abb. 4.14 d). Nicht selten verlängert sich der Thallus stielartig. Solche Thallusstiele der Apothecien sind mehr oder weniger aufgeblasen (Abb. 13.10 b) oder werden — besonders an ihrem äußeren Rand — durch Stützgewebe verstärkt.

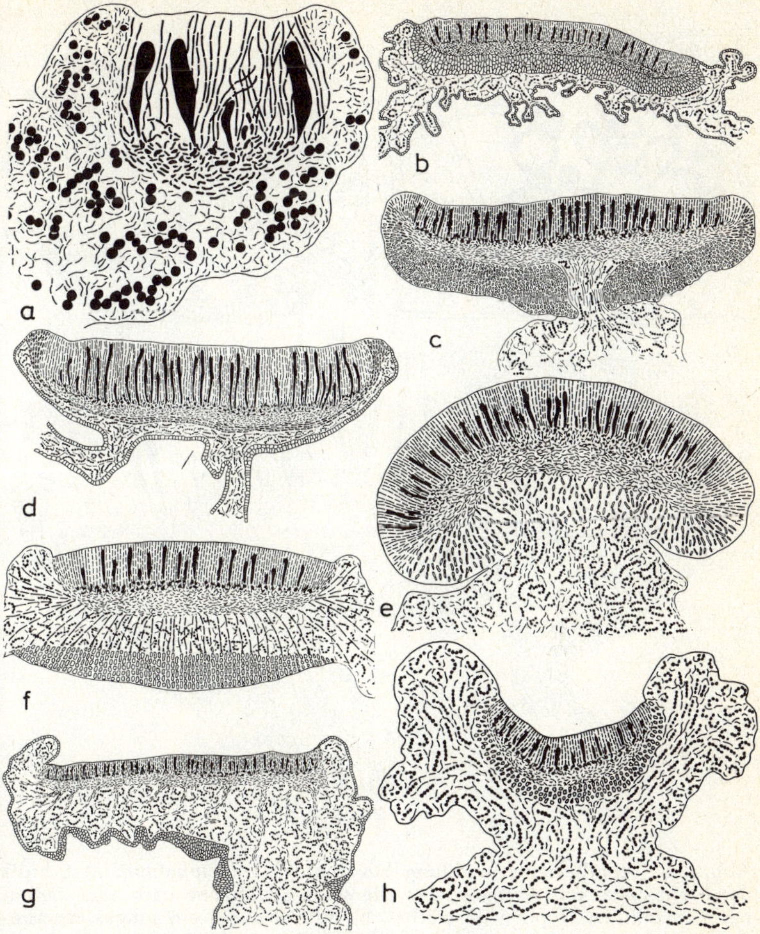

Abb. 13.7 Fruchtkörpertypen der *Collemataceae*. a) *Collema occultatum*. Lecanorines Apothecium mit vollständig reduziertem Excipulum. b) *Leptogium milligranum*. Zeorines Apothecium mit cupularem, pseudoparenchymatischen Excipulum. c) *Homothecium opulentum*. Biatorines Apothecium mit annularem Excipulum. d) *Leptogium lichenoides*. Zeorines Apothecium mit cupularem Excipulum aus periklinen Hyphen. e) *Ramalodium succulentum*. Biatorines Apothecium mit cupularem Excipulum aus netzig verzweigten Hyphen. f) *Collema coilocarpum*. Apothecium mit basalem Stützgewebe, das von den Ankerhyphen aufgebaut wurde. g) *Leightoniella zeylanensis*. Zeorines Apothecium mit basalem Stützgewebe aus der Thallusrinde. h) *Physma boryanum*. Zeorines Apothecium mit cupularem Excipulum und gefaltetem Thallusrand (e nach HENSSEN).

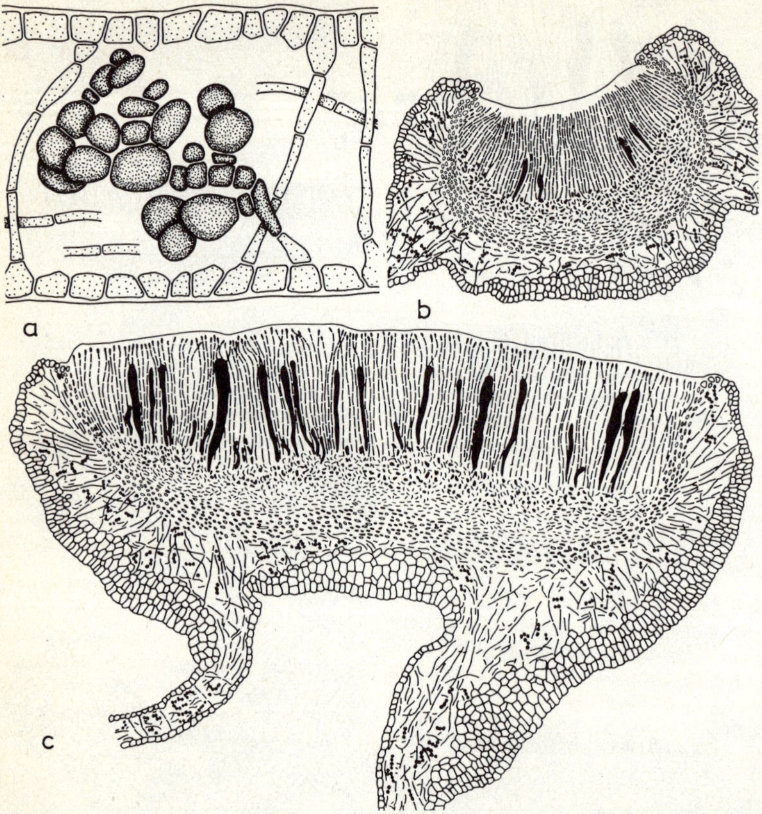

Abb. 13.8 Apothecienentwicklung bei *Leptogium diaphanum.* a) Schnitt durch ein Lager mit Ascogon, das wie seine Traghyphe nach allen Seiten mit kurzzelligen Hyphen auswächst. b) Schnitt durch ein junges Apothecium mit basalem Stützgewebe aus der Thallusrinde. c) Schnitt durch ein altes Apothecium mit basalem und marginalem Stützgewebe.

Verwandtschaftliche Beziehungen

Durch die Entwicklung des Fruchtkörperhilfsgewebes aus der Ascogon-Traghyphe unterscheiden sich die *Collemataceae* von allen anderen Flechten und stehen den nicht lichenisierten Discomyceten von allen Lichenen am nächsten. Das bei den meisten Arten mächtig entwickelte Excipulum erinnert ebenfalls an saprophytische Pilze. Eine

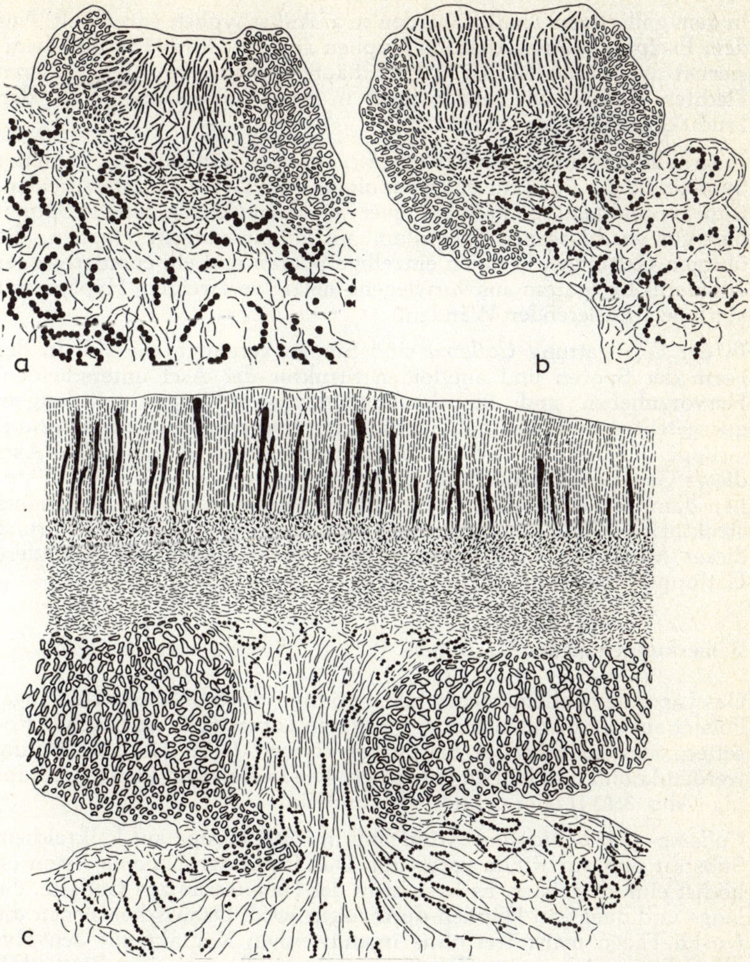

Abb. 13.9 Apothecienentwicklung bei *Homothecium opulentum.* a) Primordium mit ascogenen Hyphen, den ersten Paraphysen und beginnender Differenzierung des annularen Excipulums. b) Etwas älteres Stadium. c) Ausschnitt aus dem reifen Apothecium. Das Excipulum besteht aus netzig verzweigten, antiklinen Hyphen mit stark verquollenen Wänden.

Reihe von weiteren Merkmalen deutet daraufhin, daß die Lichenisierung der *Collemataceae* relativ spät stattgefunden hat. Noch heute lassen sich die verschiedenen Stadien einer Rindenbildung bei den Collemataceen verfolgen (S. 47 f.). Für die Festigung der Fruchtkörper in dem gallertigen Thallus werden u. a. Ankerhyphen entwickelt. Aus dem Excipulum auswachsende Hyphen sind an sich bei nicht lichenisierten wie lichenisierten Pilzen häufig anzutreffen. Bei anderen Flechten wachsen sie jedoch nicht in den Thallus hinein, um den Fruchtkörper dort zu verankern.

Innerhalb der Familie der *Collemataceae* lassen sich nach der Form der Sporen und der Struktur des Excipulums zwei Gruppen unterscheiden. *Collema* und *Leptogium* haben quer- bis mauerförmig geteilte Sporen und ein geschlossenes Excipulum aus dünnwandigen Hyphen, die übrigen Gattungen besitzen einzellige Sporen und ein cupulares oder annulares Excipulum aus vorwiegend netzig verzweigten Hyphen mit stark gelatinisierenden Wänden.

In der Großgattung *Collema* sind Sippen vereinigt, die sich in der Form der Sporen und amyloiden Struktur der Asci unterscheiden. Hervorzuheben sind die *nigrescens-flaccidum*-Gruppe mit langen, quergeteilten und am Ende zugespitzten Sporen und die *occultatum*-Gruppe mit den bei Flechten seltenen kubischen Sporen[79]. Die Asci dieser Gruppen sind durch amyloide Kappen gekennzeichnet und stehen damit im Gegensatz zu den übrigen *Collema*-Arten, die anders strukturierte Sporen und Asci mit amyloidem Ring besitzen. Auf Grund dieser Merkmale wird vorgeschlagen, diese Sippen als besondere Gattungen abzutrennen[90].

Bemerkungen zu den Gattungen

Das Lager der Collemataceen bildet häutige, durchbrochene Überzüge, Polster aus geschwollenen oder blättrigen Loben, flach aufliegende Rosetten oder ausgebreitet blattartige Formen (Abb. 13.10 a). Häufig werden Lobuli und Isidien entwickelt. Die Isidien sind kugelig, schuppig (Abb. 3.13 i) oder zylindrisch-koralloid.

Collema- und *Leptogium*-Arten sind in Mitteleuropa auf kalkreichem Substrat und auf Rinde verbreitet. Das Lager der *Collema*-Arten ist höchst einfach gebaut. Es besteht in der Hauptsache aus Gallerte, die längs und quer von Hyphen durchzogen wird. Dazwischen liegen die *Nostoc*-Fäden meist frei ohne irgendwelchen Kontakt mit den Hyphen. Einige Arten von *Collema* zeigen den Beginn einer Rindenbildung. Die Hyphen biegen sich unterhalb der Thallusoberfläche im rechten Winkel um und schnüren kurze Zellen ab. Auf diese Weise kann innerhalb der Gallerte eine fast geschlossene Rindenschicht entstehen (Abb. 3.10 e). Die *Leptogium*-Arten sind von den Collemen leicht auf Grund ihrer Rinde zu unterscheiden, die eine Zellschicht dick ist (Abb. 3.10 f–h). Der Thallus ist häufig mit Haftfaserbüscheln an der Unterlage befestigt. Bei *Leptogium diaphanum* verursachen diese Hyphen regelmäßige Verwachsungen des Lagers, wobei die Haftpunkte die Lobenfalten fest zu einem „Doppelthallus" verbinden und

Abb. 13.10 a) Blättriges Lager von *Leptogium saturninum* (3,5 ×). b) Gehäufte Apothecien von *Leptogium javanicum*. Die Apotheciumstiele werden vom Lager gebildet; sie sind mehr oder weniger aufgeblasen und enden in einem krenulierten Thallusrand um die Apotheciumscheibe (2,5 ×).

verschiedene Loben untereinander zusammenheften. *Leptogium javanicum* ist durch aufgeblasene Lagerstiele der Apothecien ausgezeichnet (Abb. 13.10 b). Bei der Untergattung *Mallotium*, zu der die Rindenflechte *Leptogium saturninum* (Abb. 13.10 a) gehört, ist die Unterseite des Lagers mit einem dichten Tomentum bedeckt, das aus langzelligen oder perlschnurartigen (Abb. 3.10 d) Hyphen besteht.

Arten der Gattungen *Physma* und *Homothecium* sowie *Leightoniella* haben eine mehrschichtige Rinde. *Physma* kommt mit einer Art in Europa vor, die anderen sind Rindenflechten wärmerer Gebiete, besonders der Tropen. Die *Homothecium*-Arten sind in Südamerika beheimatet, *Leightoniella* in Ceylon, während die drei *Ramalodium*-Arten weit voneinander entfernt in Australien, Neukaledonien und

Japan vorkommen. Die Gattung *Leciophysma* ist zirkumpolar verbreitet. Die Arten sind winzig klein. Sie wachsen über Moosen, Detritus und auf Rinde.

(6) Familie Parmeliaceae

Gattungen: *Alectoria, Anzia, Cavernularia, Cetraria, Cetrelia, Cornicularia, Dactylina, Evernia, Himantormia, Hypogymnia, Letharia, Menegazzia, Omphalodium, Oropogon, Parmelia, Parmeliopsis, Platismatia, Usnea.*

Charakteristik der Familie

Die zahlreichen Arten der *Parmeliaceae* sind weltweit von den arktischen bis in die tropischen Zonen verbreitet. Die meist rindenbewohnenden Blatt- und Strauchflechten sind wie die *Peltigerineae* durch beträchtliche Größe und ein hoch entwickeltes Lager gekennzeichnet. Während bei den *Peltigerineae* der strauchige Habitus selten vorkommt, ist er bei den *Parmeliaceae* häufig vertreten. Alle Gattungen, die früher zur Familie der *Usneaceae* gerechnet wurden, haben eine strauchige Form. Die *Parmeliaceae* sind, was Länge und Umfang betrifft, die größten Flechten der Welt. *Usnea longissima* erreicht eine Länge von mehreren Metern, *Parmelia centrifuga* mit ihren in der Mitte absterbenden Lagern einen Durchmesser bis zu zwei Metern. Bei den strauchförmigen Flechten, die früher zu den *Usneaceae* gerechnet wurden, ist der Thallus meist mit einer Haftscheibe befestigt, seltener hängen die fadenförmigen Loben frei über dem Substrat. In einem Fall (*Himantormia*) besteht das Lager aus einem Horizontal- und einem Vertikalthallus. Das Lager ist bei diesen Flechten meist radiär gebaut, ringsum berindet und bei einigen Gattungen mit einem Zentralstrang versehen.

Die Anlage der Ascocarpien erfolgt laminal oder marginal. Bei einigen Arten der Gattung *Cetraria* können die marginal angelegten Apothecien sekundär auf die Unterseite des Lagers verschoben werden. Dieser Vorgang erinnert an die Peltigeraceen-Gattung *Nephroma*. Die lecanorinen Apothecien haben eine braune oder schwarze Scheibe. Das Excipulum proprium ist becherförmig geschlossen. Die unitunicaten, mit amyloider Apikalstruktur versehenen Asci enthalten meist acht einzellige, farblose Sporen. Vielsporige Asci und mauerförmige Sporen sind für je eine Gattung charakteristisch. Die Pycnidien werden laminal oder marginal angelegt, die Conidien werden nach dem Bajonettyp oder nach hiervor abgeleiteten Typen gebildet. Phycobionten sind einzellige Grünalgen, soweit bekannt *Trebouxia*.

Die Anatomie der dorsiventral gebauten Loben ist relativ einheitlich. Sie sind in obere Rinde, Algenzone, Mark und untere Rinde gegliedert. Die Oberrinde besteht aus netzig verbundenen Hyphen mit stark gelatinisierten Wänden. Die Lumina sind meist klein und schmal (Abb. 3.6 a, g), seltener bilden vergrößerte Zellen ein Pseudoparenchym. Die Festigung der strauchigen Thalli wird durch einen Zentralstrang oder eine Scheide aus periklin verklebten Hyphen erreicht. Charakteristisch für die Familie sind knochenförmig verdickte Hyphen, deren Querwände von Tüpfeln durchzogen werden (Abb. 3.7 a). Sie sind beispielsweise im Mark von *Parmelia-, Evernia- und Hypogymnia*-Arten, in der Rinde von *Alectoria-* und im Zentralstrang von *Usnea*-Arten anzutreffen.

Das Excipulum besteht wie die obere Rinde der meisten Gattungen aus netzig verzweigten Hyphen. Auch hier können die Lumina relativ groß sein und eng zusammenliegend ein lockeres Pseudoparenchym bilden. Bei anderen Arten sind die Zellen klein und liegen in der mächtigen Gallertsubstanz weit verstreut. Der Hyphenverlauf ist in diesem Fall geradlinig oder geschlängelt (Abb. 3.6 e).

Ein geschlängelter Verlauf der Hyphen wurde beispielsweise bei *Usnea-* und *Evernia*-Arten festgestellt. Bei *Omphalodium arizonicum* ist er ebenfalls vorhanden, bei *Omphalodium hottentottum* dagegen nicht. Offensichtlich können also nah verwandte Arten in diesem Kennzeichen voneinander abweichen.

Eine große Mannigfaltigkeit besteht in der Entwicklung von Anhangsorganen. Am Rande von Loben oder Apothecien können Fibrillen oder Cilien entwickelt werden. Die Cilien sind teils einfache Fäden, teils sind sie am Grunde bulbillenartig verdickt (Abb. 3.12 d). Die Lagerunterseite ist entweder nackt oder mit verschiedenartig verzweigten Rhizinen oder mit einem Tomentum *(Anzia)* bedeckt (Abb. 3.12 a, b). Das Tomentum besteht aus einem maschigen Netz und kommt in dieser Form bei keiner anderen Flechte vor. Falls die Lagerunterseite rhizinenfrei ist, kann sie aufgeblasen und mit Löchern versehen sein. Bei *Cavernularia* (Abb. 13.12 d) sind diese Einbuchtungen des Thallus genau wie die übrige Lagerunterseite einschichtig berindet. Bei *Menegazzia* ist die Oberseite des Thallus durchlöchert (Abb. 3.16 d).

Pseudocyphellen werden von vielen Arten gebildet, ebenso Sorale und Isidien. Sekundär können die Sorale isidiös und die Pseudocyphellen rediös werden. Manche Parmeliaceen vermehren sich nur noch vegetativ mit Hilfe von Soredien. Interessant ist das Vorkommen von vikariierenden Artenpaaren (S. 261 f.).

Die *Parmeliaceae* sind chemisch die am besten untersuchte Flechtenfamilie. Eine große Anzahl von Flechtenstoffen wurde erstmals aus ihnen isoliert. Die Usninsäure verleiht vielen Arten die gelbe oder grünliche Färbung. Chemische Merkmale werden zunehmend für die Klassifizierung und Beschreibung dieser Flechten herangezogen.

Als Epiphyten der Bäume spielen die *Parmeliaceae* im Vegetationsbild neben den *Stictaceae* eine bedeutende Rolle. Die bekannten Bartflechten unserer Wälder sind Usneen.

Entwicklung der Fruchtkörper

Die Entwicklung der Apothecien verläuft bei allen Gattungen der *Parmeliaceae* nach dem gleichen Schema. Als Beispiel kann uns *Parmelia exasperata* dienen. Die Entwicklung beginnt mit einem kompakten generativen Gewebe, das zwischen Rinde und Algenzone entsteht. Die Ascogone werden zu mehreren gebildet und ragen mit ihren Trichogynen aus dem Thallus hervor (Abb. 13.11 a). Die äußeren Hyphen des generativen Gewebes ordnen sich radial zu einem Excipulum zusammen. In diesem Stadium sind nur relativ wenig ascogene Zellen zu sehen (Abb. 13.11 b). Im oberen Teil des Primordiums entstehen die ersten echten Paraphysen, an deren Basis sich die ascogenen Hyphen ansammeln (Abb. 13.11 c). Die Bildungsschicht gibt nach oben Paraphysen und nach unten Excipulumzellen ab. Die Hauptzuwachszone befindet sich wie üblich am Rande des Hymeniums. Die ascogenen Hyphen verlängern sich horizontal und entsenden fortlaufend Asci zwischen die Paraphysen. Die Paraphysen liegen locker in die Hymenialgallerte eingebettet. Sie sind an der Basis oder auch höher hinauf durch Anastomosen miteinander verbunden. Ihre Zellen sind relativ kurz. Durch das sich entwickelnde Primordium wird der angrenzende Thallus zum Wachstum angeregt und erweitert sich um die Anlage zu einem Lagerrand (Abb. 13.11 d). Die Markhyphen bilden im Lagerrand die gleiche Berindung wie an der Oberseite des Thallus. Die Algen werden ebenfalls zur Teilung angeregt. Die an der Basis des Primordiums liegenden Algenzellen vermehren sich lebhaft und umgeben den wachsenden Fruchtkörper ständig in einer schalenförmigen Schicht. Im Thallusrand des Apotheciums vermehren sie sich in gleicher Weise und werden von den Markhyphen hochgeschoben. Auf diese Weise entsteht eine kontinuierliche Algenzone, die sich aus dem Thallus in den Lagerrand des Apotheciums hineinzieht und von da aus schalenförmig das Excipulum umgibt.

Die Fruchtkörperentwicklung von *Parmelia exasperata* verkörpert den normalen Ablauf der Ontogenie bei den *Parmeliaceae*. Das Excipulum besteht bei allen Gattungen aus antiklin vernetzten Hyphen mit anfangs relativ großen Zellumina. Bei manchen Sippen strecken die Excipulumzellen sich nur wenig und bilden auch in alten Apothecien ein lockeres Pseudoparenchym mit mehr oder weniger dicht in die Gallerte eingebetteten Lumina. Bei anderen Sippen strecken sich die Zellen graduell, und die Wände verschleimen stärker. Die Lumina verkleinern sich dabei, wodurch die netzige Verknüpfung der Zellen deutlicher wird. Die Hyphen verlaufen gerade oder gewunden (Abb. 3.6 e).

Einige Beispiele für eine etwas abweichende Entwicklung seien hier kurz erwähnt. Während im allgemeinen der apotheciale Lagerrand eine Berindung durch netzig verzweigte Hyphen mit eckigen Zellen aufweist, bilden bei *Cavernularia lophyrea* unregelmäßig verflochtene Hyphen mit dicken,

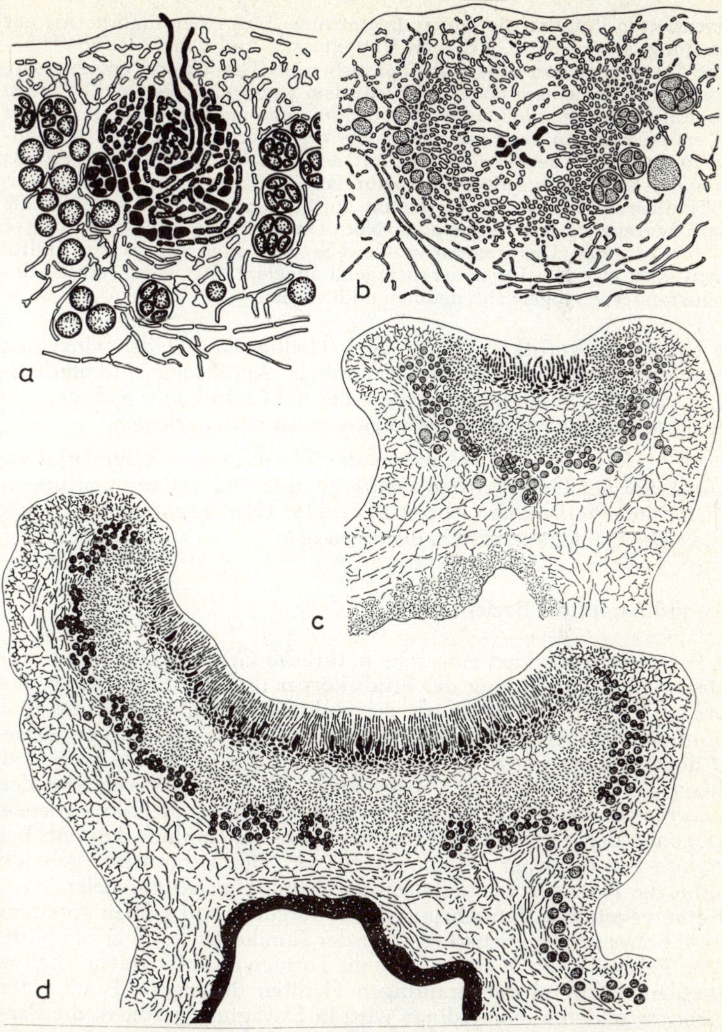

Abb. 13.11 Apothecienentwicklung bei *Parmelia exasperata*. a) Generatives Gewebe mit Ascogonen. b) Primordium mit cupularem Excipulum. Nur wenige Zellen ascogener Hyphen sind in diesem Stadium sichtbar. c) Junger Fruchtkörper mit ersten Paraphysen und cupularem Excipulum, um das Algenzellen gruppiert liegen. Der Thallus ist mit der Fruchtkörperanlage emporgewachsen und bildet einen Margo thallinus. d) Reifer Fruchtkörper mit Asci. Das cupulare Excipulum ist außen von einer unterbrochenen Algenschicht umgeben.

pigmentierten Wänden die äußere Begrenzung. Eine eigentümliche Art der Berandung ist von den Gattungen *Himantormia* und *Omphalodium*[233] bekannt. Das Excipulum wird marginal nicht vom Thallusrand umschlossen, sondern sitzt auf einem Podest, das aus dem Lagerrand besteht. Die junge Anlage liegt bei *Omphalodium arizonicum* eingesenkt im Thallus und ist vom ersten Stadium des Lagerrandes wie von einem Wall umgeben. Während in der Regel der Thallusrand mit dem Wachstum des Apotheciums Schritt hält und es stets allseitig umgibt, ist das hier nicht der Fall, sondern der Thallusrand bleibt im Wachstum zurück. Das Excipulum bildet die äußere Begrenzung des Hymeniums. Noch extremer liegen die Verhältnisse bei *Himantormia*. Das generative Gewebe wird hier bereits zur Hälfte exogen, d. h. aus dem Lager herausragend angelegt. Das Nachwachsen des Thallusrandes verzögert sich dadurch noch stärker.

Die Lage der Fruchtkörper auf dem Thallus ist bei den einzelnen Sippen unterschiedlich. Die flächenständigen Apothecien sind oft deutlich mit einem Thallusstiel versehen, der hohl sein kann, während die randständigen Fruchtkörper dem Lager meist flach aufliegen.

Bemerkenswert ist die Perforation der Fruchtkörperscheibe bei *Parmelia*-Arten der Untergattung *Amphigymnia* und bei den Gattungen *Cetrelia* und *Platismatia* (Abb. 4.14 c). Das Hymenium ist bis in den hohlen Apothecienstiel hinein durchbrochen.

Verwandtschaftliche Beziehungen

Die *Parmeliaceae* bilden eine sehr natürliche Gruppe. Durch die charakteristische Entwicklung der Fruchtkörper und Conidien, durch das cupulare Excipulum und durch die einheitliche morphologische und anatomische Differenzierung ist die Familie gegen die übrigen Lichenen deutlich abgegrenzt. Die Beziehungen zu anderen Flechten sind unklar. Bisher wurden die *Parmeliaceae* als engste Verwandte der *Lecanoraceae* betrachtet. Dagegen spricht jedoch die abweichende Ontogenie der Apothecien. Ein cupulares Excipulum kommt bei *Lecanora*-Arten soweit bekannt nicht vor. Der kompliziert gebaute Thallus der *Parmeliaceae* und die weitgehende Umstellung vieler Arten auf eine vegetative Vermehrung durch Soredien und Isidien sprechen für ein hohes phylogenetisches Alter der Familie. Bisher war es üblich, zu den Parmeliaceen in erster Linie die Formen mit blättrigem Thallus zu stellen, während die strauchigen Flechten die eigene Familie der *Usneaceae* bildeten. Neuerdings wird in Erwägung gezogen, die Parmeliaceen in mehrere kleinere Familien nach hervorstechenden morphologischen und korrelierenden chemischen Merkmalen aufzuteilen[67]. Bei der Einheitlichkeit der Fruchtkörperentwicklung erscheint vom ontogenetischen Standpunkt aus eine Aufteilung in mehrere Familien unnötig.

Die Lage der Apothecien und Pycnidien auf dem Thallus, der Habitus und einige anatomische Merkmale dienen zur Trennung der einzelnen

Gattungen. In jüngster Zeit ist man konsequent dazu übergegangen, von den Großgattungen *Parmelia* und *Cetraria* eine Reihe von kleineren Gattungen an Hand von morphologischen und chemischen Merkmalen abzuspalten[66, 148]. Die Gattung *Cetraria* wurde beispielsweise auf die Arten mit einer deutlich pseudoparenchymatischen Rinde beschränkt[66, 70], jedoch zeigen nicht alle Arten dieses Merkmal in ausgeprägtem Maße.

Bemerkungen zu den Gattungen

Die Gattung *Parmelia*[145, 151] ist eine der artenreichsten unter den Flechten. Selbst nach Abtrennung der Gattungen *Hypogymnia, Menegazzia* und *Pseudevernia* umfaßt sie immer noch an die 600 Arten. Das Lager ist stets blättrig und mit Rhizinen an die Unterlage befestigt. In der typischen Ausbildung hat das Lager eine netzige, stark gelatinisierte Oberrinde mit kleinen Lumina und eine großzellige, schließlich dunkel pigmentierte Unterrinde, die nur wenige Zellschichten dick ist. Die Beschaffenheit der Ober- und Unterseite des Thallus sowie das Vorkommen und die Gestalt der Anhangsorgane sind wichtige taxonomische Merkmale für die Aufteilung der Gattungen in kleinere Einheiten. Helle Flecken auf der Thallusoberseite nennt man Maculae. Über ihre Struktur und Funktion weiß man wenig. Die Cilien und Rhizinen können gleichmäßig dünn oder bulbillenförmig verdickt, unverzweigt, sparrig, verzweigt oder dichotom gegabelt sein (Abb. 3,12 c—f).

Parmelia ist mit zahlreichen Arten in allen Zonen der Erde vertreten. Die Gattung wird in mehrere Untergattungen geteilt. Die Untergattung *Parmelia* (Abb. 13.12 a) besitzt schmale, häufig reticulierte Loben, die bis zum Rand mit Rhizinen besetzt sind. *Parmelia sulcata,* die mit Spaltensoralen bedeckt ist (Abb. 3.16 g), und die isidiöse *Parmelia saxatilis* (Abb. 3.12 g, h) gehören zu dieser Gruppe. Beide Arten sind in Mitteleuropa auf Gestein und Rinde häufig. Die Untergattung *Amphigymnia* ist durch breite Loben und eine rhizinenfreie Randzone ausgezeichnet. Die im ozeanischen Westen heimische *Parmelia dilatata,* deren Ränder mit zahlreichen Lobuli besetzt sind (Abb. 3.12 l), gehört zu dieser Gruppe. In beiden Untergattungen kommen einfache und bulbillenförmige Cilien vor. *Parmelia incurva,* eine Flechte mit Kopfsoralen (Abb. 3.16 f), gehört genau so zu der Untergattung *Xanthoparmelia* wie *Parmelia centrifuga.* Diese arktisch-boreale Art bildet große kreisförmige Thalli, in denen die mittleren, alten Lagerteile absterben. Durch sukzessive Anlage von Thalli in der jeweils wieder frei gewordenen Mitte entstehen ganze Ringsysteme (Abb. 10.2 b). *Parmelia exasperata,* deren Apothecienentwicklung wir beschrieben haben, gehört zur Untergattung *Melanoparmelia* mit braunem Lager. Die Anatomie des Thallus weicht vom typischen Bau einer *Parmelia* ab und erinnert mehr an die Gattung *Cetraria.* Auf der Oberseite des

Abb. 13.12

Thallus werden Pseudocyphellen in kleinen Auswüchsen angelegt (Abb. 3.13 j).

Bei *Parmelia* stehen Apothecien und Pycnidien laminal, bei der Gattung *Cetraria* marginal (Abb. 3.11 j). *Cetraria islandica* ist das bekannte isländische Moos, das offizinell von alters her gegen Bronchialkrankheiten verwendet wird und wegen seines Gehaltes an Isolichenin in Hungersnöten Menschen und Vieh als Nahrung diente. *Cetraria cucullata* und *Cetraria nivalis* sind arktisch-alpine Arten, die durch ihren gelben Thallus auffallen. Das Lager dieser Flechten ist wie bei *Cetraria islandica* strauchig-aufrecht (Abb. 13.12 b); die Loben sterben ähnlich wie bei manchen Cladonien an der Basis ab.

Die Gattungen *Cetrelia* und *Platismatia* sind durch breite Loben mit Pseudocyphellen und häufig durch randständige Apothecien gekennzeichnet[66]. Alle Arten der beiden Gattungen enthalten in der Rinde Atranorin. Die *Platismatia*-Arten besitzen außerdem Caperatsäure, die den *Cetrelia*-Arten fehlt. *Cetrelia cetrarioides* ist in den Bergwäldern Mitteleuropas heimisch.

Pseudevernia furfuracea, die lange Zeit zu den Parmelien gerechnet wurde, unterscheidet sich von dieser Gattung durch die rhizinenlose Unterseite. Sie ist bei uns vielleicht die häufigste auf Bäumen wachsende Strauchflechte. Die Art ist an der erst hellen, später schwarz werdenden Lobenunterseite kenntlich. Von der Art kommen verschiedene Chemotypen vor (S. 184 f.).

Evernia prunastri ist *Pseudevernia* habituell ähnlich, bleibt aber beidseitig hell. Die *Parmeliopsis*-Arten gleichen habituell kleinen Parmelien. Sie unterscheiden sich durch ungegliederte Conidiophoren, die ausschließlich terminal sichelförmig gebogene Conidien bilden.

Die Gattungen *Hypogymnia, Menegazzia* und *Cavernularia* haben eine rhizinenfreie, aufgeblasene Lagerunterseite. Sie ist bei *Cavernularia* regelmäßig mit Einbuchtungen versehen (Abb. 13.12 d), die einschichtig berindet sind und daher keine Anpassung an den Gasaustausch darstellen. *Cavernularia hultenii* ist eine boreale ozeanische Flechte. *Menegazzia* ist dagegen fast ausschließlich auf die südliche Hemisphäre beschränkt. Im Unterschied zu *Hypogymnia* ist die Ober-

---

Abb. 13.12 Parmeliaceen. a) *Parmelia quercina.* Thallus blättrig, Apothecien laminal (1,5 ×). b) Strauchig-aufrechtes Lager von *Cetraria islandica* mit bandförmigen, eingerollten Loben. Apothecien marginal auf der Oberseite der verbreiterten Lobenspitzen (2 ×). c) *Cornicularia normoerica.* Strauchig-aufrechtes Lager mit apikalen Apothecien (2 ×). d) *Cavernularia hultenii.* Gelöcherte Unterseite des blättrigen Lagers (11 ×). e) *Himantormia lugubris.* Strauchig-aufrechtes Lager mit apikalen Apothecien (2 ×). f) *Dactylina arctica.* Lager mit aufrechten, hohlen Loben (1,5 ×).

seite des Thallus durchlöchert (Abb. 3.16 d). *Hypogymnia physodes* kommt bei uns trotz der allgemeinen Verarmung der Flechtenvegetation noch überall in den Wäldern und auf Chausseebäumen vor. Die Loben tragen Lippensorale (Abb. 3.16 i).

Die in Ostasien und Nordamerika vorkommende Gattung *Anzia* gleicht habituell *Hypogymnia*-Arten, unterscheidet sich jedoch von diesen durch vielsporige Asci und ein schwarzes Tomentum, das die ganze Unterseite des Lagers bedeckt und unter dem Rand der Flechte hervorragt. Es besteht aus einem Maschenwerk von dickwandigen, dunkel pigmentierten Hyphen (Abb. 3.12 a, b).

Omphalodium hat als einzige Gattung der *Parmeliaceae* ein genabeltes Lager, das eine erstaunliche Konvergenz zum Thallus von *Umbilicaria* darstellt. Die Unterseite kann wie bei *Umbilicaria*-Arten mit Netzleisten und Höckern oder mit rhizinenartigen Fibrillen besetzt sein. Die Lagerrinde ist bei *Omphalodium hottentottum* sehr dick, was wahrscheinlich als Anpassung an den sehr heißen Standort zu interpretieren ist. Interessant ist die andersartige Berindung des Apotheciums bei *Omphalodium hottentottum* im Vergleich zu der habituell ähnlichen Gattung *Umbilicaria*. Während bei *Umbilicaria* Apothecien mit Pseudoexcipulum gebildet werden, der Lagerrand also nur aus der hochgewachsenen Rinde des Thallus besteht (S. 320 ff.), werden bei *Omphalodium hottentottum* mit der vergleichsweise mächtigeren Rinde ein algenhaltiger Lagerrand und eine Algenzone unterhalb des Excipulums entwickelt. Die Art zeigt also das typische Verhalten der *Parmeliaceae*. Die Gattung *Omphalodium* ist disjunkt verbreitet und mit je einer Art in der Arktis, im westlichen Nordamerika und im südlichen Afrika vertreten.

Usnea ist die artenreichste epiphytische Strauchflechtengattung. Das Lager ist durch Usninsäure gelb oder grün gefärbt und enthält in der Mitte einen Zentralstrang aus dicht verklebten, periklinen Hyphen (S. 47 und Abb. 3.6 a). Fibrillen werden häufig entwickelt, ebenso Sorale und kleine stiftförmige Auswüchse, die leicht abbrechen. Die Abbruchstellen sehen ähnlich wie Pseudocyphellen aus und können sekundär sorediös aufbrechen. Die Loben sind derb oder fadenartig dünn. Im letzteren Fall hängen sie bei manchen Arten lose auf dem Substrat. Der Rand der Apothecien ist mit Fibrillen besetzt (Abb. 3.9 a, b). *Usnea*-Arten sind die häufigsten Bartflechten unserer montanen Wälder. Die Untergattung *Neuropogon* der Gattung *Usnea* ist durch gelbe, schwarz gestreifte Loben ausgezeichnet (Abb. 3.9 c). Auch die Apotheciumscheibe ist schwarz. Die Arten wachsen ausschließlich auf Stein. Sie sind heute bipolar verbreitet, doch offensichtlich von monophyletischem antarktischem Ursprung[94, 233].

Der Thallus der Gattung *Alectoria* unterscheidet sich von *Usnea* durch das Fehlen eines Zentralstrangs. Die Festigkeit der Loben wird durch einen äußeren Mantel von dicht verklebten periklinen Hyphen erreicht. Die Farbe des Lagers ist meist braun, seltener hell, schwärzlich oder grün bis gelb. Pseudocyphellen und Sorale werden häufig gebildet. Meist sind sie weiß wie das Mark der Flechten. Bei *Alectoria fremontii* leuchten sie gelb auf dem dunkelbraunen Lager. Bei *Alectoria nidulifera* entwickeln sich sekundär in den Soralen Isidien (Abb. 3.15). Die Loben der *Alectoria*-Arten sind meist fadendünn und hängen vom Substrat herab.

Alectoria ochroleuca wächst strauchig aufrecht und ist eine Charakterflechte der arktisch-alpinen Zwergstrauchheiden. Die anderen Arten der Gattung sind meist Rindenflechten. *Alectoria jubata* mit braunem, fädigem Thallus ist in unseren montanen Wäldern die häufigste Art dieser Gruppe.

Letharia vulpina besiedelt in den Alpen Lärchen in Nähe der Baumgrenze. Das Lager ist leuchtend gelb durch den Gehalt an Vulpinsäure. Die Flechte vermehrt sich hauptsächlich durch Soredien, Apothecien werden nur selten entwickelt. Die amerikanische *Letharia columbiana* ist die vikariierende Art mit zahlreichen Apothecien und ohne Soralbildung. Die Loben der *Letharia*-Arten sind drehrund, eckig oder leicht zusammengedrückt und radiär gebaut. Sie werden in der Mitte von einem Zentralstrang durchzogen, der in mehrere kleinere Stränge aufgelöst sein kann (Abb. 3.7 g).

Die Gattung *Cornicularia* ist durch ein sperrig-strauchiges, glänzend braunes oder braun-schwarzes Lager und eine doppelte Rinde ausgezeichnet. Die äußerste Rindenlage wird von netzig verzweigten Hyphen gebildet, die zum Teil antiklin ausgerichtet sein können. Darunter verlaufen die Hyphen periklin und haben dicke, miteinander verleimte Wände. Bei *Cornicularia divergens*, einer zirkumpolar verbreiteten Tundraflechte, sind die Loben mit Pseudocyphellen bedeckt (Abb. 3.11 k). *Cornicularia aculeata* ist eine unserer häufigsten Heideflechten. Sie fruchtet nur selten. Die Apothecienränder sind mit dornartigen Auswüchsen besetzt. *Cornicularia normoerica* weicht habituell und anatomisch von den anderen Arten ab. Das Lager ist dorsiventral gebaut. Die Algenzone liegt unterhalb der oberen Rinde oder ist gegen die Thallusmitte hin verschoben. Die aufrechten, dicht stehenden Loben sind nur wenig sperrig verzweigt und mit einer Haftscheibe auf dem Gestein befestigt (Abb. 13.12 c). Ein rudimentärer Primärthallus wird entwickelt. Die Rinde ist doppelt strukturiert wie bei den anderen Arten, doch ist die untere Schicht mächtiger entwickelt und hauptsächlich auf die Unterseite des Thallus beschränkt. Die Hyphen verlaufen hier weniger streng periklin. *Cornicularia normoerica* ist eine Flechte der höheren Gebirge, tritt in den atlantischen Teilen Skandinaviens jedoch auch in niederen Lagen auf. Ihre systematische Einreihung hat viel Kopfzerbrechen bereitet. Sie wurde bald zu *Alectoria*, bald zu *Cetraria*, *Parmelia* oder *Cornicularia* gestellt. Mit gewissen Merkmalen, z. B. durch die Ausbildung des strauchig aufrechten, mit einer Haftscheibe und rudimentärem Primärthallus versehenen Lagers, erinnert sie frappierend an die Gattung *Himantormia* (Abb. 13.12 e), die allerdings anatomisch abweichend gebaut ist. *Himantormia*, eine monotypische, endemische Gattung der Antarktis hat einen gut entwickelten primären Horizontalthallus[233]. Die aufrechten Loben sind knorpelig hart und in älteren Teilen nur schollenweise von der Algenschicht bedeckt. Die Fruchtkörper stimmen im Bau mit Arten der Gattung *Omphalodium* überein, von denen *Omphalodium pisacomense* ebenfalls ein Endemit der Antarktis ist. Die *Dactylina*-Arten sind strauchförmige Flechten mit hohlen Loben (Abb. 13.12 f). Ihre Verbreitung ist arktisch-alpin.

Die monotypische Gattung *Oropogon* gleicht habituell und anatomisch den Alectorien, unterscheidet sich jedoch durch die einsporigen Schläuche und die großen, mauerförmigen Sporen[92]. Sie ist in Ostasien sowie Mittel- und Südamerika beheimatet.

(7) Familie Lecanoraceae

Gattungen: *Haematomma, Ionaspis, Lecania, Lecanora, Solenopsora, Squamarina.*

Die *Lecanoraceae* gehören zusammen mit den Lecideaceae zu den artenreichsten Flechtenfamilien. Allein von der Gattung *Lecanora* wurden über 1100 Arten beschrieben, von der Gattung *Lecidea* sogar über 3000. Außer bei den Typusarten der beiden Gattungen wurde nur bei wenigen Sippen die Fruchtkörperentwicklung untersucht. Ebenso lückenhaft sind unsere Kenntnisse der übrigen, für gewöhnlich bei den *Lecideaceae* und *Lecanoraceae* eingeordneten Gattungen. Mit verschiedenen systematischen Umstellungen ist später zu rechnen.

Die Flechten der Gattung *Lecanora* sind das typische Beispiel für Krustenflechten mit hell berandetem Apothecium (Abb. 3.8 a). Der helle Lagerrand hat dem lecanorinen Apothecium seinen Namen gegeben. Nicht immer ist das Lager der *Lecanora*-Arten krustig-areoliert. *Lecanora rubina*, eine arktisch-alpine Art auf Silikatgestein hat beispielsweise einen kleinblättrigen, genabelten Thallus (Abb. 3.8 c). Die Flechte erhielt ihren Namen nach den auffallend rötlichen Apothecien. Andere Arten sind sogar strauchig, wie z. B. *Lecanora esculenta*, eine eßbare Wanderflechte. Die Untergattung *Aspicilia* ist durch eingesenkte Fruchtkörper ausgezeichnet (Abb. 3.8 i).

Die Arten der Gattung *Squamarina* sind Fels- und Erdhafter in wärmeren Gebieten. *Squamarina crassa* (Abb. 3.8 f) ist eine der Charakterarten auf Kalk- und Gipsböden.

Haematomma ventosum, eine Flechte auf Silikatgestein mit arktisch-alpiner Verbreitung, fällt durch einen grünlichen oder in der Varietät *lapponicum* leuchtend gelben Thallus mit roten, zunächst eingesenkten Apothecien auf. Bei ungestörtem, sich vielleicht über hundert Jahre und mehr hinziehendem Wachstum erhalten die Apothecien durch Aufteilung des Hymeniums eine „zusammengesetzte" Struktur (Abb. 3.8 j).

Die *Solenopsora-Arten* sind placoid wie manche Lecanora-Arten, haben jedoch nicht einzellige, sondern zweizellige Sporen. Die *Ionaspis*-Arten wachsen meist unter Wasser, der Phycobiont ist *Trentepohlia*.

(8) Familie Lecideaceae

Gattungen: *Bacidia, Catillaria, Gomphillus, Lecidea, Lopadium, Mycoblastus, Rhizocarpon, Toninia.*

Die schwarzen Apothecien der Gattung *Lecidea* sind im Unterschied zu *Lecanora* mit einem Eigenrand versehen (Abb. 3.8 b). Die Sporen von *Lecidea* sind einzellig und farblos. Einige *Lecidea*-Arten entwickeln Cephalodien. Die Apothecien entstehen auf sehr einfache Weise[196]. Die junge Anlage besteht aus einem Ascogon und generativem Gewebe. Sie liegt meist dicht unter der Thallusoberfläche. Bei der weiteren Entwicklung schwillt die Anlage an und wölbt sich über die Thallusoberfläche hinaus. An der Spitze des Primordiums wird das Hymenium angelegt, das auf die übliche Weise in die Breite wächst. Das Wachstum von Anlage und Hymenium kann sich so lange fortsetzen, bis der Fruchtkörper kugelförmig auf dem Thallus liegt. Bei der Untergattung *Biatora* der Gattung *Lecidea* ist das Excipulum nicht verkohlt, sondern hell, rötlich oder braun. Zur Untergattung *Psora* stellt man die Arten mit placoidem oder schuppigem Thallus. Zu dieser Gruppe gehört *Lecidea decipiens* mit schuppigem, rotem, weiß umrandetem Lager und schwarzen Apothecien. Die Art ist typisch für trockene Kalkerde. Auf dem gleichen Substrat kommt auch *Toninia caeruleonigricans* mit pulvinaten Loben, lecideinen Apothecien und spindeligen, mehrzelligen Sporen vor (Abb. 3.8 d).

Weitere Gattungen mit mehrzelligen, farblosen Sporen sind *Catillaria* und *Bacidia*. Die Fruchtkörper von *Bacidia* entwickeln sich aus einer ähnlich einfachen Anlage wie bei *Lecidea*[196]. Danach wächst jedoch das generative Gewebe mit einem großen Büschel lockerer Hyphen, die man auf den ersten Blick für Trichogynen halten könnte, über die Thallusoberfläche empor. Später lagern sich diese Hyphen wieder eng zusammen und bilden ein Hymenium und ein schmales Excipulum. Während dieser Entwicklung wächst die Thallusrinde mit nach oben und bildet um den Fruchtkörper ein Pseudoexcipulum, das keine Algen enthält. Diese Entwicklung erinnert stark an die Familie der *Stereocaulaceae*.

Die Gattung *Gomphillus* bildet mit ihrem dünnen Thallus einen Überzug auf Moosen. Die winzigen Fruchtkörper scheinen aus einem schwarzen Apothecium und einem kurzen Stiel zu bestehen. Deshalb wurde die Gattung früher auch zu den *Cladoniaceae* gerechnet. In Wirklichkeit ist der Fruchtkörper aber ungestielt. Es handelt sich um ein hohes, schmales Apothecium, dessen Hymenium höher als breit ist. Das seitliche, helle Excipulum erweckt den Anschein eines Fruchtstiels. Die Sporen sind quergeteilt vielzellig und so lang wie der ganze Fruchtkörper ($^1/_{10}$ mm)[196].

Die Gattung *Rhizocarpon* unterscheidet sich von den anderen Gattungen der Familie durch helle bis braune, quer- bis mauerartig geteilte Sporen. Die Areolen und die manchmal vom Thallus getrennt angelegten lecideinen Apothecien werden auf einem schwarzen Prothallus entwickelt (Abb. 3.8 h). Das Lager ist bei vielen Arten durch den Gehalt an Rhizocarpsäure, einem Derivat der Pulvinsäure, leuchtend grün oder gelb gefärbt. Die Sammelart *Rhizocarpon geographicum* ist unter dem Namen Landkartenflechte bekannt.

Lopadium pezizoideum ist durch die stark verdickten und dunkel pigmentierten Endzellen der Paraphysen bemerkenswert (Abb. 4.6 n). *Mycoblastus sanguinarius* besitzt Asci mit einer großen, einzelligen Spore. Die Scheibe der Apothecien ist bei dieser Art mehr oder weniger gewölbt. Das Subhymenium ist rot gefärbt, wonach die Flechte ihren Namen erhalten hat.

(9) Familie Candelariaceae

Gattungen: *Candelaria, Candelariella.*

Die Candelariaceen sind eine kleine Familie, die neuerdings auf Grund chemischer Merkmale von den *Lecanoraceae* abgetrennt wurde[67, 138]. Das gelbe Lager ist bei *Candelaria* kleinblättrig, bei *Candelariella* krustig. Die Asci enthalten acht oder mehr einzellige, farblose Sporen.

(10) Familie Baeomycetaceae

Gattungen: *Baeomyces, Icmadophila.*

Charakteristik der Familie

Die Flechten dieser Familie wachsen auf Erde, Steinen oder Holz und kommen in allen Gebieten der Erde vor. Die Form des Thallus variiert sehr stark. Bei den meisten Arten ist er krustig oder placoid-schuppig, aber in einigen Fällen kann er auch fast fehlen oder aus einzelnen Blättchen bestehen. Nur die blattförmigen Thalli sitzen dem Substrat locker auf, während die krustigen und placoiden Arten fest mit der Unterlage verwachsen sind. Das Lager ist im allgemeinen anatomisch nur wenig differenziert. Eine Rinde fehlt fast immer und der obere Teil der Loben besteht aus der Algenschicht. In den unteren, algenfreien Teil des Thallus werden häufig Substratteilchen eingeschlossen. In seltenen Fällen *(Baeo-*

myces imbricatus) besitzt der Thallus eine obere Rinde aus stark gelatinisierten, dicht verklebten Hyphen. Die Algenschicht kann in diesem Fall in einzelnen Adern weit in den Cortex hineinragen. Bei vielen Arten ist der Thallus mit weißen, algenfreien Körnern oder Pusteln besetzt. Diese Pusteln können genau wie der restliche Thallus zahlreiche Ölzellen enthalten. Die vegetative Vermehrung erfolgt durch Soredien oder Schizidien.

Die rot oder braun gefärbten Apothecien stehen auf Podetien (Abb. 13.14 b), die bei den verschiedenen Arten unterschiedlich lang sein können. Dieser Thallus verticalis, der aus dem Thallus horizontalis herauswächst, ist ein echtes Podetium. Das Podetium ist meist hyalin und besteht aus stark gelatinisierten Hyphen. Bei einigen Arten kann es besonders im Alter hohl sein. Bei den meisten Flechten dieser Gruppe ist der Stiel algenfrei, aber bei einigen Arten findet man auch auf dem Podetium eine Algenzone, die dann im allgemeinen aus getrennten Klumpen besteht. Dieses Merkmal wird durch Umwelteinflüsse stark verändert. Die Apothecien sind flach oder kugelförmig. In die oberste Schicht des Hymeniums wird häufig ein körniger Farbstoff eingelagert. Die Asci sind nicht amyloid oder besitzen eine schwach färbbare Schleimkappe. Sie enthalten acht hyaline Sporen, die einzellig, zweizellig oder vierzellig sein können. Die Pycnidien sind meistens rund und in das Lager oder in Thalluswarzen eingesenkt. Die Conidiophoren sind kurzzellig verzweigt und schnüren terminal und lateral kurze, tonnenförmige Conidien ab. Phycobionten sind einzellige Grünalgen, soweit bekannt *Coccomyxa*. Für eine Art der Gattung *Baeomyces* werden Blaualgen als Symbiosepartner angegeben.

Entwicklung der Fruchtkörper

Die Podetien und Apothecien der Gattung *Baeomyces* zeigen zwei unterschiedliche Typen der Ontogenese. Als Beispiel für den ersten Typ kann *Baeomyces rufus* dienen[196]. Bei dieser Art entsteht als erstes Entwicklungsstadium ein generatives Gewebe in der obersten Thallusschicht zwischen den Algen. Aus diesem Primordium wächst ein Stiel hervor, der sich am oberen Ende kopfförmig verbreitert. In diesem Köpfchen entstehen schraubige Ascogone mit Trichogynen, die nicht über die Thallusoberfläche emporragen. Aus den Ascogonen wachsen ascogene Hyphen hervor, die sich in einer Schicht unter dem gleichzeitig entstehenden Hymenium anordnen. Die Asci wachsen zwischen die Paraphysen ein.

Während also bei *Baeomyces rufus* das Apothecium am oberen Ende des fertig ausgebildeten Podetiums entsteht, wird beim zweiten Entwicklungstyp, zu dem *Baeomyces roseus* gehört, das Apothecium früher angelegt[199]. Bei dieser Art entsteht das generative Gewebe unter der Algenschicht und enthält schon Ascogone und Trichogynen. Während der Hymeniumbildung durchbricht das Primordium die Thallusoberfläche und das reife Apothecium liegt als Kugel auf dem Thallus. Erst sekundär wird das Ascocarp durch ein Podetium in die Höhe gehoben.

Die Fruchtkörper der Gattung *Icmadophila* sind nur sehr kurz gestielt. Das kurze Podetium wird wie bei *Baeomyces* aus generativem Gewebe gebildet, bleibt aber immer von Resten des vegetativen Gewebes umgeben[196].

Verwandtschaftliche Beziehungen

Die Gattungen *Baeomyces* und *Icmadophila* sind früher häufig mit verschiedenen Gattungen der *Cladoniaceae* und *Stereocaulaceae* in eine Familie gestellt worden. Alle Gattungen dieser Familien besitzen einen zweigestaltigen Thallus. Die Gliederung der Flechten in einen Thallus verticalis und einen Thallus horizontalis ist aber kein ausreichendes Merkmal, um alle Gattungen in einer Familie zu vereinigen. Die abweichende Entwicklung der Fruchtkörper und besonders das Aussehen und Wachstum von Ascogon und Trichogyne sprechen für eine Sonderstellung der *Baeomycetaceae.* Auch die Chemie dieser Gattung und die Struktur ihrer Asci unterscheiden sich von den *Cladoniaceae.* Es ist nicht ausgeschlossen, daß die Ausbildung eines zweigestaltigen Thallus bei den beiden Familien ein konvergentes Merkmal darstellt.

Noch problematischer als die taxonomische Stellung der Gattung *Baeomyces* sind die verwandtschaftlichen Beziehungen der Gattung *Icmadophila.* Es ist durchaus denkbar, daß sie in der Zukunft einer anderen Familie zugeordnet wird.

Bemerkungen zu den Gattungen

Baeomyces rufus und *Baeomyces roseus* sind in Mitteleuropa relativ häufige Flechten. Die erste Art wächst auf Erde, Stein oder Detritus an feucht-schattigen Stellen, während die zweite Art trockenen, sonnigen Sandboden mit einer hellen Kruste überzieht. Seltener ist *Baeomyces placophyllus* mit schuppig-blättrigem Lager und kräftigen Podetien (Abb. 13.14 b). Die in den Tropen vorkommende Art *Baeomyces imbricatus* ist durch den Besitz eines blattförmigen, berindeten Thallus ausgezeichnet.

Icmadophila ericetorum wächst auf saurem, ungewöhnlich feuchtem Substrat. Die Flechte ist z. B. in der Lage, *Sphagnum*-Polster in Mooren mit ihrem dünnen, krustigen Thallus zu überziehen.

(11) Familie Cladoniaceae

Gattungen: *Cladia, Cladonia, Glossodium, Gymnoderma, Heterodea, Heteromyces, Pycnothelia, Sphaerophoropsis, Thysanothecium.*

Charakteristik der Familie

Die Gattung *Cladonia* ist mit zahlreichen Arten über die ganze Erde verbreitet. Bei den übrigen Gattungen der Familie handelt es sich zum größten Teil um Gruppen, die nur eine oder wenige Arten zählen und die vor allem in den Tropen und Subtropen vorkommen. In vielen Punkten ist deshalb die hier gebrachte Charakteristik der Familie nur eine Beschreibung der Gattung *Cladonia*, da von den anderen Gattungen nicht alle Einzelheiten bekannt sind.

Das Lager ist körnig, schuppig oder blattförmig und kann mit Rhizinen am Substrat befestigt sein. Die Flechten wachsen auf Erde, Holz, Gestein und über Detritus. Alle Gattungen zeigen eine Gliederung in einen Thallus horizontalis und einen Thallus verticalis. Der Thallus verticalis trägt die Apothecien. Bei einigen Arten ist er kaum über einen Millimeter groß, während er bei anderen Flechten bis zu 20 cm erreichen kann. Der Thallus horizontalis ist häufig nicht ausdauernd und verkümmert im Alter. Die ganze Flechte besteht in diesem Fall nur aus dem Thallus verticalis, der nicht nur die Apothecien trägt, sondern auch die Funktionen des Primärthallus mit übernimmt. Der Thallus verticalis besitzt immer eine Algenschicht. Die assimilierende Oberfläche ist häufig durch kleine Schuppen oder Blättchen vergrößert. Sie sitzen wie Blätter auf dem Thallus verticalis und man bezeichnet sie als Phyllocladien. Der Thallus horizontalis ist geschichtet, seltener ungeschichtet. Die Oberseite ist, besonders bei blattförmigen Thalli, häufig berindet. Der Thallus verticalis kann berindet oder unberindet sein. Er ist immer in eine Algenschicht und eine Markschicht gegliedert. Im Mark entsteht bei vielen Gattungen schon früh ein großer Hohlraum. Die Thallusrinde besteht in den meisten Fällen aus periklinen oder netzig verzweigten Hyphen, die stark gelatinisiert sind. Bei den meisten Gattungen der Familie ist der Thallus verticalis ein Teil des Fruchtkörpers. Er entsteht aus generativem Gewebe und muß daher als Podetium bezeichnet werden. Die beiden Gattungen *Cladia* und *Thysanothecium* besitzen Pseudopodetien. Die Form der Podetien und Pseudopodetien variiert sehr stark. Die aufrechten Thalli können einfach oder verzweigt, becher- oder zungenförmig sein.

Die Apothecien sind flach oder kugelförmig. Sie stehen einzeln oder zu mehreren terminal oder lateral auf den Podetien. Ein deutliches Excipulum oder ein Lagerrand fehlen. In die oberste Schicht des Hymeniums ist häufig körniger Farbstoff eingelagert. Die Asci besitzen eine amyloide Apikalstruktur. Sie enthalten acht einzellige, farblose Sporen. Die Pycnidien sind meist birnenförmig und sitzen auf dem Thallus horizontalis oder dem Thallus verticalis. Die Conidiophoren sind unverzweigt oder wenig verzweigt und tragen die Conidien terminal. Die vegetative Vermehrung erfolgt durch Soredien und durch Thallusbruchstücke. Phycobionten sind einzellige Grünalgen, häufig *Trebouxia*.

Entwicklung der Fruchtkörper[196]

Bei der Gattung *Cladonia* lassen sich zwei verschiedene Typen der Fruchtkörperentwicklung unterscheiden. Als Vorbild für die erste Möglichkeit kann *Cladonia botrytes* dienen. Bei dieser Art entsteht am oberen Rand der Algenschicht ein generatives Gewebe. Dieses Bündel stark färbbarer Hyphen durchbricht die Rinde und bildet auf dem Thallus horizontalis einen kleinen Höcker. In diesem Primordium entstehen die Ascogone mit Trichogynen (Abb. 13.13 b). Das generative Gewebe entwickelt sich zu einem hohen Podetium, in dem die ascogenen Hyphen aktiv mit emporwachsen (Abb. 13.13 c). An der Spitze des ausgewachsenen Podetiums ordnen sich die ascogenen Hyphen in einer Schicht an, während gleichzeitig über ihnen die Paraphysen des Hymeniums gebildet werden. Die Asci wachsen in das Hymenium ein.

Ein Beispiel für den zweiten Entwicklungstyp der Cladonien ist z. B. *Cladonia chlorophaea*. Bei dieser Art wird das generative Gewebe auf die gleiche Weise wie bei *Cladonia botrytes* gebildet. In dem jungen Primordium (Abb. 13.13 d) entstehen aber keine Ascogone, sondern die Anlage streckt sich und bildet ein ausgewachsenes Podetium. Erst in dessen Spitze werden nacheinander Ascogone mit Trichogynen (Abb. 13.13 e), ascogene Hyphen und Asci gebildet. Die letzten Stadien der Apothecien-Entwicklung gleichen wieder genau dem ersten Typ. Die beiden Entwicklungstypen sind für verschiedene Gruppen der Cladonien charakteristisch. Weitere Sonderformen der Entwicklung kommen vor.

Bei *Cladonia chlorophaea* sitzen die reifen Apothecien auf dem Rand eines becherförmigen Podetiums (Abb. 13.14 h). Der Becher wird beim Wachstum des Podetiums schon sehr früh angelegt. Die Spitze des jungen Podetiums verbreitert sich dabei springbrunnenförmig. Die mittleren Hyphen wachsen nur noch langsam und werden pigmentiert. Dieser Teil des Gewebes wird zum Becherboden, die Becherränder wachsen bei der weiteren Entwicklung schnell über ihn hinaus.

Die Algenschicht der Podetien stammt wahrscheinlich in den meisten Fällen von den Algen des Thallus horizontalis ab. Einzelne Algenzellen werden von dem jungen generativen Gewebe mit emporgetragen. In einigen Fällen scheinen aber auch freie Algen der Umgebung eingefangen und eingebaut zu werden[199].

Die Gattungen *Cladia* und *Thysanothecium* besitzen keine Podetien. Bei ihnen entsteht der Thallus verticalis durch Streckung des vegetativen Gewebes und ist deshalb kein Teil des Fruchtkörpers. Erst in der Spitze dieses Pseudopodetiums entsteht bei *Cladia* das generative Gewebe, aus dem der Fruchtkörper gebildet wird.

Einige Gattungen mit kurzem Thallus verticalis zeigen Mischformen zwischen Podetien und Pseudopodetien. Eine scharfe Trennung ist nicht immer möglich. In den Einzelheiten der Fruchtkörperentwicklung zeigen diese Gattungen zahlreiche kleinere Abweichungen von den oben geschilderten Entwicklungstypen[196].

Verwandtschaftliche Beziehungen

Unter den *Cladoniaceae* wurden früher meistens alle Flechten mit zweigestaltigem Thallus vereinigt. Wir haben die *Baeomycetaceae* und die *Stereocaulaceae* als zwei deutlich abweichende, geschlossene Gruppen abgegliedert. Die verbleibenden Gattungen sind aber in sich nicht sehr einheitlich und stellen wahrscheinlich keine natürliche Gruppe dar. Es ist z. B. fraglich, ob es berechtigt ist, Gattungen mit Podetien und Gattungen mit Pseudopodetien in einer Familie zu vereinigen.

Sehr unklar sind die Beziehungen zu den *Baeomycetaceae*. Bei den Podetien dieser beiden Familien kann es sich durchaus um eine konvergente Entwicklung handeln. Zu der Familie der *Stereocaulaceae* besteht allgemein auch keine größere Affinität. Die Gattung *Cladia* erinnert in einzelnen Punkten ihrer Pseudopodetien-Entwicklung an die Gattung *Stereocaulon*.

In jedem Fall scheint es sicher zu sein, daß man die *Cladoniaceae* von den *Lecideaceae* ableiten kann.

Bemerkungen zu den Gattungen

Die Cladonien sind auffallende, erdbewohnende Strauchflechten. In borealen Wäldern können sie den dominierenden Bodenbewuchs stellen (Abb. 10.2 a). Auch in den Tropen und Subtropen bilden sie auf ausreichend feuchtem Gestein Einzelpolster von beträchtlicher Größe.

Die Rentierflechten gehören zur Untergattung *Cladina* der Gattung *Cladonia*. Sie haben einen reich verzweigten Thallus verticalis (Abb. 10.2 d), der dichte Polster bildet. Der Thallus horizontalis ist nur sehr schlecht entwickelt und verschwindet schnell. Die trockenen Flechten dieser Gruppe sind sehr spröde. Sie zerbrechen leicht in viele kleine Stücke, die zur vegetativen Vermehrung dienen (Abb. 9.1 b). Viele dieser Arten entwickeln nur noch selten Apothecien.

Die Apothecien der Cladonien sind leuchtend rot, braun oder wachsfarben. Die Farbe der Fruchtkörper ist eines der Kriterien für die Unterteilung der Gattung. Wichtige Kennzeichen sind im übrigen die Größe der Lagerschuppen und die Form der Podetien. Sie können becherförmig (Abb. 13.14 h), stiftförmig, verzweigt und unverzweigt sein. Bei manchen Arten finden regelmäßig Durchwachsungen statt, so daß die Becher an den Podetien in Stockwerken übereinander zu stehen kommen (Abb. 13.14 f).

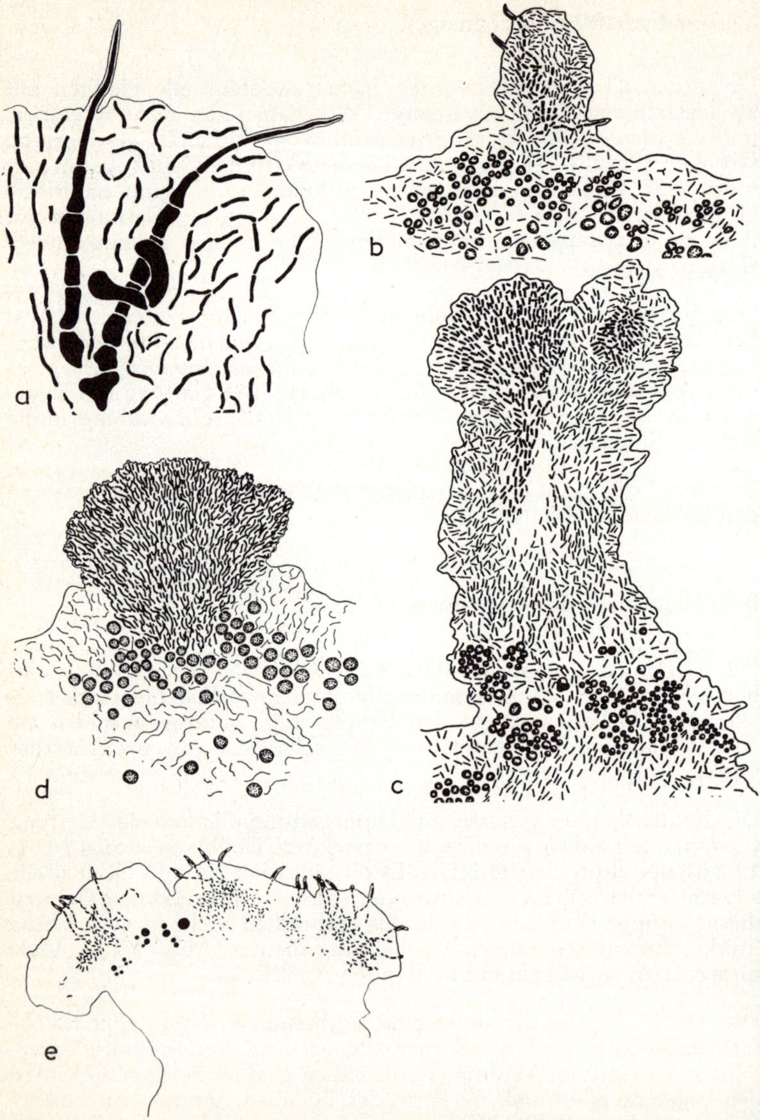

Abb. 13.13 Entwicklung der Fruchtkörper bei *Cladonia*. a) *C. caespiticia*. Im Thallus angelegte Ascogone mit Trichogynen. b und c) *C. botrytes:* b) Ascogone mit Trichogynen in generativem Gewebe; c) junges Podetium, in dessen Innern die ascogenen Hyphen emporgewachsen sind. d) *C. chlo-*

Besonders charakteristische Merkmale einiger Gruppen sind die Durchbrechungen, die sich in den Achseln der Verzweigungen und in den Bechern finden. Auch innerhalb einer Art kann der Habitus der Podetien stark variieren.

Die Gattung *Cladia*, die auf der südlichen Halbkugel weit verbreitet ist (S. 226), wurde lange als Untergattung der Gattung *Cladonia* betrachtet. Sie besitzt aber im Gegensatz zu den Cladonien Pseudopodetien, die sich aus einem körnigen oder schuppigen Thallus horizontalis entwickeln. Die hohlen Pseudopodetien dieser Art sind von zahlreichen Löchern durchbrochen, wodurch der Habitus dieser Flechten an Korallen erinnert (Abb. 13.15 a). Der löcherige Thallus vermag wie ein Schwamm Wasser aufzusaugen. Wie bei uns die Torfmoose, so gehören in Australien und Neuseeland große Bestände von *Cladia retipora* zum Charakterbild der Hochmoore. Bemerkenswert ist die Anlage von Stufenapothecien (S. 117) (Abb. 13.15 b, c)[197].

Die Gattung *Pycnothelia* wurde ebenfalls lange als Untergattung zu den Cladonien gerechnet. *Pycnothelia papillaria*, die einzige Art der Gattung, zeigt aber in ihrer Ontogenie deutliche Abweichungen[196].

Heteromyces ist eine monotypische Gattung, die bisher nur in Brasilien gefunden wurde. Der Thallus ist blattförmig und trägt marginal die kreiselförmigen Apothecien. Die Arten der Gattung *Gymnoderma* wurden in Nordamerika, in Japan und im Himalaya gefunden. Sie sind blattförmig oder strauchförmig und allseitig oder nur oberseits berindet. Die Apothecien stehen zu mehreren auf kurzen Podetien. Die einzige Art der Gattung *Sphaerophoropsis* wurde in Brasilien entdeckt. Die winzige strauchförmige Flechte trägt die Apothecien auf kurzen Stielen an der Seite der drehrunden Loben.

Die Gattungen *Glossodium* und *Thysanothecium* sind sich im Habitus sehr ähnlich, differieren aber in ihrer Ontogenie. *Glossodium* besitzt echte Podetien, während *Thysanothecium* Pseudopodetien entwickelt. Bei beiden Gattungen werden die Apothecien an der Spitze des Thallus verticalis waagrecht angelegt. Beim weiteren Wachstum werden sie sekundär auf die Seite des Stiels geschoben, wodurch der Thallus verticalis ein spatelförmiges Aussehen erhält.

Die monotypische Gattung *Heterodea* (Abb. 13.14 g) wurde bisher zu den *Parmeliaceae* gerechnet. Nach ihrem Habitus und ihrer Ontogenie gehört sie zu den *Cladoniaceae*[181].

---

rophaea. Auswuchs des Thallus aus generativem Gewebe als Anfang eines Podetiums. e) *C. coniocraea*. Ascogone mit Trichogynen in der Spitze eines Podetiums (a, d aus H. M. Jahns: Nova Hedwigia 20 [1970] 1; b, c Originalzeichnungen H. A. Beltman).

Abb. 13.14 Flechten mit Podetien und Pseudopodetien. a) *Pilophorus strumaticus.* Lager mit dunklen Cephalodien und Pseudopodetien, an deren Spitzen die fast kugeligen Apothecien stehen (6 ×). b) *Baeomyces placophyllus.* Die Fruchtkörperstiele sind hier echte Podetien (5 ×). c) *Stereocaulon alpinum.* Pseudopodetien mit Phyllocladien und Apothecien (2 ×). d) *Stereocaulon ramulosum.* Pseudopodetien mit Phyllocladien und Apothecien (4×). e) *Pilophorus clavatus.* Pseudopodetien mit langgestreck-

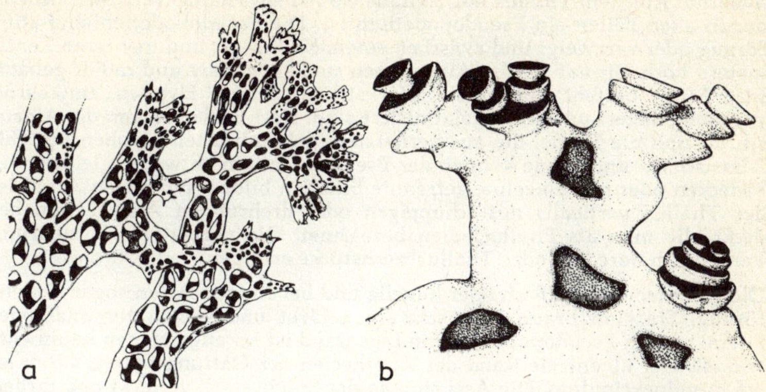

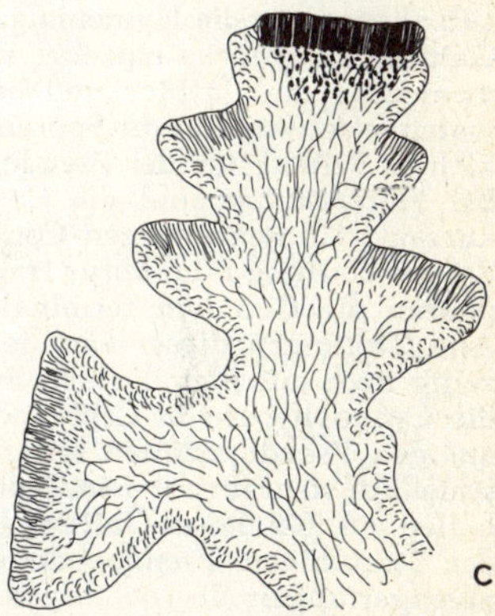

Abb. 13.15 a) *Cladia retipora.* Perforierte, miteinander verwachsene Loben (2×). b und c) *Cladia aggregata;* b) Stufenapothecien in Aufsicht (20 ×); c) Schnitt durch das Lager mit Stufenapothecien (aus H. M. JAHNS: Ber. Dtsch. Bot. Ges. 83 [1970] 33).

(12) Familie Stereocaulaceae[196]

Gattungen: *Argopsis, Compsocladium, Pilophorus, Stereocaulon.*

Charakteristik der Familie

Die Arten der Familie besiedeln hauptsächlich Erde und Gestein und kommen auf der ganzen Welt vor. Das Lager ist körnig oder schuppig, heteromer gebaut und meist unberindet. Bei den meisten Flechten der Familie verschwindet es im Alter, bei einigen *Pilophorus*-Arten ist es dagegen aus-

---

ten Apothecien (5 ×). f) *Cladonia verticillaris.* Mehrfach durchwachsene Podetien (etwa nat. Größe). g) *Heterodea muelleri.* Ungestielte Apothecien am Rande blättriger Loben (3,5×). h) *Cladonia chlorophaea.* Podetien becherförmig, Apothecien auf Sprossungen des Becherrandes (2,5 ×).

dauernd. Aus dem Thallus horizontalis wächst ein Thallus verticalis hervor, der in allen Fällen ein Pseudopodetium ist. Die Pseudopodetien sind stiftförmig oder verzweigt und zwischen einem Millimeter und mehreren Zentimetern hoch. Bis auf wenige Ausnahmen sind sie massiv und radiär gebaut. Ihre Mitte besteht aus einem Markstrang, dessen Hyphen annähernd parallel gelagert und stark gelatinisiert sind. Nach außen folgen die Algenschicht und die Rinde, die aus vernetzten, gelatinisierten Hyphen besteht. Algenschicht und Rinde können das Pseudopodetium entweder gleichmäßig bedecken oder nur einzelne, getrennte Schollen bilden. Bei vielen Arten ist der Thallus verticalis mit schuppigen oder drehrunden Auswüchsen bedeckt, die man als Phyllocladien bezeichnet. Die vegetative Vermehrung kann durch Soredien oder Thallusbruchstücke erfolgen.

Die Apothecien sind flach oder kugelig und bei einigen Arten sogar säulenförmig. Sie sind braun oder schwarz gefärbt und stehen terminal oder lateral an den Pseudopodetien. Ein Eigenrand ist im allgemeinen kaum entwickelt. Der algenfreie Rand der Apothecien der Gattung *Stereocaulon* ist ein Pseudoexcipulum. Die Asci sind an der Spitze stark verdickt und färben sich ebenso wie die Hymenialgallerte mit Jod blau. Die Sporen sind bei der Gattung *Pilophorus* einzellig und farblos, bei *Stereocaulon* meist parallel mehrzellig und farblos und bei *Argopsis* mauerförmig und braun. Normalerweise werden acht Sporen im Ascus gebildet. Die Pycnidien sitzen an kleinen Seitenästen der Pseudopodetien oder auf dem Thallus horizontalis. Bei *Stereocaulon* sind die Conidiophoren kurzzellig und verzweigt. Die kurzen, stäbchenförmigen Conidien werden lateral und terminal gebildet. Bei der Gattung *Pilophorus* tragen die langzelligen, unverzweigten Conidiophoren die Conidien terminal. Phycobionten sind einzellige Grünalgen. Alle Gattungen dieser Familie leben außer mit diesen Grünalgen gleichzeitig noch mit Blaualgen in Symbiose. Bei den meisten Gattungen liegen die Cyanophyceen in Cephalodien, die auf dem Thallus horizontalis oder auf den Pseudopodetien sitzen. Die Wand der Cephalodien kann unterschiedlich strukturiert sein. Nur bei *Compsocladium* kommen keine Cephalodien vor. Bei dieser Gattung liegen die fädigen Blaualgen im unteren Teil der strauchigen Pseudopodetien zwischen den Markhyphen. Die Blaualgengattungen *Nostoc*, *Stigonema* und *Scytonema* sind als Symbionten in den Cephalodien der *Stereocaulaceae* gefunden worden.

Entwicklung der Pseudopodetien und Fruchtkörper[196]

Die Pseudopodetien der *Stereocaulaceae* gehören zwei verschiedenen Entwicklungstypen an, deren Vorkommen sich nicht mit der Einteilung der Gattungen deckt. Der erste Typ, den man als enteropodial[230, 231] bezeichnet, kommt bei den *Stereocaulon*-Arten der nördlichen Halbkugel und bei der Gattung *Pilophorus* vor. Die *Stereocaulon*-Arten der südlichen Halbkugel und die Gattungen *Argopsis* und *Compsocladium* gehören zum zweiten Entwicklungstyp, den man holostelid nennt.

Als Beispiel für den enteropodialen Entwicklungstyp der Pseudopodetien soll *Pilophorus clavatus* dienen. Das Pseudopodetium entsteht aus einem schuppenförmigen Stück des Thallus horizontalis. Ein Teil des Markgewebes unter den Algen beginnt sich zu strecken und emporzuwachsen (Abb. 13.16 a). Es handelt sich hier nicht um ein generatives Gewebe. Der entstehende Stiel des Pseudopodetiums durchbricht die Thallusschuppe, zerteilt sie und hebt die Stücke mit empor (Abb. 13.16 b). Von diesen Resten des Thallus horizontalis leiten sich die Algenschicht und die schuppigen Phyllocladien der Pseudopodetien her.

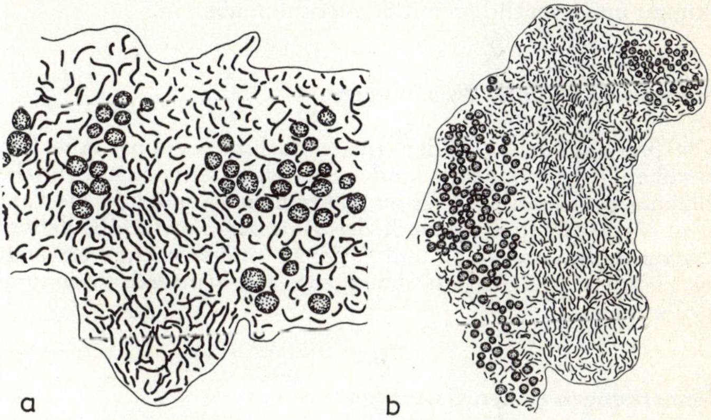

Abb. 13.16 *Pilophorus clavatus.* a und b) Anlage eines Pseudopodetiums. Erläuterungen im Text (aus H. M. Jahns: Nova Hedwigia 20 [1970] 1).

Bei den Flechten des holosteliden Entwicklungstyps wächst ein kornförmiges Stück des Thallus horizontalis gleichmäßig in die Höhe. Dadurch entsteht ein stiftförmiges Pseudopodetium, das von Anfang an völlig von einer Algenschicht bedeckt ist. Die Phyllocladien sind bei den Vertretern dieses Typs nicht schuppig sondern drehrund. Es handelt sich um kurze Seitenzweige der Pseudopodetien.

Die ersten Stadien der Apothecien-Entwicklung findet man in den Spitzen der Pseudopodetien. Bei *Stereocaulon* werden zuerst die Ascogone angelegt, die anschließend vom generativen Gewebe eingehüllt werden. Aus dem Gewebeknäuel der Anlage wachsen Hyphen zur Oberfläche des Thallus. Aus ihnen entstehen die Paraphysen. Währen der Bildung des Hymeniums beginnt die Thallusrinde an den Seiten der Anlage in die Höhe zu wachsen. Dadurch entsteht um den jungen Fruchtkörper herum ein Pseudoexcipulum, das in der Aufsicht wie ein Eigenrand aussieht. Das Wachstum des Rindengewebes kann so kräftig sein, daß das Apothecium ein ganzes Stück über die Oberfläche des Thallus hinausgehoben wird und schließlich auf einem Sockel sitzt.

Bei der Gattung *Pilophorus* wird das generative Gewebe vor den Ascogonen gebildet. Die Ascogone bestehen aus geraden Zellreihen, während sie bei der Gattung *Stereocaulon* die Form einer Schraube haben. Die Apothecien der Gattung *Pilophorus* sind unberandet.

Die Entwicklung der beiden Gattungen *Compsocladium* und *Argopsis* stimmt im wesentlichen mit *Stereocaulon* überein.

Verwandtschaftliche Beziehungen

Die *Stereocaulaceae* bilden eine natürliche Gruppe. Alle Gattungen besitzen Pseudopodetien und leben gleichzeitig mit Grünalgen und Blaualgen in Symbiose. Es ist wahrscheinlich möglich, die Familie aus dem Verwandtschaftsbereich der Gattung *Bacidia* abzuleiten[196]. Die Gattungen *Stereocaulon* und *Argopsis* sind sehr eng verwandt. *Compsocladium* schließt sich ihnen eng an, während *Pilophorus* mehr isoliert steht.

Bemerkungen zu den Gattungen

Die Arten der Gattung *Stereocaulon* kommen in allen Klimazonen der Erde vor. Besonders verbreitet sind sie in der alpinen Stufe der Gebirge und in der Tundra. Dort ersetzen sie häufig die *Cladonia*-Arten, die von den Rentieren abgeweidet wurden. Die *Stereocaulon*-Arten der nördlichen Halbkugel entwickeln ihre Pseudopodetien nach dem enteropodialen Typ. Man faßt diese Arten in der Untergattung *Stereocaulon* zusammen (Abb. 13.14 c). Die Arten der südlichen Halbkugel, die ihre Pseudopodetien nach dem holosteliden Typ entwickeln, werden zur Untergattung *Holostelidium* gerechnet (Abb. 13.14 d)[230]. Die Vielgestaltigkeit der Cephalodien von *Stereocaulon* wurde auf S. 69 ausführlich beschrieben.

Argopsis megalospora, die einzige Art der Gattung, ist in ihrem Habitus kaum von einer Flechte der Untergattung *Holostelidium* der Gattung *Stereocaulon* zu unterscheiden. *Compsocladium* bildet dichte, kleine Polster auf Holz. Die einzige Art der Gattung, *Compsocladium archboldianum,* wurde auf Neuguinea gefunden.

Die Gattung *Pilophorus* ist über die ganze Welt verbreitet. Der grüngraue Thallus horizontalis ist oft ausdauernd. Die Pseudopodetien sind entweder verzweigt oder kurz stiftförmig (Abb. 13.14 a). Bei *Pilophorus clavatus* sind die Apothecien sehr viel höher als breit und erhalten dadurch ein walzenförmiges Aussehen (Abb. 13.14 e).

(13) Familie Umbilicariaceae

Gattung: *Umbilicaria.*

Charakteristische Merkmale der Gattung *Umbilicaria* (Abb. 13.17) sind der blättrig-genabelte, graue oder braune Thallus und die gyrophoren Apothecien. Die Flechten besiedeln exponierte Felsflächen oder Sickerwasserstreifen von Silikatgestein und sind vor allem in den arktischen und gemäßigten Zonen der nördlichen Hemisphäre anzutreffen. Das Lager erreicht bei manchen Arten mit etwa 20 cm im Durchmesser eine beträchtliche Größe. Bei der Untergattung *Lasallia* ist der Thallus mit kleinen Auftreibungen bedeckt und häufig rot überlaufen. Die bei uns heimische *Umbilicaria pustulata* gehört hierher. Neben den Pusteln, die ihr den Namen gaben, trägt die Lageroberseite Büschel von korallin verzweigten Isidien (Abb. 13.17 e). Die Lagerunterseite der Umbilicarien ist glatt, areoliert oder mit netzigen Strukturen versehen (Abb. 13.17 c). Auch durchbrochene Leisten, die sich zum Nabel hinziehen oder Fibrillen, die in ihrer Struktur Rhizinen entsprechen, aber nicht zum Anheften des Thallus dienen, kommen vor. Die Lagerrinde ist beidseitig mehr oder weniger mächtig entwickelt. Sie besteht aus netzig verzweigten Hyphen, die ein lockeres Pseudoparenchym bilden können. Bei manchen Arten sind die Markhyphen dicht von kristallinen Ablagerungen bedeckt.

Die Scheiben der reifen *Umbilicaria*-Apothecien sind bei den meisten Arten genabelt oder gerillt (Abb. 13.17 b, d). Bei manchen Arten sind die Rillen strahlig bis sternförmig angeordnet. Sie entstehen durch eigentümliche Wachstumsprozesse[180]. Bestimmte Partien der Apothecien stellen ihr Wachstum ein und werden von den benachbarten Teilen übergipfelt. Die Apothecien können dabei beträchtlich in die Höhe wachsen, wie ein Vergleich junger und alter Apothecien von *Umbilicaria muehlenbergii* zeigt (Abb. 13.18 d–f). Das Apothecium dieser Art ist von Anfang an mit einem schwarzen Excipulum versehen. Bei anderen Arten bildet ein Pseudoexcipulum die Apothecienberandung. Die einzelnen Stadien dieser Entwicklung sollen an *Umbilicaria rigida,* einer Art mit ungeteilter Apotheciumscheibe, dargestellt werden. Die Entwicklung beginnt etwas unterhalb der Algenzone mit der Anlage eines generativen Gewebes mit mehreren Ascogonen (Abb. 13.18 a). Die obersten Hyphen des generativen Gewebes strecken sich zu Paraphysen, während die benachbarten Hyphen der Thallusrinde beginnen, um die junge Anlage herum empor zu wachsen (Abb. 13.18 b). Auch bei der weiteren Entwicklung bleibt das Mark unbeteiligt an der Bildung der Apothecienberandung, so daß sie ausschließlich aus Hyphen der Lagerrinde besteht (Abb. 13.18 c). Das Fehlen der Algenzellen im Thallusrand täuscht ein echtes Excipulum vor.

Abb. 13.17

Eine Entwicklung gyrophorer Apothecien in der geschilderten Weise ist nur von der Gattung *Umbilicaria* bekannt. Umbonate Scheiben kommen zwar bei *Lecidea*-Arten und geteilte Apothecien bei *Glypholecia* vor, doch verläuft dort die Entwicklung in anderen Bahnen.

(14) Familie Ramalinaceae

Gattung: *Ramalina.*

Die *Ramalinaceae* sind weltweit verbreitete Strauchflechten. Sie leben als Epiphyten auf Rinde und Gestein. Der Thallus von *Ramalina* ist mit einer Haftscheibe auf dem Substrat befestigt (Abb. 3.9 d). Die Loben sind meist bandförmig (Abb. 3.9 e) und isolateral, seltener drehrund oder fadenförmig gebaut. Die Rinde ist allseitig mächtig entwickelt und schließt ein lockeres Mark mit Algenzellen ein. In Abständen finden sich auch in der Rinde selbst Streifen von Algenzellen (Abb. 3.7 e). Die Rinde ist doppelt strukturiert. Die äußersten Hyphen verlaufen netzig, während die darunterliegende Hauptmasse der Hyphen parallel zur Längsrichtung der Loben orientiert ist. Die Wände dieser Hyphen sind stark verdickt und miteinander verleimt. Viele Arten vermehren sich hauptsächlich vegetativ durch Soredien. Die Sorale werden terminal oder lateral entwickelt. *Ramalina menziesii*, eine Art der amerikanischen Pazifikküste, hat große Lager mit durchbrochenen Loben. *Ramalina siliquosa* besiedelt Felsen am Meerufer oberhalb der *Verrucariamaura*-Zone (S. 234).

Hinsichtlich der Struktur ähnelt das *Ramalina*-Apothecium den Fruchtkörpern der Parmeliaceen, indem auch hier unterhalb des Hymeniums eine mehr oder weniger geschlossene Schicht von Algenzellen vorhanden ist. Den Ramalinaceen fehlt jedoch das für die Parmeliaceen charakteristische cupulare Excipulum, die Algenschicht grenzt unmittelbar an das lockere Geflecht des Subhymeniums. Die Asci enthalten bei *Ramalina* acht zwei- oder ausnahmsweise vierzellige Sporen. Die Conidien entstehen terminal an langzelligen Conidiophoren. Die Gattung *Ramalina* wurde lange den Usneaceen zugeordnet. Neuere Versuche, sie als eigene Familie zu behandeln, stützen sich auf die unterschiedliche Struktur der Sporen und Conidiophoren sowie auf das Vorkommen spezifischer Flechtenstoffe[67].

Abb. 13.17 Nabelflechten. a) Habitus von *Umbilicaria rigida* (1 ×). b) Apothecien von *Umbilicaria virginis* mit glatter oder genabelter Scheibe (8 ×). c) Unterseite des Lagers von *Umbilicaria pustulata* mit Haftscheibe und Leisten (1,5 ×). d) Gyrophore Apothecien von *Umbilicaria cylindrica* (13 ×). e) *Umbilicaria pustulata.* Pustel mit koralloider Isidie (8 ×). f) Habitus von *Dermatocarpon miniatum.* Die Mündungen der Perithecien als dunkle Punkte sichtbar (3 ×). g) *Dermatocarpon reticulatum.* Unterseite des Lagers mit Netzleisten und Areolen (4 ×).

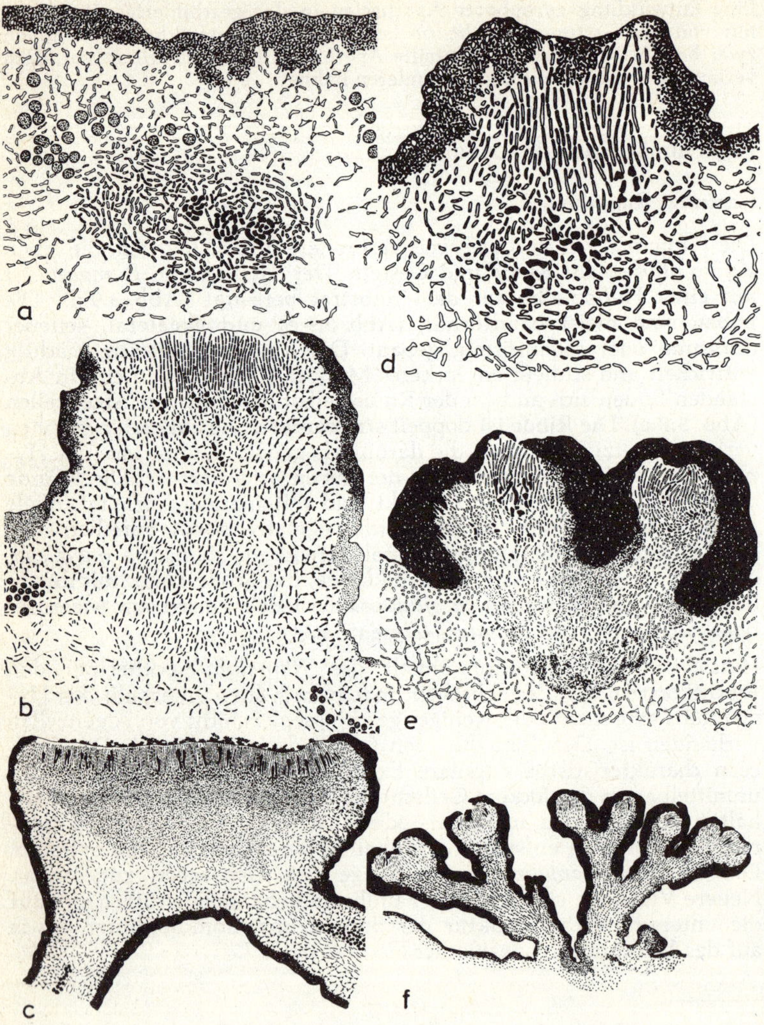

Abb 13.18 Entwicklung der Apothecien bei *Umbilicaria*. a—c) *Umbilicaria rigida:* a) Ascogone in generativem Gewebe; b) junges Apothecium mit Paraphysen und Pseudoexcipulum; c) reifes Apothecium mit Asci. d—f) *Umbilicaria muehlenbergii:* d) Primordium mit beginnender Teilung des Hymeniums; e) junges Apothecium mit zwei Gyri; f) altes, tief gerilltes Apothecium. Weitere Erläuterungen im Text (a—f nach HENSSEN).

(15) Familie Acarosporaceae

Gattungen: *Acarospora, Biatorella, Glypholecia, Sarcogyne, Sporastatia, Thelocarpon.*

Charakteristische Merkmale der *Acarosporaceae* sind vielsporige, amyloide Asci (Abb. 4.5 c) und meist eingesenkte Apothecien. Das Lager von *Acarospora* ist krustig areoliert (Abb. 13.19 a) oder am

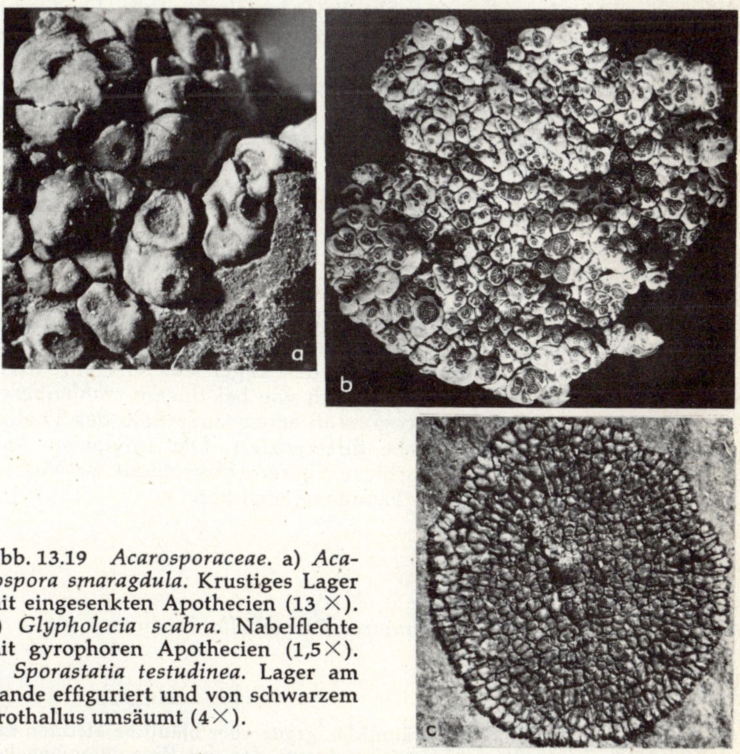

Abb. 13.19 *Acarosporaceae.* a) *Acarospora smaragdula.* Krustiges Lager mit eingesenkten Apothecien (13 ×). b) *Glypholecia scabra.* Nabelflechte mit gyrophoren Apothecien (1,5×). c) *Sporastatia testudinea.* Lager am Rande effiguriert und von schwarzem Prothallus umsäumt (4×).

Rande lappig. Die Thallusfarbe ist meist braun oder grau. Einige Arten, die auf Schlacken wachsen, haben einen rötlichen Thallus, während manche Fels- oder Erdhafter leuchtend gelb gefärbt sind. Während bei *Acarospora* das Apothecium vom Thallus berandet ist, haben *Biatorella, Sarcogyne* und *Sporastatia* einen Eigenrand. *Sarcogyne pruinosa* ist eine häufige endolithische Kalkflechte. Die Hyphen dringen bis 15 mm tief in das Substrat ein. Die Apothecien sitzen dem Gestein auf, haben eine bräunlichrote, weißlich bereifte Scheibe und einen dunklen Rand. Die Art gleicht im Habitus einer *Lecidea,* die Asci sind jedoch vielsporig. Die *Sporastatia*-Arten besiedeln kalkarme Gesteine in kühlen Gebieten. Sie sind z. B. in den Hochalpen zu finden. Das kleingefelderte, braune oder graue Lager mit den eingesprengten schwarzen Apothecien erinnert an den Panzer einer Schildkröte (Abb. 13.19 c). Die einzige Gattung der Familie mit höher differenziertem Thallus ist *Glypholecia*. Das Lager ist blattartig und mit einem Nabel auf der Unterseite befestigt (Abb. 13.19 b). Die Apothecien werden im Alter durch sterile Partien unterteilt. *Glypholecia scabra* hat in Europa und Nordamerika eine sehr disjunkte Verbreitung. Die Flechte besiedelt besonders die Stirnflächen größerer Blöcke von Kalkschiefern und Kieselkalken. Die systematische Stellung der Gattung *Thelocarpon* ist umstritten. Die winzigen grünlichen Fruchtkörper wirken angiocarp. *Thelocarpon epibolum* ist ein häufiger Epiphyt auf den abgestorbenen Lagerteilen von *Peltigera aphthosa*.

(16) Familie Arctomiaceae[176]

Gattung: *Arctomia*.

Die *Arctomiaceae* sind unscheinbare Flechten mit zirkumpolarer Verbreitung. Ihr krustiger oder schuppiger Thallus ist im Durchmesser kleiner als 2 cm. Anatomisch gleicht das Lager *Placynthium*-Arten. Die Apothecien entwickeln sich ähnlich wie bei *Buellia wahlenbergii* exogen. Dabei werden die Ascogone in einem außerhalb des Thallus angelegten generativen Gewebe differenziert. Die amyloiden Asci enthalten acht quergeteilte, farblose Sporen. Phycobiont ist *Nostoc*. Die systematische Stellung der Familie ist unsicher.

(17) Familie Pannariaceae

Gattungen: *Lepidocollema, Pannaria, Parmeliella, Psoroma*.

Charakteristik der Familie

Die *Pannariaceae* sind kleine bräunliche, graue oder bläuliche Flechten mit meist schuppigem, seltener blättrigem Lager, das mit Rhizoidhyphen befestigt ist. Als Substrat dienen Erde, Rinde und Gestein. Die Hauptverbreitungsgebiete sind die kälteren und gemäßigten Zonen. Die Thallusrosetten können von einem dunklen Vorlager umgeben sein. Isidien, Sorale und Cephalodien kommen vor. Das Lager ist meist heteromer und in obere Rinde, Algenzone und Mark gegliedert. In einigen Fällen sind die Algen gleichmäßig über den ganzen Thallus verteilt. Die flächenständigen Apothecien besitzen entweder ein mächtig entwickeltes annulares Excipulum, einen berindeten Thallusrand oder eine doppelte Berandung, die aus einem Excipulum und einem teilweise damit verwachsenen Lagerrand besteht. Die Apotheciumscheibe ist rötlich-orange, braun oder schwarz. Die amyloiden

Asci enthalten acht farblose, einzellige Sporen. Die Conidien werden lateral und terminal an gegliederten Conidiophoren entwickelt. Phycobionten sind einzellige Grünalgen oder die Blaualgen *Nostoc* und *Scytonema*. Die Fähigkeit, sowohl Grünalgen wie Blaualgen für die Ernährung auszunutzen, erinnert an die *Peltigeraceae*. Durch die eigentümliche Entwicklung des apothecialen Thallusrandes unterscheiden sich die *Pannariaceae* von anderen Flechten.

Entwicklung der Fruchtkörper[179]

Das Lager der *Pannariaceae* ist oberseits durch eine mehrschichtige Rinde aus antiklinen oder periklinen Hyphen begrenzt. Darunter bilden die Algen meistens eine gesonderte Zone. Die Ascogone werden aus Markhyphen an der Grenze von Algenzone und Rinde entwickelt. Sie stehen in Gruppen und haben zum Teil verzweigte Trichogynen (Abb. 13.20 a). Rings um die Ascogone bildet sich das generative Gewebe, das die Rinde durchbricht (Abb. 13.20 b). Durch Vertikalwachstum schiebt sich die Apotheciumanlage mehr oder weniger weit aus dem Thallus heraus (Abb. 13.20 c). Die reifen Apothecien liegen flach auf der Thallusoberfläche (13.20 d) oder sind deutlich gestielt. Bei den Arten der Gattung *Pannaria* und *Parmeliella* ist die Berandung der Apothecien recht variabel. Einige Arten haben immer einen mächtig entwickelten Eigenrand aus einem annularen Excipulum, das in typischer Weise aus radial-strahligen Hyphen aufgebaut ist, andere Arten bilden einen Thallusrand. Dieser entsteht sekundär durch Stränge von Markhyphen, die zwischen Hymenium und Lagerrinde emporwachsen und dabei Gruppen von Algenzellen mitführen (Abb. 13.20 e). In seinem Vertikalwachstum ist dieser in Einzelschüben gebildete Thallusrand dem Hymenium immer etwas voraus. Er entwickelt sich gleichzeitig in die Breite. Die Markhyphen des Thallusrandes differenzieren marginal eine Rinde von der gleichen Struktur wie die Lagerrinde, nur sind die Zellen bei der neugebildeten Rinde etwas kleiner. Die Grenze von alter und neuer Rinde ist an der unterschiedlichen Zellgröße zu erkennen (Abb. 13.21 a). Die einzelnen Stücke des so entstandenen apothecialen Lagerrandes sind unterschiedlich lang und breit. Von oben gesehen wirkt der Thallusrand daher gekerbt (Abb. 13.22 b). Bei manchen Arten ist der Lagerrand ringsum gleichmäßig entwickelt, bei anderen fehlt er stellenweise und wird durch ein Excipulum aus periklinen Hyphen ersetzt. Auch innerhalb einer Art oder sogar auf dem gleichen Thallus einer Flechte kann der Ausbildungsgrad des Lagerrandes variieren.

Damit sind die Möglichkeiten der unterschiedlichen Berandung bei den Pannariaceen noch nicht erschöpft. Es kann auch eine doppelte Berandung entwickelt werden. In diesem Fall bildet sich um das junge Apothecium zunächst ein Excipulum aus antiklinen Hyphen. Darum herum wachsen in gewissem Abstand die Markhyphen hoch und bilden

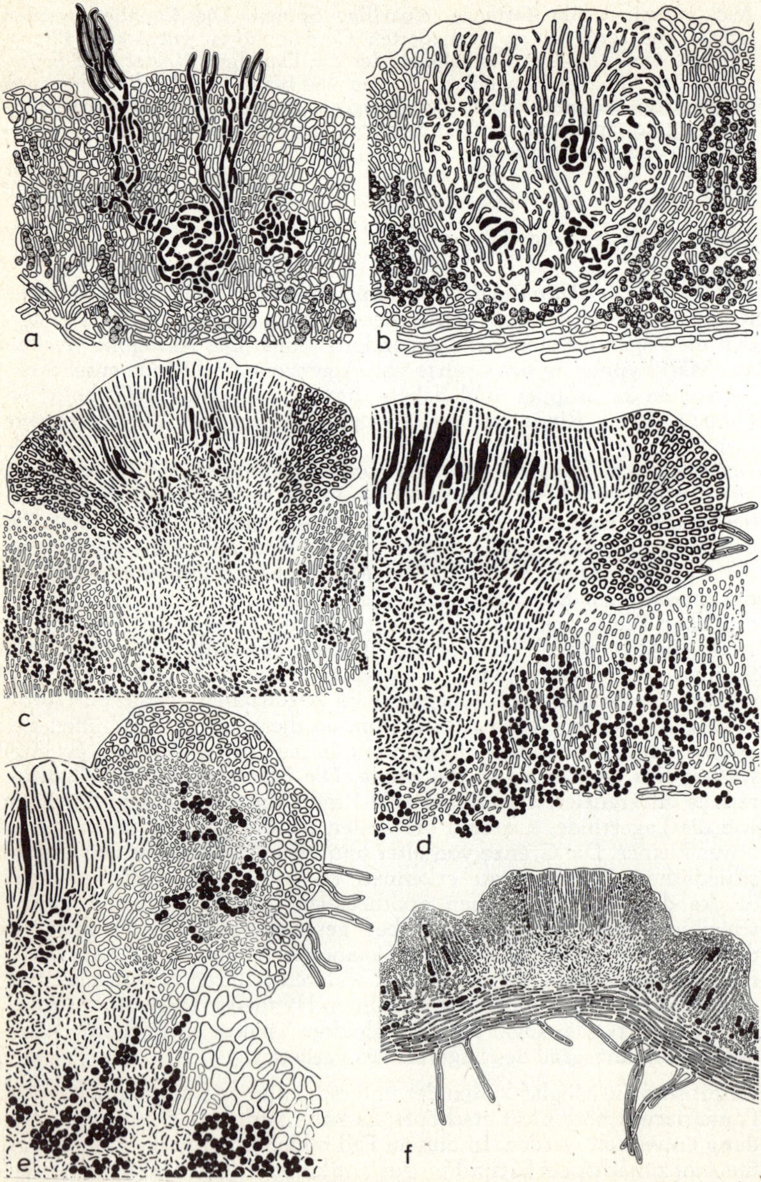

Abb. 13.20

einen Thallusrand (Abb. 13.20 f). Apothecium und Thallusrand wachsen beide vertikal, und in späteren Stadien können sie im unteren Teil streckenweise miteinander verwachsen. Von oben gesehen ist der Spalt zwischen Thallusrand und Eigenrand erkennbar (Abb. 13.21 b).

Bemerkungen zu den Gattungen

Die brasilianische Gattung *Lepidocollema* unterscheidet sich von den anderen Pannariaceen durch ein homöomeres Lager. Die antiklinen Hyphen bilden ein gleichmäßiges Netzwerk, in dessen Maschen die gallertigen *Nostoc*-Kolonien liegen. Auch hier ist oberseits eine Rinde vorhanden; die untere Begrenzung des Lagers bilden, wie allgemein bei den Pannariaceen, dicht periklin verflochtene und pigmentierte Hyphen.

Die beiden Gattungen *Pannaria* und *Parmeliella* werden zur Zeit nach dem variablen Merkmal des Vorhandenseins oder Fehlens eines apothecialen Lagerrandes unterschieden. Diese Einteilung ist künstlich, weswegen eine natürlichere Aufgliederung des *Pannaria-Parmeliella*-Komplexes nach anderen Gesichtspunkten erforderlich wäre. Die Arten sind in der nördlichen Hemisphäre weit verbreitet. *Pannaria pezizoides*, eine arktisch-alpine Flechte ist häufig auf Schneeböden anzutreffen. Sie ist kenntlich an dem kleinschuppigen Lager und den Apothecien mit gekerbtem Thallusrand (Abb. 13.22 b) und orangefarbenen Scheiben. *Pannaria rubiginosa* und *Parmeliella plumbea* sind ozeanische Flechten mit einem blättrigen Thallus. Das rosettige Lager von *Parmeliella plumbea* ist von dunklen Hyphen umsäumt (Abb. 13.22 a). Die Apothecien sitzen dem Thallus flach auf. Die Apothecien von *Pannaria rubiginosa* sind auffallend hell berandet. Die Berandung besteht, wie oben beschrieben wurde, aus dem von den Markhyphen gebildeten Lagerrand, der sekundär eine Rinde bildet.

Die *Psoroma*-Arten sind Moos- und Rindenflechten, die hauptsächlich in der südlichen Hemisphäre vorkommen. Bei den meisten Arten ist das Lager von einem dunklen Prothallus umgeben. Phycobionten sind gleichzeitig einzellige Grünalgen und *Nostoc*. Die bei uns heimische

---

Abb. 13.20 Entwicklung der Fruchtkörper bei den *Pannariaceae*. a—d) *Parmeliella plumbea:* a) oberhalb der Algenzone angelegte Ascogone mit verzweigten Trichogynen; b) generatives Gewebe, das sich zu Paraphysoiden differenziert und die Reste der Ascogone sowie ascogene Hyphen einschließt; c) junges Apothecium mit annularem Excipulum; d) altes Apothecium mit zahlreichen Asci. e) *Pannaria rubiginosa*. Sekundär gebildeter Lagerrand eines jungen Apotheciums, in dem sich bereits die Rinde differenziert hat. f) Entwicklung des Thallusrandes bei *Parmeliella coronata*. Weitere Erläuterungen im Text (a—f nach Henssen).

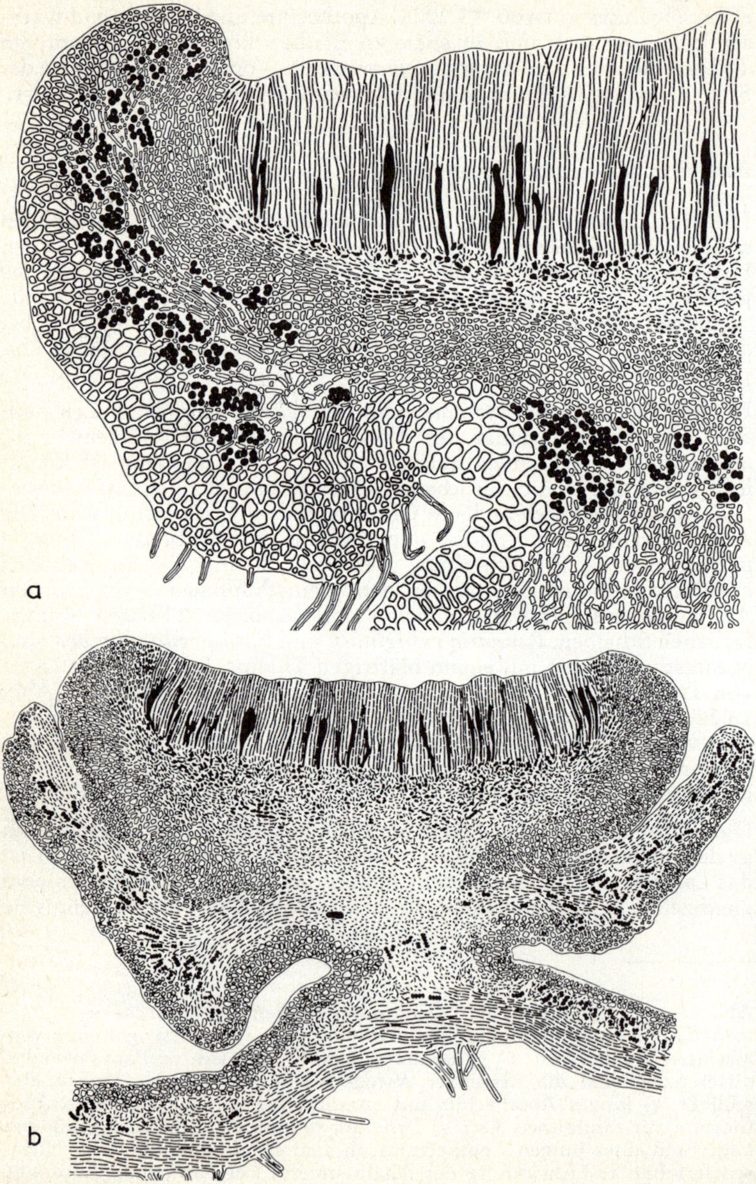

Abb. 13.21

Flechte *Psoroma hypnorum* enthält die zwei verschiedenen Phycobionten in getrennten Loben, die morphologisch-anatomisch kaum zu unterscheiden sind. Bei den meisten anderen *Psoroma*-Arten sind die Blaualgen jedoch in kugeligen oder rundlichen Cephalodien, deren Anatomie vom übrigen Thallus abweicht, eingeschlossen.

(18) Familie Coccocarpiaceae[166]

Gattungen: *Coccocarpia, Spilonema.*

Charakteristik der Familie

Die *Coccocarpiaceae* sind winzige Strauchflechten oder kleine Blattflechten auf Gestein und Rinde. Sie sind in der temperierten und der tropischen Zone verbreitet. Das Lager ist homöomer oder heteromer gebaut und mit Rhizoidhyphen am Substrat befestigt. Die biatorinen Apothecien sind flach oder gewölbt. Die Hüllfäden sind echte Paraphysen und haben häufig spitz zulaufende Endzellen. Die amyloiden Asci besitzen eine verdickte Spitze und enthalten acht einzellige, farblose Sporen mit dünnen Wänden. Die kurzen, stäbchenförmigen Conidien entstehen lateral und terminal an gegliederten Conidiophoren. Phycobionten sind fädige Blaualgen. Kennzeichnend für die Familie ist die Entwicklung der Apothecien aus einem locker pseudoparenchymatischen, generativen Gewebe. Die geraden Ascogone und die zugespitzten echten Paraphysen erinnern unter anderem an die Peltigeraceen.

Entwicklung der Fruchtkörper[166]

Die Entwicklung der Fruchtkörper läßt sich gut an *Spilonema paradoxum* verfolgen. Die Flechte bildet braune Räschen auf zeitweise feuchtem Gestein. Die in reifem Zustand fast kugeligen Apothecien sitzen seitlich auf den fädigen Loben. Der Phycobiont, eine *Stigonema*-Art, bestimmt die Gestalt der Flechte. Die dicken Pilzhyphen durchziehen unregelmäßig die Gallerte und dringen mit Haustorien in die Algenzellen ein. Die Bildung der Apothecien beginnt mit der Anlage eines generativen Gewebes am Fadenrand. Es besteht aus einer Anhäufung von Zellen zu einem lockeren Pseudoparenchym (Abb. 13.23 a), in welchem sich zahlreiche Ascogone mit geraden Zellreihen

---

Abb. 13.21 a) *Pannaria rubiginosa.* Altes Apothecium mit ausdifferenziertem Lagerrand. Rinde des Thallus und neu entstandene Berindung des Margo thallinus mit unterschiedlich großen Zellen. b) *Parmeliella coronata.* Apothecium mit doppelter Berandung. Weitere Erläuterungen siehe Text (a, b nach Henssen).

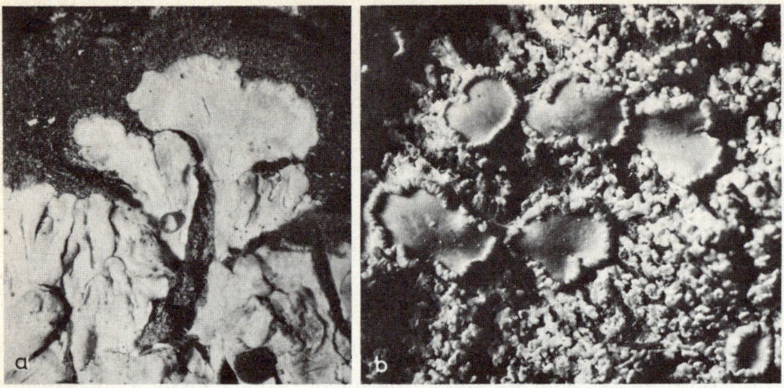

Abb. 13.22 a) *Parmeliella plumbea*. Das blättrige Lager ist von einem dunklen filzigen Vorlager umgeben und trägt lecideine Apothecien (2 ×). b) *Pannaria pezizoides*. Der Thallus besteht aus einzelnen Schuppen, die Apothecien haben einen gekerbten Lagerrand, wie er für die Pannariaceen typisch ist (6,5 ×).

und Trichogynen differenzieren (Abb. 13.23 b). Marginal strecken sich die Zellen des generativen Gewebes zu Paraphysen. Die ascogenen Hyphen bilden Gruppen an der Basis der Paraphysenzone. (Abb. 13.23 c). Durch ständige Teilung der Zellen des generativen Gewebes wölbt sich die Anlage halbkugelig vor (Abb. 13.23 d). Die Asci wachsen zwischen die Paraphysen ein, die an der Basis des Fruchtkörpers laufend nachgebildet werden. Die äußersten Zellreihen bleiben kurzzellig und bilden ein wenig ausgeprägtes Excipulum.

Der Thallus von *Coccocarpia* ist blattartig und in Mark, Algenzone und obere Rinde differenziert. Das Primordium des Apotheciums entsteht in der Algenzone aus Markhyphen, die sich reich verzweigen und kurze Zellen abgliedern. Die Anlage wächst über die Thallusoberfläche empor. Die Ränder der reifen Apothecien liegen dem Lager flach auf.

Bemerkungen zu den Gattungen

Von den vier Arten der Gattung *Spilonema*[166] sind zwei aus Europa und Nordamerika und je eine aus Neuseeland und China bekannt. Die disjunkte Verbreitung spricht für ein hohes Alter der Gattung. Das Verhältnis zwischen den beiden Bionten ist jedoch weniger harmonisch als beispielsweise bei *Ephebe*-Arten, die ebenfalls *Stigonema* als symbiotische Alge haben. Der Angriff des Pilzes ist radikaler, die

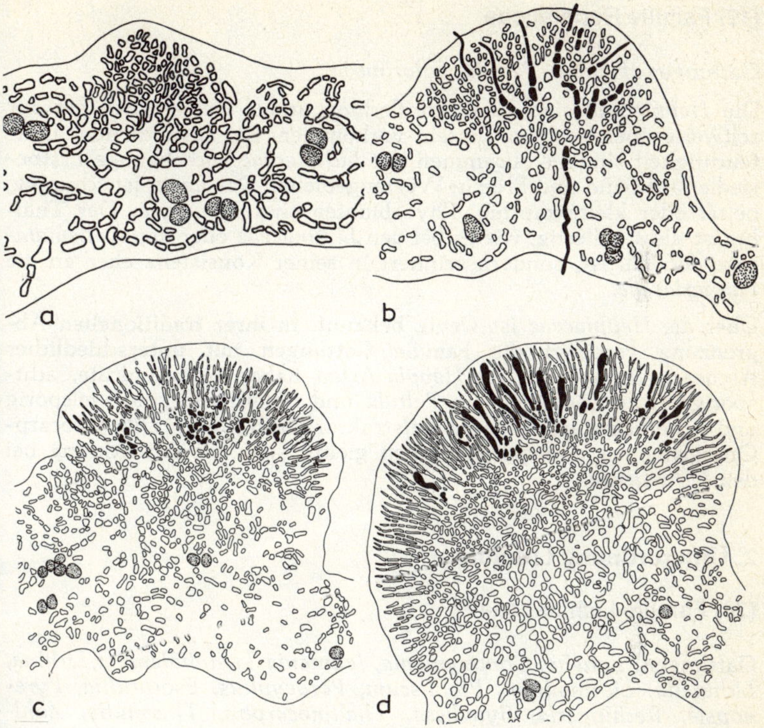

Abb. 13.23 Apothecienentwicklung von *Spilonema paradoxum.* a) Generatives Gewebe aus einer Anhäufung von Zellen. b) Primordium mit Ascogonen. c) Junge Anlage mit Paraphysen und ascogenen Hyphen. d) Reifes Apothecium. Weitere Erläuterungen im Text (a—f nach Henssen).

basalen Teile der Algenfäden sterben durch das Eindringen der Pilzhyphen ab. Bei *Spilonema revertens* verlaufen die Hyphen teils außerhalb, teils innerhalb der Algengallerte, bei der neuseeländischen Art wird der Algenfaden von einem Hyphenmantel umhüllt.

Die hauptsächlich in den Tropen verbreiteten Arten der Gattung *Coccocarpia* sind Blattflechten mit heteromerem Lager. Die pseudoparenchymatische Rinde und das algenfreie Mark werden aus längs verlaufenden Hyphen gebildet. Nur in der Algenzone sind die Markhyphen antiklin orientiert. Eine Reihe der *Coccocarpia*-Arten wächst auf Blättern.

(19) Familie Heppiaceae

Gattungen: *Heppia, Peltula, Solorinaria.*

Die *Heppiaceae* sind Charakterflechten arider Gebiete, wo sie auf zeitweise überrieseltem Gestein vorkommen. Bei ausreichender Luftfeuchtigkeit sind sie zusammen mit *Lichinaceae* auch häufige Erstbesiedler auf Sand und Erde in Wüstengebieten. Das Lager ist schuppig, peltat oder kleinstrauchig. Phycobionten sind Blaualgen. Der Thallus ist nicht gallertig, wie es bei den *Lichinaceae* oder den *Collemataceae* der Fall ist, sondern erinnert in seiner Konsistenz eher an die *Pannariaceae.*

Über die *Heppiaceae* ist wenig bekannt. In ihrer traditionellen Abgrenzung vereinigt die Familie Gattungen mit unterschiedlicher Ascocarp-Ontogenie. Die *Heppia*-Arten haben prototunicate, achtsporige Asci. Die Asci von *Peltula* und *Solorinaria* sind vielsporig und haben eine amyloide Apikalstruktur (Abb. 4.6 k). Die Ascocarp-Ontogenie der polysporen Sippen gleicht sehr der Entwicklung bei den *Lichinaceae.*

2. Unterordnung Lichinineae

(20) Familie Lichinaceae[166]

Gattungen: *Ephebe, Gonohymenia, Jenmania, Lempholemma, Lichina, Lichinella, Lichinodium, Phylliscum, Porocyphus, Psorotichia, Pyrenopsis, Rechingeria, Synalissa, Thallinocarpon, Thermutis, Zahlbrucknerella.*

Charakteristik der Familie

Die *Lichinaceae* sind weltweit von den arktischen bis in die tropischen Zonen verbreitete braune, oder schwärzliche Gallertflechten, die Gestein, Erde, Rinde oder Moose besiedeln. Das Lager ist krustig, blättrig, fädig oder kleinstrauchig, die Loben sind drehrund, abgeplattet oder membrandünn. Die Hyphen verlaufen innerhalb der Algengallerte und senden Haustorien in die Algenzellen. Verlauf und Differenzierung der Hyphen sind artspezifische Merkmale. Sorale und Isidien fehlen. Bei der Gattung *Lempholemma* werden Hormocystangien gebildet. Die eingesenkten oder aufsitzenden Apothecien sind lecanorin, biatorin oder zeorin und haben vielfach eine enge Mündung, die eine Angiocarpie vortäuscht.

Neben normalen Apothecien kommen Pycnoascocarpien und Thallinocarpien vor. Das Hymenium besteht aus Conidiophoren, Paraphysoiden oder echten Paraphysen oder ist im Alter frei von Hüllfäden. Die Apothecien sind je nach der Menge der vorhandenen Paraphysen punktförmig geschlossen oder weit geöffnet. Die prototunicaten Asci enthalten acht bis viele einzellige, farblose Sporen. Die Pycnidien sind einfach oder gekammert.

Die Conidien werden terminal von ungegliederten Conidiophoren gebildet und sind rundlich oder stäbchen- bis sichelförmig. Die Phycobionten sind einzellige oder fädige Blaualgen. Eine Reihe von Gattungen haben die einzelligen Algen *Gloeocapsa* oder *Chroococcus* als Phycobionten, die Gallerthüllen dieser Algen und damit die Flechten selbst sind rot oder braun gefärbt. Fädige Blaualgen sind *Nostoc, Stigonema, Scytonema, Calothrix* und *Dichothrix.*

Die unscheinbaren Lichinaceen sind durch eine erstaunliche ökologische Anpassungfähigkeit ausgezeichnet. Sie stellen Pionierarten in der Arktis und in unwirtlichen Wüstengegenden, besiedeln maritime Felsen der Spritzzone und temporär feuchtes Gestein wie die Tintenstriche der Gebirge oder die Ufer von Seen und Flüssen. Einige Arten wachsen epiphytisch auf Bäumen, Moosen oder auf anderen Flechten. Wegen ihrer Kleinheit werden die Lichinaceen leicht übersehen.

Die Lichinaceen liefern uns Beispiele für die unterschiedliche Lichenisierung einer bestimmten Blaualgengattung durch verschiedene Pilze (S. 23).

Entwicklung der Fruchtkörper[166]

Die *Lichinaceae* sind durch eine besondere Mannigfaltigkeit der Fruchtkörperentwicklung ausgezeichnet. Man kann zwei Grundtypen unterscheiden: die Entwicklung der Apothecien aus einem generativen Gewebe und die Umbildung von Pycnidien zu Apothecien, den sogenannten Pycnoascocarpien.

Die normale Entwicklung aus dem generativen Gewebe finden wir bei der Gattung *Zahlbrucknerella* (Abb. 13.24 a–d). Das erste Stadium ist ein Hyphenknäuel in einer Anschwellung des fädigen Thallus. Der Anlage der Ascogone folgt bald die Entwicklung der ersten Asci. Dazwischen strecken sich die Hyphen des generativen Gewebes zu Paraphysoiden, deren Spitzen sekundär frei werden. Das Hymenium ist stark gallertig. Unter dem steigenden Druck der wachsenden Anlage reißt der Thallus am oberen Ende auf. Mit diesem Stadium ist die Entwicklung der hier abgebildeten *Zahlbrucknerella calcarea* abgeschlossen. Bei anderen Arten wachsen in ältere Hymenien echte Paraphysen ein, welche die für die Familie charakteristischen Zellverdickungen aufweisen[181]. Der umgebende Thallus wird zum Wachstum angeregt und bildet den Lagerrand des Apotheciums.

Eine stark abgewandelte Form dieses Entwicklungstyps ist das Thallinocarp. Die Ascogone, ascogenen Hyphen und Asci liegen unmittelbar zwischen den Thallushyphen in einer Anschwellung des Lagers. Die vegetativen Hyphen fungieren als Paraphysen, und

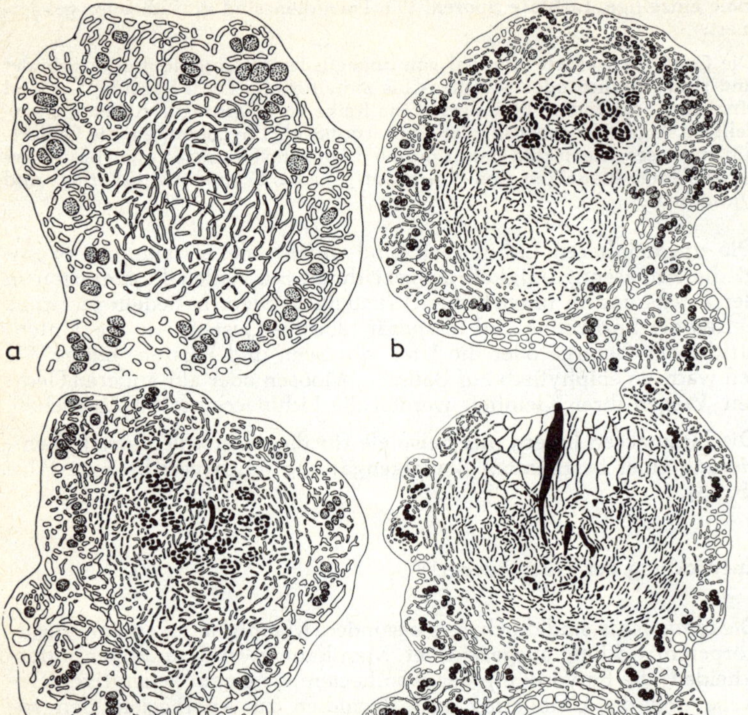

Abb. 13.24

Gruppen von Algenzellen bedecken das Hymenium (Abb. 4.15). Ein Thallinocarp erinnert habituell an eine Flechtengalle (Abb. 4.14 a).

Die Bildung von Pycnoascocarpien beginnt mit der Anlage von Ascogonen unterhalb der Pycnidien. Für die weitere Entwicklung gibt es zwei Möglichkeiten: Entweder verlängern sich zuerst die Conidiophoren zu Paraphysen und die Asci wachsen zwischen diese Hüllfäden ein, oder die ersten Asci werden bereits gebildet, während noch Conidien abgeschnürt werden (Abb. 13.25 f). Im zweiten Fall verlängern sich die Conidiophoren erst später zu Paraphysen. Bei beiden Entwicklungstypen werden sekundär echte Paraphysen gebildet, die an den Septen unregelmäßig verdickt sind (Abb. 13.24 e).

Die verschiedenen Entwicklungsmöglichkeiten des Ascocarps bei den *Lichinaceae* sind in Abb. 13.25 zusammengestellt. Die Apothecien können sehr unterschiedlich mit Paraphysen ausgestattet sein. Neben Paraphysoiden und verlängerten Conidiophoren findet man zusätzlich oder ausschließlich echte Paraphysen. Alte Ascocarpien besitzen unter Umständen überhaupt keine Paraphysen mehr, weil die Paraphysoide und verlängerten Conidiophoren verschleimt sind, ohne daß sie durch echte Paraphysen ersetzt wurden.

Bemerkungen zu den Gattungen

Thermutis velutina ist eine arktisch-alpine Flechte und bildet schwarze Räschen auf Kalkgestein. Die *Lichinodium*-Arten wachsen auf Rinde oder epiphytisch auf anderen Flechten[174].

Die Gattung *Zahlbrucknerella* (Abb. 3.3 c) mit ihren Gestein bewohnenden Arten hat ihr Ausbreitungszentrum in Südamerika. Die Arten sind in der Anatomie recht verschieden[181]. Bei *Zahlbrucknerella calcarea* ist ein Basalstrang aus vergrößerten Zellen vorhanden (Abb. 3.6 f). In der Art der anatomischen Differenzierung erinnert *Zahlbrucknerella* an *Ephebe*, die in den nördlichen arktischen bis gemäßigten Zonen verbreitet ist. Die Phycobionten von *Ephebe* (Abb. 3.2 b) sind *Stigonema-Arten* (Abb. 3.3 d). Der Hyphenverlauf ist variabel[166]. Die Zellen sind eckig, rundlich oder langgestreckt, Teile des Thallus kön-

---

Abb. 13.24 a—d) Apothecienentwicklung bei *Zahlbrucknerella calcarea:* a) generatives Gewebe in einer Anschwellung des Thallus; b) spiralige Ascogone im generativen Gewebe; c) Ascogone und erster Ascus. d) junges Apothecium mit Paraphysoiden und Margo thallinus. e) *Ephebe americana.* Apothecium mit echten, an den Septen verdickten Paraphysen. Weitere Erläuterungen im Text (a—e nach Henssen).

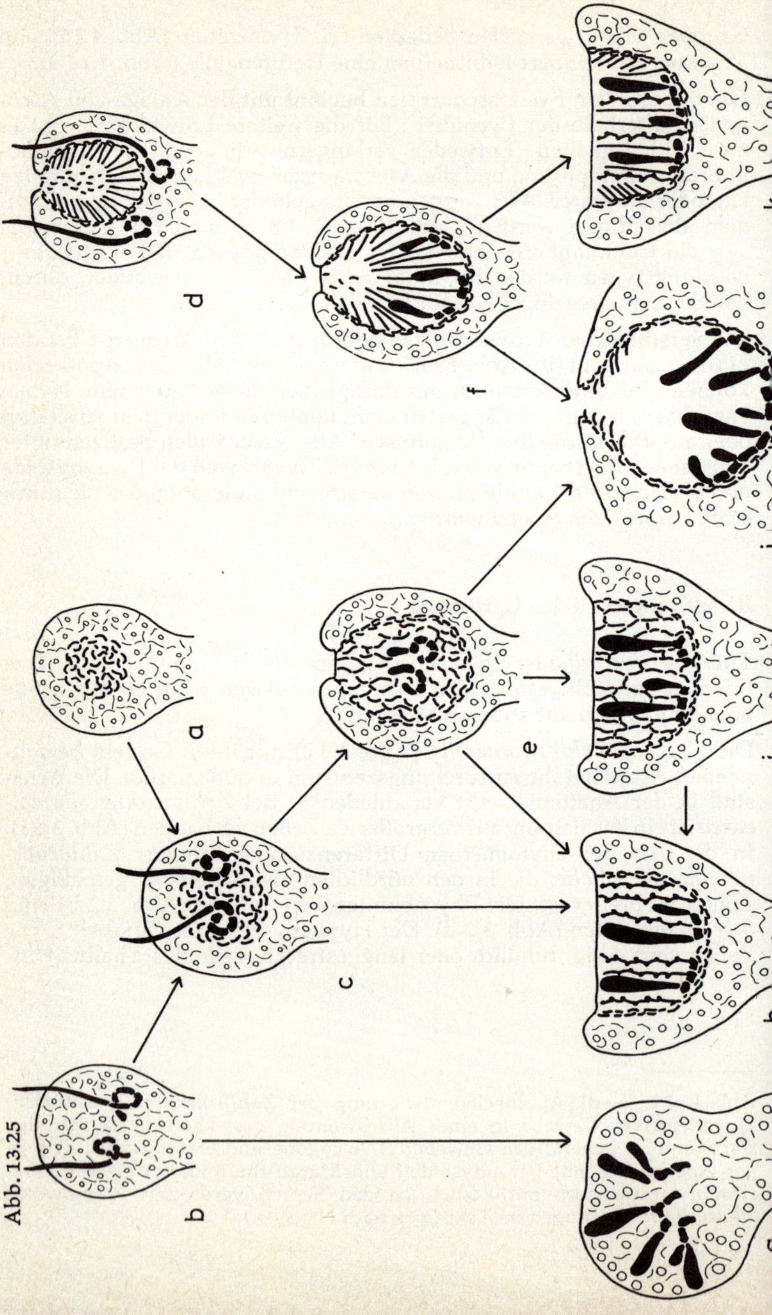

Abb. 13.25

nen durch Stützgewebe gefestigt sein. Die Apothecien aller *Ephebe*-Arten sind Pycnoascocarpien.

Porocyphus und *Lichina* enthalten Rivulariaceen als symbiotische Algen. Die *Lichina*-Arten sind als marine Flechten bekannt, neuerdings wurden jedoch auch nicht marine Arten entdeckt[177]. Diese besitzen im Unterschied zu den Meeresarten Pycnoascocarpien als Fruchtkörper. *Phylliscum* (Abb. 3.2 a) mit blättrig-genabeltem Lager ist bemerkenswert wegen der innerhalb der Gattung stark variierenden Ontogenese der Fruchtkörper[166]. *Synalissa* hat einen strauchigen Thallus, in dem die Algenzellen paarig angeordnet liegen. Die krustigen *Pyrenopsis*-Arten gehören zu den Erstbesiedlern auf Silikatgestein. *Phylliscum*, *Synalissa* und *Pyrenopsis* haben Choococcaceen mit roten Gallerthüllen als Phycobionten.

Thallinocarpien werden von den Gattungen *Thallinocarpon*, *Lichinella* (Abb. 4.14 a, 4.15) und *Gonohymenia* entwickelt. Die *Gonohymenia*-Arten sind ausgesprochene Wüstenflechten, die mit anderen Lichinaceen und einigen Heppiaceen die alleinigen Besiedler von kalkreichem Wüstensand sein können. Das Mannigfaltigkeitszentrum dieser Gattung liegt in den Wüsten des vorderen Orients und Nordafrikas.

Die Fruchtkörper von *Rechingeria* täuschen Thallinocarpien vor, bestehen jedoch aus einer Anhäufung von zahlreichen Einzelfrüchten. Von oben gesehen wirkt ein solches zusammengesetztes Apothecium siebartig durchbrochen (Abb. 4.14 b).

Die *Lempholemma*-Arten bilden besondere Verbreitungsorgane, die Hormocystangien, welche lichinisierte oder nicht lichinisierte Hormocysten der Algen enthalten und dadurch vor allem der weiteren Verbreitung der symbiotischen Alge dienen (S. 62 f.)

Die einzige Lichinacee mit einem ansehnlichen Thallus ist *Jenmania goebelii*, eine südamerikanische Flechte, die in Wasserfällen an der Meeresküste gedeiht. Die Flechte ist mit einem rhizoidähnlichen Haftorgan auf dem Substrat befestigt. Die membrandünnen Loben fluten zeitweise im Wasser. Sie erreichen eine Länge von mehreren Zentimetern (Abb. 3.2 d). Der Thallus gleicht täuschend dem einer Braunalge. Die Loben sind mit kleinen eingesenkten Apothecien und Pycnidien bedeckt. Phycobiont ist eine *Gloeocapsa*-Art.

Abb. 13.25 Fruchtkörperentwicklung bei den *Lichinaceae*. a—c) Anfangsstadien. e, h, i) Entwicklung von Apothecien mit echten Paraphysen (h) und mit Paraphysoiden (i). d, f, j, k) Entwicklung von Pycnosacocarpien. g) Thallinocarp. Weitere Erläuterungen siehe Text (a—g nach Henssen).

3. Unterordnung Peltigerineae

Familien: (21) *Placynthiaceae*, (22) *Peltigeraceae*, (23) *Stictaceae*.

Charakteristik der Unterordnung

Die *Peltigerineae* sind weltweit verbreitete Flechten, die auf Rinde, Gestein oder Erde wachsen. Der Thallus ist ein- oder beidseitig berindet oder radial gebaut und auf dem Substrat mit Rhizoidhyphen oder Rhizinen befestigt. Die Unterseite kann mit einem Tomentum bedeckt oder von Cyphellen oder Pseudocyphellen durchbrochen sein. Isidien, Sorale sowie externe oder interne Cephalodien kommen bei vielen Arten vor. Die Apothecien haben einen Thallus- oder Eigenrand. Sie werden entweder laminal gebildet oder marginal angelegt und sekundär beim Wachstum auf die Ober- oder Unterseite des Lagers verschoben.

Die Asci der *Peltigerineae* sind, soweit genauer untersucht, begrenzt bitunicat, d. h. der Endoascus verlängert sich bei der Sporenentleerung in geringem Maße. Die verdickte Ascusspitze färbt sich mit Jod ähnlich unterschiedlich wie bei den Collemataceen, manche Gattungen haben einen amyloiden Ring, andere amyloide Kappen (Abb. 4.7). Die Sporen sind einzellig oder quergeteilt, farblos oder bräunlich. Sie entstehen meist zu acht, seltener in größerer Zahl im Ascus. Die Hüllfäden sind echte Paraphysen, ihre zunächst etwas zugespitzten Endzellen werden später keulig verdickt. Die kurzen Conidien entstehen terminal und lateral an einem System von verzweigten, gegliederten Conidiophoren oder werden terminal an ungegliederten Conidienträgern gebildet. Phycobionten sind Grünalgen oder Blaualgen.

Zu den *Peltigerineae* gehören hoch differenzierte Blattflechten mit besonderen Durchlüftungsorganen, den Cyphellen und Pseudocyphellen (S. 63 ff.). Die blattförmigen Thalli können für Lichenen ungewöhnlich groß werden. *Nephroma*-Arten bilden im Vergleich zu anderen Flechten riesige Apothecien von mehreren Zentimetern Durchmesser. Bei *Peltigeraceae* finden wir eine Äderung der Lagerunterseite, die in einigen Fällen eigenartige, an die Wasserleitbahnen höherer Pflanzen erinnernde Strukturen aufweist (S. 49).

Die Mycobionten vieler Gattungen der *Peltigerineae* können sowohl Blaualgen als auch Grünalgen für die Ernährung ausnutzen und mit diesen verschiedenen Algen einen morphologisch-anatomisch gleichen Thallus aufbauen. Der Mycobiont zeigt in diesen Fällen eine ausgesprochene morphogenetische Dominanz gegenüber dem Phycobionten. Selbst Blaualgen und Grünalgen zusammen können in einen Thallus eingebaut werden, wobei allerdings nur mit den Grünalgen ein ausgeglichenes Verhältnis besteht, die Blaualgen, wenn sie im Innern des Lagers liegen, dagegen mehr oder weniger rasch abgetötet werden können. In einigen wenigen Fällen ist eine unterschiedliche Thallusform in Abhängigkeit von den symbiotischen Algen zu beobachten. *Stictaceae* mit blättrigem, Grünalgen enthaltendem Thallus bilden mit

Nostoc strauchförmige Cephalodien. Umgekehrt entwickelt ein strauchartiges Lager, das *Nostoc* enthält, nach dem Einfangen von Grünalgen blättrige Loben (S. 71 ff.).

Die Lagerrinde kann gleichmäßig ein- oder mehrschichtig gebaut oder unregelmäßig unterbrochen sein. Auch ihre äußere Beschaffenheit kann durch Behaarung, Areolierung oder netzartige Strukturen variieren (S. 49).

Besonders kennzeichnend für die Unterordnung der *Peltigerineae* ist die hemiangiocarpe Entwicklung der Fruchtkörper, bei deren Aufbau oft der vegetative Thallus eine bedeutende Rolle spielt, ferner das Vorkommen von Cyphellen, Pseudocyphellen und Cephalodien sowie bei manchen Gattungen das wechselnde Auftreten von Grün- und Blaualgen als Phycobionten.

Entwicklung der Fruchtkörper

Seitdem die Gattung *Peltigera* um die Jahrhundertwende zum ersten Mal untersucht wurde, gilt sie als Musterbeispiel für die hemiangiocarpe Entwicklung eines Flechtenapotheciums. Die Ontogenese wurde verschiedentlich nachuntersucht[89, 255, 286]. Innerhalb der Unterordnung kann man zwei verschiedene Entwicklungstypen unterscheiden. Bei der ersten Variante, verkörpert durch die *Peltigeraceae,* ist das generative Gewebe anfänglich oft unscharf von den umgebenden Markhyphen abgesetzt. Die zweite Variante mit primär deutlich hervortretendem generativen Gewebe ist charakteristisch für die *Stictaceae.* Die Entwicklung der Apothecien verläuft bei den Placynthiaceen in ähnlicher Weise wie bei den Peltigeraceen.

Das Lager von *Peltigera* besteht aus einem dicken Mark und einer mehrschichtigen oberen Rinde. Die Hyphen des Marks sind im unteren Teil periklin verflochten, nach oben zu orientieren sie sich senkrecht und schließen die symbiotischen Blau- oder Grünalgen ein. Die Markhyphen bilden die Begrenzung der Lagerunterseite und sind hier, besonders in der Randzone, stark gelatinisiert. Das Apothecium entsteht im Seitenrand des Thallus. Einzelne Markhyphen differenzieren sich zu großzelligen Ascogonen, von denen bei *Peltigera rufescens* allseitig Trichogynen zur Oberfläche wachsen (Abb. 13.26). Andere Arten scheinen Trichogynen selten oder gar nicht zu entwickeln. Oberhalb der Ascogone entsteht durch vermehrte Teilung der Markhyphen das von den Nachbarhyphen wenig abgesetzte generative Gewebe. Da die Anlage ganz am Rande des Thallus liegt, bildet sie oft den seitlichen Abschluß der Algenzone. Sie kann aber auch noch in die Algenschicht hineingeschoben sein, so daß im äußeren Rand der Anlage eine Gruppe von Algenzellen verbleibt (S. 345). Die Hyphen des generativen Gewebes orientieren sich antiklin. In der Mitte ent-

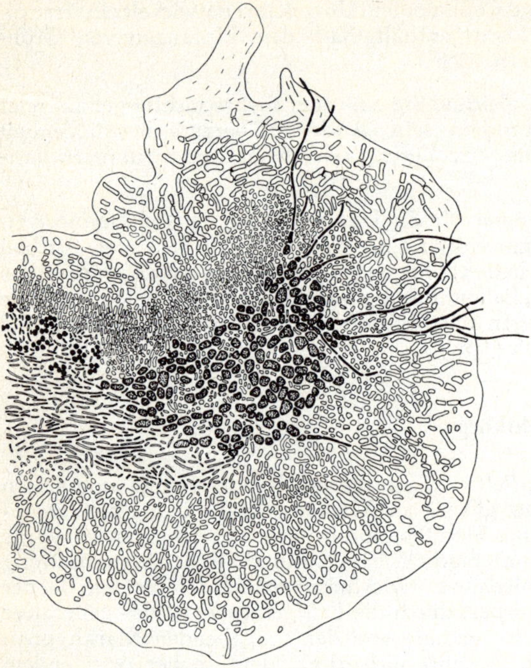

Abb. 13.26 Schnitt durch ein Apotheciumprimordium von *Peltigera rufescens*. Die Ascogone sind mit langen Trichogynen versehen.

steht durch das Aufreißen dieses Geflechts eine Höhlung, die mit Gallerte gefüllt ist (Abb. 13.27 a). Von der Basis her wachsen echte Paraphysen ein. Die Endzellen laufen zunächst spitz zu, später sind sie keulig verdickt. Die Höhlung erweitert sich, und die Gallerte reißt auf. Die Deckschicht über der Höhlung besteht bei *Peltigera* teils aus dem generativen Gewebe und teils aus der Thallusrinde. Die nach der Höhlung zu liegenden Enden der Deckschichthyphen wachsen zum Teil in diese hinein (Abb. 13.27 b). Die ascogenen Hyphen sammeln sich an der Basis der Paraphysen. Darunter entwickelt sich aus den Markhyphen eine schalenförmige Bildungsschicht, aus der laufend Paraphysen und nach dem Aufreißen der Deckschicht auch die Excipulumhyphen gebildet werden (Abb. 4.20 c). Der untere Teil des Marks wächst mit dem Apothecium mit und umgibt es zunächst becherförmig. Nach der Öffnung wächst das Apothecium hauptsächlich in zentrifugaler Richtung. Durch das Mitwachsen des Marks kommt das Apothecium auf die Oberseite des Thallus zu liegen (Abb. 13.28 a).

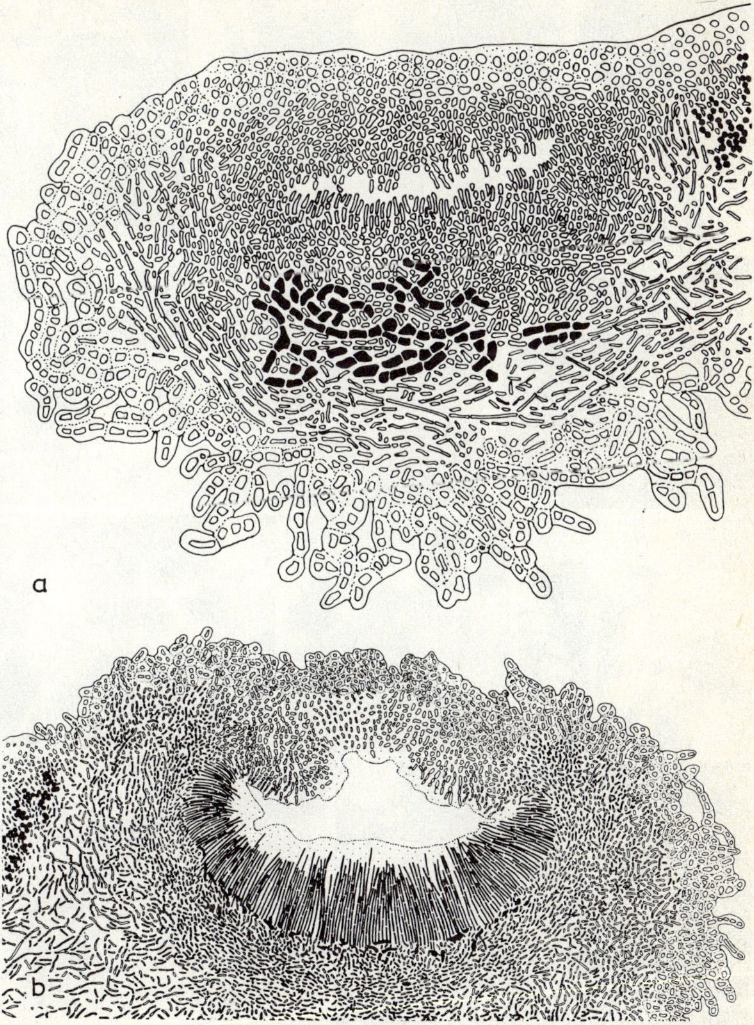

Abb. 13.27 Stadien der hemiangiocarpen Entwicklung von *Peltigera venosa.* a) Junge Anlage mit beginnender Differenzierung der Paraphysen. b) Älteres Stadium mit Paraphysen, ascogenen Hyphen und Deckschicht. Weitere Erläuterungen siehe Text.

Abb. 13.28 *Peltigerineae.* a) *Peltigera aphthosa.* Gestieltes Apothecium in Aufsicht (3,5 ×). b) Das gleiche Apothecium von der Unterseite gesehen mit geschlossener Rindenschicht (3,5 ×). c) Unterbrochen berindete Unter-

Bei vielen Arten entwickelt sich gleichzeitig aus dem Lobenrand ein Stiel (Abb. 13.28 a, i). Diese Lagerstiele richten sich auf und heben die Apothecien über die Thallusoberfläche empor. Rings um die Scheibe alter Apothecien sind das Excipulum und die Reste der Deckschicht zu sehen. Die ersten Asci werden erst relativ spät nach dem Aufreißen der Deckschicht entwickelt und schieben sich zwischen die dicht wie Palisaden stehenden Paraphysen.

Bei *Hydrothyria* und *Massalongia* werden die Apothecien marginal oder subterminal angelegt und wie bei *Peltigera* im Laufe der Entwicklung auf die Oberseite des Thallus verlagert. *Massalongia* gleicht in der Anatomie *Peltigera*. Das Primordium wird hier oberhalb der Algenzone angelegt[168]. Bei der Entwicklung des Apotheciums wachsen Mark und Algenzone mit. An der Basis des Fruchtkörpers und im Anschluß an das Excipulum werden Stützgewebe entwickelt. Das Lager von *Hydrothyria* ist an der Ober- und Unterseite einschichtig berindet. Das Thallusinnere besteht aus relativ dicken Hyphen, die parallel zur Thallusoberfläche verlaufen und von Adern unterbrochen werden. Das generative Gewebe hebt sich besser ab als bei *Peltigera,* weil es unter der einschichtigen oberen Rinde liegt. Aus der unteren Rinde entwickelt sich ein mehrschichtiges Stützgewebe.

Zu den Peltigeraceen gehört auch die Gattung *Nephroma.* Bei ihr werden die Apothecien ebenfalls marginal angelegt. Die deckende Thallusrinde reißt frühzeitig auf. Durch dorsales Wachstum des Thallus kommen die Fruchtkörper sekundär auf die Thallusunterseite zu stehen.

Die zweite Entwicklungsvariante der *Peltigerineae* soll an *Lobaria laetevirens* erläutert werden. Die Anlage der Fruchtkörper beginnt mit einem dichten, fast pseudoparenchymatischen Geflecht des generativen Gewebes, in das einzelne Algenzellen eingeschlossen sind und aus dem ein Büschel verzweigter Hyphen wie Trichogynen herausragt. Ascogone sind auf diesem Stadium jedoch nicht vorhanden, sie entstehen erst später. Das Primordium hat eine Kugelgestalt. Wie bei den Peltigeraceen entsteht eine Höhlung durch das Aufreißen des generativen Gewebes. Die Deckschicht bildet einen dicken Pfropf, der allmählich abgestoßen wird (Abb. 13.29). Die zu Beginn im generativen

---

seite eines Apotheciums von *Peltigera leucophlebia* (3,5 ×). d) *Lobaria crenulata.* Apothecien mit Anhängseln am Thallusrand (8×). e—g) Allmähliches Aufreißen der Deckschicht des Apotheciums von *Peltigera horizontalis* (e, f: 11 ×, g: 8 ×). h) Geaderte Lagerunterseite von *Peltigera venosa* (3 ×). i) Lager mit Apothecien von *Peltigera spuria* (2 ×). j) Lager mit Soralen von *Peltigera spuria* („*Peltigera erumpens*", 1,5 ×). k) Lager mit eingesenkten Apothecien von *Solorina saccata* (3,5 ×). l) Rhizinen von *Peltigera aphthosa* (12,5 ×).

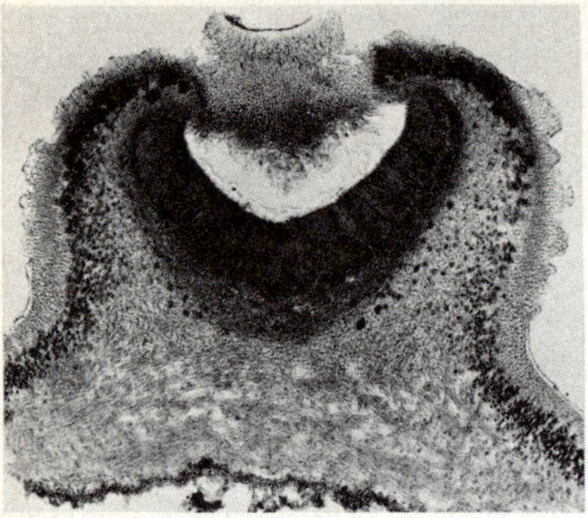

Abb. 13.29 Schnitt durch ein junges hemiangiocarpes Apothecium von *Lobaria laetevirens*. Die Deckschicht wird als Pfropf ausgestoßen (450 ×).

Gewebe eingeschlossenen Algen vermehren sich lebhaft und gelangen später bei der Bildung des Excipulums in die Berandung des Apotheciums, wo sie in Gruppen unterhalb der Bildungsschicht eingelagert werden. Bei *Lobaria crenulata* wächst der Lagerrand zu Lappen aus (Abb. 13.28 d), andere Arten haben einen Eigenrand.

Verwandtschaftliche Beziehungen

Die hemiangiocarpe Entwicklung der *Peltigerineae* erinnert in mancher Beziehung an die Verhältnisse bei den *Graphidaceae*, bei denen ebenfalls eine Höhlung durch Aufreißen des generativen Gewebes entsteht. Da sonst keine weiteren Ähnlichkeiten vorhanden sind, handelt es sich hierbei offensichtlich um eine Konvergenz.

Die Unterteilung der *Peltigerineae* in natürliche Familien bereitet gewisse Schwierigkeiten, da einzelne Gattungen die Merkmale von verschiedenen Verwandtschaftskreisen vereinen. Sie könnten sowohl zu der einen wie zu der anderen Gruppe gestellt werden, je nachdem welche Strukturen man für taxonomisch bedeutsamer hält. *Nephroma* stimmt beispielsweise mit den Peltigeraceen in der marginalen Anlage der Fruchtkörper und ihrer sekundären Verlagerung überein. Auch die hemiangiocarpe Entwicklung gehört zum gleichen Typ. Morphologie und Anatomie des Thallus von *Nephroma* gleichen dagegen mehr den Stictaceen. Der Thallus ist beidseitig berindet, die Lagerunterseite kann ein Tomentum und Cyphellen tragen. Die Cyphellen sind allerdings anders gebaut als bei *Sticta* (S. 63 f.). In bezug auf die Flechtenstoffe weicht *Nephroma* sowohl von den Peltigeraceen als von den Stictaceen ab[67]. Auf Grund der Ascocarp-Ontogenie wird die Gattung meistens zu den Peltigeraceen gestellt[438]. In einigen Systemen rechnet man sie jedoch zu den Stictaceen oder betrachtet sie als gesonderte Familie[431].

Die *Stictaceae* und *Placynthiaceae*, wie wir sie hier begrenzen, sind zwei natürliche Gruppen mit nah verwandten Gattungen. Die Stictaceen sind durch ein hoch differenziertes Lager ausgezeichnet, die Placynthiaceen dagegen einfach gebaut. Die *Peltigeraceae* sind sozusagen eine Sammelfamilie für die restlichen Gattungen der Ordnung, die denselben Typ der hemiangiocarpen Entwicklung besitzen. Die Gattungen der Peltigeraceen variieren dadurch stark in Habitus und Anatomie.

Von *Peltigera* ausgehend sind folgende Kennzeichen der Familie *Peltigeraceae* zu nennen:

1. marginale Anlage der Fruchtkörper und ihre sekundäre Verlagerung,
2. Ascusspitze mit amyloidem Ring,
3. Lager blättrig, nur oberseits berindet,
4. Äderung der Lagerunterseite,
5. Phycobiont Blau- oder Grünalge, Cephalodien kommen vor.

Die abweichende Anatomie einzelner Gattungen deutet auf ein hohes Alter der Unterordnung hin, in der sich offensichtlich verschiedene Entwicklungsrichtungen früh voneinander trennten. Hierfür spricht ferner der hohe Grad der Differenzierung der Stictaceen und mancher Peltigeraceen. Die Ausbildung von Durchlüftungsorganen sowie Strukturen, die Leitelementen ähneln, können ebenso in diesem Sinne verstanden werden wie dicht gelagerte, dickwandige, durch Tüpfel verbundene Markhyphen.

(21) Familie Placynthiaceae

Gattungen: *Koerberia, Placynthium, Vestergrenopsis.*

Die *Placynthiaceae* sind kleine Flechten der arktischen bis mediterranen Gebiete, die hauptsächlich auf schattigem oder zeitweise feuchtem Gestein wachsen. Das olivfarbene Lager ist rosettenförmig und besteht meistens aus radiären Loben, seltener aus Einzelschuppen. Es kann von einem bläulichgrünen Prothallus umsäumt sein. Isidien kommen vor, Sorale fehlen. Die Loben sind dorsiventral oder radiär gebaut. Die laminalen Apothecien haben einen Eigen- oder Thallusrand, die Scheibe ist braun oder schwarz. Die Ascusspitze ist mit einer amyloiden Kappe versehen. Die farblosen, einzelligen oder quergeteilten Sporen werden zu acht oder mehr gebildet. Die Asci und Sporen der Placynthiaceen sind meist degeneriert. Ihre Struktur und ihr Öffnungsmechanismus sind noch nicht eindeutig geklärt. Die Paraphysen sind zum Teil verzweigt, ihre Endzellen verdickt. Die kurzen Conidien entstehen terminal an ungegliederten oder lateral und terminal an gegliederten Conidiophoren. Phycobionten sind fädige Blaualgen der Gattungen *Dichothrix* und *Scytonema*.

Die Gattung *Placynthium* scheint ausschließlich auf die nördliche Hemisphäre beschränkt zu sein und ist in Mitteleuropa mit zahlreichen Arten heimisch. *Placynthium nigrum*, eine häufige Flechte auf Kalkgestein, ist kenntlich an den schuppigen Loben, die einzeln auf dem Prothallus entstehen (S. 216), *Placynthium filiforme*, eine Kalkflechte der Alpen und mediterranen Gebirge, hat radiär gebaute Loben[171].

Vestergrenopsis mit arktisch-borealer Verbreitung hat als einzige Gattung der *Peltigerineae* polyspore Asci[170]. Habituell ähnlich sind die *Koerberia*-Arten, die in wärmeren Gebieten auf Gestein oder Rinde vorkommen[169].

(22) Familie Peltigeraceae

Gattungen: *Hydrothyria, Leptochidium, Massalongia, Nephroma, Peltigera, Solorina.*

Charakteristik der Familie

Die *Peltigeraceae* sind Flechten der arktischen bis gemäßigten Zonen. Sie besiedeln Erde, Rinde und Gestein. Der Thallus ist meist großblättrig und oberseits oder beidseitig berindet. Selten kommen strauchige Thalli vor, die dann ringsum berindet sind. Die Oberfläche der Thalli ist glatt, areoliert oder behaart. Die Lagerunterseite ist glatt, geädert oder filzig. Isidien, Sorale, Cephalodien und Atemporen werden gebildet. Die Apothecien entstehen entweder laminal oder werden marginal angelegt und sekundär auf die Ober- oder Unterseite des Thallus verschoben. Sie sind in dem Thallus eingesenkt oder sitzen ihm auf. Die braune Scheibe ist eben oder krugförmig vertieft. Im jungen Stadium ist der Fruchtkörper von einer Deckschicht bedeckt, die früher oder später aufreißt. Ein Excipulum kann vorhanden sein oder fehlen. Die Endzellen der dicht stehenden Paraphysen sind anfangs zugespitzt, später leicht verdickt. Die Asci haben eine amyloide Ring- oder Kappenstruktur und enthalten acht farblose oder braune, einzellige oder quergeteilte, glatte oder warzige Sporen. Die Conidien werden meistens lateral und terminal an gegliederten Conidiophoren gebildet. Phycobionten sind einzellige Grünalgen oder fädige Blaualgen.

Bemerkungen zu den Gattungen

Von den Arten der Gattung *Peltigera* ist *P. canina* unter dem Namen Hundsflechte bekannt (Abb. 10.4). Das großblättrige graue oder bräunliche Lager der *Peltigera*-Arten ist mit kräftigen Rhizinen (Abb. 13.28 l) auf der Erde befestigt. Die Unterseite ist geädert (Abb. 13.28 h) und filzig, die Oberseite glatt, behaart oder höckerig und häufig mit Isidien oder Soralen bedeckt (S. 57 f.). Die symbiotischen Algen sind *Coccomyxa* oder *Nostoc*. *Peltigera aphthosa* und *P. leucophlebia*, die Grünalgen als Phycobionten besitzen, bilden externe Cephalodien. Die beiden Arten unterscheiden sich durch die Berindung der Apotheciumunterseite. Normalerweise ist das Mark unterhalb der Apothecien ebensowenig berindet wie die übrige Unterseite des Lagers. Bei diesen beiden Arten wird jedoch unter älteren Hymenien eine Rinde entwickelt. Sie ist bei *Peltigera aphthosa* geschlossen (Abb. 13.28 b), bei *Peltigera leucophlebia* besteht sie dagegen aus isidienartigen Auswüchsen (Abb. 13.28 c). Es handelt sich hierbei um ein artspezifisches Merkmal, das offensichtlich genetisch bedingt ist[215]. In beiden Fällen wird die Bildung der Rinde durch Gruppen von Algenzellen angeregt, die im Mark liegen. Bei diesen Arten wird das Primordium des Fruchtkörpers innerhalb der Algenzone angelegt, wodurch eine kleine Gruppe von Algenzellen im äußersten Rand des Thallus verbleibt. Diese Zellen gelangen beim weiteren Wachstum des Apotheciums in das Mark unterhalb des Hymeniums. Bei *Peltigera aphthosa* sammeln sie sich an der Unterseite des Thallus in einer mehr oder weniger gleichmäßigen Schicht an. Unterhalb dieser Algenzone differenzieren sich die Markhyphen zu einer pseudoparenchymatischen Rinde. Bei *Peltigera leucophlebia* werden die Algenzellen sofort dicht von Markhyphen umhüllt, die, wenn sie in die Nähe der Unterseite gelangen, allseitig eine Rinde entwickeln. Die Rinde besteht daher aus einzelnen isidienartigen Gebilden. Diese „Isidien" sind geeignet als Ausgangsmaterial für die künstliche Kultur der Flechte (S. 211)[215].

Auch die *Solorina*-Arten unterscheiden sich voneinander durch die verschiedenartige Berindung der Fruchtkörper. Die Apothecien sind bei diesen Flechten laminal in den Thallus eingesenkt (Abb. 13.28 k). Bei *Solorina saccata* ist die Scheibe krugförmig vertieft, und die dickwandigen Markhyphen bilden eine pseudoparenchymatische Rinde unterhalb der Apothecien. Bei *Solorina crocea* mit etwas vorstehenden Apothecien und glatter Scheibe fehlt dagegen eine solche Berindung. *Solorina crocea* ist eine arktisch-alpine Flechte der Schmelzwasserböden. Auffallend ist die ziegelrote Färbung ihrer geäderten Lagerunterseite. Wie bei *Peltigera,* so bildet auch hier das Mark die untere Begrenzung des Thallus. Der untere Teil des Marks besteht aus Hyphen, die durch aufgelagerte Flechtenstoffe ziegelrot gefärbt sind. Darüber befindet sich eine Schicht ungefärbter Markhyphen, in die *Nostoc*-Kolonien eingelagert sind. Es handelt sich hierbei um interne Cephalodien (S. 67). Der eigentliche Phycobiont ist eine *Coccomyxa*-Art. Die Schicht der Grünalgen dringt mit einzelnen Strängen bis in die Rinde aus antiklinen Hyphen vor, die den Thallus nach oben begrenzt (Abb. 3.19 a).

Hydrothyria venosa, eine nordamerikanische Gesteinsflechte, die in fließendem Wasser lebt, hat ebenfalls einen geäderten Thallus. Diese Adern entstehen jedoch im Innern des beidseitig berindeten Lagers aus großlumigen Hyphen. Das auch bei uns heimische *Leptochidium albociliatum* ist habituell *Hydrothyria* ähnlich. Beide Flechten haben einen dünnen, schwärzlichen Thallus, der an *Leptogium*-Arten erinnert. Der Name „albociliatum" deutet auf die glasartigen Haare hin, die stellenweise Lager und Apothecien besetzen.

Polychidium ist die einzige Gattung der Unterordnung *Peltigerineae* mit strauchförmigem Thallus. Das Lager ist hoch differenziert und allseitig berindet. Die Markhyphen sind ähnlich wie bei *Peltigera* mit getüpfelten Wänden versehen[166]. *Polychidium muscicola* ist eine arktisch-alpine Flechte, die Moose auf Gestein überzieht. Die übrigen Arten der Gattung siedeln auf Rinde. Phycobionten sind *Scytonema*- und *Nostoc*-Arten.

Besonderes Kennzeichen der Gattung *Nephroma* ist die Lage der Fruchtkörper auf der Unterseite der Loben. Die blättrigen Thalli von *Nephroma arcticum* können einen Durchmesser von über 40 cm erreichen. Auch die Apothecien sind mit einer Breite von 2 bis 3 cm ungewöhnlich groß. Die Lagerunterseite ist bei *Nephroma resupinatum* von einem Tomentum bedeckt und trägt Atemporen, die anatomisch den *Sticta*-Cyphellen ähneln, sich aber morphologisch von ihnen unterscheiden. Sie sind nicht grubig vertieft, sondern stehen an der Spitze von Tuberkeln. Eine Reihe von *Nephroma*-Arten bilden Isidien oder Sorale. Phycobionten sind Grün- oder Blaualgen. Die Arten mit Grünalgen bilden interne Cephalodien.

(23) Familie Stictaceae

Gattungen: *Lobaria, Pseudocyphellaria, Sticta.*

Die *Stictaceae* sind große Blattflechten mit hoch differenziertem, beidseitig berindetem Lager. Die Lageroberseite ist meistens netzaderig oder grubig und trägt häufig Isidien oder Sorale. Die Unterseite ist oft von einem Tomentum bedeckt, das ebenfalls netzartig verlaufen kann (Abb. 10.3 b). Die *Sticta*-Arten entwickeln grubige Cyphellen auf der Unterseite der Loben (Abb. 3.11 g, h), die *Pseudocyphellaria*-Arten Pseudocyphellen. Phycobionten sind einzellige Grünalgen oder *Nostoc*. Die Arten mit Grünalgen enthalten zusätzlich *Nostoc* in internen oder externen Cephalodien. Die internen Cephalodien sind als kugelige Anschwellungen des Thallus erkennbar, die externen Cephalodien haben eine strauchförmige Gestalt und werden von der Oberseite des Lagers entwickelt (S. 71).

Die Apothecien der Stictaceen werden meistens laminal gebildet und sitzen häufig auf den Rippen der Lageroberseite. Sie haben einen Lagerrand oder einen Eigenrand. Der Lagerrand kann zu Loben ausgezogen sein (Abb. 13.28 d). Die Deckschicht der jungen Fruchtkörper löst sich als kreisförmige Scheibe ab. In der Ascusspitze liegen mehrere kappenförmige Schichten, die sich mit Jod färben (Abb. 4.7 b). Die Zahl dieser Schichten variiert, unter Umständen ist nur eine vorhanden.

Die Pycnidien haben einen charakteristischen Bau. Die gegliederten Conidiophoren bilden ein netzig verzweigtes System, an dem lateral und terminal die Conidien entwickelt werden.

Die Stictaceen sind tropisch-ozeanische Fels- und Rindenbewohner, die in der südlichen Hemisphäre einen großen Artenreichtum aufweisen. Die europäischen Vertreter kommen hauptsächlich im ozeanischen Westen vor. Einige *Lobaria*-Arten wie *Lobaria pulmonaria* (Abb. 10.3 b) die bekannte Lungenflechte, gedeihen auch gut an luftfeuchten Standorten im Binnenland, sind bei uns jedoch seit hundert Jahren stark im Rückgang begriffen. *Sticta fuliginosa* und *Sticta sylvatica* mit isidiöser Oberfläche sind an geeigneten Stellen in den Alpen anzutreffen.

4. Unterordnung Teloschistineae

(24) Familie Teloschistaceae

Gattungen: *Caloplaca, Fulgensia, Protoblastenia, Teloschistes, Xanthopeltis, Xanthoria.*

Charakteristik der Familie

Die Teloschistaceen sind Krusten-, Blatt- und Strauchflechten der arktischen und gemäßigten Zone, die Gestein und Rinde besiedeln oder Erde, Detritus und Moose überwachsen. Das Lager hat meistens eine gelbe bis orange, seltener eine graue Farbe und färbt sich mit KOH violett. Es ist durch Markhyphen, Rhizinen oder Haftscheiben auf dem Substrat befestigt. Isidien, Sorale und Fibrillen kommen als Anhangsorgane vor. Das Lager ist heteromer gebaut, in Algenzone und Mark geschichtet und oberseits oder beidseitig berindet. Die Rinde besteht aus antiklinen, netzig verzweigten Hyphen, die zum Teil ein Pseudoparenchym bilden, oder aus periklin verlaufenden Hyphen mit stark gelatinisierten und verklebten Wänden. Die lecanorinen und biatorinen Apothecien werden laminal oder terminal gebildet. Die Scheibe ist meist orange und färbt sich mit KOH violett. Das Excipulum ist annular entwickelt. Die amyloide Wand der unitunicaten Asci ist apikal im optischen Schnitt hufeisenförmig verdickt (Abb. 4.8). Die Wandverdickung färbt sich wie die übrige Wand in Jod intensiv blau. Die Paraphysen tragen an der Spitze ein bis mehrere kugelige Zellen, denen meistens Parietin anhaftet, das in der obersten Schicht der Hymenialgallerte eingelagert wird. Die Sporen werden zu acht im Ascus gebildet und sind farblos. Im typischen Fall sind sie polar-diblastisch, d. h. sie bestehen aus zwei Lumina, die durch ein breites Septum nur unvollständig getrennt sind. Das Septum wird durch einen feinen Kanal, den Isthmus durchbrochen (Abb. 4.8). Auch einzellige und zweizellige Sporen mit dünner, nicht durchbrochener Wand kommen vor. Die kurzen Conidien werden lateral und terminal an gegliederten Conidiophoren gebildet. Phycobionten sind einzellige Grünalgen, vielfach *Trebouxia.*

Die kleine Unterordnung der *Teloschistineae* ist durch zwei hervorstechende Merkmale ausgezeichnet: durch polarzweizellige Sporen und durch den Gehalt an Parietin. Früher nahm man an, das Vorkommen von Parietin wäre auf die Teloschistaceen beschränkt. Inzwischen wurde dieses Anthrachinon auch in einigen anderen, nicht näher untereinander oder mit den Teloschistaceen verwandten Flechten gefunden, beispielsweise in *Arthonia-*, *Sphaerophorus-*, und *Stereocaulon*-Arten[348]. Parietin ist ferner aus *Aspergillus*, *Penicillium* und einigen Blütenpflanzen bekannt.

Bei der Mehrzahl der Teloschistaceen korrelieren die beiden Merkmale. Es gibt jedoch einige Ausnahmen. Einigen *Caloplaca-Arten* mit typisch bipolaren Sporen fehlt beispielsweise das Parietin, während die Gattungen *Protoblastenia*, *Fulgensia* und *Xanthopeltis*, die Parietin enthalten und nach morphologischen und anatomischen Merkmalen ohne Zweifel zu den Teloschistaceen gehören, keine bipolaren Sporen haben[348, 352].

Entwicklung der Fruchtkörper

Die Fruchtkörper der *Teloschistaceae* zeigen wie die Apothecien der *Parmeliaceae* den normalen Entwicklungsverlauf einer ascohymenialen Flechte. Während bei den *Parmeliaceae* ein becherförmig geschlossenes Excipulum gebildet wird, ist es bei den Teloschistaceen annular. Auch bei den Teloschistaceen findet sich unter den subhymenialen Schichten eine Algenzone, sie ist allerdings nicht so gleichmäßig entwickelt wie bei den Parmeliaceen. Die äußere Begrenzung des Apotheciums ist ein Thallusrand oder ein Excipulum proprium. Als Beispiel soll *Caloplaca cinnamomea*, eine Krustenflechte mit unberindetem Thallus, die auf Moosen und Detritus wächst, dienen. Sie hat lecanorine Apothecien, deren Entwicklung im oberen Teil der Algenzone mit der Anlage eines generativen Gewebes mit mehreren Ascogonen beginnt (Abb. 13.30 a). Aus der Basis des generativen Gewebes wachsen bald die ersten echten Paraphysen hervor. Etwa gleichzeitig entstehen aus den ascogenen Hyphen die Asci (Abb. 13.30 b). Der angrenzende Teil des Thallus wächst mit der Anlage zusammen in die Höhe und entwickelt sich zu einem Lagerrand (Abb. 13.30 c). In älteren Stadien differenziert sich rings um das Hymenium in der üblichen Weise ein Excipulum. Hierbei werden von der Bildungsschicht nach innen Paraphysen und nach außen Excipulumhyphen abgegeben. Der Thallusrand erhält ein Stützgewebe. Es entspringt den Markhyphen und besteht aus antiklinen, netzig verbundenen Hyphen. Diese Berindung hat die gleiche Struktur wie die obere Thallusrinde höher differenzierter *Caloplaca*-Arten. Die Menge der Algenzellen im Thallusrand und im Mark unterhalb des Subhymeniums ist variabel. Die Algenzellen können wie bei den *Parmeliaceae* eine durchgehende Lage bilden oder stellenweise fehlen (Abb. 13.30 d). Auch das Excipulum kann unterschiedlich stark ausgebildet sein. Es kann auf einer Seite des Fruchtkörpers stark entwickelt und auf der anderen reduziert sein.

Wenn auch die Anzahl der Algenzellen im Lagerrand in alten Apothecien schwanken kann, so ist bei *Caloplaca cinnamomea* doch stets ein Thallusrand vorhanden, selbst dann wenn er sekundär einseitig fast algenfrei erscheint und hauptsächlich aus dem Stützgewebe besteht. Die habituell ähnliche und auf dem gleichen Substrat vorkommende *Caloplaca leucoraea* entwickelt dagegen nur ein Excipulum proprium (Abb. 13.30 e). Die *Caloplaca*-Arten, die nur einen Eigenrand bilden, hat man früher als Gattung *Blastenia* abgetrennt. Das generative Gewebe wird bei diesen Arten ebenfalls inner- oder oberhalb der Algenzone angelegt. Bei der Entwicklung der Apothecien gelangen deshalb häufig einzelne Algenzellen in das Subhymenium. Das hat dazu geführt, daß diese beiden grundsätzlich verschiedenen Berandungen nicht immer klar unterschieden wurden.

Bei den anderen Gattungen der Familie verläuft die Entwicklung nicht viel anders als bei *Caloplaca.* Bei *Xanthoria* und *Teloschistes* sind die Apothecien genau wie bei den placoiden *Caloplaca*-Arten mit einem Thallusrand versehen, während die Fruchtkörper bei *Xanthopeltis* eingesenkt sind. Die Berindung des Lagerrandes hat immer die gleiche Struktur wie die anschließende obere Rinde des Thallus. Die Rinde besteht bei *Teloschistes* aus periklin verflochtenen Hyphen, bei den anderen Gattungen aus antiklinen, netzig verbundenen Hyphen, die ein lockeres Pseudoparenchym bilden können.

Verwandtschaftliche Beziehungen

Die *Teloschistineae* sind eine in sich gut abgegrenzte Unterordnung. Man stellt sie gewöhnlich in die Nähe der *Physciineae,* mit denen sie sogar in einer Ordnung vereinigt wurden. Die *Physciineae* besitzen zwar zweizellige Sporen, deren dicke Wand in der Mitte einen Kanal frei läßt und damit an die bipolaren Sporen der *Teloschistineae* erinnern, die isthmusartige Struktur beschränkt sich jedoch auf die sekundären Wandauflagerungen, die primär gebildete Querwand ist nicht durchbrochen; außerdem sind die Sporen braun. Auch die Anatomie der Fruchtkörper und des Thallus differiert. Eine enge Verwandtschaft der beiden Unterordnungen ist unwahrscheinlich. Nähere verwandtschaftliche Beziehungen scheinen dagegen zwischen den *Teloschistineae* und manchen *Lecanorineae* zu bestehen.

Bemerkungen zu den Gattungen

Bei den Gattungen der Teloschistaceen sind alle Möglichkeiten der morphologischen Thallusdifferenzierung vertreten. *Protoblastenia* und viele *Caloplaca*-Arten haben einen krustigen, wenig differenzierten Thallus, in dem die Algen jedoch meistens eine besondere Zone bilden.

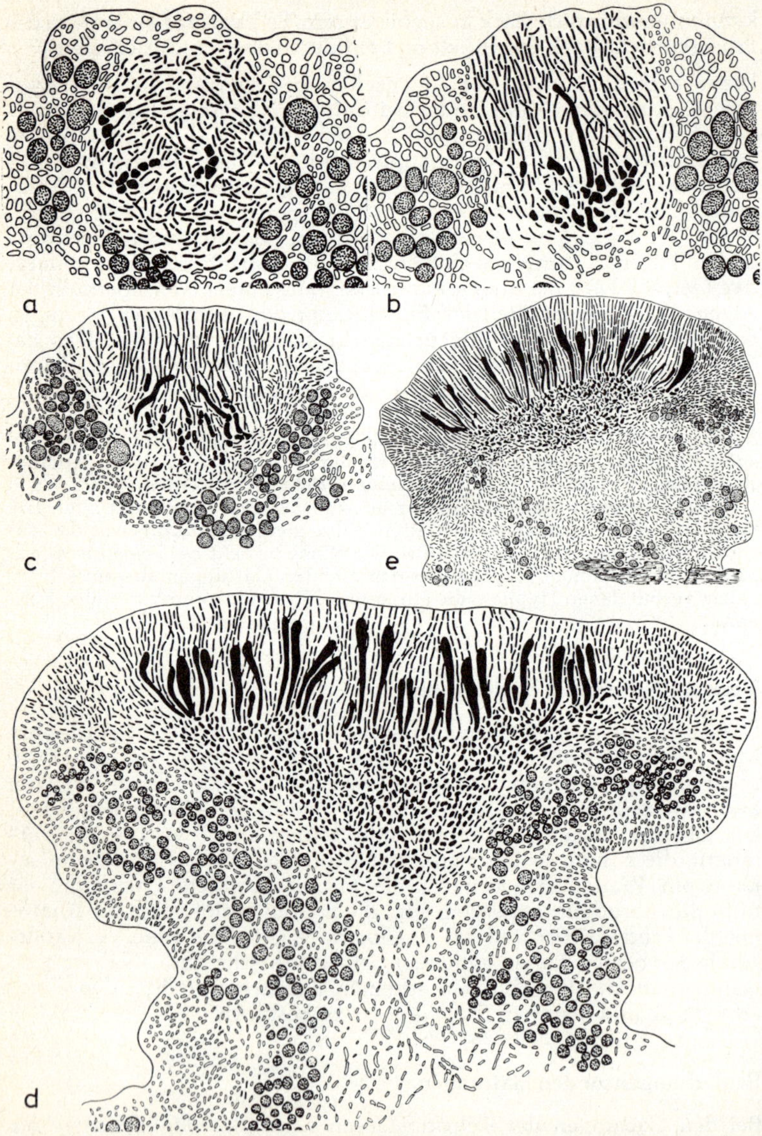

Abb. 13.30 Entwicklung der Apothecien bei *Caloplaca*. a—d) *Caloplaca cinnamomea:* a) generatives Gewebe mit Resten von Ascogonen; b) Beginn des Hochwachsens des die Anlage umgebenden Thallus; c) älteres Stadium

Andere *Caloplaca*-Arten sind placoid, und das Lager ist oberseits berindet. Bei allen diesen Arten ist der Thallus durch die Markhyphen auf dem Substrat befestigt. Die *Xanthoria*-Arten haben einen blättrigen, beidseitig berindeten Thallus, der mit kleinen Haftscheiben oder kurzen dicken Rhizinen der Unterlage aufsitzt. Die monotypische Gattung *Xanthopeltis* hat ein blättrig-genabeltes Lager, das unterseits zum Nabel hin rinnig zusammengezogen ist (Abb. 13.31 e, f). Die Gattung *Teloschistes* schließlich umfaßt die strauchigen Arten der Familie mit radiär gebauten Loben.

Caloplaca ist eine artenreiche Gattung mit weiter ökologischer Amplitude. Viele Arten kommen nur auf Kalk vor, andere, wie *Caloplaca thallincola* (Abb. 13.31 d) auf Silikatgestein am Meeresufer. Eine Reihe von arktisch-alpinen Arten überziehen Moose und Detritus auf basischem Untergrund.

Xanthoria parietina (Abb. 13.31 c) ist in Mitteleuropa eine häufige Rindenflechte auf Straßenbäumen. In Skandinavien benutzte man sie, um die Fugen zwischen den Balken der Hauswände zu dichten. LINNÉ gab der Flechte deshalb ihren Artennamen „parietina" (paries = Wand).

Von den *Teloschistes*-Arten kommen *Teloschistes flavicans* im ozeanischen Westen und *Teloschistes chrysophthalmus* im westlichen Europa und im Mittelmeergebiet vor. *Teloschistes chrysophthalmus* hat einen allseits sperrig abstehenden, mit einer Haftscheibe und einigen Rhizinen befestigten Thallus und terminale, mit Cilien besetzte Apothecien (Abb. 13.31 a). Die Loben von *Teloschistes flavicans* sind mehr oder weniger stark behaart (Abb. 13.31 b). Das Festigungsgewebe aus periklinen Hyphen bildet bei *Teloschistes* einen breiten Mantel um die teils hohle Markschicht.

Xanthopeltis[352] ist in Chile beheimatet. Die zweizelligen, mit dünner durchgehender Wand versehenen Sporen, sind im Ascus spiralig umeinander gewickelt. Auch *Protoblastenia* und *Fulgensia* haben keine bipolaren Sporen. Beide Gattungen besiedeln Kalk.

5. Unterordnung Physciineae

(25) Familie Physciaceae

Gattungen: *Anaptychia, Buellia, Dermatiscum, Dimelaena Dirinaria, Heterodermia, Physcia, Physciopsis, Physconia, Pyxine, Rinodina, Tornabenia.*

---

mit Asci, Paraphysen und Margo thallinus; d) reifes, lecanorines Apothecium mit berindetem Lagerrand. e) *Caloplaca leucoraea.* Reifes, biatorines Apothecium mit einzelnen Algenzellen im Excipulum. Weitere Erläuterungen siehe Text.

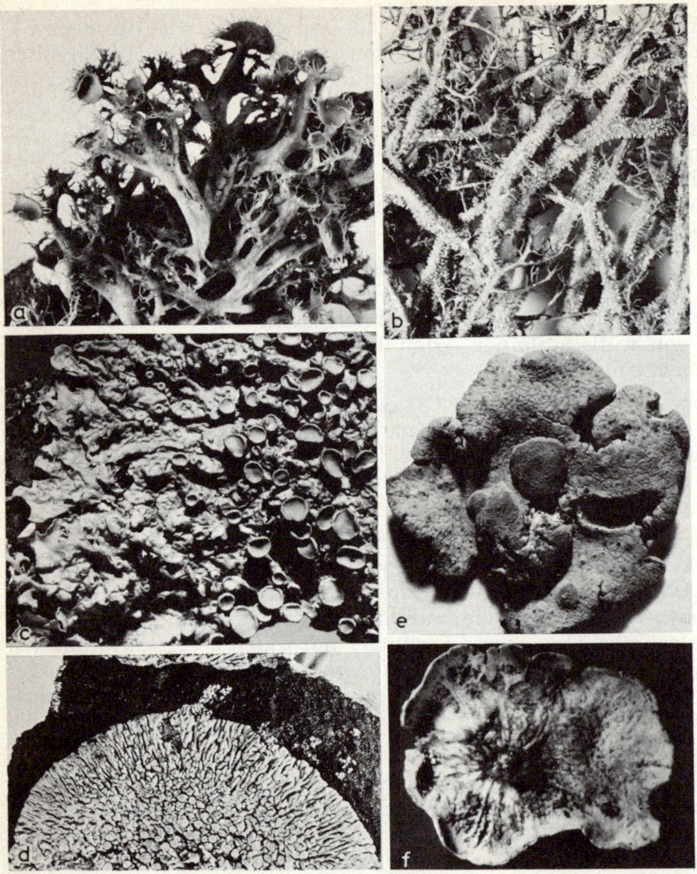

Abb. 13.31 *Teloschistaceae*. a) *Teloschistes chrysophthalmus*. Lager strauchig, Loben und Apothecien mit Cilien besetzt (3 ×). b) *Teloschistes flavicans* var. *acromelas*. Loben dicht behaart (4,5×). c) *Xanthoria parietina*. Thallus blättrig, Apothecien mit Lagerrand (2,5 ×). d) *Caloplaca thallincola*. Lager placoid (1,5 ×). e und f) *Xanthopeltis rupicola*: e) Lageroberseite mit Apothecien (4,5 ×); f) Lagerunterseite mit Haftscheibe (4 ×).

Charakteristik der Familie

Zu den *Physciaceae* gehören weltweit verbreitete Flechten mit krustig-areoliertem, placoidem, blättrigem oder strauchigem Lager. Auch nicht lichenisierte Formen und Flechtenparasiten sind ein Teil dieser Familie. Viele der Flechten wachsen auf Rinde, andere auf Gestein, Erde oder über

Moosen und Detritus. Das Lager kann von einem Prothallus umgeben sein und ist durch Markhyphen, Rhizinen oder eine Haftscheibe befestigt. Isidien, Sorale und Bereifung der Oberseite kommen vor. Der Lagerbau ist variabel, bei krustigen Formen teils homöomer, teils mit deutlicher Schichtung, bei blättrigen Thalli ein- oder beidseitig berindet, bei strauchigen Lagern radiär. Die Rinde besteht entweder aus antiklinen, ein Pseudoparenchym bildenden Hyphen, oder aus unregelmäßig verflochtenen Hyphen. Auch streng parallel zur Oberfläche orientierte Hyphen kommen vor. Das Mark ist locker oder dicht verwoben und manchmal stellenweise hohl. Die meist flächenständigen Apothecien entwickeln sich gymnocarp oder hemiangiocarp. Sie sind von Beginn der Entwicklung an eingesenkt oder sitzen dem Thallus auf. Als Berandungen kommen ein annulares, lecideines Excipulum, ein Lagerrand oder ein Lagerrand mit aufgesetztem Excipulum vor. Aus dem Lagerrand können Cilien entspringen. Die Scheibe ist braun oder schwarz, vielfach bereift.

Die Asci der Physciaceen sind dickwandig und haben eine amyloide Ringstruktur (Abb. 4.5 d). Sie enthalten 8 braune Sporen. Die Sporen sind meist zweizellig und entweder dünnwandig oder mit Wandauflagerungen versehen, die den Lumina eine runde oder häufiger eine eckige Gestalt geben. Nach der Form der Lumina hat man verschiedene Sporen-Typen unterschieden[309], wovon einige in Abb. 13.32 dargestellt sind. Der *Orcularia*-

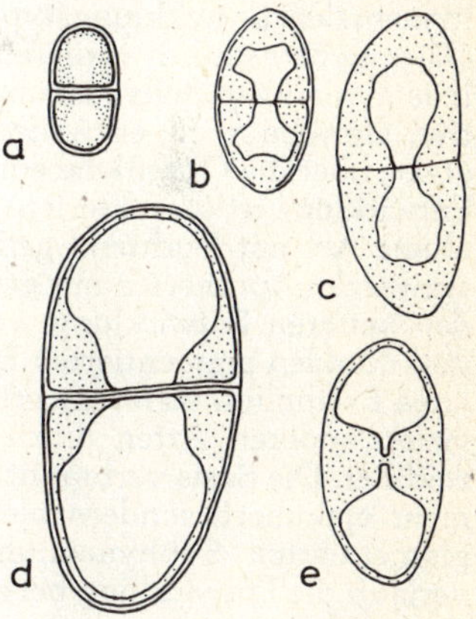

Abb. 13.32 Sporentypen bei Physciaceen: a) *Beltraminea*-Typ (*Dimelaena oreina*); b) *Physcia*-Typ; c) *Pachysporia*-Typ (*Heterodermia*); d) *Physconia*-Typ; e) *Orcularia*-Typ (aus J. Poelt: Nova Hedwigia 9 [1965] 1).

Typ gleicht sehr den Sporen der *Teloschistineae*. Auch hier ist ein enger, die Lumina verbindender Kanal vorhanden. Dieser Kanal verbindet die Zellen jedoch nicht vollständig, sondern ist durch die primär entwickelte Querwand unterbrochen. Elektronenoptisch wurde nachgewiesen, daß diese Wand nicht durch einen Porus durchbrochen wird[340]. Auffallend ist die reversible Natur der Wandauflagerungen[115, 234, 309]. Die Auflagerungen sind häufig nur in jungen Sporen sichtbar, verschwinden dagegen bei der Reife oder in überalterten Sporen. Beim *Physconia*-Typ können die Verdickungen durch die Anwendung von KOH in reifen, dünnwandigen Sporen wieder ausgedehnt werden. Die Sporen von *Physcia aipolia* wurden elektronenoptisch genauer untersucht. Die Wand besteht hier aus zwei Schichten, wovon die innere das Septum bildet[340]. — Rhombische Lumina in mehrzelligen Sporen finden wir auch bei den *Pyrenulaceae*. Die Wandverdickungen sind hier jedoch konstant, nicht reversibel. — Neben den zweizelligen Sporen kommen selten auch mauerförmige Sporen vor. Die Sporenwand ist glatt oder warzig. Das Subhymenium ist hell oder dunkel gefärbt. Die Enden der Paraphysen sind kopfig verdickt.

Innerhalb der Physciaceen lassen sich drei verschiedene Typen der Conidienbildung unterscheiden[131]. Bei *Physcia* werden die kurzen Conidien lateral und terminal von gegliederten Conidiophoren gebildet, die teils ein Netzwerk wie bei *Sticta*, teils sterile Platten wie bei *Dermatocarpon* bilden. Die beiden anderen Typen der Conidienbildung bei den Physciaceen ähneln der Conidienbildung der *Parmeliaceae*. Wir finden einmal den Bajonetttyp, bei dem wenig gegliederte Conidiophoren lange Conidien abschnüren und zweitens ungegliederte Conidiophoren, die terminal nadelförmige oder sichelförmige Conidien bilden. Phycobionten sind einzellige Grünalgen. *Trebouxia* wurde für viele Arten nachgewiesen.

Entwicklung der Fruchtkörper

Die Ontogenie der Fruchtkörper entspricht dem allgemeinen ascohymenialen Entwicklungstyp. Im einzelnen kann sie innerhalb einer Gattung beträchtlich variieren[234]. Bei *Buellia* verläuft sie beispielsweise teils gymnocarp, teils hemiangiocarp (*Buellia canescens*). Das generative Gewebe wird entweder im Thallus eingesenkt angelegt, ragt etwas über die Oberfläche empor oder liegt völlig exogen. Die exogene Entwicklung ist charakteristisch für *Buellia wahlenbergii*, eine arktisch-alpine Art mit leuchtend gelbem oder grünlichem Lager und großen, schwarzen Apothecien mit gewölbter Scheibe (Abb. 13.34 b). Im Laufe der weiteren Entwicklung werden Paraphysen mit kopfig verdickten und dunklen pigmentierten Endzellen und ein radial-strahliges, annulares Excipulum differenziert. Die Apothecien sind bei dieser wie bei vielen anderen Arten durch ein extremes Vertikalwachstum ausgezeichnet. Die Basis verbräunt graduell. Die Sporen werden häufig nicht mehr ejakuliert, sondern bleiben in Gruppen zu acht in dem dunkel pigmentierten Subhymenium eingeschlossen (Abb. 13.33). Ähnlich verläuft die Entwicklung bei der Gattung *Dermatiscum*.

Die Apothecien der blättrigen und strauchigen Gattungen sind meist mit einem Lagerrand versehen, der wie bei den *Parmeliaceae* und den *Teloschistaceae* durch Hochwachsen des Thallus um das sich entwickelnde Apothecium herum entsteht. Im Unterschied zu den beiden anderen Familien fehlen allerdings den Physciaceen die Algen unter dem Subhymenium. Der Lagerrand der Apothecien ist in der Regel in der gleichen Weise berindet wie der anschließende Thallus. Bei *Anaptychia ciliaris* beispielsweise bestehen beide Rinden aus periklinen Hyphen, bei *Physcia aipolia* aus antiklinen Hyphen, die sich zu einem Pseudoparenchym zusammenschließen. Das Subhymenium ist bei den

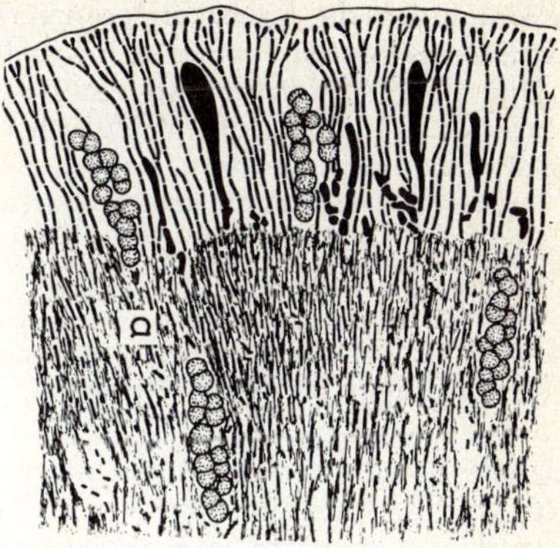

Abb. 13.33 Ausschnitt aus einem alten Apothecium von *Buellia wahlenbergii.* Nicht ausgeschleuderte Sporen im Hymenium und in den subhymenialen Schichten (nach HENSEN).

meisten Gattungen hell, bei *Dirinaria* dagegen ist es dunkel. Bei einer Reihe von Arten trägt der Lagerrand der Apothecien Cilien. Bemerkenswert sind die schwarzen, lecideinen Fruchtkörper bei *Pyxine,* einer ebenfalls blättrigen Gattung.

Verwandtschaftliche Beziehungen

In der Kombination ihrer Merkmale stehen die *Physciineae* weitgehend isoliert. Ihre Beziehungen zu den *Teloschistineae* wurden auf S. 349 diskutiert. Am engsten schließen sie sich genau wie die *Teloschistineae* an die *Lecanorineae* an, mit denen sie durch die normale ascohymeniale Entwicklung der Fruchtkörper und durch die Ausbildung eines annularen Excipulums übereinstimmen.

Die Flechtengattungen der Unterordnung der *Physciineae* wurden früher auf zwei Familien, die *Buelliaceae* und die *Physciaceae* aufgeteilt. Da diese Gruppen aber durch Übergangsformen miteinander verbunden sind, folgen wir dieser Einteilung nicht.

Die Begrenzung der Gattungen ist erst in neuerer Zeit einer Revision unterworfen worden, wobei die Großgattungen *Physcia* und *Anaptychia* in natürlichere Einheiten aufgeteilt wurden[65, 227, 309]. Für *Buellia* und *Rinodina* steht eine entsprechende Revision noch aus. Diese beiden Gattungen werden künstlich nach dem Vorkommen eines apothecialen Lagerrandes begrenzt. In der Gattung *Buellia* hat man mit Sicherheit ganz verschiedene Elemente vereint. *Buellia canescens* weicht beispielsweise in ontogenetischen und anatomischen Merkmalen von den anderen Buellien ab und ist auch in bezug auf die Entwicklung von Flechtenstoffen weiter fortgeschritten[194, 234].

Die verschiedenen Sporentypen sind sowohl bei den krustigen als auch bei den blättrigen und strauchigen Formen vertreten. Man schließt daraus, daß die höher differenzierten Sippen sich polyphyletisch aus einfach gebauten Formen mit krustigem Thallus entwickelt haben. Im allgemeinen sind die blättrigen Gattungen hinsichtlich ihrer Ausstattung mit Flechtenstoffen deutlich höher entwickelt als die Gattungen mit krustig-areoliertem Lager. Atranorin und Norstictinsäure sind verbreitet, bei den blättrigen Gattungen kommen zusätzlich vor allem Xanthone und Zeorin vor[194]. Eine Ausnahme macht *Anaptychia palmulata*, die nur Atranorin enthält[65].

Bemerkungen zu den Gattungen

Unter Berücksichtigung von morphologischen und chemischen Merkmalen hat man die alten, komplexen Gattungen *Physcia* und *Anaptychia* in mehrere, gut abgegrenzte kleinere Gattungen aufgespalten[65, 227, 309].

Die Gattung *Tornabenia* hat einen strauchigen Thallus mit radiär gebauten, behaarten Loben und Sporen vom *Orcularia*-Typ (Abb. 13.32 e). Die beiden Arten kommen mit einer hochdisjunkten, xerischen Verbreitung im Mittelmeergebiet und in den südamerikanischen Andenhochländern vor. Die Loben erhalten ihre Festigkeit durch eine Scheide von periklinen, miteinander verklebten Hyphen. Bei einer der beiden Arten bilden die Markhyphen zusätzlich zentrale Stränge.

Physciopsis unterscheidet sich von allen anderen blättrigen Gattungen durch sichelförmig gebogene Conidien, die in Form und Bildungsweise mit manchen *Buellia*-Arten übereinstimmen. Die Loben liegen dem Substrat dicht auf, Rhizinen fehlen. Zu dieser Gattung gehört die bei uns heimische *Physciopsis elaeina*. Die habituell ähnlichen *Dirinaria*-Arten unterscheiden sich durch den Besitz von Rhizinen und ein dunkles Subhymenium[23]. *Physconia* ist durch einen besonderen Sporentyp (Abb. 13.32 d) ausgezeichnet und hat meist bräunliche und bereifte Lager (Abb. 13.34 f), die oft mit Soralen bedeckt sind. *Physconia pulverulenta* ist eine häufige Art auf Straßenbäumen.

Die *Physcia-Arten* haben teils ein hellgraues, teils ein bräunliches Lager, das häufig mit Soralen, seltener mit Isidien bedeckt ist. Sie sind wie die meisten Physciaceen coniophil und in der Nähe menschlicher und tierischer Behausungen sowie auf Vogelsitzplätzen usw. anzutreffen. *Physcia aipolia* (Abb. 13.34 c) ist durch ein weiß gepunktetes Lager ausgezeichnet, *Physcia adscendens* durch Gewölbesorale an den Lobenspitzen (Abb. 13.34 d, e). *Pyxine*, eine subtropische Gattung, hat schwarze, lecideine Apothecien.

Heterodermia unterscheidet sich von *Anaptychia* durch die Struktur der Sporen und unterschiedliche Flechtenstoffe[65, 309]. Die Gattung ist durch zahlreiche, meist sehr hygrophile Arten in den Tropen und Subtropen vertreten, einige wenige kommen in der gemäßigten Zone vor.

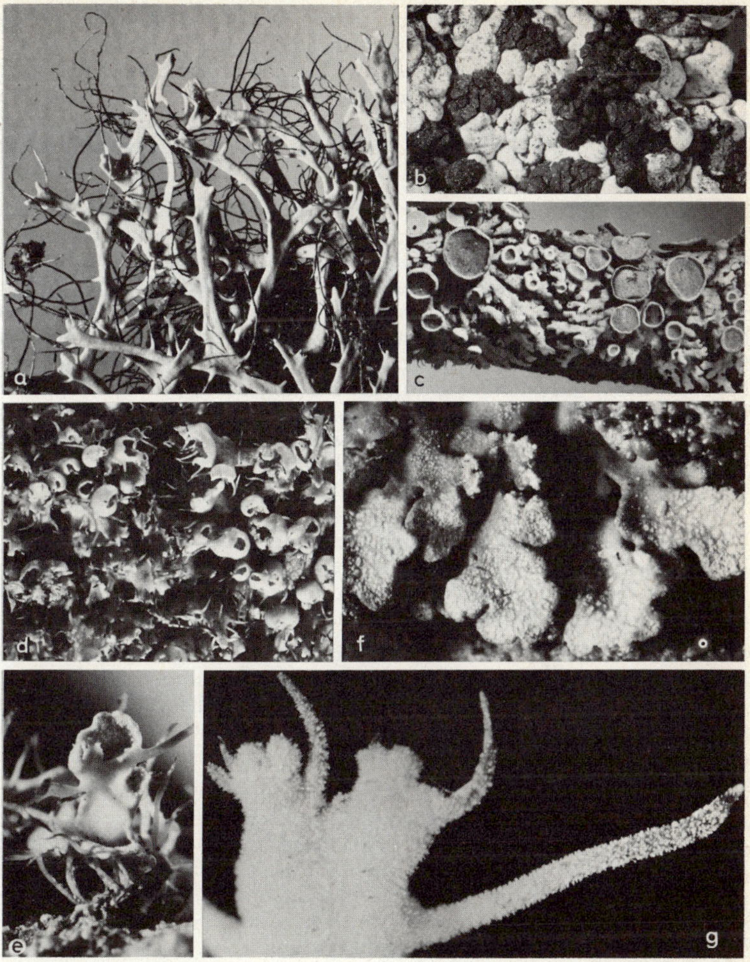

Abb. 13.34 *Physciaceae.* a) *Heterodermia leucomelaena.* Loben mit langen, dunklen Cilien (6,5 ×). b) *Buellia wahlenbergii.* Placoider Thallus mit „gehäuften" lecideinen Apothecien (2 ×). c) *Physcia aipolia.* Blättriges Lager mit bereiften Apothecien (15 ×). d und e) *Physcia adscendens:* d) Loben an den Spitzen helmförmig gewölbt und sorediös aufbrechend (4 ×); e) Gewölbesoral stärker vergrößert (13 ×). f) *Physconia grisea.* Blättriges Lager mit weiß bereiften Loben (8 ×). g) *Anaptychia ciliaris.* Lobenspitze mit Tomentum und Cilien (22 ×) (e aus M. Galun: The Lichens of Israel. The Academy of Sciences and Humanities, Jerusalem 1970).

In Mitteleuropa findet man beispielsweise *Heterodermia speciosa*. Die Anaptychien sind dagegen weitgehend auf die Holarktis beschränkt. *Anaptychia ciliaris*, die in unseren Breiten häufig auf Straßenbäumen zu finden ist, hat teils dorsiventrale, teils radiär gebaute, behaarte Loben. Lobenränder und Apothecien sind ciliat (Abb. 13.34 g). Bei der schmallobigen *Heterodermia leucomelaena* sind die Cilien besonders lang (Abb. 13.34 a).

Buellia, eine Gattung mit krustigem oder placoidem Lager (Abb. 13.34 b) und lecideinen Apothecien ist von den arktischen bis in die tropischen Zonen verbreitet und scheint verschiedene Ausbreitungszentren zu besitzen. Der relative Artenreichtum dieser Gruppe in der sonst flechtenarmen Antarktis ist auf die dort günstigen, coniophilen Lebensbedingungen zurückzuführen[234]. Die Thallusareolen werden bei *Buellia*-Arten häufig auf einem schwarzen Prothallus angelegt. Das Lager ist meist unscheinbar grau oder braun gefärbt, kann jedoch auch leuchtend gelb oder weiß sein. *Buellia alboatra* ist z. B. eine bei uns heimische weiße Kalkflechte mit schwarzen, oft bereiften Apothecien. Nicht alle *Buellia*-Arten sind lichenisiert. Einige wachsen parasymbiotisch oder parasitisch auf anderen Flechten, andere ernähren sich saprophytisch. Wir haben hier den interessanten Fall eines allmählichen Übergangs zwischen lichenisierten und freilebenden Formen (S. 205 f.). In Wachstum, Lagerfarbe und anderen Merkmalen gleicht die Gattung *Rinodina* den Buellien. Die lecanorin berandeten Apothecien sind das künstliche Unterscheidungsmerkmal zu der Gattung *Buellia*.

Dimelaena oreina mit hellem, kleingefeldertem Lager gleicht habituell gelben *Rhizocarpon*-Arten. Die Apothecien sind jedoch lecanorin wie bei *Rinodina*, und Asci und Sporen haben die charakteristische Struktur der Physciaceen (Abb. 13.32 a). Die arktisch-alpine Flechte ist eine auffallende Art der Gebirge, wo sie oft große Felsflächen bedeckt.

Die Gattung *Dermatiscum* besitzt ein genabeltes Lager, das in Habitus und Anatomie an die Umbilicarien erinnert. Die Entwicklung der Apothecien und die Struktur der Asci und Sporen stimmen dagegen mit den Physciaceen überein. Die Fruchtkörper zeigen das gleiche starke Vertikalwachstum wie wir es bei *Buellia wahlenbergii* kennengelernt haben, wobei degenerierte Asci und Sporen in den subhymenialen Schichten eingeschlossen werden[72].

6. Unterordnung Pertusariineae

Familien: (26) *Pertusariaceae*, (27) *Trapeliaceae*.

Charakteristik der Unterordnung

Die *Pertusariineae* sind in der temperierten Zone weit verbreitete Flechten mit krustigem, placoidem oder teils strauchigem Lager. Von vielen Arten werden Sorale, Isidien oder Cephalodien gebildet. Die Apothecien wechseln in ihrer Gestalt von weit offenfrüchtig bis zu scheinbar angiocarp. Sie sind lecanorin, biatorin oder zeorin. Die Scheibe ist hell oder dunkel, uneben oder rissig und oft bereift.

Die Asci von *Pertusaria* werden mitunter als bitunicat bezeichnet, jedoch läßt sich nur in jungen Stadien der Protoplast gewaltsam herausquetschen. Er ist nicht von einem Endoascus umgeben (S. 85). Die Ascuswand ist sehr dick und an der Spitze mit einer zusätzlichen kuppelförmigen Verstärkung versehen (Abb. 4.6 c). Mit Jod färbt sich die Ascuswand, aber auch ein Teil des Plasmas blau. Der Ascus öffnet sich mit einem Spalt (Abb. 4.6 d). Die Asci enthalten häufig weniger als 8 Sporen. Die oft geschichteten und manchmal mit einer netzigen Auflagerung versehenen Sporen sind polyenergid. Bei zweisporigen Asci werden schon zu Beginn drei oder vier Kerne bei der Sporenbildung eingeschlossen. Diese teilen sich fortgesetzt weiter, so daß die Sporen bei der Reife etwa 100 Kerne enthalten[98]. Die Sporen sind meist einzellig und farblos, selten zweizellig oder braun. Die mehr oder weniger stark netzig verzweigten Paraphysoide bilden mit ihren dicht verflochtenen oder verklebten Spitzen ein Epithecium. In den einfachen oder gekammerten Pycnidien werden die kurzen bis nadelförmigen Conidien terminal an ungegliederten Conidiophoren entwickelt. Die Phycobionten sind einzellige Grünalgen. Besondere Kennzeichen der *Pertusariineae* sind die hemiangiocarpe Entwicklung, die Ausbildung von Paraphysoiden und das Epithecium, das aus den Paraphysenenden oder zusätzlich durch Beteiligung der deckenden Thallusschicht gebildet wird.

Entwicklung der Fruchtkörper

Die Entwicklung der Ascocarpien von *Pertusaria* läßt sich am besten an Vertretern der Untergattung *Lecanorastrum* mit weit offenen Scheiben verfolgen (Abb. 13.36 a). Bei *Pertusaria oculata*, die zu dieser Gruppe gehört, sind die Primordien häufig langgestreckt. Viele Ascogone mit ausragenden Trichogynen liegen in einem generativen Gewebe, das meist unter der Thallusrinde angelegt wird (Abb. 13.35 a). Es bilden sich Gruppen von großlumigen, ascogenen Zellen, die frühzeitig mit der Entwicklung der ersten Asci beginnen (Abb. 4.3 c, 13.35 b). Dazwischen streckt sich das generative Gewebe zu vernetzten Paraphysoiden (Abb. 13.35 c). Die Hüllfäden bleiben spitzenwärts untereinander und mit der Thallusrinde, soweit sie von dieser bedeckt sind, verflochten. Am Rande der Anlage differenziert sich ein Excipulum aus kurzzelligen, periklinen Hyphen, die sich zu einem Pseudoparenchym zusammenschließen können. An der Innenseite des Excipulums bleiben die Hyphen langzellig und verflechten sich apikal mit der angrenzenden Thallusrinde. Einzelne Algenzellen können dabei eingeschlossen werden. Die innersten Hyphen dieses Gewebeteiles werden zu netzig verzweigten Paraphysoiden, deren dicht verflochtene Enden das Epithecium bilden (Abb. 13.35 d).

Die Asci wachsen in das Netzwerk von Hüllfäden ein. Nach ihrer Entleerung bleiben die Stellen, an denen sie sich befanden, als Höhlungen sichtbar. Ähnlich wie bei der Entwicklung der *Arthoniaceae*

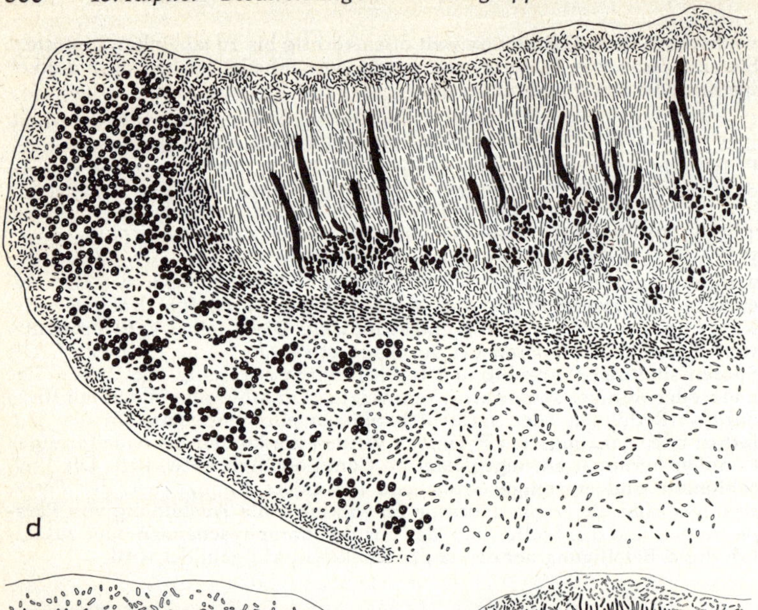

Abb. 13.35 Entwicklung der Apothecien bei *Pertusaria oculata*. a) Gruppen von generativem Gewebe mit Ascogonen, drei Trichogynenspitzen durchbrechen die Lageroberfläche. b) Primordium mit Gruppen von ascogenen Hyphen. c) Junger Fruchtkörper mit Paraphysoiden, die sich mit der Deckschicht verflechten. d) Ausschnitt aus einem alten Apothecium mit Gruppen von ascogenen Hyphen und Asci, Epithecium und cupularem Excipulum.

entstehen auf diese Weise „Loculi". Die ascogenen Hyphen bilden auch in alten Apothecien meist deutliche Gruppen. Der Thallus, der das Ascocarp umgibt, wird zum Wachstum angeregt und entwickelt sich zu einem wulstigen Lagerrand, an dessen Basis sich die Thallusrinde verstärkt.

Bei anderen *Pertusaria*-Arten kann das Excipulum mehr oder weniger reduziert sein. Die punktförmige Scheibe des Apotheciums der Untergattung *Pertusaria* (Abb. 13.36 b) kommt durch eine verminderte Ausbildung von Paraphysen zustande. Bei der *Pertusaria pertusa*-Gruppe werden die Apothecien in mehreren Etagen übereinander angelegt[256].

Die Entwicklung von *Ochrolechia* verläuft ähnlich wie bei *Pertusaria*. Die Paraphysenspitzen bleiben durch eine dichte Verflechtung als Epithecium verbunden. Das Excipulum kann basal vollständig fehlen.

Placopsis subgelida unterscheidet sich von *Pertusaria* und *Ochrolechia* durch die Struktur des Hymeniums. Die Paraphysoide sind im unteren Teil wenig verzweigt und stehen locker nebeneinander. Die Spitzen sind zunächst dicht verflochten, später perlschnurartig verdickt (Abb. 4.5 k) und miteinander zu einem Epithecium verklebt. Bei manchen Arten aus diesem Verwandtschaftsbereich werden von den plasmareichen Zellen der Paraphysenenden oder des umliegenden Gewebes Conidien abgeschnürt[220]. Bei *Placopsis subgelida* gliedern die senkrecht orientierten Hyphen des Thallusrandes zweizellige Conidien ab. Das Excipulum bildet einen pseudoparenchymatischen Becher aus kleinen, isodiametrischen Zellen, der sich bis zur Oberfläche hinzieht und an der Oberseite des Fruchtkörpers als Eigenrand hervortritt. Die Paraphysoide entspringen dem Innenrand des Excipulums.

Während bei *Pertusaria* und *Ochrolechia* die jungen Apothecien nur gelegentlich stark in die Höhe wachsen und aus dem Thallus herausragen, ist dies bei *Trapelia* die Regel. Die reifen Apothecien dieser Gattung sind biatorin. Das Excipulum ist pseudoparenchymatisch, das Epithecium wird von den verzweigten Paraphysoidenenden gebildet. Es ist bei *Trapelia* weniger ausgeprägt als bei den anderen Gattungen.

Verwandtschaftliche Beziehungen

Die eigenartige Entwicklung der Paraphysoide, die an den Spitzen durch ihre dichte Verflechtung oder Verklebung ein Epithecium bilden, kommt sonst bei keinem anderen Entwicklungstyp unter den *Lecanorales* vor. Besonders eigentümlich ist der Ursprung der Paraphysoide aus dem basalen Excipulum bei den *Pertusaria*-Arten. Die Bildung der Paraphysoide aus dem Innenrand des Gehäuses erinnert an *Graphidaceae* und pyrenocarpe Flechten. Die Art und Weise der Excipulum-Differenzierung gleicht den *Gyalectaceae* und *Thelotremataceae*. Bei allen diesen Ähnlichkeiten dürfte es sich jedoch um Konvergenzen handeln.

Die Familie der *Trapeliaceae* wurde neuerdings von den *Lecideaceae* abgetrennt[184]. Es ist zu erwarten, daß weitere Gattungen der beiden Großfamilien *Lecideaceae* und *Lecanoraceae* in diesen Verwandtschaftskreis gehören. Problematisch ist auch die Stellung der Gattung *Coccotrema,* deren Arten früher teils zu *Pertusaria* oder *Ochrolechia* gestellt wurden. Wie die *Placopsis*-Arten sind sie durch den Besitz von Cephalodien ausgezeichnet[286, 49a]. Die Sporenform erinnert an *Pertusaria,* die Struktur des Ascus weicht jedoch ab, außerdem sind ähnlich wie bei den *Ostropineae* und *Gyalectales* Periphysoide vorhanden.

Die Gattungen der *Pertusariaceae* sind untereinander eng verwandt. Der abweichenden Sporenfarbe der Gattung *Melanaria* wird neuerdings keine große systematische Bedeutung beigemessen, da bei *Pertusaria* und *Melanaria* weitgehende Übereinstimmung im Vorkommen der Flechtenstoffe besteht. Die Beziehungen zu den Trapeliaceen sind noch nicht eindeutig geklärt.

(26) Familie Pertusariaceae

Gattungen: *Melanaria, Ochrolechia, Pertusaria, Placopsis, Varicellaria.*

Die *Pertusariaceae* haben einen krustigen, placoiden oder teils strauchigen Thallus. Sie kommen in der arktischen und gemäßigten Zone beider Hemisphären vor und überziehen Gestein, Rinde, Erde und Pflanzenreste. Sorale, Isidien und Cephalodien werden von vielen Arten gebildet. Die Apothecien sind lecanorin oder zeorin, die Asci enthalten häufig weniger als 8 Sporen. Die Paraphysen sind entweder dicht netzig verbunden oder an der Basis kaum verzweigt. Das Epithecium besteht entsprechend aus eng verflochtenen oder aus verklebten Paraphysenenden.

Die Gattung *Pertusaria* ist in Mitteleuropa durch zahlreiche Arten vertreten. Das Lager der Flechten ist am Rande oft deutlich zoniert (Abb. 13.36 d). Nach der Fruchtkörperform unterscheidet man verschiedene Untergattungen, von denen wir einige bereits erwähnten (s. o.). Besonders charakteristisch sind die Fruchtwarzen der Untergattung *Pertusaria,* in die ein oder mehrere Ascocarpien eingesenkt sind. Von den Fruchtkörpern ist nur noch die punktförmige Scheibe zu sehen (Abb. 13.36 b).

Bei der Untergattung *Variolaria* werden die Apothecien zunehmend durch Sorale ersetzt. *Pertusaria multipuncta* entwickelt die Hymenien am Grunde von Soralen (Abb. 13.36 c). Die Asci erlangen hier noch ihre volle Reife. Bei anderen Arten sind die Hymenien verkümmert oder die Fruchtkörper werden selten oder gar nicht mehr angelegt. Die bekannte *Pertusaria amara* gehört zu den Arten mit selten vorkommenden Apothecien, bei *Pertusaria albescens* (Abb. 13.36 d) scheinen sie gänzlich zu fehlen. Für die Begrenzung der Sippen, die sich haupt-

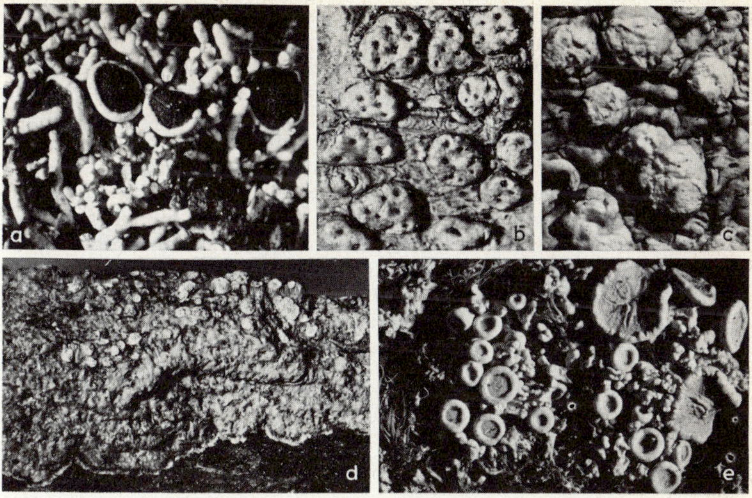

Abb. 13.36 *Pertusariaceae. a) Pertusaria oculata.* Lager mit zylindrischen Isidien und lecanorinen Apothecien (6 ×). b) *Pertusaria pertusa.* Apothecien mit punktförmiger Scheibe, zu mehreren in Lagerwarzen eingesenkt (4 ×). c) *Pertusaria multipuncta.* Lager mit sorediösen Apothecien (5,5 ×). d) *Pertusaria albescens.* Lager mit zoniertem Rand und zahlreichen Soralen (1,5 ×). e) *Ochrolechia frigida.* Thallus Moose überwachsend. Apothecien mit Lagerrand und rissiger Scheibe (2,5 ×).

sächlich oder ausschließlich vegetativ mit Hilfe der Soredien vermehren, spielen chemische Merkmale eine große Rolle. Die Sektion *Amarae* mit bitterem Geschmack ist z. B. durch das Vorkommen des Flechtenstoffes Picrolicheninsäure charakterisiert.

Die Gattungen *Melanaria* und *Varicellaria* unterscheiden sich von *Pertusaria* durch dunkle bzw. zweizellige Sporen.

Die teils aus arktischen bis subarktischen Arten bestehende Gattung *Ochrolechia*[418] bildet krustige Überzüge auf Stein, Rinden, Detritus und Moosen (Abb. 13.36 e). Teile des Thallus können strauchig aufgerichtet sein. Wie bei *Pertusaria* ist die Bildung von Soredien und Isidien häufig. Die Apothecien haben meistens eine breite, orange oder gelbliche, seltener eine dunkle Scheibe. Asci und Sporen sind oft degeneriert. Die Arten der Gattung *Placopsis*[229] haben einen krustig-areolierten oder placoiden Thallus, der in Rinde und Mark gegliedert ist. Bei *Placopsis subgelida* besteht die Rinde aus senkrechten Hyphen und enthält die Algenzone. Die Markhyphen bilden teils ein Pseudoparenchym aus isodiametrischen Zellen, teils verlaufen sie in Strängen. Charakteristisch für die Gattung sind die Cephalodien, die von fast allen Arten entwickelt werden (Abb. 3.16 a). Symbiotische Blaualgen der Cephalodien sind *Nostoc, Scytonema* und *Stigonema*. Die Gestalt der Cephalodien kann kugelig und glatt oder mehr flach und unregelmäßig bis rinnig geteilt sein. Die Gattung *Placopsis* hat ihr Mannigfaltigkeitszentrum in der Subantarktis. Eine der wenigen Arten der nördlichen Hemisphäre ist *Placopsis gelida* mit fleckenförmigen Kratersoralen (Abb. 3.16 a). Sie ist eine Gesteinsflechte, die vor allem im ozeanischen Klima, an der Atlantikküste in Europa und entlang der Pazifikküste von Nordamerika gedeiht. Cephalodien und Loben dieser Art beginnen ihre Entwicklung als unabhängige Thalli. Sobald sie in Kontakt kommen, umwächst der schneller wachsende Thallus, der die Grünalgen enthält, das Blaualgenlager, das dann als Cephalodium auf den Grünalgenthallus emporgehoben wird[377]. Abb. 3.16 a zeigt ein Anfangsstadium dieser Entwicklung.

(27) Familie Trapeliaceae[184]

Gattung: *Trapelia*.

Die neue Familie der *Trapeliaceae* muß noch weiter untersucht werden, ehe man befriedigende Aussagen über ihr taxonomisches Verhältnis zu den Gattungen der *Pertusariaceae* machen kann. Wir begrenzen deshalb die Familie hier auf die Gattung *Trapelia*.

Trapelia coarctata ist eine unscheinbare Flechte der gemäßigten Zone mit krustigem oder schuppigem Lager. Die netzig verzweigten Paraphysen bilden mit ihren verklebten Spitzen ein lockeres Epithecium. Die teils amyloiden Asci enthalten 8 einzellige, farblose Sporen.

3. Ordnung Gyalectales

(28) Familie Gyalectaceae

Gattungen: *Coenogonium, Dimerella, Gloeolecta, Gyalecta, Pachyphiale, Petractis*.

Die Gyalectaceen sind zur Zeit die einzige Familie der Ordnung, die Charakteristik der Familie gilt daher gleichzeitig für die Ordnung.

Charakteristik der Familie

Die *Gyalectaceae* sind unscheinbare Krustenflechten auf Erde, Rinde oder Gestein und kommen vor allem in der gemäßigten Zone vor. Der Thallus ist fädig, krustig oder endolithisch und meist wenig differenziert. Die biatorinen oder zeorinen Apothecien sind wachsartig, gelblich oder rötlich und haben, zumindest so lange sie noch jung sind, eine krugförmig vertiefte Scheibe (Abb. 13.38 b). Die octo- bis polysporen, unitunicaten, amyloiden Asci haben gleichmäßig dünne Wände. Die Sporen sind einzellig, quer- oder mauerartig geteilt und haben zylindrische Fächer. Die Hüllfäden sind echte Paraphysen, ihre Endzellen können kopfig oder keulig verdickt sein (Abb. 4.11). Die Conidien werden terminal an langzelligen Trägern gebildet. Phycobionten sind meist *Trentepohlia*-Arten, seltener Blaualgen. Besondere Kennzeichen sind die angiocarp beginnende Entwicklung der Fruchtkörper und die Bildung von Periphysoiden. Auch die bei manchen Arten vorkommenden radialen oder pseudoparenchymatischen Strukturen entlang des Innenrandes des Excipulums, das dann deutlich vom Hymenium getrennt ist, sind charakteristisch für die Familie. Das Excipulum ist stark gallertig und schalenförmig.

Entwicklung der Fruchtkörper

Die Ontogenie der Apothecien folgt bei den Gattungen der Familie zwar dem selben Grundschema, zeigt aber im einzelnen doch einige Varianten. Als Beispiele sollen die Fruchtkörperentwicklung einiger Arten besprochen werden.

Das Apothecium von *Dimerella diluta* ist biatorin. Als Primordium entwickelt sich ein etwa kugeliges Geflecht oberhalb der Algenzone (Abb. 13.37 a). Die äußeren Hyphen ordnen sich periklin zu einem ringsum geschlossenen Gehäuse. Im Inneren entsteht eine Kammer, in die von allen Seiten strahlenförmig Hyphen einwachsen (Abb. 13.37 b). Die oberen Strahlen sind die späteren Periphysoide, die unteren werden zu Paraphysen. Diese haben von Beginn an freie Enden, sind also echte Paraphysen. Auf diesem Stadium werden bereits die ersten Asci gebildet. Das Gehäuse öffnet sich mit einem kreisförmigen Loch, die Paraphysen strecken sich und bilden einen Kegel (Abb. 13.37 c, d). Während der Gehäuserand nach außen weicht, gleichen sich die Periphysoide in der Länge den Paraphysen an. Am oberen Rand des Fruchtkörpers sind sie zunächst noch als kurze Hyphen zu erkennen. Die äußeren Hyphen des Excipulums differenzieren sich stellenweise zu einem Pseudoparenchym (Abb. 13.37 e). In gleicher Weise verläuft die Ontogenese der biatorinen Apothecien von *Coenogonium*. Die Primordien sitzen hier als kugelige Gebilde auf dem fadenförmigen Thallus (Abb. 3.2 f).

Das Apothecium von *Gyalecta ulmi* ist zeorin. Die rote Scheibe wird von einen leuchtend weißen Rand eingefaßt. Das erste Stadium zeigt ascogene Hyphen in einem generativen Gewebe, das tief im Substrat angelegt wird. Wie bei *Dimerella* und *Coenogonium* entwickelt sich ein geschlossenes Gehäuse mit einem zentralen Hohlraum. Die einwachsenden Periphysoide sind sehr kurz. Der die Anlage bedeckende Thallus hält im Wachstum mit der Ausdehnung des jungen Fruchtkörpers zunächst Schritt. Es öffnet sich dann zuerst das Gehäuse, und danach reißt der Thallus am oberen Pol auf (Abb. 13.37 f). Die Peri-

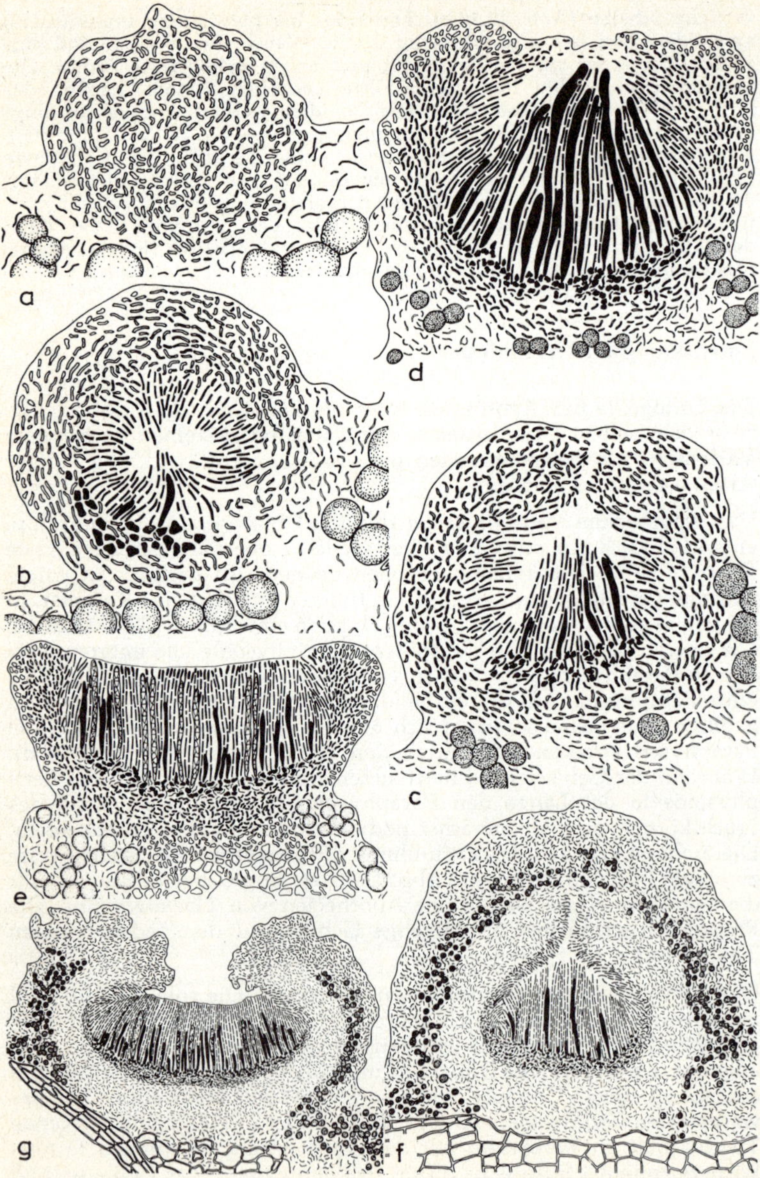

Abb. 13.37

physoide wachsen auch hier allmählich zu Paraphysen heran. Das gallertige Excipulum besteht aus unregelmäßig verflochtenen Hyphen. In alten Apothecien kann es stellenweise vom Thallusrand überdeckt sein (Abb. 13.37 g).

Die Berandung anderer *Gyalecta*-Arten ist nicht so ausgeprägt zeorin. Teils ist der Thallusrand bis auf Reste reduziert, teils ist er stark gallertig, enthält nur wenige Algenzellen und täuscht dadurch einen Eigenrand vor (*G. jenensis*). Der Innenrand kann bis zur Basis durch eine Radialstruktur (*G. jenensis*) oder durch ein schmales Pseudoparenchym (*G. geoica*) vom Hymenium abgesetzt sein. Die Trennung von Hymenium und Gehäuse ist nur im Schnitt, nicht aber in der Aufsicht zu erkennen.

Verwandtschaftliche Beziehungen

Die Entwicklung der Fruchtkörper bei den *Gyalectaceae* zeigt eine erstaunliche Ähnlichkeit mit der Ascocarpontogenie der *Thelotremataceae*. Über die Verwandtschaft zwischen Gyalectaceen und Thelotremataceen ist viel diskutiert worden. Einzelne Gattungen werden bald der einen und bald der anderen Familie zugeordnet[419]. Die wichtigsten Merkmale der Gyalectaceen, in denen sie von den Thelotremataceen abweichen, sind die stets dünnwandigen, amyloiden Asci mit zylindrisch-fächerigen Sporen und das gallertige, schalenförmige Excipulum mit nicht in die Höhe wachsenden Rändern. Die unterschiedliche Ascus- und Sporenstruktur weist in unseren Augen darauf hin, daß es sich bei den beiden Familien weniger um eine echte Verwandtschaft als um konvergente Entwicklungsabläufe handelt.

Bemerkungen zu den Gattungen

Der fädige Thallus der Gattung *Coenogonium* bildet meist wirre Rasen oder Platten, die horizontal von dünnen Zweigen abstehen und die Apothecien auf der Unterseite tragen (Abb. 13.38 a). Die Wuchsform wird durch den fädigen *Trentepohlia*-Symbionten bestimmt. Die farblosen Pilzhyphen wachsen auf den Algenfäden entlang und bilden durch Anastomosen einen lockeren Hyphenmantel (Abb. 3.2 f). Bei

---

Abb. 13.37 Apothecienentwicklung bei den *Gyalectaceae*. a—e) *Dimerella diluta:* a) generatives Gewebe; b) geschlossenes Primordium mit innerer Höhlung, in die von oben Periphysoide und von der Basis her echte Paraphysen einwachsen; c) aufreißen des Gehäuses; d) junges Apothecium mit lateralen und basalen Paraphysen und Asci; e) reifes Apothecium. f und g) *Gyalecta jenensis:* f) junger, geschlossener Fruchtkörper mit Paraphysen, Periphysoiden, Asci und aufreißendem Gehäuse; g) junges Apothecium nach dem Aufreißen des deckenden Thallusgewebes. Weitere Erläuterungen siehe Text.

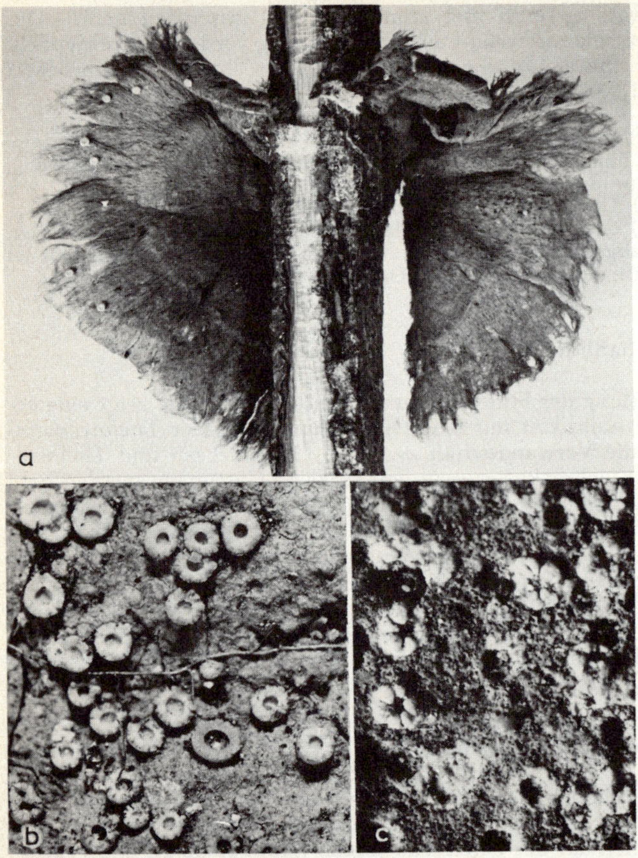

Abb. 13.38 *Coenogonium linckii.* a) Die Thallusrosette entwickelt sich senkrecht vom Substrat abstehend. Im Bilde ist sie in die Ebene des tragenden Ästchens umgebogen, um die Apothecien auf der Lagerunterseite zu zeigen (2,5 ×). b) *Gyalecta jenensis.* Apothecien mit krugförmig vertiefter Scheibe (8 ×). c) *Petractis clausa.* Apothecien mit strahlig aufbrechendem Rand, in das Kalkgestein halb eingesenkt und beim Ausbrechen Gruben hinterlassend (12 ×).

der Art *Coenogonium moniliforme* mit körnigem Thallus ist der Phycobiont *Physolinum monile*[355]. Die Fäden aus tönnchenförmigen Zellen werden durch die Hyphen spinnenförmig umklammert und in Gruppen zusammengehalten (Abb. 3.2 e).

Die Gattung *Dimerella* ist auf Grund der Fruchtkörpermerkmale nicht von *Coenogonium* zu unterscheiden. Der Thallus ist bei den *Dimerella*-Arten höher differenziert. Die *Trentepohlia*-Fäden zerfallen unter dem Angriff des Pilzes in Bruchstücke und Einzelzellen und werden völlig in das Lager eingebaut. Der Thallus bildet firnisartige Überzüge auf Rinde, Moosen oder Erde.

Die Gattungen *Pachyphiale*, *Gloeolecta* und *Petractis* haben genau wie *Gyalecta* zeorine Apothecien. *Gyalecta jenensis* (Abb. 13.38 b) ist eine weit verbreitete Flechte auf feuchtem Kalkgestein. Ihre Sporen sind mauerförmig. Die *Pachyphiale*-Arten sind Rindenflechten mit vielsporigen Asci. Phycobiont ist bei beiden Gattungen *Trentepohlia*. Die *Gloeolecta*-Arten überziehen als azidophile Flechten Moose und Rohhumus. Sie wachsen vor allem an feuchten Standorten. *Gloeocystis* ist die symbiotische Alge dieser Flechten. Ähnlich wie bei *Gyalecta geoica* bildet auch bei *Gloeolecta* ein pseudoparenchymatisches Gewebe die innere Begrenzung des Excipulums[419]. *Petractis clausa* ist durch das strahlige Aufreißen des deckenden Thallus bemerkenswert (Abb. 13.38 c). Die Flechte wächst auf Kalkgestein. In seinem oberen Teil besteht der Thallus nur aus Pilzhyphen, die symbiotische *Scytonema*-Alge ist tief ins Substrat verlagert.

4. Ordnung Ostropales

Unterordnungen: *Ostropineae*, *Graphidineae*.

Charakteristik der Ordnung

Die lichenisierten Vertreter der *Ostropales* sind Krustenflechten. Ihre Fruchtkörper sind Apothecien oder Hysterothecien. Die unitunicaten, nicht amyloiden Asci haben apikal verdickte Wände. Sie enthalten 1 bis 8 farblose oder braune Sporen, die quer- bis mauerförmig geteilt sind. Die Sporenfächer haben meistens eine linsenförmige Gestalt. Die Sporen färben sich in Jod häufig blau oder violett. Die hemiangiocarpe Entwicklung der Fruchtkörper aus einem anfangs geschlossenen Primordium ist kennzeichnend für die Ordnung. Im typischen Fall weichen die Hyphen der Anlage auseinander oder sie zerreißen, so daß im Inneren des Primordiums ein Hohlraum entsteht. Das Gehäuse und die umliegenden Teile von Thallus und Substrat verkohlen häufig. Gleichzeitig werden im allgemeinen Calciumoxalatkristalle in das Gewebe eingelagert. Die beiden Unterordnungen unterscheiden sich in Einzelheiten der Ascocarp-Ontogenese und durch Gestalt und Struktur von Asci und Sporen.

1. Unterordnung Ostropineae

Familien: (29) *Ostropaceae*, (30) *Thelotremataceae*;
Anhang: (31) *Asterothyriaceae*.

Charakteristik der Unterordnung

Die Fruchtkörper der *Ostropineae* sind Apothecien mit weit offenen und flachen bis eng urnenförmig vertieften Scheiben. Sie sind meistens in das Lager oder in Lagerwarzen eingesenkt. Im allgemeinen sind mehr oder weniger vollständige Ringspalten zwischen Hymenium und Gehäuse oder zwischen Gehäuse und Lagerrand ausgebildet.

Verwandtschaftliche Beziehungen

Die Unterordnung der *Ostropineae* weist in ihrer Ontogenese eine erstaunliche Konvergenz zu den *Gyalectales* auf. Die beiden Familien der *Ostropaceae* und *Thelotremataceae* zeigen eine große Übereinstimmung im Verlauf ihrer Ascocarp-Ontogenese. Die *Asterothyriaceae* bringen wir als Anhang. Ontogenetische Untersuchungen liegen über diese Familie nicht vor, doch läßt der Habitus der Fruchtkörper und die Struktur der nicht amyloiden Asci eine Verwandschaft mit den *Ostropineae* vermuten.

Entwicklung der Fruchtkörper

Bei der angiocarpen Entwicklung der Fruchtkörper entsteht ein kompaktes geschlossenes Gehäuse von kegelförmiger Gestalt mit mächtigem pseudoparenchymatischem Dach. Durch ein Auseinanderweichen der Hyphen entsteht in der Anlage ein Hohlraum. In seinem oberen Teil wachsen Periphysoide ein, während sich von der Basis her Paraphysen in die Höhlung hineinschieben. Eine mediane Columella kommt vor.

Im einzelnen wollen wir die Entwicklung der Apothecien bei *Thelotrema lepadinum*, der einzigen bei uns heimischen Art der Thelotremataceen verfolgen. Das Ascocarp ist in eine halbkugelige Erhöhung aus Thallus und Substrat eingesenkt, von der sich das Gehäuse abspaltet. Hymenium und Excipulum ziehen sich zusammen, so daß die Fruchtkörper von oben gesehen an Seepocken erinnern (Abb. 13.41 e).

Die Ontogenese verläuft ähnlich wie bei den Gyalectaceen. Sie beginnt mit der Anlage eines annähernd kugeligen Primordiums, in dem die Ascogone angelegt werden (Abb. 13.39 a). Als nächstes Stadium entsteht ein geschlossenes Gehäuse mit dickem, mehr oder weniger pseudoparenchymatischem Dach und innerem Hohlraum. Rund um die innere Kammer ordnen sich die Hyphen radial an. Im oberen Teil der Anlage werden sie zu Periphysoiden, an ihrer Basis zu Paraphysen (Abb. 13.39 b). Die Periphysoide bleiben relativ kurz, die Paraphysen strecken sich in die Länge und bilden einen Kegel. Zwischen die Paraphysen wachsen die Asci ein (Abb. 13.39 c). Die Gehäusehyphen richten sich periklin aus. Charakteristisch ist der flach bleibende basale Teil des Fruchtkörpers. Das Excipulum reißt am oberen Pol auf. Der Innenrand des Gehäuses bleibt vom Hymenium getrennt und ist bis zur Basis von Periphysoiden besetzt (Abb. 13.39 d). Nach der Öffnung des Apotheciums wächst der Rand des Excipulums vertikal aus, wobei an seinem Innenrand die Periphysoide laufend nachgebildet werden. Das Primordium wird tief im Substrat angelegt. Durch die Ausdehnung der Anlage wird das Substrat mit dem aufliegenden Thallus ringsum emporgehoben. Das Lager wird zu vermehrter Bildung von Calciumoxalatkristallen angeregt. So bildet sich ein Lagerrand um das junge Apothecium, der jedoch nur im oberen Teil aus dem Thallus, im unteren aus Resten des Substrats besteht. An der Grenze von Substrat und Excipulum kommt es zu der schon erwähnten Spaltenbildung.

Die Periphysoide sind nicht immer so gut entwickelt wie bei *Thelotrema lepadinum*, sondern vielfach auf eine kleine Gruppe am oberen Gehäuserand reduziert (Abb. 13.40). Sie können auch ganz fehlen. Auch der Spalt zwischen Excipulum und Hymenium, der als charakteristisches Merkmal für die Thelotremataceen gilt[419], ist nicht bei allen Arten der Familie ausgebildet, sondern Periphysoide und Paraphysen können, ähnlich wie bei den biatorinen Apothecien der Gyalectaceen, eine kontinuierliche Schicht längs des Gehäuseinnenrandes bilden. In diesem Fall sind die obersten Periphysoide verzweigt. Ihre Entstehung entspricht der Anlage von Paraphysoiden bei den *Graphidineae*.

Eine weitere Annäherung an die zweite Unterordnung der *Ostropales* ist in der basalen Reduktion des Gehäuses zu sehen. Dabei behält das Kegelstadium seine typische Gestalt, die sich aus dem pseudoparenchymatischen Dach und der inneren konischen Kammer, die durch das Auseinanderweichen der Hyphen entstanden ist, zusammensetzt. Die Basis des Fruchtkörpers ist jedoch reduziert, und das ringsum entstandene lockere Gewebe ist offensichtlich beim Bau des marginalen Gehäuses mit einbezogen worden. Dieser Vorgang erinnert stark an manche Graphidineen.

(29) Familie Ostropaceae[130]

Gattung: *Conotrema.*

Conotrema, die einzige zu den *Ostropaceae* gehörende Flechtengattung ist wahrscheinlich mit dem Pilz *Stictis* congenerisch. Die *Conotrema*-Arten wachsen vor allem auf Rinde in der gemäßigten Zone. Die tief urnenförmigen Apothecien sitzen dem Thallus auf und sind mehr oder weniger verkohlt und mit Calciumoxalatkristallen inkrustiert. Das Gehäuse ist vom Hymenium getrennt und bei der nordamerikanischen Art *Conotrema urceolatum* bis zum Grunde mit Periphysoiden besetzt. In der Aufsicht sieht man den Spalt zwischen den beiden Fruchtkörpergeweben. Charakteristisches Merkmal der Ostropaceen sind die extrem langen, schmalzylindrischen Asci und Sporen (Abb. 4.6 o). Die Apikalverdickung der Ascuswand ist durch einen Porus durchbrochen. Die farblosen Sporen sind parallel-mehrzellig oder schwach submuriform und können bis zu 30 Quersepten aufweisen. Sie haben zylindrische Fächer, sind von einem Halo umgeben und färben sich nicht in Jod blau. Die Paraphysen können spitzenwärts verzweigt und zu einem Epithecium verflochten sein (Abb. 4.5 l). Phycobionten sind *Trebouxia* und *Chlorococcum*.

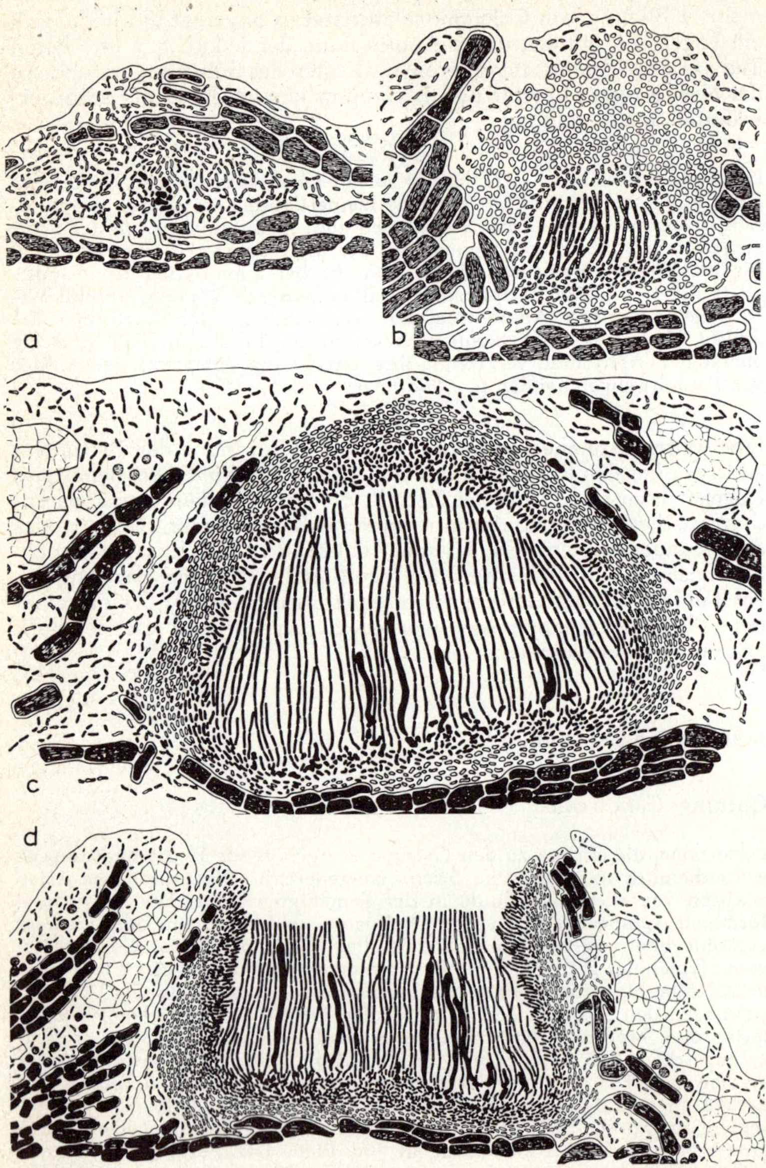

Abb. 13.39

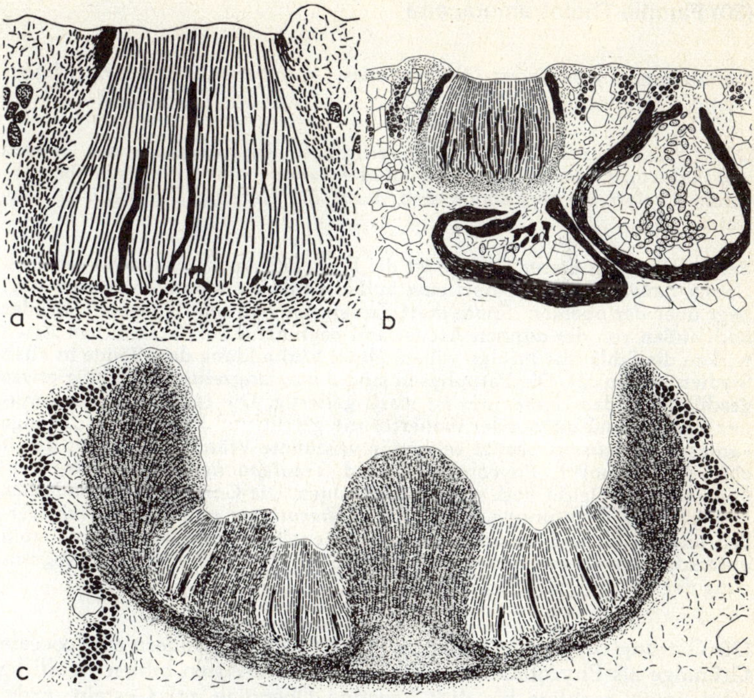

Abb. 13.40 Entwicklungstypen bei *Leptotrema*-Arten. a) *Leptotrema polycarpum*. Im Thallus eingesenktes Apothecium mit deutlichem Spalt zwischen Hymenium und Excipulum und spärlich entwickelten Periphysoiden. b) *L. wightii*. Schnitt durch das Lager mit übereinander angelegten Apothecien. In den degenerierten Fruchtkörpern nicht ausgeschleuderte Sporen neben Calciumoxalatkristallen. c) *L. bahianum*. Apothecium mit Columella und sekundär geteiltem Hymenium.

Abb. 13.39 Entwicklung der Apothecien von *Thelotrema lepadinum*. Generatives Gewebe mit Ascogonzellen. b) Geschlossenes Primordium mit innerer Höhlung und Paraphysen. c) Junger, geschlossener Fruchtkörper mit Periphysoiden, Paraphysen und ersten Asci. d) Reifes Apothecium mit Spalt zwischen dem Hymenium und dem mit Periphysoiden besetzten Excipulum. Beginnendes Aufreißen des Thallusgewebes in Nachbarschaft des Excipulums. In (c) und (d) Thallus mit Calciumoxalatkristallen. Weitere Erläuterungen siehe Text.

(30) Familie Thelotremataceae

Gattungen: *Chroodiscus, Diploschistes, Leptotrema, Ocellularia, Phaeotrema, Thelotrema.*

Die *Thelotremataceae* sind weit verbreitete Rindenflechten der Tropen und Subtropen. In Mitteleuropa ist die Familie durch die rindenbewohnende *Thelotrema lepadinum* und durch die Gattung *Diploschistes* vertreten.

Bei den Flechten dieser Familie ist die Form der Apothecien sehr variabel. Häufig haben nur junge Asci eine apikal verdickte Wand. In älteren Asci liegt über der obersten Spore statt dessen nur noch ein Plasmapfropf, der nach außen von der dünnen Ascuswand begrenzt wird. Bei manchen Arten wirken die Schläuche infolge vollständiger Rückbildung der Wände in allen Stadien unitunicat. Die Paraphysen sind dünn, langzellig und häufig etwas geschlängelt, das Hymenium ist stark gallertig. Die farblosen oder braunen Sporen sind quer- oder mauerförmig geteilt und haben linsenförmige Fächer (*Chroodiscus* besitzt sekundär verdünnte Wände und bildet damit eine Ausnahme)[355]. Phycobionten sind *Trentepohlia, Phycopeltis, Trebouxia* und vielleicht noch weitere Grünalgen. Die Gattungen *Chroodiscus, Diploschistes, Leptotrema, Ocellularia, Phaeotrema* und *Thelotrema* werden nach Farbe und Unterteilung der Sporen und nach den Phycobionten unterschieden. Ontogenetische Merkmale wurden bisher für die Abgrenzung der Gattungen nicht berücksichtigt.

Die Gattung *Diploschistes* hat nicht *Trentepohlia*, sondern eine coccale Grünalge als Phycobionten. Die *Diploschistes*-Arten bilden weißliche oder graue, mehlige bis dick krustige Überzüge auf Gestein, Erde, Moosen und Detritus. *Diploschistes bryophilus* wächst auch epiphytisch auf Cladonien (S. 198). Die *Diploschistes*-Arten fallen durch ihre tief urnenförmigen Apothecien mit dunklen Scheiben auf (Abb. 13.41 g). Gehäuse und Hymenium sind getrennt und der Innenrand des Gehäuses ist mit Periphysoiden besetzt. Die Spaltung ist in der Aufsicht nicht zu erkennen, da der dicke Rand des Excipulums die äußerste Zone des Hymeniums überdeckt. Bei den Fruchtkörpern von *Diploschistes actinostomus* bleibt die ursprüngliche, fein radial gestreifte Deckschicht lange erhalten. Sie verdeckt fast vollständig die Scheibe, wodurch die Flechte von oben ein eigenartiges Aussehen erhält.

Die übrigen Gattungen der Familie wachsen auf Rinde oder epiphytisch auf Blättern (*Chroodiscus*). Der Thallus wächst unter der Rinde und ist dann an der hellen Färbung des Substrats zu erkennen, oder er bildet mehr oder weniger dicke Krusten. Bemerkenswert ist das ganz mit Calciumoxalatkristallen inkrustierte Lager von *Leptotrema wightii*, das außerdem durch ein starkes Vertikalwachstum ausgezeichnet ist (Abb. 13.40 b). Die Kristalle sind in der Thallusoberfläche bereits bei Lupenvergrößerung erkennbar.

Die Form der Fruchtkörper variiert stark innerhalb der Gattungen. Bei *Leptotrema* beispielsweise bilden die Apothecien dunkle, kleine Gruben in der dicken Lagerkruste (Abb. 13.41 a) oder weit offene, flache Scheiben von rundlicher oder länglicher Gestalt, die von unregelmäßig gezackten Lagerrändern umsäumt sind. Auch aufsitzende Fruchtkörper mit eigenartiger Innenteilung (Abb. 13.41 c und 13.40 c) und weitere Formen kommen vor. *Ocellularia* hat neben Apothecien, die ähnlich gebaut sind wie bei *Thelotrema lepadinum*, auch weite flache Fruchtkörper (Abb. 13.41 l) und solche mit ganz enger Mündung (Abb. 13.41 b), die ein Perithecium vortäuschen, insbesondere, wenn in der Mitte die dunkle Columella die Lagerwarze durchbricht und bei flüchtigem Hinschauen für ein Involucrellum gehalten werden kann. Bei manchen Arten werden die Ascocarpien übereinander angelegt (Abb. 13.40 b).

Anhang: (31) Familie Asterothyriaceae[355]

Gattungen: *Gyalectidium, Tricharia.*

Als Anhang bringen wir die Familie der *Asterothyriaceae*, deren systematische Stellung nicht ganz sicher ist. Die kleine Familie enthält tropische, epiphylle Flechten, die fast ausschließlich auf lebenden Blättern vorkommen. Wie bei den *Ostropineae* sind die unitunicaten Asci apikal verdickt und färben sich nicht in Jod. Der Thallus kann mit Calciumoxalatkristallen inkrustiert sein. Die Apothecien gleichen habituell teils den Fruchtkörpern der Thelotremataceen, teils den Apothecien der Gyalectaceen, ihre Ontogenie ist nicht bekannt. Bemerkenswert sind das Vorkommen von Epithecialalgen und hellen Haaren auf den Fruchtkörpern der beiden Gattungen. Bei *Tricharia*-Arten ist der Thallus mit gebogenen schwarzen Borsten besetzt[355] (Abb. 10.5 f).

2. Unterordnung Graphidineae

(32) Familie Graphidaceae

Gattungen: *Acanthotheciopsis, Glyphis, Graphina, Graphis, Gyrostomum, Phaeographis, Sarcographa.*

Die Unterordnung der *Graphidineae* zeigt in ihrer Entwicklung gewisse Parallelen zu den bitunicaten *Roccellaceae*.

Charakteristik der Familie

Die Graphidaceen sind wie die Thelotremataceen weit verbreitete Rindenflechten in den Subtropen und Tropen. Bei uns kommen einige Arten auf Rinde und Gestein vor. Die Gattungen werden ähnlich wie bei den Thelotremataceen künstlich nach Farbe und Struktur der Sporen, nach der

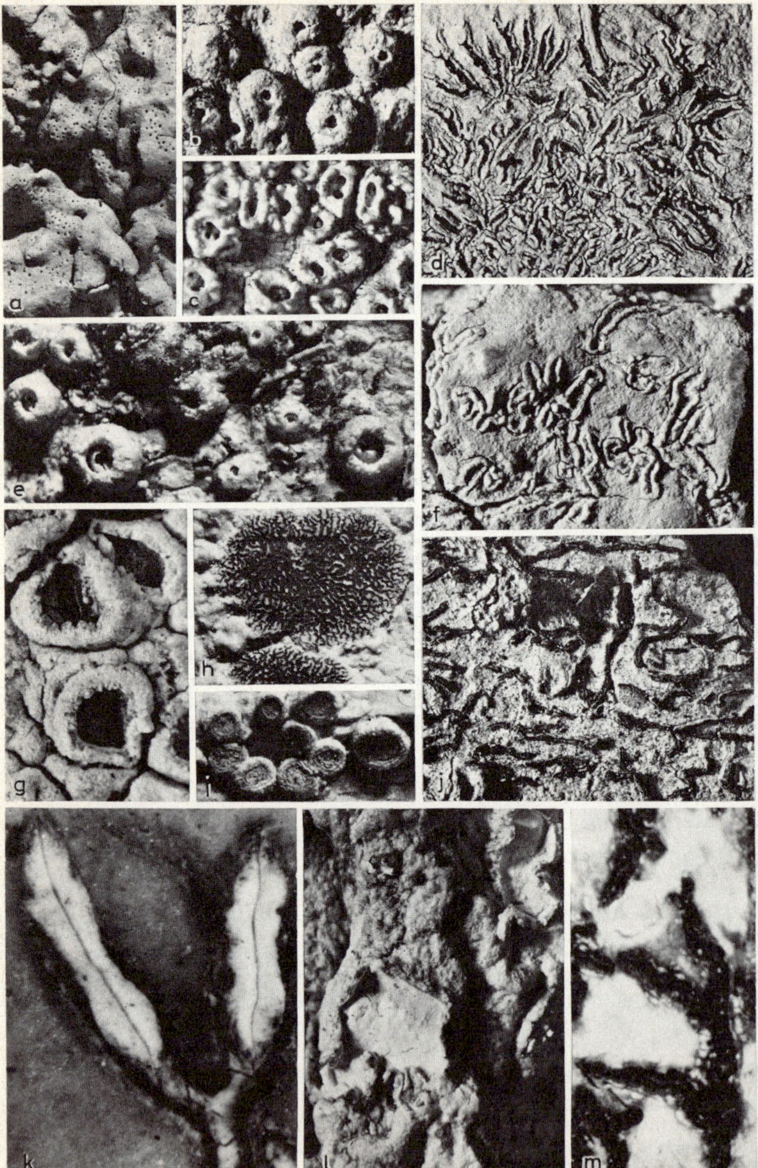

Abb. 13.41

Vollständigkeit des Gehäuses und nach ähnlichen Merkmalen abgegrenzt, die bei manchen Arten beträchtlich schwanken, oder die für eine Gattungsbegrenzung von zweitrangiger Bedeutung sind (z. B. der Phycobiont). Eine monographische Bearbeitung nach neuen Gesichtspunkten ist dringend notwendig. Die Fruchtkörper der *Graphidineae* sind hysterocarp oder in seltenen Fällen auch discocarp. Sie sind unberandet oder mit verkohlendem Gehäuse versehen. Die Sporen haben meist linsenförmige Fächer und färben sich oft in Jod blau oder violett. Die hemiangiocarpe Entwicklung der Fruchtkörper beginnt mit einem lockeren Geflecht, in dem bei einem Teil der Arten durch Zerreißen der Hyphen ein Hohlraum entsteht. Die Paraphysen (Paraphysoide oder echte Paraphysen) haben häufig verzweigte oder kopfig verdickte Enden.

Entwicklung der Fruchtkörper

Die Ontogenie der Graphidineen-Fruchtkörper kann auf zwei unterschiedlichen Wegen verlaufen. Beim ersten Typ ist in der Fruchtkörperanlage ein Hohlraum vorhanden und es entstehen Paraphysoide und echte Paraphysen, während beim zweiten Typ nur Paraphysoide gebildet werden und eine Höhlung fehlt.

Die Entwicklung des ersten Typs ist gut an den wandlosen Hysterothecien von *Graphina mendax* zu verfolgen. Sie haben eine breite, pruinöse Scheibe, die von einem Lagerwulst eingefaßt wird (Abb. 13.41 f). Das Primordium aus generativem Gewebe und Ascogonen wird tief im Substrat angelegt (Abb. 13.42 a). Die Anlage wächst in die Länge, indem fortgesetzt an beiden Enden generatives Gewebe nachgebildet wird. Die ascogenen Hyphen sammeln sich am Grunde der Anlage an und halten durch Horizontalwachstum mit dem Längenwachstum des Hysterotheciums Schritt. Die Hyphen des generativen Gewebes strecken sich im unteren Teil des Primordiums zu Paraphysoiden (Abb. 13.42 b). Dazwischen wachsen von der Basis her echte

---

Abb. 13.41 Fruchtkörperformen bei den *Ostropales.* a) *Leptotrema wightii.* Apothecien im Lager eingesenkt, nur die punktförmigen Mündungen sichtbar (2 ×). b) *Ocellularia americana.* Apothecien in Lagerwarzen eingesenkt, Perithecien vortäuschend (7 ×). c) *Leptotrema bahianum.* Unregelmäßig geteilte Apothecien (10 ×). d) *Phaeographis dendritica.* Dendroid verzweigte Hysterothecien (4 ×). e) *Thelotrema lepadinum.* An Seepocken erinnernde Apothecien (7 ×). f) *Graphina mendax.* Hysterothecien mit dickem Lagerrand (10 ×). g) *Diploschistes ochrophanus.* Apothecien mit krugförmig vertiefter Scheibe (9 ×). h) *Glyphis cicatricosa.* Stroma mit verzweigten Hysterothecien (5 ×). i) *Gyrostomum scyphuliferum.* Runde Apothecien mit Lagerrand (12 ×). j) *Graphis scripta.* Typisch lirellenförmige Fruchtkörper (3,5 ×). k) *Graphis afzelii.* Teil eines Hysterotheciums, das Gehäuse weiß bereift (9 ×). l) *Ocellularia dilatata.* Flache Apothecien von unregelmäßiger Form (7 ×). m) Den Graphidaceen gleichende Hysterothecien von *Opegrapha atra.* (*Arthoniales*) (25 ×).

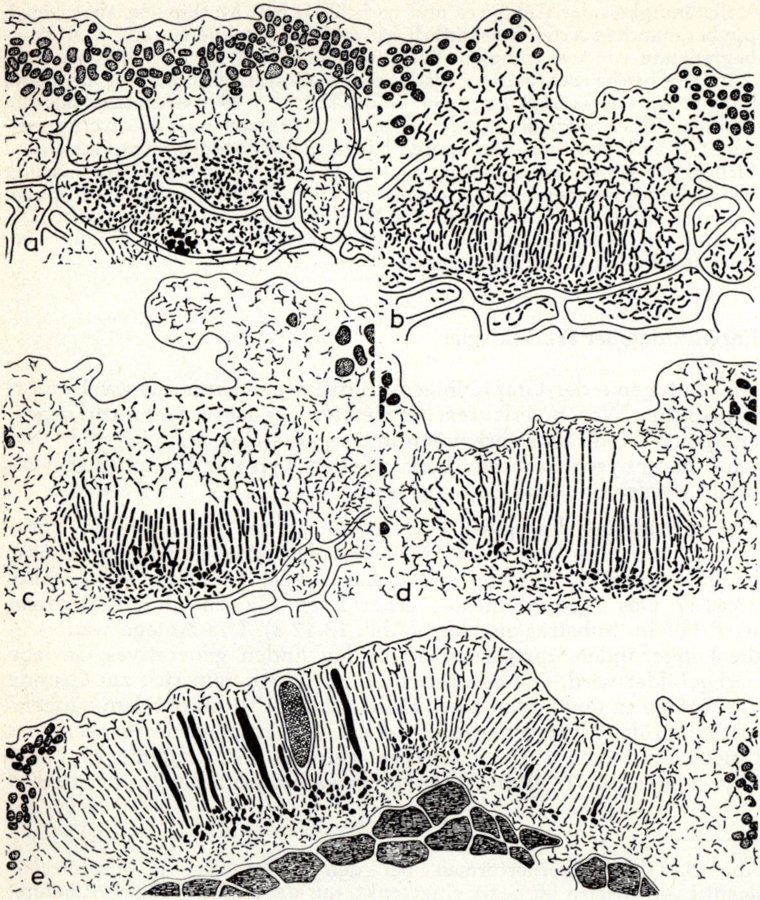

Abb. 13.42 Entwicklung des Hysterotheciums bei *Graphina mendax*. a) Generatives Gewebe mit Ascogonzellen. b) Etwas älteres Stadium mit Paraphysoiden. c) Abreißen der Deckschicht und Einwachsen von echten Paraphysen. d) Beginnende Streckung der Hüllfäden. e) Reifes Hysterothecium mit Resten der Deckschicht auf dem Hymenium.

Paraphysen ein. Der obere Teil des generativen Gewebes reißt ab und bildet eine Deckschicht über dem von Schleim erfüllten Hohlraum (Abb. 13.42 c). Die Paraphysen strecken sich in die Länge und stoßen an die Deckschicht (Abb. 13.42 d). Diese zerfällt allmählich, ihre Reste sind noch lange auf dem Hymenium erkennbar. Die Asci wachsen in die Anlage ein und bilden je eine große mauerförmige Spore (Abb. 13.42 e).

Die *Graphis*-Arten entwickeln sich entsprechend (Abb. 13.43 b, c). Es entsteht nur zusätzlich ein verkohlendes Gehäuse aus dicht gelagerten Schichten des generativen Gewebes, in das Teile des umliegenden Thallus und Substrats mit einbezogen werden. In Querschnitten durch das Hysterothecium umgreift das karbonisierte Gehäuse mehr oder weniger vollständig das Hymenium. Am Rande des Hymeniums sind netzig verzweigte Paraphysoide erkennbar.

Als Beispiel für den zweiten Typ wählen wir die Entwicklung von *Gyrostomum*. Die Apothecien sind kreisrund (Abb. 13.41 i). Das Gehäuse ist streckenweise durch einen feinen Spalt vom Hymenium getrennt. In jungen Anlagen strecken sich die Hyphen des generativen Gewebes über ihre ganze Länge zu Paraphysoiden. Es kommt nicht zu einer Teilung des Gewebes und zur Bildung eines Hohlraums. Das Hymenium ist stark gallertig und von Resten des Thallus bedeckt. Um das Hymenium herum entwickelt sich ein stark verkohltes Gehäuse mit Einlagerungen von Calciumoxalat (Abb. 13.44 a). Am Innenrand des Gehäuses werden fortlaufend Paraphysoide nachgebildet. Sie sind durch Anastomosen netzig miteinander verbunden.

Bemerkungen zu den Gattungen

Die Gattung *Graphis* mit farblosen parallel-mehrzelligen Sporen entspricht in bezug auf die Sporenform der Gattung *Ocellularia* der Thelotremataceen, die Gattung *Graphina* mit farblosen mauerförmigen Sporen der Gattung *Thelotrema*. Die bekannteste Flechte dieser Gattungen ist *Graphis scripta*, die Schriftflechte (Abb. 13.41 j). Die Sporen von *Graphis scripta* können als Musterbeispiel für linsenförmige Fächer dienen. Die Interlocularplatten färben sich mit Jod intensiv violett (Abb. 4.9 d). Bei *Graphis elegans* werden in alten Fruchtkörpern wieder junge angelegt (Abb. 13.43 d). Dieser Vorgang kann sich mehrfach wiederholen, wodurch die Scheibe zahlreiche Längsfurchen erhält. Bei *Graphis afzelii* entstehen die Längsrillen auf andere Weise. Hier werden im Hymenium sterile Stücke gebildet, die die Struktur von Paraphysoiden haben (Abb. 13.43 a). Die Hysterothecien dieser Art haben einen kräftig entwickelten Eigenrand, der weiß bestäubt ist, wodurch ein Thallusrand vorgetäuscht wird (Abb. 13.41 k).

Bei *Phaeographis dendritica* sind die langen, schmalen Fruchtkörper, die Lirellen, dendroid verzweigt (Abb. 13.41 d). Bei *Sarcographa* werden sie in Gruppen gebildet. Sie sind dem Thallus unmittelbar eingelagert. Die Hysterothecien von *Glyphis* liegen dagegen in einem besonderen Stroma, das allmählich unter starker Verkohlung aus dem Lager emporwächst (Abb. 13.41 h). Die Einzelhymenien des Stromas entstehen teils durch Unterteilung der alten Fruchtschicht, teils werden sie neu angelegt (vgl. auch S. 103).

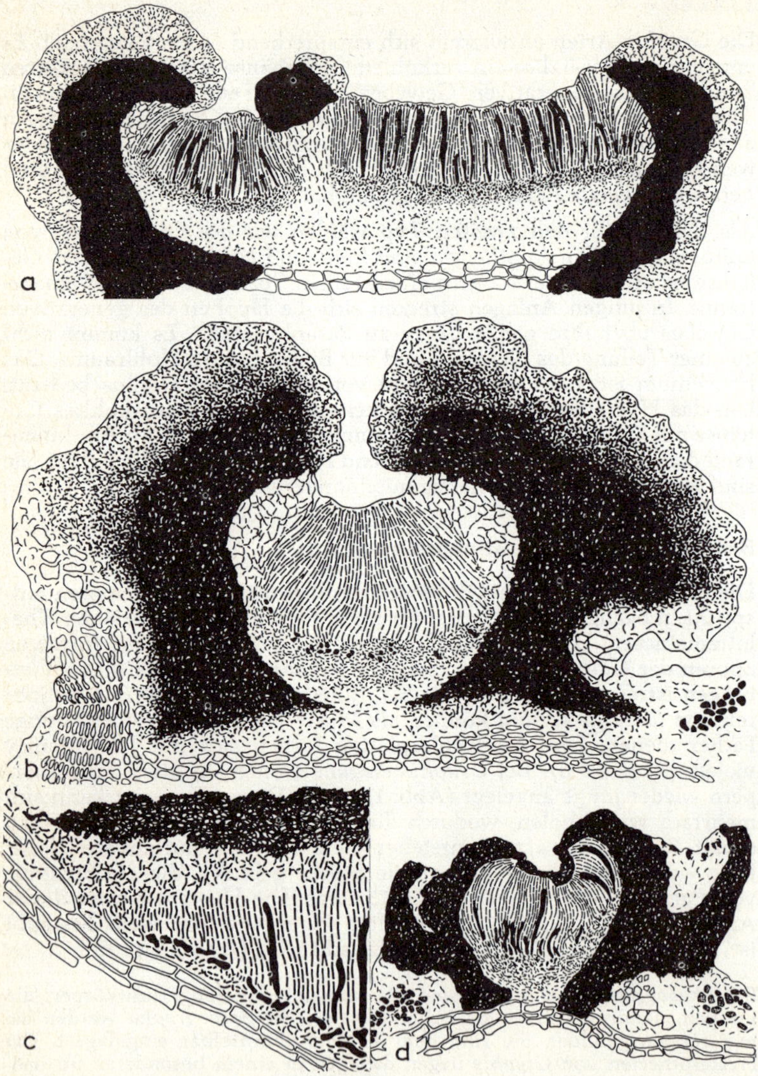

Abb. 13.43. Struktur der Hysterothecien von *Graphis*-Arten. a) Querschnitt durch einen geteilten Fruchtkörper von *G. afzelii*. b und c) Hysterothecien von *G. scripta*; b) Querschnitt durch den Fruchtkörper. Die äußere

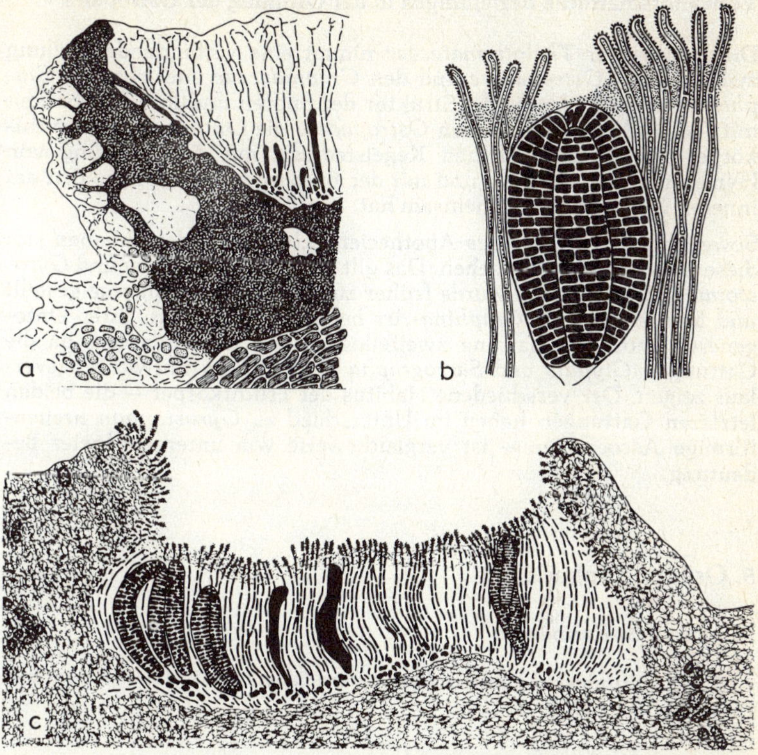

Abb. 13.44 *Graphidaceae.* a) *Gyrostomum scyphuliferum.* Ausschnitt aus dem Apothecium. Die Hüllfäden sind Paraphysoide, das Gehäuse ist verkohlt und enthält zahlreiche Calciumoxalatkristalle. b und c) *Acanthotheciopsis clavuliferum:* b) Ascus und bestachelte Paraphysen; c) Schnitt durch ein Apothecium. Die Periphysoide, die wie die Paraphysen bestachelt sind, entspringen hier dem Lagerrand des Fruchtkörpers.

Acanthotheciopsis ist durch Hüllhyphen und Periphysoide ausgezeichnet, die mit kleinen Stacheln besetzt sind (Abb. 13.44 b, c). Die „Periphysoide" entspringen dem Lagerrand des Fruchtkörpers. Dies ist die einzige Flechtengattung, in der die Paraphysenwände nicht glatt sind.

Begrenzung des Hymeniums besteht aus netzig verzweigten Paraphysoiden. c) Längsschnitt. Die ascogenen Hyphen halten mit dem Längenwachstum des Fruchtkörpers Schritt. d) Ineinander angelegte Hysterothecien von *G. elegans* im Querschnitt.

Verwandtschaftliche Beziehungen in der Ordnung der Ostropales

Die Familie der *Thelotremataceae* nimmt eine verbindende Stellung zwischen den *Ostropaceae* und den *Graphidaceae* ein. Mit den *Graphidaceae* verbindet sie die Struktur der Sporen und ihre Färbbarkeit mit Jod, während sie mit den *Ostropaceae* die Ontogenie der Fruchtkörper mit ihrem typischen Kegelstadium, mit der Spaltung von Hymenium und Gehäuse und mit der Bildung von Periphysoiden am inneren Gehäuserand gemeinsam hat.

Soweit bei den *Ostropales* Apothecien gebildet werden, können sich diese täuschend ähnlich sehen. Das gilt z. B. für *Conotrema* und *Gyrostomum. Gyrostomum* wurde früher zu den *Thelotremataceae* gestellt und auch einmal als *Graphina-Art* beschrieben[355]. Nach ihrer Ontogenese gehört die Gattung zweifellos zu den Graphidaceen, da die Gattungen *Glyphis* und *Sarcographa* den gleichen Entwicklungsverlauf zeigen. Der verschiedene Habitus der Fruchtkörper — die beiden letzteren Gattungen haben im Unterschied zu *Gyrostomum* lirellenförmige Ascocarpien — ist vergleichsweise von untergeordneter Bedeutung.

5. Ordnung Sphaeriales

Familie: (33) *Porinaceae*

Anhang: bitunicate Familien: (34) *Pyrenulaceae*, (35) *Microglaenaceae*, (36) *Strigulaceae*.

(33) Familie Porinaceae[420]

Gattungen: *Belonia, Clathroporina, Porina, Trichothelium.*

Charakteristik der Familie

Die *Porinaceae* sind hauptsächlich in den Tropen verbreitete Krustenflechten, die auf Rinde, Blättern und Gestein leben. Das Lager ist unberindet oder berindet. Die eingesenkten oder aufsitzenden Perithecien haben häufig ein Involucrellum. Die Wände der unitunicaten, nicht amyloiden, lang zylindrischen Asci sind gleichmäßig dünn (Abb. 4.6 m). Die Asci enthalten 8 oder weniger als 8 Sporen. Die Sporen sind farblos, quergeteilt oder muriform und mit zylindrischen Fächern versehen. Die echten Paraphysen sind wenig verzweigt und deutlich septiert. Einzellige Mikroconidien oder ein- bis zweizellige Makroconidien werden terminal an dünnen Conidiophoren gebildet. Phycobionten sind *Trentepohlia* und *Phycopeltis*.

Entwicklung der Fruchtkörper

Als Beispiel für die Ontogenie der Fruchtkörper soll uns *Porina nucula*, eine subtropische, rindenbewohnende Flechte dienen. Ihre reifen Perithecien sind in Lagerwarzen eingesenkt (Abb. 4.17 c). Die Entwicklung beginnt mit einem kompakten generativen Gewebe, das in der Hauptsache aus geraden Ascogonen besteht, die mit ihren Trichogynen die Algenzone durchstoßen (Abb. 13.45 a). Es bildet sich ein geschlossenes Gehäuse aus periklinen Hyphen. In seinem Inneren ordnen sich die ascogenen Hyphen an der Basis an, während sich aus dem generativen Gewebe gleichzeitig die ersten Paraphysoide differenzieren. Sehr bald entspringen aus der Basis der Anlage echte Paraphysen mit freien Enden. Die subhymenialen Schichten können bei diesen Perithecien ähnlich mächtig entwickelt sein wie bei Apothecien (Abb. 13.45 b). Im Ostiolum strecken sich die Zellen, Periphysen fehlen. Der Thallus wächst gleichzeitig mit der Anlage und bildet um sie herum einen Wall mit eingelagerten Calciumoxalatkristallen. Das Gehäuse bleibt hell. Es wird durch Anlagerung benachbarter Thallushyphen verstärkt.

Bei anderen *Porina*-Arten wird frühzeitig ein durchbrochen-schildförmiges Involucrellum angelegt. Es entsteht durch Verkohlung der äußeren Gehäuseschicht und angrenzender Teile von Thallus und Substrat.

Verwandtschaftliche Beziehungen

Die Familie der *Porinaceae* im engeren Sinne ist zur Zeit die einzige Flechtengruppe, die mit Sicherheit zu den *Sphaeriales* gehört. Neben

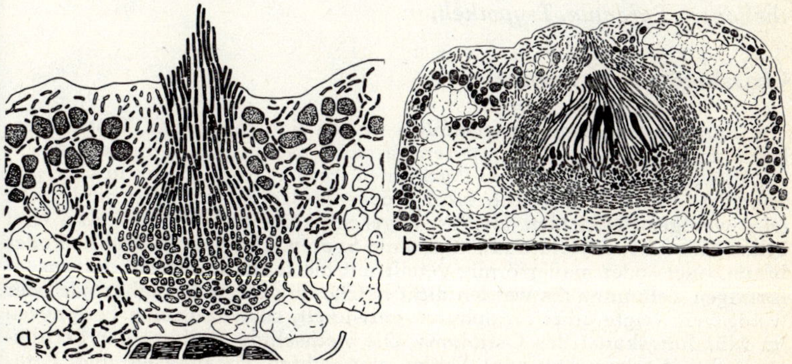

Abb. 13.45 Perithecienentwicklung bei *Porina nucula*. a) Primordium mit Ascogonen und einem Büschel von ausragenden Trichogynen. b) Junges Perithecium mit echten Paraphysen, das in eine Thalluswarze eingesenkt liegt.

dieser lichenisierten Familie umfaßt die Ordnung alle typischen ascohymenialen, pyrenocarpen Pilze mit unitunicaten Asci, Eigenwand und echten Paraphysen. Schon vor einiger Zeit wurden die ascolocularen Formen aus der Ordnung ausgegliedert. Danach rechnete man noch die *Pyrenulaceae* und die *Strigulaceae*, welche die heutigen *Porinaceae* einschlossen, zu dieser Ordnung[147, 355]. Neuere Untersuchungen haben jedoch gezeigt, daß sowohl *Strigula* wie *Pyrenula* bitunicate Asci besitzen[420]. Sie können somit nicht als Prototyp der ascohymenialen Pyrenocarpen gelten und müssen ebenfalls aus der Ordnung ausgeschlossen werden.

Bemerkungen zu den Gattungen

Porina epiphylla sowie eine Reihe von weiteren Arten sind obligate Blattbewohner[355]. Die bei uns heimischen *Porina*-Arten wachsen auf Rinde und schattigem oder feuchtem Gestein. *Belonia* ist gleichfalls ein Gesteinsbewohner. Die Sporen dieser Gattung sind wie bei *Porina* quergeteilt, doch von nadelförmiger Gestalt. *Clathroporina* hat mauerförmige Sporen, die Gattung *Trichothelium* teils quergeteilte und teils submuriforme Sporen. Beide Gattungen sind in den Tropen verbreitet. Die Perithecien von *Trichothelium* sind mit hellen oder dunklen Borsten besetzt (Abb. 10.5 d, e).

Anhang: bitunicate Familien

(34) Familie Pyrenulaceae[355, 420]

Gattungen: *Anthracothecium, Melanotheca, Parmentaria, Pleurotheliopsis, Pyrenula, Trypethelium.*

Charakteristik der Familie

Die *Pyrenulaceae* sind hauptsächlich in den Subtropen und Tropen verbreitete, rindenbesiedelnde, pyrenocarpe Krustenflechten mit einfachem Thallus. Die meist schwarzen Pertihecien werden einzeln oder in Gruppen angelegt. Sie sind aufrecht, schräg oder horizontal inseriert und mehr oder weniger tief in den Thallus eingesenkt. Die zylindrischen Asci sind bitunicat, nicht amyloid und enthalten 8 Sporen. Die Sporen sind hell oder braun, quer- oder mauerförmig geteilt mit meist rhombischen oder linsenförmigen Zellumina. Es werden dicht netzig verzweigte Paraphysoide oder wenig verzweigte echte Paraphysen entwickelt, sowie einzelne Periphysen im Mündungskanal des Ostiolums. Die wechselnde Stellung der Perithecien, das Vorkommen oder Fehlen von echten Paraphysen und Paraphysoiden, die bitunicaten Asci mit rhomboidfächerigen Sporen und das Vorkommen einer Columella sind die Merkmale, die für diese Flechtengruppe besonders charakteristisch sind und die zur Abgrenzung der Gattungen herangezogen werden.

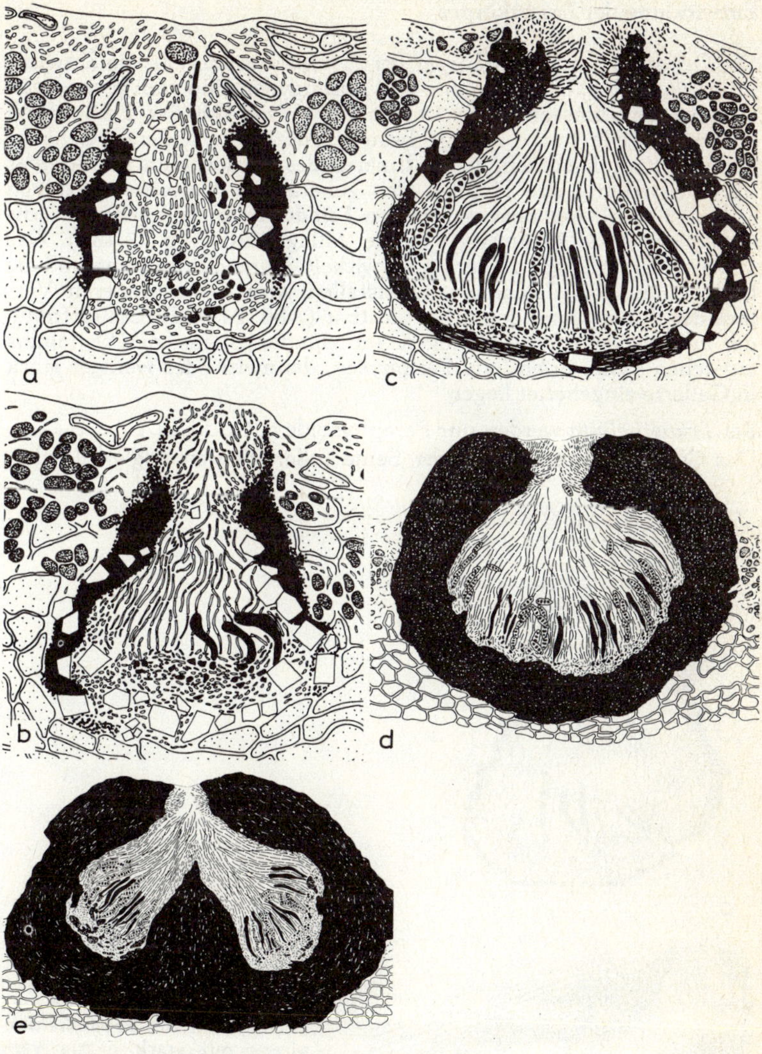

Abb. 13.46 Entwicklung der Perithecien bei *Pyrenula*. a—d) *Pyrenula nitidella:* a) generatives Gewebe mit Ascogonteilen und einer angeschnittenen Trichogyne; b) Primordium mit Paraphysoiden und sich differenzierendem Ostiolum; c) junges Perithecium mit schwach entwickeltem Gehäuse; d) reifes Perithecium mit stark verkohltem Gehäuse. e) Perithecium mit Columella von *Pyrenula laevigata*.

Entwicklung der Fruchtkörper

Die Ontogenie der Fruchtkörper bei *Pyrenula* erinnert an die Entwicklung von *Porina*. Die Ascogone und Trichogynen sind vom generativen Gewebe umschlossen (Abb. 13.46 a), aus dem sich das Primordium entwickelt. Die junge Anlage besteht aus einem äußeren Gehäuse und den Paraphysoiden, die im Inneren des Primordiums unmittelbar durch Streckung der Hyphen des generativen Gewebes entstehen (Abb. 13.46 b). Aus dem marginalen Teil der Fruchtkörperbasis wachsen später echte Paraphysen in die Anlage ein (Abb. 13.46 c). Das Gehäuse ist anfangs nur gering entwickelt. Durch Schwärzung und die Einlagerung von Calciumoxalatkristallen wird es im weiteren Verlauf der Entwicklung deutlicher sichtbar (Abb. 13.46 d). Die Öffnung der Perithecien erfolgt schizogen. Im Mündungskanal des Ostiolums entstehen radial orientierte Periphysen, die mehr oder weniger stark in Gallerte eingebettet liegen.

Bei *Trypethelium* werden nur Paraphysoide entwickelt (Abb. 13.47 a). Das Gehäuse ist stark reduziert. Seine äußere Begrenzung wird ledig-

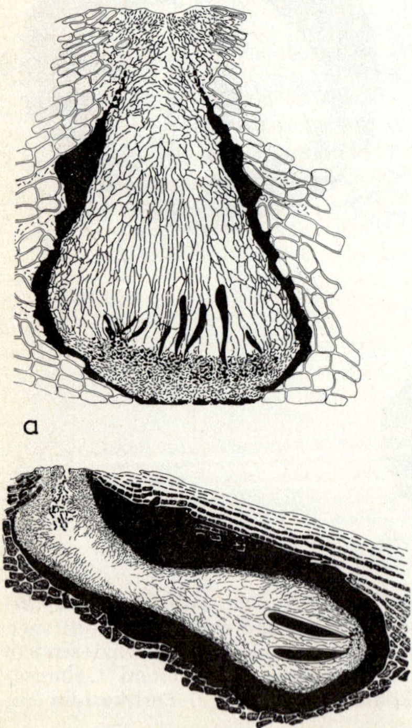

a

b

Abb. 13.47 *Pyrenulaceae.* a) Perithecium von *Trypethelium virens* mit stark netzig verzweigten Paraphysoiden und gering entwickeltem Gehäuse. b) Schräg angelegtes Perithecium von *Pleurotheliopsis australiensis* mit langem nach aufwärts gebogenem Mündungskanal (b nach HENSSEN).

lich durch eine Verbräunung der äußersten Hyphen des Peritheciums erreicht. Die Paraphysoide entstehen entlang des inneren Gehäuserandes und sind von Beginn netzig verzweigt und durch Anastomosen verbunden.

Verwandtschaftliche Beziehungen

In die Familie der *Pyrenulaceae* sind die früher getrennt geführten Familien der *Trypetheliaceae*, *Paratheliaceae* und *Astrotheliaceae* eingeschlossen. Die drei eingegliederten Familien unterscheiden sich von den Pyrenulaceen durch die Stellung der Fruchtkörper. Sie werden bei den Trypetheliaceen in Gruppen angelegt (Abb. 4.17 a), bei den Paratheliaceen sind sie horizontal inseriert (Abb. 13.47 b) und bei den Astrotheliaceen sternförmig angeordnet (Abb. 4.17 d). Solche Merkmale rechtfertigen nicht die Abtrennung von Familien, besonders, da sie sogar innerhalb einer Art schwanken können[355]. Bei *Trypethelium tropicum* werden die Perithecien beispielsweise teils einzeln, teils in Gruppen gebildet.

Wie bei den *Thelotremataceae*, so finden wir auch bei den *Pyrenulaceae* die Bildung einer Columella, die wie das Gehäuse verkohlt (Abb. 13.46 e). Die häufige Einlagerung von Calciumoxalatkristallen in das Gehäuse ist ein weiteres gemeinsames Merkmal. Im übrigen ist weder in der Struktur der Asci noch im Verlauf der Ascocarp-Ontogenese eine Übereinstimmung festzustellen. Die gemeinsamen Merkmale sind ganz offensichtlich konvergent entstanden.

Die Stellung der Familie im System muß als vorläufig betrachtet werden.

Bemerkungen zu den Gattungen

Die horizontal liegenden Perithecien von *Pleurotheliopsis* und die sternförmig angeordneten Fruchtkörper von *Parmentaria* haben wir oben erwähnt. Bei *Melanotheca* und *Trypethelium* werden die Perithecien meistens in Gruppen in Erhöhungen des Thallus, den sogenannten Stromata gebildet (Abb. 4.17 a). Die Sporen sind bei beiden Gattungen quergeteilt, bei *Trypethelium* farblos, bei *Melanotheca* braun. Die Sporen von *Trypethelium* erinnern sehr an die der Gattung *Ocellularia* der *Thelotremataceae*.

Anthracothecium und *Melanotheca* besitzen wie *Pyrenula* wenig verzweigte Paraphysen, während *Parmentaria* und *Pleurotheliopsis* wie *Trypethelium* durch dichtnetzig verzweigte Paraphysoide gekennzeichnet sind. *Anthracothecium* unterscheidet sich von *Pyrenula* durch die mauerförmigen Sporen. *Anthracothecium ochraceoflavum* ist eine auffällige Flechte der Tropen und Subtropen mit leuchtend gelbem Lager und orangebraunen Perithecien. Die gelbe Farbe des Lagers wird wie bei den Teloschistaceen durch den Gehalt an Parietin hervorgerufen.

(35) Familie Microglaenaceae[420]

Gattung: *Microglaena.*

Die *Microglaenaceae* sind wie die *Strigulaceae* kleine Krustenflechten. Sie überziehen Gestein, Moose oder Detritus und sind von der arktischen bis in die gemäßigte Zone verbreitet. Die bitunicaten Asci färben sich im Unterschied zu den *Pyrenulaceae* mit Jod blau (Abb. 4.6 g), und die Sporenfächer sind nicht rhombisch oder rundlich, sondern zylindrisch mit dünnen Wänden. Das Gehäuse ist bei *Microglaena leucothelia* gut entwickelt und besteht aus periklinen Hyphenlagen (Abb. 13.48). Genau wie bei manchen Gattungen der *Pyrenulaceae* werden reich verzweigte Paraphysoide entwickelt. Auch die übrigen Stadien der Entwicklung verlaufen sehr ähnlich wie bei *Pyrenula*. Die Stellung der Familie im System ist unsicher.

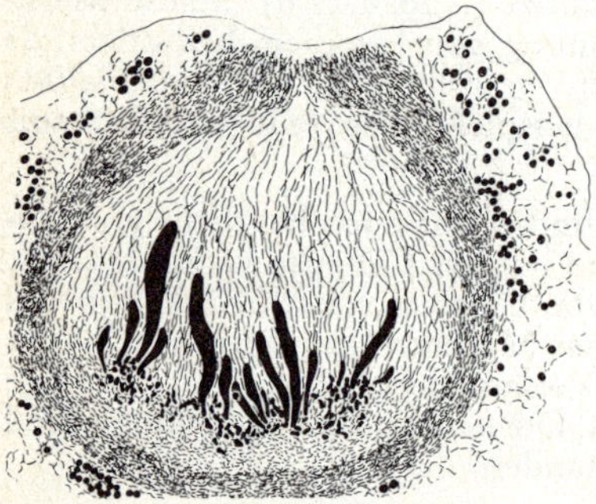

Abb. 13.48 *Microglaena leucothelia.* Perithecium mit Gehäuse und Paraphysoiden.

(36) Familie Strigulaceae[420]

Gattungen: *Raciborskiella, Strigula.*

Die Familie wurde früher mit den *Porinaceae* vereinigt, unterscheidet sich jedoch durch das Vorkommen von bitunicaten Asci. Die *Strigulaceae* sind subtropische und tropische, obligat blattbewohnende Krustenflechten, die meist auf der Oberseite der Blätter wachsen. Das Lager entsteht im Gegensatz zu allen anderen blattbewohnenden Flechten unter der Cuticula der Wirtspflanze. Der Thallus bildet runde Scheiben oder radiale Loben, die mit Pycnidien und Perithecien besetzt sind (Abb. 10.5). Die Infektion des Blattes erfolgt besonders leicht an Stellen, die durch Tierfraß verletzt sind (Abb. 10.5 c). Blattadern bilden ein Hemmnis für die Ausbreitung des Thallus (Abb. 10.5 b). Die beiden Gattungen *Strigula*- und *Raciborskiella* unterscheiden sich hauptsächlich in der Struktur der Paraphysen, die bei *Strigula* wenig verzweigt sind, während sie bei *Raciborskiella* durch zahlreiche Anastomosen ein dichtes Netzwerk bilden. Phycobiont ist anscheinend bei allen Arten *Cephaleuros*. Über die Ontogenie der Fruchtkörper dieser Familie ist nichts bekannt. Ihre systematische Stellung ist unsicher.

6. Ordnung Verrucariales

(37) Familie Verrucariaceae[150]

Gattungen: *Dermatocarpon, Endocarpon, Polyblastia, Staurothele, Thelidium, Verrucaria.*

Charakteristik der Familie

Die *Verrucariaceae* sind pyrenocarpe Flechten der arktischen bis gemäßigten Zonen mit endolithischem, krustigem, schuppigem, blättrig-genabeltem oder klein strauchigem Lager. Der Thallus ist primitiv gebaut oder mit wohl differenzierter Algen- und Rindenschicht versehen. Die eingesenkten oder aufsitzenden Perithecien haben eine dicke Eigenwand aus periklinen Hyphen und häufig ein Involucrellum. Die Periphysen sind gut entwickelt und zum Teil verzweigt. Sie reichen bis zur Basis der Fruchtkörperhöhlung hinab. Paraphysoide oder echte Paraphysen fehlen. Die Hymenialgallerte kann sich in Jod blau färben. Die Asci selbst sind nicht amyloid, bitunicat, clavat, obclavat oder breit zylindrisch und enthalten 1 bis 8 farblose oder braune Sporen. Hymenialalgen sind vorhanden oder fehlen. Die Sporen sind un-, quer- oder mauerförmig geteilt und haben zylindrische Fächer. Die Conidien werden in den gekammerten Pycnidien von kurzzelligen Conidiophoren gebildet (Abb. 4.2 d). Als Phycobionten wurden *Coccobotrys, Heterococcus, Myrmecia, Pleurococcus, Pseudopleurococcus, Trochiscia* und die Braunalge *Petroderma*[434] nachgewiesen. Besonders charakteristisch für die Familie ist die Entwicklung der Perithecien aus einer Anlage, die in ihrem Innern eine Höhlung aufweist. In diesen Hohlraum wachsen von oben die Periphysen und von der Basis her die Asci ein. Auch das Fehlen jeglicher Hüllhyphen ist ein wichtiges Kennzeichen, genau wie das Ostiolum, das reichlich von Periphysen ausgekleidet ist und sich schizogen öffnet.

Entwicklung der Fruchtkörper

Bei *Dermatocarpon* beginnt die Entwicklung mit einem generativen Gewebe, das in der Algenzone angelegt wird. In ihm differenzieren sich Ascogone mit Trichogynen (Abb. 13.49 a). Die äußersten Hyphen der Anlage orientieren sich periklin und bilden die ersten Zellreihen des Gehäuses. Im Innern entsteht eine Kammer, in die von oben die Periphysen einwachsen. An der Basis sammeln sich die verdickten Zellen der ascogenen Hyphen (Abb. 13.49 b). Sehr bald werden von ihnen die ersten Asci entwickelt (Abb. 13.49 c). Durch das Wachstum des Gehäuses erweitert sich der innere Hohlraum. Die Periphysen

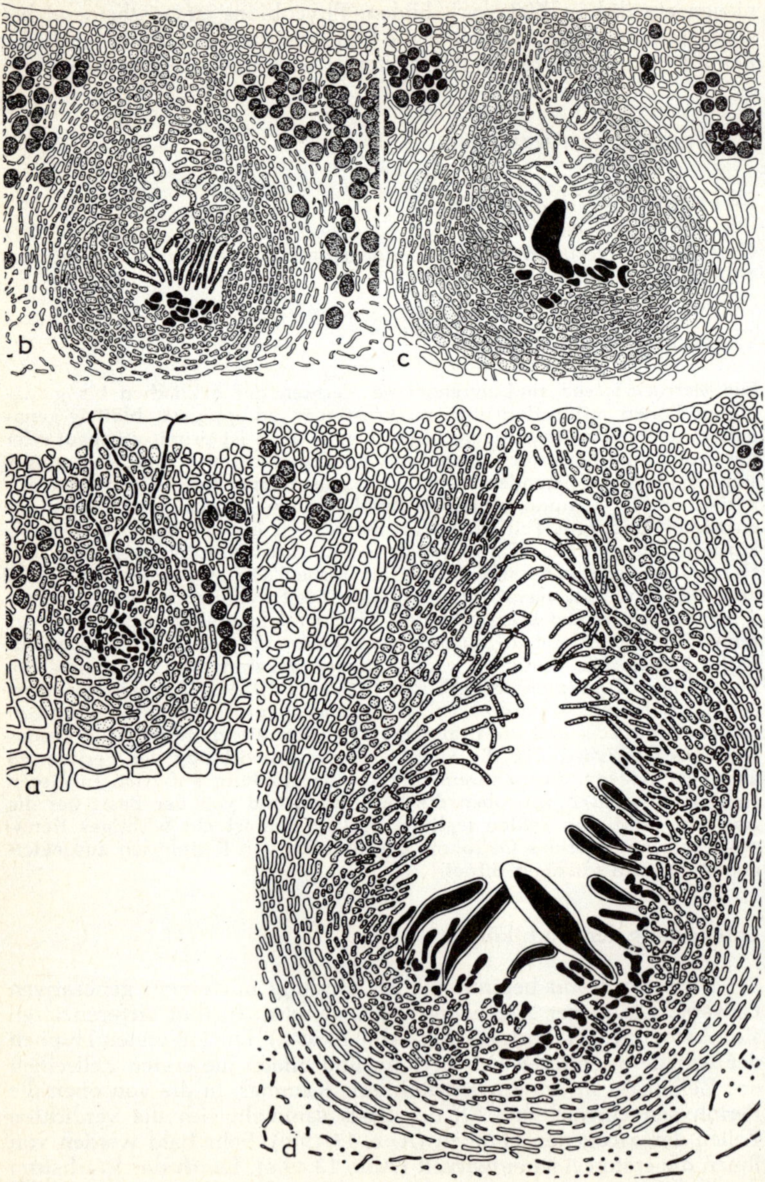

Abb. 13.49

werden in akropetaler Richtung laufend nachgebildet, während basal eine gerade oder konkave Schicht aus ascusbildenden ascogenen Hyphen entsteht, an die die untersten Periphysen unmittelbar anschließen (Abb. 13.49 d). Das Gehäuse wird außen durch Anlagerung von Mark- und Rindenhyphen verstärkt. Das Perithecium erreicht auf diese Weise einen Umfang, der über die Maße des Thallusquerschnitts hinausgeht und wölbt so die Unterseite des Lagers vor. Das Ostiolum öffnet sich schizogen. Eine leichte Verbräunung findet rings um die Mündung statt, ein Involucrellum wird jedoch nicht entwickelt.

Bei *Verrucaria, Thelidium* und *Polyblastia* kann das Gehäuse verkohlen oder ein unterschiedlich gestaltetes Involucrellum vorhanden sein.

Bei *Endocarpon pulvinatum*, einer Art mit Hymenialalgen verläuft die Entwicklung ganz ähnlich wie bei *Dermatocarpon*, nur werden in einem frühen Stadium einzelne Algenzellen von Gehäusehyphen dicht umsponnen. Beim weiteren Wachstum der Anlage gelangen sie in die Peritheciumkammer. Durch fortgesetzte Teilung unter diesen veränderten Lebensbedingungen nehmen die Algenzellen an Größe ab. Ihre Gestalt kann kugelig oder zylindrisch sein. Sie liegen locker in die Hymenialgallerte eingebettet oder zwischen den Spitzen der Periphysen (Abb. 4.16 b). Das Ostiolum hat bei dieser Art einen langen Hals und ist reich mit Periphysen ausgekleidet (Abb. 4.16 a). Es ragt als Eigenrand ein wenig aus dem Thallus hervor und kann von dem ebenfalls leicht gewölbten Lager eingefaßt sein.

Paraphysen irgendwelcher Art werden bei den *Verrucariales* nicht entwickelt. Die in der Literatur immer wieder zu findende Angabe über das Vorkommen von „bald verschleimenden Paraphysen“ beruht auf einer Fehlbeobachtung. Man hat die weit hinabreichenden Periphysen oder entleerte und verschleimende Asci irrtümlich für Paraphysen gehalten. Die bitunicaten Asci stehen dicht gedrängt und bilden eine vollständig geschlossene Schicht (Abb. 4.16 a). Der sehr dünne Exoascus zerplatzt bei der Sporenausschleuderung (Abb. 13.50).

Verwandtschaftliche Beziehungen

Die Familie der *Verrucariaceae* ist hier weiter gefaßt, als es früher üblich war[438]. Alle Vertreter der Familien der *Dermatocarpaceae, Pyrenothamniaceae* und *Staurothelaceae*, die dem oben geschilderten

---

Abb. 13.49 Entwicklung der Perithecien bei *Dermatocarpon*. a) Generatives Gewebe mit Ascogonen und Trichogynen. b) Primordium mit innerer Höhlung, in die von oben Periphysen einwachsen. Die ascogenen Hyphen liegen an der Basis der Höhlung. c) Etwas älteres Stadium mit erstem Ascus. d) Junges Perithecium mit Asci und Periphysen. Weitere Erläuterungen siehe Text.

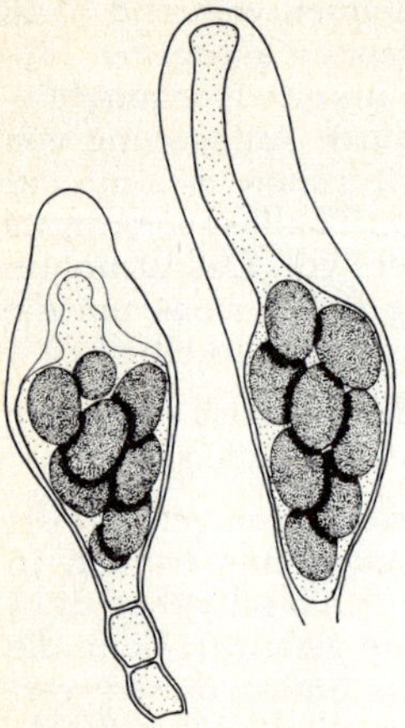

Abb. 13.50 Bitunicater Ascus von *Dermatocarpon fluviatile* vor und nach dem Zerplatzen des Exoascus und der Expansion des Endoascus.

Entwicklungstyp entsprechen, sind in die *Verrucariaceae* eingeschlossen. Dabei spielt es keine Rolle, ob diese Flechten einen krustigen, blättrigen oder strauchigen Thallus besitzen, ebensowenig wie dem Vorkommen von Hymenialalgen eine entscheidende Bedeutung beigemessen wird. In dieser Begrenzung bildet die Familie eine sehr natürliche Gruppe, die in ihrer Ontogenese an den Entwicklungstyp der *Gyalectales* und *Ostropineae* erinnert und sich damit von allen anderen pyrenocarpen Flechten scharf unterscheidet.

Die Gattungen werden nach dem Habitus, der Struktur der Sporen und dem Vorkommen von Hymenialalgen unterschieden. *Verrucaria* und *Dermatocarpon* haben einzellige, farblose Sporen. Die Sporen sind bei *Thelidium* farblos und zweizellig, bei den restlichen Gattungen mauerförmig und farblos oder braun. *Staurothele* und *Endocarpon* unterscheiden sich von *Polyblastia* durch den Besitz von Hymenialalgen.

Bemerkungen zu den Gattungen

Die Gattungen *Polyblastia, Staurothele, Thelidium* und *Verrucaria* sind Krustenflechten. Sie wachsen meistens auf Gestein, sowohl auf saurem als auch auf basischem Substrat. Interessant ist, daß bestimmte Arten, z. B. *Staurothele clopima,* sowohl auf feuchtem Silikatgestein als auch auf trockenem Kalk vorkommen. Von endolithischen Kalkarten werden Ölhyphen entwickelt. Die epilithischen Arten bilden firnisartige Überzüge bis grob areolierte Lager. Die Gattung *Verrucaria* ist bei uns durch zahlreiche Arten vertreten, eine Reihe davon ist aquatisch oder marin. *Verrucaria maura* bildet eine charakteristische Zonierung auf den Meeresfelsen, *Verrucaria serpuloides,* eine antarktische Flechte, wächst submers. *Verrucaria nigrescens* und *Verrucaria muralis* sind Charakterarten unserer Kalkgesteine.

Dermatocarpon hat kleinschuppige bis blättrige Lager. Die blattförmigen Thalli sind genabelt. Die bekannteste Art mit foliosem Thallus ist *Dermatocarpon miniatum*. Sie wird leicht mit sterilen Umbilicarien verwechselt, ist jedoch an den zahlreichen Mündungen der Perithecien, die die Oberseite wie punktiert erscheinen lassen (Abb. 13.17 f), zu erkennen. *Dermatocarpon*- und *Umbilicaria*-Arten kommen beide auf frei exponierten Felsen vor, erstere ziehen jedoch geschützte, zeitweise feuchte Stellen vor. Manche *Dermatocarpon*-Arten sind auf der Unterseite geadert und fein granuliert (Abb. 13.17 g). Mehrere schwer unterscheidbare Arten wachsen auf kalkreicher Erde.

Die meisten *Endocarpon*-Arten sind schuppige Erdflechten. *Endocarpon pulvinatum* ist die einzige kleinstrauchige Art der Ordnung. Die Loben dieser Flechte sind abgeplattet und in ihrer anatomischen Struktur nicht radiär, sondern dorsiventral gebaut. Eine gut entwickelte Rinde schließt den Thallus nach unten ab, während die Algen sich hauptsächlich auf der Oberseite der Loben befinden. Diese sind meist dicht mit Perithecien besetzt und dann wellig verbogen. Auf Grund des abweichenden Habitus wurde *Endocarpon pulvinatum* unter dem Namen *Pyrenothamnia* auch als eigene Gattung beschrieben, aus der sogar eine gesonderte Familie gebildet wurde.

7. Ordnung Arthoniales

Familien: (38) *Arthoniaceae*, (39) *Roccellaceae*, (40) *Lecanactidaceae*, (41) *Opegraphaceae*.

Charakteristik der Ordnung

Der Habitus der *Arthoniales* variiert von primitiven Krustenflechten bis zu strauchförmigen Lichenen. Bei einigen Gattungen ist der Thallus nur sehr schlecht entwickelt, oder wächst nur im Substrat. Die Fruchtkörper sind Apothecien oder Hysterothecien. Charakteristisch für die Ordnung sind die nicht amyloiden, bitunicaten Asci mit dickwandigem Exoascus. Die Asci enthalten 8 Sporen. Bei einigen Flechten der Gruppe kommt ein verkohltes Gehäuse vor. Die Hüllfäden sind immer Paraphysoide, echte Paraphysen werden nicht gebildet.

Die Fruchtkörper der *Arthoniaceae* unterscheiden sich in ihrer Entwicklung von denen der drei anderen Familien. Bei den *Arthoniaceae* werden generatives Gewebe und Ascogone im Laufe der Entwicklung wiederholt neu angelegt. Diese Gewebestücke schließen sich dann sekundär zu einem „Fruchtkörper" zusammen. Bei den anderen drei Familien der Ordnung dagegen ist das generative Gewebe von Anfang an ein gleichmäßig durchgehender Komplex. Auch die mehrfache Anlage von Ascogonen, die für die *Arthoniaceae* besonders typisch ist, ist bei diesen drei Familien weniger deutlich ausgeprägt. Im einzelnen soll die Entwicklung der Fruchtkörper bei den Familien besprochen werden.

Verwandtschaftliche Beziehungen

Alle Familien dieser Ordnung besitzen bitunicate Asci mit einem dickwandigen Exoascus (Abb. 4.5 e). Dieses Merkmal, das Fehlen einer Eigenwand der Fruchtkörper, sowie die lang anhaltende Bildung von Ascogonen bei den *Arthoniaceae* sind typisch für ascoloculare Pilze. Die Entwicklung von Paraphysoiden aus einem generativen Gewebe sind dagegen für den ascohymenialen Typ charakteristisch. Die *Roccellaceae, Lecanactidaceae* und *Opegraphaceae* sind relativ eng miteinander verwandt, während die Arthoniaceae mehr isoliert stehen.

Früher wurden die *Arthoniaceae* und die *Cryptotheciaceae* als zwei getrennte Familien geführt. Die *Cryptotheciaceae* unterscheiden sich jedoch von den *Arthoniaceae* lediglich in der Anzahl der gleichzeitig produzierten Asci[355]. Bei den *Cryptotheciaceae* liegen die Asci einzeln im Thallus, während sie bei den *Arthoniaceae* in Gruppen gehäuft angelegt werden. Da Zwischenformen vorkommen, war es notwendig, die beiden Familien zu vereinigen.

Die Hysterothecien der *Arthoniales* sind in ihrer Form den Hysterothecien der *Graphidineae* täuschend ähnlich (Abb. 13.41 m). Auf Grund dieser Übereinstimmung vereinigte man früher diese Flechten in einer Gruppe. Die Apothecien von *Roccella* und *Dendrographa* (Abb. 13.56 b, c) sehen wie normale Apothecien mit echten Paraphysen aus.

Nach ihren ontogenetischen Merkmalen sind die beiden Familien der *Roccellaceae* und der *Lecanactidaceae* eng miteinander verwandt. Es wird sich später vielleicht als besser erweisen, sie in einer Familie zu vereinen.

Neben den *Roccellaceae* wurde früher noch die Familie der *Dirinaceae* unterschieden. Da die beiden Familien lediglich in der Differenzierung des Thallus differierten, sind sie hier in der Familie der *Roccellaceae* vereinigt, die dadurch zu einer sehr natürlichen Gruppe wird[352]. Auch die früher beschriebenen *Chiodectonaceae* werden von uns nicht mehr als eigene Familie geführt, sondern zu den *Lecanactidaceae* gerechnet. Sie galten bisher allein auf Grund der abweichenden Stellung ihrer Fruchtkörper als eigene Familie. Neuerdings wurden sie auch bei den *Opegraphaceae* eingereiht[147]; aber in der Ontogenese der Fruchtkörper und der Struktur des Hymeniums zeigen sie eher Beziehungen zu den *Lecanactidaceae*.

Die *Opegraphaceae* lassen sich an die *Roccellaceae* anschließen, mit denen sie die Form der Asci und Sporen gemeinsam haben. Zu den

Opegraphaceen rechnen wir vorerst nur die Typusgattung der Familie. *Mazosia*, die bisher zur gleichen Familie gestellt wurde, gehört sicherlich zu den *Arthoniales*, unterscheidet sich jedoch ontogenetisch von allen Familien. Wir bringen sie als Anhang bei den Opegraphaceen.

Wegen der habituellen Ähnlichkeit der Fruchtkörper hat man *Opegrapha* lange zu den Graphidaceen gestellt. Das Wachstum der Hysterothecien zeigt eine Parallelentwicklung, da in beiden Familien die Verlängerung der Fruchtkörper durch neu angelegtes generatives Gewebe erfolgt. In den Einzelheiten ist die Ontogenese jedoch verschieden. Die für die Graphidaceen charakteristische Bildung eines Hohlraums, der durch Zerreißen des Hilfsgewebes entsteht und in den echte Paraphysen einwachsen, fehlt bei den Opegraphaceen. Außerdem haben die Asci und Sporen bei den beiden Gruppen eine unterschiedliche Struktur. Bei den Opegraphaceen sind die Asci bitunicat und die Sporen mit zylindrischen Fächern versehen, während die Graphidaceen unitunicate Schläuche und Sporen mit linsenförmigen Fächern besitzen.

Die hemiangiocarpe Entwicklung der Fruchtkörper verläuft bei den *Roccellaceae* und *Lecanactidaceae* auf ähnliche Weise wie bei den Pertusariaceae. Bei allen drei Familien werden die Hüllfäden unterhalb der Thallusrinde oder unter der äußersten Schicht eines undifferenzierten Lagers angelegt. Im einzelnen verläuft die Entwicklung der Paraphysoide jedoch verschieden (vgl. S. 359 ff.).

(38) Familie Arthoniaceae[355]

Gattungen: *Arthonia, Arthothelium, Cryptothecia, Stirtonia.*

Charakteristik der Familie

Die *Arthoniaceae* sind Krustenflechten der gemäßigten Zone, der Subtropen und Tropen. Ihr kaum entwickelter bis gering differenzierter Thallus wächst oft nur unter der Rinde oder überzieht als hauchdünnes Mycel das Substrat. Die rundlichen oder gestreckten Fruchtkörper liegen fleckenartig im Thallus (Abb. 13.51 c) und bilden unregelmäßige Erhöhungen (Abb. 13.51 a, b) oder Lirellen, die von einem Lagerrand umgeben sein können (Abb. 13.51 d, e). Die Scheibe ist bräunlich, rötlich oder schwarz, teils bereift und teils von Mycelgeflecht bedeckt. Die nicht amyloiden, bitunicaten, turbinaten bis clavaten Asci mit dickwandigem Exoascus enthalten meist acht farblose bis leicht bräunliche Sporen. *Arthonia* und *Stirtonia* besitzen parallel-mehrzellige, *Arthothelium* und *Cryptothecia* mauerförmige Sporen. Die Sporen können häufig an einem Ende verjüngt, die Zellen oft ungleich groß sein (Abb. 4.5 e). Oft umschließt ein Halo die Sporen (Abb. 4.10). Die Asci zeigen die charakteristische Spitzenverdickung (Abb.

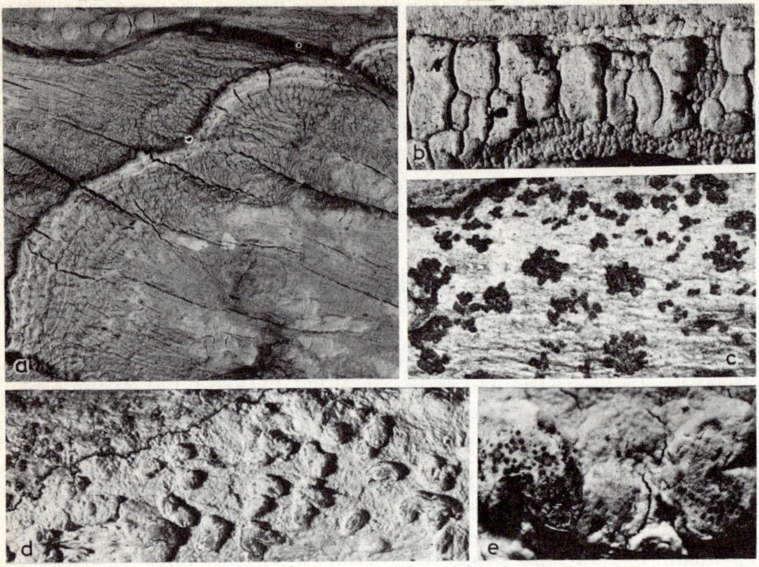

Abb. 13.51 Habitus einiger *Arthoniaceae.* a und b) Art der *Arthothelium-Cryptothecia*-Gruppe: a) am Rande zoniertes und mit braunem Saum versehenes Lager, das einen artgleichen Thallus überwächst; im Bilde links oben junge Fruchtkörper (3 ×); b) alte Fruchtkörper von paketartiger Gestalt (9 ×). c) *Arthonia tumidula.* Lager mit schwarzem Saum an eine andere Flechte grenzend, Fruchtkörper unregelmäßig fleckenförmig (10 ×). d und e) *Arthothelium sp.*: d) Übersicht eines fertilen Lagers, das durch einen dünnen schwarzen Rand gegenüber einer anderen Flechte abgegrenzt ist (4 ×); e) zwei Hysterothecien stärker vergrößert, die Asci als dunkle Punkte sichtbar (13 ×).

4.5 j, 4.6 f) des bitunicaten Typs mit dickwandigem Exoascus. Sie sind unterschiedlich lang gestielt. Die Hüllfäden sind stets Paraphysoide. Sie bilden ein lockeres bis dichtes, netzig-verzweigtes Geflecht. Manchmal umschließen sie zusätzlich einzelne Asci mit einer festen Hülle. Phycobionten sind einzellige oder fädige Grünalgen.

Entwicklung der Fruchtkörper

Bei *Arthothelium* und *Arthonia* liegen die reifen Asci in Gruppen, bei *Cryptothecia* und *Stirtonia* dagegen einzeln. Wir wollen die Entwicklung bei verschiedenen *Arthothelium*- und *Stirtonia*-Arten verfolgen. Die Fruchtkörper der untersuchten *Arthothelium*-Art sind hysterocarp und von einem wulstigen Lagerrand umgeben (Abb.

13.51 d, e). Die Entwicklung beginnt tief im Substrat unterhalb des algenhaltigen Thallus mit der Anlage von mehreren Knäueln aus generativem Gewebe, in denen Ascogone gebildet werden (Abb. 13.52 b). Seitwärts werden fortlaufend neue generative Gewebe nachgebildet, die durch lockeres Geflecht getrennt sind. Auch zwischen zwei älteren Knäueln können neue entstehen. Dadurch liegen generative Gewebe in den verschiedensten Entwicklungsstadien nebeneinander. Dichte Geflechte, lockere Geflechte, Geflechte mit Ascogonen oder ascogonen Zellen und Geflechte mit jüngeren oder älteren Asci können in enger Nachbarschaft beobachtet werden (Abb. 13.52 c). Eine Verkohlung kann stellenweise zwischen dem Thallus und dem Fruchtkörpergewebe auftreten. Das generative Gewebe streckt sich zu Paraphysoiden, die ein dichtes Netzwerk von Hyphen bilden. Die reifen Asci schauen mit ihrer Spitze aus der Anlage heraus (Abb. 13.52 d).

Bei einer anderen Art überzieht der Thallus die Rinde als dicke Kruste. Die Ascocarpien bilden unregelmäßige Höcker (Abb. 13.51 a, b). Sie entstehen durch ein ausgeprägtes Vertikalwachstum des Fruchtkörpers. Die ascogenen Hyphen wachsen mit in die Höhe. Es können jedoch auch hier im obersten Teil der Anlage wieder neue Ascogone mit Trichogynen angelegt werden (Abb. 13.53). In den tieferen Partien des Thallus bleiben die mehr oder weniger zusammengepreßten, leeren Höhlungen, in denen sich ursprünglich die Asci befanden, lange Zeit erhalten. Nicht selten sieht man in ihnen noch dickwandige Exoasci.

Bei *Stirtonia* werden ebenfalls mehrere Ascogone in einem Knäuel aus generativem Gewebe angelegt, die Asci reifen jedoch einzeln heran und liegen dadurch innerhalb der Fruchtkörper weit voneinander entfernt (Abb. 13.52 a). Das generative Gewebe bildet ein lockeres Geflecht innerhalb des Ascocarps und eine dichte Hülle um jeden einzelnen Ascus. Die Hülle ist so fest, daß sich die Asci nur schwer von ihr befreien lassen. Da die Asci einzeln tief im Hilfsgewebe eingebettet liegen, sind die Fruchtkörper als solche kaum zu erkennen. Das Lager bildet einen lockeren Mycelüberzug auf dem Substrat, die Ascocarpien sind darin weißliche Höcker aus dichtem Hyphengeflecht.

Das mehr oder weniger dicht netzig verzweigte Paraphysoidengeflecht ist ein charakteristisches Merkmal der Arthoniaceen. Es ist jedoch nicht bei allen Arten ausgeprägt vorhanden. Besonders bei Arten deren Thallus nur aus einem dünnen Mycelüberzug besteht, ist auch das Paraphysoidengeflecht recht locker, und die Asci stehen fast frei zwischen den einzelnen Hyphen. Je fester das Hüllgeflecht ist, desto ausgeprägter bleiben die Höhlungen erhalten, die sich durch das Einwachsen der Asci bildeten. Diese leeren Höhlungen erinnern an die Loculi der echten ascolocularen Pilze. Ähnliche Lücken sind jedoch auch bei ascohymenialen Flechten mit dichtem paraphysoidalem Netzwerk zu beobachten, z. B. bei den Pertusariaceen.

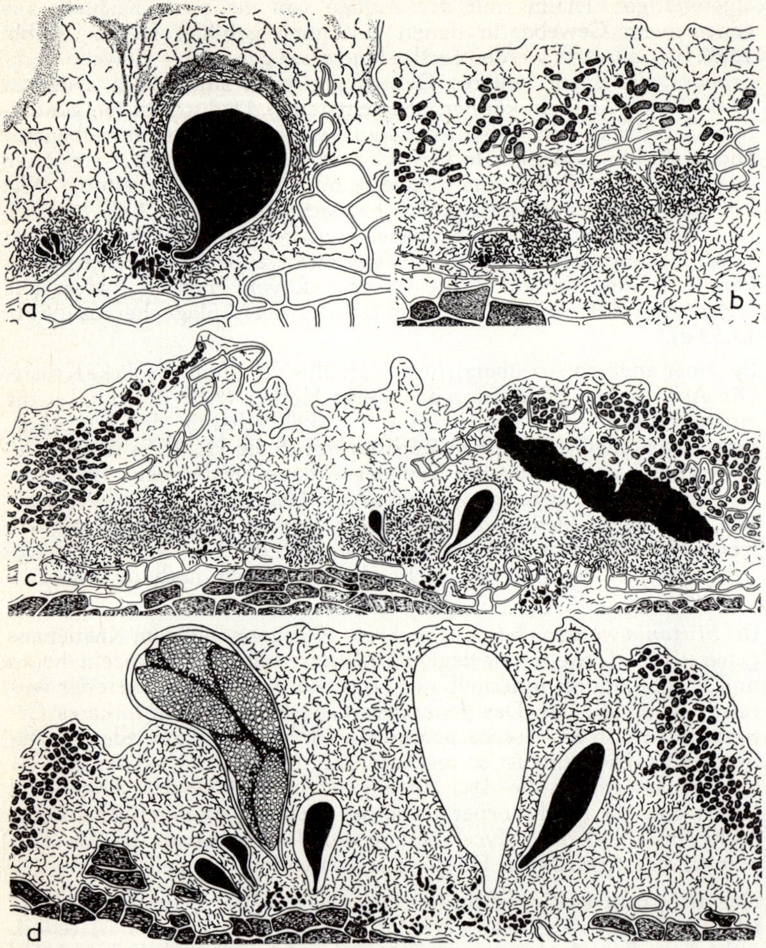

Abb. 13.52 Entwicklung der Fruchtkörper bei den *Arthoniaceae*. a) *Stirtonia sp.* Fruchtkörper mit mehreren Hyphenknäueln aus generativem Gewebe und Ascogonzellen bzw. ascogenen Hyphen. Der Ascus wird von einem dichten Geflecht aus Paraphysoiden eingehüllt. b—d) *Arthothelium sp.*: b) Gruppe von generativen Geweben, links mit Ascogonzellen; c) junger Fruchtkörper mit generativen Geweben und einzelnen Asci; d) reifer Fruchtkörper mit Loculus und vortretendem Ascus zwischen reich verzweigten und anastomosierenden Paraphysoiden.

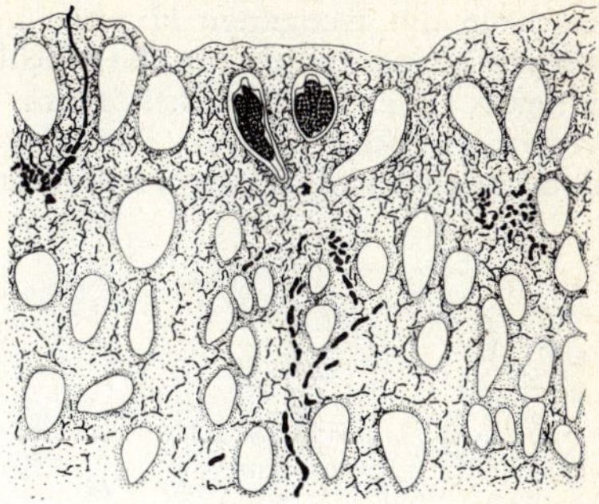

Abb. 13.53 Schnitt durch den Fruchtkörper einer Art der *Arthothelium-Cryptothecia*-Gruppe mit zahlreichen Loculi, ausragender Trichogyne und vertikal wachsenden ascogenen Hyphen.

(39) Familie Roccellaceae[352]

Gattungen: *Darbishirella, Dendrographa, Dirina, Dolichocarpon, Hubbsia, Reinkella, Roccella, Roccellographa, Schizopelte, Simonyella.*

Charakteristik der Familie

Die *Roccellaceae* haben meist ein strauchiges, seltener ein krustiges oder blättriges Lager und wachsen vor allem auf Meeresfelsen in den wärmeren Zonen, selten auf Rinde oder anderem Substrat im Binnenland. Die Festigkeit der Loben wird durch verschiedene anatomische Strukturen erreicht. Sorale dienen als Organe der vegetativen Vermehrung. Die Gestalt der Fruchtkörper variiert von runden Apothecien bis zu sehr lang gestreckten Hysterothecien. Die Scheibe ist häufig bereift. Die dicht stehenden Paraphysoide sind mehr oder weniger stark netzig verzweigt und lange von einem Epithecium aus Resten des Thallus bedeckt. Die quergeteilten Sporen sind farblos oder braun, glatt oder warzig. Phycobionten sind *Trentepohlia*-Arten.

Entwicklung der Fruchtkörper

Als Beispiel für die Ontogenie der Fruchtkörper in dieser Familie kann uns die Gattung *Roccella* dienen. Das erste erkennbare Entwicklungsstadium ist das generative Gewebe, das in der Algenschicht aus stark färbbaren, sich vertikal ausrichtenden Verzweigungen der Thallushyphen gebildet wird. Dieses Geflecht ist von der Palisadenrinde bedeckt, die sich aufzulockern beginnt (Abb. 13.54 a). Am Grunde des Primordiums entstehen einzelne Ascogonzellen. Sehr bald setzt eine Verkohlung der Basis ein, wodurch die weiteren Vorgänge in dieser basalen Zone schwer zu analysieren sind. Es scheint jedoch eine wiederholte Bildung von Ascogonzellen einzutreten. Gleichzeitig wachsen die ascogenen Hyphen über kurze Strecken horizontal und sorgen so zusätzlich für die Nachbildung der Asci in den seitlichen, jungen Teilen des Fruchtkörpers. Die Hyphen des generativen Gewebes strecken sich zu Paraphysoiden, deren Enden sich mit der deckenden Thallusrinde verflechten. Die Reste der Thallusrinde blei-

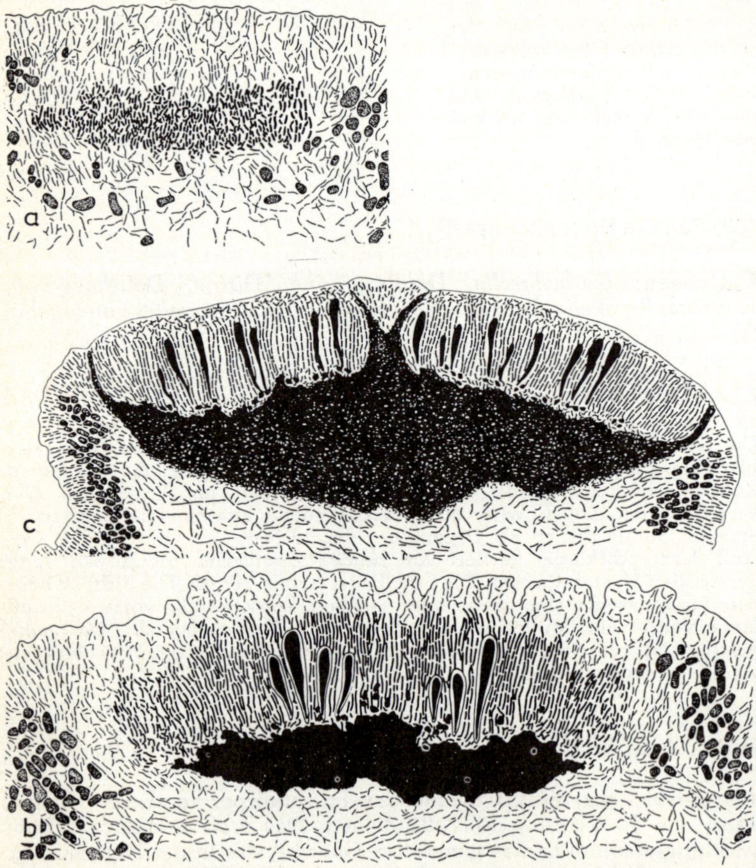

Abb. 13.54 Entwicklung der Fruchtkörper bei *Roccella montagnei.* a) Primordium mit generativem Gewebe, das unterhalb der Thallusrinde angelegt wird. b) Junger Fruchtkörper mit Asci und Paraphysoiden. c) Altes, geteiltes Apothecium. Auf dem Hymenium liegen noch Reste der Deckschicht. Weitere Erläuterungen siehe Text.

ben als eine Art Epithecium, das dem bloßen Auge als Reif erscheint, lange Zeit auf dem Hymenium liegen und zerfallen erst in sehr alten Fruchtkörpern. Zwischen die Paraphysoide wachsen die dickwandigen Asci ein (Abb. 13.54 b). Das Wachstum des Fruchtkörpers ist nach allen Seiten gleichmäßig stark, so daß ein Apothecium entsteht. Es wächst beträchtlich in die Höhe, wobei der umliegende Thallus passiv aufgebogen wird und einen schmalen Thallusrand bildet. Sekundär kann das Hymenium sich durch Einschalten steriler Partien teilen (Abb. 13.54 c). Diese Gewebeteile und die äußersten Hyphen des Hymeniums verbräunen schließlich.

Die sekundäre Aufteilung des Hymeniums unter Verbräunung ist bei anderen Gattungen der Roccellaceen, z. B. bei *Hubbsia*, stark entwickelt. Auch hier zeigt der Fruchtkörper, der sich durch bevorzugtes Wachstum in einer Richtung als Hysterothecium entwickelt, ein beträchtliches Höhenwachstum.

Bemerkungen zu den Gattungen

Die bekannteste Gattung der Familie ist *Roccella*, deren Arten bereits im Altertum zum Färben benutzt wurden. Die Flechten wachsen auf Meeresfelsen der gemäßigten und wärmeren Zonen. Der strauchige Thallus ist mit einer Haftscheibe am Substrat befestigt, die Loben hängen nach unten und sind bei vielen Arten mit Kugelsoralen besetzt (Abb. 13.56 a). Die Sorale bildenden Roccellen tragen selten Apothecien. Bei den Flechten der *Roccella fuciformis*-Gruppe ist eine besonders typische Palisadenrinde ausgebildet (Abb. 3.7 c, d). Bei anderen *Roccella*-Arten sind die Rindenhyphen mehr oder weniger stark netzig verzweigt (Abb. 13.55 c). Ganz anders wird die Festigkeit des Thallus bei *Darbishirella* erreicht. Die Rindenhyphen verlaufen hier periklin zur Thallusoberfläche und ihre Wände sind stark gallertig verquollen (Abb. 13.55 a, b). Die Rindenhyphen von *Dendrographa* sind periklin verflochten, während bei *Hubbsia* netzig bis rechtwinklig verzweigte Hyphen die Rinde bilden. Das Lager der krustenförmigen Gattung *Dirina* und der blättrigen *Reinkella parishii* (Abb. 13.56 g) ist heteromer geschichtet.

Dendrographa (Abb. 13.56 c) hat bereifte runde Apothecien. Bei *Hubbsia lumbricoides*, die ihren Namen nach den dicken wurmförmigen Loben erhielt, sind schmale Lirellen in das Lager eingesenkt (Abb. 13.56 d). Die Flechte wurde erst vor wenigen Jahren auf der pazifischen Insel Guadalupe entdeckt[426]. Durch Hysterothecien von unbegrenztem Wachstum ist die südamerikanische Gattung *Dolichocarpus* ausgezeichnet (Abb. 13.56 f), deren Lager auf Kaktusstacheln in Meeresnähe wachsen. Die Fruchtkörper mit rötlichbrauner Scheibe erstrecken sich über die gesamte Länge der Loben und gehen an deren Verzweigungsstellen auf die Seitenäste über[352]. Die Fruchtkörper von *Schizopelte* haben im Alter eine bizarr gelappte Form (Abb. 13.56 e).

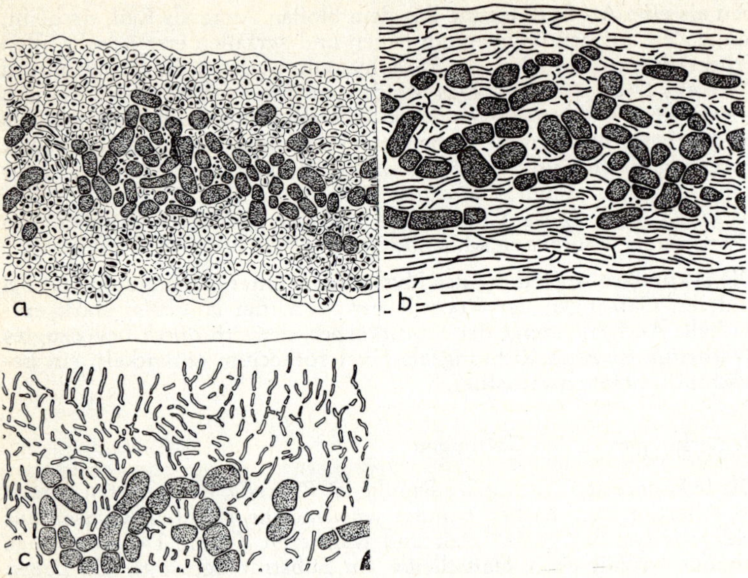

Abb. 13.55 *Roccellaceae*. a und b) Quer- und Längsschnitt durch das Lager von *Darbishirella gracillima*. c) Ausschnitt aus dem oberen Teil des Lagers von *Roccella vicentina*.

Das Hymenium ist durch Vertikalwachstum und gleichzeitige graduelle Verbräunung der subhymenialen Schichten ausgezeichnet. Die Sporen werden zum großen Teil nicht mehr ausgeschleudert, sondern von dem emporwachsenden Geflecht eingeschlossen. Sie sind schließlich braun und warzig.

Die meisten Gattungen der Familie kommen an den amerikanischen Küsten vor, einige sind endemisch auf verschiedenen Inseln verbreitet, beispielsweise *Hubbsia* auf Guadalupe und *Roccellographa* und *Simonyella* auf Samha, einer Insel im Golf von Aden.

(40) Familie Lecanactidaceae

Gattungen: *Chiodecton, Lecanactis, Schismatomma, Sclerophyton.*

Charakteristik der Familie

Die *Lecanactidaceae* sind mehr oder weniger einfach strukturierte Krustenflechten auf Gestein oder Rinde. Die Fruchtkörper werden einzeln oder in Stromata angelegt. Die Paraphysoide stehen dicht oder locker und sind netzig miteinander verbunden. Reste des Thallus bleiben lange auf dem Hymenium liegen. Phycobionten sind *Trentepohlia*-Arten.

Entwicklung der Fruchtkörper

Die Entwicklung der *Lecanactidaceae* verläuft ähnlich wie bei der Gattung *Roccella.* Im Unterschied zu dieser Gattung hat das Anfangsstadium des generativen Gewebes jedoch keine palisadenähnliche Struktur, sondern bildet ein wirres Knäuel. Die Reste der oberen Thallusschicht bleiben auch bei den *Lecanactidaceae* noch lange als Deckschicht auf dem Hymenium liegen.

Bemerkungen zu den Gattungen

Das entscheidende Merkmal zur Trennung der beiden Gattungen *Lecanactis* und *Schismatomma* war bisher der Thallusrand, der bei der einen Gattung vorkommt, während er der anderen fehlt. Genauere Untersuchungen zeigen aber, daß alle Fruchtkörper dieser Verwandtschaftsgruppe von einem passiv aufgebogenen Lagerrand umgeben sind, wenn sie nicht überhaupt durch Vertikalwachstum weit über das Lager emporwachsen. Außerdem kann der Thallusrand durch Verbräunung einen Eigenrand vortäuschen. Die Trennung der beiden Gattungen auf Grund dieses Merkmals ist daher nicht sehr glücklich.

Lecanactis abietina ist durch die Bildung von zwei Conidientypen ausgezeichnet. Auf sterilen Lagern der Flechte entstehen in dickwandigen Pycnidien mit weiter Mündung ellipsoide Makroconidien (Abb. 4.1 a). Fertile Lager tragen Pycnidien mit stäbchenförmigen, leicht gebogenen Mikroconidien. Makro- und Mikroconidien sind Phialosporen (Abb. 4.2 b). Die Art kommt auf Eichen und Tannen in borealen und montanen Wäldern vor. Der Thallus bildet weißliche Überzüge. Er ist oft steril und dann an den stiftartig hervorbrechenden Pycnidien kenntlich. Sie sind vom Lager bedeckt und täuschen Isidien vor.

Sclerophyton ist eine seltene Flechte auf schattigen Felsüberhängen an der Atlantikküste. Bei *Chiodecton* werden die Hysterothecien in Stromata angelegt (vgl. S. 103). Sie bilden rundliche, weißliche Erhöhungen auf dem Thallus, in denen durch Anfeuchten die Lirellen deutlicher sichtbar werden (Abb. 4.17 b). Innerhalb der Stromata entstehen die „Einzelhymenien" teils durch Neuanlage, teils durch die Aufteilung von alten Hymenien durch die Einschaltung von sterilen verbräunenden Partien (Abb. 13.57). Asci und Sporen haben die typische Struktur der *Roccellaceae* (Abb. 4.5 b).

Die Gattung *Bactrospora* besitzt quergeteilte Sporen, die noch im Ascus zerfallen (Abb. 4.5 i). Manche Forscher stellen die Gattung zu den *Lecanactidaceae*, andere betrachten sie als nicht lichenisiert.

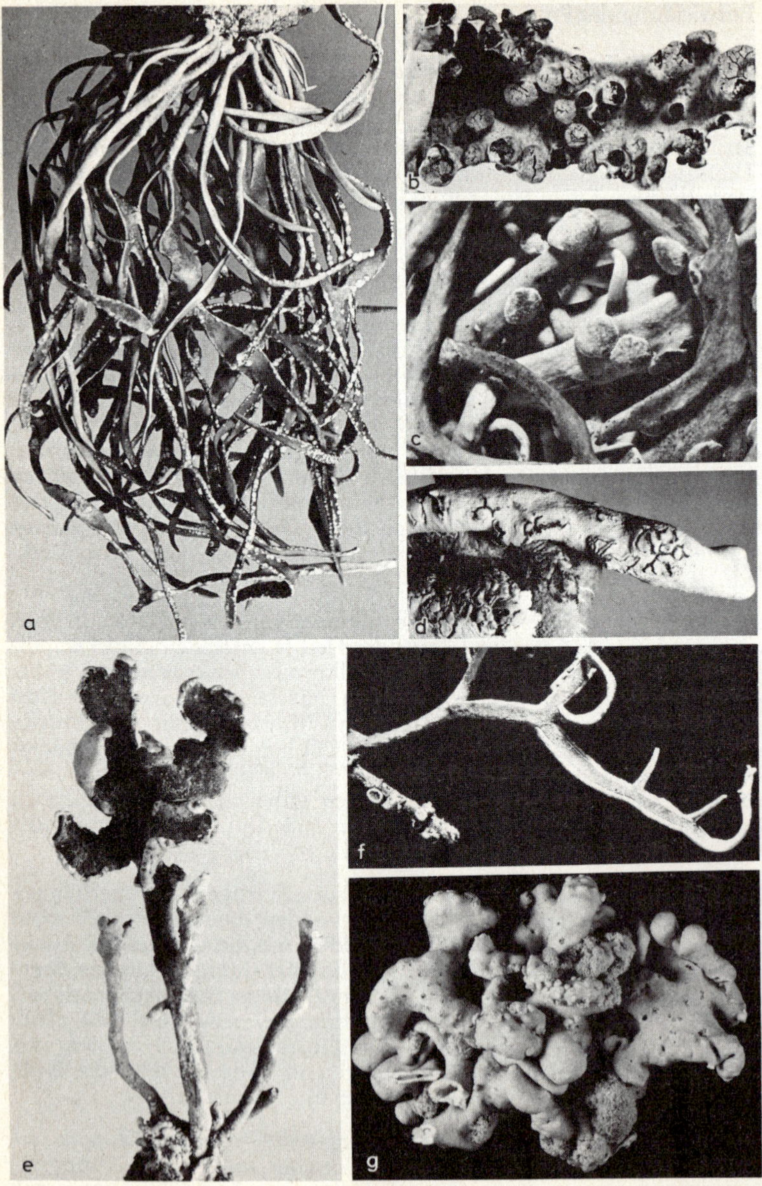

Abb. 13.56

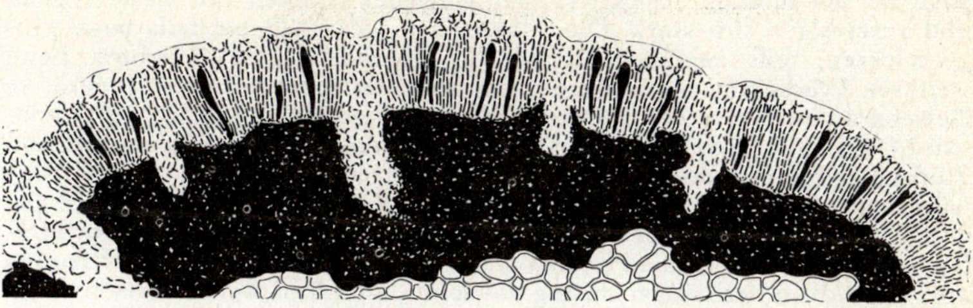

Abb. 13.57 Ausschnitt aus dem Stroma von *Chiodecton perplexum*. Die Basis des Stromas ist stark verkohlt.

(41) Familie Opegraphaceae

Gattung: *Opegrapha*.

Anhang: *Mazosia*.

Charakteristik der Familie

Die *Opegraphaceae* sind primitive Krustenflechten auf Rinde und Gestein und von der temperierten bis zur tropischen Zone verbreitet. Die Hysterothecien sind häufig verzweigt (Abb. 13.41 m), die Scheibe kann bereift sein. Das Hymenium ist von einem verkohlten Gehäuse umgeben. Die Hüllfäden sind Paraphysoide mit dicht netziger Verzweigung und kurzzylindrischen oder eckigen, mehr oder weniger vakuolisierten Zellen. Die farblosen, quergeteilten Sporen haben zylindrische Fächer. Phycobiont ist *Trentepohlia*.

Entwicklung der Fruchtkörper

Die Ontogenese der *Opegraphaceae* läßt sich vom *Roccella*-Typ ableiten. Bei *Opegrapha* ist der Thallus nicht hoch differenziert, sondern besteht lediglich aus *Trentepohlia*-Fadenbruchstücken, die von Hyphen umsponnen

---

Abb. 13.56 *Roccellaceae*. a) *Roccella fuciformis*. Lager mit zahlreichen Soralen (nat. Größe) b) *Roccella tinctoria*. Lobe mit bereiften, etwas eckigen Apothecien (2,5 ×). c) *Dendrographa leucophaea*. Loben mit runden, dick berandeten und bereiften Apothecien (5 ×). d) *Hubbsia lumbricoides*. Lager mit sternförmig verzweigten Hysterothecien (2,5 ×). e) *Schizopelte californica*. Apothecium unregelmäßig gelappt (2 ×). f) *Dolichocarpus chilensis*. Langgestrecktes, verzweigtes Hysterothecium auf der Lobenunterseite (3,5 ×). g) *Reinkella parishii*. Blättriges Lager mit eingesenkten Fruchtkörpern (2,5 ×).

sind. Bei der Bildung des generativen Gewebes strecken sich diese Hyphen und verzweigen sich stark. Die Algenzellen werden dabei teils basal eingeschlossen, teils gelangen sie an die Oberfläche des Geflechtes. Beim weiteren Wachstum des hysterocarpen Fruchtkörpers wird das generative Gewebe an den seitlichen Zuwachsstellen nachgebildet. Die äußere Grenzschicht des generativen Gewebes verkohlt. Dabei werden Algenzellen und Stücke der Baumrinde, die als Substrat dient, eingeschlossen. Der Thallus wächst unter der Rinde und ist von Resten des Substrats bedeckt. Wie bei den *Roccellaceae* fehlt bei den *Opegraphaceae* ein besonders strukturierter Eigenrand. Die ascogenen Hyphen wachsen zum Teil mit dem Hysterocarp mit, das sich in der Längsrichtung ausdehnt, zum Teil werden anscheinend aber auch neue Ascogonzellen nachgebildet.

Anhang: Mazosia[355]

Die Arten der Gattung *Mazosia* sind blattbewohnende Flechten der Tropen. Die Apothecien besitzen eine weit offene Scheibe. Ihre Berandung besteht aus periklinen, streng parallelen, verbräunenden Hyphen. Die Paraphysoide verlaufen in jungen Fruchtkörpern bogig geschwungen. In älteren Apothecien sind sie am Rande gerade und parallel angeordnet, während sie in der Mitte stark verzweigt und in die stark entwickelte Hymenialgallerte eingebettet sind. Phycobiont ist *Phycopeltis*.

8. Ordnung Pleosporales

(42) Familie Arthopyreniaceae[420]

Gattungen: *Arthopyrenia, Microthelia*.

Charakteristik der Familie

Die *Arthopyreniaceae* im engeren Sinne haben bitunicate Asci (Abb. 4.6 l) mit dünnem Exoascus sowie quer- bis mauerförmig geteilte, farblose oder braune Sporen. Die netzig verzweigten Paraphysoide sind ausdauernd oder verschleimen rasch. Kurze Periphysen bilden sich bei der Reife der Perithecien im Mündungskanal. Die Arthopyreniaceen sind primitive Krustenflechten auf Rinde und Gestein. Interessant ist das Vorkommen von *Arthopyrenia halodytes* auf den Schalen von lebenden *Balanus*-Arten und Mollusken der Meeresküste (Abb. 10.1). Phycobionten der lichenisierten Arthopyreniaceen sind *Trentepohlia*-Arten.

Verwandtschaftliche Beziehungen

Die Charakterisierung der *Arthopyreniaceae* ist provisorisch, da die Typusart der Typusgattung noch nicht entwicklungsgeschichtlich untersucht wurde. Von allen pyrenocarpen Flechten stehen die *Arthopyreniaceae* zweifellos den *Pleosporales* am nächsten. Man darf das Wort „Flechten" freilich für diese Familie nur mit Vorsicht gebrauchen, da die Lichenisierung von vielen *Microthelia*- und *Arthopyrenia*-Arten umstritten ist. Ein Teil der Arten ist sicherlich nicht lichenisiert, während andere Arten fakultative Flechtenbildner sind, deren Hyphen gelegentlich mit verschiedenen Algenarten vergesellschaftet sein können[335].

Die beiden Gattungen *Microthelia* und *Arthopyrenia* sind auch in sich heterogen. Die Sonderstellung der Sektion *Acrocardia* der Gattung *Arthopyrenia*, die die Erhebung dieser Gruppe in den Rang einer Gattung rechtfertigen würde, wird heute allgemein anerkannt. Aber auch die restlichen bei *Arthopyrenia* verbleibenden Arten bilden verschiedene natürliche Gruppen[420]. Nach neueren Untersuchungen dürfte *Arthopyrenia fallax*[202] entwicklungsgeschichtlich dem gleichen Typ wie *Microthelia atomaria* angehören. *Arthopyrenia antecellens* dagegen erinnert im Wachstum des Fruchtkörpers mehr an hysterocarpe Flechten, z. B. an *Opegrapha*.

9. Ordnung Dothideales

(43) Familie Mycoporaceae[335]

Gattungen: *Dermatina, Mycoporellum.*

Anhang: *Microthelia aterrima*-Gruppe.

Die Ontogenese der *Mycoporaceae* ist nicht bekannt. Nach neueren Untersuchungen entsprechen die Ascostromata dem dothidealen Typ. Wir gliedern die Familie deshalb vorläufig bei der Ordnung der *Dothideales* ein. Soweit wir wissen, scheint es sich bei den Vertretern der Mycoporaceen weniger um Flechten mit einem wohl definierten Lager als um Pilze zu handeln, deren Hyphen nur in loser Verbindung mit irgendwelchen Algen stehen.

Charakteristik der Familie

Die *Mycoporaceae* besiedeln Rinde und Gestein. Sie wachsen in oder auf dem Substrat, ein eigentlicher Thallus fehlt. Die Ascostromata sind meist mono-, seltener plurilokulär, die Asci bitunicat und dickwandig. Die Hüllhyphen sind ausdauernd oder verschleimen. Die Sporen sind hell oder dunkel, quer- oder mauerförmig geteilt. Eine Reihe von Algen wurde als Phycobionten angegeben. Anscheinend stehen sie jedoch alle nur in zufälliger, loser Assoziation mit den Pilzhyphen. Haustorien wurden nicht beobachtet. Die beiden wichtigsten Gattungen der Familie sind *Dermatina*, deren Sporen im reifen Zustand braun und mauerförmig sind, und *Mycoporellum* mit braunen, zweizelligen Sporen.

Das Ascostroma von *Mycoporellum* ist plurioculär, die Loculi öffnen sich jeweils mit eigener Mündung. Das Stroma ist von einer dunklen Außenkruste bedeckt. Als vergesellschaftete Alge kommt meist *Trentepohlia* vor. Die Gattung ist hauptsächlich in den Subtropen und Tropen verbreitet.

Bei *Dermatina* wird entweder ebenfalls ein pluriloculäres Ascostroma entwickelt, oder einzelne Fruchtkörper stehen dicht gedrängt. Die *Dermatina*-Arten wachsen auf Rinde in der gemäßigten Zone. Einige Arten sind fakultative Flechtenbildner und als solche nur sporadisch mit Algen vergesellschaftet.

Anhang: Microthelia aterrima-Gruppe

Die Arten dieser Gruppe gehören zu den nicht lichenisierten Ascomyceten. Da die Gruppe bisher zu den Flechten gerechnet wurde, nehmen wir sie in unsere Beschreibung mit auf. Die *Microthelia aterrima*-Gruppe ist mit *Microthelia atomaria*, der Typusart der Gattung, nicht näher verwandt.

Das vegetative Stroma des Pilzes bildet schwarzbraune Überzüge auf Silikatgestein. Die Einzelpolster haben eine runde oder — in Rillen des Gesteins — eine langgestreckte Form. Mit der Zeit bildet sich eine zusammenhängende, areolierte Kruste, die viele Quadratzentimeter des Substrats bedecken kann. Das Stroma besteht aus zwei bis vier Lagen von isodiametrischen Zellen, die wahrscheinlich ein regelmäßiges Pseudoparenchym bilden. Es ist aber nicht unmöglich, daß es sich bei dem Gewebe um ein echtes Parenchym handelt. Die apothecienartigen winzigen Fruchtkörper von etwa 0,2 mm Durchmesser sind im Stroma halb eingesenkt. Die bitunicaten Asci werden durch Pseudoparaphysen mit kurzen, vakuolisierten Zellen getrennt (S. 111 ff.). Die braunen Sporen sind zuerst zweizellig, später vierzellig oder submuriform. Auf alten Stromata findet man Algenzellen verschiedener systematischer Gruppen. Sie können jedoch nur als Epiphyten des Pilzstromas gelten, eine Verbindung zwischen Pilzhyphen und Algen besteht nicht. Die verschiedenen, für die Gruppe angegebenen Phycobionten sind also nur zufällige Begleitorganismen.

Klasse Basidiomycetes — Unterklasse Holobasidiomycetidae

Im Vergleich zu der großen Menge der Ascomyceten-Flechten ist die Anzahl der Basidiomyceten-Flechten verschwindend gering. Unter den etwa 16 000 bekannten Flechtenarten sind nur etwa 20 lichenisierte Basidiomyceten. Eine genaue Zahl läßt sich zur Zeit nicht angeben, da die Gattungs- und Artbegrenzung der Basidiomyceten-Flechten besondere Schwierigkeiten bereitet und noch nicht geklärt ist[296].

Lange Zeit waren nur tropische Basidiomyceten-Flechten bekannt. Erst in den letzten Jahren wurden mehrere lichenisierte Basidiomyceten in der gemäßigten Zone gefunden[125, 128]. Mit der Entdeckung weiterer Basidiomyceten-Flechten ist zu rechnen. Die Lichenisierung vieler Basidiomyceten wurde lange übersehen, da die meisten dieser Flechten unscheinbare Lager und hinfällige Basidiocarpien besitzen. Den Basidiomyceten-Flechten fehlt meist die typische Langlebigkeit der Fruchtkörper, die für die Ascomyceten-Flechten charakteristisch ist.

Innerhalb der Klasse der Basidiomyceten haben sich Sippen aus verschiedenen systematischen Gruppen konvergent zu Flechten entwickelt. Wir finden lichenisierte Formen bei den *Aphyllophorales* mit corticioiden und clavarioiden Fruchtkörpern sowie unter den *Agaricales* bei lamellentragenden Hutpilzen.

1. Ordnung Aphyllophorales

(44) Familie Corticiaceae

Die Basidiomyceten-Flechten haben sich anscheinend – genau wie die lichenisierten Ascomyceten – aus verschiedenen Vorstadien entwickelt, die auf der Grenze zwischen Pilz und Flechte stehen. Pilz und Alge, die in solch einem Vorstadium durcheinander wachsen, können einander entweder tolerieren oder aufeinander parasitieren. Beide Möglichkeiten lassen sich an halb lichenisierten Arten der *Corticiaceae* beobachten[313]. Neben diesen Formen gehören zu den *Corticiaceae* auch die bekannten tropischen Flechten *Cora* und *Dictyonema*.

Vorstufen der Lichenisierung

Der Pilz *Odontia bicolor*, der als Faulholzbewohner auf Fichten weißliche bis ockergelbe Überzüge bildet, ist regelmäßig mit Algen vergesellschaftet[313]. Dieses Zusammenleben ist ein Beispiel für eine Assoziation von Pilz und Alge, bei der die Alge nicht geschädigt wird. Der Algenpartner ist anscheinend immer eine bestimmte *Coccomyxa*-Art. Die Algen bilden unterhalb des Fruchtkörpers eine zusammenhängende Schicht, die von feinen Pilzhyphen durchzogen wird. Einzelne Gruppen von Algenzellen werden in die Trama eingebaut und locker von den Hyphen umsponnen. Die Menge der im Fruchtkörper eingeschlossenen Algen schwankt beträchtlich. Bei jungen, schnell wachsenden Basidiocarpien ist die äußerste Zone algenfrei, bei alten Fruchtkörpern dagegen der Rand von den Algen überwuchert, die einen hofartigen Saum bilden. *Odontia bicolor* ist durch den Besitz von Schnallenhyphen und besonders gestalteten Cystidien ausgezeichnet[296, 313].

Der zweite Typ einer Flechtenvorstufe, ein parasitisches Verhältnis, bei dem die Alge vom Pilz ausgesaugt wird, liegt bei *Athelia epiphylla* vor[313]. Der Pilz entwickelt besonders in der feuchten Herbstzeit kreisrunde Mycelien auf Straßenbäumen und auf Stämmen in stadtnahen Wäldern. Die Hymenien sind relativ selten. Das Mycel überwächst Algenlager vom *Protococcus*-Typ, und die Hyphen entsenden zahlreiche Haustorien in die Algenzellen. Eine einzelne Hyphe kann dabei mehrere Algenzellen hintereinander durchwachsen. Ein enger physiologisch-morphologischer Kontakt zwischen den beiden Organismen ist hier vorhanden, doch ist der Pilz nicht obligat auf eine bestimmte Algenart angewiesen. *Athelia epiphylla* befällt beispielsweise auch die Flechte *Lecanora conizaeoides*. Diese stirbt ebenso wie die *Protococcus*-Algen durch den Pilzbewuchs ab. Es ist noch nicht geklärt, ob die Haustorien die Algenzellen zum Absterben bringen, oder ob die Algen primär durch einen Stoff abgetötet werden, der vom Pilz ausgeschieden wird. Die Haustorien würden in diesem Fall sekundär in die toten Algenzellen eindringen. Ein Befall toter Algenzellen durch Haustorien ist bei Ascomyceten-Flechten die Regel (S. 29).

Cora und Dictyonema

Cora pavonia (Synonym *Cora montana*), und *Dictyonema sericeum* sind durch ihre großblättrigen Lager die auffälligsten Basidiomyceten-Flechten. Der natürliche Standort für *Cora pavonia* sind die Wipfel der tropischen Bäume. Daneben kommt sie als Massenvegetation auf frischen Weganstichen vor[284]. Der Thallus (Abb. 13.58 a, b) wird bis etwa 6 cm groß, ist scheiben- oder nierenförmig, hellgrau, zoniert und auf der Oberseite behaart. Auf der Unterseite entwickelt sich in bräunlichen Streifen das häutig-knorpelige Hymenium. Das Lager ist heteromer gebaut. Die Algentrichome bestehen aus wenigen Zellen und liegen dicht gepackt in einer Schicht in der Mitte des Thallus (Abb. 13.59 a). Die Hyphen umklammern jeweils eine Gruppe von Algenzellen und bilden keulige oder gewundene Haustorien[338]. Bei der dichten Lagerung der Algenzellen ist die Gattungszugehörigkeit des Blaualgenphycobionten schwer zu erkennen. Zwischen den normalen *Cora*-Lagern, die massenhaft auf den Wegrändern der Tropen gedeihen, finden sich stets einzelne Lager von hellerer Farbe und kleinerer Größe, die algenfrei sind[284].

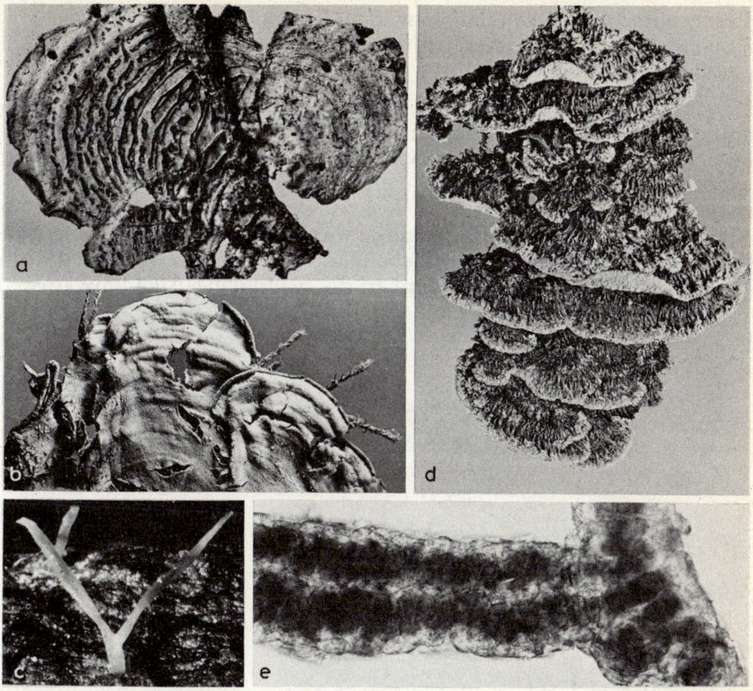

Abb. 13.58 Basidiomyceten-Flechten. a und b) *Cora pavonia:* a) Lagerunterseite mit streifenförmigem Hymenien (1,5 ×); b) behaarte Lageroberseite mit eingerolltem Rand (0,8 ×). c) *Multiclavula mucida.* Das Lager bildet auf dem Substrat einen dünnen, gallertartigen Überzug, die clavarioiden Fruchtkörper sind teils verzweigt (3,5 ×). d) *Dictyonema sericeum.* Das Lager ist aus übereinanderliegenden Teilen zusammengesetzt (0,6 ×). e) Thallusfaden von *Dictyonema moorei.* Die Pilzhyphen bilden einen Mantel um die Scheinverzweigung des *Scytonema*-Phycobionten (200 ×).

Die ebenfalls tropische Flechte *Dictyonema sericeum* entwickelt waagerecht abstehende, kreisförmige, zonierte Konsolen, die im Gegensatz zu dem kompakten Lager von *Cora* eine fädige Struktur aufweisen (Abb. 13.58 d). Blaugrüne und helle Streifen bilden abwechselnd die Zonierung. Der Rand des Lagers ist im frischen Zustand leuchtend weiß und besteht aus dem schneller wachsenden Pilzmycel. Den größten Durchmesser von etwa 13 cm erreichen Thalli, die an dünnen aufrechten Zweigen wachsen[284]. Die fädige Lagerstruktur ist durch die radiale Anordnung der symbiotischen *Scytonema*-Alge bedingt, deren

Fäden einzeln von den Hyphen dicht umsponnen werden. Das Hymenium entsteht auch hier auf der Unterseite des Lagers und hat die gleiche Struktur wie bei *Cora*.

Im einzelnen ist die Gestalt des Lagers recht variabel. Die oben geschilderte Wuchsform entsteht unter den günstigsten Wachstumsbedingungen. Oft entwickeln sich keine blättrigen Lager, sondern nur wirre Räschen. Auch einzelne Partien des Lagers können charakteristisch in die Höhe wachsen, wie es ähnlich auch bei *Thelephora terrestris* zu beobachten ist. Man hat diesen Formen verschiedene Art- und sogar Gattungsnamen gegeben. Im Bau des Hymeniums und in der Art und Weise, wie die Hyphen die *Scytonema*-Alge umwachsen,

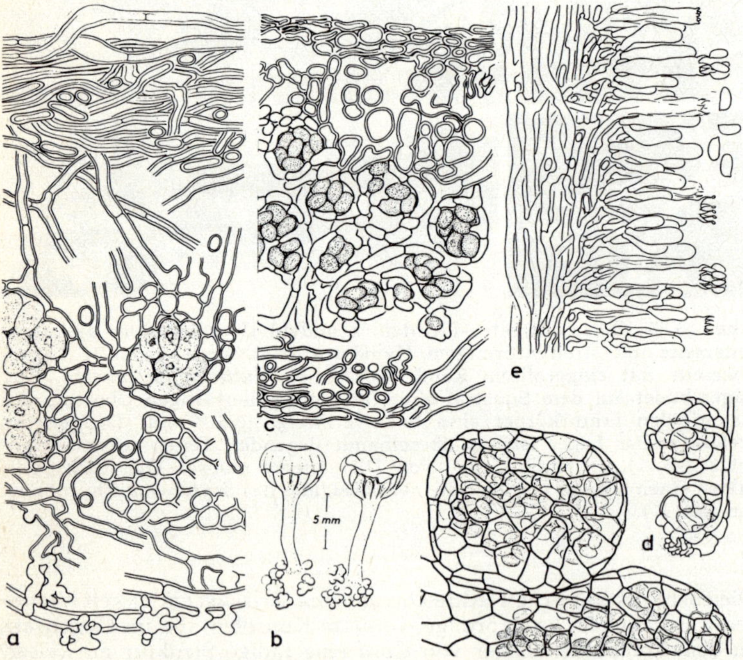

Abb. 13.59 Basidiomyceten-Flechten. a) Schnitt durch das Lager von *Cora pavonia* (450 ×). b und c) *Omphalina luteolilacina:* b) Fruchtkörper (1,5 ×); c) Querschnitt durch das *Coriscium*-Lager (450 ×). d) *Omphalina ericetorum*. Zwei Stadien der *Botrydina*-Entwicklung (450 ×). e) Längsschnitt durch den Fruchtkörper von *Multiclavula mucida* (450 ×) (aus F. Oberwinkler: Ber. Dtsch. Bot. Ges. N. F. 4 [1970] 139).

stimmen jedoch alle diese Formen weitgehend überein, so daß es sich höchstwahrscheinlich um ein und dieselbe Art handelt[284, 296].

Eine zweite Art, *Dictyonema moorei* wurde in Japan gefunden. Bei dieser Flechte werden die beiden Algenfäden, die jeweils einer Scheinverzweigung der *Scytonema*-Alge entspringen, streckenweise gemeinsam von den Hyphen umsponnen (Abb. 13.58 e). Der Hyphenmantel besteht aus einer einreihigen Rinde, die durch Querbalken verbunden ist[166].

Nicht nur die Taxonomie der Arten, sondern auch die Begrenzung der Gattung bereitet bei diesen Basidiomyceten große Schwierigkeiten. Wie oben erwähnt stimmen *Cora pavonia* und *Dictyonema sericeum* in der Struktur des Hymeniums überein. MÖLLER[284] vermutete bereits 1893, daß es sich bei diesen beiden Flechten um den gleichen Pilz handelt. Er nahm allerdings an, mit *Chroococcus* als Phycobiontem entstünde ein *Cora*-Thallus und mit *Scytonema* als symbiotischer Alge ein *Dictyonema*-Lager. Auch nach neuesten Untersuchungen sind *Cora*- und *Dictyonema* ohne Zweifel kongenerisch[296].

Der *Cora-Dictyonema*-Mycobiont ist nahe mit *Athelia* verwandt, unterscheidet sich aber in der Konsistenz des Hymeniums und in der Anzahl der gebildeten Schnallen[296]. Enge verwandtschaftliche Beziehungen bestehen zu weiteren nicht lichenisierten Basidiomyceten.

(45) Familie Clavariaceae

Die lichenisierten Basidiomyceten mit keuligen Fruchtkörpern bilden taxonomisch einen ähnlich schwierigen Komplex wie die *Cora-Dictyonema*-Arten. Wir wollen deshalb hier nur zwei Beispiele nennen. Bei den meisten Arten ist das Grundmycel mit Algen vergesellschaftet, ohne daß ein morphologisch gut differenziertes Lager entsteht. Das gilt beispielsweise für *Multiclavula mucida*. Der kleine Pilz wächst auf morschem Holz (Abb. 13.58 c). Seine weißlichen, einfach stiftförmigen oder gering verzweigten Fruchtkörper treten gesellig auf. Grundmycel und Algen bilden einen grünen, schleimig krustigen Überzug. Die symbiotische Alge ist eine *Coccomyxa*-Art. Daneben kommen als Epiphyten regelmäßig andere Algen vor. Der Phycobiont wird von den Hyphen dicht umklammert, die schließlich eine geschlossene Pseudoparenchymkugel um die Algenzellen entwickeln. Solche kugeligen Flechtengebilde hat man früher mit dem Namen *Botrydina* bezeichnet. Einzelne Hyphen dringen zwischen die Algenpakete ein, so daß eine Kammerung entsteht. In die Trama selbst werden gelegentlich sowohl einzelne Zellen des Phycobionten als auch Fremdalgen eingelagert. Die Assoziation mit der *Coccomyxa*-Art ist obligatorisch, und obwohl hier kein auffälliger makromorphologischer Effekt der Symbiose zu sehen ist, haben wir es deutlich mit einer Flechte zu tun.

Eine weitere *Multiclavula*-Art, die als Flechte den Namen *Lepidostroma terricolens* erhielt, entwickelt ein schuppiges Lager, das ringsum einreihig berindet ist[296]. Die Rindenzellen haben in der Aufsicht wellig verbogene ineinander verzahnte Wände. Die Art wurde auf sandig verwittertem Granit in Kolumbien gefunden. Die gelblichen Fruchtkörper werden bis 1,5 cm hoch.

2. Ordnung Agaricales

(46) Familie Tricholomataceae

Bei der Familie der *Clavariaceae* haben wir gesehen, daß die Lager der lichenisierten Arten früher unter dem Namen *Botrydina* beschrieben wurden. Das gleiche gilt auch für Arten der Gattung *Omphalina*, die zu den *Agaricales* gehört.

Die meisten lichenisierten *Omphalina*-Arten bilden ein „*Botrydina*-Lager", in dem die *Coccomyxa*-Algen in pseudoparenchymatische Halbkugeln eingeschlossen sind (Abb. 13.56 d). Bei *Omphalina luteolilacina* ist der kleine Thallus dagegen muschelförmig. Den Lichenologen ist er seit langem unter dem Namen *Coriscium viride* bekannt. Das Lager von *Coriscium* ist beidseitig pseudoparenchymatisch berindet, dazwischen bilden die Algen ähnlich wie bei *Cora* eine dicht gepackte, breite Schicht (Abb. 15.56 c)[296].

Die kugeligen *Botrydina*-Lager und die muschelförmige *Coriscium*-Thalli sind zwar seit langem bekannt, daß es sich hierbei aber um die Lager von lichenisierten Basidiomyceten handelt, wurde erst vor etwa zehn Jahren entdeckt[125].

Normandina pulchella gleicht im Habitus und der anatomischen Struktur des Lagers sehr der Flechte *Coriscium*. Es wurden zwar Perithecien für die Flechte beschrieben, jedoch könnte es sich bei diesen „Fruchtkörpern" möglicherweise um einen Flechtenparasiten handeln.

Das „*Coriscium*-Stadium" wächst insbesondere auf dauernd feuchten Moospolstern oder nacktem Torf in der alpinen und subalpinen Stufe. Das „*Botrydina*-Stadium" überzieht morsches Holz und Moose. *Normandina pulchella* ist eine ozeanische Flechte, die vor allem epiphytisch auf den Polstern rindenbewohnender *Frullania*-Arten anzutreffen ist.

Imperfekte Flechten

Einige Flechtengattungen wurden bisher niemals mit reifen Fruchtkörpern gefunden. Ein Teil dieser Flechten gehört nach ihrer somatischen Struktur zu den Ascomyceten-Flechten. Der Mycobiont einer Gattung ist ein Phycomycet. Bei den restlichen Gattungen ist die systematische Stellung zweifelhaft. Es kann sich bei ihnen sowohl um Ascomyceten als um Basidiomyceten handeln.

Lichenisierte Phycomyceten

Es ist nur ein lichenisierter Phycomycet bekannt. Diese Gattung *Geosiphon* unterscheidet sich von allen anderen Flechten. Die symbiotischen Algen liegen hier im Inneren der Pilzhyphen, es handelt sich also um eine Endosymbiose. Die *Nostoc*-Ketten sind in blasenförmige Anschwellungen der Hyphen eingeschlossen. *Geosiphon pyriforme,* die einzige Art der Gattung, wächst in Mitteleuropa auf lehmigen Äckern in Gesellschaft bestimmter Moose, besonders von *Anthoceros*- und *Fossombronia*-Arten. Die Hyphen durchziehen den Boden, während die schwarzgrünen, ein bis zwei Millimeter großen Blasen auf der Oberfläche des Substrats sitzen (Abb. 13.60). Auch in seiner Konsistenz ist *Geosiphon* den anderen Flechten unähnlich. Blasen und Hyphen trocknen irreversibel ein. Nach dem Austrocknen findet man an Stellen, an denen sich Blasen befunden haben, nur noch kleine Gruben in der Erde.

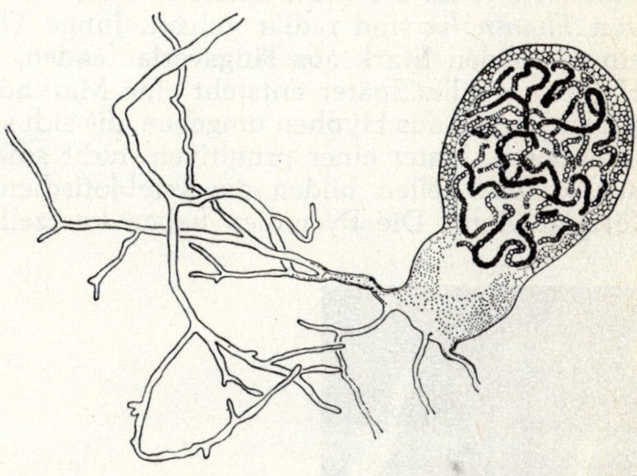

Abb. 13.60 *Geosiphon pyriforme.* Blase mit wabigem, peripherem Cytoplasma und geknäulten *Nostoc*-Fäden (100 ×) (aus D. MOLLENHAUER: Natur und Museum 100 [1970] 213).

Man hielt *Geosiphon* anfangs für eine chloroplastenfreie, siphonale Grünalge mit endosymbiotischen Blaualgen. Eine solche Symbiose kennt man z. B. von der Alge *Glaucocystis.* Später stellte man jedoch fest, daß die Wände von *Geosiphon* aus Chitin bestehen.

Es ist möglich, die Pilzkomponente von *Geosiphon* auf Agar zu kultivieren und durch Hinzufügen von *Nostoc*-Algen zur Blasenbildung zu veranlassen[219]. Fruktifikationsorgane wurden bisher weder am natürlichen Standort noch in Kultur beobachtet, doch dürfte es sich um einen Zygomyceten handeln.

Imperfekte Ascomyceten-Flechten

Gattungen: *Lepraria, Leprocaulon, Phyllophiale, Thamnolia, Siphula.*

Die drei strauchförmigen Gattungen *Thamnolia, Siphula* und *Leprocaulon* sind mit Sicherheit lichenisierte Ascomyceten. *Thamnolia* und *Siphula* erinnern im Habitus an die Podetien von *Cladonia*, während das Lager von *Leprocaulon* Pseudopodetien von *Stereocaulon* gleicht.

Thamnolia vermicularis (Abb. 13.61) ist eine weltweit verbreitete Charakterflechte der arktisch-alpinen Vegetation. Sie kann jedoch auch im Flachland, z. B. in großen Beständen auf den Kalksteppen der schwedischen Inseln Gotland und Öland gedeihen. Die weißen Äste des Lagers sind nach der Spitze zu verdünnt. Sie liegen flach auf dem Grund oder bilden aufrechte Rasen. Die Art kommt in zwei chemischen Varietäten vor, die morphologisch völlig identisch sind (S. 178). Eine Identifizierung der Varietät ist sehr einfach, da die verschiedenen Inhaltsstoffe im UV-Licht unterschiedlich fluoreszieren. Die Lageräste von *Thamnolia* sind radiär gebaut. Junge Thalli sind zunächst von einem soliden Mark aus längsverlaufenden, miteinander verklebten Hyphen erfüllt. Später entsteht eine Markhöhle. Das Mark ist von einem Mantel aus Hyphen umgeben, die sich senkrecht zur Oberfläche orientieren. Unter einer primitiven, nicht scharf abgegrenzten Rinde aus kurzen Zellen bilden die symbiotischen Grünalgen eine ringförmige Zone. Die Pycnidien haben kurzzellige Conidiophoren, die

Abb. 13.61 *Thamnolia vermicularis* (nat. Größe).

lateral oder terminal die Conidien bilden. Die Fruchtkörperinitialen bestehen aus spiraligen Ascogonen in einem generativen Gewebe. Nach der Struktur der jungen Anlage ist *Thamnolia* eine ascohymeniale Flechte. Sie könnte zu einer Familie der *Lecanorales* oder zu den *Caliciales* gehören. Da niemals weiterentwickelte Fruchtkörper gefunden wurden, ist es nicht möglich, den genauen systematischen Platz der Gattung zu bestimmen.

Zur Gattung *Siphula* gehören etwa 30 Arten, die hauptsächlich auf der südlichen Halbkugel vorkommen[358]. Einige Arten enthalten Thamnolsäure. *Siphula ceratites,* die einzige europäische Art, gleicht in Habitus und Anatomie *Thamnolia.* Nur ist die Thallusrinde bei *Siphula* besser entwickelt und annähernd pseudoparenchymatisch gebaut.

Der Thallus der kleinstrauchigen *Leprocaulon*-Arten bricht unterschiedlich stark sorediös auf. Man hat diese Flechten auf Grund der habituellen Ähnlichkeit früher häufig zu *Stereocaulon* gestellt. Eine nahe Verwandtschaft ist jedoch unwahrscheinlich.

Die *Lepraria*-Arten bilden diffuse Überzüge auf Rinde und Gestein. Die Thalli sind oft auffällig gelb *(Lepraria candelaris)* oder grünlichgelb *(Lepraria chlorina)* gefärbt. Bei manchen Arten, zum Beispiel bei *Lepraria membranacea* wächst der Thallus kreisförmig, und sein Rand ist effiguriert. Das Vorkommen von Flechtenstoffen macht wahrscheinlich, daß *Leprocaulon* und *Lepraria* lichenisierte Ascomyceten sind.

Die epiphylle, monotypische Gattung *Phyllophiale*[355] gehört ebenfalls zu den Ascomyceten. Der Thallus ist krustig und trägt schildförmige Isidien, die eine typische, radiale Hyphenstruktur besitzen. Die Isidien sind flach oder schüsselförmig. Sie lösen sich leicht vom Thallus ab und werden vom Wind verbreitet. Mit ihrer Oberseite setzen sie sich auf einem neuen Substrat fest und wachsen zu neuen Thalli heran. Der Phycobiont der Flechte ist *Phycopeltis.* Die Art ist wahrscheinlich in den Tropen allgemein verbreitet.

Gattungen von unsicherer Stellung

Cystocoleus, Lichenothrix.

Die Arten der Gattung *Cystocoleus* und die monotypische Gattung *Lichenothrix* sind kleine Haarflechten. In beiden Gattungen bilden die Hyphen eine einschichtige Hülle um die Algenfäden herum. Die Zellen des Hyphenmantels sind bei *Lichenothrix* kurz (Abb. 3.3 a) und bei *Cystocoleus* lang (Abb. 3.2 c). Der Phycobiont von *Cystocoleus* ist *Trentepohlia,* während *Lichenothrix* mit einer *Scytonema*-Art zusammenlebt. *Lichenothrix* ist eine nordamerikanische Rindenflechte. *Cystocoleus niger* und *rupestris* sind relativ häufige holarktische Flechten. Sie besiedeln schattige Felswände, wo sie braune bis schwärzliche Räschen bilden.

Literatur

Der Literaturnachweis gliedert sich in zwei Abschnitte. Der erste Teil bringt eine Auswahl weiterführender Werke, die nach Sachgebieten zusammengestellt sind. Es wurden vor allem neuere zusammenfassende Darstellungen ausgewählt, die mit ausführlichen Literaturhinweisen versehen sind. Der zweite Teil enthält das Verzeichnis der im Text zitierten Literatur. Die Publikationen sind alphabetisch angeordnet und durchnumeriert. Literaturhinweise, die sich in den Legenden zu den Abbildungen und Tabellen finden, sind in dieser Liste mit aufgeführt.

Weiterführende Literatur

Einführende Literatur und Standardwerke

des Abbayes, H.: Traité de lichenologie. Encycl. Biol. 41 (1951) 1–127 (eine um fassende Übersicht über den Stand der Flechtenforschung der damaligen Zeit)

Ahmadjian, V.: The Lichen Symbiosis. Blaisdell, Waltham/Mass. 1967 (besonders berücksichtigt werden die Isolierung und Kultur der Bionten, Syntheseversuche, die Physiologie der Bionten und des intakten Thallus)

Ahmadjian, V.: A guide to the algae occurring as lichen symbionts: isolation, culture, cultural physiology, and identification. Phycologia 6 (1967) 127–160

Culberson, W. L.: Recent literature on lichens-I. Bryologist 54 (1951) 78 (in der Zeitschrift wird fortlaufend über die neu erscheinende Flechtenliteratur referiert)

Follmann, G.: Flechten (Lichenes). Kosmos Sammlung: Einführung in die Kleinlebewelt, 2. Aufl. Franckh, Stuttgart 1968

Fünfstück, M., A. Zahlbruckner: Lichenes (Flechten). A. Allgemeiner Teil *(Fünfstück)*, B. Spezieller Teil *(Zahlbruckner)*. In: Die natürlichen Pflanzenfamilien, 2. Aufl., Bd. VIII, hrsg. von *A. Engler, K. Prantl.* Engelmann, Leipzig 1926 (der spezielle Teil enthält das Zahlbrucknersche System der Flechten)

Hale, M. E.: The Biology of Lichens. Arnold, London 1967 (moderne Einführung unter besonderer Berücksichtigung der Physiologie, Symbiose, Wachstum, Chemie und biochemischer Systematik der Flechten)

v. Krempelhuber, A.: Geschichte der Literatur der Lichenologie von den ältesten Zeiten bis zum Schlusse des Jahres 1865 (resp. 1870) 3 Bände. Selbstverlag, München 1867–1872

Lamb, I. M.: Index nominum lichenum inter annos 1932 et 1960 divulgatorum. Ronald Press, New York 1963 (Verzeichnis sämtlicher von 1932 bis 1960 beschriebenen Flechtenarten, eine Fortsetzung von *Zahlbruckners* „Catalogus")

Lambinon, J.: Les Lichens. Morphologie, biologie, systématique, écologie. Les Naturalistes Belges, Bruxelles 1969 (Eine allgemeine Einführung in die Lichenologie kombiniert mit einer Flechtenflora von Belgien und den angrenzenden Gebieten)

Lindau, G., P. Sydow: Thesaurus litteraturae mycologicae et lichenologicae, 5 Bände. Borntraeger, Berlin 1909–1917 (Zusammenstellung der gesamten mykologischen und lichenologischen Literatur bis 1910) Suppl. von R. *Ciferri*, 4 Bände. Cortina, Pavia 1957–1970

Nienburg, W.: Anatomie der Flechten. In: Handbuch der Pflanzenanatomie, Bd. VI/1, hrsg. von *K. Linsbauer.* Borntraeger, Berlin 1926; 2. Aufl. bearbeitet von *P. Ozenda* 1963

Ozenda, P., G. Clauzade: Les Lichens, étude biologique et flore illustrée. Masson, Paris 1970 (eine allgemeine Einführung und eine reich illustrierte Flechtenflora von Frankreich)

Scott, G. D.: Plant Symbiosis. Studies in Biology. Arnold, London 1969; 2. Aufl. 1971

Tobler, F.: Die Flechten. Fischer, Jena 1934

Trotet, G.: Précis de lichenologie, morphologie, anatomie, physiologie, biologie. Boubée, Paris 1968 (eine Einführung für Anfänger)

Zahlbruckner, A.: Catalogus lichenum universalis, 10 Bände. Borntraeger, Leipzig 1922–1940; Nachdruck: Johnson, New York 1951 (Verzeichnis der bis 1940 beschriebenen Flechten, Register bis 1932)

Flechtenchemie

Allgemeine Werke

Asahina, Y., S. Shibata: Chemistry of lichen substances. Japan Society for the Promotion of Sciences, Tokio 1954

Culberson, C. F.: Chemical and Botanical Guide to Lichen Products. University of North Carolina Press, Chapel Hill 1969

Hale, M. E.: The Biology of Lichens. Arnold, London 1967

Huneck, S.: Lichen Substances in Progress in Phytochemistry, Bd. I. Interscience, London 1968

Mosbach, K.: Zur Biosynthese von Flechtenstoffen, Produkten einer symbiotischen Lebensgemeinschaft. Angew. Chemie 81 (1969) 233

Shibata, S.: Lichen substances. In: Moderne Methoden der Pflanzenanalyse, Bd. VI, hrsg. von *H. F. Linskens, M. V. Tracey*. Springer, Berlin 1963

Chromatographie

Culberson, C. F., H. Kristinsson: A standardized method for the identification of lichen products. J. Chrom. 46 (1970) 85

Linskens, H. F.: Papierchromatographie in der Botanik, 2. Aufl. Springer, Berlin 1959

Mitsuno, M.: Paper chromatography of lichen substances, I. u. II. Pharm. Bull. (Tokyo) 1 (1953) 170; 3 (1953) 60

Santesson, J.: Chemical studies on lichens 4. Thin layer chromatography of lichen substances. Acta chem. scand. 21 (1967), 1162

Stahl, E.: Dünnschicht-Chromatographie, 2. Aufl. Springer, Berlin 1968

Wachtmeister, C. A.: Identification of lichen acids by paper chromatography. Bot. Notiser 109 (1956), 313

Ökologie und Soziologie

Ahlner, S.: Utbredningstyper bland nordiska barrträdslavar. Acta Phyt. Suecica 22 (1948) 1-257

Almborn, O.: Distribution and ecology of some south Scandinavian lichens. Bot. Notiser Suppl. 1, 2 (1948) 1–252

Barkman, J. J.: Phytosociology and Ecology of Cryptogamic Epiphytes. Van Gorcum, Assen 1958

Degelius, G.: Das ozeanische Element der Strauch- und Laubflechten-Flora von Skandinavien. Acta Phyt. Suecica 7 (1935) 1–411

Ferry, B. W., M. S. Baddeley, D. L. Hawksworth: Air Pollution and Lichens. Athlone Press, London. 1973

Kalb, K.: Flechtengesellschaften der vorderen Ötztaler Alpen. Dissertationes Botanicae, Bd. IX. Cramer, Lehre 1970

Klement, O.: Prodromus der mitteleuropäischen Flechtengesellschaften. Feddes Rep. Beih. 135 (1955) 5–194

Ochsner, F.: Studien über die Epiphytenvegetation der Schweiz. Jahrb. St. Gallisch. Naturw. Ges. 63 (1928) 1–108

Skye, E.: Lichens and air pollution. Acta Phyt. Suecia 52 (1968) 1–123

Willmanns, O.: Rindenbewohnende Epiphytengemeinschaften in Südwestdeutschland. Beitr. naturk. Forsch. 21 (1962) 87–164

Wirth, V.: Die Silikatflechten-Gemeinschaften im außeralpinen Zentraleuropa. Dissertationes Botanica Bd. XVII. Cramer, Lehre 1972

Systematische Lichenologie

Bestimmungsbücher für Anfänger

Bertsch, K.: Flechtenflora von Südwestdeutschland, 2. Aufl. Ulmer, Stuttgart 1964

Frey, E.: Flechten, unbekannte Pflanzenwelt. Hallwag-Taschenbücher, Bd. 89. Hallwag, Bern 1969 (24 Farbtafeln und Beschreibungen der Arten)

Gams, H.: Flechten. In: Kleine Kryptogamenflora, Bd. III, hrsg. von H. *Gams*. Fischer, Stuttgart 1969

Kershaw, K. A., K. L. Alvin: The Observer's Book of Lichens. Warne, London 1963 (24 Tafeln mit schwarzweiß

Photographien oder farbigen Zeichnungen)

Lindau, G.: Die Flechten. In: Kryptogamenflora für Anfänger Bd. III, 2. Aufl. hrsg. von *G. Lindau,* Springer, Berlin 1923, Nachdruck Koeltz, Koenigstein 1971

Lokalfloren

Anders, J.: Die Strauch- und Laubflechten Mitteleuropas. Fischer, Jena 1928 (gute Schlüssel und Habitusphotographien)

Dahl, E., H. Krog: Macro Lichens of Denmark, Finland, Norway and Sweden. Universitetsforlaget, Oslo 1973

Duncan, U. K., P. W. James: Introduction to British Lichens. Buncle, Abroath 1970

Erichsen, E. F. E.: Flechtenflora von Nordwestdeutschland. Fischer, Stuttgart 1957

Hale, M. E.: How to Know the Lichens. Brown, Dubuque/Iowa 1969 (das Buch ist auch für europäische Lichenologen von Interesse, da es Photographien aller behandelten Arten bringt. Bei der Aufschlüsselung bedient sich der Autor einer ungewöhnlichen Methode, indem die Flechten nicht nach systematischen Gruppen, sondern aufgrund ihrer morphologischen Merkmale zusammengestellt werden)

Hillmann, J., V. Grummann: Flechten. Kryptogamenflora der Mark Brandenburg und angrenzender Gebiete, Bd. VIII. Borntraeger, Berlin 1957

Ozenda, P., G. Clauzade: Les Lichens, étude biologique et flore illustrée. Masson, Paris 1970 (reich illustriertes Werk mit sehr guten Habitusphotographien)

Poelt, J.: Bestimmungsschlüssel europäischer Flechten. Cramer, Lehre 1969 (unentbehrliches Werk für den Fortgeschrittenen, das die Großflechten und einen Teil der Krustenflechten aufschlüsselt)

Rabenhorst, L.: Kryptogamen-Flora von Deutschland, Österreich und der Schweiz. Bd. IX Flechten, Bd. VIII Flechtenparasiten, 2. Aufl. Akademische Verlagsgesellschaft, Leipzig 1931–1960; Nachdruck Johnson, New York 1971

Spezialliteratur

Degelius, G.: The lichen genus Collema in Europe. Symb. Bot. Upsal. 13 (1954) (vorbildliche monographische Bearbeitung einer Flechtengattung)

Galløe, O.: Natural History of the Danish Lichens. 10 Bände. Aschehoug, Kopenhagen 1927–1972 (ein in seiner Art einmaliges Werk mit ausgezeichneten farbigen Habituszeichnungen der dänischen Flechten)

Hale, M. E., W. L. Culberson: A fourth checklist of the lichens of the continental United States and Canada. Bryologist 73 (1970), 499 (Liste der nordamerikanischen Flechtenarten)

Hawksworth, D. L.: Guide to the literature for the identification of British lichens. Bull. Brit. Mycol. Soc. 4 (1970) 73–95 (sehr gute Zusammenstellung von Spezialschlüsseln für die einzelnen Flechtengattungen)

James, P. W.: A new check-list of British lichens. Lichenologist 3 (1965) 95–153; dazu: Additions and corrections Lichenologist 3 (1966) 242–244 (Liste der britischen Flechtenarten)

Santesson, R.: Foliicolous lichens I. A revision of the taxonomy of the obligately foliicolous, lichenized fungi. Symb. Bot. Upsal. 12, 1 (1952) 1–590 (taxonomisches Standardwerk, Klassifizierung der Flechten nach modernen mykologischen Gesichtspunkten)

Lichenologische und bryologisch-lichenologische Zeitschriften

The Lichenologist, Zeitschrift der „British Lichen Society". Blackwell. Bd. I erschien 1958–1960, Bd. V (1, 2) 1971

The Bryologist, a quarterly journal of bryology and lichenology. American Bryological and Lichenological Society. 75 (1972)

Revue Bryologique et Lichénologique. Laboratoire de Cryptogamie, Muséum National d'Histoire Naturelle, Paris 38 (1971)

Herzogia, Zeitschrift der bryologisch-lichenologischen Arbeitsgemeinschaft für Mitteleuropa. Cramer, Lehre. Bd. I erschien 1968–1970, Bd. II (1, 2) 1970–1971

Zitierte Literatur

1 *Ade, A., O. Klement:* Über die einstige und derzeitige Verwendung von Flechten, insbesondere in Bayern zu technischen oder sonstigen Zwecken. Ber. Bayer. Bot. Ges. 30 (1954) 5

2 *Ahmann, G. B., A. Mathey:* Lecanoric acid and some constituents of Parmelia tinctorum and Pseudevernia intensa. Bryologist 70 (1967) 93

3 *Ahmadjian, A.:* Investigations on lichen synthesis. Amer. J. Bot. 49 (1962), 277

4 *Ahmadjian, V.:* The fungi of lichens. Scient. Amer. 208 (1963), 122

5 *Ahmadjian, V.:* Further studies on lichenized fungi. Bryologist 67 (1964) 87

6 *Ahmadjian, V.:* Lichens. Ann. Rev. Microbiol. 19 (1965) 1

7 *Ahmadjian, V.:* The Lichen Symbiosis. Blaisdell, Waltham, Mass. 1967

8 *Ahmadjian, V.:* A guide to the algae occurring as lichen symbionts: isolation, culture, cultural physiology, and identification. Phycologia 6 (1967) 127

9 *Ahmadjian, V.:* The lichen symbiosis: its origin and evolution. Evolut. Biol. 4 (1970) 163

10 *Ahmadjian, V., H. Heikkilä:* The culture and synthesis of Endocarpon pusillum and Staurothele clopima. Lichenologist 4 (1970) 259

11 *Ahmadjian, V., J. B. Jacobs:* The ultrastructure of lichens III. Endocarpon pusillum. Lichenologist 4 (1970) 268

12 *Ahti, T.:* Studies on the caribou lichen stands of Newfoundland. Ann. Bot. Soc. ‚Vanamo' 30 (1959) 1

13 *Ahti, T.:* The open boreal woodland subzone and its relation to reindeer husbandry. Arch. Soc. ‚Vanamo' 16 Suppl. 91 (1961)

14 *Ahti, T., A. Henssen:* New localities for Cavernularia hultenii in eastern and western North America. Bryologist 68 (1965) 85

15 *Ainsworth, G. C.: Ainsworth & Bisby's* Dictionary of the Fungi, 6. Aufl. Commonwealth Mycological Institute, Kew 1971

16 *Alexopoulos, C. J.* (übers. von *M. L. Farr*): Einführung in die Mykologie. Fischer, Stuttgart 1966

17 *Almborn, O.:* Distribution and ecology of some south Scandinavian lichens. Bot. Not. Suppl. 1, 2 (1948) 1

18 *Alms, A.:* Über einen neuen Stoff in der Variolaria amara Ach. Ann. Pharm. 1 (1832) 61

19 *Am Ende, I.:* Zur Ernährungsphysiologie des Pilzes Xanthoria parietina. Arch. Mikrobiol. 15 (1950) 185

20 *Anderson, N. H., W. D. Ollis, J. G. Underwood, R. M. Scrowston:* Constitution of the dibensofuran, Rhodomyrtoxin, isolated from Rhodomyrtus macrocarpa. Benth. J. Chem. Soc. (C) (1969) 2403

21 *Asahina, Y.:* Über die Reaktion von Flechten-Thallus. Acta Phytochim. 8 (1934) 47

22 *Asahina, Y.:* Mikrochemischer Nachweis der Flechtenstoffe. J. Jap. Bot. 12 (1936) 516, 859; 13 (1937) 529, 855; 14 (1938) 39, 244, 467, 650, 767; 15 (1939) 465; 16 (1940) 185

23 *Awasthi, D. D.:* Contributions to the lichen flora of India and Nepal I. The genus Physcia (Ach.) Vain. J. Indian Bot. Soc. 39 (1960) 1

24 *Bachmann, E.:* Hexenbesenbildung bei einer Strauchflechte. Hedwigia 64 (1926) 331

25 *Bachmann, F. M.:* New type of spermogonium and fertilization in Collema. Ann. Bot. 26 (1912) 747

26 *Baddeley, M. S., B. W. Ferry, E. J. Finegan:* A new method of measuring lichen respiration: Response of selected species to temperature, pH and sulphur dioxide. Lichenologist 5 (1971) 18

27 *Baker, P. M., E. Bullock:* Structure of rhodocladonic acid. Canad. J. Chem. 47 (1969) 2733

28 *Barkman, J. J.:* Phytosociology and Ecology of Cryptogamic Epiphytes. Van Gorcum, Assen 1958

29 *Barkman, J. J.:* Over de biologie en oecologie der korstmossen. Velewe 8 (1964) 1

30 *Barron, G. L.:* The Genera of Hyphomycetes from Soil. Williams & Wilkins, Baltimore 1968

31 *de Bary, A.:* Vergleichende Morphologie und Anatomie der Pilze, Myceto-

zoen und Bacterien. Engelmann, Leipzig 1884

32 *Bednar, T. W., O. Holm-Hansen:* Biotin liberation by the lichen alga Coccomyxa species and by Chlorella pyrenoidea. Pl. Cell Physiol. 5 (1964) 297

33 *Beecken, H., E. M. Gottschalk, U. v. Gizycki, H. Krämer, D. Maassen, H. G. Matthies, H. Musso, C. Rathjen, U. I. Záhorszky:* Orcein und Lackmus. Angew. Chemie 73 (1961) 66

34 *Bendz, G., G. Bohman, J. Santesson:* Chemical studies on lichens 5. Separation and identification of the antipodes of usnic acid by thin layer chromatography. Acta chem. scand. 21 (1967) 1376

35 *Bendz, G., J. Santesson, L. Tibell:* Chemical studies on lichens 2. Thin layer chromatography of aliphatic lichen acids. Acta chem. scand. 20 (1966) 1181

36 *Bendz, G., J. Santesson, C. A. Wachtmeister:* Studies on the chemistry of lichens 20. The chemistry of the Ramalina ceruchis group. Acta chem. scand. 19 (1965) 1185

37 *Ben-Shaul, Y., N. Paran, M. Galun:* The ultrastructure of the association between phycobiont and mycobiont in three ecotypes of the lichen Caloplaca aurantia var. aurantia. J. Microscop. 8 (1969) 415

38 *Bergwein, K.:* Eichenmoos in der Parfümerie. Dragoco Report (Holzminden) 11 (1964) 111

39 *Bergwein, K.:* Der Moosduft in der modernen Parfümerie. Dragoco Report (Holzminden) 18 (1971) 219

40 *Bertsch, A., H. Butin:* Die Kultur der Erdflechte Endocarpon pusillum im Labor. Planta 72 (1967) 29

41 *Beschel, R.:* Individuum und Alter bei Flechten. Phyton 6 (1955) 60

42 *Beschel, R.:* Lichenometrie im Gletschervorfeld. Jahrbuch des Vereins zum Schutze der Alpenflora und der Tiere, München 1957

43 *Beschel, R.:* Lichenometrical studies in West Greenland. Arctic 11 (1958) 254

44 *Bitter, G.:* Zur Morphologie und Systematik von Parmelia, Untergattung Hypogymnia. Hedwigia 40 (1901) 171

45 *Bitter, G.:* Peltigera-Studien. I. Rückseitige Apothecien bei Peltigera malacea. II. Das Verhalten der oberseitigen Thallusschuppen der Peltigera lepidophora (Nyl.). Ber. dtsch. bot. Ges. 22 (1904) 248

46 *Bliss, L. C., E. B. Hadley:* Photosynthesis and respiration of alpine lichens. Amer. J. Bot. 51 (1964), 870.

47 *Bloomer, J. L., W. R. Eder, W. F. Hoffman:* Biosynthesis of (+)–protolichesterinic acid in Cetraria islandica. J. Chem. Soc. (C) (1970) 1848

48 *Bohman, G.:* Chemical studies on lichens – XXXI. A cyclic tetrapeptide from Roccella canariensis. Tetrahedron letters (1970) 3065

49 *Brandel, D.:* Eichenmoos-Extrakte, ihre Gewinnung und Verwendung in der modernen Parfümerie. Dragoco Berichte (Holzminden) 7 (1960), 7

49a *Brodo, I. M.:* The lichen genus Coccotrema in North America. Bryologist 76 (1973) 260

50 *Bronwen, H., A. Griffiths, A. D. Greenwood, J. W. Millbank:* The frequency of heterocysts in the Nostoc phycobiont of the lichen Peltigera canina. New. Phytol. 71 (1972) 11

51 *Brown, R. M. Jr., R. Wilson:* Electron microscopy of the lichen Physcia aipolia (Ehrh.) Nyl. J. Phycol. 4 (1968) 230

52 *Bruun, T., A. Lamvik:* Haemoventosin. Acta chem. scand. 25 (1971) 483

53 *Bu'Lock, J. D.:* The Biosynthesis of Natural Products. McGraw-Hill, London 1965

54 *Burton, J. F., B. F.* Cain: Antileukemic activity of polyporic acid. Nature (Lond.) 184 (1959) 1326

55 *Butin, H.:* Physiologisch-ökologische Untersuchungen über den Wasserhaushalt und die Photosynthese bei Flechten. Biol. Zbl. 73 (1954) 459

56 *Carpenter, I., H. D. Locksley, F. Scheinmann:* Xanthones in higher plants: Biogenetic proposals and a chemotaxonomic review. Phytochemistry 8 (1969) 2013

57 *Castle, H., F. Kubsch:* The production of usnic, didymic, and rhodocladonic acids by the fungal component of the lichen Cladonia cristatella. Arch. Biochem. 23 (1949) 158

58 *Chadefaud, M.:* Les végétaux non vasculaires. In: Traité de Botanique, Bd. I, hrsg. von *M. Chadefaud, L. Emberger.* Masson, Paris 1960

59 *Chandrasenan, K., S. Neelakantan, T. R. Seshadri:* Naturally occurring dibensoquinones. Bull. Natl. Inst. Sci. India 28 (1965) 92

60 *Chervin, R. E., G. E. Baker, H. R. Hohl:* The ultrastructure of the phycobiont and mycobiont in two species of Usnea. Canad. J. Bot. 46 (1968) 241

61 *Church, A. H.:* The lichen as transmigrant, und: The lichen life-cycle. J. Bot. 59 (1921) 7, 139, 164, 216

62 *Corner, E. J. H.:* Studies in the morphology of discomycetes. II. The structure and development of the ascocarp. Trans. Brit. Mycol. Soc. 14 (1929) 275

63 *Culberson, C. F.:* Joint occurrence of a lichen depsidone and its probable depside precursor. Science 143 (1964) 255

64 *Culberson, C. F.:* Confluentinic acid, its microchemical identification and its occurrence in Herpothallon sanguineum. Bryologist 69 (1966) 312

65 *Culberson, W. L.:* Chemistry and taxonomy of the lichen genera Heterodermia and Anaptychia in the Carolinas. Bryologist 69 (1966) 472

66 *Culberson, W. L., C. F. Culberson:* The lichen genera Cetrelia and Platismatia (Parmeliaceae). Contrib. U. S. Natl. Herb. 34 (1968) 449

67 *Culberson, W. L., C. F. Culberson:* A phylogenetic view of chemical evolution in the lichens. Bryologist 73 (1970) 1

68 *Cuthbert, J. B.:* Further notes on the physiology of Teloschistes flavicans. Trans. Roy. Soc. S. Africa 22 (1934) 35

69 *Dahl, E.:* Studies in the macrolichen flora of South West Greenland. Meddel om Grønland 150, 2 (1950) 1

70 *Dahl, E.:* On the use of lichen chemistry in lichen systematics. Rev. Bryol. Lichénol. 21 (1952) 119

71 *Darbishire, O. V.:* Die deutschen Pertusariaceen mit besonderer Berücksichtigung ihrer Soredienbildung. Englers Bot. Jb. 22 (1897) 593

72 *Darbishire, O. V.:* Über das Wachstum der Cephalodien von Peltigera aphthosa L. Ber. dtsch. bot. Ges. 45 (1927) 221

73 *Dawson, E. Y.:* Ecological paradox of coastal Peru. Nat. Hist. 72 (1963) 32

74 *Dean, F. M., J. C. Roberts, A. Robertson:* The chemistry of fungi. Part XXII. Nidulin and nornidulin ("ustin"): chlorine-containing metabolic products of Aspergillus nidulans. J. chem. Soc. (1954) 1432

75 *Dean, F. M., A. Robertson, J. C. Roberts, K. B. Raper:* Nidulin and "ustin", two chlorine-containing metabolic products of Aspergillus nidulans. Nature (Lond.) 172 (1953) 344

76 *Dean, F. M., A. D. T. Terni, A. Robertson:* The chemistry of fungi. Part XXVI. Dechloronornidulin. J. chem. Soc. (1956) 3545

77 *Degelius, G.:* Das ozeanische Element der Strauch- und Laubflechten-Flora von Skandinavien. Acta Phyt. Suecica 7 (1935)

78 *Degelius, G.:* Sällsynt substrat för lavar (tidningspapper). Sv. Bot. Tidskr. 36 (1942) 478

79 *Degelius, G.:* The lichen genus Collema in Europe. Symb. Bot. Upsal. 13, 2 (1954) 1

80 *Degelius, G.:* Über Verwitterung von Kalk- und Dolomitgestein durch Algen und Flechten. In: Chemie im Dienst der Archäologie, Bautechnik, Denkmalpflege, hsg. von *J. A. Hedvall* 1962

81 *Degelius, G.:* Biological studies of the epiphytic vegetation on twigs of Fraxinus excelsior. Acta Horti Gotoburgensis 27 (1964) 11

82 *De Nicola, M. G., G. Di Benedetto:* Richerche preliminari sui pigmenti nel ficobionte lichenico Trebouxia decolorans Ahm. III. Chlorofille e carotenoidi. Boll. Ist. Bot. Univ. Catania 3 (1962) 22

83 *Dibben, M. J.:* Whole-lichen culture in a phytotron. Lichenologist 5 (1971) 1

84 *Doppelbaur, H. W.:* Studien zur Anatomie und Entwicklungsgeschichte einiger endolithischen pyrenocarpen Flechten. Planta 53 (1959) 246

85 *Drew, E. A.:* Some aspects of the carbohydrate metabolism of lichens. Diss. Oxford 1966

86 *Drew, E. A., D. C. Smith:* The physiology of the symbiosis in Peltigera polydactyla (Neck.) Hoff. Lichenologist 3 (1966) 197

87 *Drew, E. A., D. C. Smith:* Studies in the physiology of lichens. VII. The physiology of the Nostoc symbiont of

Peltigera polydactyla compared with cultured and free-living forms. New Phytol. 66 (1967), 379

88 *Drew, E. A., D. C. Smith:* Studies in the physiology of lichens. VIII. Movement of glucose from alga to fungus during photosynthesis in the thallus of Peltigera polydactyla. New Phytol. 66 (1967) 389

89 *Dughi, R.:* L'excipulum des apothécies des Discolichens. Rev. Bryol. Lichénol. 23 (1954) 300

90 *Dughi, R.:* Appareils apicaux des asques et taxonomie des Collema. C. R. Ac. Sci. 243 (1956) 1911

91 *Du Rietz, G. E.:* Die Soredien und Isidien der Flechten. Sv. Bot. Tidskr. 18 (1924) 371

92 *Du Rietz, G. E.:* Vorarbeiten zu einer „Synopsis Lichenum" 1. Die Gattungen Alectoria, Oropogon und Cornicularia. Ark. Bot. 20 A 11 (1926) 1

93 *Du Rietz, G. E.:* Zur Vegetationsökologie der ostschwedischen Küstenfelsen. Beih. Bot. Centralbl. 44, Ergänzungsbd. (1932) 61

94 *Du Rietz, G. E.:* Problems of bipolar plant distribution. Acta Phyt. Suecica 13 (1940) 215

95 *Edwards, R. L., G. C. Elsworthy:* Variegatic acid, a new tetronic acid responsible for the blueing reaction in the fungus Suillus variegatus. Chem. Commun. (1967) 373

96 *Eliasson, Y.:* Outline of the most common and conspicuous marine lichens on the west coast of Sweden. Bot. Gothoburgensia 3 (1965) 75

97 *Ensgraber, A.:* Über den Einfluß der Austrocknung auf die Assimilation von Moosen und Flechten. Flora 141 (1954) 432

98 *Erbisch, F. H.:* Ascus and spore development in two species of the genus Pertusaria (lichen), P. laevigata (Nyl.) Arn. and P. pustulata (Ach.) Duby. J. Cell. Biol. 23 (1964) 28

99 *Ertl, L.:* Über die Lichtverhältnisse in Laubflechten. Planta 39 (1951) 245

100 *Feige, B.:* Zur Verwertung uniform ^{14}C-markierter Glukose und uniform ^{14}C-markierten Glycerins durch die Flechte Cladonia convoluta (Lam.) P. Cout. Z. Pflanzenphysiol. 63 (1970) 211

101 *Fischer, E., H. O. L. Fischer:* Über die Carbomethoxy-Derivate der Phenolcarbonsäuren und ihre Verwendung für Synthesen. VIII. Derivate der Orsellinsäure und α-Resorcylsäure. Ber. dtsch. chem. Ges. 46 (1913) 1138

102 *Fischer, K. A., N. J. Lang:* Ultrastructure of the pyrenoid of Trebouxia in Ramalina menziesii Tuck. J. Phycol. 7 (1971) 25

103 *Follmann, G.:* Fensterflechten der Atacamawüste. Naturw. 14 (1965) 434

104 *Follmann, G.:* Das Alter der Steinriesen auf der Osterinsel. Flechtenstudien als Hilfsmittel der Datierung. Umschau 12 (1965) 374

105 *Follmann, G.:* Zur Bedeutung der Salzbestäubung für den Wasserhaushalt von Küstenflechten. Ber. dtsch. bot. Ges. 80 (1967) 206

106 *Follmann, G.:* Flechtensymbiose und Flechtenstoffe. Bull. Soc. Bot. France Mém. (1969) 161

107 *Follmann, G., S. Huneck:* Über das Vorkommen von Confluentinsäure in Enterographa crassa (de Cand.) Fée und die Stellung von Herpothallon sanguineum (Swans.) Tobler. Willdenowia 5 (1968) 3

108 *Follmann, G., R. Peters:* Flechtenstoffe und Bodenbildung. Z. Naturfsch. 21 b (1966) 386

109 *Forssell, K. B. J.:* Studier öfver cephalodierna. K. Sv. Vet.-Akad. Handl. 8, 3 (1883) 1

110 *Fox, C. H.:* Studies on the cultural physiology of the lichen alga Trebouxia. Physiol. Plant. 20 (1967) 251

111 *Frey, E.:* Weitere Beiträge zur Kenntnis der Umbilicariaceen. Hedwigia 71 (1931) 94

112 *Frey, E.:* Vorarbeiten zu einer Monographie der Umbilicariaceen. Ber. Schweiz. Bot. Ges. 45 (1936) 198

113 *Frey, E.:* Die geographische Verbreitung der Umbilicariaceen und einiger alpiner Flechten. Ber. Schweiz. Bot. Ges. 45 (1936) 412

114 *Frey, E.:* Die Flechtenflora und -vegetation des Nationalparks im Unterengadin. Ergebn. wiss. Unters. schweiz. Nat.-Park, N. F. 6 (1959) 240

115 *Frey, E.:* Beiträge zu einer Lichenenflora der Schweiz II. III. Die Familie Physciaceae. Ber. Schweiz. Bot. Ges. 73 (1963) 389

116 *Furnari, F., F. Luciani:* Esperienze sulla crescita dei micobionti in Sarco-

gyne similis e Acarospora fuscata in coltura pura su vari substrati. Boll. Ist. Bot. Univ. Catania 3 (1962) 39

117 *Galun, M.:* The Lichens of Israel. The Israel Academy of Sciences and Humanities, Jerusalem 1970

118 *Galun, M., K. Marton, R. Behr:* A method for the culture of lichen thalli under controlled conditions. Arch. Mikrobiol. 83 (1972) 189

119 *Galun, M., Y. Ben-Shaul, N. Paran:* The fungus-alga association in the Lecideaceae: An ultrastructural study. New Phytol. 70 (1971) 483

120 *Galun, M., Y. Ben-Shaul, N. Paran:* Fungus-alga association in lichens of the Teloschistaceae: An ultrastructural study. New Phytol. 70 (1971) 837

121 *Galun, M., N. Paran, Y. Ben-Shaul:* The fungus-alga association in the Lecanoraceae: An ultrastructural study. New Phytol. 69 (1970) 599

122 *Galun, M., N. Paran, Y. Ben-Shaul:* An ultrastructural study of the fungus alga association in Lecanora radiosa growing under different environmental conditions. J. Microscop. 9 (1970) 801

123 *Galun, M., N. Paran, Y. Ben-Shaul:* Structural modifications of the phycobiont in the lichen thallus. Protoplasma 69 (1970) 85

124 *Galun, M., N. Paran, Y. Ben-Shaul:* Electron microscopic study of the lichen Dermatocarpon hepaticum (Ach.) Th. Fr. Protoplasma 73 (1971) 457

125 *Gams, H.:* Die Halbflechten Botrydina und Coriscium als Basidiolichenen. Österr. Bot. Z. 109 (1962) 376

126 *Gäumann, E.:* Die Pilze. Birkhäuser, Basel 1964

127 *Geitler, L.:* Beiträge zur Kenntnis der Flechtensymbiose I–VII. Arch. Protistenk. 80 (1933) 378; 82 (1934) 51; 88 (1937) 161; 90 (1938) 489

128 *Geitler, L.:* Clavaria mucida, eine extratropische Basidiolichene. Biol. Zbl. 74 (1955) 145

129 *Geitler, L.:* Über die Flechtenalge Myrmecia Biatorellae. Österr. Bot. Z. 109 (1962) 41

130 *Gilenstam, G.:* Studies in the lichen genus Conotrema. Ark. Bot. Ser. 2, 7 (1969) 149

131 *Glück, H.:* Entwurf zu einer vergleichenden Morphologie der Flechtenspermogonien. Winter, Heidelberg 1899

132 *Goebel, K.:* Die Wasseraufnahme der Flechten. Ber. dtsch. bot. Ges. 44 (1926) 158

133 *Gottlieb, O. R.:* Biogenetic proposals regarding aucuparins and xanthones. Phytochemistry 7 (1968) 41

134 *Green, T. G. A.:* The biology of lichen symbionts. Diss. Oxford 1970

135 *Groenhart, P.:* Two new Malaysian lichens. Blumea, Suppl. 4 (1958) 107

136 *Gross, M., V. Ahmadjian:* The effects of L-amino acids on the growth of two lichen fungi. Sv. Bot. Tidskr. 60 (1966) 74

137 *Grummann, V. J.:* Morphologische, anatomische und entwicklungsgeschichtliche Studien über Bildungsabweichungen bei Flechten. Feddes Rep. Beih. 122, 1–8 (1941) 1

138 *Hakulinen, R.:* Die Flechtengattung Candelariella Müller Argoviensis. Ann. Bot. Soc. ‚Vanamo' 27, 3 (1954) 1

139 *Hakulinen, R.:* Über die Wachstumsgeschwindigkeit einiger Laubflechten. Ann. Bot. Fenn. 3 (1966) 167

140 *Hale, M. E.:* Fluorescence of lichen depsides and depsidones as a taxonomic criterion. Castanea 21 (1956) 30

141 *Hale, M. E.:* Chemical strains of the lichen Parmelia furfuracea. Amer. J. Bot. 43 (1956) 456

142 *Hale, M. E.:* Conidial stage of the lichen fungus Buellia stillingiana and its relations to Sporidesmium folliculatum. Mycol. 49 (1957) 417

143 *Hale, M. E.:* Vitamin requirements of three lichen fungi. Bull. Torrey Bot. Club 85 (1958) 182

144 *Hale, M. E.:* Lichen Handbook. Smithsonian Institution, Washington 1961

145 *Hale, M. E.:* A monograph of Parmelia subgenus Amphigymnia. Contr. U. S. Nat. Herbar. 36 (1965) 193

146 *Hale, M. E.:* Unveröffentlichte Ergebnisse

147 *Hale, M. E.:* The Biology of Lichens. Arnold, London 1967

148 *Hale, M. E.:* A synopsis of the lichen genus Pseudevernia. Bryologist 71 (1968) 1

149 *Hale,* M. E.: Single-lobe growth-rate patterns in the lichen Parmelia caperata. Bryologist 73 (1970) 72

150 *Hale, M. E., W. L. Culberson*: A fourth checklist of the lichens of the continental United Staates and Canada. Bryologist 73 (1970) 499

151 *Hale, M. E., S. Kurokawa*: Studies on Parmelia subgenus Parmelia. Contr. U. S. Nat. Herbar. 36 (1964) 121

152 *Hanson, W. C., H. E. Palmer:* Seasonal cycle of ^{137}Cs in some Alaskan natives and animals. Health Physiol. 11 (1965) 1401

153 *Harley, J. L., D. C. Smith:* Sugar absorption and surface carbohydrase activity of Peltigera polydactyla (Neck.) Hoffm. Ann. Bot. N. S. 20 (1956) 513

154 *Hawksworth, D. L.:* The scanning electron microscope. An aid to the study of cortical hyphal orientation in the lichen genera Alectoria and Cornicularia. J. Microscop. 8 (1969) 753

155 *Hawksworth, D. L., F. Rose:* Qualitative scale for estimating sulphur dioxide air pollution in England and Wales using epiphytic lichens. Nature (Lond.) 227 (1970) 5254

156 *Hendrickson, J. R., W. A. Weber:* Lichens on Galápagos giant tortoises. Science 144 (1964) 1463

157 *Henningsson, B., H. Lundström:* The influence of lichens, lichen extracts and usnic acid on wood destroying fungi. Material & Organismen 5 (1970) 19

158 *Hennipman, E.:* De Nederlandse Cladonia's (Lichenes). Wet. Meded. K. N. N. V. 79 (1968) 1

159 *Henriksson, E.:* The nitrogen fixation by a bacteria-free, symbiotic Nostoc strain isolated from Collema. Physiol. Plant. 4 (1951) 542

160 *Henriksson, E.:* Studies in the physiology of the lichen Collema. II. A preliminary report on the isolated fungal partner with special regard to its behaviour when growing together with the symbiotic alga. Sv. Bot. Tidskr. (1958) 52391

161 *Henriksson, E.:* Studies in the physiology of the lichen Collema. III. The occurrence of an inhibitory action of the phycobiont on the growth of the mycobiont. Physiol. Plant. 13 (1960) 751

162 *Henriksson, E.:* Studies in the physiology of the lichen Collema. IV. The occurrence of polysaccharides and some vitamins outside the cells of the phycobiont, Nostoc sp. Physiol. Plant. 14 (1961) 813

163 *Henriksson, E.:* Studies in the physiology of the lichen Collema. V. Effect of medium, temperature and pH on growth of the mycobiont. Sv. Bot. Tidskr. 58 (1964) 361

164 *Henriksson, E.:* Nitrogen fixation by lichens. Oikos 22 (1971) 119

165 *Henriksson, E., L. C. Pearson:* Carotenoids extracted from the mycobionts of Collema tenax, Baeomyces roseus, and some other lichens. Sv. Bot. Tidskr. 62 (1968) 441

166 *Henssen, A.:* Eine Revision der Flechtenfamilie Lichinaceae und Ephebaceae. Symb. Bot. Upsal. 18, 1 (1963) 1

167 *Henssen, A.:* Drei neue Arten der Flechtengattung Phylliscum. Sv. Bot. Tidskr. 57 (1963) 145

168 *Henssen, A.:* The North American species of Massalongia and generic relationships. Canad. J. Bot. 41 (1963) 1331

169 *Henssen, A.:* Study of the genus Koerberia. Canad. J. Bot. 41 (1963) 1348

170 *Henssen, A.:* A study of the genus Vestergrenopsis. Canad. J. Bot. 41 (1963) 1360

171 *Henssen, A.:* The North American species of the genus Placynthium. Canad. J. Bot. 41 (1963) 1688

172 *Henssen, A.:* Was ist Pyrenopsis nigra? Ber. dtsch. bot. Ges. 57 (1964) 317

173 *Henssen, A.:* A review of the genera of the Collemataceae with single spores. Lichenologist 3 (1965) 29

174 *Henssen, A.:* A new Lichinodium species from British Columbia. Bryologist 71 (1968) 271

175 *Henssen, A.:* Eine neue Lichinella-Art aus Nordamerika (Lichenes). Nova Hedwigia 15 (1968) 543

176 *Henssen, A.:* Eine Studie über die Gattung Arctomia. Sv. Bot. Tidskr. 63 (1969) 126

177 *Henssen, A.:* Three non-marine species of the genus Lichina. Lichenologist 4 (1969) 88

178 *Henssen, A.:* An interesting new species of Lempholemma from Canada. Lichenologist 4 (1969) 99

179 *Henssen, A.:* Die Entstehung des Thallusrandes bei den Pannariaceen (Lichenes). Ber. dtsch. bot. Ges. 82 (1969) 235

180 *Henssen, A.:* Die Apothecienentwicklung bei Umbilicaria Hoffm. emend. Frey. Ber. dtsch. bot. Ges., N. F. 4 (1970) 103

181 *Henssen, A., H. M. Jahns:* Unveröffentlichte Ergebnisse

182 *Hertel, H.:* Arthonia intexta Almqu., ein vielfach verkannter fruchtkörperloser Flechtenparasit. Ber. dtsch. bot. Ges. 82 (1969) 209

183 *Hertel, H.:* Die Flechtengattung Trapelia Choisy. Herzogia 1 (1969) 111

184 *Hertel, H.:* Trapeliaceae – eine neue Flechtenfamilie. Ber. dtsch. bot. Ges. N. F. 4 (1970) 171

185 *Hertel, H.:* Parasitische lichenisierte Arten der Sammelgattung Lecidea in Europa. Herzogia 1 (1970) 405

186 *Hess, D.:* Untersuchungen über die Bildung von Phenolkörpern durch isolierte Flechtenpilze. Z. Naturfsch. 14 b (1959) 345

187 *Hess, D.:* Untersuchungen über die hemmende Wirkung von Extrakten aus Flechtenpilzen auf das Wachstum von Neurospora crassa. Z. Bot. 48 (1959) 136

188 *Hill, D. J.:* The movement of carbohydrate from the alga to the fungus in the lichen Peltigera polydactyla. New Phytol. 71 (1972) 31

189 *Hill, D. J., D. C. Smith:* Lichen physiology XII. The inhibition technique. New Phytol. 71 (1972) 15

190 *Hill, D. J., H. W. Woolhouse:* Aspects of the autecology of Xanthoria parietina agg. Lichenologist 3 (1966) 207

191 *Hughes, S. H.:* Conidiophores, conidia and classification. Canad. J. Bot. 31 (1953) 577

192 *Humphries, S. G.:* The biosynthesis of tannins. In: Biogenesis of Natural Compounds, 2. Aufl., hrsg. von *P. Bernfeld.* Pergamon Press, Oxford 1967

193 *Huneck, S., G. Follmann:* Mitteilungen über Flechteninhaltsstoffe LXXIX. Über das Auftreten spezifischer Flechtenstoffe bei pyrenocarpen Ascolichenen. Z. Naturfsch. 25 b (1970) 759

194 *Huneck, S., G. Follmann:* Mitteilungen über Flechteninhaltsstoffe LXXV. Zur Phytochemie und Chemotaxonomie der Buelliaceae. Biochem. Physiol. Pflanzen 161 (1970) 191

195 *Jaag, O.:* Recherches expérimentales sur les gonidies des lichens appartenant aux Genres Parmelia et Cladonia. Bull. Soc. Bot., Genève 21 (1929) 1

196 *Jahns, H. M.:* Untersuchungen zur Entwicklungsgeschichte der Cladoniaceen unter besonderer Berücksichtigung des Podetium-Problems. Nova Hedwigia 20 (1970) 1

197 *Jahns, H. M.:* Induktion der Apothecienbildung bei Cladia aggregata Sw.) Nyl. Ber. dtsch. Bot. Ges. 83 (1970) 33

198 *Jahns, H. M.:* Individualität und Variabilität in der Flechtengattung Cladia Nyl. Herzogia 3 (1972) 277

199 *Jahns, H. M., H. A. Beltman, P. van der Knaap:* Cladonia ecmocyna Nyl. Investigations on the ontogeny. Acta Bot. Neerl. 18 (1969) 627

200 *Jahns, H. M., J. C. Smittenberg:* Baeomyces roseus Pers.-Ontogenie und Regeneration der Fruchtkörper. Herzogia 2 (1970) 79

201 *James, P. W.:* Unveröffentlichte Ergebnisse

202 *Janex-Favre, M. C.:* L'ontogénèse des ascocarpes et la position systématique du mycobionte du Lichen Arthopyrenia fallax (Nyl.). Bull. Soc. Bot. Fr. 115 (1968) 359

203 *Johnson, T. W., F. K. Sparrow:* Fungi in Oceans and Estuaries. Cramer, Weinheim 1961

204 *Jordan, W. P.:* The internal cephalodia of the genus Lobaria. Bryologist 73 (1970) 669

205 *Jordan, W. P., R. Rickson:* Cyanophyte cephalodia in the lichen genus Nephroma. Amer. J. Bot. 58 (1971) 562

206 *Jumelle, H.:* Recherches physiologiques sur les lichens. Rev. Gén. Bot. 4 (1892) 49, 103, 305

207 *Kappen, L., O. L. Lange:* The cold resistance of phycobionts from macrolichens of various habitats. Lichenologist 4 (1970) 289

208 *Kappen, L., O. L. Lange:* Die Kälteresistenz einiger Makrolichenen. Flora 161 (1972) 1

209 *Kärenlampi, L.:* Distribution of chlorophyll in the lichen Cladonia alpestris. Rep. Kevo Subarctic Res. Stat. 7 (1970) 1

210 *Kärenlampi, L.:* On methods for measuring and calculating the energy flow through lichens. Rep. Kevo Subarctic Res. Stat. 7 (1971) 40

211 *v. Keissler, K.:* Die Flechtenparasiten. In: Kryptogamen-Flora, Bd. VIII, hrsg. von *L. Rabenhorst.* Akademische Verlagsgesellschaft, Leipzig 1930

212 *Kershaw, K. A., G. P. Harris:* A techniques for measuring the light profile in a lichen canopy. Canad. J. Bot. 49 (1971) 609

213 *Kershaw, K. A., J. W. Millbank:* Nitrogen metabolism in lichens. I. Nitrogen fixation in the cephalodia of Peltigera aphthosa. New Phytol. 68 (1969) 721

214 *Kershaw, K. A., J. W. Millbank:* A controlled environment lichen growth chamber. Lichenologist 4 (1969) 83

215 *Kershaw, K. A., J. W. Millbank:* Isidia as vegetative propagules in Peltigera aphthosa var. variolosa (Massal.) Thoms. Lichenologist 4 (1970) 214

216 *Kershaw, K. A., J. W. Millbank:* Nitrogen metabolism in lichens. II. The partition of cephalodial-fixed nitrogen between the mycobiont and phycobiont of Peltigera aphthosa. New Phytol. 69 (1970) 75

217 *Kershaw, K. A., W. R. Rouse:* Studies on lichen-dominated systems. II. The growth pattern of Cladonia alpestris and Cladonia rangiferina. Canad. J. Bot. 49 (1971) 1401

218 *Klement, O.:* Prodromus der mitteleuropäischen Fletengesellschaften. Feddes Rep. Beih. 135 (1955) 5

219 *Knapp, E.:* Über Geosiphon pyriforme Fr. Wettst. Ber. dtsch. bot. Ges. 51 (1933) 210

220 *Kok, A.:* A short history of orchil dyes. Lichenologist 3 (1966) 248

221 *Komiya, T., S. Shibata:* Formation of lichen substances by mycobionts of lichens. Chem. Pharm. Bull. Tokio 17 (1969) 1305

222 *Korf, R.:* Japanese discomycete notes I–VIII. Sci. Rep. Yokohama Natl. Univ. Sec. II 7 (1958) 7

223 *v. Krempelhuber, A.:* Geschichte und Literatur der Lichenologie von den ältesten Zeiten bis zum Schlusse des Jahres 1865 (resp. 1870), 3 Bände. Selbstverlag, München 1867-72

224 *Kristinsson, H.:* Chemical and morphological variation in the Cetraria islandica complex in Iceland. Bryologist 72 (1969) 344

225 *Kristinsson, H.:* Studies on lichen colonization in Surtsey 1970. Surtsey Res. Progr. Rep. 6 (1972) 77

226 *Krog, H.:* The macrolichens of Alaska. Norsk Polarinst. Skrifter 144 (1968) 1

227 *Kurokawa, S.:* A note on the lichen genus Tornabenia Trevis. J. Jap. Bot. 37 (1962) 289

228 *Kurokawa, S.:* Results of isolation and culture of lichen fungi and algae. J. Jap. Bot. 46 (1971) 9

229 *Lamb, I. M.:* A monograph of the lichen genus Placopsis. Lilloa 13 (1947) 151

230 *Lamb, I. M.:* On the morpholog, phylogeny, and taxonomy of the lichen genus Stereocaulon. Canad. J. Bot. 29 (1951) 522

231 *Lamb, I. M.:* Studies in frutescent Lecideaceae (lichenized discomycetes). Rhodora 56 (1954) 666

232 *Lamb, I. M.:* Index nominum lichenum. Ronald Press, New York 1963

233 *Lamb, I. M.:* Antarctic lichens. I. The genera Usnea, Ramalina, Himantormia, Alectoria, Cornicularia. Brit. Antarct. Survey scient. Rep. 38 (1964) 1

234 *Lamb, I. M.:* Antarctic lichens. II. The genera Buellia and Rinodina. Brit. Antarct. Survey scient. Rep. 61 (1968) 1

235 *Lamb, I. M.:* The species of Stereocaulon with protosacculate cephalodia. J. Jap. Bot. 43 (1968) 291

236 *Lamb, I. M., M. Zimmermann:* Botanische Erforschung westantarktischer Inselgruppen. Naturw. 53 (1966) 150

237 *Lambinon, J., A. Maquinay, J. L. Ramaut:* La teneur en zinc de quelques lichens des terrains calaminaires belges. Bull. Jard. bot. Etat. Brux. 34 (1964), 273

238 *Lange, O. L.:* Hitze- und Trockenresistenz der Flechten in Beziehung zu ihrer Verbreitung. Flora 140 (1953) 39

239 *Lange, O. L.:* Die Flechte Parmelia paraguariensis als Handelsware in der südlichen Sahara. Natur und Volk 87 (1957) 266

240 *Lange, O. L.:* Die Photosynthese der Flechten bei tiefen Temperaturen und nach Frostperioden. Ber. dtsch. bot. Ges. 75 (1963) 351

241 *Lange, O. L.:* Der CO_2-Gaswechsel von Flechten bei tiefen Temperaturen. Planta 64 (1965) 1

242 *Lange, O. L.:* CO_2-Gaswechsel der Flechte Cladonia alcicornis nach langfristigem Aufenthalt bei tiefen Temperaturen. Flora 156 (1966) 500

243 *Lange, O. L.:* Experimentell-ökologische Untersuchungen an Flechten der Negev-Wüste. I. CO_2-Gaswechsel von Ramalina maciformis (Del.) Bory unter kontrollierten Bedingungen im Laboratorium. Flora 158 (1969) 324

244 *Lange, O. L.:* Die funktionellen Anpassungen der Flechten an die ökologischen Bedingungen arider Gebiete. Ber. dtsch. bot. Ges. 82 (1969) 3

245 *Lange, O. L., A. Bertsch:* Photosynthese der Wüstenflechte Ramalina maciformis nach Wasserdampfaufnahme aus dem Luftraum. Naturw. 52 (1965) 215

246 *Lange, O. L., E. Evenari:* Experimentell-ökologische Untersuchungen an Flechten der Negev-Wüste. IV. Wachstumsmessungen an Caloplaca aurantia (Pers.) Hellb. Flora 160 (1971) 100

247 *Lange, O. L., E. D. Schulze, W. Koch:* Experimentell-ökologische Untersuchungen an Flechten der Negev-Wüste. II. Co_2-Gaswechsel und Wasserhaushalt von Ramalina maciformis (Del.) Bory am natürlichen Standort während der sommerlichen Trockenperiode. Flora 159 (1970) 38

248 *Lange, O. L., E. D. Schulze, W. Koch:* Experimentell-ökologische Untersuchungen an Flechten der Negev-Wüste. III. CO_2-Gaswechsel und Wasserhaushalt von Krustenflechten am natürlichen Standort während der sommerlichen Trockenperiode. Flora 159 (1970) 525

249 *Lange, O. L., H. Ziegler:* Der Schwermetallgehalt von Flechten aus dem Acarosporetum sinopicae auf Erzschlacken des Harzes. I. Eisen und Kupfer. Mitt. flor.-soz. Arbeitsgemeinsch. N. F. 10 (1963) 156

250 *Landjouw, J., S. H. Mamay, R. McVaugh, W. Robyns, R. C. Rollins, R. Ross, J. Rosseau, G. M. Schulze, R. de Vilmorin, F. A. Stafleu:* Internationaler Code der botanischen Nomenklatur. Kemink, Utrecht 1966

251 *Le Blanc, F.:* Possibilities and methods for mapping air pollution on the basis of lichen sensitivity. Mitt. forstl. Bundes-Versuchsanst. Wien 92 (1971) 103

252 *Leroy, L. W., M. Koksoy:* The lichen – a possible plant medium for mineral exploration. Econ. Geol. 57 (1962) 107

253 Letrouit-Galinou, M. A.: Recherches sur l'ontogénie et l'anatomie comparées des apothécies de quelques Discolichens. Rev. Bryol. Lichénol. 34 (1966) 413

254 *Letrouit-Galinou, M. A.:* Les Algues des Lichens. Bull. Soc. Bot. France Mém. 1968 (1969) 35

255 *Letrouit-Galinou, M. A.:* Le thalle, les apothecies et les asques du Peltigera rufescens (Weis) Humb. (Discolichen, Peltigeraceae). Lichenologist 5 (1971) 59

256 *Leuckert, C., J. Poelt, G. Schultz:* Chemotaxonomische Probleme in der Flechtengattung Pertusaria. Ber. dtsch. bot. Ges. N. F. 4 (1970) 45

257 *Lewin, R. A.:* Physiology and Biochemistry of Algae. Academic Press, New York 1962

258 *Lewis, D. H., D. C. Smith:* Sugar alcohols (pylols) in fungi and green plants. I. Distribution, physiology and metabolism. New Phytol. 66 (1967) 185 185

259 *Lindberg, B., A. Misiorny, C. A. Wachtmeister:* Studies on the chemistry of lichens IV. Investigation of the low-molecular carbohydrate constituents of different lichens. Acta chem. scand. 7 (1953) 591

260 *Lindsay, W. L.:* A Popular History of Bristih Lichens. London 1856

261 *Linkola, K.:* Über die Thallusschuppen bei Peltigera lepidophora (Nyl.) Ber. dtsch. bot. Ges. 31 (1913) 52

262 *Llano, A.:* Economic use of lichens. Econom. Bot. 2 (1940) 15

263 *Lounamaa, J.:* Trace elements in plants growing wild on different rocks in Finland. A semi-quantitative spectographic survey. Ann. Bot. Fenn. 39 (1956) 1

264 *Luttrell, E. S.:* Taxonomy of pyrenomycetes. Univ. Missouri Studies 24 (1951) 1

265 *Luttrell, E. S.:* Development of the ascocarp in Glonium stellatum. Amer. J. Bot. 40 (1953) 626

266 *Luttrell, E. S.:* The ascostromatic ascomycetes. Mycol. 47 (1955), 511.

267 *Luttrell, E. S.:* Paraphysoids, pseudoparaphyses, and apikal paraphyses. Trans. Brit. mycol. Soc. 48 (1965) 135

268 *Magnusson, A. H.:* Western American lichens, mainly from Oregon. Medd. Göteborgs Bot. Trädg. 13 (1942) 237

269 *Magnusson, A. H.:* En fyndplats för laver på ovanliga substrat. Medd. Göteborgs Bot. Trädg. 15 (1942) 149

270 *Mattick, F.:* Wuchs- und Lebensformen, Bestand- und Gesellschaftsbildung der Flechten. Bot. Jb. 75 (1951) 378

271 *Mattick, F.:* Lichenologische Notizen, 1–5. dtsch. bot. Ges. 66 (1953) 263

272 *Mattick, F.:* Lichenologische Notizen, 6. und 7. Ber. dtsch. bot. Ges. 67 (1954) 133

273 *Mattick, F.* In: Syllabus der Pflanzenfamilien, hrsg. von *A. Engler*. Borntraeger, Berlin 1954

274 *Micovic, V. M., V. D. Stefanovic:* Studies on the chemical composition of Yugoslav lichens I. Parallel studies on the chemical composition of the ash of some Yugoslav lichens and the ash of the oak bark. Bull. Acad serbe sci. Arts 26 (1961) 113

275 *Millbank, J. W.:* Nitrogen metabolism in lichens. IV. The nitrogenase activity of the Nostoc phycobiont in Peltigera canina. New Phythol. 71 (1972) 1

276 Miller, J. H.: Studies in the development of two Myriangium species and the systematic position of the order Myriangiales. Mycologia 30 (1938) 158

277 *Mish L. B.:* Biological studies of symbiosis between the alga and fungus in the rock lichen Umbilicaria papulosa. Diss, Cambridge/Mass. 1953

278 *Mitchell, J. C., S. Shibata:* Immunologic activity of some substances derived from lichenized fungi. J. Invest. Derm. 52 (1969) 517

279 *Mitchell, M. E.:* L'élement eu-oceanique dans la flore lichénique du sud-ouest de l'Irlande. Rev. Biologia 2 (1961) 177

280 *Mitsuno, M.:* Paper chromatography of lichen substances. Chem. Pharm. Bull. Tokio 1 (1953) 170

281 *Moissejeva, E. N.:* Biochemical Properties of Lichen and their Practical Importance. Izdatel'stvo Akademiia Nauk, CCR 1961

282 *Mollenhauer, D.:* Botanische Notizen Nr. 1: Beobachtungen an der Blaualge Geosiphon pyriforme. Natur und Museum 100 (1970) 213

283 *Möller, A.:* Über die Kultur flechtenbildender Ascomyceten ohne Algen. Münster 1887

284 *Möller, A.:* Über die eine Thelephoree, welche die Hymenolichenen: Cora, Dictyonema und Laudatea bildet. Flora 77 (1893) 254

285 *Moreau, F.:* Les Lichens. Encyclopédie biologique, Bd. II. Lechevalier, Paris 1928

286 *Moreau, M. et Mme F.:* Les phénoménes cytologiques de la reproduction chez les Champignons des Lichens. Botaniste Sér. 20 (1929) 1

287 *Mosbach, K.:* On the biosynthesis of lichen substances. Part 4. The formation of pulvic acid derivatives by isolated lichen fungi. Acta chem. scand. 21 (1967) 2331

288 *Moser-Rohrhofer, M.:* Senker, Haustorien, Impressorien und Appressorien. Acta Rer. Natur. Mus. Natl. Slov. 12 (1966) 3

289 *Müller, E., W. Löffler:* Mykologie, 2. Aufl. Thieme, Stuttgart 1971

290 *Nádor, K., J. Szegi, M. Markó:* Abstract of „preparation of α, β-unsaturated lactones with digitaloid properties". Chem. Abstr. 52 (1958) 16192

291 *Nannfeldt, J. A.:* Studien über die Morphologie und Systematik der nichtlichenisierten inoperculaten Discomyceten. Nova Acta Regiae Soc. Sci. Upsal., Ser. IV, 8, 2 (1932) 1

292 *Nienburg, W.:* Anatomie der Flechten. In: Handbuch der Pflanzenanatomie, Bd. VI/2, hrsg. von *K. Linsbauer*. Borntraeger, Berlin 1926

293 *Noesle, O., A. Läuchli, O. L. Lange, G. H. Vieweg, H. Ziegler:* Konzentration und Lokalisierung von Schwermetallen in Flechten der Erzschlackenhalden des Harzes. Ber. dtsch. bot. Ges. N. F. 4 (1970) 67

294 *Nordin, I.:* Abrothallus suecicus, a common lichenicolous fungus. Sv. Bot. Tidskr. 58 (1964) 225

295 *Nylander, W.:* Circa novum in studio lichenum criterium chemicum. Flora 49 (1866) 198

296 *Oberwinkler, F.:* Die Gattungen der Basidiolichenen. Ber. dtsch. bot. Ges. N. F. 4 (1970) 139

297 *Otto, G. F.:* Tholurna dissimilis new to North America. Bryologist 67 (1964) 13

298 *Ozenda, P.:* Lichens. In: Handbuch der Pflanzenanatomie, Bd. VI 9, hrsg. von *K. Linsbauer*, Borntraeger, Berlin 1963

299 *Ozenda, P., G. Clauzade:* Les Lichens. Masson, Paris 1970

300 *Paran, N., Y. Ben-Shaul, M. Galun:* Fine structure of the blue-green phycobiont and its reaction to the mycobiont in two Gonohymenia lichens. Arch. Mikrobiol. 76 (1971) 103

301 *Parguey-Leduc, A.:* Recherches sur l'ontogénie et l'anatomie comparée des ascocarpes des Pyrénomycètes ascoloculaires. Le primordium et le développement des périthèces des Pyrénomycètes ascohyméniaux. Ann. Sci. Nat. Bot. Sér. 12, 7 (1966) 505

302 *Peat, A.:* Fine structure of the vegetative thallus of the lichen Peltigera polydactyla. Arch. Mikrobiol. 61 (1968) 212

303 *Persson, B., J. Santesson:* Chemical studies on lichens 27. The structure of the depside alectorialic acid. Acta chem. scand. 24 (1970) 345

304 *Peveling, E.:* Elektronenoptische Untersuchungen an Flechten, III. Cytologische Differenzierungen der Pilzzellen in Zusammenhang mit ihrer symbiotischen Lebensweise. Z. Pflanzenphys. 61 (1969) 151

305 *Peveling, E.:* Die Darstellung der Oberflächenstrukturen von Flechten mit dem Raster-Elektronenmikroskop. Ber. dtsch. bot. Ges. N. F. 4 (1970) 89

306 *Plessl, A.:* Über die Beziehungen von Haustorientypen und Organisationshöhe der Flechten. Österr. Bot. Z. 110 (1963) 194

307 *Poelt, J.:* Über parasitische Flechten. II. Planta 51 (1958) 288

308 *Poelt, J.:* Die lobaten Arten der Flechtengattung Lecanora Ach. sensu ampl. in der Holarktis. Mitt. Bot. Staatss. München 2 (1958) 411

309 *Poelt, J.:* Zur Systematik der Flechtenfamilie Physciaceae. Nova Hedwigia 9 (1965) 21

310 *Poelt, J.:* Bestimmungsschlüssel europäischer Flechten. Cramer, Lehre 1969

311 *Poelt, J.:* Das Konzept der Artenpaare bei den Flechten. Ber. dtsch. bot. Ges. N. F. 4 (1970) 187

312 *Poelt, J., H. Doppelbaur:* Über parasitische Flechten. Planta 46 (1956), 467.

313 *Poelt, J., W. Jülich:* Über die Beziehungen zweier corticioider Basidiomyceten zu Algen. Österr. Bot. Z. 116 (1969) 400

314 *Pyatt, F. B.:* Studies of the periodicity of spore discharge and germination in lichens. Bryologist 72 (1969) 48

315 *Quispel, A.:* The mutual relations between algae and fungi in lichens. Rec. Trav. Bot. Neerl. 40 (1943–45) 413

316 *Quispel, A.:* Lichens. In: Handbuch der Pflanzenphysiologie, Bd. XI, hrsg. von *W. Ruhland*. Springer, Berlin 1959 (S. 577)

317 *Quispel, A.:* Respiration of lichens. In: Handbuch der Pflanzenphysiologie, Bd. VII/2, hrsg. von *W. Ruhland*. Springer, Berlin 1960 (S. 455)

318 *Räsänen, V.:* Über Flechtenstandorte und Flechtenvegetation im westlichen Nordfinnland. Ann. Soc. Fenn. ‚Vanamo' 7 (1927) 1

319 *Rao, D. N., F. Le Blanc:* A possible role of atranorin in the lichen thallus. Bryologist 68 (1965) 284

320 *Rao, D. N., F. Le Blanc:* Effects of sulfur dioxide on the lichen algae, with special reference to chlorophyll. Bryologist 69 (1966) 69

321 *Rees, M.:* Entstehung der Flechte Collema glaucescens. Mber. Berl. Akad. Wiss. (1871) 523

322 *Reinke, J.:* Abhandlungen über Flechten I–IV. Jb. wiss. Bot. 26 (1894) 495; 28 (1895) 39; 29 (1896) 171

323 *Reznik, H., E. Peveling, J. Vahl:* Die Verschiedenartigkeit von Haftorganen einiger Flechten. Planta 78 (1968) 287

324 *Richardson, D. H. S.:* The transplantation of lichen thalli to solve some taxonomic problems in Xanthoria parietina (L.) Th. Fr. Lichenologist 3 (1967) 386

325 *Richardson, D. H. S.:* Ascus and ascocarp structure in lichens. Lichenologist 4 (1970) 350

326 *Richardson, D. H. S., D. J. Hill, D. C. Smith:* Lichenphysiology. XI. The role of the alga in determining the pattern of carbohydrate movement between lichen symbionts. New Phytol. 67 (1968) 469

327 *Richardson, D. H. S., D. C. Smith:* The physiology of the symbiosis in Xanthoria aureola (Ach.) Erichs. Lichenologist 3 (1966) 202

328 *Richardson, D. H. S., D. C. Smith:* Lichenphysiology. IX. Carbohydrate movement from the Trebouxia symbiont of Xanthoria aureola to the fungus. New Phytol. 67 (1968) 67

329 *Richardson, D. H. S., D. C. Smith*· Lichenphysiology. X. The isolated algal and fungal symbionts of Xanthoria aureola. New Phytol. 67 (1968) 69

330 *Richardson, D. H. S., D. C. Smith, D. H. Lewis:* Carbohydrate movement between the symbionts of lichens. Nature (Lond.) 214 (1967) 879

331 *Ried, A.:* Photosynthese und Atmung bei xerostabilen und xerolabilen Krustenflechten in der Nachwirkung vorausgegangener Entquellungen. Planta 41 (1953) 436

332 *Ried, A.:* Thallusbau und Assimilationshaushalt von Laub- und Krustenflechten. Biol. Zbl. 79 (1960) 129

333 *Ried, A.:* Nachwirkungen der Entquellung auf den Gaswechsel von Krustenflechten. Biol. Zbl. 79 (1960) 657

334 *Ried, A.:* Stoffwechsel und Verbreitungsgrenzen von Flechten. II. Wasser- und Assimilationshaushalt, Entquellungs- und Submersionsresistenz von Krustenflechten benachbarter Standorte. Flora 149 (1960) 345

335 *Riedl, H.:* Die Arten der Gattung Mycoporellum Müll. Arg. sensu A. Zahlbruckner Catal., nebst Bemerkungen zum System dothidealer Flechten. Sydowia 15 (1961) 257; 16 (1963) 215

336 *Riedl, H.:* Beobachtungen an Graphis scripta (L.) Ach. und G. serpentina Ach. Österr. Bot. Z. 112 (1965) 407

337 *Robertson, W. D., J. C. Mitchell:* Allergic contact and photodermatitis. Canad. med. Ass. J. 97 (1967) 380

338 *Roskin, P. A.:* Ultrastructure of the host-parasite interaction in the basidiolichen Cora pavonia (Web.) E. Fries. Arch. Mikrobiol. 70 (1970) 176

339 *Rudolph, E.:* Ecology of land plants in Antarctica. Research Antarctic (1971) 191

340 *Rudolph, E., R. M. Giesy:* Electron microscopic studies of lichen reproductive structures in Physcia aipolia. Mycologia 58 (1966) 786

341 *Santesson, J.:* Colour reactions of some stable PD substitutes. Lichenologist 3 (1966) 215

342 *Santesson, J.:* Chemical studies on lichens 4. Thin layer chromatography of lichen substances. Acta chem. scand. 21 (1967) 1162

343 *Santesson, J.:* Chemical studies on lichens – III. The pigments of Thelocarpon epibolum, T. laureri and Ahlesia lichenicola. Phytochemistry 6 (1967) 685

344 *Santesson, J.* Chemical studies on lichens 13. A spot test for lichen xanthones. Acta chem. scand. 22 (1968) 2393

345 *Santesson, J.:* Chemical studies on lichens. Acta Univ. Ups., Abstr. Upps. Diss. Sci. 127 (1969) 1

346 *Santesson, J.:* Chemical studies on lichens 10. Mass spectrometry of lichens. Arkiv Kemi 30 (1969) 363

347 *Santesson, J.:* Some occurrences of the anthraquinone parietin in lichens. Phytochemistry 9 (1970) 1565

348 *Santesson, J.:* Neuere Probleme der Flechtenchemie. Ber. dtsch. bot. Ges. N. F. 4 (1970) 5

349 *Santesson, J.:* Chemical studies on lichens. 30. Anthraquinoid pigments of Trypetheliopsis boninensis and Ocellularia domingensis. Acta chem. scand. 24 (1970) 3331

350 *Santesson, J.:* Unveröffentlichte Ergebnisse

351 *Santesson, R.:* Über die Zonationsverhältnisse der lakustrinen Flechten einiger Seen im Anebodagebiet. Medd. Lunds Univ. Limnol. Inst. 1 (1939) 1

352 *Santesson, R.:* Dolichocarpus and Xanthopeltis, two new lichen genera from Chile. Sv. Bot. Tidskr. 43 (1949) 547

353 *Santesson, R.:* The new systematics of lichenized fungi. Proceed. Sev. Intern. Bot. Congr. Stockholm (1950) 809

354 *Santesson, R.:* Om förekomsten av sporangier och gametangier hos lavgonidier. Sv. Bot. Tidskr. 45 (1951) 299

355 *Santesson, R.:* Foliicolous lichens I. Symb. Bot. Upsal. 12, 1 (1952) 1

356 *Santesson, R.:* Lichenicolous fungi from northern Spain. Sv. Bot. Tidskr. 54 (1960), 499

357 *Santesson, R.:* On taxonomical and biological relations between lichens and non-lichenized fungi. Bot. Not. 120 (1967) 497

358 *Santesson, R.:* Lavar. In: Svenska Naturvetenskap, hrsg. von *B. Afzelius.* Statens Naturvet. Forskningsrad, Stockholm 1968 (S. 176)

359 *Satô, M.:* An edible lichen of Japan. Nova Hedwigia 16 (1968) 505

360 *Savile, D. B. O.:* Possible interrelationships between fungal groups. In: The Fungi, Bd. III, hrsg. von *G. C. Ainsworth, A. S. Sussman.* Academic Press, New York 1968

361 *Schade, A.:* Über Letharia vulpina (L.) Vain. und ihr Vorkommen in der alten Welt. Ber. Bayer. Bot. Ges. 30 (1954) 108

362 *Schade, A.:* Über das Vorkommen von Calciumoxalat-Exkreten in Bodenflechten der Kiefern-Heidewälder um Schwarze Pumpe (NL) und seine Ursache. Abhandl. Ber. Naturk.-Mus. Görlitz 42 (1967) 1

363 *Schade, A.:* Über das Wesen der Flechten und ihre Bedeutung im Haushalt der Natur. Wiss. Z. Techn. Univ. Dresden 16 (1967) 35

364 *Schade, A.:* Über Herkunft und Vorkommen der Calciumoxalat-Exkrete in kortizikolen Parmeliaceen. Nova Hedwigia 19 (1970) 159

365 *Schade, A., W. Seitz:* Extremes Auftreten von Calciumoxalat-Exkreten bei einer Art der Gattung Usnea. Ber. dtsch. bot. Ges. 83 (1970), 121

366 *Schauer, T.:* Ozeanische Flechten im Nordalpenraum. Port. Acta Biol. (B) 8 (1965) 17

367 *Schiman, H.:* Beiträge zur Lebensgeschichte homoeomerer und heteromerer Cyanophyceen-Flechten, Österr. Bot. Z. 104 (1957) 409

368 *Schindler, H.:* Die Verwendung von Flechten und Flechtenstoffen in alter und neuer Zeit. Botanische Beiträge aus der Schriftenreihe: Aus unserer Arbeit, Bd. II. Schwabe, Basel 1956/57

369 *Schmidt, Alb.:* Essai d'une biologie de l'holophyte des Lichens. Mém. Mus. Natl. Hist. Nat. N. S., Sér. B. Bot. (1953) 3

370 *Schmidt, Alex.:* Ascustypen in der Familie Caliciaceae (Ordnung Caliciales). Ber. dtsch. bot. Ges. N. F. 4 (1970) 127

371 *Schmidt, Alex.:* Anatomisch-taxonomische Untersuchungen an europäischen Arten der Flechtenfamilie Caliciaceae. Mitt. Staatsinst. Allg. Bot. Hamburg 13 (1970) 111

372 *Scholander, P. F., W. Flagg, V. Walters, L. Irving:* Respiration in some arctic and tropical lichens in relation to temperature. Amer. J. Bot. 39 (1952) 707

373 *Schulze, E. D., O. L. Lange:* CO_2-Gaswechsel der Flechte Hypogymnia physodes bei tiefen Temperaturen im Freiland. Flora (B) 158 (1968) 180

374 *Schwendener, S.:* Die Algentypen der Flechtengonidien. Schultze, Basel 1969

375 *Scott, G. D.:* Further investigations of some lichens for fixation of nitrogen. New Phytol. 55 (1956) 111

376 *Scott, G. D.:* Plant Symbiosis, 2. Aufl. Arnold, London 1971

377 *Sernander, R.:* Om några former för art- och varietets-bildning hos lafvarna. Sv. Bot. Tidskr. 97 (1908) 135

378 *Seshadri, T. R., S. Subramanian:* Chemical investigations of Indian lichens. Part VIII. Some lichens growing on sandal trees (Ramalina tayloriana and Roccella montagnei). Proc. Indian Ac. Sci. 30 (1949) 15

379 *Shibata, S.:* The chemistry of lichens and fungi. Chem. Brit. 3 (1967) 110

380 *Shibata, S., Y. Nishikawa, M. Tanaka, F. Fukuoka, M. Nakanishi:* Antitumor activities of lichen polysaccharides. Z. Krebsforsch. 71 (1968) 102

381 *Sievers, F.:* Über die Wasserversorgung der Flechten. Wiss. Beilage 38. Jahresberichte der Bericht. Landwirtschaftlichen Schule Marienberg mit Realabteilung zu Helmsted, Helmstedt 1908

382 *Skutch, A. F.:* Life history of the long-tailed silky-flycatcher Ptilogonys caudatus. Auk 82 (1965) 375

383 *Skye, E.:* Lichens and air pollution. Acta Phytogeogr. Suecica 52 (1968) 1

384 *Smith, D. C.:* Studies in the physiology of lichens. 1. The effect of starvation and of ammonia absorption

upon the nitrogen content of Peltigera polydactyla. Ann. Bot. 24 (1960) 52

385 *Smith, D. C.:* The physiology of Peltigera polydactyla (Neck.) Hoffm. Lichenologist 1 (1961) 209

386 *Smith, D. C.:* The biology of lichen thalli. Biol. Rev. 37 (1962) 537

387 *Smith, D. C.:* Experimental studies of lichen physiology. 8th Symp. Soc. gen. Microbiol. 13 (1963) 31

388 *Smith, D. C.:* A physiological viewpoint. Intern. Lich. Newsl. 2 (1968) 1

389 *Smith, D. C.:* Lichens. Sci. J. 6 (1970) 31

390 *Smith, D. C., E. A. Drew:* Studies in the physiology of lichens. V. Translocation from the algal layer to the medulla in Peltigera polydactyla. New Phytol. 64 (1965) 195

391 *Smyth, E. S.:* A contribution to the physiology and ecology of Peltigera canina and P. polydactyla. Ann. Bot. 48 (1934) 781

392 *Stahl, E.:* Beiträge zur Entwicklungsgeschichte der Flechten, Bd. I, II. Felix, Leipzig 1877

393 *Stålfelt, M. G.:* Der Gasaustausch der Flechten. Planta 29 (1939) 11

394 *Steglich, W., W. Furtner, A. Prox:* Neue Pulvinsäure-Derivate aus Xerocomus chrysenteron und Vorkommen von Anthrachinonpigmenten in Boletaceae. Z. Naturf. 32 b (1968) 1044

395 *Stein von Kaminski, E.:* Untersuchungen über die flüchtigen Amine von Pflanzen. III. Mitteilung. Die Amine von Pilzen. Planta 50 (1958) 331

396 *Steiner, M.:* Ein stabiles Diaminreagens für lichenologische Zwecke. Ber. dtsch. bot. Ges. 68 (1955) 35

397 *Steiner, M.:* Wachstums- und Entwicklungsphysiologie der Flechten. In: Handbuch der Pflanzenphysiologie, Bd. V/I, hrsg. von *W. Ruhland.* Springer, Berlin 1965 (S. 758)

398 *Stevens, R. B.:* Morphology and ontogeny of Dermatocarpon aquaticum. Am. J. Bot. 28 (1941) 59

399 *Stocker, O.:* Physiologische und ökologische Untersuchungen an Laub- und Strauchflechten. Flora 21 (1927) 334

400 *Svensson, G. K., K. Liden:* The transport of ^{137}Cs from lichen to animal to man. Health Physiol. 11 (1965) 1393

401 *Syers, J. K.:* Chelating ability of fumar protocetraric and Parmelia conspersa. Plant & Soil 31 (1969) 205

402 *Taguchi, H., U. Sankawa, S. Shibata:* Biosynthesis of usnic acid in lichens. Tetrahedron letters (1966) 5211

403 *Thomas, E. A.:* Über die Biologie von Flechtenbildnern. Beitr. Krypt. Schweiz 9 (1939) 1

404 *Tibell, L.:* The genus Cyphelium in Europe. Sv. Bot. Tidskr. 65 (1971) 138

405 *Tibell, L., A. Hofsten:* Spore evolution of the lichen Texosporium sancti-jacobi (= Cyphelium sancti-jacobi). Mycologia 60 (1968) 553

406 *Tobler, F.:* Zur Biologie der Flechten und Flechtenpilze. I. II. Jb. wiss. Bot. 49 (1911) 389

407 *Tobler, F.:* Biologie der Flechten. Borntraeger, Berlin 1925

408 *Tobler, F.:* Zur Kenntnis der Flechtensymbiose und ihrer Entwicklung. I. Beobachtungen und Versuche an Baeomyces roseus. Ber. dtsch. bot. Ges. 44 (1928) 220

409 *Tobler, F.:* Der Fall des Chiodecton sanguineum. Ber. dtsch. bot. Ges. 49 (1931) 158

410 *Tobler, F.:* Die Flechten. Fischer, Jena 1934

411 *Tomaselli, R.:* Di ameniacidi come fonte de azoto nella crecita, in vitro di microsimbionti lichenici. Atti Ist. bot. Univ. Lab. crittogam. Pavia 16 (1959) 180

412 *Tripett, S.:* Toxic constituents of the Australian finger cherry, Rhodomyrtus macrocarpa. Benth. J. Chem. Soc. (1957) 414

413 *Tschermak, E.:* Untersuchungen über die Beziehungen von Pilz und Alge im Flechtenthallus. Österr. Bot. Z. 90 (1941) 233

414 *Tschermak-Woess, E.:* Die systematische Zugehörigkeit der Gonidien von Maronella laricina Steiner. Österr. Bot. Z. 11 (1964) 323

415 *Tubaki, K.:* Studies on Japanese hyphomycetes. V. Leaf and stem group with a discussion of the classification of hyphomycetes and their perfect stages. J. Hattori Bot. Lab. 20 (1955) 142

416 *Ullrich, J.:* Beobachtungen an Cladonien. 1, 2 Ber. dtsch. bot. Ges. 69 (1956) 239

417 *Vainio, E. A.:* Etude sur la classification naturelle et la morphologie des lichens du Brésil. I. II. Acta Soc. Fauna Fl. Fenn. 7 (1890) 1, 1

418 *Verseghy, K.:* Die Gattung Ochrolechia. Nova Hedwigia Beih. 1 (1962) 1

419 *Vezda, A.:* Flechtensystematische Studien III. Die Gattungen Ramonia Stitz. und Gloeolecta Lett. Folia geobot. phytotax. 1 (1966) 154

420 *Vezda, A.:* Taxonomische Revision der Gattung Thelopsis Nyl. (Lichenisierte Fungi). Folia geobot. phytotax. 3 (1968) 363

421 *Vogel, S.:* Niedere „Fensterflechten" in der südafrikanischen Wüste. Beitr. Biol. Pflanz. 31 (1955) 45

422 *Wächter, W.:* Jenmania Goebelii, eine neue Flechtengattung. Flora 84 (1897) 349

423 *Wachtmeister, C. A.:* Studies on the chemistry of lichens. Sv. Kem. Tidskr. 70 (1958) 117

424 *Wallert, K.:* Beiträge zur Symbiose von Hyphen und Gonidien im Lichenenthallus. Bot. Arch. 33 (1931) 310

425 *Warén, H.:* Reinkulturen von Flechtengonidien. Öfvers. Finska Vetensk. Soc. Förhandl. 61 (A) (1918–19) 1

426 *Weber, W. A.:* Hubbsia, a new genus of Roccellaceae (lichenized fungi) from Mexico. Sv. Bot. Tidskr. 59 (1965) 59

427 *Wehmeyer, L. E.:* Perithecial development in Pleospora trichostoma. Bot. Gaz. 115 (1954) 297

428 *Webster, J.:* Introduction to Fungi. University Press, Cambridge 1970

429 *Weise, R.:* Die Entstehung des Thallusmantels der Cladonia-Podetien. Hedwigia 76 (1937) 179

430 *Werner, R. G.:* Histoire de la synthèse lichénique. Mém. Soc. Sci. Nat. Maroc 27 (1931) 1

431 *Wetmore, C. M.:* The lichen genus Nephroma in North and Middle America. Publ. Mich. St. Univ. Mus., Biol. Ser. 1 (1960) 369

432 *Wilhelmsen, J. B.:* Chlorophylls in the lichens Peltigera, Parmelia, and Xanthoria. Bot. Tidskr. 55 (1959) 30

433 *Wirth, V.:* Die Silicatflechten-Gemeinschaften im außeralpinen Zentraleuropa. Dissertationes Botanica Bd. XVII. Cramer, Lehre 1972

434 *Wynne, M. J.:* Life history and systematic studies of some pacific North American Phaeophyceae (Brown algae). Univ. Calif. Publ. Bot. 50 (1969) 1

435 *Yoshimura, I.:* The phytogeographical relationships between the Japanese and North American species of Cladonia. J. Hattori Bot. Lab. 31 (1968) 227

436 *Yosioka, I., T. Nakanishi, S. Izumi, I. Kitagawa:* Structure of a lichen pigment enthothein and its identity with secalonic acid A, a mayor ergot pigment. Chem. pharm. Bull. Tokio 16 (1968) 2090

437 *Zahlbruckner, A.:* Stromatopogon, eine neue Flechtengattung. Ann. k. k. naturh. Hofmuseum 12 (1897) 99

438 *Zahlbruckner, A.:* Lichenes. B. Spezieller Teil. In: Die natürlichen Pflanzenfamilien, 2. Aufl. Bd. VIII, hrsg. von *A. Engler, K. Prantl.* Engelmann, Leipzig 1926

439 *Zahlbruckner, A.:* Catalogus lichenum universalis, Bd. I–X. Borntraeger, Leipzig 1922–1940

440 *Zehnder, A.:* Über den Einfluß von Wuchsstoffen auf Flechtenbildner. Ber. Schweiz. Bot. Ges. 59 (1949) 201

441 *Zopf, M. A. N.:* Untersuchungen über die durch parasitische Pilze hervorgerufenen Krankheiten der Flechten. Nova Acta Ac. Leop.-Carol. 70 (1897, 1898) 97, 243

442 *Zopf, W.:* Die Flechtenstoffe in chemischer, botanischer, pharmakologischer und technischer Beziehung. Fischer, Jena 1907

Erklärung der Fachausdrücke

Algenschicht oder *Algenzone*: Schicht eines heteromeren Flechtenthallus, in der die Algen liegen.

Anastomose: Verschmelzungspunkt, z. B. zwischen den Zellen zweier Hyphen.

angiocarp (bei Fruchtkörpern): Hymenium vollständig und bleibend von einem Gehäuse eingeschlossen.

Ankerhyphen (bei Collemataceae): aus dem Excipulum auswachsende Hyphen, die den Fruchtkörper im Thallus befestigen.

antiklin: Orientierung senkrecht zur Oberfläche.

Apikalapparat oder Apikalstruktur (beim Ascus): Struktur in der Spitze des Ascus, die bei der Sporenentleerung mitwirkt. Die Struktur hat häufig die Gestalt eines Ringes oder einer Kappe, die sich mit Jod blau färben können (=amyloide Reaktion).

Aplanosporen: nicht bewegungsfähige Sporen.

Apothecium: ein offenes Ascocarp, meist von becherförmiger oder scheibenförmiger Gestalt.

Apotheciumscheibe=Discus

Appressorium (pl. -en): Haustorium, das die Wand der Algenzelle eindellt, aber nicht in sie eindringt.

arachnoid: spinnenartig.

Areolen: eckige bis rundliche Lagerfelder, besonders bei Krustenflechten.

areoliert: in Areolen geteilt = gefeldert, auch zur Beschreibung einer warzigen Oberfläche gebraucht.

Ascocarp: umfassendste Bezeichnung für Fruchtkörper von Ascomyceten.

ascogene Hyphen: dikaryotische Hyphen, die dem Ascogon entspringen.

Ascogon: weibliches Sexualorgan der Ascomyceten.

ascohymenial: Entwicklungstyp der Ascomyceten (S. 105 ff.).

ascolocular: Entwicklungstyp der Ascomyceten (S. 105 ff.).

Ascoma = Ascostroma.

Ascomyceten-Flechten (taxonomisch unkorrekt auch Ascolichenes): lichenisierte Pilze, die zu den Ascomyceten gehören.

Ascostroma (pl. -ta): in diesem Buch nur die Fruchtkörper der ascolocularen Schlauchpilze.

Ascus: schlauchförmige Zelle der Hauptfruchtform eines Ascomyceten, in der unter freier Zellbildung (gewöhnlich 8) Ascosporen entstehen.

Autosporen: Aplanosporen der *Chlorococcales* vom gleichen Bau wie die Mutterzelle.

Bartflechten: hängende oder abstehende, reich verzweigte, fädige Strauchflechten.

Basidie: Zelle der Hauptfruchtform eines Basidiomyceten, die an der Oberfläche (gewöhnlich 4) Basidiosporen trägt.

Basidiomyceten-Flechten (taxonomisch unkorrekt auch Basidiolichenes): lichenisierte Pilze, die zu den Basidiomyceten gehören.

Bereifung = Pruina

biatorin: Apothecium mit nicht geschwärztem Eigenrand.

Bildungsschicht: Hyphengeflecht der Fruchtkörper des Ascomyceten, aus dem Paraphysen und Excipulum gebildet werden.

bipolar: zweizellige Sporen, deren Lumina durch eine dicke Wand nur unvollständig getrennt sind.

Die Zellen bleiben durch einen feinen Kanal miteinander verbunden.

bitunicat = fissitunicat: Ascus, dessen Wand aus zwei Schichten besteht. Bei der Sporenentleerung trennt sich die starre äußere Schicht (Exoascus) von der dehnbaren inneren Schicht (Endoascus).

Blastosporen: durch Sprossung gebildete Sporen.

Blattflechten oder Laubflechten: Flechten mit blattartig dünnem Lager.

Bortensoral oder Randsoral: linear gestrecktes Soral am Rand einer Lobe, die es in Form einer Borte einfaßt.

Cephalodium (pl. -en): Bereich des Lagers einer Grünalgenflechte, in dem sie Blaualgen als Zweitsymbionten enthält. Cephalodien sitzen auf dem Lager (extern) oder im Lager (intern).

Chemotypen: morphologisch gleiche Sippen, die sich durch chemische Merkmale unterscheiden.

Cilien: fädige Anhangsorgane, die vorzugsweise dem Rand von Thallus und Apothecium entspringen. Definitionsgemäß nicht scharf von Fibrillen und Rhizinen getrennt.

Cirrus: schleimige Sporenmasse, die aus einem Ostiolum in Fäden herausgequetscht wird.

clavarioid: zylindrischer oder koralloid verzweigter Fruchtkörper eines Basidiomyceten.

clavat: keulenförmig.

Columella: knollig-zylindrische Vorwölbung aus sterilem Gewebe, die in die Mitte eines Fruchtkörpers hineinragt.

Conidiophor oder Conidienträger: einfache oder verzweigte Hyphe, an der Conidien entstehen.

Conidium (pl. -en): von einer Hyphe abgeschnürte asexuelle Spore.

Cortex: Rindenschicht, die das Lager begrenzt.

cyanophil: Flechten mit Blaualgen als Phycobionten.

Cyphelle: scharf abgesetzte Atempore auf der Lagerunterseite von Sticta.

Diaspore: jedes der Ausbreitung dienende Teilchen (ökologisch definiert).

dichotom: in der Lichenologie jede gabelige Verzweigung.

dictyospor: mauerförmig.

discocarp: scheibenfrüchtiges Ascocarp mit offen liegendem Hymenium.

Discus: offen liegende Oberfläche des Hymeniums bei einem Apothecium.

effiguriert: Randzone eines krustigen oder placoiden Thallus aus radial verlängerten Loben.

Eigenrand: Rand des Apotheciums, der sich in Farbe und Form meist wenig oder nicht von der Scheibe unterscheidet.

Eigenwand: Fruchtkörpergehäuse der ascohymenialen Schlauchpilze, das aus dem Gewebe des Fruchtkörpers besteht.

Endoascus: innere Wandschicht des bitunicaten Ascus.

endobasidial: veraltete Bezeichnung für terminale und laterale Conidienbildung an gegliederten Trägern.

endolithisch: in der obersten Gesteinsschicht wachsendes Flechtenlager.

endophlöodisch: Lager in der Rinde der Wirtspflanze wachsend.

Endosymbiose (bei Flechten): Pilzpartner enthält den Algenpartner intrazellulär.

epilithisch oder epipetrisch: auf Gestein wachsend.

epiphlöodisch: auf Rinde wachsend

epiphyll (in der Lichenologie meist = foliicol): blattbewohnend.

Epithecialalgen: in das Epithecium eingelagerte Algen.

Epithecium: oberste Schicht des Hymeniums, die aus netzig verzweigten Hyphen besteht. In der Lichenologie häufig auch die oberste Schicht der Hymenialgallerte, die durch Färbung oder körnige Ablagerung deutlich abgesetzt ist.

Excipulum proprium (Kurzform Excipulum): Schutzschicht um das Hymenium eines Apotheciums, die sich entwicklungsgeschichtlich aus dem generativen Gewebe herleitet. Das Excipulum umgibt die Fruchtschicht wie ein Ring (annular) oder umfaßt sie wie ein Becher (cupular).

Exoascus: äußere Wandschicht des bitunicaten Ascus.

exobasidial: veraltete Bezeichnung für die terminale Conidienbildung an langzelligen Conidiophoren.

Exosymbiose (bei Flechten): Zellen der symbiotischen Alge liegen zwischen den Pilzhyphen.

Fadenflechten = Haarflechten.

Fibrille: pfriemförmige Anhänge von Lager und Fruchtkörper, vgl. Cilien.

fissitunicat = bitunicat.

Flechtensäuren: siehe Flechtenstoffe.

Flechtenstoffe: sekundäre Stoffwechselprodukte, die weitgehend für Flechten spezifisch sind und deshalb eine große Rolle in der Lichenologie spielen.

Flecksoral: fleckenförmiges Soral auf der Lageroberfläche.

foliicol: blattbewohnend.

Gallertflechten: cyanophile Flechten, die beim Anfeuchten gallertig aufquellen.

Gehäuse: die sterile Umhüllung der Ascocarpien gleich welcher Entstehung und Differenzierung.

generatives Gewebe: Hilfsgewebe des Fruchtkörpers, vgl. S. 116

Gewölbesoral: helmförmig aufgeblasene Lobenspitze, an deren Unterseite ein Soral entsteht.

Gonidien: veraltete Bezeichnung für die symbiotischen Algen der Flechten.

gymnocarp: Apothecium, dessen Hymenium von Anfang an offen liegt.

gyrophor: gerillte Apotheciumscheibe.

Haarflechten: kleine haarfeine Flechten, deren Gestalt durch fädige Algen bestimmt wird.

Haftscheibe: scheibenförmiges Haftorgan der Flechten, das zur Befestigung auf dem Substrat dient.

Halo: gallertige, farblose Hülle um die Sporen.

Hauptfruchtform: sexuelle Fruchtform der Pilze.

Haustorium: von den Pilzhyphen entwickeltes Saugorgan, das sich der Algenzelle eng anlegt (Appressorium), in die Wand eindringt (intramembranöses H.) oder bis ins Zellumen vorstößt (intrazelluläres H.).

Helotismus: Form der Symbiose, bei der die Vorteile für einen Partner überwiegen (S. 187).

hemiangiocarp: Fruchtkörper, dessen Hymenium zunächst von einer Deckschicht bedeckt ist, die sekundär aufreißt.

heteromer: geschichteter Flechtenthallus, in dem die Algen in einer Zone konzentriert liegen.

homöomer: ungeschichteter Thallus, in dem die Algen nicht auf eine bestimmte Zone konzentriert sind.

Hormocystangien: Organe, in denen Hormocysten gebildet werden.

Hormocysten: mit fester Gallertscheide umgebene Hormogonien, die lichenisiert sein können.

Hormogonien: mehrzellige Fadenstücke bestimmter Blaualgen, die zur Vermehrung dienen.

Hymenialalgen: in die Höhlung der Perithecien eingeschlossene Phycobionten, die sich in ihrer Größe von den Thallusalgen unterscheiden und gemeinsam mit den Sporen ausgestoßen werden.

Hymenialgallerte: gallertige Masse, in die Asci und Paraphysen eingebettet liegen.

Hymenium (bei Ascomyceten auch Thecium): Fruchtschicht aus Asci bzw. Basidien und häufig auch aus dazwischenliegenden sterilen Hyphen (z. B. Paraphysen und Cystidien).

Hypothallus = Prothallus

Hypothecium: Zone unterhalb des Hymeniums, in der die ascogenen Hyphen liegen.

Hysterothecium: ein langgestrecktes Ascocarp.

imperfekte Flechten: Flechten, deren Hauptfruchtform unbekannt ist.

Interlocularplatten: Trennwände, die linsenförmige Sporenfächer voneinander scheiden.

Involucrellum: kohlige Deckschicht oder Hülle um das Gehäuse eines Peritheciums.

Isidie: Thallusauswuchs, der in seiner anatomischen Struktur dem Lager ähnelt. Er dient der vegetativen Vermehrung oder der Oberflächenvergrößerung.

kohlig oder karbonisiert: Gewebe, die durch einen chemisch noch unbekannten Vorgang geschwärzt und gehärtet sind.

Kommensalismus: Zusammenleben in Ernährungsgemeinschaft.

Konsortium: stromatisches Hyphengeflecht mit eingelagerten symbiotischen Algen.

Kopfsoral: terminales Kugelsoral.

Krustenflechten: dem Substrat fest aufsitzende Flechte mit areoliertem, schuppigem oder placoidem Lager.

Kugelsoral: kugeliges Soral auf der Lageroberfläche.

laciniat: Lager in Loben aufgespalten.

Lagerrand: Berandung des Lagers oder spezielle Berandung des Apotheciums (siehe Margo thallinus).

laminal: flächenständig.

Laubflechten = Blattflechten.

lecanorin: Apothecium mit Thallusrand.

lecidein: Apothecium mit verkohltem Eigenrand.

leprös: mehlig-staubig.

lichenisiert: Pilze oder Algen, die in Gemeinschaft mit Phycobionten bzw. Mycobionten Flechten bilden.

Lippensoral: lippenförmig aufgeworfene Lobenspitze, die auf ihrer Unterseite brediös aufbricht.

Lirelle: langgestreckter, schmaler Fruchtkörper.

Lobe: flacher oder drehrunder Thalluslappen.

Lobuli: kleine Loben, die meist sekundär marginal oder laminal am Thallus gebildet werden.

Loculi: Höhlungen in Fruchtkörpergeweben, in denen Asci gestanden haben.

macrocephal: parallel-mehrzellige Sporen mit vergrößerter Endzelle.

Maculae: helle Flecken von unbekannter Funktion auf der Oberfläche des Lagers von Parmeliaceen.

Manschettensoral: ringförmiges Soral mit zentraler Durchbrechung.

marginal: randständig.

Margo proprius = Eigenrand.

Margo thallinus: vom Thallus gebildete, algenhaltige Berandung eines Apotheciums.

mauerförmig: quer- und längsgeteilte Spore.

Mazaedium: pulverige Masse aus Paraphysen und Sporen.

Medulla: in der Lichenologie = Markschicht.

monotypisch: Gattung, die nur eine Art enthält.

muriform = mauerförmig.

Mutualismus: Zusammenleben zum gegenseitigen Nutzen.

Mycobiont: Pilzpartner einer Flechte.

Nabel: zentrale Anheftungsstelle eines blättrigen Thallus.

Nabelflechte: zentral mit einer Haftscheibe befestigte Blattflechte.

Nebenfruchtform: asexuelle Fruchtform der Pilze.

nonfissitunicat: Ascus mit ein- oder mehrschichtiger Wand. Die Schichten spalten sich bei der Sporenentleerung niemals; entspricht dem älteren Ausdruck unitunicat.

omphalodisc: Apothecium mit zentral genabelter Scheibe.

ornithocoprophil: Standorte bevorzugend, die mit Vogelkot gedüngt sind.

Ostiolum: porenförmige Mündungsregion eines Peritheciums oder einer Pycnidie.

Papille: kleiner Thallusauswuchs, Grenze zur Isidie unscharf.

parallel-mehrzellig: Sporen durch Querwände in mehr als zwei hintereinander liegende Zellen geteilt.

Paraphysen: sterile Hyphen im Hymenium. Echte Paraphysen = Paraphysen, die an der Basis eines ascohymenialen Ascocarps entspringen und in freie Enden auslaufen. Laterale Paraphysen = Periphysoide.

Paraphysoide: Paraphysen, die netzig miteinander verbunden sind und deren Enden nur sekundär frei werden können.

Paraplectenchym = Pseudoparenchym.

Parasymbiont: Pilz, der als zweiter Mycobiont einen Flechtenthallus besiedelt und die Alge für seine Ernährung ausnützt.

Parasymbiose oder Nebensymbiose: das symbiotische Zusammenleben eines zweiten Pilzes mit einer Flechte.

peltat: schildförmig.

periklin: parallel zur Oberfläche orientiert.

Periphysen: kurze Fäden, die bei Perithecien in den Mündungskanal des Ostiolums hineinragen.

Periphysoide: kurze Hyphen, die seitlich vom Hymenium dem Gehäuse eines Apotheciums entspringen und Periphysen ähneln.

Perithecium: geschlossener, birnenförmiger Fruchtkörper, der sich mit einem Porus öffnet.

Phialospore: in flaschenförmigen Zellen (Phialiden) endogen entwickelte Conidien.

Phycobiont: Algenpartner in einer Flechte.

Phyllocladium (pl. -en) (bei Flechten): Auswüchse strauchförmiger Flechten verschiedener Form und Anordnung, die in ihrer Funktion Blättchen vergleichbar sind.

placoid: Übergangsform zwischen krustigem und blattförmigem Lager, die dem Substrat ohne Rhizinen fest angeheftet ist.

Podetium (pl. -en): strauchförmiger Flechtenthallus, der aus einem blättrigen oder krustigen Horizontalthallus hervorwächst. Das Podetium ist entwicklungsgeschichtlich ein Teil des Fruchtkörpers.

polar-diblastisch = bipolar.

Prosoplectenchym: Plectenchym, das im Schnitt dem Prosenchym höherer Pflanzen gleicht.

Prothallus auch Hypothallus oder Vorlager: algenfreies Hyphengeflecht am Rande des Lagers oder zwischen den Lagerareolen.

prototunicat: Ascus mit einfach gebauter Wand ohne Apikalstruktur, der häufig bei oder vor der Sporenreife zerfällt.

Pruina: reifartiger Belag auf Fruchtkörpern und Lagern der Flechten, der durch ausgeschiedene Kristalle oder Reste abgestorbener Zellen verursacht wird.

Pseudocyphelle: besonders strukturierte Atempore (S. 63 f.).

Pseudoexcipulum: Berandung des Apotheciums durch die Thallusrinde, die ein Excipulum vortäuscht.

Pseudoparaphysen: Paraphysen der ascolocularen Pilze, die beidendig im Fruchtkörper befestigt sind.

Pseudoparenchym: Plectenchym, das im Schnitt dem Parenchym höherer Pflanzen gleicht.

Pseudopodetium (pl. -en): strauchförmiger Flechtenthallus, der aus einem Horizontalthallus emporwächst. Das Pseudopodetium ist entwicklungsgeschichtlich ein Teil des Thallus.

Pseudothecium: Fruchtkörperform ascolocularer Pilze (S. 111).

pulvinat: aufgeblasen.

Pycnidiospore: in einer Pycnidie gebildete Conidie.

Pycnidium (pl. -en), Pycnidie oder Pycnide: birnenförmige Nebenfruchtform, in der Conidien gebildet werden.

Pycnoascocarp: Ascocarp, das sich aus einer Pycnidie entwickelt.

pyrenocarp: geschlossenes Ascocarp, dessen Hymenium auch bei der Reife nicht frei liegt.

Randsoral = Bortensoral.

resupinat: krustenförmiges Basidiocarp.

Rhizine: Hyphenstrang oder Hyphenbüchel, die vorzugsweise an der Lagerunterseite stehen und häufig zu seiner Befestigung dienen (vgl. Cilien).

Rhizoidhyphe: Einzelhyphen der Lagerunterseite, die den Thallus verankern.

Schizidium: Diaspore, die durch oberflächenparallele Abspaltung der oberen Teile des Lagers entsteht, so daß wenigstens der untere Teil des Markes als Rest bleibt.

Soral: abgegrenzter Teil der Lageroberfläche, der Soredien entwikkelt.

Soredie: Diaspore, die aus einer von Hyphen umsponnenen Algengruppe besteht.

sorediös: Oberfläche des Lagers in Soredien aufgelöst oder mit Soralen bedeckt.

Spaltensoral: langgestrecktes Soral, das aus einem Riß in der Thallusoberfläche besteht.

squamulös: schuppig.

Strauchflechten: strauchig verzweigte Flechten, die meist aufrecht stehen oder als Bartflechten vom Substrat herabhängen.

Stroma: jedes dichte vegetative Geflecht der Pilze. Bei Flechten algenfreie Zonen, in die Ascocarpien eingelagert sind. Auch für Gruppen von gedrängt stehenden Fruchtkörpern gebraucht.

Stützgewebe: vom Thallus entwikkelte kompakte Gewebe, die zur Stützung der Ascocarpien dienen.

Subhymenium: Hypothecium und andere subhymeniale Schichten.

Thallinocarp: gallenähnliche Thallusanschwellung, in der sich Asci entwickeln.

Thallusrand: siehe Lagerrand.

Thecium: Hymenium der Ascomyceten.

Tomentum: Haarfilz.

Trichogyne, sprachlich unrichtig oft Trichogyn: Empfängnishyphe des Ascogons.

Tuberkel: warzenartiger Auswuchs der Lageroberfläche.

Typus: Exemplar einer Pflanze, das einer Erstbeschreibung zugrunde liegt (vgl. S. 256).

umbilicat: genabelt.

Umbilicus: Nabel.

unitunicat = nonfissitunicat.

Vorlager = Prothallus.

Zentralstrang: zentraler dehnbarer Hyphenstrang, der die Zugfestigkeit erhöht.

zeorin: Apothecium mit Eigen- und Thallusrand.

Sachverzeichnis

Hinweise auf Abbildungen werden durch kursiv gedruckte Seitenzahlen gegeben. Gattungs- und Artnamen sind kursiv gedruckt. Sofern sie für Flechten und Pilze gelten, wurden sie durch die wissenschaftlichen Autorennamen vervollständigt.

A

Abrothallus parmeliarum (Somm.) Nyl. 201, 203
— *suecius (Kirschst.)* I. Nordin 203
Abschlußgewebe, einzellschichtig 37
Absorptionsfähigkeit, Oberflächen 133
Abteilung (divisio) s. Nomenklatur
Acanthotheciopsis (Vain.) Zahlbr. 375
— *clavuliferum* (Vain.) Zahlbr. *381*
Acarensäure *157*, 158
Acarospora Mass. 321
— *fuscata* (Schrad.) Arn. 128 f.
— *schleicheri* (Ach.) Mass. 234
— *sinopica* (Wahlenb. ex. Ach.) Körb. 137 f.
— *smaragdula* (Wahlenb. ex. Ach.) Mass. *321*
Acarosporaceae 263, 267, 284
— Charakteristik 321
Acetat-Polymalonatgruppe 156
Acetyl-Coenzym A 156, 169
Acrocardia Mass. 407
Acroscyphus Lév. 277 f.
— *sphaerophoroides* Lév. *280*, *281*
Adern 49, *340*
— Wasseraufnahme 133
Adnate Formen 231
Adventivlobuli 213
Agaricales 265, 409, 414
Aggregattyp, Ascoloculare 111, *112*
L-Alanin 128
Alectoria Ach. 234, 292
— *capillaris* (Ach.) Cromb *50*
— *fremontii* Tuck. *54*, 301
— *jubata* (L.) Ach. em. Mot. 246, 301
— *nidulifera* Norrl. 301
— *ochroleuca* (Hoffm.) Mass. 301
— *sarmentosa* (Ach.) Ach. 149
Alectorialsäure 162, 175
Alectoronsäure 162, *174*, 175
Algen s. Phycobionten
— auf Flechten 196
Algengallen 187
Algenschicht 46, 436
— Lage 194
Aliphatische Verbindungen 157, 177
— Biogenese *157*
Amarae Erichs. 363
Aminosäuren 128, 153
Ammoniak 155
Ammoniumnitrat 129
Ammoniumsalze 128
Ammoniumtartrat 129
Amphibische Flechten s. Flechten
Amphigene Diasporen s. Diasporen
Amphigymia Vain. 262, 296 f.
Amphiozeanische Arten 243
Amphipazifische Arten 243
Amyloide Kappe *86*, *87*
Amyloide Ringstruktur *82*, *84*, *86*
Anaptychia Körb. 351
— *ciliaris* (L.) Körb. *33*, 354, *357*, 358
— *fusca* (Huds.) Vain 234 f.
— *palmulata* (Michx.) Vain 356
Anastomosen *33*, *36*, 436
Anatomische Strukturen *33*
Andreaea 196
Angiocarp 94 f., 436
Anhangsorgane 51, *52*, 293
Ankerhyphen 98, 286, *287*, 436
Antarktis 223
Anthrachione 164, *165*, 176
— Emodintyp 166
— Norsolorinsäuretyp 166
bis-Anthrachinone 176
Anthracothecium Hampe 384
— *ochraceoflavum* (Nyl.) Müll. Arg. 387
— *pyrenuloides* (Mont.) Müll. Arg. 243
Anthropogene Einflüsse 229
Antibiotisch 179, 181, 248
Antiklin 436

Anzia Stizenb. 49, 292
— *ornata* (Zahlbr.) Asah. *52*
Anziasäure 175
Aphyllophorales 265, 409
Apikalapparat 80, 436
Aplanosporen 436
Apothecien *77*, *92*, 93, 266 ff., 436
— berindete Unterseite *340*
— durchbrochene Scheibe *99*
— eingesenkte *340*
— Etagen 361
— genabelte 361
— sekundär geteilte *123*
— sorediöse *363*
— zusammengesetzte *40*
Apothecienrand, Entwicklung 97
— Färbung 97
Apotheciumscheibe 436
Apotheciumstiele, aufgeblasene *291*
Appressorien 27, 54, 436
— Tragzellen 27
D-Arabit 140, 153
Arachnoid 436
Arctomia Th. Fr. 322
Arctomiaceae 263, 267, 284, 322
Arealbesiedlung 225
Areolen 39, 436
Areoliert *33*, *40*, 49
Argopsis Th. Fr. 313
— *megalospora* Th. Fr. 316
Aride Gebiete 237
Aromatische Verbindungen 158
Art (species) s. Nomenklatur
— Begrenzung 261
Artenpaare 261
Arthonia Ach. 395
— *intexta* Almq. 204
— *timidula* Ach. 82, 396
Arthoniaceae 264, 268, 393
— Charakteristik 395
— Fruchtkörperentwicklung *396*, *398*
Arthoniales *123*, 123 f., 264, 268 f.
— Charakteristik 393
— Verwandtschaft 394
Arthopyrenia Mass. et Müll. Arg. 406
— *antecellens* (Nyl.) Arn. 81, 407
— *fallax* (Nyl.) Arn. 407
— *halodytes* (Nyl.) Arn. *224*, 406
— *orustensis* Erichs. 235
Arthopyreniaceae 115, 265, 268 f.
— Charakteristik 406
— Verwandtschaft 407
Arthothelium Mass. 395, *396*, *398*
Arthothelium-Cryptothecia-Gruppe *82*, *84*, *88*, *396*, *399*
Ascocarp 72, 76 ff., 436
— Anlage, sekundär-laminale 102
— Bau 78
— Entwicklung 105 ff., 266 ff.
— Formen 77, *99*, 266 ff.
— Zwischengruppe 108
— Zwischentypen der Entwicklung 123 f.
Ascogene Hyphen 77, *78*, 79, 436
ascogene Zellen, paarige 111
Ascogon 77 f., *118*, 436
— spiraliges *78*
— sukzessive Bildung 123
Asocohymeniale 105, 263, 266 ff., 436
— Charakteristik 106
— Entwicklungstypen 115 ff., *118*
— — erster Entwicklungstyp 117 f.
— — — — Sonderformen 120
— — zweiter Entwicklungstyp 120 f.
— Fruchtkörperberandung 119
— hemiangiocarpe Entwicklung 121
Ascohymeniales 77
Ascolocular 106, 265 ff., 436
— Charakteristik 107
— Entwicklungsgang 115
— Entwicklungstypen 108
— Fruchtkörperentwicklung *112*
Ascoloculares 77
Ascoma 436
Ascomyceten-Flechten 7, 436
— imperfekte 416
Ascomycetes 263
Ascomycetidae 76, 263
Ascophyllum 190
Ascorbinsäure 155
Ascosporen 212
Ascostroma 35, 106, 436
— Entwicklung 108
Ascus(i) 77, *79*, *82*, *84*, *87*, 119, 436
— bitunicater 80, *82*, *84*, 266 ff., *392*, 437
— — Formen 83
— einzelnstehende 91
— junger, mit Haken 78
— Lamellenstruktur 83
— Peltigerineae 86
— polyspore 87, 266 ff.
— Ringstruktur 83
— verdickte Wand 83

Ascus(i), vielsporiger *82*
— Wandreduktion 81
— Zwischenformen 85
Ascusbildung *80*
Ascusstruktur 80, 81
— polyphyletische Entstehung 85
Asparagin 150
Aspergillus 128
— *nidulans* 131, 162
Aspicilia Mass. 302
Assimilate, Verwertung 139
— Weg 141, *142*
Asterothyriaceae 264, 267, 369, 375
Astrotheliaceae 387
Atempore *54, 63, 64*
Athelia Pers. em. Donk 413
— *bisporum* (J. Schroet.) Donk 205
— *epiphylla* (J. Schroet.) Donk 410
Atichia Flotow 111, 114 f.
— *globulifera* (Ell. et Ev.) Petrak *112*
Atmung, Intensität 148
— Schädigung 148
— Temperatur 149
— Wasser 149
Atranorin 160, 173, *174*, 175, 180 *180*, 248
Autorennamen 256
Autosporen 436

B

Bacidia De Not. 303
Bactrospora Mass. 403
— *dryina* (Rabenh.) Mass. *82*
Baeomyces Pers. 103, 304
— *imbricatus* Hook. in Knuth 304, 306
— *placophyllus* Ach. 199, 306, *312*
— *roseus* Pers. 199, 211, 305 f.
— *rufus* (Huds.) Rebent. 130, 305 f.
Baeomycessäure 175, 178, 183
Baeomycetaceae 263, 266, 284
— Charakteristik 304
— Fruchtkörperentwicklung 305
— Verwandtschaft 306
Bajonett-Typ, Conidien 74, *75*
Bakterien 195
Balanus 224, 406
Barbatolsäure 162, 175
Bartflechten 38, 43, 248, 300, 436
Basidie 436
Basidiocarp 72, 76
Basidiomyceten-Flechten 7, *411, 412*, 436
Basidiomycetes 265, 408
Basidiosporen 72, 212
Baummoos 250
Baumrinde, pH-Wert 228
Becher, Podetium 308
Befallshyphen 26
Belonia Körb. 284, 382
Beltraminea-Typ *353*
Bereifung *358*, 436
Betain 153
Beweidung 246
Biatora Fr. 303
Biatorella De Not. *321*
Biatorin *92, 93, 118*, 436
Bildungsschicht 91, 436
Bilimbia De Not. 258
Biliproteine 153
Binäre Nomenklatur s. Nomenklatur
Bionten, physiologische Beziehungen 190 ff.
— Verhältnis 186
Biotin 129 f.
Biotische Einflüsse 229
Bipolar 436
Bipolare Arten 243
Bipolare Sporen s. Sporen
Bitunicatae 107
Blastenia Mass. 349
Blastosporen 76, 437
Blattbewohnende Flechten s. Flechten, foliicole
Blattflechten 38, 42, 266 ff., 437
Blaualgen 8, 266 ff.
— einzellige, koloniebildende 20
— fädige 20
Bodenstet 227
Borsten *240*
Bortensoral *59*, 61, 437
Botrydina Bréb. ex Men. *412*, 413 f.
Brutknospen 213
Buellia De Not 233, 351
— *alboatra* (Hoffm.) Branth et Rostr. 358
— *bayrhofferi* (Schaer.) Oliv. 205
— *canescens* (Dicks.) de Not. 232, 354 f.
— *coniops* (Wahlenb. ex Ach.) Th. Fr. *82*

Buellia destructans Tobl. 200, 205
— *lignyota* (Fr.) 205
— *scabrosa* (Ach.) Mass. 199, 205
— *stillingiana* J. Stein. 128 ff.
— *wahlenbergii* (Ach.) Sheard 354, *355*, *357*
Buelliaceae 258, 355
Bunte Erdflechtengesellschaft 233

C

Caesium 249
Calciumoxalat 137
— Kristalle 46
Caliciaceae 263, 266, 270
— Charakteristik 277
— Fruchtkörper 274
Caliciales *80*, 81, 90, 188, 193, 263, 266, 269 f., 280
— Asci, Sporen 274 f.
— Charakteristik 270
— Fruchtkörperentwicklung 270, 272
— Verwandtschaft 276
Calicium Pers. 134, 258, 274, 277
— *viride* Pers. 277
Caloplaca Th. Fr. 347
— *aurantia* (Pers.) Hellb. 219
— *cinnamomea* (Th. Fr.) Oliv. 348 f., *350*
— Fruchtkörperentwicklung *350*
— *granulosa* (Müll. Arg.) Jatta 235
— *leucoraea* (Arch.) Deichm. 349, *350*
— *marina* Wedd. *87*, 235
— — Zone 234 f.
— *nivalis* (Körb.) Th. Fr. 196
— *nubigena* (Kremp.) Dalla Torre et Sarnth. 198
— *schistidii* (Anzi) Zahlbr. 195
— *scopularis* (Nyl.) Lett. 235
— *thallincola* (Wedd.) Du Rietz 235, 351, *352*
Calotrichopsis insignis Vain. 21
Calothrix 21
Calycidium Stirt. 279, 282
— *cuneatum* Stirt. *280*
Calycin 169, *169*
Candelaria Mass. 304
Candelariaceae 263, 266, 284, 304
Candelariella Müll. Arg. 169, 304
— *superdistans* (Nyl.) Malme 205
Candelariella
— *vitellina* (Ehrh.) Müll. Arg. 131
Caperatsäure *157*, 158, 182
Capillitium 270, 273
β-Carotin 127, 153
γ-Carotin 153
Carotinoide 130, 170
Casein 129
Catillaria (Ach.) Th. Fr. 303
— *aggregata* (Rehm in Rabenh.) 205
— *chalybeiy* (Borr.) Mass. 235
— *epiblastenmatica* (Wallr.) 205
— *miliaria* (Trev.) 205
Cavernularia Degel. 292
— *hultenii* Degel. 243, *298*, 299
— *lophyrea* (Ach.) Degel. 294
Cecidien 203
Celidium lichenum (Somm. ex Fr.) Schröt. 203
Cellobiose 129
Cellulose 129
Cephaleuros 17
— *virescens* 13
Cephalodien *59*, 65 ff., *66*, 266 ff., 312, 437
— Bildung *66*
— — selbständige 69
— Einfangen, Zweitalge 67
— externe *66*, 67
— Funktion 65
— interne *67*, *68*
— Parasiten 196
— sacculate 69, *70*
— Stickstoffexkretion 151
— strauchförmige 71
— Typen *70*
— Vermehrung 71
Cetraria Ach. 182, 234, 244, 292
— *ciliaris* Ach. 162
— *cucullata* (Bell.) Ach. 299
— *delisei* (Bory ex Schaer.) Th. Fr.
— *islandica* (L.) Ach. 3, *33*, 42, *50*, 183, 243, 246 ff., *298*, 299
— *juniperina* (L.) Ach. 249
— *nivalis* (L.) Ach. 299
— *pinastri* (Scop.) S. Gray *50*, *59*, 249
Cetrarsäure 245
Cetrelia W. Culb. et C. Culb. 182, 292, 296
— *cetrarioides* (Del. ex Duby) W. Culb. et C. Culb. *36*, 299

Chaenotheca (Th. Fr.) Th. Fr. 277
— *melanophaea* (Ach.) Zw. 226
— *trichialis* (Ach.) Th. Fr. *80*, 274, *274*, 277
Chaenothecopsis Vain. 282
Chamälichenes 232
Chamaesiphonales 20
Chelatbildung 137, 179
Chemical strains s. Chemotypen
Chemische Varietäten s. Chemotypen
Chemotypen 178, 182, 437
— Biogenese 182, *183*
— Verbreitung *184*
Chemovar 185
Chiodecton Ach. 402 f.
— *perplexum* Nyl. *82*, 103, *104*, *405*
— *sanguineum* (Sw.) Vain. 132, 182
Chiodectonaceae 394
Chloratranorin 175
Chlorella 16
— *pyrenoidosa* 127
Chlorococcales 15 f.
Chlorophyceae 8
Chlorophyll a, b 139, 153
Chlorophyllmenge 139
Chlorosarcina 16
Cholin 155
Cholinschwefelsäureester 155
Chromatographie 176
Chromatophor, Faltung 15
Chromone 167
— Farbreaktion 175
Chroococcaceae 20
Chroococcus *14*, 20
Chroodiscus (Müll. Arg.) Müll. Arg. 374
Chroysothrix nolitangere (Mont.) Mont. 237
Cilien 51, *358*, 437
— Verzweigungstypen 53
Cirrus 96, 437
Cladia Nyl. 117, 222, 306, 308
— *aggregata* (Sw.) Ach. *313*
— *retipora* (Ach.) Nyl. 226, 311, *313*
Cladina Nyl. 103, 234, *236*, 309
Cladonia Wigg 26, 43, 103, 193, 234, 244, 306
— *alpestris* (L.) Rabenh. 257
— *arbuscula* (Wallr.) Rabenh. 218, 257
— *botrytes* (Hag.) Willd. 307 f., *310*
— *caespiticia* (Pers.) Flörke *310*
Cladonia
— *chlorophaea* (Flörke et Somm.) Spreng. 308, *310*, *312*
— *coccifera* (L.) Willd. 218
— *coniocraea* (Flörke) Spreng. *310*
— *convoluta* (Lamm.) P. Cout. 127
— *cristatella* Tuck. 128, 131, 211
— *deformis* (L.) Hoffm. 155, 218
— *foliacea* (Huds.) Willd. 146
— *furcata* (Huds.) Schrad. *202*
— *impexa* Harm. 136, 150
— *mitis* Sandst. 246
— *rangiferina* (L.) Web. 149, 218, 246
— *stellaris* (Opiz) Pouz. et Vězda 139, *236*, 244, 246 ff., 257
— *sylvatica* (Wallr.) Rabenh. 257
— *uncialis* (L.,) Hoffm. 218
— *verticillaris* (Hoffm.) Schaer. *312*
Cladoniaceae 263, 266, 284, 306
— Charakteristik 307
— Fruchtkörperentwicklung 307, *310*
— Verwandtschaft 309
Clathroporina Müll. Arg. 382, 384
Clavariaceae 265, 413
Clavat 437
Cleistothecium 95
Coccobotrys 16
Coccocarpia Pers. 23, 327 ff.
Coccocarpiaceae 263, 267, 284
— Charakteristik 327
— Fruchtkörperentwicklung 327
Coccomyxa *14*, 16, 127
Coccotrema Müll. Arg. 362
Cochromatographie *177*
Coenogonium Ehrenb. 17, 26, 364 f.
— *interplexum* Nyl. *18*, *89*
— *linckii* Ehrenb. *368*
— *moniliforme* Tuck. 17, *18*, 368
CO_2-Gaswechsel *135*, *144*
α-Collatolsäure 175
Collema Wigg. 26, 132, 285, 290
— *coilocarpum* (Müll. Arg.) Zahlbr. *287*
— *Collema-nigrescens-flaccidum*-Gruppe 290
— *Collema-occultatatum*-Gruppe 290
— *crispum* (Huds.) Wigg. 132
— *cristatum* (L.) Wigg. 132
— *flaccidum* (Ach.) Ach. *52*, *54*
— *occultatum* Bagl. *48*, *287*
— *subnigrescens* Degel. *78*
— *tenax* (Sw.) Ach. 127, 130

Collemataceae 97, 116, 259, 263, 266, 284
— Charakteristik 285
— Fruchtkörper *287*
— Fruchtkörperentwicklung 285
— Verwandtschaft 288
Columella 273, 437
Compsocladium Lamb 67, 313
— *archboldianum* Lamb 316
Confluetinsäure 159, *161*, 182
Conidien 72, 213, 437
— Bildung *75*
— ohne Conidiophoren 74
— interne 79
— isolierte Mycobionten 76
— laterale *73*
— terminale *73*
— an Trichogynen *78*, 79
Conidiophoren 72, 437
Conidiophorenzellen, isodiametrische *75*
Coniocarpineae 276
Coniocybe Ach. 277
— *furfuracea* (L.) Ach. *80*, 277
Conotrema Tuck. 76, 371
— *urceolatum* Tuck. *82*, *84*, 89, 371
Constictinsäure 175
Cora montana (Sw.) R. Sant. 410
— *pavonia* (Web.) Fr. 27, 242, 410, *411*, *412*, 413
Coriscium Vain. *412*
— *viride* (Ach.) Vain. 414
Cornicularia (Schreb.) Hoffm. 292
— *aculeata* (Schreb.) Hoffm. *202*, 203, 301
— *divergens* Ach. *50*, *64*, 65, 301
— *normoerica* (Gunn.) Du Rietz *298*, 301
Cortex 437
Corticiaceae 265, 409
Corticol 196
C-Reaktion 173
Cryptochlorophaeasäure 175
Cryptothecia Stirt. 395
Cryptotheciaceae 394
Cudbear 181
Cumarine 168
Cyanophil 437
Cyanophyta 8
Cypheliaceae 263, 266, 270, 277
— Charakteristik 278
Cyphelium Ach. 273, 277
— *californicum* (Tuck.) Zahlbr. 278, *280*
— *tigillare* (Ach.) Ach. 278
Cyphellen *50*, 63, *64*, 266 ff., 437
Cyrtidula 258
Cystocoleus Thwaites 17, 26
— *niger* (Huds.) Hariot *18*, 147
— *rupestris* Rabenh. 417

D

Dactylina Nyl. 292, 302
— *arctica* (Hook.) Nyl. 298
Darbishirella Zahlbr. 399, 401
— *gracillima* Kremp. *402*
Decarboxythamnolsäure 175
Deckschicht 120 f., 123
— Aufreißen *340*
Definition, Flechte 8
Delichenisierung 186, 189, 197, 199, 206
Dendriscocaulon umhausense (Aversw.) Zahlbr. 71
Dendrographa Darb. 399, 401
— *leucophaea* (Tuck.) Darb. *404*
Dendroid 376
Depside 131, 158 ff., *161*, 173, 178
— Benzylestertyp 162
— β-Orcintypus 159
Depsidone 131, 162, 173, 178
— Biosynthese 162, *162*
Depsone 163
Dermatina (Sacc.) Höhn. 258, 407 f.
Dermatiscum Nyl. 43, 351, 354, 358
Dermatocarpaceae 391
Dermatocarpon Eschw. 42, 389
— *fluviatile* (G. Web.) Th. Fr. *75*, 136, 392
— Fruchtkörperentwicklung *390*
— *hepaticum* (Ach.) Th. Fr. 27, 233
— *miniatum* (L.) Mann 133, *318*, 393
— *reticulatum* Magn. *318*
4-O-Desmethylbarbatinsäure 175
Deuterogamie 79
Deuteromycetes 256, 265
Dextran 129
Dextrin 129
Diagnose 256
ortho-Dianisidin 175

Diasporen 437
— amphigene 212
Dibenzochinone 164
Dibenzofurane 163, 173
3,5-Dichlorlecanorsäuremethylester 175
Dichotom 437
Dichotrix 14, 21
Dictyonema moorei (Nyl.) Henss. *411*, 413
— *sericeum* (Sw.) Berk. 410 f., *411* 413
Dictyospor 437
Didymella lenormandii Henss. 190
Didymsäure 175
m-Digallussäure 158
Dikaryotisierung 79
Dimelaena Norm. 351
— *oreina* (Ach.) Norm. 219, *353*, 358
Dimerella Trev. 364, 369
— *diluta* (Pers.) Trev. *73*, *365*, *366*
3,3-Dimethylallylpyrophosphat 170
Dimethylamin 155
Dimethylsulfon 155
Dimroths Reagens 175
Diploschistes Norm. 374
— *actinostomus* (Pers.) Zahlbr. *374*
— *bbryophilus* (Ehrh.) Zahlbr. 198, 205, 374
— *ochrophanus* Lett. *376*
— *scruposus* (Schreb.) Norm. 137, 219
Diploschistessäure 175
Dirina Fr. 399, 401
Dirinaceae 394
Dirinaria (Tuck.) Clem. 351, 355 f.
Discocarp 437
Discolichenen 96
Discomyceten 95
Discus 93, 437
— Perforation 296
— punktförmiger, eingesenkter 94
Disjunkte Verbreitung 300
Diterpene 170
Divaricatsäure 159, *161*
Dolichocarpus R. Sant. 399, 401, *404*
Dothideales 265, 268 f, 407
Dünnschichtchromatographie 176

E

Effiguriert 39, 437
Eichenmoos 250
Eigenrand *40*, 437
Eigenwand 91, 437
Elsinoë Racib. 111, *112*, 115
Emodin *165*, 166
Endemiten 243
Endoascus 81, 437
— expandierter *82*, *83*, *84*, *86*, *392*
— Streckung 85
Endobasidial 74, 437
Endocarpon Hedw. 389
— *pulvinatum* Th. Fr. 391, 393
— *pusillum* Hedw. *101*, 210
Endolichenes 232
Endolithisch 39, *40*, 437
Endomycetidae 77, 263
Endophlöodisch 39, 437
Endophyten 196
Endosaprophytismus 187
Endosymbiose 7, 415, 437
Enteropodial 314
Enzyme 138
Ephebaceae 259
Ephebe Fr. 23, 330, 333
— *americana* Henss. *332*
— *lanata* (L.) Vain *18*, *201*, 204
— *tasmanica* Henss. 22
Ephebeia Nyl. 204
Epigloeaceae 265
Epilithisch 232, 437
Epipetrisch 219
Epiphlöodisch 437
Epiphyten 196
Epithecialalgen 100, 438
Epithecium *82*, 89, 438
— Thallusrinde 89
Epitheton 255
Ergosterol 171
Errante Formen 231
Erstbesiedler 228
Erythrin 159, *161*, 175, 179, 181 f.,
Erythrit 140, 154
Eumuriform 87
Evernia Ach. 292
— *prunastri* (L.) Ach. 250, 299
Evernsäure 159, 248
— Bildung *161*
Excipulum 91
— annulares 98, *118*, *287*
— cupulares 98, 266 ff., *287*

Excipulum proprium *92*, *93*, *98*, 438
— reduziertes *287*
Exoascus 81, 438
— dickwandiger 81, *84*
— dünnwandiger 81, *84*
Exobasidial 74, 438
Exogene Entwicklung 354
Exosymbiose 7, 438
Exposition 228

F

Fadenflechten 438
Fadenförmiges Lager s. Lager
Familie (familia) s. Nomenklatur
— Begrenzung 259
— Merkmale 266 ff.
Farbreaktionen 172 ff., *174*
— Filterpapiermethode 173
— Zusammenfassung 175 f.
Farbstoffe 181, 250
Farnesylpyrophosphat *170*, 170
Felsen-Kiefern-Wald 234, *236*
Fensterflechten 134, 239
Feuchtigkeitsgradient 147
Feuchtigkeitskompensationspunkt 143
Fibrillen 43, *44*, 53, 55, 438
Fissitunicat 81, 438
Flächenzuwachs 219
Flechten, Alter 220
— amphibische 227, 232
— Arten, Anzahl 262
— corticole 196
— foliicole 196, 237, 240, 438
— Entstehung 9
— Entwicklung, 214 ff.
— imperfekte 7, 17, 414, 439
— maritime 228
— Neubildung 213
— Nutzen für Tiere 245
— ozeanische 243
— parasitische 197 f., 205
— — Lagerreduktion 199
— — Spezialisierung 199
— photophile 225
— wirtschaftliche Bedeutung 244 ff.
Flechtenbrot 247
Flechtenchemie 152 ff.
Flechtenfeindlich 224
Flechtengesellschaften 233
Flechtenkoeffizient 242
Flechtenparasiten 179, 197
Flechtensäuren s. Flechtenstoffe
Flechtenstoffe 155, 438
— Anwendung 181
— Filterwirkung 179
— fluoreszierende 139
— Funktion 179 f.
— Identifizierung 172
— Konzentration 179
— Photosynthese *180*
— Taxonomie 181 f.
Flechtenvegetation *236*
Flechtenwüsten 224, 230
Flecksoral *59*, 60, 438
Fluoreszenz 139, 178
Fluorophor *180*
Foliicole Flechten s. Flechten
Folsäure 155
Friedelin 171
Fruchtkörper, clauarioide 76, 409, 437
— corticoide 409
— eingesenkte 40
— Form 91 ff., *92*
— geteilte 96
— Größe 105
— konsolenförmige 76
— koralloide 76
— Lebensdauer 104
— Stellung 101, *104*
— Wachstum 103
— zusammengesetzte *99*
Fruchtkörperentwicklung, Ascoloculare 112
Fruchtkörperinitialen *78*
Fruchtkörperstiel s. Podetium
D-Fructose 129, 154
Fruktifikationsorgane 72 ff.
Frullania 195, 227
Fulgensia Mass. et De Not. 213, 233, 347, 351
Fumarprotocetrarsäure 137, *162*, 163, 175, 183
Fungi imperfecti 256
Fungisterol 171

G

D-Galaktose 129, 154
Gallenbildung 203

Gallertflechten 38, 45, 266 ff., 438
— Aufbau 45
Gallerthülle, Sporen 89
Gallertscheiden 45
Gallussäuren 168
Gasaustausch 63
Gasdiffusion 142
Gattung (genus) s. Nomenklatur
— Begrenzung 260
Gehäuse 77, 91, *92*, 93, 438
Gelegenheitsparasiten 197
Gemmen 213
Generatives Gewebe 116, *118*, 438
— vor Ascogonen 117
— mehrfache Differenzierung 117
Genußmittel 250
Geolittoral 235
Geosiphon pyriforme (Kütz.) Wettst. 7, 415, *415*
Geranyl-geranylpyrophosphat 170, *170*
Geranylpyrophosphat 170, *170*
Geschichte, Lichenologie 2
Geschlossenfrüchtig s. angiocarp
Gewebe, Entstehung 30 ff.
Gewebetypen 34
Gewebezentrum 109
Gewölbesorale 60, *357*, 438
Giberellinsäure 130
Gifte 248
Gloeocapsa 14, 20, *28*
Gloeolecta Lett. em. Vězda 364, 369
Gloeocystis 16
Glomellifersäure 175
Glossodium Nyl. 306, 311
Glucan extrazellulärer Abbau 141
D-Glucose 129, 141, 154
Glutaminsäure 129
Glycin 129
Glykogen 81
Glyphis Ach. 375, 379
— *cicatricosa* Ach. 103, *376*
Glypholecia Nyl. 43, 321
— *scabra* (Pers.) Müll. Arg. *82*, *321*, 322
Gomphillus Nyl. 303
Gonidien 438
Gonohymenia J. Stein 330, 335
— *mesopotamica* J. Stein *28*
Graphidaceae 121, 264, 267, 375, *381*
Graphidineae 264, 267, 369
— Charakteristik 375
Graphidineae
— Fruchtkörperentwicklung 377
Graphina Müll. Arg. *122*, *375*
— *bipartita* Müll. Arg. 129
— *mendax* (Nyl.) Müll. Arg. *82*, *376*, 377
— — Fruchtkörperentwicklung *378*
Graphis Adans. em. Müll. Arg. 375, 379
— *afzelii* Ach. *376*, 379, 380
— *elegans* (Borr. ex. Sm.) Ach. 379, *380*
— Hysterothecien, Struktur *380*
— *scripta* (L.) Ach. *88*, 89, 226, *376*, 379, *380*
Grimmia 196
Grünalgen 8, 266 ff.
— fädige 17
— plattenförmige 17
Guignardia
— *alaskana* Reed 190
— *Parasiola* (Winter) Reed 190
Gyalecta Ach. 364
— *geoica* (Wahlenb. et Ach.) Ach. 367, 369
— *jenensis* (Batsch) Zahlbr. 196, *366*, *367*, *369*
— *ulmi* (Sw.) Zahlbr. 365
Gyalectaceae 264, 267
— Charakteristik 364
— Fruchtkörperentwicklung 365, *366*
— Verwandtschaft 367
Gyalectales 264, 267, 269, 364
Gyalectidium Müll. Arg. 375
Gymnocarp 93, 95, 438
Gymnoderma Nyl. 306, 311
Gyri *320*
Gyrophor 96, *318*, 438
Gyrophorsäure 160, *161*, 175, 181
Gyrostomum Fr. 375, 379
— *scyphuliferum* (Ach.) Nyl. *88*, *376*, *381*

H

Haare 49
— Excipulum, Lagerrand 98
— perlschnurartige *48*,, 49
— verzweigte *48*
Haarflechten 38, 45, 438

Haematomma Mass. 302
— *ventosum* (L.) Mass. *40*, 219, 234, *302*
— — var *lapponicum* (Räs.) Laund. 302
Haftscheibe 42 f, *44*, *53*, *318*, 438
Hakengallen *202*
Hakensporangien 13
Hakentypus, Asci 79
Halo *84*, *88*, 89, 438
Hämathomnolsäure 175
Hämatommasäure 132
Hapteren 215
Harnstoff 128 f.
Haschisch 181
Hauptfruchtform 72, 438
Haustorien *22*, 24, 27, *28*, *54*, 438
— Abhängigkeit, Bildung 25
— intramembranöse 27
— intrazelluläre 27
— paarige *28*
— Plasmazotten 27
— Steuerung, Bildung 29
— synchrone Teilung 20
— taxonomische Bedeutung 30
Heilmittel 248
Helotiales 283
Helotismus 187, 438
Hemiangiocarp 95, 270, *342*, 438
— Fruchtkörperentwicklung *122*, *123*
Hemiascomycetidae 77
Heppia Naeg. ex Hepp. 330
Heppiaceae 234, 263, 267, 284, 330
Herpothallon Tobler 182
Heterococcus 19
Heterocysten, Zahl 126
Heterodea Nyl. 306, 311
— *muelleri* (Hampe) Nyl. *312*
Heterodermia Trev. 351, *353*
— *leucomelaena* (L.) Poelt *357*, 358
— *speciosa* (Wulf.) Trevis. 358
Heteromeres Lager s. Lager
Heteromyces Müll. Arg. 306, 311
Heterotroph 126
Hexenbesen *202*
Hiascinsäure 175
Hilfsgewebe, Fruchtkörper 77, 89 ff.
Himantormia Lamb 243, 292, 296, 301
— *lugubris* Lamb *298*
Hitzebeschädigung 146
Hochmoore 226
Holarktis 224, 243
Holobasidiomycetidae 76, 265, 408
Holostelid 314 f.
Holostelidium 316
Holotypus 256
Homonyme 257
Homöomer 39, 46, 438
Homothecium Mass. em. Henss. 285 f, 291
— *opulentum* (Ment.) Mass. *33*, *287*
— — Fruchtkörperentwicklung *289*
Hopan *171*, 171
Horizontalthallus 43
Hormocystangien 53, *54*, 62 f., 438
Hormocysten 53, *54*, 62, 438
— lichenisierte 62, 213
Hormogonales 20
Hormogonien 216, 438
Hubbsia W. Web. 399
— *lumbricoides* W. Web. 401, *404*
Hundsflechte 248
Hutpilze 409
Hydrolittoral 235
Hydrothyria Russ. 49, 341, 344
— *venosa* Russ. 345
(—)-16-α-Hydroxykauran 170, *171*, 179
Hyella 20
Hymenialalgen 100, *101*, 213, 439
Hymenialgallerte 81, 89, 439
— Farbstoffe, Kristalle 89
Hymenium 77, 89, 439
— Algen 99
— Degeneration 104
— sekundäre Aufteilung 103
— siebartiges 100
— Zuwachszone 119
Hyphen 30
— antikline *33*
— — parallele *31*
— Differenzierung 30 ff.
— gewundene *33*
— knochenförmige 293
— innerhalb Algengallerte *33*
— netzig-verzweigte *31*
— orthogonal-trajektorische *31*
— perikline *33*
— — parallele *31*
— Verlauf 34
Hypogymnia (Nyl.) W. Wats. 292
— *physodes* (L.) W. Wats. *59*, 148, 150, 232, 249, 300
Hypothallus 47, 439
Hypothamnolsäure 175

Hypothecium 91, 439
Hysteriales 110
Hysterium pulicare Pers. ex Fr. *112*
Hysterothecien 77, *92*, 94, 266 ff., *376*, 439
— Ableitung *94*, 95
— dendroide *376*
— sternförmige 103
— sukzessive Entwicklung 103
— Wachstum 122

I

Icmadophila Trev. 304
— *ericetorium* (L.) Zahlbr. 306
Illosporium carneum Fr. 203
Imperfekte Flechten s. Flechten
Individualität 221, *222*
— Loben 217
Individuum höherer Ordnung 221
Indol-3-essigsäure 130
Infrarotspektrometrie 178
Inoperculat 83
Interkalares Wachstum 217
Interlocularplatten *88*, 89, 439
Internodien 217
Interthecialgewebe 90, 266 ff.
Involucrellum *92*, *94*, 439
Ionaspis Th. Fr. 302 f.
Ionenhaushalt 137
Isidien 53, 55 f., 213, 439
— Durchlüftungsfunktion 55
— Entwicklung *54*, *56*, 57
— im Soral 58
— Induktion 57
— koralloide 52, *318*
— schuppenförmige *52*
— stiftförmige *52*
— zylindrische *363*
Isländisches Moos 3, 42
Isohophan *171*, 171
Isolateraler Thallus s. Thallus
Isolichenin 81, 154, *154*
Isolierung, Bionten 207
Isopentenylpyrophosphat *170*, 170
Isoprenoide Verbindungen 170
Isotypus 256
Isousninsäure 164
— Farbreaktion 175

J

Jahresrhythmus 152
Jenmania Wächt. 330
— *goebelii* Wächt. *18*, 335
Jugendparasiten 198

K

Kaliumnitrat 128
Kalkgestein 228
Kallus 220
Kälteresistenz 146
Kampfzone 230
Kaolinisierung 229
Karbonisierung 91
Karyogamie 86
KC-Reaktion 174
Keimmycel 213
— im Perithecium 213
Kern, wandernder *78*
Kettentypus, Asci 79, *80*
Klasse (classis) s. Nomenklatur
Klassifizierung 253
— Prinzipien 252
Klima 225
Klimazonen, Artenreichtum 242
Koerberia Mass. 343 f.
Kohlenhydrate 153
— Einfluß, Pilz 129
— Exkretion 140
— Mycobiont 129
— zusätzliche 138
kohlig 439
Kommensalismus 186, 439
Komponenten 6 f
Konservierter Name 257
Konsortium 187, 439
Kontakt, Pilz-Alge 24 ff., *28*
— — fehlender 26
— — Formen 25
— — Überziehen 26
— — Umspinnen 26
Kontaktdermatitis 248
Kontakthyphen 26
Konvergenz, niedere Pflanzen 77
Kopfsorale 60, 439
Krankheitserreger 248
K-Reaktion 174
Krenulierter Rand *291*

Kristallnadeln *50*
Kristallschicht, Zellwände 46
Krustenflechten 38 ff., 40, 266 ff., 439
— epipetrische 219
Kugelsorale *59*, 60, 439
Kulturversuche 210
Künstliches System 252
Kryptolichenes s. Endolichenes

L

Laciniat 42, 439
Lackmus 181, 250
Lactose 129
Lager, fadenförmiges *33*
— Gestalt, Struktur 37 ff.
— heteromeres *33*, 46, 438
— Schichtung 46 ff.
Lagerbruchstücke 213
Lagerrand *40*, 439
— Anhängsel *99*
— gekerbter *328*
— gezonter 47
Laminal 439
Lasallia Mérat 317
Latentes Leben 225
Laubflechten 439
Lebensformen 231 f.
Lebensgemeinschaften 233
Lecanactidaceae 264, 268, 393
— Charakteristik 402
— Fruchtkörperentwicklung 403
Lecanactis Eschw. 402
— *abietina* (Ehrh.) Körb. *73*, *75*, 75 f., 403
Lecania Mass. 302
Lecanora Ach. 233, 302
— *actophila* Wedd. 235
— — Zone 235
— *alphoplaca* Ach. 219
— *atra* (Huds.) Ach. 234 f.
— *badia* (Hoffm.) Ach. var. *picea* (Dicks) Link *236*
— *calcarea* (L.) Somm. *40*
— *cinerea* (L.) Somm. 220
— *conizaeoides* Nyl. ex Cromb. *84*, 252, 410
— *curvescens* (Th. Fr.) Arnold 196
— *esculenta* (Pallas) Eversm. 231, 248, 302
Lecanora
— *farinosa* (Flörke) Nyl. 199
— *frustulosa* (Dicks.) Ach. *40*
— *helicopsis* (Wahlb.) Ach. 235
— *leprosescens* Sandst. 235
— *leptacina* Sommerf. 196
— *rubina* (Vill.) Ach. *40*, 302
— *rupicola* (L.) Zahlbr. 199
Lecanoraceae 263, 266, 284, 302
Lecanorales 119, 263, 266, 269
— Charakteristik 283
Lecanorastrum Müll. Arg. 359
Lecanorin *40*, 92, 93, *118*, 439
Lecanorineae 263, 266, 269, 283 f.
Lecanorsäure 155, 159, *174*, 175, 179, 181
Lecidea Ach. 303
— *anthracophila* Nyl. 228
— *berengeriana* (Mass.) Nyl. 16
— *caesioatra* Schaer. 196
— *crystallifera* Tayl. 134
— *decipiens* (Hedw.) Ach. 129, 233, *241*, 303
— *friesii* Ach. 228
— *furvella* Nyl. et Mudd 205
— *immersa* (Web.) Ach. 198
— *insularis* Nyl. 199
— *lurida* (Dill.) Ach. 233
— *macrocarpa* (DC). Steud. *40*
— *pelobotryon* (Wahlenb.) Leight. *66*
— *scalaris* (Ach.) Ach. 40, 228
— *vitellinaria* Nyl. 205
Lecideaceae 263, 266, 284, 303
Lecidein *40*, *92*, 93, 439
Leciophysma Th. Fr. 285 f., 292
Lectotypus 256
Leightoniella Henss. 285, 291
— *zylanensis* (Leight.) Henss. *287*
Lempholemma Körb. ex Zahlbr. 62, 330, 335
— *albonigrum* H. Magn. *54*
— *cladodes* (Tuck.) Zahlbr. *54*
— *vesiculiferum* Henss. *54*
Lepidocollema Vain. 322, 325
Lepidostroma terricolens Mägdefrau et Winkler 414
Lepraria Ach. 134, 416
— *candelaris* (L.) Fr. 417
— *chlorina* (Ach.) Ach. ex Sm. 417
— *membranacea* (Dicks.) Vain 417
Leprocaulon Nyl. 416 f.
Leprös 439

Leptochidium Choisy 344
— *albociliatum* (Desm.) Choisy 345
Leptogium S. Gray 26, 102, 285 f.
— *americanum* Degel. *48*
— *burgessii* (L.) Mont. *99*
— *diaphanum* (Sw.) Mont. *288*, 290
— — Fruchtkörperentwicklung *288*
— *diffractum* Premp. ex Körb. *48*
— *javanicum* Mont. *291*, 291
— *lichenoides* (L.) Zahlbr. 132. *287*
— *milligranum* Sierk. *287*
— *saturnium* (Dicks.) Nyl. 291, *291*
— *sinuatum* (Huds.) Mass. 48
— *teretiusculum* (Flörke ex Wallr.) Arn. *48*
— *trichophorum* (Müll. Arg.) Zahlbr. *33*
Leptosira 17
Leptotrema Mont. et Bosch. *373*, 374
— *bahianum* (Ach.) Müll. Arg. *373*, *376*
— Entwicklungstypen *373*
— *wightii* Müll. Arg. 46, *88*, *373*, 374, *376*
Letharia (Th. Fr.) Hue 43, 292
— *columbiana* (Nutt.) Thoms. 301
— *vulpina* (L.) Hue 3, *37*, 145, 204, 249, 301
Leucotylin 171
Lichenase 245
Lichenin *154*, 154
Lichenisiert 439
— Vorstufen, Basidiomyceten 409
Lichenometrie 251
Lichenomyces lichenum *202*, 203
Lichenothrix Henss. 21, 26, 204, 417
— *riddlei* Henss. *22*, *54*
Lichexanthon *166*, 167, *174*
Lichina Ag. 330, 335
— *confinis* (O. Müll.) Ag. 234 f.
— *pygmaea* (Lightf.) C. Ag. 234
— *rosulans* Henss. *73*, *82*
— *tasmanica* Henss. 22
Lichinaceae 74, 81, 120, 259, 263, 267
— Charakteristik 330
— Fruchtkörperentwicklung 331, *334*
Lichinella Nyl. 330, 335
— *americana* Henss. *99*, *100*
Lichinineae 263, 267, 283, 330
Lichinodium Nyl. 23, 330, 333
— *ahlneri* Henss. 22
Licht, diffuses 226
— eingestrahltes 139
— Mycobiont 130
Lichtbedarf 225
Lichtempfindlichkeit 127
Lichtintensität *144*
— optimale 147
Lichtkompensationspunkt 147
Lignin 168
Lippensoral *59*, 60, 439
Lirellen 94, *376*, 439
Lithops triebneri *241*
Lobaria Schreb. 244, 346
— *amplissima* (Scop.) Forss. 71, 232, 252
— *crenulata* (Hook.) Trev. *340*, 342
— *laetevirens* (Lightf.) Zahlbr. *68*, *86*, 341, *342*
— *pulmonaria* (L.) Hoffm. 42, 50, *61*, *68*, *202*, 203, 237, *238*,, 248, 250 347
— *scrobiculata* (Scop.) DC. 199
Lobarsäure 175
Loben 42, 439
— plagiatrope 215
— radiäre 43
Lobuli *52*, *55*, *98*, 213, 439
Loculi 106, *123*, *399*, 439
Loculoascomyceten 107
Lopadium Körb. 303
— *pezioidum* (Ach.) Körb. *84*, *304*
Luftfeuchtigkeit 134, 227
Luftstickstoff 151
Luftverunreinigung 230, 251
Lungenflechte 248

M

macro . . . s. makro . . .
Maculae 297, 439
Makroconidien *73*, *75*, *75*, 403
Makrolichenen 38
Mallotium (Ach.) Gray 291
Malonyl-Coenzym 156
Maltose 129
Manna 247
D-Mannit 140 f., 153
Mannose 129
Manschettensoral *59*, 60, 439
Marginal, Ascocarp 102, 439
Margo proprius 93, 439
— thallinus *92*, 93, 439

Markschicht 46
Massalongia Körb. 341, 344
Massenspektrometrie 178
Mastodia tessellata Hook. et. Harv. 190
Mauerförmige Sporen s. Sporen
Mazaedium 81, 270, *271*, 272 f., 440
Mazosia Mass. 405 f.
Medulla 440
Meiose 86
Melanaria Erichs. 362 f.
Melanoparmelia Hue 297
Melanotheca Feé 384, 387
Menegazzia Mass. 292, 299
— *terebrata* (Hoffm.) Mass. *59*
Menschliche Nahrung 246
Meristematische Gewebe 35
Meristematische Kappe 109
Merochlorophaeasäure 175
Methylamin 155
Methylphloroacetophenon *164*
4-O-Methylphysodsäure 175
Mevalonsäure *170*
Mevalonsäuregruppe 169 ff
micro . . . s. mikro . . .
Microglaena Körb. 83, 388
— *leucothelia* (Nyl.) Arn. *84*, *388*, 388
Microglaenaceae 264, 268, 382, 388
Microphyllinsäure 175
Microthelia Körb. 406
— *aterrima* (Anzi) Zahlbr. 111
— — Gruppe *112*, 114, 265, 407 f.
— *atomaria* (DC.) Körb. 75, *84*, 407 f.
Microtheliopsis uleana Müll. Arg. 13
Microthyrium maculans (Zopf) Clem. 205
— *peltigerae* R. Sant. ined. 205
Mikroconidien *74*, *75*
Mikrokristallisation 176
Monocyclische Verbindungen 158
Monotypisch 440
Montagnetol 175
Moos, auf Flechten 197
— Substrat 195
Moriolaceae 265
Morphogenese, Konsortium 194 f.
Morphogenetische Effekte 192 ff.
— — Alge auf Pilz 193
— — Pilz auf Alge 192
Multiclavula mucida (Fr.) Peters. *411*, *412*, 413
Muriform 87, 440
Mutualismus 187, 440
Mycel 32
Mycobilimbia Rehm 258
Mycobionten 1, 7 f, 440
— Angriff auf Alge 24
— Apothecien 128
— Ernährung 128 ff.
— Flechten verschiedener Standorte 16
— Gewebeschichten 128
— Kultur 128
— pH-Wert 130
— Pycnidien 128
— Vorteile 191
— Wachstum 128
Mycoblastus Norm. 303
— *sanguinarius* (L.) Norm. 232, 304
Mycocaliciaceae 263, 266, 270, 282
Mycocalicium Vain. 258, 282
— *subtile* (Pers.) Szat. 282
Mycoporaceae 265, 268
— Charakteristik 407
Mycoporellum Müll. Arg. 407 f.
Mycosphaerella Johanson 189
— *tassiana* (De Not.) Joh. *112*
Myriangium Mont. et Berk. 111, 115, 124
— *duriaeli* Mont. et Berk. *112*
Myrmecia *14*, 15
— *biatorella* 15 f.

N

Nabel 440
Nabelflechten 42, *318*, 440
Nährzellen 110
Naphthochinone 167
Natürliches System 253
Nebelflechten 231
Nebelwüsten 134
Nebenfruchtform 72, 440
Nectria lecanodes (Berk.) Ces. in Rabenh. 200, 205
Nectriella robergei (Mont. et Desm.) Weese 203
Nekralschicht 39
Neotypus 256

Nephroma Ach. 102, 105, 244, 341, 344
— *arcticum* (L.) Torrs. 346
— *resupinatum* (L.) Ach. 63, *64*, 346
Neukombination, vegetative 223
Neuropogon Nees et Flot. 243, 300
Nidulin 131
Nitrophil 150, 227
Nomenklatur 255
— binäre 255
Nonfissitunicat 81, 440
Norlichexanthon *166*, 167
Norlobaridon 175
Normandina pulchella (Borr.) Nyl. 195, 414
Nornidulin 131
Norsolorinsäure *165*
Norstictinsäure *162*, 163, 175
Nostoc 14, 20 f., 126 f.
— Dauersporen 21
— Heterocysten 21

O

Oberflächenstruktur 49, *50*
Ocellularia Mey. 374 f.
— *americana* Hale ined. *376*
— *dilatata* Müll. Arg. *376*
Ochrolechia Mass. 198, 361 ff.
— *frigida* (Sw.) Lynge *363*
— *tartarea* (L.) Mass. 250
Odontia bicolor (Alb. et Schw.) Quel. 409 f.
Ökologie 223 ff.
Ölhyphen 39
Oliogpeptide 153
Olivetol 181
Olivetolcarbonsäure 158, *159*
Olivetorsäure *162*, 162, 175, 181, 185
Ölsäure 157
Omphalina Quél. 414
— *ericetorum* (Pers.) M. Lange *412*
— *luteolilacina* (Favre) Henderson *412*, 414
Omphalodisc 96, 440
Omphalodium Mayer et Flot. 42,292
— *arizonicum* Tuck *33*, 293, 296
— *hottentottum* (Ach.) Flot. 293, 300
— *pisacomense* Meyer et Flot. 302
Opegrapha Ach. 405
— *atra* Pers. *376*
Opegraphaceae 264, 268, 393
— Charakteristik 405
— Fruchtkörperentwicklung 405
Orcein 181
Orcin 3, 181
Orcularia-Typ 353, *353*
Ordnung (ordo) s. Nomenklatur
Organisationsstufen, Entwicklung 38
Ornithocoprophil 227, 235, 440
Ornithocoprophob 235
Oropogon Th. Fr. 292, 302
Orseille 181, 250
Orsellinsäure 132, 158, *159*, *163*
— sekundäre Transformation *160*
β-Orsellinsäuremethylester 175
Orthotropes Wachstum 215, 218
Ostiolum 94, 440
— Entwicklung 109
Ostropaceae 264, 267, 269, 369, 371
Ostropales 46, 81, 264, 267, 269
— Charakteristik 369
— Fruchtkörper *376*
— Verwandtschaft 382
Ostropineae 264, 267
— Charakteristik 369
— Fruchtkörperentwicklung 370
— Verwandtschaft 370
Oxalsäure 155
Ozeanische Flechten s. Flechten

P

Pachyphiale Lönnr. 364, 369
Pachysporia-Typ 353
Palisadenplectenchym *31*, 35
Palisadenrinde *36*
Paludosasäure 175
Pannaria Del. 322
— *pezzioides* (G. Web.) Trev. 325, *328*
— *rubiginosa* (Thunb. ex. Ach.) Del. *324*, 325, *326*
Pannariaceae 263, 267, 284
— Charakteristik 322
— Fruchtkörperentwicklung 323, *324*
Pannarin 175
Pannarsäure 163, 175
— Bildung *163*
Pantothensäure 155

Papierchromatographie 176
Papillen 53, 55, 440
Parabiose 187
Parallelart 213
Parallel-mehrzellige Sporen s. Sporen
Paraphysen 77, *82*, *84*, *87*, 90, *92*, 440
— echte 90, *118*, 266 ff.
— keulig verdickte 90
— laterale 90, 120
— perlschnurartige *82*, *89*
— pigmentierte *84*, 90
— primäre 90
— sekundäre 90
— stachelige 90, *381*
— Typen 90
— unbegrenztes Wachstum 90, 271
— Verzweigung 90
Paraphysoide 90, *118*, 266 ff, 440
Paraplectenchym 35, 440
Parasiten 200, *202*, 205
— Phylogenie 205
— Reduktionsformen 204
— Spezialisierung 200
— Übergangsformen 204 f.
Parasitieren 24
Parasitische Flechten s. Flechten
Parasitismus, mehrstufiger 199
Parasymbionten 189, 200, 205, 440
— Entstehung 206
Parasymbiose 201, 440
Paratheliaceae 387
Parenchym, echtes 108
Parfum 250
Parietin *87*, 131, *165*, 166, 173, *174*, 182
Parmelia Ach. 42, 105, 244, 292
— *abstrusa* Vain. *52*
— *bolliana* Müll. Arg. 185
— *caperata* (L.) Ach. 217
— *centrifuga* (L.) Ach. 217 f., 220, *236*, 292, 297
— *cetrata* Ach. *52*, 183
— *chlorochroa* Tuck. 231
— *conspersa* (Ach.) Ach. 137, 218, 227, 232
— *dilatata* Vain. *52*, 297
— *ecuadoriensis* R. Sant. *52*
— *entotheiochroa* Hue 170
— *exasperata* De Not. *54*, *65*, *75*, 294, 297
— — Fruchtkörperentwicklung *295*
— *incurva* (Pers.) Fr. *59*, 297
Parmelia infumata Nyl. 242
— *laevigata* (Sm.) Ach. *52*
— *nilgherrensis* Nyl. *99*
— *olivacea* (L.) Ach. 227
— *paraguariensis* Lynge 250
— *pulla* (Schreb.) Ach. 234 f.
— *quercina* (Willd.) Vain. *298*
— *rudecta* Ach. *50*
— *saxatilis* (L.) Ach. *52*, 218, 227, 297
— *sulcata* Tayl. *52*, *59*, 60, 297
— *tinctorum* Del. ex Nyl. 179
Parmeliaceae 263, 266, 284, 292, *298*
— Charakteristik 292
— Fruchtkörperentwicklung 294
— Verwandtschaft 296
Parmeliella Müll. Arg. 322
— *coronata* P. James ined. *324*, *326*
— *plumbea* (Lightf.) Müll. Arg. 232, *324*, 325, *328*
Parmeliopsis (Stizenb.) Nyl. 244, 292, 299
Parmentaria Fée 384, 387
— *astroidea* Fée 103, *104*
Patellariaceae 269
PD-Reaktion 175
Pektin 129
Peltat 41, 440
Peltigera Willd. 49, 102, 121, *122*, 133, 193, 237, 244, 344
— *aphthosa* (L.) Willd. *59*, *66*, 69, 127, 138, 151, 194, 200, 218, *340*, 344 f.
— *canina* (L.) Willd. 42, *48*, *50*, 126, 143, 151, 200, 218 f., 239, 248, 344
— *erumpens* (Nyl.) Vain. 62, *340*
— *haszlinskyi* Gyeln. 62
— *horizontalis* (Huds.) Baumg. *48*, *50*, *340*
— *lepidophora* (Nyl.) Vain. *56*, *57*
— *leucophlebia* (Nyl.) Gyeln. 69, 194, 211, *340*, 344 f.
— *polydactyla* (Neck.) Hoffm. 127, 132, 140, 148, 150 f., 154
— *praetextata* (Flörke ex Somm.) Vain. *36*, *52*, *56*, 57, *86*, 135, *144*, *145*
— *rufescens* (Weis.) Humb. 218 f., 337
— — Fruchtkörperentwicklung *338*
— *scabrosa* Th. Fr. *48*, *50*

Perltigera spuria (Ach.) Dc. *340*
— — Sorale 62
— — var. *erumpens* (Nyl.) Vein. 218
— *venosa* (L.) Baumg. 67, *340*
— — Fruchtkörperentwicklung *339*
Peltigeraceae 264, 267, 336
— Charakteristik 344
Peltigerineae 264, 267, 283, *340*
— Charakteristik 336
— Fruchtkörperentwicklung 337
— Verwandtschaft 342
Peltula Nyl. 41, 330
— *tortuosa* (Ness.) Wetm. *84*
Pelvetia 190
Penicillium 128
Peptide 153
Pepton 128
Periklin 440
Periphysen 90, *92*, *101*, 440
Periphysoide 90, *118*, 440
— Conidiophoren 90
Perithecien *77*, *92*, *94*, *101*, *118*, *226 ff.*, 440
— eingesenkte 102
— horizontal inserierte 102
— radial orientierte 103, *104*
— schräg inserierte *386*
Permeabilitätsveränderung 127, 141, 151, 230
Pertusaria DC. 85, 167, 198, 216, 362
— *albescens* (Huds.) Choisy et Wern. *54*, *362*, *363*
— *amara* (Ach.) Nyl. 163, 232, 362
— *corallina* (L.) Arnold 229, 250
— *dealbata* (Ach.) Cromb. 3
— *multipuncta* (Turn.) Nyl. 362, *363*
— *oculata* (Dicks.) Th. Fr. *78*, *359*, *363*
— — Fruchtkörperentwicklung *360*
— *pertusa* (L.) Tuck. *84*, *363*
— — Gruppe 361
Pertusariaceae 89, 120, 264, 267, 358, 362, *363*
Pertusariineae 264, 267, 283
— Charakteristik 358
— Fruchtkörperentwicklung 359
— Verwandtschaft 361
Petractis Fr. 364
— *clausa* (Hoffm.) Kremp. *368*, 369
Petroderma maculiforme 19
Pfahlwurzel 134
Pflanzenkrankheiten 249
Phacopsis vulpina (Jatta) Tul. 204
Phaeocalicium A. Schmidt 282
— *compressulum* (Nyl. ex Vain.) A. Schmidt 282
Phaeographis Müll. Arg. 375
— *dendritica* (Ach.) Müll. Arg. *376*, 379
Phaeophyta 19
Phaeotrema Müll. Arg. *88*, 374
Pharcidia ephebes Henss. *201*, 204
Phenolsäuren, monocyclische 132
para-Phenylendiamin 172
Phialiden *75*
Phialosporen *75*, *76*, 440
Phloroacetophenon 158 f
Photosynthese, Intensität 138 f.
— Jahreszeiten 151
— Lichtabhängigkeit 146
— Reaktivierung 147
— Schädigung 136
— Temperaturabhängigkeit 145 f.
— Wassergehalt 142
Photosynthesepigmente 153
Photosyntheseprodukte 140
— Markierung 140
Photosyntheserate 139
Phycobionten 1, 8, *14*, 440
— Abwehrreaktionen 29
— bewegliche Fortpflanzungszellen 13
— formativer Einfluß 21
— Gestalt 125
— Hitzeempfindlichkeit 127
— in Rinde *36*
— pH-Wert 126
— Physiologie 125 ff.
— Spezifiität 24
— Trockenemfindlichkeit 127
— Übersicht 11 f.
— unlichenisiert 13
— Verformung 13, 193
— Vermehrung im Thallus 13
— Vitamine 126
— Vorteile 191
— Wachstum 126
— Wandverdickung gegen Pilz *28*
Phycomyceten, lichenisierte 415
Phycomyceten-Flechten 7
Phycopeltis *14*, 17, 19
— *expansa* 13
Phylliscum Nyl. 20, 24, 330, 335
— *macrosporum* Henss. *18*

Phyllocladien 1, 103, 440
— aus Apothecien 220
Phyllophyale R. Sant. 416 f.
Physcia (Schreb.) DC. 244, 351
— *adscendens* (Th. Fr.) Oliv. 356, *357*
— *aipolia* (Ehrh.) Hampe *78*, 353 f., 356, *357*
— *caesia* (Hoffm.) Hampe 218, 242
— *dubia* (Hoffm.) Lynge 242
— *tenella* (Scop.) DC. 233
Physciaceae 258, 264, 267, *357*
— Charakteristik 352
— Fruchtkörperentwicklung 354
— Verwandtschaft 355
Physcia-Typ *353*
Physciineae 264, 267, 283, 351
Physciopsis Choisy 351
— *elaeina* (Sm.) Poelt 356
Physconia Poelt 244, 351
— *grisea* (Lam.) Poelt *357*
— *pulverulenta* (Schreb.) Poelt 131, 356
Physconia-Typ *353*, 353
Physiologisches Gleichgewicht 24
Physma Mass. 26, 285 f., 291
— *boryanum* Pers. in Gaudich *287*
Physodalsäure 175
Physodsäure *162*, 162, 175, 185
Physolinum 17
— *monile* 368
Pigmente 46, 131
Pigmentierung 147
Pigmentproduktion, Stimulierung 129
Pikrolicheninsäure 163, 175
— Bildung *163*
Pikroroccellin 153
Pilophorus Th. Fr. 244, 313
— *clavatus* Th. Fr. *312*, 314, 316
— — Pseudopodetium *315*
— *robustus* Th. Fr. *78*
— *strumaticus* Nyl. ex Cromb. *312*
Pilze, flechtenbewohnende 200 ff., *201*
— epiphytische 200
— saprophytische 138, 205
Pilzsystem 263
Pioniervegetation 223
Placoid 39, *40*, 440
Placopsis (Nyl.) Linds. 67, 362
— *gelida* (L), Linds *59*, 69, 228, 364
— *subgelida* Nyl. *82*, 361, 363
Placynthiaceae 264, 267, 336, 343
Placynthium S. Gray 343
— *filiforme* (Garov.) Choisy 344
— *nigrum* (Huds.) S. Gray 216, 344
Plagiotropes Wachstum 218
Platismatia W. Culb. et C. Culb. 182, 292, 296, 299
Plectenchym 34
Plectomyceten 95
Pleosphaeria lichenotricis Henss. 201
Pleospora Rabenh. ex Ces. et de Not. 111, 115
— *collematum* Zuk. *201*, 201
— — Gruppe *112*
— *herbarum* (Pers.) Rabenh. 110, *112*
Pleosporales 265, 268 f., 406
Pleurococcus 14, 16
Pleurocybe Müll. Arg. 279
— *madagascarea* (Nyl. in Cromb.) Zahlbr. 279, *280*
Pleurotheliopsis Zahlbr. 384, 387
— *australiensis* (Müll. Arg.) Zahlbr. *386*
Plurilocular 106
Podetium 102 f., 266 ff., 274, *312*, 440
Polar-diblastisch 440
Poleophobie 230
Polyblastia Mass. 389, 391 f.
Polychidium (Ach.) S. Gray 23
— *dendriscum* (Nyl.) Henss. 22
— *muscicola* (Sw.) S. Gray 346
Polyketidketten, Biosynthese *156*
Polyporsäure 169, 181
Polysaccharide 127
Polysymbiose 186
Pore, Rinde 63
— Zellwand *78*
Porina Müll. Arg. 46, 75, 382
— *epiphylla* Fée 384
— *nucula* Ach. *84*, *104*, 383
— — Fruchtkörperentwicklung *383*
— *viridiseda* (Nyl.) Zahlbr. *75*
Porinaceae 264 f., 268
— Charakteristik 382
— Fruchtkörperentwicklung 383
— Verwandtschaft 383
Porocyphus Körb. 330, 335
— *coccodes* (Flot.) Körb. *82*
Porphyrilsäure 175
Prasiola 190

Primordium, Ascohymeniale 117
— — geschlossenes *118*
— — offenes *118*
Priorität 256
Prioritätsregeln 257
Prosoplectenchym *31*, 35, 440
Prothallus 39, *40*, 41, 47, 440
Protoblastentia (Zahlbr.) J. Stein 347, 351
Protocetrarsäure *162*, 163, 175
Protococcus 16
Protolichesterinsäure *157*, 158, 183, 185
Prototunicat 80, *82*, 266 ff., 441
Prototunicatae 107
Pruina 49, 89, 441
Pseudevernia furfuracea (L.) Zopf *52*, *144*, *184*, 185, 250, 299
— var. *furfuracea* Zopf 185
— var. *olivetorina* Zopf 185
Pseudoapothecium 111
Pseudochlorella 16
Pseudocyphellaria Vain. 63, 244, 346
— *anthraspis* (Ach.) Magn. *73*, *86*
— *crocata* (L.) Vain. *59*
— *impressa* (Hook. et Tayl.) Vain. *64*
Pseudocyphellen *50*, 63, *64*, 266 ff., 441
— Algenzellen 65
Pseudoexcipulum *97*, *118*, 119, 441
Pseudoparaphysen 90, 110 f., 266 ff., 441
Pseudoparenchym *31*, *33*, 35, 441
Pseudopleurococcus 17
Pseudopodetium 102 f., 266 ff., 273, *312*, 441
— Entwicklung 314
Pseudothecium 111, 441
Psora (Hall.) Th. Fr. 303
Psoroma (Ach.) Ach. ex Michx. 322
— *hypnorum* (Vahl) S. Gray 69, 327
Psoromsäure 175
Psorotichia Mass. 330
Ptilogonys caudatus 245
Pulvinat *40*, 41, 441
Pulvindilacton 169, 181
Pulvinsäureanhydrid 131
Pulvinsäurederivate 169
Punktförmige Scheibe *363*
Pycnidien 72, *73*, 441
— gekammerte *73*, 74
Pycnidien, gestielte *50*
— laminale 74
— marginale 74
Pycnidiosporen 213, 441
Pycnoascocarp 74, 120, 333, 441
Pycnothelia (Ach.) Duf. 306
— *papillaria* (Ehrh.) Duf. 211, 311
Pyrenocarp 441
Pyrenolichenen 96
Pyrenomyceten 95
Pyrenopsidaceae 259
Pyrenopsis Nyl. 20, 330, 335
Pyrenothamnia Tuck. 393
Pyrenothamniaceae 391
Pyrenula Ach. 384, 387
— Fruchtkörperentwicklung *385*
— *laevigata* (Pers.) Arn. 385
— *nitidella* (Flörke) Müll. Arg. *385*
Pyrenulaceae 46, 264 f., 268, 382, *386*
— Charakteristik 384
— Fruchtkörperentwicklung 386
— Verwandtschaft 387
Pyrgillus Nyl. 277
— *javanicus* Nyl. *84*, 273, 278, *280*
Pyxiferin 164, 176
Pyxine 351, 355 f.

Q

Quellungsmaxima 134
Querwände, knochenartige *36*, *37*

R

Raciborskiella Höhn. 388
Radula 227
Ramalina Ach. 43, 179, 250
— *crassa* (Del. ex Nyl.) Mot. 131
— *curnowii* Cromb. in Nyl. *44*
— *farinacea* (L.) Ach. 134
— *maciformis* (Del.) Bory *135*, 136, 143, *144*, 145 ff., 237
— *menziesii* Tayl. 219, 319
— *siliquosa* (Huds.) A. L. Sm. *36*, *44*, 234 f., 319
— *tayloriensis* Zahlbr. 196
Ramalinaceae 263, 267, 284, 319
Ramalinolsäure 175

Ramalodium Nyl. ex Cromb. 119, 285, 291
— *succulentum* Nyl. ex Cromb. *287*
Rangiformsäure *157*, 158
Randsorale 61, 441
Randzone, algenfrei 216
— Wachstum 216
Rechingeria Serv. 330, 335
— *cribellifera* (Nyl.) Serv. *28, 99*
Regeneration 220
Reich (regnum) s. Nomenklatur
Reinkella Darb. 399
— *parishii* Hasse 401, *404*
Rentiere 246
Rentierflechten 245, 309
Respiratorischer Quotient 148
Restplasma 86
Resupinat 76, 441
Rhamnose 129
Rhizinen 51, *52*, *340*, 441
— bulböse, Cilien *52*, 53
— dichotom-gabelige *52*
— sparrig-verzweigte *52*
— Verzweigungstypen 53
— Wasseraufnahme 133
Rhizocarpon Ram. 169, 234, *236* 303
— *constrictum* Malme 235
— *disporum* (Naeg.) Müll. Arg. 219
— *geographicum* (L.) DC. 136, 219 f., 304
— *pusillum* Run. 198
— *tinei* (Torn.) Run *40*
Rhizocarpsäure *169*, 169
Rhizoidhyphen 49, 51, 441
Rhodocladonsäure 131
Rhodomyrtoxin 163
Ribit 140, 154
Ribonuclease 153
Rinde 46
— areolierte *50*
— *Collema* 57
— filzige 50
— glatte 50
— Induktion 194
— *Leptogium* 47
— Lichtdurchlässigkeit 146
Rindenstruktur *48*
Rinodina (Ach.) S. Gray 351, 358
— *salina* Degel. 235
— *soredicola* Degel. 199
Rinodinaceae 258
Roccella DC. 2, 43, *123*, 250, 399
— *endocrocea* Choisy 179
— *fuciformis* (L.) DC. *404*
— — Gruppe 401
— *montagnei* Bél., Fruchtkörperentwicklung *400*
— *phycopsis* (Ach.) Ach. *36*, 149
— *tinctoria* DC. *404*
— *vicentina* (Vain.) Vain. *402*
Rocellaceae 124, 182, 243, 264, 268, 393, *402*, *404*
— Charakteristik 399
— Fruchtkörperentwicklung 399
Rocellographa Stnr. 399, 402
Roccellsäure *157*, 158

S

Saccharose 129, 140, 154
Salacinsäure 131, 175, 185
Salzkrusten, Thallus 135
Sammelorganismus 221
Saprophyten 189, 200
Saprophytische Lebensweise 213
Sarcographa Fée 375, 379
Sarcogyne Flot. 321
— *pruinosa* Körb. 16, 321
— *similis* Magn. 130
— *simplex* (Dav.) Nyl. 16
Sarcosin 153
Schattenlager 195
Scheibe s. Discus
Scheinrinde 39
Schiebehyphen 194, 216
Schiffsche Basen 175
Schismatomma Mass. 402 f.
Schistidium 196
Schistophoron Stirt. 270, 277 f.
— *tenue* Stirt. *280*
Schizidien 213, 305, 441
Schizopelte Th. Fr. 399, 401
— *californica* Th. Fr. *404*
Schizopeltesäure 173
Schleimkappe, Ascus *84*
Schnallentypus, Asci *80*
Schneebedeckung 227
Schneetälchen 227
Schwächeparasit 200
Schwefeldioxid 148, 230, 252
Schwendeners Theorie 5

Schwermetalle, Speicherung 137
Sclerophyton Eschw. 402 f.
Scrobiculin 175
Scytonema *14*, 21
— graduelle Formveränderung 21
— Scheinverzweigungen *22*
Secalonsäure A *165*, 166
Sekikasäure 160, *161*
Septen, verdickt *332*
Sexualorgan, Ascomyceten 78
Sexuelle Vermehrung, Reduktion 72
Sexueller Apparat 77 f.
Shikimisäure 159
Shikimisäuregruppe 167 ff.
Shikimisäureprodukte *169*
— Biosynthese *168*
Sickerwasserstreifen 227
Silikatgestein 228
Simonyella Stnr. 399, 402
Siphula Fr. 416
— *ceratites* (Wahlenb.) Fr. 167, 417
Siphulin *167*, 167, 175
β-Sitosterol 171
Skyrin *165*, 166
Solenopsora Mass. 302 f.
Solorina Ach. 244, 344
— *crocea* (L.) Ach. *66*, *67*, 227, 345
— *saccata* (L) Ach. 127, *340*, 345
— *spongiosa* (Sm.) Anzi 69
Solorinaria (Vain.) Gyeln. 330
Somatogamie 79
Sonnenlager 195
Sorale 53, *59*, 60 ff., 61, 441
— Atemporen 62
— Umweltfaktoren 62
Sorbit 140
Sorbose 129
Sordidon 176
Soredialäste *58*
Soredien 53, *54*, 60, 213, *214*, 441
— an Isidien 62
— Bildung, diffuse 60
— — spontane 213
— infizierte 201
— Struktur 61
Servediös 441
Servediöse Überzüge 214
Spaltensorale *59*, 60, 441
Species 255
Spermogonien 72
Spermatien 72
Sphaeriales 264 f., 268, 382
Sphaerophoraceae 263, *266*, *270*
— Charakteristik 279
Sphaerophorin 178
Sphaerophoropsis Vain. 306, 311
Sphaerophorus Pers. 178, 279
— Fruchtkörperentwicklung 273
— *globosus* (Huds.) Vain. *37*, 220, 232, *272*, 279, *280*
— *melanocarpus* (Sw.) DC. 279, *281*
Spilonema Born. 23, 327
— *paradoxum* Born. 327
— — Fruchtkörperentwicklung *329*
— *revertens* Nyl. 329
Spiralleisten, Sporen *84*, 275
Sphinctrina Fr. 277
Sporastatia Mass. 321 f.
— *testudinea* (Ach.) Mass. 198, *321*
Sporen 77, *82*, *84*
— Ausquetschung 96
— Auststreuung 96
— bipolare *87*, 266 ff.
— Entwicklung *88*
— Form 87
— kubische 87
— makrocephale *82*, 439
— mauerförmige 35, *82*, *88*, 439
— meristogene Teilung 87
— nicht ausgeschleuderte *355*
— parallel-mehrzellige 82, 440
— Physciaceae 353
— Septierung 275
— Spiralleisten 273
— Zerfall im Ascus *82*
Sporenbildung, Zytologie 86
Sporenfächer, linsenförmige 87, *88*
— zylindrische 87
Sporenhülle, Paraphysen 275
Sporenkeimung 152
Sporenkette *84*
Sporenwände 86
— spätere Auflagerungen 87
Sporidesmium Link ex Fr. 76
Sporopodium Mont. 100
Sporotrichum Link ex Fr. *202*
Squalen 170, *170*
Squamarina Poelt 302
— *crassa* (Huds.) Poelt *40*, 302
Squamatsäure *161*, 162, 178, 183
Squamulös 41, 441
Stadtfeindlichkeit 230
Stadtklima 224
Standorte 225 ff.
Standortsbedingungen 225

Stärke 129
Staurothelaceae 391
Staurothele Norm. 389
— *clopima* (Wahlenb. ex Ach.) Th. Fr. 392
Steiners Lösung 174
Stenocybe Nyl. 282
Stereocaulaceae 263, 266, 284
— Charakteristik 313
— Fruchtkörperentwicklung 314
— Verwandtschaft 316
Stereocaulon Hoffm. 69, 103, 234, 244, 313
— *alpinum* Laur. *312*
— *botryosum* Ach. em. Frey *70*
— *coniophyllum* Lamb *70*
— *paschale* (L.) Hoffm. 246
— *ramulosum* (Sw.) Räusch *70*, 151, *312*
— *vesuvianum* Pers. 228
— *vulcani* (Bory) Ach. 129
Sterole 170
Stichococcus 17
Stickstoff, Bakterien 151
— Exkretion 127
Stickstoffhaushalt 150
Stickstoffquellen 128
— Einfluß, Mycobionten 129
Stickstoffversorgung 191
Sticta Schreb. 63, 244, 346
— *filix* (Sw.) Nyl. *59*, 71, 194
— *fulginosa* (Dicks) Ach. 347
— *laciniata* (Sw.) Ach. *50*
— *sylvatica* (Huds.) Ach. *64*, 347
Stictaceae 264, 267, 336, 346
Stictinsäure *162*, 163, 175
Stictis Pers. ex. Fr. 371
Stigonema 14, 23
— *tomentosum* 190
Stirtonia A. L. Sm. *84*, 395, 397 f.
Stoffbilanz 150
Stoffwechselphysiologie 125
Stoffwechselprodukte, primäre 153
— sekundäre 155 ff.
— — Einfluß, Alge 132
— — Mycobiont 131
Strahlstadium 110
Straßenbäume, Assoziationen 227
Strauchflechten 38, 43, *44*, 266 ff., 441
Strepsilin 175
Strigula Fr. 19, 196, 388
— *complanata* (Fée) Mont. 13
Strigula
— *elegans* (Fée) Müll. Arg. 237, *240*
— *melanoblapha* (Kremp.) R. Sant *240*
— *nemathora* Mont. *240*
Strigulaceae 264, 268, 382, 388
Stroma 103, *104*, 441
Strongyleuma Vain. *282*
Strontium 249
Stufenapothecien *313*
Stützgewebe 43, 97, 286, *287*, *288*, 441
— Lage 98
Stylosporen 75
Subcuticularer Wuchs *240*
Subhymeniale Schichten 77, 91
Subhymenium 91, 441
Submers 232
Submuriform 87
Substrat 227
— Einfluß, Flechten 245
Substratgebunden 137
Substratspezifität 232
Sukzession 233
Superlecideoid *97*
Surtsey 228
Symbiose 186
— Definition 187 ff.
— fakultative 189
— Grenzfälle 189
— Kriterien 188
—; optimale Bedingungen 209
Synalissa Fr. 20, 330, 335
— *symphorea* (Ach.) Nyl. 24
Synonyme 257
Synthese, Flechte *208*, 210
Syntypus 256
Systeme 263
— ältere 254
— moderne 255

T

Tannine 132, 159
Tapellaria Müll. Arg. em. R. Sant. 260
Tau 143
Taubenetzung *135*
Taxon 255
Taxonomie 258
— Merkmale 258

Teloschistaceae 182, 264, 267, *352*
— Charakteristik 347
— Fruchtkörperentwicklung 348
— Verwandtschaft 349
Teloschistes Norm. 244, 347, 349
— *chrysophthalmus* (L.) Th. Fr. 351, *352*
— *flavicans* (Sw.) Norm. 149, 252, 351
— — var. *acrumelas* (Pers.) Müll. Arg. *352*
— *lacunosus* (Rupr.) Sav. 237
Teloschistineae 264, 267, 283, 347
Temperatur 226
Temperaturoptimum 145
— Mycobiont 130
Terpene *171*
— Biosynthese *170*
Terphenylchinone 169, 176
Tetronsäuren 169, 173, 178
Texosporium Nádv. 277
— *sancti-jacobi* (Tuck.) Nádv. *275*, 278, *280*
Textura angularis *31*
Textura intricata *31*
Thallinocarp *99*, 99, *100*, 120, 441
Thallinocarpon Dahl 330, 335
Thallus 11 ff.
— Bau 46 ff.
— Differenzierung 215
— — strauchförmige 215
— Farbe 46
— horizontalis 103
— isolateraler *36*
— primärer 103
— schuppenförmiger 41
— Temperatur *144*
— unbenetzbarer 134
— verticalis 103
— Zuwachs 152
— zweigestaltiger 43, 266 ff.
Thallusbruchstücke 53, *214*
Thallusrand 441
— Pannariaceae 97
Thamnolia Ach. ex Schaer. 416
— *vermicularis* (Sw.) Ach. ex Schaer. 178, 204, 243, 416, *416*
— — var. *subuliformis* (Ehrh.) Culb. 178, 183
— — var. *vermicularis* 183
Thammolsäure *161*, 162, 175, 178, 183
Thecium 89, 441
Thelephora terrestrist Ehrh. 412
Thelephorsäure *169*, 169
Thelidium Mass. 389, 391 f.
Thelocarpon Nyl. 321
— *epibolum* Nyl. 178, 200, 322
Thelotrema Ach. 374
— *lepadinum* (Ach.) Ach. 227, 370 f., 374, *376*
— — Fruchtkörperentwicklung *372*
Thelotremataceae 81, 264, 267, 369, 374
Thermutis Fr. 23, 330
— *velutina* (Ach.) Flot. *22*, *75*, 333
Thiamin 129, 130
Thiophaninsäure *166*, 167
Tholurna Norm. 243, 277 f.
— *dissimilis* (Norm.) Norm. 27, *54*, *75*, *82*, *84*, *271*, *272*
— — Fruchtkörperentwicklung 270
Thyriothecium 95
Thysanothecium Berk. et Mont. 306, 308, 311
Tierfraß 245
Titantrichlorid 175
Tomentös 42
Tomentum 49, *50*, *358*, 441
— netzförmiges *52*
Toninia 233, 303
— *caeruleonigricans* (Lightf.) Th. Fr. *40*, 41, 303
Tornabenia Mass. 351, 356
Torula Pers. ex Fr. 200
Traghyphe, Ascogon 106, 116, *288*
Trapelia Choisy 361
— *coarctata* (SM. et Sow.) Choisy 219, 228, 364
Trapeliaceae 264, 267, 358, 362, 364
Trebouxia *14*, 15, *28*, 126 f.
— freie 15
Trehalose 154
Trennungslinie 215
Trentepohlia *14*, 17
Trentepohliaceae 17
Tricharia Fée em. R. Sant. 375
— *carnea* (Müll. Arg.) R. Sant. *240*
Trichogyne 78, *271*, 442
— freie Spitze *78*
— verzweigte 78
Tricholomataceae 265, 414
Trichothecium pygmaeum (Körb.) Körb. 200
Trichothelium Müll. Arg. em. R. Sant. 382, 384

Trichothelium alboatrum Vain *240*
— *epiphyllum* Müll. Arg. *240*
Trimethylamin 155
Triterpene 170
Trochiscia 15
Trockenresistenz 136
— Standorte 136
Trypethialiaceae 387
Trypetheliopsis Asah. 166
Trypethelium Spreng. 384, 386 f.
— *tropicum* (Ach.) Müll. Arg. 387
— *virens* Tuck. *104*, 386
Tuberkel 63, *64*, 442
Typisierung 256
Typus 442
— nomenklatorischer 256
Typusart 256
Typusgattung 256

U

Ulotrichales 16
Ultraviolettspektrometrie 178
Ulva 190
Umbilicaria Hoffm. 42, 96, 244, 317
— *arctica* (Ach.) Nyl. 227
— *cylindrica* (L.) Del. 220, *318*
— *decussata* (Vill.) Frey 242
— *esculenta* Minks 246, 249
— — Ernte *247*
— *muehlenbergii* (Ach.) Tuck. 317, *320*
— *papulosa* (Ach.) Nyl. 130 f.
— *polyphylla* (L.) Hoffm. 133
— *pustulata* (L.) Hoffm. *33*, 136, 143, 173, 227, 232, 250, 17, *318*
— *rigida* (DR.) Frey *318*, 320
— — Fruchtkörperentwicklung 317
— *virginis* Schaer. 242, *318*
Umbilicariaceae 263, 267, 284
— Charakteristik 317
— Fruchtkörperentwicklung *320*
Umbilicat 42, 442
Umbilicus 42, 442
Umklammerungshyphen 26
Umweltfaktoren, Einfluß Mycobiont 130 f.
Unilocular 106
Unitunicat 80, *82*, 266 ff., 442
Unitunicatae 107
Unterklasse (subclassis) s. Nomenklatur
Unterordnung (subordo) s. Nomenklatur
Urease 153
— Urease-Enzymsysteme 150
Ursolsäure 171
Usnea P. Br. ex Adans 2, 43, 292, 300
— *ceratina* Ach. *33, 44*
— *dasypoga* (Ach.) Röhl. *54*
— *longissima* Ach. 43, 234, *238*, 292
— *sulphurea* (Kön.) Th. Fr. *44*, 243
Usneaceae 284
Usninsäure 131, 164, 173, 176, 178, 181, 248
— Bildung *164*
— Farbreaktion 175

V

Varicellaria Nyl. 362 f.
Variolaria Bull. 362
Vegetative Vermehrung *214*
— Organe 53 ff.
Ventosasäure 157
Verbreitung 223 ff., 241 ff.
Verbreitungstypen 242
Verkohlung 91
Vermehrung 212 ff.
— Umweltbedingungen 213
Verrucaria Schrad. 389, 391
— *elaeomelaena* (Mass.) Arn. 136
— *margaceae* Wahlenb. 213
— *maura* Wahlenb. et Ach. 235, 392
— — Zone 234
— *microspora* Nyl. 235
— *muralis* Ach. 393
— *nigrescens* Pers. 393
— *serpuloides* Lamb 232, 392
— *submersella* Serv. 16
Verrucariaceae 264 f., 268
— Charakteristik 389
— Fruchtkörperentwicklung 389
— Verwandtschaft 391
Verrucariales 264, 268, 389
Vertikalthallus 43
Verwachsungen 221
Verwitterung 229, 245
Verzweigte Haare *48*
Vestergrenopsis Gyeln. 343 f.
Vikariierende Art 301
Violaxanthin 153
Virenssäure 175

Vitamine 127, 155
— Mycobiont 129
Vogelsitzplätze 227
Volemit 154
Vorlager 47, *328*, 442
Vulpinsäure 169, 245, 249

W

Wachstum 214 ff.
— relatives 150
Wachstumshemmung, Flechtenstoffe 245
Wachstumsmessungen 216 ff.
— indirekte 217
Wachstumsperiode 220
Wanderflechten 231
Warzen 55
— untere Rinde *33*
Wasser 226
Wasserabgabe 133 ff.
Wasseraufnahme 133 ff.
Wasserdampf 134
Wasserflechten 232
Wassergehalt 132, *144*
— optimaler 143
Wasserleitungsorgane 133
Wassermangel, Kompensation 143
Wassersättigung *144*
Wasserspeicherung
— Gewebe 132
— interzelluläre 132
Wirtschaftliche Bedeutung von Flechten s. Flechten
Wolfsflechte 3
Wuchsformen 38 ff.
Wüstenflechten 237, *241*

X

Xanthone *166*, 166, 173, 176, 178
— Farbreaktion 175
Xanthoparmelia Vain. 297
Xanthopeltis R. Sant. 43, 347, 349, 351
— *rupicola* R. Sant. 352
Xanthophyceae 8
Xanthophylle 153
Xanthophyta 19
Xanthoria (Fr.) Th. Fr. 147, 244, 347, 349
— *aureola* (Ach.) Erichs. 140
— *elegans* (Link) Th. Fr. 149, 234
— *parietina* (L.) Th. Fr. 3, 127, 129 ff., 133, 166, 195, 210, 215, 232, 234 f., 248, 257, 351, *352*
— *polycarpa* (Ehrh.) Oliv. 233
Xanthorin *165*, 166
Xanthoriomyces parietinae Thomas 257

Z

Zahlbrucknerella Herre 23, 330
— *calcarea* (Herre) Herre *22*, *33*, 331, 333
— — Fruchtkörperentwicklung *332*
Zellen, ellipsoide *31*
— getüpfelte 37
— kugelige *31*
— unregelmäßige *31*
— zylindrische *31*
Zelltypen 34
Zentralstrang *33*, 43, *281*, 293, 442
— Wasserspeicherung 132
— zusammengesetzter *37*
Zeorin *92*, *93*, *118*, *171*, 171, 442
Zerfalltyp, Ascoloculare 109, 112
Zimtsäuren 168
Zonierter Rand *363*
Zonierung 234, 235
Zuckeralkohole 140, 153
Zusammensetzung, Flechten 6 f.
Zuwachsraten 218
— Klima 218 f.
Zuwachszone 217
Zwischengruppe, Ascohymeniale-Ascoloculare 123, 264, 266 ff.
— — Merkmale 124
Zwischentypen, Entwicklung Ascoloculare *112*, 114
zylindrische Isidien *363*